建筑材料和装饰装修材料
检验见证取样手册

（第二版）

刘文众　编著

中国建筑工业出版社

图书在版编目（CIP）数据

建筑材料和装饰装修材料检验见证取样手册/刘文众
编著. —2版. —北京：中国建筑工业出版社，2012
ISBN 978-7-112-14696-3

Ⅰ.①建… Ⅱ.①刘… Ⅲ.①建筑材料-质量检验-技
术手册②装饰材料-质量检验-技术手册 Ⅳ.①TU5-62

中国版本图书馆 CIP 数据核字（2012）第 219675 号

责任编辑：郦锁林 张伯熙
责任设计：张 虹
责任校对：张 颖 赵 颖

建筑材料和装饰装修材料检验见证取样手册
（第二版）
刘文众 编著
*
中国建筑工业出版社出版、发行（北京西郊百万庄）
各地新华书店、建筑书店经销
霸州市顺浩图文科技发展有限公司制版
北京建筑工业印刷厂印刷
*
开本：850×1168毫米 1/32 印张：23¾ 字数：658千字
2013年4月第二版 2013年10月第八次印刷
定价：**52.00元**
ISBN 978-7-112-14696-3
（22742）

第二版前言

本手册出版发行已8年，受到了广大读者的欢迎。随着国家产业政策的调整和建筑技术的发展，有的内容已不适应建设领域技术人员工作的需要。

为保证建设工程质量和安全，促进建设领域资源节约和环境保护，推广应用节能、节地、节水、节材和环保的建筑材料，鼓励发展新型建筑材料及其应用技术，国家发改委、住房和城乡建设部发布了许多新的建设行业技术标准和建材标准。特别是2004年建设部和国家质检总局联合发布了《建筑结构检测技术标准》GB/T 50344—2004，2010年住房和城乡建设部发布了《建筑工程检测试验技术管理规范》JGJ 190—2010，对建筑工程检测提出了全面、系统、完整的检验试验标准要求。

同时，各地政府建设行政主管部门也作出了一系列禁止和限制使用的建筑材料及施工工艺的决定。

故本手册修改和补充如下内容：

1. 增加了建筑工程检测试验技术管理的规定和建筑结构检测技术标准；

2. 修改了水泥、砂和石、外加剂、粉煤灰、轻骨料、砖和砌块等国家标准和应用的行业标准；

3. 增加了干拌砂浆的内容；

4. 增加了外墙外保温系统技术；

5. 修改了钢筋机械连接技术；

6. 增加了防水材料和相关施工工艺；

7. 修改了建筑门窗的性能分级标准和材料标准，幕墙工程质量检验标准；

8. 将《北京市建设工程禁止和限制使用建筑材料及施工工艺目录》(2007 年版) 列入附录, 供读者学习和使用。

翟亚平、刘茜、冯泽波等同志为本手册的改版收集了相关信息和技术资料, 并提供编写工具等, 在此对他们表示感谢。

编者

2013 年 3 月

前　言

　　为了加强工程质量管理，使建设（监理）、施工单位工程技术管理人员做好建筑工程材料试验见证取样工作，了解国家和地方政府有关主管部门及其质量管理职能部门颁发的法令、法规、材料标准以及施工质量验收规范，掌握多种材料的必试项目、取样方法及检验结果的评定，查阅材料质量性能指标，判定进场使用的材料是否符合质量标准，特编写此手册。

　　本手册收集了最新颁布的国家行业规范、技术标准和材料标准的质量要求、性能指标，内容简洁扼要、齐全，使用方便，有较好的实用性。

　　建设（监理）施工单位的现场技术管理人员一定要根据工程特点，熟悉并掌握与本工程有关的材料见证取样方法、步骤，对检验报告的质量性能指标进行核对，确实把工程质量抓紧抓实。

　　还要特别指出：材料标准有时限性，随着新材料、新技术的不断涌现，材料标准会不断更新，要经常及时地收集、更新有关标准的内容和数据，以免错误地选择材料。

　　刘茜、徐东亮、梁亮、翟亚平同志参与了本手册的编写工作。

编　者

2003 年 11 月

目　录

1　建筑工程质量见证取样制度

2　建筑工程检测试验技术管理规定

3　建筑材料取样方法和检验

4 门窗工程和幕墙工程的检测

5　建筑材料和装饰装修材料有害物质的检测

1 建筑工程质量见证取样制度

1.1 建筑工程质量见证取样的制度

1.1.1 建筑工程质量的重要性

建筑工程是大型的综合性产品，具有投资大，消耗材料、人力多，建设工期长，使用寿命长等特性。它的质量好坏，涉及生命财产的安全，人们工作条件和生活环境的改善，关系到国家经济发展和社会的稳定。

改革开放以来，国家将建筑业作为国民经济发展的支柱产业，拉动国民经济发展的增长点，因此建筑工程质量是关系到国家经济发展的重大问题。要发展经济，就必须加强产品质量管理，努力提高产品质量，提高产品的可靠性。这是经济发展的永恒主题，是全社会共同奋斗的目标和应尽的责任。

追究质量事故的直接原因，多与操作技术和材料质量问题有关，因此提高操作技术，加强材料质的检验是搞好工程质量最基础最根本的关键。

为了在现有体制下加强材料取样的监督控制，国家提出了建立材料见证取样的制度，同时培训见证取样人员掌握和规范材料取样的方法，使材料检测试验报告真实反映工程质量的实际情况。

1.1.2 见证取样的范围

根据建设部建监［1996］988 号文件，关于印发《建筑施工企业试验及管理规定》的通知第十条的有关规定："建筑施工企业试验应逐步实行有见证取样和送检制度，目前应对结构用钢材及焊接试件、混凝土试块、砌筑砂浆试块，防水材料等项目，实行有见证取样及送检制度"。

根据国务院《建设工程质量管理条例》第三十一条作出的规定，建设部颁发了建字（2000）211 号文件；规定施工现场必须对水泥、混凝土 、混凝土外加剂、砌筑砂浆 、结构用钢材及焊接或机械连接件、砖、防水材料等 8 种试验进行见证取样。

上海市规定：对建设工程所使用的全部原材料和现场制作的混凝土试块，砌筑砂浆试块均实行见证取样送检制度。

北京市建委于 1997 年 4 月 25 日印发了《北京市建筑工程施工试验实行有见证取样和送检制度的暂行规定》。

《北京市建筑工程施工试验实行有见证取样和送检制度的暂行规定》第 3.4.5 条规定：有见证取样和送检制度是指在建设（监理）人员见证下，由施工人员在现场取样，送至试验方进行试验，见证取样和送检的项目有：

① 用于承重结构的混凝土试块；

② 用于承重墙体的砌筑砂浆试块；

③ 用于结构工程中的主要受力钢筋、焊接件。

见证取样和送检的项数，1998 年规定不得少于试验总项数的 30％，重要工程和重要部位可以增加次数，送检试样在现场施工试验中随机抽取，不得另外进行。

随着监理制度的广泛推行，建筑工程技术资料管理规程的施行，许多重要原材料都要进行选样、复试及验收程序。如对铝合金门窗和塑钢门窗要按批量抽检，进行三项性能的测试。

2001 年 7 月 1 日起，国家规定执行《民用建筑工程室内环境污染控制规范》GB 50325—2001，公布了建筑材料、建筑装饰装修材料有害物质限量的十项国家标准，要求强制实行，因此对建筑材料、建筑装饰装修材料的见证取样复试检测显得十分重要。

随着国家颁布《建筑工程检测试验技术管理规范》施行，各项新材料、新工艺、新技术的推广应用和检测检验的严格要求，见证取样复试检验的范围更普遍和扩大。如钢结构工程、建筑节能工程、安全防护工程等。

1.1.3 见证取样送检的程序和要求

根据北京市见证取样送检制度的规定，见证取样送检的程序和要求如下：

(1) 施工项目经理应在施工前根据单位工程设计图纸，工程规模和特点，与建设（监理）单位共同制定有见证取样送检的计划，并报质监站和检测单位。

根据《混凝土结构工程施工质量验收规范》GB 50204—2002第10.1节的规定，按计划结构实体重要部位必须进行同条件养护试件强度见证检验。

根据《建筑装饰装修工程质量验收规范》GB 50210—2001第3.2节关于装饰装修材料的规定：除所有材料必须进行进场验收外，并按规定进行抽样复验，当国家规定和合同约定或材料质量发生争议时，应进行见证检测。

(2) 建设单位委派具有一定施工试验知识的专业技术人员或监理人员担任见证人。见证人员发生变化时，监理单位应通知相关单位，办理书面变更手续。

见证人员必须对见证取样和送检的过程进行见证，且必须确保见证取样和送检过程的真实性。见证人有见证取样和送检印章，填写有见证取样和送检见证备案书。施工和材料设备供应单位人员不得担任见证人。

需要见证检测的检测项目，应按国家有关行政法规及标准的要求确定，施工单位应在取样及送检前通知见证人员，并填写见证记录。见证人员应核查见证检测的检测项目、数量和见证比例是否满足有关规定。

(3) 施工单位及其取样、送检人员必须确保提供的检测试样具有真实性和代表性。

施工单位项目技术负责人应建立、组织实施与检查施工现场检测试验的各项管理制度。包括岗位职责、现场试样制取及养护管理制度、仪器设备管理制度；现场检测试验安全管理制度、检测试验报告管理制度及登记台账等。

进场材料进行检测的试样或试件，必须从施工现场随机抽取，严禁在现场外制取。要确保试样或试件制取完好无损、按批量和部位取样数量足额无缺失。试验资料保存完整无缺损。

（4）施工单位与建设、监理单位共同确定承担有见证试验资格的试验室。

承担有见证试验的试验室，应选定有资质承担对外试验业务的试验室或法定检测单位。检测单位的检测试验能力应与所承接检测试验项目相适应。承担该项目施工的本企业试验室不得承担有见证试验业务。承担施工任务的企业没有试验室，全部试验任务都委托具有对外试验业务的试验室时，可以同时委托有见证取样的试验业务。但每个单位工程只能选定一个承担有见证取样试验的试验室。

（5）建设（监理）单位、施工单位应将单位工程见证取样送检计划，有见证取样送检见证人备案书，委托见证时送见证取样的试验室，见证取样试验室的资质证书及委托书，送该单位工程质量监督站备案。建设（监理）单位的见证取样送检见证人备案书应送承担见证取样送检试验室备案。

（6）见证人应按照施工见证取样送检计划，对施工现场的取样和送检进行旁站见证，按照标准要求取样制作试块，并在试样或其包装上作出标识、封志。标识应标明工程名称、取样施工部位、样品名称、数量、取样日期，见证人制作见证记录，在试验单上取样人和见证人共同签字，试件共同送至承担见证取样的试验室。

（7）承担见证取样的试验室，应具备相应资质或法定的检测机构，其检测试验能力应与所承接检测试验项目相适应。在检查确认委托试验文件和试件上的见证标识后方可试验。有见证取样送检的试验报告应加盖"有见证取样试验专用章"。

检测试验报告的编号和检测试验结果应在试样台账上登记，检测试验报告应存档。

(8) 有见证取样送检的试验结果达不到规定质量标准，试验室应向承监工程的工程质量监督站报告。当试验不合格，按有关规定允许加倍取样复试，加倍取样送检时也应按规定实施。

(9) 有见证取样送检的各种试验项目，当次数达不到要求时，其工程质量应由法定检测单位进行检测确定，检测费用由责任方承担。

(10) 检测机构应确保检测数据和检测报告的真实性和准确性。对检测试验结果不合格的报告严禁抽撤、替换或修改。见证取样送检试验资料必须真实完整，符合试验管理规定。对伪造、涂改、抽换或遗失试验资料的行为，对责任单位责任人依法追究责任。

(11) 对检测试验结果不合格的材料、设备和工程实体等质量问题，施工单位应依据相关标准的规定进行处理，监理单位应对质量问题的处理情况进行监督，并填写处理记录存档。

1.2 见证员的基本要求

1.2.1 见证员的基本要求

(1) 见证员要具备的资格。根据建设部建监 (1996) 488 号文件要求：

每项工程的取样和送样见证人由该工程的建设（监理）单位书面授权，委派现场管理人员 1~2 人担任，见证人应具备与承担工作相适应的专业知识。

基本要求：①见证人应是建设单位或监理单位人员；②必须具备初级以上技术职称或具有建筑施工专业知识；③有的省市根

据本地情况规定现场取样见证员，必须经培训、考试合格取得见证员证书。见证员分为一、二、三级。

（2）见证员必须具有建设（监理）单位书面授权书，向质量监督站递交授权书。质量监督站发给见证员登记表，见表1.2-1。内容包括考试成绩和考核结果、见证员证书级别和编号及印鉴印模等。

见证员登记表　　　　　　　　　　表 1.2-1

姓名		建设单位			
性别		年龄		工作年限	
学历		专业		职称（务）	
工 作 简 历					
推 荐 单 位 意 见	建议单位法人代表签字　　　　　营建办主任签字				
考 试 考 核 编 号	年度考试成绩： 　　　　　　　　　评语 年度考核情况： 　　　　　　　　考核人：　年　月　日				
审 批 单 位 意 见	证书级别和编号：　　　　　有效期： 印鉴印模： 批准单位：　　　签发人：　年　月　日				

　　见证员登记表一式四份：发证单位、见证员、建设（监理）单位、质监站各执一份。

　　有见证取样和送检备案书一式五份：建设、监理、施工、质量监督站、见证试验室各一份。

　　北京市采用有见证取样和送检见证人备案书的，见表1.2-2。

见证人备案书　　　　　　　　　　　　　　表1.2-2

_____质量监督站

_____试验室

我单位决定，由_____同志担任_____工程有见证取样和送检见证人，有关印章和签字如下：

有见证取样和送件印章	见证人签字
（印章）	

　　建设单位名称（盖章）_____

　　日　　　　　　　期_____

　　监理单位名称（盖章）_____

　　日　　　　　　　期_____

　　项 目 负 责 人 签 字_____

1.2.2　见证人员的职责

　　（1）取样现场见证。取样时见证员必须在现场进行见证；见证人应监督施工单位取样员按随机取样方法和试件制作方法进行取样。

　　（2）见证人在现场取样后应对试样进行监护。

　　（3）见证人应亲自封样加锁。

　　（4）见证人必要时应与施工试验员一起将试样送至检测

单位。

(5) 见证员必须在检验委托单上签字，并出示"见证员证书"和见证记录单表 1.2-3。

表 1.2-3

见证记录

见证记录		
工程名称		
取样部位		
样品名称	取样数量	
取样地点	取样日期	年 月 日
见证记录		
有见证取样和送检印章		
取样人签字		
见证人签字		
	填报日期	年 月 日

(6) 见证员对有见证送检试样负有法定责任。见证人应遵守国家、省、市有关法规及专业技术规范标准的有关规定，坚持原则、坚持标准、实事求是，对不良现象要敢于抵制，见证人对见证取样试样的代表性、真实性负有法定责任。

(7) 见证人应努力提高自身素质，见证人应努力学习与其工作相适应的有关专业知识，掌握建筑材料，半成品等随机抽检取样方法，检测项目，质量标准性能指标及判定方法，不断提高技术水平。

(8) 见证人应建立见证取样档案：

① 见证取样送检计划，见证员应与项目经理在施工前根据单位工程设计图纸分析工程规模和特点，制定有见证取样送检计

划，并应符合见证取样项数占试验项数的法定比例；

② 见证员应按计划按检测项目施工部位及时见证取样，分类建立检测项目台账（见表 1.2-4～表 1.2-9），统一编号。台账内容应有：项目名称、施工部位、材料名称、型号、等级、规格、生产厂家或供货单位、进场数量、取样时间、代表数量、取样员姓名、检测单位、检测结果、不合格材料处理情况等。

③ 见证取样数量与送检计划是否符合规定比例，不足时应及时与有关各方商定补充计划，并报告质监站和检测单位。

建设工程现场建筑材料有见证取样登记台账　　表 1.2-4

检测试验项目：

试样编号	产地／厂别	品种／种类	规格／等级	代表数量	其他参数	是否见证	取样人	取样日期	送检日期	委托编号	报告编号	检测试验结果	备注

钢筋试样台账　　表 1.2-5

试样编号	厂别	种类	牌号（级别）	规格（mm）	炉罐号	代表数量（t）	是否见证	取样人	取样日期	送检日期	委托编号	报告编号	检测试验结果	备注

续表

试样编号	厂别	种类	牌号（级别）	规格（mm）	炉罐号	代表数量（t）	是否见证	取样人	取样日期	送检日期	委托编号	报告编号	检测试验结果	备注

钢筋连接接头试验台账

（分机械连接接头和焊接接头） 表 1.2-6

试样编号	接头类型	接头等级	代表数量	原材料试样编号	公称直径（mm）	是否见证	取样人	取样日期	送检日期	委托编号	报告编号	检测试验结果	备注

混凝土试件台账 表 1.2-7

试件编号	浇筑部位	强度、抗渗等级	配合比编号	成型日期	试件型号	养护方式	是否见证	取样人	取样日期	送检日期	委托编号	报告编号	检测试验结果	备注

续表

试件编号	浇筑部位	强度、抗渗等级	配合比编号	成型日期	试件型号	养护方式	是否见证	取样人	取样日期	送检日期	委托编号	报告编号	检测试验结果	备注

砌墙砖与砌块试件台账   表 1.2-8

试件编号	厂别	砖或砌块种类	规格/型号	强度等级	代表数量	是否见证	取样人	送检日期	委托编号	报告编号	检测试验结果	备注

砂浆试件台账   表 1.2-9

试件编号	砌筑部位	砂浆种类	强度等级	配合比编号	成型时间	养护方式	是否见证	制作人	送检日期	委托编号	报告编号	检测试验结果	备注

续表

试件编号	砌筑部位	砂浆种类	强度等级	配合比编号	成型时间	养护方式	是否见证	制作人	送检日期	委托编号	报告编号	检测试验结果	备注

(9) 为了便于见证员在取样现场对所取样品进行封存，加强统一管理，防止串换，保证见证取样、送样工作顺利进行，必须制作一些专用工具。这种专用工具必须是加工制作容易，结构简单坚固，保证装取不损坏样品，必要时便于样品养护，便于人工搬运和各种交通工具运输。

(10) 见证的科学、公正、权威性。工程质量检测工作是工程建设质量管理中重要的一环，检测试验报告是评定工程质量的法定依据。科学、公正、权威地做好检测工作，是每个检测单位的永恒主题。检测单位要完善工作制度，建立考核办法，不断提高检测水平。反对与施工单位联合弄虚作假的违法行为。检测结果对工程质量及建设、监理、施工单位有法定效力。

2 建筑工程检测试验技术 管理规定

2.1 执行标准

(1)《建筑工程检测试验技术管理规范》(JGJ 190—2010);

(2)《建筑结构检测技术标准》(GB/T 50344—2004)。

2.2 检测试验项目

检测试验项目包括三部分:

(1) 材料、设备进场检测;

(2) 施工过程质量检测试验;

(3) 工程实体质量与使用功能检测。

2.3 材料、设备进场检测

(1) 材料、设备进场检测内容包括材料性能复试和设备性能测试。

(2) 进场材料性能复试与设备性能检测的项目和主要参数,应依据国家现行相关标准、设计文件和合同要求确定。

常用建筑材料进场复试项目、主要检测参数和取样依据见表2.3-1。

常用建筑材料进场复试项目、主要检测参数和取样依据 表 2.3-1

序号	类别	复试项目	主要检测参数	取样依据
1	混凝土组成材料	通用硅酸盐水泥	胶砂强度	《通用硅酸盐水泥》GB 175—2007
			安定性	
			凝结时间	
		砌筑水泥	安定性	《砌筑水泥》GB/T 3183—2003
			强度	
		天然砂	筛分析	《普通混凝土用砂、石质量及检验方法标准》JGJ 52—2006 《建筑用砂》GB/T 14684—2011
			含泥量	
			泥块含量	
		人工砂	筛分析	
			石粉含量(含亚甲蓝2试验)	
		石	筛分析	
			含泥量	
			泥块含量	
		轻骨料	颗粒级配(筛分析)	《轻集料及其试验方法》GB/T 17431.1,2—2010
			堆积密度	
			筒压强度(或强度等级)	
			吸水率	
		粉煤灰	细度	《粉煤灰混凝土应用技术规范》GBJ 146—1990
			烧失量	
			需水量比(同一供灰单位,一次/月)	
			三氧化硫含量(同一供灰单位,一次/季)	
		普通减水剂高效减水剂	pH值	《混凝土外加剂》GB 8076—2008
			密度(或细度)	
			减水率	

续表

序号	类别	复试项目	主要检测参数	取样依据
1	混凝土组成材料	早强减水剂	密度（或细度）	《混凝土外加剂》GB 8076—2008
			钢筋锈蚀	
			减水率	
			1d 和 3d 抗压强度比	
		缓凝减水剂、缓凝高效减水剂	pH 值	
			密度（或细度）	
			混凝土凝结时间	
			减水率	
		引气减水剂	pH 值	
			密度（或细度）	
			减水率	
			含气量	
		早强剂	钢筋锈蚀	
			密度（或细度）	
			1d 和 3d 抗压强度比	
		缓凝剂	pH 值	
			密度（或细度）	
			混凝土凝结时间	
		泵送剂	pH 值	《混凝土泵送剂》JC 473—2001(2007)
			密度（或细度）	
			坍落度增加值	
			坍落度保留值	
		防冻剂	钢筋锈蚀	《混凝土防冻剂》JC 475—2004
			密度（或细度）	
			R_{-7} 和 $7R_{+28}$ 抗压强度比	
		膨胀剂	限制膨胀率	《混凝土膨胀剂》GB 23439—2009

序号	类别	复试项目	主要检测参数		取样依据
1	混凝土组成材料	引气剂	pH 值		《混凝土外加剂》GB 8076—2008
			密度(或细度)		
			含气量		
		防水剂	pH 值		《砂浆、混凝土防水剂》JC 474—2008
			钢筋锈蚀		
			密度(或细度)		
		速凝剂	密度(或细度)		《喷射混凝土用速凝剂》JC 477—2005
			1d 抗压强度		
			凝结时间		
2	钢材	热轧光圆钢筋	拉伸(屈服强度、抗拉强度、断后延伸率)		《钢筋混凝土用钢 第一、二部分:热轧光圆钢筋、热轧带肋钢筋》GB 1499.1、2
			弯曲性能		
		热轧带肋钢筋	拉伸(屈服强度、抗拉强度、断后延伸率)		
			弯曲性能		
		碳素结构钢低合金高强度结构钢	拉伸(屈服强度、抗拉强度、延伸率)	复试条件:《钢结构工程施工质量验收规范》(GB 50205—2001)相关规定	《钢及钢产品 力学性能试验取样位置及试样制备》GB/T 2975—1998;《碳素结构钢》GB/T 700—2006;《低合金高强度结构钢》GB/T 1591—2008
			弯曲		
			冲击		
		钢筋混凝土用余热处理钢筋	拉伸(屈服强度、抗拉强度、延伸率)		《钢筋混凝土用余热处理钢筋》GB 13014—1991
			冷弯		
		冷轧带肋钢筋	拉伸(抗拉强度、延伸率)		《冷轧带肋钢筋混凝土构件技术规程》JGJ 95—2003
			弯曲或反复弯曲		

续表

序号	类别	复试项目	主要检测参数	取样依据
2	钢材	冷轧扭钢筋	拉伸(抗拉强度、延伸率)	《冷轧扭钢筋混凝土构件技术规程》JGJ 115—2006
			冷弯	
		预应力混凝土用钢绞线	最大力	《预应力混凝土用钢绞线》GB/T 5224—2003
			规定非比例延伸力	
			最大力总伸长率	
3	钢结构连接件及防火材料	扭剪型高强度螺栓连接副	预拉力	《钢结构工程施工质量验收规范》GB 50205—2001;《钢结构用扭剪型高强度螺栓连接副》GB/T 3632—2008
		高强度大六角头螺栓连接副	扭矩系数	《钢结构工程施工质量验收规范》GB 50205—2001《高强度大六角头螺栓、大六角螺母、垫圈技术条件》GB/T 1231—2006
		螺栓球节点钢网架高强度螺栓	拉力载荷	《钢结构工程施工质量验收规范》GB 50205—2001
		高强度螺栓连接摩擦面	抗滑移系数	
		防火涂料	粘结强度	
			抗压强度	
4	防水材料	铝箔面石油沥青防水卷材	拉力	《铝箔面石油沥青防水卷材》JC/T 504—2007
			柔度	
			耐热度	

续表

序号	类别	复试项目	主要检测参数	取样依据
4	防水材料	改性沥青聚乙烯胎防水卷材	拉力	《改性沥青聚乙烯胎防水卷材》GB 18967—2009
			断裂延伸率	
			低温柔度	
			耐热度（地下工程除外）	
			不透水性	
		弹性体改性沥青防水卷材	拉力	《弹性体改性沥青防水卷材》GB 18242—2008
			延伸率	
			低温柔度	
			耐热度（地下工程除外）	
			不透水性	
		塑性体改性沥青防水卷材	拉力	《塑性体改性沥青防水卷材》GB 18243—2008
			延伸率（G类除外）	
			低温柔度	
			耐热度（地下工程除外）	
			不透水性	
		自粘聚合物改性沥青防水卷材	拉力	《自粘聚合物改性沥青防水卷材》GB 23441—2009
			最大拉力时延伸率	
			沥青断裂延伸率（适用于N类）	
			低温柔度	
			耐热度（地下工程除外）	
			不透水性	
		高分子防水片材	断裂拉伸强度	《高分子防水材料 第一部分：片材》GB 18173.1—2006
			扯断伸长率	
			不透水性	
			低温弯折	

续表

序号	类别	复试项目	主要检测参数	取样依据
4	防水材料	聚氯乙烯防水卷材	拉力(适用于L、W类)	《聚氯乙烯防水卷材》GB 12952—2003
			拉伸强度(适用于N类)	
			断裂伸长率	
			不透水性	
			低温弯折性	
		氯化聚乙烯防水卷材	拉力(适用于L、W类)	《氯化聚乙烯防水卷材》GB 12953—2003
			拉伸强度(适用于N类)	
			断裂伸长率	
			不透水性	
			低温弯折性	
		氯化聚乙烯—橡胶共混防水卷材	拉伸强度	《氯化聚乙烯—橡胶共混防水卷材》JC/T 684—1997
			断裂伸长率	
			不透水性	
			脆性温度	
		水乳型沥青防水涂料	固体含量	《水乳型沥青防水涂料》JC/T 408—2005
			不透水性	
			低温柔度	
			耐热度	
			断裂伸长率	
		聚氨酯防水涂料	固体含量	《聚氨酯防水涂料》GB/T 19250—2003
			断裂延伸率	
			拉伸强度	
			低温弯折性	
			不透水性	
		聚合物乳液建筑防水涂料	固体含量	《聚合物乳液建筑防水涂料》JC/T 864—2008
			断裂延伸率	
			拉伸强度	
			不透水性	
			低温柔度	

续表

序号	类别	复试项目	主要检测参数	取样依据
4	防水材料	聚合物水泥防水涂料	固体含量	《聚合物水泥防水涂料》GB/T 23445—2009
			断裂伸长率(无处理)	
			拉伸强度(无处理)	
			低温柔度(适用于Ⅰ型)	
			不透水性	
		止水带	拉伸强度	《高分子防水材料 第二部分 止水带》GB 18173.2—2000
			扯断伸长率	
			撕裂强度	
		制品型膨胀橡胶	拉伸强度	《高分子防水材料 第三部分 遇水膨胀橡胶》GB/T 18173.3—2002
			扯断伸长率	
			体积膨胀倍率	
		腻子型膨胀橡胶	高温流淌性	
			低温试验	
			体积膨胀倍率	
		聚硫建筑密封胶	拉伸粘结性	《聚硫建筑密封胶》JC/T 483—2006
			低温柔度	
			施工度	
			耐热度(地下工程除外)	
		聚氨酯建筑密封胶	拉伸粘结性	《聚氨酯建筑密封胶》JC/T 482—2003
			低温柔度	
			施工度	
			耐热度(地下工程除外)	
		丙烯酸酯建筑密封胶	拉伸粘结性	《丙烯酸酯建筑密封胶》JC/T 484—2006
			低温柔度	
			施工度	
			耐热度(地下工程除外)	

续表

序号	类别	复试项目	主要检测参数	取样依据
4	防水材料	建筑用硅酮结构密封胶	拉伸粘结性	《建筑用硅酮结构密封胶》GB 16776—2005
		水泥基渗透结晶型防水材料	抗折强度	《水泥基渗透结晶型防水材料》GB 18445—2001
			湿基面粘结强度	
			抗渗压力	
		贴必定防水卷材		
		防水水泥砂浆		
5	砖及砌块	烧结普通砖	抗压强度	《烧结普通砖》GB 5101—2003
		烧结多孔砖		《烧结多孔砖》GB 13544—2011
		烧结空心砖和空心砌块	抗压强度	《烧结空心砖和空心砌块》GB 13545—2003
		蒸压灰砂空心砖		《蒸压灰砂空心砖》JC/T 637—2009
		粉煤灰砖	抗压强度 抗折强度	《粉煤灰砖》JC 239—2001
		蒸压灰砂砖		《蒸压灰砂砖》GB 11945—1999
		粉煤灰砌块	抗压强度	《粉煤灰砌块》JC 238—1991(1996)
		普通混凝土小型空心砌块		《普通混凝土小型空心砌块》GB 8239—1997
		轻集料混凝土小型空心砌块	强度等级	《轻集料混凝土小型空心砌块》GB/T 15229—1994
			密度等级	
		蒸压加气混凝土砌块	立方体抗压强度	《蒸压加气混凝土砌块》GB 11968—2006
			干密度	

续表

序号	类别	复试项目	主要检测参数	取样依据
6	装饰装修材料	人造木板、饰面人造木板	游离甲醛释放量或游离甲醛含量	《室内装饰装修材料 人造板及其制品中甲醛释放限量》GB 18580—2001
		室内用花岗石	放射性	《天然花岗石建筑板材》GB/T 18601—2001
		外墙陶瓷面砖	吸水率	《陶瓷砖》GB/T 4100—2006
			抗冻性(适用于寒冷地区)	
7	幕墙材料	石材	弯曲强度	《建筑装饰装修工程质量验收规范》GB 50210—2001
			冻融循环后压缩强度(适用于寒冷地区)	
		铝塑复合板	180°剥离强度	《建筑幕墙用铝塑复合板》GB/T 17748—2008
		玻璃	传热系数	
			遮阳系数	
			可见光透射比	
			中空玻璃露点	
		双组分硅酮结构胶	相容性	
			拉伸粘结性(标准条件下)	《建筑节能工程施工质量验收规范》GB 50411—2007
		幕墙样板	气密性能(当幕墙面积大于3000m² 或建筑外墙面积的50%时,应制作幕墙样板)	
			水密性能	
			抗风压性能	
		隔热型材	抗拉强度	
			抗剪强度	

续表

序号	类别	复试项目	主要检测参数		取样依据
8	节能材料	建筑外门窗	气密性能		《建筑装饰装修工程质量验收规范》GB 50210—2001 《建筑节能工程施工质量验收规范》GB 50411—2007
			水密性能		
			抗风压性能		
			传热系数(适用于严寒、寒冷和夏热冬冷地区)		
			中空玻璃露点		
			玻璃遮阳系数	适用于夏热冬冷和夏热冬暖地区	
			可见光透射比		
		绝热用模塑聚苯乙烯泡沫塑料(适用墙体及屋面)	表观密度		《建筑节能工程施工质量验收规范》GB 50411—2007
			压缩强度		
			导热系数		
		绝热用挤塑聚苯乙烯泡沫塑料(适用墙体及屋面)	压缩强度		
			导热系数		
		胶粉聚苯颗粒(适用墙体及屋面)	导热系数		
			干表观密度		
			抗压强度		
		胶粘材料(适用墙体)	拉伸粘结强度		《建筑节能工程施工质量验收规范》GB 50411—2007 《外墙外保温工程技术规程》JGJ 144—2004
		瓷砖胶粘剂(适用墙体)	拉伸胶粘强度		《建筑节能工程施工质量验收规范》GB 50411—2007 《陶瓷墙地砖胶粘剂》JC/T 547—2005

续表

序号	类别	复试项目	主要检测参数	取样依据
8	节能材料	耐碱型玻纤网格布（适用墙体）	断裂强力（经向、纬向） 耐碱强力保留率（经向、纬向）	《建筑节能工程施工质量验收规范》GB 50411—2007 《外墙外保温工程技术规程》JGJ 144—2004
		抹面胶浆、抗裂砂浆（适用抹面）	拉伸粘结强度	
		保温板钢丝网架（适用墙体）	焊点抗拉力	《建筑节能工程施工质量验收规范》GB 50411—2007 《建筑保温砂浆》GB/T 20473—2006
			抗腐蚀性能（镀锌层质量或镀锌层均匀性）	
		保温砂浆（适用屋面、地面）	导热系数	
			干密度	
			抗压强度	
		岩棉、矿渣棉、玻璃棉、橡塑材料（适用采暖）	导热系数	
			密度	
			吸水率	
		散热器	单位散热量	
			金属热强度	
		风机盘管机组	供冷量	《建筑节能工程施工质量验收规范》GB 50411—2007
			供热量	
			风量	
			出口静压	
			噪声	
			功率	
		电线、电缆（适用低压配电系统）	截面积	
			每芯导体电阻值	

2.4 施工过程质量检测试验

1. 施工过程质量检测试验项目和主要检测试验参数应根据国家现行相关标准、设计文件、合同要求和施工质量控制的需要确定。

2. 施工过程质量检测的主要内容包括土方回填、地基与基础、基坑支护、结构工程、装饰装修等 5 类。施工过程质量检测试验项目、主要检测参数和取样依据按表 2.4-1 的规定确定。

施工过程质量检测试验项目、主要检测参数和取样依据　表 2.4-1

序号	类别	检验试验项目	主要检测试验参数	取样依据	备注
1	土方回填	土工击实	最大干密度	《土工实验方法标准》GB/T 50123—1999	
			最优含水率		
		压实程度	压实系数	《建筑地基基础设计规范》GB 50007—2011	
2	地基与基础	换填地基	压实系数或承载力	《建筑地基处理技术规范》JGJ 79—2002	
		加固地基、复合地基	承载力	《建筑地基基础工程施工质量验收规范》GB 50202—2002	
		桩基	承载力	《建筑基桩检测技术规范》JGJ 106—2003	
			桩身完整性		钢桩除外
3	基坑支护	土钉墙	土钉抗拔力	《建筑基坑支护技术规程》JGJ 120—1999	
		水泥土墙	墙身完整性		
			墙体强度		设计有要求时
		锚杆、锚索	锁定力		

续表

序号	类别	检验试验项目	主要检测试验参数	取样依据	备注
4	结构工程	钢筋连接	机械连接工艺检验	抗拉强度	《钢筋机械连接通用技术规程》JGJ 107—2010	
			机械连接现场检验			
			钢筋焊接工艺检验	抗拉强度	《钢筋焊接及验收规程》JGJ 18—2003	适用于闪光对焊、气压焊接头
				弯曲		
			闪光对焊	抗拉强度		
				弯曲		
			气压焊	抗拉强度		适用于水平连接筋
				弯曲		
			电弧焊、电渣压力焊、预埋件钢筋 T 形接头	抗拉强度		
			网片焊接	抗剪力		热轧带肋钢筋
				抗拉强度		冷轧带肋钢筋
				抗剪力		
		混凝土	混凝土配合比设计	工作性	《普通混凝土配合比设计规程》JGJ 55—2011	工作度、坍落度和坍落扩展度等
				强度等级		
			混凝土性能	标准养护试件强度	《混凝土结构工程施工质量验收规范》GB 50204—2002；《混凝土外加剂应用技术规范》GB 50119—2003；《建筑工程冬期施工规程》JGJ/T 104—2011	同条件养护28d转标准养护28d试件强度和冬冻临界强度试件按冬期施工相关要求增设，其他同条件试件根据施工需要留置
				同条件试件强度(受冻临界、拆模、张拉、放张和临时负荷等)		
				同条件养护28d转标准养护28d试件强度		

续表

序号	类别	检验试验项目	主要检测试验参数	取样依据	备注
4	结构工程	混凝土 混凝土性能	抗渗性能	《地下防水工程质量验收规范》GB 50208—2011《混凝土结构工程施工质量验收规范》GB 50204—2002	有抗渗要求时
		砌筑砂浆 砂浆配合比设计	强度等级	《砌筑砂浆配合比设计规程》JGJ/T 98—2010	
			稠度		
		砂浆力学性能	标准养护试件强度	《砌体工程施工质量验收规范》GB 50203—2011	
			同条件养护试件强度		冬期施工时增设
		钢结构 网架结构焊接球节点、螺栓球节点	承载力	《钢结构工程施工质量验收规范》GB 50205—2001	安全等级一级、L≥40m且设计有要求时
			焊缝质量		
		后锚固（植筋、锚栓）		《混凝土结构后锚固技术规程》JGJ 145—2004	
5	装饰装修	饰面砖粘贴	粘结强度	《建筑工程饰面砖粘结强度检验标准》JGJ 110—2008	

3. 施工工艺参数检测试验项目应由施工单位试验室根据工艺特点及现场施工条件确定。

2.5 工程实体质量与使用功能检测

1. 工程实体质量与使用功能检测项目应依据国家现行相关

标准、设计文件及合同要求确定。

2. 工程实体质量与使用功能检测的主要内容应包括实体质量及使用功能等两类。工程实体质量与使用功能检测项目、主要检测参数和取样依据见表 2.5-1。

工程实体质量与使用功能检测项目、主要检测参数和取样依据

表 2.5-1

序号	类别	检测项目	主要检测参数	取样依据
1	实体质量	混凝土结构	钢筋保护层厚度	《混凝土结构工程施工质量验收规范》GB 50204—2002
			结构实体检验用同条件养护试件强度	
		围护结构	外窗气密性能(适用于严寒、寒冷、夏热冬冷地区)	《建筑节能工程施工质量验收规范》GB 50411—2007
			外墙节点	
2	使用功能	室内环境污染物	氡	《民用建筑工程室内环境污染控制规范》GB 50325—2010
			甲醛	
			苯	
			氨	
			TVOC	
		系统节能性能	室内温度	《建筑节能工程施工质量验收规范》GB 50411—2007
			供热系统室外管网的水力平衡度	
			供热系统的补水率	
			室外管网的热输送效率	
			各风口的风量	
			通风与空调系统的总风量	
			空调机组的水流量	
			空调系统冷热水、冷却水总流量	
			平均照度与照明功率密度	

3 建筑材料取样方法和检验

3.1 通用硅酸盐水泥

3.1.1 执行标准

《通用硅酸盐水泥》GB 175—2007

本标准自实施之日起代替《硅酸盐水泥、普通硅酸盐水泥》GB 175—1999、《矿渣硅酸盐水泥、火山灰质硅酸盐水泥、粉煤灰硅酸盐水泥》GB 1344—1999、《复合硅酸盐水泥》GB 12958—1999 三个标准。

3.1.2 分类

本标准规定的通用硅酸盐水泥按混合材料的品种和掺量分为硅酸盐水泥、普通硅酸盐水泥、矿渣硅酸盐水泥、火山灰质硅酸盐水泥、粉煤灰硅酸盐水泥和复合硅酸盐水泥。各品种的组分和代号应符合规定。

3.1.3 组分与材料

1. 组分

通用硅酸盐水泥的组分应符合表 3.1-1 的规定。

2. 材料

（1）硅酸盐水泥熟料

由主要含 CaO、SiO_2、Al_2O_3、Fe_2O_3 的原料，按适当比例磨成细粉烧至部分熔融所得以硅酸钙为主要矿物成分的水硬性胶

通用硅酸盐水泥的组分（%）   表 3.1-1

品种	代号	组 分				
		熟料＋石膏	粒化高炉矿渣	火山灰质混合材料	粉煤灰	石灰石
硅酸盐水泥	P·Ⅰ	100	—	—	—	—
	P·Ⅱ	≥95	≤5	—	—	—
		≥95	—	—	—	≤5
普通硅酸盐水泥	P·O	≥80且<95	>5且≤20ᵃ			—
矿渣硅酸盐水泥	P·S·A	≥50且<80	>20且≤50ᵇ	—	—	—
	P·S·B	≥30且<50	>50且≤70ᵇ	—	—	—
火山灰质硅酸盐水泥	P·P	≥60且<80	—	>20且≤40ᶜ	—	—
粉煤灰硅酸盐水泥	P·F	≥60且<80	—	—	>20且≤40ᵈ	—
复合硅酸盐水泥	P·C	≥50且<80	>20且≤50ᵉ			

a. 本组分材料为符合本标准 5.2.3 的活性混合材料，其中允许用不超过水泥质量8%且符合本标准5.2.4的非活性混合材料或不超过水泥质量5%且符合本标准5.2.5的窑灰代替。

b. 本组分材料为符合GB/T 203或GB/T 18046的活性混合材料，其中允许用不超过水泥质量8%且符合本标准第5.2.3条的活性混合材料或符合本标准第5.2.4条的非活性混合材料或符合本标准第5.2.5条的窑灰中的任一种材料代替。

c. 本组分材料为符合GB/T 2847的活性混合材料。

d. 本组分材料为符合GB/T 1596的活性混合材料。

e. 本组分材料为由两种（含）以上符合本标准第5.2.3条的活性混合材料或/和符合本标准第5.2.4条的非活性混合材料组成，其中允许用不超过水泥质量8%且符合本标准第5.2.5条的窑灰代替。掺矿渣时混合材料掺量不得与矿渣硅酸盐水泥重复。

凝物质。其中硅酸钙矿物不小于66%，氧化钙和氧化硅质量比不小于2.0。

（2）石膏

① 天然石膏：应符合 GB/T 5483 中规定的 G 类或 M 类二

级（含）以上的石膏或混合石膏。

② 工业副产石膏：以硫酸钙为主要成分的工业副产物。采用前应经过试验证明对水泥性能无害。

③ 活性混合材料

符合 GB/T 203、GB/T 18046、GB/T 1596、GB/T 2847 标准要求的粒化高炉矿渣、粒化高炉矿渣粉、粉煤灰、火山灰质混合材料。

④ 非活性混合材料

活性指标分别低于 GB/T 203、GB/T 18046、GB/T 1596、GB/T 2847 标准要求的粒化高炉矿渣、粒化高炉矿渣粉、粉煤灰、火山灰质混合材料；石灰石和砂岩，其中石灰石中的三氧化二铝含量应不大于 2.5%。

⑤ 窑灰

符合 JC/T 742 的规定。

⑥ 助磨剂

水泥粉磨时允许加入助磨剂，其加入量应不大于水泥质量的 0.5%，助磨剂应符合 JC/T 667 的规定。

3.1.4 强度等级

1. 硅酸盐水泥的强度等级分为 42.5、42.5R、52.5、52.5R、62.5、62.5R 六个等级。

2. 普通硅酸盐水泥的强度等级分为 42.5、42.5R、52.5、52.5R 四个等级。

3. 矿渣硅酸盐水泥、火山灰质硅酸盐水泥、粉煤灰硅酸盐水泥、复合硅酸盐水泥的强度等级分为 32.5、32.5R、42.5、42.5R、52.5、52.5R 六个等级。

3.1.5 技术要求

1. 化学指标

化学指标应符合表 3.1-2 规定。

化学指标（%）　　　　　　　　　　　　　表 3.1-2

品种	代号	不溶物（质量分数）	烧失量（质量分数）	三氧化硫（质量分数）	氧化镁（质量分数）	氯离子（质量分数）
硅酸盐水泥	P·Ⅰ	≤0.75	≤3.0	≤3.5	≤5.0[a]	≤0.06[c]
	P·Ⅱ	≤1.50	≤3.5			
普通硅酸盐水泥	P·O	—	≤5.0			
矿渣硅酸盐水泥	P·S·A	—	—	≤4.0	≤6.0[b]	
	P·S·B	—	—		—	
火山灰质硅酸盐水泥	P·P	—	—	≤3.5	≤6.0[b]	
粉煤灰硅酸盐水泥	P·F	—	—			
复合硅酸盐水泥	P·C					

a. 如果水泥压蒸试验合格，则水泥中氧化镁的含量（质量分数）允许放宽至 6.0%。

b. 如果水泥中氧化镁的含量（质量分数）大于 6.0% 时，需进行水泥压蒸安定性试验并合格。

c. 当有更低要求时，该指标由买卖双方协商确定。

2. 碱含量（选择性指标）

水泥中碱含量按 $Na_2O+0.658K_2O$ 计算值表示。若使用活性骨料，用户要求提供低碱水泥时，水泥中的碱含量应不大于 0.60% 或由买卖双方协商确定。

3. 物理指标

（1）凝结时间

硅酸盐水泥初凝不小于 45min，终凝不大于 390min；

普通硅酸盐水泥、矿渣硅酸盐水泥、火山灰质硅酸盐水泥、粉煤灰硅酸盐水泥和复合硅酸盐水泥初凝不小于 45min，终凝不大于 600min。

（2）安定性　沸煮法合格。

（3）强度

不同品种不同强度等级的通用硅酸盐水泥，其不同各龄期的强度应符合表 3.1-3 的规定。

不同品种不同强度等级的通用硅酸盐水泥，
其不同各龄期的强度（MPa） 表 3.1-3

品　种	强度等级	抗压强度		抗折强度	
		3d	28d	3d	28d
硅酸盐水泥	42.5	≥17.0	≥42.5	≥3.5	≥6.5
	42.5R	≥22.0		≥4.0	
	52.5	≥23.0	≥52.5	≥4.0	≥7.0
	52.5R	≥27.0		≥5.0	
	62.5	≥28.0	≥62.5	≥5.0	≥8.0
	62.5R	≥32.0		≥5.5	
普通硅酸盐水泥	42.5	≥17.0	≥42.5	≥3.5	≥6.5
	42.5R	≥22.0		≥4.0	
	52.5	≥23.0	≥52.5	≥4.0	≥7.0
	52.5R	≥27.0		≥5.0	
矿渣硅酸盐水泥 火山灰硅酸盐水泥 粉煤灰硅酸盐水泥 复合硅酸盐水泥	32.5	≥10.0	≥32.5	≥2.5	≥5.5
	32.5R	≥15.0		≥3.5	
	42.5	≥15.0	≥42.5	≥3.5	≥6.5
	42.5R	≥19.0		≥4.0	
	52.5	≥21.0	≥52.5	≥4.0	≥7.0
	52.5R	≥23.0		≥4.5	

（4）细度（选择性指标）

硅酸盐水泥和普通硅酸盐水泥以比表面积表示，不小于 $300m^2/kg$；矿渣硅酸盐水泥、火山灰质硅酸盐水泥、粉煤灰硅酸盐水泥和复合硅酸盐水泥以筛余表示，$80\mu m$ 方孔筛筛余不大于 10% 或 $45\mu m$ 方孔筛筛余不大于 30%。

3.1.6　检验规则

1. 编号及取样

水泥出厂前按同品种、同强度等级编号和取样。袋装水泥和散装水泥应分别进行编号和取样。每一编号为一取样单位。水泥出厂编号按年生产能力规定为：

200×10^4 t 以上，不超过 4000t 为一编号；

120×10^4 t～200×10^4 t，不超过 2400t 为一编号；

60×10^4 t～120×10^4 t，不超过 1000t 为一编号；

30×10^4 t～60×10^4 t，不超过 600t 为一编号；

10×10^4 t～30×10^4 t，不超过 400t 为一编号；

10×10^4 t 以下，不超过 200t 为一编号。

取样方法按《水泥取样方法》GB/T 12573—2008 进行。可连续取，亦可从 20 个以上不同部位取等量样品，总量至少 12kg。当散装水泥运输工具的容量超过该厂规定出厂编号吨数时，允许该编号的数量超过取样规定吨数。

2. 水泥出厂

经确认水泥各项技术指标及包装质量符合要求时方可出厂。

3. 出厂检验

出厂检验项目为化学成分、凝结时间、安定性、强度。

4. 判定规则

(1) 检验结果符合本标准化学成分、凝结时间、安定性、强度要求的为合格品。

(2) 检验结果不符合本标准中的化学成分、凝结时间、安定性、强度要求任何一项技术要求为不合格品。

3.1.7 检验报告

检验报告内容应包括出厂检验项目、细度、混合材料品种和掺加量、石膏和助磨剂的品种及掺加量、属旋窑或立窑生产及合同约定的其他技术要求。当用户需要时，生产者应在水泥发出之日起 7d 内寄发除 28d 强度以外的各项检验结果，32d 内补报 28d 强度的检验结果。

3.1.8 交货与验收

1. 交货时水泥的质量验收可抽取实物试样以其检验结果为依据，也可以生产者同编号水泥的检验报告为依据。采取何种方法验收由买卖双方商定，并在合同或协议中注明。卖方有告知买方验收方法的责任。当无书面合同或协议，或未在合同、协议中注明验收方法的，卖方应在发货票上注明"以本厂同编号水泥的检验报告为验收依据"字样。

2. 以抽取实物试样的检验结果为验收依据时，买卖双方应在发货前或交货地共同取样和签封。取样方法按《水泥取样方法》GB/T 12573—2008 进行，取样数量为 20kg，缩分为二等份。一份由卖方保存 40d，一份由买方按本标准规定的项目和方法进行检验。

在 40d 以内，买方检验认为产品质量不符合本标准要求，而卖方又有异议时，则双方应将卖方保存的另一份试样送省级或省级以上国家认可的水泥质量监督检验机构进行仲裁检验。水泥安定性仲裁检验时，应在取样之日起 10d 以内完成。

3. 以生产者同编号水泥的检验报告为验收依据时，在发货前或交货时买方在同编号水泥中取样，双方共同签封后由卖方保存 90d，或认可卖方自行取样、签封并保存 90d 的同编号水泥的封存样。

在 90d 内，买方对水泥质量有疑问时，则买卖双方应将共同认可的试样送省级或省级以上国家认可的水泥质量监督检验机构进行仲裁检验。

3.1.9 包装、标志、运输与贮存

1. 包装

水泥可以散装或袋装，袋装水泥每袋净含量为 50kg，且应不少于标志质量的 99%；随机抽取 20 袋总质量（含包装袋）应不少于 1000kg。其他包装形式由供需双方协商确定，但有关袋

装质量要求，应符合上述规定。水泥包装袋应符合 GB 9774 的规定。

2. 标志

水泥包装袋上应清楚标明：执行标准、水泥品种、代号、强度等级、生产者名称、生产许可证标志（QS）及编号、出厂编号、包装日期、净含量。包装袋两侧应根据水泥的品种采用不同的颜色印刷水泥名称和强度等级，硅酸盐水泥和普通硅酸盐水泥采用红色，矿渣硅酸盐水泥采用绿色；火山灰质硅酸盐水泥、粉煤灰硅酸盐水泥和复合硅酸盐水泥采用黑色或蓝色。

散装发运时应提交与袋装标志相同内容的卡片。

3. 运输与贮存

水泥在运输与贮存时不得受潮和混入杂物，不同品种和强度等级的水泥在贮运中避免混杂。

3.1.10　水泥复试必试项目

1. 胶砂强度：包括抗压强度和抗折强度；
2. 安定性；
3. 凝结时间。

3.1.11　取样批量及取样方法

1. 散装水泥：同一生产厂家生产的同期、同品种、同强度等级的水泥，以一次进场的同一出厂编号的水泥 500t 为一批，随机从不少于三个车罐中，用槽型管在适当位置插入水泥一定深度（不超过 2m）取样，经搅拌均匀后，从中取出不少于 12kg 作为试样，放入干净、干燥、不易污染的容器中。

2. 袋装水泥：同一水泥厂生产的同期、同品种、同强度等级水泥，以一次进场的同一出厂编号的水泥 200t 为一批，随机从 20 袋中采取等量的水泥，经搅拌后取 12kg 作为检验试样，每一批取一组试样 12kg。

3.1.12 试验结果判定

1. 水泥强度

水泥强度等级按规定龄期的抗压强度和抗折强度来划分。各强度等级水泥的各龄期强度均应满足表3-1、表3-2和表3-3的数值。

2. 凝结时间

初凝时间不得早于45min；

终凝时间不迟于6.5h（P·Ⅰ、P·Ⅱ）；

10h（P·O、P·S、P·P、P·F、P·C）。

3. 安定性

用沸煮法检验必须合格。若为试饼法，沸煮后无裂缝，无弯曲为合格；雷式法，平均值小于5mm为合格，有争议时以雷式法为准。

在出厂时质量证明书中，必须保证其他项目如氧化镁、三氧化硫等合格。复试报告根据必试项目结果判定水泥是否符合标准。

不合格水泥：凡细度、终凝时间、不溶物和烧失量任何一项不符合标准规定或掺加剂超标，混合材料掺量超限，或强度低于规定指标，或水泥包装标志中水泥品种、强度等级、厂名及编号不全，均属不合格水泥。

低碱水泥：指 $Na_2O + 0.658K_2O$ 含量≤0.6%的水泥。若使用活性骨料或使用早强剂、减水剂配制冬施防冻剂时，用户可用含碱量不大于0.60%的水泥，防止碱骨料反应。

3.1.13 常用水泥的适用范围

常用硅酸盐水泥的适用范围，见表3.1-4。

3.1.14 放射性指标限量

根据《民用建筑工程室内环境污染控制规范》GB 50325—2010的第3.1.1条规定，水泥需测定放射性指标，并应符合（表3.1-5）放射性指标限量的规定。

常用硅酸盐水泥的适用范围 表 3.1-4

水泥品种	使用范围	
	适用于	不适用于
硅酸盐水泥	1. 配制高强度混凝土 2. 先张预应力制品、石棉制品 3. 道路、低温下施工的工程	1. 大体积混凝土 2. 地下工程
普通硅酸盐水泥	适应性强，无特殊要求的工程都可以使用	
矿渣硅酸盐水泥	1. 地面、地下、水中各种混凝土工程 2. 高温车间建筑	需要早强和受冻融循环干湿交替的工程
火山灰质硅酸盐水泥	1. 地下水工程、大体积混凝土工程 2. 一般工业与民用建筑	
粉煤灰硅酸盐水泥	1. 大体积混凝土和地下工程 2. 一般工业与民用建筑	
复合硅酸盐水泥		

水泥放射性指标限量 表 3.1-5

测 定 项 目	限　量
内照射指数	≤1.0
外照射指数	≤1.0

3.2 砌 筑 水 泥

3.2.1 执行标准

《砌筑水泥》GB/T 3183—2003。

3.2.2 定义、代号及用途

1. 定义与代号

凡由一种或一种以上的水泥混合材料，加入适量硅酸盐水泥熟料和石膏，经磨细制成的工作性能较好的水硬性胶凝材料，称为砌筑水泥。代号 M。

2. 用途

砌筑水泥主要用于砌筑和抹面砂浆、垫层混凝土等。不应用于结构混凝土。

3.2.3 组成与材料

组成：水泥中混合材料掺加量按质量百分比计应大于 50%，允许掺入适量的石灰石或窑灰。

（1）水泥混合材料系符合规定的混合材料，石灰石中的三氧化二铝不得超过 2.5%。

（2）石膏、窑灰和熟料均应符合规定。

（3）助磨剂　水泥磨粉时允许加入助磨剂，加入量不应超过水泥质量的 1%，助磨剂应符合规定。

3.2.4 强度等级

砌筑水泥分 12.5 级和 22.5 级两个强度等级。

3.2.5 技术要求

1. 三氧化硫：含量不大于 4%；

2. 细度：80μm 方孔筛筛余不大于 10.0%；

3. 凝结时间：初凝不早于 60min，终凝不迟于 12h；

4. 安定性：用沸煮法检验应合格；

5. 保水率：保水率应不低于 80%；

6. 强度：各等级水泥各龄期强度应不低于表 3.2-1 中数值。

各等级水泥各龄期强度（MPa）　　表 3.2-1

水泥等级	抗压强度		抗折强度	
	7d	28d	7d	28d
12.5	7.0	12.5	1.5	3.0
22.5	10.0	22.5	2.0	4.0

3.2.6 检验规则

1. 编号及取样 水泥出厂前，按同品种、同强度等级编号和取样。袋装水泥和散装水泥应分别进行编号和取样。每一编号为一取样单位。水泥出厂编号按水泥出厂年生产能力规定：

60 万 t 以上，不超过 1000t 为一编号

30 万 t 以上至 60 万 t 为一编号

10 万 t 以上至 30 万 t 为一编号

10 万 t 以下，不超过 2000t 为一编号

取样方法按 GB 12573 进行。取样应有代表性。可连续取，也可从 20 以上不同部位取等量样品，总量至少 12kg。

所取样品应按标准的规定方法进行检验，检验项目包括全部技术要求。

2. 出厂水泥 出厂水泥应保证出厂强度等级，其余技术要求应符合标准有关要求。

3. 废品 凡三氧化硫、初凝时间、安定性中的任一项不符合标准规定或 12.5 级砌筑水泥强度低于规定指标时均为废品。

4. 不合格品 凡细度、终凝时间、保水率中的任一项不符合标准规定或 22.5 级砌筑水泥强度低于规定指标时均为不合格品。水泥包装标志中水泥品种、强度等级、生产者名称和出厂编号不全也属于不合格品。

3.2.7 试验报告

试验报告内容应包括标准规定的各项技术要求及试验结果。助磨剂、工业副产石膏、混合材料的名称和掺加量。当用户需要时，水泥厂应在水泥发出之日起 11d 内寄发除 28d 强度以外的各项试验结果，28d 强度数值应在水泥发出之日起 32d 内补报。

3.2.8 交货与验收

1. 交货时水泥的质量验收可抽取实物试样以其检验结果为

依据，也可以水泥厂同编号水泥的检验报告为依据。采取何种方法验收由买卖双方商定，并在合同或协议中注明。

2. 以抽取实物试样的检验结果为验收依据时，买卖双方应在发货前或交货地共同取样和签封。取样方法按 GB 12573 进行，取样数量为 20kg，缩分为两等份：一份由卖方保存 40d，一份由买方按标准规定的项目和方法进行检验。

在 40d 内，买方检验认为产品质量不符合标准要求，而卖方有异议时，则双方应将卖方保存的另一份试样送国家认可的省、部级水泥质量监督检验机构进行仲裁检验。

3.3 块硬硫铝酸盐水泥

3.3.1 执行标准

《快硬硫铝酸盐水泥》JC 933—2003。

3.3.2 硫铝酸盐水泥

1. 定义：以适当成分的生料，经煅烧所得以无水硫铝酸钙和硅酸二钙为主要矿物成分的熟料，加入适量石膏和 0～10％的石灰石，磨细制成的早期强度高的水硬性胶凝材料，称为快硬硫铝酸盐水泥，代号 R. SAC。

其中石膏应符合 GB/T 5483 中 A 类一级、G 类二级以上的要求，石灰石中 Al_2O_3 含量应不大于 2.0％。

2. 硫铝酸盐水泥的化学成分和矿物组成

（1）硫铝酸盐水泥的主要化学成分见表 3.3-1。

硫铝酸盐水泥的主要化学成分　　　　表 3.3-1

化 学 成 分	含量波动范围
CaO	40％～44％
Al_2O_3	18％～22％

续表

化 学 成 分	含量波动范围
SiO_2	8%～12%
Fe_2O_3	6%～10%
SO_3	12%～16%

（2）硫铝酸盐水泥的主要矿物组成见表3.3-2。

硫铝酸盐水泥的主要矿物组成 表 3.3-2

矿物组	含量波动范围	
C_4A_3S	36%～44%（主要矿物组成）	根据配料和煅烧温度的不同,还可
$\beta—C_2S$	23%～34%（主要矿物组成）	能有 $C_{12}A_7CA$ 或少量的 C_2F,
C_2F	10%～17%	$CaSO_4$,
$CaSO_4$	12%～17%	CaS

通过调节外掺石膏可以使硫铝酸盐成为具有不同性能的水泥。石膏外掺量较少时为早强水泥,增加石膏的外掺量可以变为微膨胀水泥,随着石膏外掺量的增加可以变为膨胀水泥或自应力水泥。

3. 强度等级：以 3 天抗压强度表示,分为 42.5、52.5、62.5、72.5 四级。

4. 技术要求

① 比表面积、凝结时间应符合表 3.3-3 规定。

比表面积、凝结时间 表 3.3-3

项 目		指 标 值
比表面积,m^2/kg,不小于		350
凝结时间,min	初凝不早于	25
	终凝不迟于	180

注：凝结时间,用户需求时,可以变动

② 强度应符合表 3.3-4 规定。

按 GB/T 177 进行,但作如下补充和规定：

强度 表 3.3-4

标号	抗压强度			抗折强度		
	1d	3d	28d	1d	3d	28d
425	34.5	42.5	48.0	6.5	7.0	7.5
525	44.0	52.5	58.0	7.0	7.5	8.0
625	52.5	62.5	68.0	7.5	8.0	8.5
725	59.0	72.5	78.0	8.0	8.5	9.0

a）用水量按 0.42 水灰比（227mL）和胶砂流动度达到 121~130mm 来确定。当按 0.42 水灰比制备的胶砂流动度超出规定的范围时应按 0.01 的整倍数增减水灰比使流动度达到规定的范围。胶砂流动度测定按 GB/T 2419 进行。

b）试体成型后，带模置于温度 20℃±3℃、温度大于 90% 的养护箱中养护 4h 后脱模（如脱模困难，可适当延长脱模时间），放入 20℃±2℃的水中养护。

c）1 天和 3 天龄期的试体，应在规定龄期上 1h 的时间内进行强度检验。

硫铝酸盐水泥在 5℃能正常硬化，由于不含 C_3A 矿物，并且水泥石的致密度高，所以抗硫酸盐性良好。水泥石在空气中的收缩小，抗冻和抗渗性能好，水泥石的 pH 为 9.8~10.2，属于低碱水泥。

5. 检验规则

（1）编号和取样

水泥出厂前应按同标号编号和取样。每一编号为一取样单位，取样方法按 GB 12573 进行。日产量超过 120t 时，以不超过 120t 为一编号，不足 120t 时，应以不超过日产量为一个编号。

取样应具有代表性，可连续取，也可从 20 个以上的不同部位取等量样品，总数量至少 12kg。

所取样品按第 6 章规定的方法进行出厂检验，检验项目包括需要对产品进行考核的全部技术要求。

（2）出厂水泥

出厂水泥应保证 28d 强度，其余技术指标应符合第 5 章规定，否则不得出厂。

（3）不合格品

凡比表面积、凝结时间中任何一项不符合第 5 章规定或强度低于商品标号规定的指标时为不合格品。

（4）试验报告

试验报告内容应包括本标准规定的各项要求及试验结果。如用户要求时水泥厂应在水泥发出之日起 6d 内，寄发水泥品质试验报告，试验报告中应包括除 28d 强度以外的第 5 章所列各项要求的试验结果。28d 强度数值，应在水泥发出日期起 32d 内补报。

（5）交货与验收

① 交货时水泥的质量验收可抽取实物试样以其检验结果为依据，也可以水泥厂同编号水泥的检验报告为依据，采取何种方法验收由买卖双方商定，并在合同或协议中注明。

② 以抽取实物试样的检验结果为验收依据时，买卖双方应在发货前或交货地共同取样和签封。取样方法按 GB 12573 进行，取样数量为 20kg，缩分为二等份。一份由卖方保存 40d，一份由买方按本标准规定的项目和方法进行。

在 40d 以内，买方检验认为产品质量不符合标准要求，而卖方又有异议时，则双方应将卖方保存的另一份试样送省级以上国家认可的水泥质量监督检验机构进行仲裁检验。

③ 以水泥厂同编号水泥的检验报告为验收依据时，在发货前或交货时买方（或委托卖方）在同编号水泥中抽取试样，双方共同签封后保存 45d。

在 45d 内，买方对水泥质量有疑问时，则买卖双方应将这一试样送省级或省级以上国家认可的水泥质量监督检验机构进行仲裁检验。

6. 包装、标志、运输与贮存

（1）包装　水泥须用四层纸袋加一层塑料薄膜或防潮性能相当的袋包装，包装袋其他技术要求应符合 GB 9774 的规定，每袋净重 50kg 且不得少于 49kg，随机抽取 20 袋，总质量不得少于 1000kg。

（2）标志　包装袋上应清楚标明工厂名称、地址、生产许可证编号、商标、水泥名称、代号、强度等级、出厂编号、包装质量、包装日期及严防受潮等字样，包装袋两侧也应清楚标明水泥名称和标号，并用黑色印刷。

（3）运输与贮存　水泥在运输与贮存时，不得受潮和混入杂物，不同品种和标号的水泥应分别贮运，不得混杂。

7. 硫铝酸盐水泥的应用

硫铝酸盐水泥可用于快硬的工程修补预拌砂浆、冬期施工用预拌砂浆、地面工程用预拌砂浆。

8. 水泥进场复验

水泥进场时应检验其品种、级别（或强度等级）、包装后散装仓号、出厂日期等，应对其强度、安定性及其他必要的性能指标进行复验，其质量必须符合相应水泥品种现行国家标准的规定。当在使用中对水泥质量有所怀疑或水泥出厂超过三个月时，应进行复验，按复验结果应用与处理。

3.4　混凝土用砂、石

3.4.1　执行标准

1.《普通混凝土用砂、石质量标准及检验方法》JGJ 52—2006；

2.《建筑用砂》GB/T 14684—2011；

3.《人工砂应用技术规程》DBJ/T 01-65—2002；

4.《建筑用卵石、碎石》GB/T 14685—2001。

3.4.2 总则

1. 为在普通混凝土中合理使用天然砂，人工砂和碎石、卵石，保证普通混凝土用砂、石的质量，制定《普通混凝土用砂、石质量标准及检验方法》JGJ 52—2006。

2. 标准适用于一般工业与民用建筑和构筑物中普通混凝土用砂的质量要求和检验。

3. 对于长期处于潮湿环境的重要混凝土结构所用的砂、石，应进行碱活性检验。

4. 砂和石的质量要求和检验，除应符合标准外，尚应符合国家现行有关标准的规定。

3.4.3 砂的质量要求

1. 砂的粗细程度按细度模数 μ_f 分为粗、中、细、特细四级，其范围应符合以下规定：

粗砂：$\mu_f = 3.7 \sim 3.1$

中砂：$\mu_f = 3.0 \sim 2.3$

细砂：$\mu_f = 2.2 \sim 1.6$

特细砂：$\mu_f = 1.5 \sim 0.7$

2. 砂筛应采用方孔筛。砂的公称粒径、砂筛筛孔的公称直径和方孔筛筛孔边长应符合表 3.4-1 的规定。

砂的公称粒径、砂筛筛孔的公称直径和方孔筛筛孔边长尺寸

表 3.4-1

砂的公称粒径	砂筛筛孔的公称直径	方孔筛筛孔边长
5.00m	5.00mm	4.75mm
2.50mm	2.50mm	2.36mm
1.25mm	1.25mm	1.18mm
630μm	630μm	600μm
315μm	315μm	300μm
160μm	160μm	150μm
80μm	80μm	75μm

　　除特细砂外，砂的颗粒级配可按公称直径 630μm 筛孔的累计筛余量（以质量百分率计，下同），分成三个级配区（见表3.4-2），且砂的颗粒级配应处于表 3.4-2 中的某一区内。

　　砂的实际颗粒级配与表 3.4-2 中的累计筛余相比，除公称粒径的 5.00mm 和 630μm（表 3.4-2 斜体所标数值）的累计筛余外，其余公称粒径的累计筛余可稍有超出分界线，但总超出量不应大于 5%。

　　当天然砂的实际颗粒级配不符合要求时，宜采取相应的技术措施，并经试验证明能确保混凝土质量后，方允许使用。

砂颗粒级配区　　　　　　　　　　　　表 3.4-2

累计筛余（%）　　级配区 公称粒径	Ⅰ区	Ⅱ区	Ⅲ区
5.00mm	10～0	10～0	10～0
2.50mm	35～5	25～0	15～0
1.25mm	65～35	50～10	25～0
630μm	85～71	70～41	40～16
315μm	95～80	92～70	85～55
160μm	100～90	100～90	100～90

　　配制混凝土时宜优先选用Ⅱ区砂。当采用Ⅰ区砂时，应提高砂率，并保持足够的水泥用量，满足混凝土的和易性；当采用Ⅲ区砂时，宜适当降低砂率，当采用特细砂时，应符合相应的规定。

　　配制泵送混凝土，宜选用中砂。

　　3. 天然砂中含泥量应符合表 3.4-3 的规定。

天然砂中含泥量　　　　　　　　　　表 3.4-3

混凝土强度等级	≥C60	C55≈C30	≤C25
含泥量（按重量计，%）	≤2.0	≤3.0	≤5.0

　　对有抗冻、抗渗或其他特殊要求的小于或等于 C25 混凝土用砂，含泥量应不大于 3.0%。

4. 砂中的泥块含量应符合表 3.4-4 的规定。

砂中的泥块含量 表 3.4-4

混凝土强度等级	≥C60	C55～C30	≤C25
含泥量(按重量计,%)	≤0.5	≤1.0	≤2.0

对于有抗冻、抗渗或其他特殊要求的小于或等于 C25 混凝土用砂,其泥块含量不应大于 1.0%。

5. 人工砂或混合砂中石粉含量应符合表 3.4-5 的规定:

人工砂或混合砂中石粉含量 表 3.4-5

混凝土强度等级		≥C60	C55≈C30	≤C25
石粉含量 (%)	MB<1.4(合格)	≤5.0	≤7.0	≤10.0
	MB≥1.4(不合格)	≤2.0	≤3.0	≤5.0

6. 砂的坚固性应采用硫酸钠溶液检验,试样经 5 次循环后,其质量损失应符合表 3.4-6 的规定。

砂的坚固性指标 表 3.4-6

混凝土所处的环境条件及其性能要求	5 次循环后的重量损失(%)
在严寒及寒冷地区室外使用并经常处于潮湿或干湿交替状态下的混凝土 对于有抗疲劳、耐磨、抗冲击要求的混凝土 有腐蚀介质作用或经常处于水位变化区的地下结构混凝土	≤8
其他条件下使用的混凝土	≤10

7. 人工砂的总压碎值指标应小于 30%。

8. 当砂中如含有云母、轻物质、有机物、硫化物及硫酸盐等有害物质时,其含量应符合表 3.4-7 的规定。

砂中的有害物质限值 表 3.4-7

项　　目	质量指标
云母含量(按重量计,%)	≤2.0
轻物质含量(按重量计,%)	≤1.0

续表

项　目	质量指标
硫化物及硫酸盐含量 （折算成 SO_3 按重量计，%）	$\leqslant 1.0$
有机物含量（用比色法试验）	颜色不应深于标准色。当颜色深于标准色时，应按水泥胶砂强度试验方法进行强度对比试验，抗压强度比不应低于 0.95

对于有抗冻、抗渗要求的混凝土，砂中云母含量不应大于 1.0%。

当砂中含有颗粒状的硫酸盐或硫化物杂质时，应进行专门检验，确认能满足混凝土耐久性要求后，方可采用。

9. 骨料的碱活性检验　对于长期处于潮湿环境的重要混凝土结构用砂，应采用砂浆棒（快速法）或砂浆长度法进行骨料的碱活性检验。经上述检验判断为有潜在危害时，应控制混凝土中的碱活性检验。经上述检验判断为有潜在危害时，应控制混凝土中的碱含量不超过 $3kg/m^3$，或采用能抑制碱-骨料反应的有效措施。

10. 砂中氯离子含量应符合下列规定：

（1）对于钢筋混凝土用砂，其氯离子含量不得大于 0.06%（以干砂的质量百分率计）；

（2）对于预应力混凝土用砂，其氯离子含量不得大于 0.02%（以干砂的质量率计）。

11. 海砂中贝壳含量应符合表 3.4-8 的规定。

海砂中贝壳含量　　　　表 3.4-8

混凝土强度等级	$\geqslant$C40	C35～C30	C25～C15
贝壳含量（按质量计，%）	$\leqslant$C3	$\leqslant$5	$\leqslant$8

对于有抗冻、抗渗或其他特殊要求的小于或等于 C25 混凝土用砂，其贝壳含量不应大于 5%。

12. 砂的质量指标

(1)《建设用砂》GB/T 14684—2011 中砂的质量指标,见表 3.4-9。

砂质量指标 表 3.4-9

项 目		指 标		
		Ⅰ类	Ⅱ类	Ⅲ类
含泥量(按重量计%)		≤1.0	≤3.0	≤5.0
泥块含量(按重量计%)		<0	<1.0	<2.0
坚固性指标		≤8	≤8	≤10
有害物质	云母含量(按质量计%) ≤	1.0	2.0	2.0
	轻物质含量(按质量计%) ≤	1.0	1.0	1.0
	硫化物及硫酸盐含量(按 SO_3 重量计%) ≤	0.5	0.5	0.5
	有机物含量(比色法)	合格	合格	合格
	氯化物(以氯离子重量计%) ≤	0.01	0.02	0.06
碱活性反应。有潜在危害时(化学法、砂浆长度法)	水泥	含碱量小于 0.60%		
	掺合料	能抑制碱骨料反应		
	外加剂	必经专门试验		
	氯离子含量(以氯离子质量计%) 素混凝土	不限制		
	钢筋混凝土	0.06		
	预应力混凝土	不宜用,不得大于 0.2%		

(2)人工砂中的石粉含量和压碎指标限量见表 3.4-10。

人工砂中的石粉含量和压碎指标限量 表 3.4-10

序号			项目/类别	Ⅰ	Ⅱ	Ⅲ
1	亚甲蓝试验	MB<1.40 或合格	石粉含量(按质量计%)	<3.0	<5.0	<7.0
2			泥块含量(按质量计%)	0	<1.0	<2.0
3		MB≥1.40 或合格	石粉含量(按质量计%)	<1.0	<3.0	<5.0
4			泥块含量(按质量计%)	0	<1.0	<2.0
5	单级最大压碎指标(%)			20	25	30

13. 砂的放射性指标限量

根据《民用建筑工程室内环境污染控制规范》GB 50325—

2010 的第 3.1.1 条规定，砂需测定放射性指标，见表 3.4-11。

砂放射性指标限量　　　　表 3.4-11

测 定 项 目	限　　量
内照射指数 I_{Ra}	$\leqslant 1.0$
外照射指数 I_r	$\leqslant 1.0$

3.4.4　石的质量要求

1. 石筛应采用方孔筛。石的公称粒径、石筛筛孔的公称直径与方孔筛筛孔边长应符合表 3.4-12 的规定。

石筛筛孔的公称直径与方孔筛尺寸（mm）　　表 3.4-12

石的公称粒径	石筛筛孔的公称直径	方孔筛筛孔边长
2.50	2.50	2.36
5.00	5.00	4.75
10.0	10.0	9.5
16.0	16.0	16.0
20.0	20.0	19.0
25.0	25.0	26.5
31.5	31.5	31.5
40.0	40.0	37.5
50.0	50.0	53.0
63.0	63.0	63.0
80.0	80.0	75.0
100.0	100.0	90.0

碎石或卵石的颗粒级配，应符合表 3.4-13 的要求。混凝土用石应采用连续粒级。

单粒级宜用于组合成满足要求级配的连续粒级；也可与连续粒级混合使用，以改善其级配或配成较大粒度的连续粒级。

当卵石的颗粒级配不符合本标准表 3.4-13 要求时，应采取措施并经试验证实能确保工程质量后，方允许使用。

碎石或卵石的颗粒级配范围

表 3.4-13

级配情况	公称粒级 (mm)	累计筛余 按重量计(%) 方孔筛筛孔尺寸(mm)											
		2.36	4.75	9.5	16.0	19.0	26.5	31.5	37.5	53.0	63.0	75.0	90
连续粒级	5~10	95~100	80~100	0~15	0	—	—	—	—	—	—	—	—
	5~16	95~100	85~100	30~60	0~10	0	—	—	—	—	—	—	—
	5~20	95~100	90~100	40~80	—	0~10	0	—	—	—	—	—	—
	5~25	95~100	90~100	—	30~70	—	0~5	0	—	—	—	—	—
	5~31.5	95~100	90~100	70~90	—	15~45	—	0~5	0	—	—	—	—
	5~40	—	95~100	70~90	—	30~65	—	—	0~5	0	—	—	—
单粒级	10~20	—	95~100	85~100	—	0~15	0	—	—	—	—	—	—
	16~31.5	95~100	—	85~100	—	—	—	0~10	0	—	—	—	—
	20~40	—	95~100	—	80~100	—	—	—	0~10	0	—	—	—
	31.5~63	—	—	75~100	—	—	—	45~75	0~10	—	0~10	0	—
	40~80	—	—	95~100	70~100	—	—	—	—	30~60	—	0~10	0

2. 碎石或卵石中针、片状颗粒含量应符合表 3.4-14 的规定。

针、片状颗粒含量 表 3.4-14

混凝土强度等级	≥C60	C55~C30	≤C25
针、片状颗粒含量(按重量计,%)	≤8	≤15	≤25

3. 碎石或卵石中的含泥量应符合表 3.4-15 的规定。

碎石或卵石中的含泥量 表 3.4-15

混凝土强度等级	≥C60	C55~C30	≤C25
针、片状颗粒含量(按质量计,%)	≤0.5	≤1.0	≤2.0

对于有抗冻、抗渗或其他特殊要求的混凝土,其所用碎石或卵石的含泥量不应大于 1.0%。当碎石或卵石的含泥是非黏土质的石粉时,其含混量可由表 3.2.3 的 0.5%、1.0%、2.0%,分别提高到 1.0%、1.5%、3.0%;

4. 碎石或卵石中的泥块含量应符合表 3.4-16 的规定。

碎石或卵石中的泥块含量 表 3.4-16

混凝土强度等级	≥C60	C55~C30	≤C25
泥块含量(按质量计,%)	≤0.2	≤0.5	≤0.7

对于有抗冻、抗渗和其他特殊要求的强度等级小于 C30 的混凝土,其所用碎石或卵石的泥块含量不应大于 0.5%。

5. 碎石的强度可用岩石的抗压强度和压碎值指标表示。岩石的抗压强度应比所配制的混凝土强度至少高 20%。当混凝土强度等级大于或等于 C60 时,应进行岩石抗压强度检验。岩石强度首先应由生产单位提供,工程中可采用压碎值指标进行质量控制。碎石的压碎值指标宜符合表 3.4-17 的规定。

碎石的压碎值指标 表 3.4-17

岩石品种	混凝土强度等级	碎石压碎值指标(%)
沉积岩	C60~C40	≤10
	≤C35	≤16

续表

岩 石 品 种	混凝土强度等级	碎石压碎值指标（%）
变质岩或深成的火成岩	C60～C40	≤12
	≤C35	≤20
喷出的火成岩	C60～C40	≤13
	≤C35	≤30

注：沉积岩包括石灰岩、砂岩等；变质岩包括片麻岩、石英岩等；深成的火成岩包括花岗岩、正长岩、闪长岩和橄榄岩等；喷出的火成岩包括玄武岩和辉绿岩等。

卵石的强度可用压碎值指标表示。其压碎值指标宜符合表3.4-18的规定采用。

卵石的压碎指标值 表 3.4-18

混凝土强度等级	C60～C40	≤C35
压碎指标值（%）	≤12	≤16

6. 碎石和卵石的坚固性应用硫酸钠溶液法检验，试样经5次循环后，其质量损失应符合表3.4-19的规定。

碎石或卵石的坚固性指标 表 3.4-19

混凝土所处的环境条件及其性能要求	5次循环后的质量损失（%）
在严寒及寒冷地区室外使用，并经常处于潮湿或干湿交替状态下的混凝土；有腐蚀性介质作用或经常处于水位变化区的地下结构或有抗疲劳、耐磨、抗冲击等要求的混凝土	≤8
在其他条件下使用的混凝土	≤12

7. 碎石或卵石中的硫化物和硫酸盐含量以及卵石中有机物等有害物质含量，应符合表3.4-20的规定。

碎石或卵石中的有害物质含量 表 3.4-20

项 目	质 量 要 求
硫化物及硫酸盐含量 （折算成 SO_3，按质量计，%）	≤1.0
卵石中有机物含量（用比色法试验）	颜色应不深于标准色。当颜色深于标准色时，应配制成混凝土进行强度对比试验，抗压强度比应不低于0.95

当碎石或卵石中含有颗粒状硫酸盐或硫化物杂质时，应进行专门检验，确认能满足混凝土耐久性要后，方可采用。

8. 对于长期处于潮湿环境的重要结构混凝土，其所使用的碎石或卵石应进行碱活性检验。

进行碱活性检验时，首先应采用岩相法检验碱活性骨料的品种、类型和数量。当检验出骨料中含有活性二氧化硅时，应采用快速砂浆法和砂浆长度法进行碱活性检验；当检验出骨料中含有活性炭酸盐时，应采用岩石柱法进行碱活性检验。

经上述检验，当判定骨料存在潜在碱-碳酸盐反应危害时，不宜用作混凝土骨料；否则，应通过专门的混凝土试验，做最后评定。

当判定骨料存在潜在碱-硅反应危害时，应控制混凝土中的碱含量不超过 $3kg/m^3$，或采用能抑制碱-骨料反应的有效措施。

3.4.5 验收、运输和堆放

1. 供货单位应提供砂或石的产品合格证或质量检验报告。

使用单位应按砂或石的同产地同规格分批验收。采用大型工具（如火车、货船、汽车）运输的，以 400m³ 或 600t 为一验收批。采用小型工具（如拖拉机等）运输的，应以 200m³ 或 300t 为一验收批。不足上述数量者，应按一验收批进行验收。

2. 每验收批砂石至少应进行颗粒级配、含泥量、泥块含量检验。对于碎石或卵石，还应检验针片状颗粒含量；对于海砂或有氯离子污染的砂，还应检验其氯离子含量；对于海砂，还应检验贝壳含量；对于人工砂及混合砂，还应检验石粉含量。对于重要工程或特殊工程，应根据工程要求，增加检测项目。对其他指标的合格性有怀疑时，应予以检验。

当砂或石的质量比较稳定、进料量又较大时，可以 1000t 为一验收批。

当使用新产源的砂或石时，供货单位应按本标准第 3 章的质量要求进行全面的检验。

3. 使用单位的质量检测报告内容应包括：委托单位、样品编号、工程名称、样品产地、类别、代表数量、检测依据、检测条件、检测项目、检测结果、结论等。检测报告可采用附录 A、附录 B 的格式。

4. 砂或石的数量验收，可按质量计算，也可按体积计算。测定质量，可用汽车地量衡或船舶吃水线为依据；测定体积，可按车皮或船舶的容积为依据。采用其他小型工具运输时，可按量方确定。

5. 砂或石在运输、装卸和堆放过程中，应防止颗粒离析、混入杂质，并应按产地、种类和规格分别堆放。碎石或卵石的堆料高度不宜超过 5m，对于单粒级或最大粒径不超过 20mm 的连续粒级，其堆料高度可增加到 10m。

3.4.6 取样与缩分

1. 砂的取样

（1）砂的取样批量

① 同一产地、同一规格、同一进厂（场）时间，每 400m³ 或 600t 为一验收批；不足 400m³ 或 600t 时亦为一验收批。

② 每一验收批取样一组，天然砂每组 22kg，人工砂每组 52kg。

（2）每验收批取样方法规定：

① 在料堆上取样时，取样部位应均匀分布。取样前先将取样部位表层铲除，然后由各部位抽取大致相等的砂 8 份，（天然砂每份 11kg 以上，人工砂每份 26kg 以上），搅拌均匀后用四分法缩分至 22kg 或 52kg，组成一组试样。石子为 16 份，组成各自一组样品；

② 从皮带运输机上取样时，应在皮带运输机机尾的出料处，用接料器定时抽取砂 4 份（天然砂每份 22kg 以上，人工砂每份 52kg 以上），搅拌均匀后用四分法缩分至 22kg 或 52kg，组成一组试样。石子为 8 份组成各自一组样品；

③ 从火车、汽车、货船上取样时，应从不同部位和深度抽取大致相等的砂 8 份，石 16 份组成各自一组样品；

④ 建筑施工企业应按单位工程分别取样。构件厂、搅拌站应在砂进场时取样，并根据贮存、使用情况定期复验。

（3）除筛分析处，当其余检验项目存在不合格项时，应加倍进行复验。当复验仍有一项不满足标准要求时，应按不合格品处理。

注：如经观察，认为各节车皮间（汽车、货船间）所载的砂、石质量相差甚为悬殊时，应对质量有怀疑的每节列车（汽车、货船）分别取样和验收。

（4）对于每一项检验项目，砂、石的每组样品取样数量就分别满足表 3.4-21 和表 3.4-22 的规定。当需要做多项检验时，可在确保样品经一项试验后不致影响其他试验结果的前提下，用同组样品进行多项不同的试验。

每一单项检验项目所需砂的最少取样质量　　表 3.4-21

检验项目	最少取样数量(g)
筛分析	4400
表观密度	2600
吸水率	4000
紧密密度和堆积密度	5000
含水率	1000
含泥量	4400
泥块含量	20000
石粉含量	1600
人工砂压碎值指标	分成公称粒级 5.00～2.50mm；2.5～1.25mm；1.25mm～630μm；630～315μm；315～160μm 每个粒级各需 1000g
有机质含量	2000
云母含量	600
轻物质含量	3200

续表

检验项目	最少取样数量(g)
坚固性	分成公称粒级 5.00～2.50mm;2.50～1.25mm; 1.25mm～630μm;630～315μm; 315～160μm 每个粒级各需 1000g
硫化物及硫酸盐含量	50
氯离子含量	2000
贝壳含量	10000
碱活性	20000

2. 碎石或卵石的取样

(1) 碎石或卵石的取样批量

按同产地、同规格、同一进场时间，每 400m³ 或 600t 为一验收批，不足 400m³ 或 600t 时亦为一验收批。每一验收批取试样一组，数量 40kg（最大粒径≤20mm）或 80kg（最大粒径为 40mm）。

(2) 碎石或卵石的取样方法

① 从火车、汽车、货船上取样时，应从不同部位和深度抽取大致相同的石子 16 份组成一组样品；

② 从皮带运输机上取样时，应在机尾出料处用接料器定时抽取 8 份组成一组样品；

③ 在料堆上取样时，取样部位均匀分布，铲除取样部位表面，由各部位（顶部、中部和底部各 5 个不同部位）抽取 15 份组成一组样品。根据粒径和检验项目确定，一般抽取 100～200kg。最少取样数量表 3.4-22。

每一单项检验项目所需碎石或卵石的最少取样数量（kg）

表 3.4-22

试验项目	最大粒径(mm)							
	10	16	20	25	31.5	40	63	80
筛分析	8	15	16	20	25	32	50	64
表观密度	8	8	8	8	12	16	24	24
含水率	2	2	2	2	3	3	4	6

续表

试验项目	最大粒径(mm)							
	10	16	20	25	31.5	40	63	80
吸水率	8	8	16	16	16	24	24	32
堆积密度、紧密密度	40	40	40	40	80	80	120	120
含泥量	8	8	24	24	40	40	80	80
泥块含量	1.2	4	8	12	20	40	—	—
针、片状含量 硫化物及硫酸盐	1.0							

注：有机物含量、坚固性、压碎值指标及碱-骨料反应检验，应按试验要求的粒级及质量取样。

（3）每组样品应妥善包装，避免细料散失，防止污染，并附样品卡片，标明样品的编号、取样时间、代表数量、产地、样品量、要求检验项目及取样方式等。

3. **样品的缩分**

（1）砂的样品缩分方法可选择下列两种方法之一：

① 用分料器分：将样品在潮湿状态下拌合均匀，然后将其通过分料器，留下两个接料斗中的一份，并将另一份再次通过分料器。重复上述过程，直至把样品缩分到试验所需量为止。

② 人工四分法缩分：将样品置于平板上，在潮湿状态下拌合均匀，并堆成厚度约为20mm的"圆饼"，然后沿互相垂直的两条直径把"圆饼"分成大致相等的四份，取其对角的两份重新拌匀，再堆成"圆饼"状。重复上述过程，直至把样品缩分后的材料量略多于进行试验所需的量为止。

（2）碎石或卵石缩分时，应将样品置于平板上，在自然状态下拌合均匀，并堆成锥体，然后沿互相垂直的两条直径把锥体分成大致相等的四份，取其对角的两份重新拌匀，再堆成锥体。重复上述过程，直至把样品缩分至试验所必需的量为止。

（3）砂、碎石或卵石的含水率、堆积密度、紧密密度检验所用的试样，可不经缩分，拌匀后直接进行试验。

3.4.7 砂的必试项目

1. 天然砂：筛分析（颗粒级配）、含泥量、泥块含量检验；

2. 人工砂：筛分析、石粉含量（含亚甲蓝试验）、含泥量泥块含量、压碎指标。

3. 其他试验项目：表观密度、含水率、吸水率、紧密密度和堆积密度、有机质量含量、云母含量、轻物质含量、坚固性、硫化物及硫酸盐含量、氯离子含量、碱活性。

3.4.8 检验质量判定

若检验不合格时，应重新取样。对不合格项进行加倍复验。若仍有一个试样不能满足标准要求，应按不合格处理。

3.4.9 碎石和卵石必试项目

1. 筛分析、含泥量、泥块含量、针片状颗粒含量、压碎指标（对于≥C50 的混凝土应在使用前检验，对于<C50 的混凝土每年进行两次检验）。

对重要工程和特殊工程应作坚固性试验、岩石抗压强度试验、碱活性试验等。

2. 其他试验项目有：表观密度、含水量、吸水率、堆积密度和紧密密度、有机物含量、硫化物和硫酸盐含量试验。

3.4.10 检验质量判定

若检验不合格时，应重新取样，对不合格项，进行加倍复验，若仍有一个试样不能满足标准要求，应按不合格处理。

3.5 混凝土外加剂

3.5.1 执行标准

1.《混凝土外加剂》GB 8076—2008

2.《砂浆、混凝土防水剂》JC 474—2008

3.《混凝土防冻剂》JC 475—2004

4.《混凝土膨胀剂》GB 23439—2009

5.《喷射混凝土用速凝剂》JC 477—2005

6.《钢筋阻锈剂应用技术规程》JGJ/T 192—2009

7.《混凝土外加剂应用技术规范》GB 50119—2003

8.《混凝土外加剂应用技术规程》DBJ 01-61—2002

9.《混凝土外加剂中释放氨的限量》GB 18588—2002

10.《民用建筑工程室内环境污染控制规范》GB 50325—2001

3.5.2 总则

各种混凝土外加剂的应用，改善了新拌合硬化混凝土性能，促进了混凝土新技术的发展，促进了工业副产品在胶凝材料系统中更多的应用，还有助于节约资源和环境保护，已经逐步成为优质混凝土必不可少的材料。近年来，国家基础建设保持高速增长，铁路、公路、机场、煤矿、市政工程、核电站、大坝等工程，对混凝土外加剂的需求很旺盛，处于高速发展阶段。

减水剂是混凝土外加剂中最重要的品种，按其减水率大小，可分为普通减水剂（以木质素磺酸盐类为代表）、高效减水剂（包括萘系、密胺系、氨基磺酸系、脂肪族系）和高性能减水剂（以聚羧酸系、氨基羧酸系为代表）。高性能减水剂具有一定的引气性、较高的减水率和良好的坍落度保持性能，在配制高强度混凝土和高耐久性混凝土时具有明显的技术优势和较高的性价比。

《混凝土外加剂》GB 8076—2008 适用于高性能减水剂（早强型、标准型、缓凝型），高效减水剂（标准型、缓凝型），普通减水剂（早强型、标准型、缓凝型），引气减水剂，泵送剂，早强剂，缓凝剂及引气剂共八类混凝土外加剂。此外，还有防水剂、防冻剂、膨胀剂、速凝剂等混凝土外加剂。

3.5.3 外加剂的主要品种和分类

1. 品种分类

混凝土外加剂类型，见表 3.5-1。

混凝土外加剂类型 表 3.5-1

品种	类别	名称
普通减水剂	木质素磺酸盐类	木质素磺酸钙、木质素磺酸钠、木质素磺酸镁及丹宁等
高效减水剂	多环芳香族磺酸盐类	萘和萘的同系磺化物和甲醛缩合的盐类、氨基磺酸盐等
	水溶性树脂磺酸盐类	磺化三聚氰胺树脂、磺化古码隆树脂等
	脂肪族类	聚羧酸盐类、聚丙烯酸盐类、脂肪族羟甲基磺酸盐高缩聚物等
	其他	改性木质素磺酸钙、改性丹宁等
引气剂及引气减水剂	松香树脂类	松香热聚物、松香皂类等
	烷基和烷基芳烃磺酸盐类	十二烷基磺酸盐、烷基苯磺酸盐、烷基苯酚聚乙烯醚等
	脂肪醇磺酸盐类	脂肪醇聚乙烯醚、脂肪醇聚乙烯磺酸钠、脂肪醇硫酸钠等
	皂甙类	三萜皂甙等
	其他	蛋白质盐、石油磺酸盐等
缓凝剂、缓凝减水剂	糖类	糖钙、葡萄糖酸盐等
	木质素磺酸盐类	木质素磺酸钙、木质素磺酸钠等
	羟基羧酸及其盐类	柠檬酸、酒石酸钾钠等
	无机盐类	锌盐、磷酸盐等
	其他	胺盐及其衍生物、纤维素醚等
	缓凝剂与高效减水剂复合成缓凝高效减水剂	
早强剂及早强减水剂	强电解质无机盐类	硫酸盐、硫酸复盐、硝酸盐、亚硝酸盐、氯盐等
	水溶性有机化合物	三乙醇胺、甲酸盐、乙酸盐、丙酸盐等
	其他	有机化合物、无机盐复合物

续表

品种	类别	名称
防冻剂	强电解质无机盐类	氯盐类：以氯盐为防冻组分的外加剂 氯盐阻锈类：以氯盐与阻锈组分为防冻组分的外加剂 无氯盐类：以亚硝酸盐、硝酸盐等无机盐为防冻组分的外加剂
	水溶性有机化合物类	以某些醇类等有机化合物为防冻组分的外加剂
	有机化合物与无机盐复合类 复合型防冻剂	以防冻组分复合早强、引气、减水等组分的外加剂
膨胀剂	硫铝酸钙类 硫铝酸钙-氧化钙类 氧化钙类	
泵送剂	由减水剂、缓凝剂、引气剂等复合而成	
防水剂	无机化合物类	氯化铁、硅灰粉末、锆化合物等
	有机化合物类	脂肪酸及其盐类、有机硅表面活性剂(甲基硅醇钠、乙基硅醇钠、聚乙基羟基硅氧烷)石蜡、地沥青、橡胶及水溶性树脂乳液等
	混合物类	无机混合物、有机混合物、无机类与有机类混合物
	复合类	上述各类与引气剂、减水剂、调凝剂等外加剂复合的复合型防水剂
速凝剂	粉状速凝剂	以铝酸盐、碳酸盐等为主要成分的无机盐混合物等
	液体速凝剂	以铝酸盐、水玻璃等为主要成分，与其他无机盐复合而成的复合物

2. 主要功能分类

(1) 改善混凝土拌合物流变性能的外加剂。包括减水剂、引气剂和泵送剂等。

（2）调节混凝土凝结时间、硬化性能的外加剂。包括缓凝剂、早强剂和速凝剂等。

（3）改善混凝土其他性能的外加剂。包括膨胀剂、防冻剂、防水剂、泵送剂、加气剂等。

3.5.4 适用范围

1. 普通减水剂及高效减水剂

普通减水剂和高效减水剂可用于素混凝土、钢筋混凝土、预应力混凝土、高强高性能混凝土。

普通减水剂宜用于气温5℃以上施工，不宜单独用于蒸养混凝土。高效减水剂宜用于0℃以上施工。

掺用含有木质素磺酸盐类物质的外加剂时，应先做水泥适应性试验，合格后方可使用。

2. 引气剂及引气减水剂

可用于普通混凝土、高性能混凝土及有饰面要求的混凝土、抗冻混凝土、抗渗混凝土、抗硫酸盐混凝土、泌水严重的混凝土、贫混凝土、轻骨料混凝土。不宜用于蒸养混凝土及预应力混凝土。

3. 缓凝剂、缓凝减水剂及缓凝高效减水剂

可用于大体积混凝土、碾压混凝土、炎热气候条件下施工的混凝土、大面积浇筑的混凝土、避免冷缝产生的混凝土、需长时间停放或长距离运输的混凝土、自流平免振混凝土、滑模施工或拉模施工的混凝土及其他缓凝混凝土。用于5℃以上施工的混凝土，不宜单独用于早强混凝土及蒸养混凝土。

柠檬酸、酒石酸钾钠等缓凝剂不宜单独用于水泥用量较低、水灰比较大的贫混凝土。当掺用含有糖类及木质素磺酸盐类物质的外加剂时，应先做水泥适应性试验，合格后方可使用。

4. 早强剂及早强减水剂

适用于-5℃以上低温、常温及蒸养混凝土。炎热环境条件

下不宜使用。

掺入混凝土后对人体产生危害或对环境产生污染的化学物质严禁用作早强剂。

含有六价铬盐、亚硝酸盐等有害成分的早强剂严禁用于饮水工程及与食品相接触的工程。硝铵类严禁用于办公、居住等建筑工程。

(1) 下列结构中严禁采用含有氯盐配制的早强剂及早强减水剂：

① 预应力混凝土结构；

② 相对湿度大于 80% 环境中使用的结构、处于水位变化部位的结构、露天结构及经常受水淋、受水流冲刷的结构；

③ 大体积混凝土；

④ 直接接触酸、碱或其他侵蚀性介质的结构；

⑤ 经常处于温度为 60℃ 以上的结构，需经蒸养的钢筋混凝土预制构件；

⑥ 有装饰要求的混凝土，特别是要求色彩一致的或是表面有金属装饰的混凝土；

⑦ 薄壁混凝土结构，中级和重级工作制吊车梁、屋架、落锤及锻锤混凝土基础等结构；

⑧ 使用冷拉钢筋或冷拔低碳钢丝的结构；

⑨ 骨料具有碱活性的混凝土结构。

(2) 在下列混凝土结构中严禁采用含有强电解质无机盐类的早强剂及早强减剂：

① 与镀锌钢材或铝铁相接触部位的结构，以及有外露钢筋、预埋铁件而无防护措施的结构；

② 使用直流电源的结构以及距高压直流电源 100m 以内的结构。

含钾、钠离子的早强剂用于骨料具有碱活性的混凝土结构时，由外加剂带入的碱含量不宜超过 $1kg/m^3$ 混凝土，混凝土总碱含量尚应符合有关标准的规定。

5. 防冻剂

有机化合物类防冻剂可用于素混凝土、钢筋混凝土及预应力混凝土工程。

有机化合物与无机盐复合防冻剂及复合型防冻剂可用于素混凝土、钢筋混凝土及预应力混凝土工程，并应符合严禁用范围及掺量限值的要求。

强电解质无机盐类的防冻剂用于骨料具有碱活性的混凝土结构时，由外加剂带入的碱含量不宜超过 $1kg/m^3$ 混凝土，混凝土总碱含量尚应符合有关标准的规定。

含强电解质无机盐类的防冻剂用于混凝土中，必须符合早强剂和早强减水剂相同的严禁用范围及掺量限值的要求。

含亚硝酸盐、碳酸盐的防冻剂严禁用于预应力混凝土结构。

含有六价铬盐、亚硝酸盐等有害成分的防冻剂，严禁用于饮水工程及与食品相接触的工程，严禁食用。含有硝铵、尿素等产生刺激性气味的防冻剂，严禁用于办公、居住等建筑工程。

对水工、桥梁及有特殊抗冻融性要求的混凝土工程，应通过试验防冻剂品种及掺量。

6. 膨胀剂

各类膨胀剂的适用范围，见表 3.5-2。

各类膨胀剂的适用范围　　　　　　　　表 3.5-2

用　　途	适 用 范 围
补偿收缩混凝土	地下、水中、海水中、隧道等构筑物, 大体积混凝土（除大坝外），配筋路面和板、屋面与厕浴间防水、构件补强、渗漏修补、预应力混凝土、回填槽等
填充用膨胀混凝土	结构后浇带、隧洞堵头、钢管与隧道之间的填充等
灌浆用膨胀砂浆	机械设备的底座灌浆、地脚螺栓的固定、梁柱接头、构件补强、加固等
自应力混凝土	仅用于常温下使用的自应力钢筋混凝土压力管

含硫铝酸钙类、硫铝酸钙-氧化钙类膨胀剂的混凝土（砂

浆），不得用于长期环境温度为 80℃ 以上的工程。

含氧化钙类膨胀剂配制的混凝土（砂浆）不得用于海水或有侵蚀性水的工程。

掺膨胀剂的混凝土适用于钢筋混凝土工程和填充性混凝土。

掺膨胀剂的大体积混凝土，其内部最高温度应符合有关标准的规定，混凝土内外温差宜小于 25℃。

掺膨胀剂的补偿收缩混凝土刚性屋面宜用于南方地区，其设计、施工应按《屋面工程质量验收规范》GB 50207—2002 执行。

7. 泵送剂

适用于工业与民用建筑及其他构筑物的泵送施工的混凝土；特别适用于大体积混凝土、高层建筑和超高层建筑；滑模施工；水下混凝土灌注桩。

8. 防水剂

防水剂可用于工业与民用建筑的屋面、地下室、隧道、巷道、给排水池、水泵站等有防水抗渗要求的混凝土工程，但应符合早强剂和早强减水剂相同的严禁用范围和掺量限值的要求，以及地方性法规要求的严禁用规定。

9. 速凝剂

可用于喷射混凝土。

3.5.5 设计、施工及性能要求

1. 普通减水剂、高效减水剂

减水剂掺量应根据供货单位的推荐掺量、气温高低、施工要求，通过试验确定。并进行必试项目的检验。

液体减水剂宜与拌合水同时加入搅拌机内，粉剂减水剂宜与胶凝材料同时加入搅拌机内，需二次添加外加剂时，应通过试验确定，混凝土搅拌均匀方可出料。根据工程需要，减水剂可与其他外加剂复合使用。配制溶液时，如产生絮凝或沉淀等现象，应分别配制溶液并分别加入搅拌机内。

采用自然养护混凝土时应加强初期养护；采用蒸养应通过试验确定，蒸养时混凝土应具有必要的结构强度才能升温。

2. 引气剂及引气减水剂

入库、使用前应进行必试项目检验。掺引气剂及引气减水剂混凝土的含气量不宜超过表 3.5-3 的规定；抗冻性要求高的混凝土宜采用规定的含气量数值。

掺引气剂及引气减水剂混凝土的含气量　　　表 3.5-3

粗骨料最大粒径(mm)	20(19)	25(22.4)	40(37.5)	50(45)	80(75)
混凝土含气量(%)	5.5	5.0	4.5	4.0	3.5

注：括号内数值为《建筑用卵石、碎石》GB/T 14685 中标准筛的尺寸。

引气剂及引气减水剂宜以配制溶液掺入，配制溶液时必须充分溶解后方可使用。引气剂与其他外加剂复合使用配制溶液时，如产生絮凝或沉淀等现象，应分别配制溶液并分别加入搅拌机内。

掺引气剂及引气减水剂的混凝土，必须采用机械搅拌，搅拌时间及搅拌量应通过试验确定。出料到浇筑的停放时间也不宜过长。对含气量设计有要求的混凝土，施中应定时在搅拌机出料口进行现场取样检验，并应考虑混凝土在运输和振捣过程中含气量的损失。采用插入式振捣时，振捣时间不宜超过 20s。

3. 缓凝剂、缓凝减水剂及缓凝高效减水剂

品种及掺量应根据环境温度、施工要求的混凝土凝结时间、运输距离、停放时间、强度等来确定。缓凝剂、缓凝减水剂及缓凝高效减水剂的混凝土浇筑振捣后，应及时抹压和浇水养护。当气温较低时，应加强保温保湿养护。

4. 早强剂及早强减水剂

入库、使用前需进行必试项目检验。常用早强剂掺量应符合表 3.5-4 的规定。

常用早强剂掺量限值　　　　　　　　表 3.5-4

混凝土种类	使用环境	早强剂名称	掺量限值（水泥重量）不大于
预应力混凝土	干燥环境	三乙醇胺 硫酸钠	0.05 1.0
钢筋混凝土	干燥环境	氯离子[Cl⁻] 硫酸钠	0.6 2.0
		与缓凝减水剂复合的硫酸钠	3.0
		三乙醇胺	0.05
	潮湿环境	三乙醇胺 硫酸钠	1.5 0.05
有饰面要求的混凝土		硫酸钠	0.8
素混凝土		氯离子[Cl⁻]	1.8

注：预应力混凝土及潮湿环境中使用钢筋混凝土中不得掺氯盐早强剂。

使用粉剂直接掺入混凝土干料中应延长搅拌时间 30s。常温及低温下使用早强剂或早强减水剂的混凝土，采用自然养护时宜使用塑料薄膜或喷洒养护液。终凝后应立即浇水养护。气温低于 0℃时还应加盖保温材料，低于 −5℃时应使用防冻剂。采用蒸汽养护混凝土时，蒸养制度应通过试验确定。

5. 防冻剂

（1）防冻剂选用应符合表 3.5-5 的规定。

防冻剂选用要求　　　　　　　　表 3.5-5

日最低气温	0～−5℃	−5～−10℃	−10～−15℃	−15～−20℃
防冻剂选用	（可采用早强剂）	−5℃	−10℃	−15℃
应采用塑料薄膜和保温材料覆盖养护。				

（2）防冻剂的规定温度为按混凝土防冻剂 JC 475 规定的试验条件成型的试件，在恒负温条件下养护的温度。施工使用的最低温度可比规定温度低 5℃。

（3）入库、使用前需进行必试项目检验。

（4）掺防冻剂混凝土的原材种应符合下列要求：

① 宜选用硅酸盐水泥、普通硅酸盐水泥。使用前作强度检验。

② 粗、细骨料必须清洁，不得含有冰、雪等冻结物及易冻裂的物质；当骨料具有碱活性时，由防冻剂带入的碱含量、混凝土的总碱含量应符合规范的规定。

③ 贮存液体防冻剂的设备应有保温措施。

（5）掺防冻剂的混凝土配合比，宜符合下列规定：

① 含引气组分的防冻剂混凝土的砂率可降低 2%～3%。

② 混凝土水灰比不宜超过 0.6，水泥用量不宜低于 300kg/m³，重要承重结构、薄壁结构的混凝土水泥用量可增加 10%，大体积混凝土的最少水泥用量应根据实际情况而定。

③ 掺防冻剂的混凝土原材料，应根据不同气温采用不同方法加热：

气温低于－5℃时，可用热水拌合混凝土，水温高于 65℃时，热水应先与骨料拌合，再加入水泥；

气温低于－10℃时，骨料可采取加热措施，温度高于 65℃，热水应先与骨料拌合，再加入水泥；气温低于－10℃时，骨料可采用加热措施，温度不得高于 65℃，用蒸汽直接加热骨料，带入的水分应从拌合水中扣除。

④ 掺防冻剂的混凝土搅拌时，应符合下列规定：

a. 严格控制防冻剂掺量、用水量及水灰比。

b. 搅拌前应用热水或蒸汽冲洗搅拌机，搅拌时间应比常温延长 50%。

c. 掺防冻剂的拌合物出机温度，严寒地区不得低于 15℃，寒冷地区不得低于 10℃。入模温度严寒地区不得低于 10℃，寒冷地区不得低于 5℃。

⑤ 掺防冻剂混凝土的运输与浇筑，应及时采取保温措施。

⑥ 浇筑时应按规定和施工要求留置足够的混凝土试件（包括临界强度、拆模强度、抗压、抗冻、抗渗试件及与工程同条件养护的实体检验用试件）。

⑦ 掺防冻剂混凝土的养护，应符合下列规定：

a. 在负温条件下不得浇水养护。混凝土浇筑后，应立即用塑料薄膜及保温材料覆盖，严寒地区应加强保温措施。

b. 初期养护温度不得低于规定温度。在结构最薄弱、有代表性和易冻部位应布置测温点，在达到受冻临界强度前每隔 2h 测温一次，以后每隔 6h 测一次，同时测定环境温度。

c. 当混凝土温度降到规定温度时，混凝土强度必须达到受冻临界强度；

当最低温度不低于 −10℃ 时，混凝土抗压强度不得小于 3.5MPa；

当最低温度不低于 −15℃ 时，混凝土抗压强度不得小于 4.0MPa；

当最低温度不低于 −20℃ 时，混凝土抗压强度不得小于 5.0MPa；

d. 拆模后混凝土表面与环境的温差大于 20℃ 时，仍应采取保温养护。

6. 膨胀剂

(1) 掺膨胀剂混凝土（砂浆）的性能要求应符合表 3.5-6、表 3.5-7、表 3.5-8 的要求。

补偿收缩混凝土的性能　　　　表 3.5-6

项目	限制膨胀率 ($\times 10^{-4}$)	限制干缩率 ($\times 10^{-4}$)	抗压强度 （MPa）
龄期	水中 14d	水中 14d,空气中 28d	28d
性能指标	≥1.5	≤3.0	≥25

填充用膨胀混凝土的性能　　　　表 3.5-7

项目	限制膨胀率 ($\times 10^{-4}$)	限制干缩率 ($\times 10^{-4}$)	抗压强度 （MPa）
龄期	水中 14d	水中 14d,空气中 28d	28d
性能指标	≥2.5	≤3.0	≥30

灌浆用膨胀砂浆的性能 表 3.5-8

流动度 (mm)	竖向膨胀率（×10⁻⁴）		抗压强度（MPa）		
	3d	7d	1d	3d	28d
250	≥10	≥20	≥20	≥30	≥60

（2）掺膨胀剂混凝土的原材料应符合下列规定：

a. 膨胀剂应符合混凝土膨胀剂 JC 476 标准的规定，并进行限制膨胀率检测合格后方可入库、使用；

b. 应使用通用水泥，不得使用硫铝酸盐水泥、铁铝酸盐水泥和高铝水泥。

（3）掺膨胀剂混凝土的配合比设计应符合表 3.5-9 的规定：

胶凝材料最少用量和膨胀剂掺量 表 3.5-9

膨胀混凝土种类	胶凝材料最少用量（kg/m³）	膨胀剂掺量（%）
补偿收缩混凝土	300（有抗渗要求的应≥320，当掺入掺合料时应≥280）	>6≤12
填充用膨胀混凝土	350	>10≤15
自应力混凝土	500	

膨胀剂与防冻剂复合使用时应慎重，外加剂品种与掺量应通过试验确定，膨胀剂不宜与氯盐类外加剂复合使用。

（4）粉状膨胀剂搅拌时间应延长 30s，应连续浇筑不得中断，不得漏振、欠振和过振，终凝前应多次压抹。

7. 泵送剂

（1）泵送剂经检验符合要求方可入库、使用；泵送剂的品种、掺量应按供货单位提供的推荐掺量和环境温度、泵送高度、泵送距离、运输距离等要求经混凝土试配确定。

（2）配制泵送混凝土的砂、石料应符合下列要求：粗骨料应采用连续级配，针片状颗粒含量不宜大于 10%，最大粒径不宜超过 40mm；泵送高度超过 50m 时，碎石最大粒径不宜超过 25mm，且不宜大于混凝土输送管内径的 1/3；卵石最大粒径不宜超过 30mm，且不宜大于混凝土输送管内径的 2/5。细骨料宜采用中砂。

（3）泵送混凝土的胶凝材料总量不宜小于 $300kg/m^3$；砂率宜为 35%～45%，水胶比不宜大于 0.6；含气量不宜超过 5%；坍落度不宜小于 100mm。

（4）商品混凝土坍落度损失过大时，可在搅拌运输车中添加泵送剂使混凝土坍落度符合要求后使用。

8. 防水剂

（1）防水混凝土应选用与防水剂适应性好的普通硅酸盐水泥，有抗硫酸盐要求时，经试验可选用火山灰质硅酸盐水泥。

（2）防水剂应按供货单位推荐掺量掺入。处于侵蚀介质中的防水混凝土，当耐腐蚀系数小于 0.8 时，应采取防腐蚀措施。

9. 速凝剂

（1）喷射混凝土施工应选用与水泥适应性好、凝结硬化快、回弹小、强度损失少、低掺量的速凝剂品种，掺量一般为 2%～8%，随品种、施工温度和工程要求适当增减。

（2）施工时，应采用新鲜硅酸盐水泥、普通硅酸盐水泥、矿渣硅酸盐水泥，用量约 $400kg/m^3$，不得使用过期或受潮结块水泥。水灰比约为 0.4。粗骨料最大粒径不大于 20mm，中砂或粗砂的细度模数为 2.8～3.5，砂率 45%～60%。

3.5.6 外加剂使用管理规定

1. 根据北京市建委 1998 年 3 月 9 日补充通知，外加剂中的早强剂、减水剂和防冻剂列入见证取样送检项目，执行标准（GB 8076）常用早强剂掺量限值。

2. 根据京建法（2001）第 134 号《北京市建筑工程材料供应备案管理办法》，从 2001 年起，凡在北京地区的各项建设结构工程施工及预拌混凝土搅拌站和构件厂生产所使用的外加剂必须具备以下条件：

（1）在北京市建委备案并具有北京市建筑工程材料备案号；

（2）所使用的混凝土外加剂要进行现场复试，合格者方可使用。

3. 外加剂的选择：

（1）外加剂的品种应根据工程设计和施工要求选择，通过试验和技术经济比较确定。

（2）严禁使用对人体产生危害、对环境产生污染的外加剂。

（3）掺外加剂宜使用常用水泥，并应检验外加剂与水泥的适应性，符合要求方可使用。

（4）试配掺外加剂的混凝土时，应采用工程使用的符合国家现行有关标准规定的原材料，检测项目应根据设计及施工要求确定，检测条件应与施工条件相同，当工程所用原材料或混凝土性能要求发生变化时，应再进行试配试验。

（5）不同品种外加剂复合使用时，应注意其相容性及对混凝土性能的影响，使用前应进行试验，满足要求方可使用。

4. 外加剂的掺量：

（1）外加剂掺量应以胶凝材料总量的百分比表示，或以 mL/kg 胶凝材料表示。

（2）外加剂的掺量应按供货单位推荐掺量、使用要求、施工条件、混凝土原材料等因素通过试验确定。

（3）对含有氯离子、硫酸根等离子的外加剂应符合规范及有关标准的规定。

（4）处于与水相接触或潮湿环境中的混凝土，当使用碱活性骨料时，由外加剂带入的碱含量（以当量氧化钠计）不宜超过 $1kg/m^3$，混凝土总碱含量应符合有关标准的规定。

5. 外加剂的质量控制：

（1）选用的外加剂应有供货单位提供的下列技术文件：a. 产品说明书，并应标明产品主要成分；b. 出厂检验报告及合格证；c. 掺外加剂混凝土性能检验报告。

（2）外加剂运到工地（或混凝土搅拌站）应立即取样进行检验，进货与工程试配时一致，方可入库、使用。若发现不一致时，应停止使用。

（3）外加剂应按不同供货单位、不同品种、不同牌号分别存放，标识应清楚。

（4）粉状外加剂应防止受潮结块，液体外加剂应放置阴凉干燥处，防止日晒、受冻、污染、进水或蒸发及沉淀。

（5）外加剂配料控制系统标识应清楚，计量应准确，计量误差不应大于外加剂用量的 2％。

3.5.7 混凝土外加剂批量

1. 依据《混凝土外加剂》GB 8076—2008 标准的混凝土外加剂：掺量≥1％的同品种外加剂每一编号为 100t，掺量＜1％的同品种外加剂每一编号为 50t。不足 100t 或 50t 的，可按一个批量计。同一编号的产品必须混合均匀。每一编号取样量不少于 0.2t 水泥所需用的外加剂量。

2. 防水剂：年产 500t 以上的防水剂．每 50t 为一批；年产 500t 以下的，30t 为一批；不足 50t 或一 30t 的，也可按一个批量计。同一编号的产品必须混合均匀。每一编号取样量不少于 0.2t 水泥所需用的外加剂量。

3. 泵送剂：年产 500t 以上的防水剂．每 50t 为一批；年产 500t 以下的，30t 为一批；不足 50t 或一 30t 的，也可按一个批量计。同一编号的产品必须混合均匀。每一编号取样量不少于 0.2t 水泥所需用的外加剂量。

4. 防冻剂：每 50t 防冻剂为一批，不足 50t 也可作为一批。以容器上、中、下的 20 个以上不同部位取等量样品，每批取样是不少于 0.15t 水泥所需用的外加剂量。

5. 速凝剂：每 20t 速凝剂为一批，不足 20t 也可作为一批。16 个不同点取样，每点取样不少于 250g，总量不少于 4000g。

6. 膨胀剂：每 200t 膨胀剂为一批，不足 200t 也可作为一批。取样总量不小于 10kg。

3.5.8 混凝土外加剂必试项目

根据《混凝土外加剂应用技术规范》GB 50119—2003 的规定，混凝土外加剂必试项目见表 3.5-10。

混凝土外加剂必试项目 表 3.5-10

品种	检验项目		检验标准
普通减水剂 高效减水剂	pH 值、密度（或细度）、混凝土减水率		GB 8076—2008
引气剂 引气减水剂	pH 值、密度（或细度）、含气量 增测减水率		
早强剂 早强减水剂	密度（或细度）、1d 和 3d 抗压强度、钢筋诱蚀 增测减水率		
缓凝剂 缓凝减水剂 缓凝高效减水剂	pH 值、密度（或细度）、混凝土凝结时间 增测减水率 增测减水率		
泵送剂	pH 值、密度（或细度）、坍落度增加值及坍落度损失		JC 473—2001
防水剂	砂浆	安定性、凝结时间、抗压强度比、透水压力比、吸水量比（48h）、收缩率比（28d）	JC 474—2008
	混凝土	安定性、泌水率比、凝结时间差、抗压强度比、渗透高度比、吸水量比（48h）、收缩率比（28d）	
防冻剂	检查是否有沉淀、结晶或结块； 检验：泌水率、泌水率比、含气量、凝结时间、抗压强度比（R−7 和 R−7+R28 及 R−7+R56）、28 收缩率比、渗透高度比、50 次冻融强度损失率比、钢筋锈蚀、释放氨量		JC 475—2004
膨胀剂	化学成分：氧化镁、含水率、总碱量、氯离子； 物理性能：细度、凝结时间、限制膨胀率、抗压强度、抗折强度； 补偿收缩混凝土和填充用膨胀混凝土：限制膨胀率、限制干缩率、抗压强度； 灌浆用膨胀砂浆：流动度、竖向膨胀率、抗压强度； 自应力混凝土：应符合《自应力硅酸盐水泥》（JC/T218）的规定		JC 476—2001
速凝剂	匀质性：密度、氯离子、总碱量、pH 值、细度、含水率、含固量。 净浆和硬化砂浆的性能要求：		JC 477—2005

注：各种外加剂均要作钢筋锈蚀试验。

3.5.9 性能指标

1. 掺外加剂的受检混凝土性能指标见表 3.5-11

掺外加剂的受检混凝土性能指标　表 3.5-11（1）

项目		外加剂品种							
		高性能减水剂 MPWR			高效减水剂 HWR		普通减水剂 WR		
		早强型 —A	标准型 —S	缓凝型 —R	标准型 —S	缓凝型 —R	早强型 —A	标准型 —S	缓凝型 —R
减水率（%）不小于		25	25	25	14	14	8	8	8
泌水率（%）不大于		50	60	70	90	100	95	100	
含气量		≤6.0	≤6.0	≤6.0	≤3.0	≤4.5	≤4.0	≤4.0	≤5.5
凝结时间 （min）	初凝	−90～ +90	−90～ +120	>+90	−90～ +120	>+90	−90～ +90	−90～ +120	>+90
	终凝			—		—			—
1h 经时 变化量	坍落度 （mm）	—	≤80	≤60	—	—	—	—	—
	含气量 （%）								
抗压强 度比（%） 不小于	1d	180	170	—	140	—	135	—	—
	3d	170	160	—	130	—	130	115	—
	7d	145	150	140	125	125	110	115	110
	28d	130	140	130	120	120	100	110	110
收缩率比 （%）不大于	28d	110	110	110	135	135	135	135	135
相对耐久性（200 次） （%）不小于									

掺外加剂的受检混凝土性能指标　表 3.5-11（2）

项目	外加剂品种				
	引气减水剂 AEWR	泵送剂 PA	早强剂 AC	缓凝剂 RC	引气剂 AE
减水率（%）不小于	10	12	—	—	6
泌水率（%）不大于	70	70	100	100	70

续表

项目		外加剂品种				
		引气减水剂 AEWR	泵送剂 PA	早强剂 AC	缓凝剂 RC	引气剂 AE
含气量		≤3.0	≤5.5			≤3.0
凝结时间 (min)	初凝	−90~+120	—	−90~	>+90	−90~
	终凝			+90		+120
1h 经时变化量	坍落度 (mm)	—	≤80	—	—	—
	含气量 (%)	−1.5~+1.5	—	—	—	−1.5~ +1.5
抗压强度比(%) 不小于	1d					
	3d	115	—	135	—	95
	7d	110	115	130	100	95
	28d	100	110	100	100	90
收缩率比(%) 不大于	28d	135	135	135	135	135
相对耐久性(200 次) (%)不小于		80	—	—	—	80

注：1. 表中抗压强度比、收缩率比、相对耐久性为强制性指标，其余为推荐性指标；

2. 除含气量和相对耐久性外，表内所列数据为掺外加剂混凝土与基准混凝土的差值或比值；

3. 混凝土凝结时间之差性能指标中的"—"为提前，"+"为延缓；

4. 相对耐久性（200 次）性能指标中的"80"表示将 28d 龄期的受检混凝土试件快速冻融循环 200 次后的动弹性模量保留值≥80%；

5. 1h 经时变化量指标中的"—"表示含气量增加，"+"表示含气量减少；

6. 其他品种的外加剂是否需要测定相对耐久性指标，由供需双方协商确定；

7. 当用户对泵送剂等产品有特殊要求时，需要进行的补充试验项目、试验方法及指标，由供需双方协商决定。

2. 匀质性指标

匀质性指标应符合表 3.5-12 的要求。

匀质性指标 表 3.5-12

项　目	指　标
氯离子含量(%)	不超过生产厂控制值
总碱量(%)	不超过生产厂控制值
含固量(%)	$S > 25\%$时,应控制$0.95S \sim 1.05S$
	$S \leqslant 25\%$时,应控制$0.90S \sim 1.10S$
含水率(%)	$W > 5\%$时,应控制$0.90W \sim 1.10W$
	$W \leqslant 5\%$时,应控制$0.80W \sim 1.20W$
密度(g/cm)	$D > 1.1$时,应控制$D \pm 0.03$
	$D \leqslant 1.1$时,应控制$D \pm 0.02$
细度	应在生产厂控制范围内
pH	应在生产厂控制范围内
硫酸钠含量(%)	不超过生产厂控制值

注:1. 生产厂应在相关的技术资料中明示产品匀质性指标的控制值;
　　2. 对相同和不同批次之间的匀质性和等致性的其他要求,可由供需双方商定;
　　3. 表中的 S、W、D 分别为含固量、含水率和密度的生产厂控制值。

3.5.10　试验项目及数量

试验项目及数量见表 3.5-13。

试验项目及数量 表 3.5-13

试验项目	外加剂类别	试验类别	试验所需数量			
			混凝土拌合批数	每批取样数量	基准混凝土总取样数目	受检混凝土总取样数目
减水率	除早强剂、缓凝剂外的各种外加剂	混凝土拌合物	3	1次		
泌水率比			3	1次	3次	3次
会气量	各种外加剂		3	1次	3个	3个
凝结时间差			3	1次	3个	3个

续表

试验项目		外加剂类别	试验类别	试验所需数量			
				混凝土拌合批数	每批取样数量	基准混凝土总取样数目	受检混凝土总取样数目
1h经时变化量	坍落度（mm）	高性能减水剂、泵送剂	混凝土拌合物	3	1次	3个	3个
	含气量（%）	引气剂、引气减水剂		3	1次	3个	3个
抗压强度比		各种外加剂	硬化混凝土	3	6、9或12块	18、27或36块	18、27或36块
收缩率比				3	1条	3条	3条
相对耐久性		引气剂、引气减水剂		3	1条	3条	3条

注：1. 试验时，检验同一种外加剂的三批混凝土的制作，宜在开始试验一周内的不同日期完成对比的基准混凝土和受检混凝土应同时成型；

2. 试验龄期参考表3.5.1-11试验项目栏；

3. 试验前后应仔细观察试样，对有明显缺陷到的试样和试验结果应去除。

3.5.11 混凝土泵送剂

1. 泵送剂的匀质性

泵送剂的匀质性应符合表3.5-14要求。

匀质性指标 表3.5-14

试验项目	指 标
含固量	液体泵送剂:应在生产厂控制值相对量的6%之内
含水量	固体泵送剂:应在生产厂控制值相对量的10%之内
密度	液体泵送剂:应在生产厂控制值相对量的±0.02g/cm^{3}之内
细度	固体泵送剂:0.315mm筛筛余应小于15%
氯离子含量	应在生产厂控制值相对量的5%之内
总碱量($Na_2O+0.658K_2O$)	应不小于生产控制值的95%
水泥净浆流动度	

2. 受检混凝土的性能指标

受检混凝土的性能应符合表 3.5-15 的要求。

受检混凝土的性能指标　　　　表 3.5-15

试 验 项 目		性能指标	
		一等品	合格品
坍落度增加值(mm)	≥	100	80
常压泌水率比(%)	≤	90	100
压力泌水率比(%)	≤	90	95
含气量(%)	≤	4.5	5.5
坍落度保留值(mm) ≥	30min	150	120
	60min	120	100
抗压强度比(%) ≥	3d	90	95
	7d	90	85
	28d	90	85
收缩率比(%)≥28d		135	135
对钢筋的锈蚀作用		应说明对钢筋有无锈蚀作用	

当用户对泵送剂有特殊要求时，需要进行补充试验项目、试验方法及指标由供需双方协商决定。

3.5.12 砂浆、混凝土防水剂

1. 防水剂匀质性指标应符合表 3.5-16 的要求。

防水剂匀质性指标　　　　表 3.5-16

试验项目	指标	
	液体	粉状
密度/(g/cm³)	D＞1.1 时，要求为 D±0.03； D≤1.1 时，要求为 D±0.02； D 是生产厂提供的密度值	

续表

试验项目	指标	
	液体	粉状
氯离子含量(%)	应小于生产厂最大控制值	应小于生产厂最大控制值
总碱量(%)	应小于生产厂最大控制值	应小于生产厂最大控制值
细度(%)	—	0.315mm 筛筛余应小于15%
含水率(%)		$W \geqslant 5\%$ 时,X 在 0.90~1.10;$W < 5\%$ 时,X 在 0.80~1.20; W 是生产厂提供的含水率(质量%); X 是测试的含水率(质量%)
固体含量(%)	$S \geqslant 5\%$ 时,X 在 0.95~1.05; $S < 5\%$ 时,X 在 0.90~1.10; S 是生产厂提供的固体含量(质量%); X 是测试的固体含量(质量%)	

注：生产厂应在产品说明书中明示产品匀质性指标的控制值。

2. 受检砂浆的性能指标

受检砂浆的性能应符合表 3.5-17 的要求。

受检砂浆的性能 表 3.5-17

试验项目		性能指标	
		一等品	合格品
安定性		合格	合格
凝结时间	初凝/min≥	45	45
	终凝/h<	10	10
抗压强度比(%) ≥	7d	100	85
	28d	90	80
透水压力比(%)	≥	300	200
吸水量比(%)	≤	65	75
收缩率比(%)	≤	125	135

注：安定性和凝结时间为受检砂浆的试验结果，其他项目数据均为受检砂浆与基准砂浆的比值。

3. 受检混凝土的性能指标

受检混凝土的性能应符合表 3.5-18。

受检混凝土的性能 表 3.5-18

试验项目		性能指标	
		一等品	合格品
安定性		合格	合格
泌水率比（%） ≤		50	70
凝结时间差（min）	初凝	−90	−90
抗压强度比（%） ≤	3d	100	90
	7d	110	100
	28d	100	90
渗透高度比（%） ≤		30	40
吸水量比（48h）/% ≤		65	75
收缩率比（28d）/% ≤		125	135

注：安定性为受检净浆的试验结果，凝结时间差为受检混凝土与基准混凝土的差值，表中其他数据为受检混凝土与基准混凝土的比值。

4. 砂浆试验项目和数量见表 3.5-19

砂浆试验项目和数量 表 3.5-19

试验项目	试验类别	试验所需试件数量			
		砂浆（净浆）拌合次数	每盘取样数	基准砂浆取样数	受检砂浆取样数
安定性	净浆	3	1次	0	1个
凝结时间	净浆		1次	0	1个
抗压强度比	硬化砂浆	3	6块	12块	12块
吸水量比	硬化砂浆			6块	6块
透水压力比	硬化砂浆		2块	6块	6块
收缩率比	硬化砂浆		1块	3块	3块

5. 混凝土试验项目及数量见表 3.5-20

混凝土试验项目及数量   表 3.5-20

试验项目	试验类别	试验所需试件数量			
		砂浆（净浆）拌合次数	每盘取样数	基准砂浆取样数	受检砂浆取样数
安定性	净浆	3	1个	0	3个
泌水率比	新拌混凝土	3	1次	3次	3次
凝结时间差	新拌混凝土		1次	3次	3次
抗压强度比	硬化混凝土		6块	18块	18块
渗透高度比	硬化混凝土		2	6块	6块
吸水量比	硬化混凝土		1块	3块	3块
收缩率比	硬化混凝土		1块	3块	3块

3.5.13 混凝土防冻剂

1. 防冻剂分类：防冻剂按成分分为强电解质无杭盐类（氯盐类、氯盐阻锈类、无氯盐类）、水溶性有机化合物类、有机化合物与无机盐复合类、复合型防冻剂。

2. 技术要求

（1）匀质性：防冻剂匀质性应符合表 3.5-21 的要求。

防冻剂匀质性指标   表 3.5-21

试验项目		指标	注
固体含量（%）	液体防冻剂	S≥20%时，X 于 0.95～1.05S	S 是生产厂提供的固体含量（质量%）
		S<20%时，X 于 0.90～1.10S	X 是测试的固体含量（质量%）
含水率（%）	粉状防冻剂	W≥5%时，X 于 0.90～1.10W	W 是生产厂提供的含水率（质量%）
		W<5%时，X 于 0.80～1.20W	X 是测试的含水率（质量%）
密度	液体防冻剂	D>1.1时，要求 D±0.03	D 是生产厂提供的密度值
		D≤1.1时，要求 D±0.02	

续表

试 验 项 目		指 标	注
氯离子含量（%）	无氯离子防冻剂	≤0.1%（质量百分比）	
	其他防冻剂	不超过生产厂控制值	
碱含量（%）		不超过生产厂提供的最大值	
水泥净浆流动度（mm）		应不小于生产厂控制值的95%	
细度		粉状防冻剂细度应在生产厂提供的最大值	

（2）掺防冻剂的混凝土性能

掺防冻剂的混凝土性能应符合表 3.5-22 的要求。

掺防冻剂的混凝土性能指标　　　表 3.5-22

试验项目		性能指标					
		一等品			合格品		
泌水率（%） ≥		10			—		
泌水率比（%） ≤		80			100		
含气量（%） ≥		25			20		
凝结时间	初凝	−150～+150					
	终凝	−210～+210					
抗压强度比（%）不小于	规定温度	−5	−10	−15	−5	−10	−15
	R_{-7}	20	12	10	20	10	8
	R_{28}	100	100	95	95	95	90
	$R_{-7}+R_{28}$	95	90	85	90	85	80
	$R_{-7}+R_{56}$	100			100		
228d 收缩率比（%）≤		135					
渗透高度比（%） ≤		100					
50 次冻融强度损失率比（%） ≤		100					

续表

试验项目	性能指标	
	一等品	合格品
对钢筋锈蚀作用	应说明对钢筋有无锈蚀作用	
释放氨量	含有氨或氨基类的防冻剂释放氨量应符合 GB 18588—2001 规定的限值;混凝土外加剂中释放氨的量≤0.10%(质量分数)	

(3) 试验项目及数量见表 3.5-23

试验项目及数量　　　　　　表 3.5-23

试验项目	试验类别	试验所需试件数量			
		砂浆(净浆)拌合次数	每盘取样数	基准砂浆取样数	受检砂浆取样数
泌水率	混凝土拌合物	3 次	1 个	3 个	3 个
泌水率比		3 次	1 次	3 次	3 次
含气量		3 次	1 次	3 次	3 次
凝结时间差		3 次	1 次	3 次	3 次
抗压强度	硬化混凝土	3 次	12/3 块	36 块	9 块
收缩率比		3 次	1 块	3 块	3 块
抗渗高度比		3 次	2 块	6 块	6 块
50 次冻融强度损失率比		1 次	6 块	6 块	6 块
钢筋锈蚀作用	新拌或硬化砂浆	3 次	1 块	3 块	—

3.5.14　混凝土膨胀剂

混凝土膨胀剂性能指标应符合表 3.5-24 的规定。

3.5.15　喷射混凝土用速凝剂

1. 适用范围

适用于水泥混凝土采用喷射法施工时掺加的速凝剂。

混凝土膨胀剂性能指标 表 3.5-24

项　目			指标值
化学成分	氧化镁(%)	≤	5.0
	含水率(%)	≤	3.0
	总碱量(%)	≤	0.75
	氯离子(%)	≤	0.05
物理性能	细度	比表面积(m²/kg)	250
		0.08mm 筛筛余(%) ≥	12
		1.25mm 筛筛余(%) ≤	0.5
	凝结时间	初凝(min) ≥	45
		终凝(h) ≤	10
	限制膨胀率(%)	水中　7d	0.025
		水中　28d	0.10
		空气中　21d	-0.020
	抗压强度(MPa)≥	7d	25.0
		28d	45.0
	抗折强度(MPa)≥	7d	4.5
		28d	6.5

注：细度用比表面积 1.25mm 筛筛余或 0.08mm 筛筛余和 1.25mm 筛筛余表示，
　　仲裁检验用 1.25mm 筛筛余。

2. 技术要求

(1) 匀质性指标

匀质性指标应符合表 3.5-25 的要求。

速凝剂匀质性指标 表 3.5-25

试验项目	指标	
	液体	粉状
密度	应在生产厂所控制值的 ±0.02g/cm³ 之内	—
氯离子含量	应小于生产厂最大控制值	应小于生产厂最大控制值

续表

试验项目	指标	
	液体	粉状
总碱量	应小于生产厂最大控制值	应小于生产厂最大控制值
pH 值	应在生产厂控制值±1 之内	—
细度	—	80μm 筛筛余应小于 15%
含水率	—	≤2.0%
含固量	应大于生产厂的最小控制值	—

（2）掺速凝剂的净浆及硬化砂浆性能指标见表 3.5-26。

掺速凝剂的净浆及硬化砂浆性能指标 表 3.5-26

产品等级	试验项目			
	净浆		砂浆	
	初凝时间 （min:s） ≤	终凝时间 （min:s） ≤	1d 抗压强度 （MPa） ≥	28d 抗压强度 （MPa） ≥
一等品	3：00	8：00	7.0	75
合格品	5：00	12：00	6.0	70

3.5.16 钢筋阻锈剂

1. 钢阻锈剂分内掺型和外涂型两类。其技术指标应根据环境类别确定。

（1）混凝土结构所处环境按其对钢筋和混凝土材料的腐蚀机理分为 5 类。环境类别见表 3.5-27。

环境类别 表 3.5-27

环境类别	名　称	腐蚀机理
Ⅰ	一般环境	保护层混凝土碳化引起钢筋锈蚀
Ⅱ	冻融环境	反复冻融导致混凝土损伤
Ⅲ	海洋氯化物环境	氯盐引起钢筋锈蚀
Ⅳ	除冰盐等其他氯化物环境	氯盐引起钢筋锈蚀
Ⅴ	化学腐蚀环境	硫酸盐等化学物质对混凝土的腐蚀

注：一般环境指无冻融、氧化物和其他化学腐蚀物质作用的环境。

（2）环境对配筋混凝土结构的作用等级规定见表 3.5-28（同 3.9-3）。

环境作用等级　　　　　　　　表 3.5-28

作用等级 环境类别	A 轻微	B 轻度	C 中度	D 严重	E 非常严重	F 极端严重
一般环境	Ⅰ—A	Ⅰ—B	Ⅰ—C	—	—	—
冻融环境	—	—	Ⅱ—C	Ⅱ—D	Ⅱ—E	—
海洋氯化物环境	—	—	Ⅲ—C	Ⅲ—D	Ⅲ—E	Ⅲ—F
除冰盐等其他 氯化物环境	—	—	Ⅳ—C	Ⅳ—D	Ⅳ—E	—
化学腐蚀环境	—	—	Ⅴ—C	Ⅴ—D	Ⅴ—E	—

（3）当结构构件受到多种环境类别共同作用时，应分别满足每种环境类别单独作用下的耐久性要求。

2. 内掺型钢筋阻锈剂的技术指标见表 3.5-29。

内掺型钢筋阻锈剂的技术指标　　　　表 3.5-29

环境类别	检验项目		技术指标	检验方法
Ⅰ、Ⅲ、Ⅳ	盐水浸烘环境中钢筋腐蚀面积百分率		减少 95%	规程附录
	凝结时间差	初凝时间	−60min～+120min	《混凝土外加剂》GB 8076—2008
		终凝时间		
	抗压强度比		≥0.9	
	坍落度经时损失		满足施工要求	
	抗渗性		不降低	《普通混凝土长期性和耐久性能试验方法标准》GB/T 50082
Ⅲ、Ⅳ	盐水溶液中的防锈性能		无腐蚀发生	规程附录
	电化学综合防锈性能（阳极型）		无腐蚀发生	

3. 外涂型钢筋阻锈剂的技术指标见表 3.5-30。

外涂型钢筋阻锈剂的技术指标 表 3.5-30

环境类别	检验项目	技术指标	检验方法
Ⅰ、Ⅲ、Ⅳ	盐水溶液中的防锈性能	无腐蚀发生	规程附录
	渗透深度	≥50mm	
Ⅲ、Ⅳ	电化学综合防锈性能(阳极型)	无腐蚀发生	

4. 掺加钢筋阻锈剂的混凝土或砂浆，采用的水泥、砂、石、拌合水及外加剂，均应符合现行国家标准的要求。

内掺型阻锈剂与外加剂复合使用时，其相容性对混凝土性能的影响应由试验确定，并不得降低阻锈剂的阻锈性能。

当使用碱活性骨料时，应检验钢筋阻锈剂的碱含量，必须符合设计规范的规定。

5. 新建钢筋混凝土工程选用钢筋阻锈剂的规定：

(1) 当环境作用等级为Ⅲ—E、Ⅲ—F、Ⅳ—E时，在钢筋混凝土结构中应采用内掺型钢筋阻锈剂，并宜同时采用外涂型钢筋阻锈剂。

(2) 当环境作用等级为Ⅲ—C、Ⅲ—D、Ⅳ—C、Ⅳ—D时，在钢筋混凝土结构中宜采用钢筋阻锈剂，可采用内掺型钢筋阻锈剂，也可采用外涂型钢筋阻锈剂。

(3) 当环境作用等级为Ⅰ—A、Ⅰ—B、Ⅰ—C时，在钢筋混凝土结构中可采用内掺型钢筋阻锈剂或外涂型钢筋阻锈剂。

6. 对既有钢筋混凝土工程选用钢筋阻锈剂的规定：

(1) 当混凝土保护层因钢筋锈蚀失效时，宜选用内掺型钢筋阻锈剂的混凝土或砂浆进行修复。

(2) 当环境作用等级为Ⅲ—E、Ⅲ—F、Ⅳ—E时，宜同时采用外涂型钢筋阻锈剂。

(3) 当环境作用等级为Ⅲ—C、Ⅲ—D、Ⅳ—C、Ⅳ—D时，宜采用外涂型钢筋阻锈剂。

(4) 当环境作用等级为Ⅰ—A、Ⅰ—B、Ⅰ—C时，可采用外涂型钢筋阻锈剂。

（5）当环境作用等级为 Ⅲ—C、Ⅲ—D、Ⅳ—C、Ⅳ—D、Ⅰ—A、Ⅰ—B、Ⅰ—C 时，且存在下列情况之一时，应采用外涂型钢筋阻锈剂：

① 混凝土的密实性差；

② 混凝土保护层厚度不满足验收规定；

③ 锈蚀检测表明内容钢筋已处于腐蚀状态；

④ 结构的使用环境或使用条件与设计要求已发生显著改变，会导致有损结构的耐久性。

7. 当环境作用等级为Ⅱ—C、Ⅱ—D、Ⅱ—E 时，应先采取有效防冻融技术措施后，再根据规程规定选用钢筋阻锈剂。

8. 当环境作用等级为Ⅴ—C、Ⅴ—D、Ⅴ—E 时，应先根据化学腐蚀介质的种类及对混凝土的腐蚀机理，采用相应的防止混凝土腐蚀、破坏的技术措施后，再根据规程规定选用钢筋阻锈剂。

9. 采用钢筋阻锈剂应注明其类型和施工要求，用量、修复方法、涂覆次数及间隔时间应根据环境作用等级由试验确定，并符合设计要求。当混凝土表面有油污、油脂、涂层等影响渗透的物质时，应先去除后再涂覆操作，操作时不得对环境造成污染。施工过程应填写施工记录。

10. 质量验收

（1）钢筋阻锈剂进场检验与验收：应对其品种、产品合格证、产品使用说明书、出厂检验报告和性能检测报告按 50t 为一个批次进行验收，并根据所处环境类别进行抽样复验一次。

（2）外涂型钢筋阻锈剂，以涂覆面积计，500m² 以下工程应随机抽取 3 点，500～1000m² 工程应随机抽取 6 点，1000m² 以上工程应随机抽取 9 点。每 3 点为一组，每组的渗透深度均不应小于 50mm。

（3）检验应由专业检测机构进行，并作出复验报告或渗透深度检测报告。

3.5.17 检验规则

1. 取样及批号

(1) 点样和混合样：点样是在一次生产产品时所取得后的一个试样。混合样是三个或更多的点样等量均匀混合而取得的试样。

(2) 批号：生产厂应根据产量和生产设备条件，将产品分批编号。掺量大于 1%（含 1%）同品种的外加剂，每一批号为 100t，掺量小于 1% 的外加剂，每一批号为 50t，不足的也按一个批量计。同一批号的产品必须混合均匀。

(3) 取样数量：每一批号取样不少于 0.2t 水泥所需用的外加剂量。

2. 试样及留样

每一批号取样应充分均匀分为两等份，其中一份按规定项目进行试验，另一份密封保存半年，以备有疑问时提交国家指定的检验机关进行复验或仲裁。

3. 检验分类

(1) 出厂检验：每批号外加剂品出厂检验项目，根据其品种不同按表 3.5-31 规定的项目进行检验。

(2) 型式检验

型式检验项目包括全部性能指标。正常生产一年至少进行一次检验。规定情况下应进行型式检验。

4. 判定规则

(1) 出厂检验判定：在型式检验报告有效期内，出厂检验结果符合标准要求，可判定该批产品检验合格。

(2) 型式检验判定：产品经检验，匀质性检验结果符合标准要求，各种类型外加剂受检混凝土性能指标值，高性能减水剂及泵送剂的减水率和坍落度的经时变化量，其他减水剂的减水率、缓凝型外加剂的凝结时间差、引气型外加剂的含气量及其经时变化量、硬化混凝土的各项性能符合标准要求，则判定该批号外加剂合格。如不符合要求，则判定该批号外加剂不合格。其他项目可作为参考指标。

外加剂测定项目　　　　　　　　　　表 3.5-31

测定项目	高性能减水剂 MPWR			高效减水剂 HWR		普通减水剂 WR			引气减水剂 AEWR	泵送剂 PA	早强剂 AC	缓凝剂 RC	引气剂 AE	备注
	早强型—A	标准型—S	缓凝型—R	标准型—S	缓凝型—R	早强型—A	标准型—S	缓凝型—R						
含固量	✓	✓	✓	✓	✓	✓	✓	✓	✓	✓	✓	✓	✓	液体外加剂
含水率	✓	✓	✓	✓	✓	✓	✓	✓	✓	✓	✓	✓	✓	粉状外加剂
密度	✓	✓	✓	✓	✓	✓	✓	✓	✓	✓	✓	✓	✓	液体外加剂
细度	✓	✓	✓	✓	✓	✓	✓	✓	✓	✓	✓	✓	✓	粉状外加剂
pH 值	✓	✓	✓	✓	✓	✓	✓	✓	✓	✓	✓	✓	✓	
氯离子含量	✓	✓	✓	✓	✓	✓	✓	✓	✓	✓	✓	✓	✓	每三个月至少一次
硫酸钠含量	—	—	—	—	—	—	—	—	—	—	✓	—	—	
总碱量	✓	✓	✓	✓	✓	✓	✓	✓	✓	✓	✓	✓	✓	每年至少一次

5. 复验

复验以封存样进行，如使用单位要求现场取样，应事先在供货合同中约定，并在生产和使用单位人员在场的情况下现场取混合样，复验按照型式检验项目检验。

6. 产品说明书：产品出厂时应提供产品说明书，内容包括生产厂名称、产品名称及类型、产品性能特点、主要成分及技术指标、适用范围、推荐掺量、贮存条件及有效期限、使用方法、注意事项、安全防护提示等。

7. 包装：粉状外加剂可采用有塑料袋衬里的编织袋包装；液体外加剂可采用塑料桶、金属桶或槽车散装。包装净质量误差不超过 1%。

包装容器上均应注明的内容：产品名称及类型、代号、执行标准、商标、净质量或体积、生产厂名、有效期限、生产日期及产品批号。

8. 产品出厂：下列情况不得出厂：技术文件（产品说明书、合格证、检验报告等）不全，包装不符，质量不足、产品受潮变质以及超有效期限。产品匀质性指标的控制值应在相关技术资料中明示。

生产厂随货提供的技术文件内容包括：产品名称及型号、出厂日期、特性及主要成分、适用范围及推荐掺量、外加剂总碱量、氯离子含量、安全防护提示、贮存条件及有效期。

9. 贮存：外加剂应存放在专用仓库或固定场所妥善保管，以易于识别、便于检查和提货为原则，运输时避免受潮，搬运时防止破损。

10. 退货：使用单位在规定的存放条件和有效期限内，经复验发现外加剂性能与标准不符，则应予以退货或更换。

粉状外加剂取 50 包、液体外加剂取 30 桶，按称量平均值计算，净质量和体积误差超过 1%时可以要求退货或补足。实物质量和出厂技术文件不全或不符可退货。

3.5.18 混凝土外加剂中释放氨的检测

根据现行国家标准《民用建筑工程室内环境污染控制规范》GB 50325—2010 的要求和《混凝土外加剂中释放氨的限量》GB 18588—2001 的规定，在同一编号外加剂中随批抽取 1kg 样品，均匀混合分为两份，一份作为试样，另一份密封保存三个月。

试验要求：以两次平行测定结果的算术平均值为测定值，符合要求判为合格。两次测值的绝对差值大于 0.01%时，需重新测定。各类具有室内使用功能的建筑用的混凝土外加剂释放氨的量应≤10%（质量百分数），混凝土外加剂中释放氨的浓度限值为≤0.20mg/m³。

3.6 粉煤灰及粉煤灰混凝土

3.6.1 执行标准

1.《粉煤灰混凝土应用技术规范》GBJ 146—90

2.《用于水泥和混凝土中的粉煤灰》GB/T 1596—2005

3.《混凝土中掺用粉煤灰的技术规程》DBJ 01-10-93

3.6.2 粉煤灰的主要成分、用途、特性

1. 粉煤灰的主要成分为 SiO_2、AL_2O_3、Fe_2O_3。

2. 主要用途：应用于水泥，混凝土（普通混凝土、碾压混凝土），硅酸盐制品，筑路等。

3. 粉煤灰的特性：和易性好，可泵性强、降低水泥热度、长期强度增加、抗冲击能力提高、抗冻性增强等特点，能提高工程质量，节约水泥，降低混凝土成本。

3.6.3 检验质量标准

1. 粉煤灰的质量指标：用于混凝土中的粉煤灰质量指标划分为三个等级，见表 3.6-1。

粉煤灰质量指标的分级 表 3.6-1

质量 指标等级	细度(45μm 方孔筛 余量)	需水量比 (%)	烧失量 (%)	三氧化硫 含量(%)	含水量 (%)
Ⅰ	≤12	≤95	≤5	≤3	1
Ⅱ	≤20	≤105	≤8	≤3	1
Ⅲ	≤45	≤115	≤15	≤3	不规定

2. 国标Ⅰ、Ⅱ级的检验项目、规定标准、测试结果、单项结论见表 3.6-2

国标 I、II 级的检验项目、规定标准　　　　表 3.6-2

试验项目	I 级			II 级		
	优等品	一等品	合格品	优等品	一等品	合格品
细度 45μm 方孔筛筛余（%）　　≤	12	12	合格	25	7	合格
需水量比（%）　　≤	95	82	合格	105	88	合格
烧失量（%）　　≤	5.0	1.9	合格	8.0	2.5	合格
三氧化硫（%）　　≤	3.0	1.7	合格	3.0	1.9	合格
含水量（%）　　≤	1.0	0.1	合格	1.0	0.1	合格

3. 水泥生产中作活性混合材料的粉煤灰应满足表 3.6-3 的要求。

水泥生产中作活性混合材料的粉煤灰　　　　表 3.6-3

试验项目	I 级	II 级
烧失量（%）　　≤	5	8
含水量（%）　　≤	1	1
三氧化硫（%）　　≤	3	3
28d 强度比（%）　　≤	75	62

3.6.4　检验规则

1. 应有供灰单位的出厂合格证，合格证内容包括厂名、合格证编号、煤灰等级批号及出厂日期、粉煤灰数量及质量检验结果等；

2. 取样批量：以连续供应的 200t 相同等级的粉煤灰为一批；

3. 取样方法：

(1) 散装灰取样：应从每批不同部位取 15 份试样，每份试样 1～3kg，混拌均匀，按四分法缩取比试验用量大一倍的试样；

(2) 袋装灰取样：应从每批中任取 10 袋，每袋各取试样不得少于1kg，混拌均匀，按四分法缩取比试验用量大一倍的试样。

4. 型式检验：

(1) 拌制水泥混凝土和砂浆作为掺合料的粉煤灰制品，供方半年检验一次；

(2) 水泥厂用粉煤灰作为活性混合料时，作为生产控制检验，要求烧失量、三氧化硫含量和含水量每月检验一次，28d抗压强度比每季检验一次；

(3) 当电厂的煤种和设备工艺条件变化时，应及时检验。需水量比。

5. 交货检验

(1) 拌制水泥混凝土和砂浆作为掺合料的粉煤灰产品，供方必须进行细度、烧失量和含水量检验；

(2) 水泥厂作为活性混合料使用粉煤灰成品时，供方必须进行烧失量和含水量检验。

6. 质量检验判定

符合标准各项技术指标要求的为等级品。不符合任何一项指标要求时，应重新从同一批中加倍取样进行复验。复验不合格降级处理。低于标准最低级别技术要求的为不合格品。28d强度比指标低于62％的粉煤灰，可作为水泥厂非活性混合材料。

7. 粉煤灰出厂应有合格证：厂名、批号、合格证编号及日期、级别及数量、质量标准及检验结果。

3.6.5 粉煤灰在混凝土中的等级规定

(1) 粉煤灰在混凝土中的等级规定：

① Ⅰ级粉煤灰适用于钢筋混凝土和跨度小于6m的预应力钢筋混凝土（放松预应力前，粉煤灰混凝土强度等级必须达到设计强度等级，且不得小于20MPa）。

② Ⅱ级粉煤灰适用于钢筋混凝土和无筋混凝土。

③ Ⅲ级粉煤灰适用于无筋混凝土。对设计强度等级C30及以上的无筋粉煤灰混凝土，宜采用Ⅰ、Ⅱ级粉煤灰。

（2）配制泵送混凝土、大体积混凝土、抗渗混凝土、抗硫酸盐和抗软水侵蚀混凝土、蒸养混凝土、轻骨料混凝土、地下工程混凝土、水下工程混凝土、压浆混凝土及碾压混凝土等，宜掺用粉煤灰。

（3）粉煤灰可与各类外加剂同时使用，外加剂的适应性及合理掺量应由试验确定。

（4）下列粉煤灰混凝土，应采取的措施：

① 粉煤灰用于要求高抗冻融性的混凝土时，必须掺入引气剂；

② 在低温下，施工粉煤灰混凝土时，宜掺入对粉煤灰混凝土无害的早强剂或防冻剂，并应采取适当的保温措施；

③ 用于早期脱模，提高负荷的粉煤灰混凝土，宜掺用高效减水剂、早强剂。

（5）粉煤灰取代水泥的最大限量见表 3.6-4 的要求。

粉煤灰取代水泥的最大限量　　　　表 3.6-4

混凝土种类	粉煤灰取代水泥的最大限量（%）			
	硅酸盐水泥	普通硅酸盐水泥	矿渣硅酸盐水泥	火山灰质硅酸盐水泥
预应力钢筋混凝土	25	15	10	—
钢筋混凝土 高强度混凝土 高抗冻融性混凝土 蒸养混凝土	30	25	20	15
中低强度混凝土 泵送混凝土 大体积混凝土 水下混凝土 地下混凝土 压浆混凝土	50	40	30	20
碾压混凝土	65	55	45	35

当钢筋混凝土中钢筋保护层厚度小于 5cm 时，粉煤灰取代水泥的最大限量，应比表中规定相应减少 5%。

3.6.6 粉煤灰混凝土施工技术要求

1. 粉煤灰掺入混凝土的方式分干掺或湿掺：

（1）干掺时，干粉煤灰单独计量，与水泥、砂石、水等材料按规定次序加入搅拌机进行搅拌。

（2）湿掺时，先配制成粉煤灰与水及外加剂的悬浮浆液，与砂、石等材料按规定次序加入搅拌机进行搅拌。

2. 粉煤灰混凝土搅拌时间比基准混凝土延长 10～30s。

3. 泵送粉煤灰拌合物运到现场时的坍落度不得小于 80mm，并严禁在装入泵车时加水。

4. 用插入式振动器振捣泵送粉煤灰混凝土时，不得漏振或过振，其振捣时间为：坍落度为 80～120mm 时，15～20s；坍落度为 120～180mm，时 10～15s。粉煤灰混凝土表面必须进行二次压光，不得出现明显的粉煤灰浮浆层。

5. 粉煤灰混凝土振捣完毕后，应加强养护，表面宜加遮盖保持湿润，养护时间不得少于 14d。低温施工时应加强表面保温，表面最低温度不得低于 5℃，且降温幅度大于 8℃时，应加强表面保护，防止产生裂纹。

3.6.7 粉煤灰混凝土的检验

（1）必试项目：坍落度、抗压强度，引气剂的粉煤灰混凝土增测含气量。

（2）现场施工粉煤灰混凝土，坍落度检验，每班至少测定 2次，其测定值允许偏差应为 ±20mm，掺引气剂的粉煤灰混凝土，每班至少测定二次，其测定值允许偏差应为 ±0.5%。

（3）抗压强度检验：

① 取样批量：非大体积粉煤灰混凝土，每拌制 100m³，取一组试块；大体积粉煤灰混凝土，每拌制 500m³ 取一组试块。

② 试块尺寸：150mm×150mm×150mm 立方体。

③ 检验评定：每组 3 个试块的平均值，作为该组试块强度

代表值；当 3 个试块的最大或最小强度值与中间值相比超过 15％时，以中间值代表该组试块的强度值。

3.6.8 粉煤灰在轻骨混凝土中的应用施工技术要求

搅拌前轻骨料宜预湿或粗细骨料先投入搅拌机加部分水先搅拌 0.5min，再加入粉煤灰搅拌，最后加入水泥和剩余水拌匀。粉煤灰与外加剂复合使用时，外加剂宜采用后掺法。

3.6.9 粉煤灰在砂浆中的应用

(1) 煤灰品种和适用范围，见表 3.6-5。

粉煤灰砂浆品种和适用范围　　表 3.6-5

品　　　种	适 用 范 围
粉煤灰水泥砂浆	砌筑墙体、内外墙面、台度、踢脚、窗口、檐口、勒脚、勾缝
粉煤灰混合砂浆	砌筑地面以上墙体和抹灰工程
粉煤灰石灰砂浆	地面以上内墙抹灰工程

(2) 砂浆中粉煤灰取代水泥率及超量系数，见表 3.6-6。

砂浆中粉煤灰取代水泥率 β_m 及超量系数 δ_m　　表 3.6-6

砂浆品种		砂浆强度等级				
		M1.0	M2.5	M5.0	M7.5	M10.0
水泥石灰砂浆	β_m(％)		15～40		10～25	
	δ_m		1.2～1.7		11～1.5	
水泥砂浆	β_m(％)		25～40	20～30	15～25	10～20
	δ_m		1.3～2.0		1.2～1.7	

砂浆中，粉煤灰取代石灰膏率可通过试验确定，但最大不宜超过 50％。

β_m—粉煤灰取代水泥率；δ_m—粉煤灰超量系数。

(3) 搅拌粉煤灰砂浆时，宜先将粉煤灰、砂与水泥及部分拌合水先投入搅拌机，待基本拌匀后再加水搅拌至所需稠度，搅拌时间不得少于 2min。

3.7 天然沸石粉

3.7.1 执行标准

《混凝土和砂浆用天然沸石粉》JG/T 3048—1998

3.7.2 天然沸石粉的分类

沸石粉分斜发沸石粉和丝光沸石粉。

沸石粉分三级：Ⅰ级、Ⅱ级、Ⅲ级

3.7.3 沸石粉的验收和储运要求

每批沸石粉应有供货单位的出厂合格证，合格证的内容应包括：厂名、合格证编号、沸石粉等级、批号及出厂日期、数量及质量检验报告等。

运输与储存沸石粉时，严禁与其他材料混杂，并应在通风干燥场所存放，不得受潮。存放期不得超过 2 年。

3.7.4 取样批量及取样方法

1. 应以每 120t 相同等级的沸石粉为一验收批，不足 120t 者也应按一批计。

2. 散装沸石粉取样时，应从不同部位取 10 份试样，每份不应少于 1.0kg，混合搅拌均匀后，用四分法缩取比试验所需量大一倍的试样（简称平均试样）。

3. 袋装粉取样时，应从每批中任取 10 袋，从每袋中各取样不得少于 1.0kg，按上款规定的方法缩取平均试样。

3.7.5 试验项目

细度、需水量比、28d 抗压强度比。

3.7.6　质量检验结果判定

当质量有一项指标达不到规定要求时，应重新从同一批中加倍取样进行复验。复验后仍达不到要求时，该批沸石粉应作为不合格品或降级处理。

3.7.7　沸石粉在混凝土中应用规定

1. Ⅰ级沸石粉宜用于不低于 C60 的混凝土。
2. Ⅱ级沸石粉宜用于低于 C60 的混凝土和轻骨料混凝土。
3. Ⅲ级沸石粉宜用于砌筑砂浆和抹灰砂浆。
4. 配制沸石粉混凝土和砂浆时，宜用强度等级为 42.5 以上的硅酸盐水泥、普通硅酸盐水泥和矿渣硅酸盐水泥，不宜用火山灰质硅酸盐水泥、粉煤灰硅酸盐水泥和复合硅酸盐水泥。
5. 沸石粉可与各类外加剂同时使用，外加剂的适应性及合理掺量应由试验确定。

沸石粉在混凝土中的掺量，宜按等量置换法取代水泥，其取代率不宜超过表 3.7-1 的规定。

沸石粉取代水泥的取代率（%）　　　　　　表 3.7-1

混凝土强度等级	硅酸盐水泥	普通硅酸盐水泥	矿渣硅酸盐水泥
C15～C30	20	20	15
C35～C45	15	15	10
C45 以上	10	10	5

6. 沸石粉混凝土的配合比设计，应以基准混凝土的配合比设计为基础，按照等稠度、等强度原则，用等量置换法进行。

沸石粉混凝土的用水量应按等稠度原则适当增加，也可掺减水剂调整其稠度。在掺减水剂时，减水剂的掺量应按胶结总量的百分率计算。

现场施工时，沸石粉混凝土拌合物的稠度检验，每班至少测定两次。

7. 沸石粉混凝土拌合物应搅拌均匀，搅拌时间比基准混凝土的拌合物宜延长 30～60s。

8. 浇筑沸石粉混凝土时，不得漏振或欠振。振捣后的沸石粉混凝土表面，不得出现明显的沸石粉浮浆层。沸石粉混凝土抹面时，应进行二次压光。

9. 沸石粉混凝土宜用高温蒸气养护，成型后热预养温度不宜高于 45℃，预养时间不得少于 1h，养护恒温温度宜为 95℃。

3.7.8 沸石粉在轻集料混凝土中应用规定

1. 沸石粉在轻集料混凝土中的掺量，宜按等量置换法取代水泥。沸石粉取代水泥率应按规定选用。

2. 沸石粉轻集料混凝土的配合比设计，应满足抗压强度、表观密度和稠度的要求，并应节约原材料。

3. 配合比设计，当采用砂轻混凝土时，宜采用绝对体积法；当采用全轻混凝土时，宜采用松散体积法。

4. 沸石粉轻骨料混凝土拌合物，宜采用强制式搅拌机进行搅拌。

5. 运输距离宜缩短，并防止拌合物离析。拌合物从搅拌机卸料起到浇筑入模的延续时间不宜超过 45min。

3.8 轻 骨 料

3.8.1 执行标准

1. 《膨胀珍珠岩》JC 209—1992（1996）

2. 《轻骨料混凝土技术规程》JGJ 51—2002

3. 《轻集料及其试验方法 第 1 部分：轻集料》GB/T 17431.1—2010

4. 《轻集料及其试验方法 第 2 部分：轻集料试验方法》GB/T 17431.2—2010

3.8.2 轻骨料的分类

1. 按粒径和堆积密度分：

(1) 轻粗骨料，粒径大于 5mm，堆积密度小于 $1000kg/m^3$。

(2) 轻细骨料，粒径不大于 5mm，堆积密度小于 $1200kg/m^3$。

2. 轻骨料的来源：

(1) 工业废料轻骨料，工业废料为原料加工而成，如粉煤灰陶粒、自然煤矸石、膨胀矿渣珠、煤渣及其轻砂。

(2) 天然轻骨料，天然多孔岩石加工而成，如浮石、火山渣及其轻砂。

(3) 人造轻骨料，地方材料加工而成，如页岩陶粒、黏土陶粒、膨胀珍珠岩集料及其轻砂。

3. 粒型分类：

(1) 圆球型：粉煤灰陶粒，磨圆的页岩陶粒；

(2) 普通型：页岩陶粒，膨胀珍珠岩；

(3) 碎石型：浮石，自然煤矸石，煤渣。

3.8.3 轻骨料的检验

1. 必须有出厂合格证：

包括厂名、编号及日期、品名和级别、性能检验结果、供货数量等。

2. 检验必试项目：

(1) 轻粗骨料：筛分析、堆积密度、筒压强度、吸水率、粒型系数。

(2) 轻砂：筛分析、堆积密度。天然轻粗骨料尚需检验含泥量，自然煤矸石和煤渣需检验硫酸盐的含量，安定性和烧失量。

3. 取样批量：

按品种、密度等级，每 $200m^3$ 为一验收批。试样可从料堆的 10 点或袋中取样 10 份，拌合均匀后按四分法缩分到试验所需用料量：轻粗骨料为 50L，轻细骨料为 10L。

4. 轻骨料技术要求：

（1）粒径与级配：

1）保温及结构保温轻骨料混凝土中粗粒骨料，最大粒径不宜大于 40mm；结构轻骨料混凝土用轻粗骨料最大粒径不大于 20mm。

2）轻粗骨料自然级配的空隙率不应大于 50%。

3）轻粗骨料的级配，见表 3.8-1。

轻粗骨料的级配　　　　表 3.8-1

筛孔尺寸		d_{min}	$1/2d_{max}$	d_{max}	$2d_{max}$
圆球型及单一粒级	累计筛余 （按重量计）	≥90	不规定	≤10	0
普通型的混合级配		≥90	30~70	≤10	0
碎石型的混合级配		≥90	40~60	≤10	0

4）轻砂的细度模数不宜大于 4.0，大于 5mm 的累计筛余量不宜大于 10%。

（2）轻骨料的堆积密度等级，见表 3.8-2。

轻骨料的堆积密度等级　　　　表 3.8-2

密度等级		堆积密度范围 （kg/m³）	变导系数
轻粗骨料	轻砂		
300	—	210~300	
400	—	310~400	
500	500	410~500	
600	600	510~600	
700	700	610~700	
800	800	710~800	圆球型和普通型不应大于
900	900	810~900	0.10；碎石型不应大于 0.15
1000	1000	910~1000	
—	1100	1010~1100	
	1200	1110~1200	

（3）轻骨料的强度等级，见表 3.8-3。

轻骨料的强度和强度等级　　　　表 3.8-3

	筒压强度 f_a(MPa)		强度等级 $f_{ak}f$(MPa)	
	碎石型（天然/其他）	普通型和圆球型	普通型	圆球型
300	0.2/0.3	0.3	3.5	3.5
400	0.4/0.5	0.5	5.0	5.0
500	0.6/1.0	1.0	7.5	7.5
600	0.8/1.5	2.0	10	15
700	1.0/2.0	3.0	15	20
800	1.2/2.5	4.0	20	25
900	1.5/3.0	5.0	25	30
1000	1.8/4.0	6.5	30	40

　5. 轻骨料性能要求：

　（1）轻砂和天然轻骨料的吸水率不做规定，其他轻粗骨料的吸水率不应大于 22%；

　（2）轻骨料中严禁混入煅烧过的石灰石，白云石和硫化铁等体积不稳定的物质；

　（3）轻骨料性能指标，见表 3.8-4。

轻骨料性能指标　　　　表 3.8-4

项 目 名 称	指　　　标
抗冻性（D15，重量损失，%）	5
安定性（煮沸法，重量损失，%）	5
烧失量：轻粗集料（重量损失，%）	.4
轻砂（重量损失，%）	5
硫酸盐含量（按 SO_2 计，%）	1
氯盐含量（按 Cl 计，%）	0.02
含泥量（重量，%）	3
有机杂质（用比色法检验）	不深于标准色

　6. 检验结果判定

　（1）符合要求者为合格品；

(2) 当其中任一项不符合要求时，重新从同一批中加倍取样复验；

(3) 复验仍不符要求，则该产品为等外品。

3.8.4 轻骨料混凝土原材料要求

轻骨料混凝土的原材料：

(1) 水泥应符合《通用硅酸盐水泥》国家标准第 1 号修改单 GB 175—2007/XG1—2009 的要求；

(2) 轻粗细骨料：轻骨料、膨胀珍珠岩（堆积密度应大于 80kg/m³）、普通砂；

(3) 水：混凝土拌合用水；

(4) 外加剂应符合《混凝土外加剂》GB 8076—2008、《砂浆、混凝土防水剂》JC 474—2008、《混凝土防冻剂》JC 475—2008、《混凝土膨胀剂》GB 23439—2009、《喷射混凝土用速凝剂》JC 477—2005 的要求。

(5) 掺合料：粉煤灰应符合《用于水泥和混凝土中的粉煤灰》GB 1596—2006、《粉煤灰混凝土应用技术规范》GBJ 146—1990、《用于水泥和混凝土中的粒化高炉矿渣粉》GB/T 18046—2008 的要求。

原材料的各项技术性能与要求都应满足现行国家或行业有关标准及规程的要求。

3.8.5 轻骨料混凝土的用途分类、强度等级、密度等级

(1) 轻骨料混凝土用途分类　参照国际通用原则，按用途将轻骨料混凝土划分为保温、结构保温和结构轻骨料混凝土三大类。分别规定各类混凝土的强度等级、密度等级和合理使用范围。轻骨料混凝土强度等级符号为 LC。

(2) 轻骨料混凝土的强度等级按立方体抗压强度标准值确定。划分为 LC5.0、LC7.5、LC10、LC15、LC20、LC25、LC30、LC35、LC40、LC45、LC50、LC55、LC60。

（3）轻骨料混凝土按其表观密度分为 14 个等级。某一密度等级轻骨料混凝土的密度标准值可取该密度干表观密度变化范围的上限值。轻骨料混凝土的密度等级见表 3.8-5。

轻骨料混凝土的密度等级　　　　　表 3.8-5

密 度 等 级	干表观密度变化范围
600	560～650
700	660～750
800	760～850
900	860～950
1000	960～1050
1100	1060～1150
1200	1160～1250
1300	1260～1350
1400	1360～1450
1500	1460～1550
1600	1560～1650
1700	1660～1750
1800	1760～1850
1900	1860～1950

（4）轻骨料混凝土根据其用途按表 3.8-6 划分三大类。

轻骨料混凝土强度等级及用途分类　　　　　表 3.8-6

类别名称	混凝土强度等级的合理范围		混凝土密度等级的合理范围	用途
保温轻骨料混凝土	LC5.0		≤800	主要用于保温的围护结构或热工构筑物
结构保温轻骨料混凝土	LC5.0　LC7.5 LC10　LC15		800～1400	主要用于承重又保温的围护结构
结构轻骨料混凝土	LC15　LC20 LC25　LC30 LC35　LC40 LC45　LC50		1400～1900	主要用于承重构件或构筑物

3.8.6 轻骨料混凝土的性能指标

（1）轻骨料混凝土的强度标准值应按表 3.8-7 采用。

轻骨料混凝土的强度标准值（Mpa）　　　　表 3.8-7

混凝土强度等级	轴心抗压 f_{ck}	轴心抗拉 f_{tk}
LC15	10	1.27
LC20	13.4	1.54
LC25	16.7	1.78
LC30	20.1	2.01
LC35	23.4	2.20
LC40	26.8	2.39
LC45	29.6	2.51
LC50	32.4	2.64
LC55	35.5	2.74
LC60	38.5	2.85

注：自燃煤矸石混凝土轴心夏拉强度标准值应按表中值乘以 0.85，浮石或火山渣混凝土轴心抗拉强度标准值应按表中值乘以 0.80。

（2）结构轻骨料混凝土的弹性模量应通过试验确定，也可按表 3.8-8 取值。

结构轻骨料混凝土的弹性模量 E_{Lc}（×10^{20}）（MPa）
表 3.8-8

强度等级	密度等级							
	1200	1300	1400	1500	1600	1700	1800	1900
LC15	94	102	110	117	125	133	141	149
LC20		117	126	135	145	154	163	172
LC25			141	152	162	172	182	192
LC30				166	177	188	199	210
LC35					191	203	215	227
LC40						217	230	243
LC45						234	244	257
LC50						243	257	271
LC55							267	285
LC60							280	297

注：用膨胀矿渣珠、自烧煤矸石作粗骨料的混凝土，其弹性模量值可比表列数值提高 20%。

（3）轻骨料混凝土结构用砂轻混凝土收缩值可按公式计算，计算后数值和实测值不应大于表 3.8-9 中规定值。

轻骨料混凝土结构收缩值与徐变系数的修正系数　表 3.8-9

影响因素	变化条件	收缩值		徐变系数	
		符号	系数	符号	系数
相对湿度(%)	≤40	β_1	1.30	ξ_1	1.30
	≈60		1.00		1.00
	≥80		0.75		0.75
截面尺寸(体积/表面积,cm)	2.00	β_2	1.20	ξ_2	1.15
	2.50		1.00		1.00
	3.75		0.95		0.92
	5.00		0.90		0.85
	10.00		0.80		0.70
	15.00		0.65		0.60
	>20.00		0.40		0.55
养护方法	标准的	β_3	—	ξ_3	1.00
	蒸养的		—		0.85
加荷龄期	7d		—	ξ_4	1.20
	14d		—		1.10
	28d		—		1.00
	90d		—		0.80
粉煤灰取代水泥率(%)	0	β_5	1.00	ξ_5	1.00
	10~20		0.95		1.00

（4）轻骨料混凝土不同龄期的收缩值和徐变系数见表 3.8-10。

轻骨料混凝土不同龄期的收缩值和徐变系数　表 3.8-10

龄期(d)	28	90	180	360	终极值
收缩值(mm/m)	0.36	0.59	0.72	0.82	0.85
徐变系数	1.63	2.1	2.38	2.64	2.65

（5）轻骨料混凝土的泊松比可取 0.2。

（6）骨料混凝土的温度线膨胀系数：当温度为 0~100℃范

围时，可取 $7 \times 10^{-8}/℃ \sim 10 \times 10^{-8}/℃$。低密度等级者取下限值，高密度等级者取上限值。

(7) 轻骨料混凝土在干燥条件下和灰平衡含水率条件下的各种热物理系数应符合表 3.8-11 的要求。

各种热物理系数 表 3.8-11

密度等级	导热系数		比热容		导温系数		蓄热系数	
	λ_d	λ_c	C_d	C_c	α_d	α_c	S_{d24}	S_{c24}
	(W/m·K)		(kJ/kg·K)		(m²/h)		(W/m²·K)	
600	0.18	0.25			1.28	1.63	2.56	3.01
700	0.20	0.27			1.25	1.50	2.91	3.38
800	0.23	0.30			1.23	1.38	3.37	4.17
900	0.26	0.33			1.22	1.33	3.73	4.55
1000	0.28	0.36			1.20	1.37	4.10	5.13
1100	0.31	0.41			1.23	1.36	4.57	5.62
1200	0.36	0.47			1.29	1.43	5.12	6.28
1300	0.42	0.52	0.84	0.92	1.38	1.48	5.73	6.93
1400	0.49	0.59			1.50	1.56	6.43	7.65
1500	0.57	0.67			1.63	1.66	7.19	8.44
1600	0.66	0.77			1.78	1.77	8.01	9.30
1700	0.76	0.87			1.91	1.89	8.81	10.20
1800	0.87	1.01			2.08	2.07	9.74	11.30
1900	1.01	1.15			2.26	2.23	10.70	12.40

注：1. 轻骨料混凝土的体积平衡含水率取 6%。

2. 用膨胀矿渣珠作粗骨料混凝土导热系数为按表列数值降低 25% 取用或试验确定。

(8) 轻骨料混凝土在不同使用条件的抗冻性应符合表 3.8-12 的要求。

(9) 结构用砂轻骨料混凝土的抗碳化耐久性应按快速碳化标准试验方法检验，其 28d 的碳化深度值应符合表 3.8-13 要求。

轻骨料混凝土的抗冻标号　　　表 3.8-12

使　用　条　件	抗冻等级
1. 非采暖地区(最低气温月份的平均气温高于 5℃地区)	F15
2. 采暖地区(最低气温月份的平均气温等于或低于 5℃地区)	
干燥或相对湿度≤60%	F25
相对湿度>60%	F35
干湿交替部位和水位变化部位	≥F50

砂轻骨料混凝土的碳化深度值　　　表 3.8-13

等级	使　用　条　件	碳化深度值(mm)不大于
1	正常湿度(55%~65%)室内	40
2	正常湿度(55%~65%)室外	35
3	潮湿度(65%~80%)室外	30
4	干湿交替	25

注：碳化深度值相当于在正常大气条件下：即 CO_2 的体积浓度为 0.03%，温度在 20±3℃的环境条件下，自然碳化 50 年时轻骨料混凝土的碳化深度。

(10) 结构用砂轻骨料混凝土的抗渗性应满足工程设计抗渗等级和有关标准要求。

(11) 次轻骨料混凝土的强度标准值、弹性模量、收缩和徐变等有关性能应通过试验确定。

3.8.7　轻骨料混凝土的配合比设计步骤及参数选择的要求

(1) 一般要求

① 轻骨料混凝土的配合比设计主要应满足抗压强度、密度和稠度的要求，并以合理使用材料和节约水泥为原则。必要时应符合对混凝土性能(如弹性模量、抗渗性、碳化和抗冻性等)的特殊要求。

② 轻骨料混凝土的配合比设计应通过计算和试验确定。混凝土试配强度应按公式计算确定：$f_{cu,m,k} \geqslant f_{cu,k} + 1.645\sigma$。

③ 混凝土强度标准差应根据同品种、同强度等级轻骨料混凝土按表 3.8-14 取值。

强度荷标准差 σ （MPa）　　　　表 3.8-14

强度等级	低于 LC20	LC20～LC35	≥LC35
σ	4.0	5.0	6.0

④ 轻骨料混凝土配合比中的轻粗骨料宜采用同一品种的轻骨料。结构保温轻骨料混凝土及其制品掺入煤（炉）渣轻粗骨料时，其掺量不应大于轻粗骨料总量的 30%，煤（炉）渣含碳量不应大于 10%。为改善某些性能而掺入另一品种粗骨料时，其合理掺量应通过试验确定。

⑤ 在轻骨料混凝土配合比中加入化学外加剂或矿物掺和料时，其品种、掺量对水泥的适应性，必须通过试验确定。

⑥ 大孔径轻骨料混凝土和泵送轻骨料混凝土的配合比设计应符合规程附录的规定。

（2）设计参数选择

① 不同试配强度的轻骨料混凝土的水泥用量按表 3.8-15 选用。

轻骨料混凝土的水泥用量（kg/m³）　　　表 3.8-15

混凝土试配强度（MPa）	轻骨料混凝土密度等级						
	400	500	600	700	800	900	1000
≤5.0	260～320	250～300	230～280				
5.0～7.5	280～360	260～340	240～320	220～300			
7.5～10		280～370	260～350	240～320			
10～15			280～350	260～340	240～330		
15～20				280～380	270～370	260～360	250～350
20～25				330～400	320～390	310～380	300～370
25～30				280～450	360～430	360～430	350～420
30～40				420～500	390～490	380～480	370～470

混凝土试配强度(MPa)	轻骨料混凝土密度等级						
	400	500	600	700	800	900	1000
40~50					430~530	420~520	410~510
50~60					450~550	440~540	430~530

注：1. 混凝土试配强度 30 以下采用 32.5 级水泥用量值，强度 30 以上采用 42.5 级水泥用量值。（通用硅酸盐水泥取消了 32.5 级，因此，试配时水泥用量应作相应调整。）

2. 表中下限值适用于圆球型和普通型轻粗骨料，上限值适用于碎石型轻粗骨料和全轻混凝土。

3. 最高水泥用量不宜超过 550kg/m³。

② 轻骨料混凝土配合比中的水灰比应以净水灰比表示，配制全轻混凝土时可采用总水灰比表示。轻骨料混凝土的最大水灰比和最小水泥用量限值应符合表 3.8-16 的规定。

轻骨料混凝土的最大水灰比和最小水泥用量　表 3.8-16

混凝土所处环境条件	最大水灰比	最小水泥用量	
不受风雪影响混凝土	不作规定	270	250
受风雪影响的露天混凝土；位于水中及水位升降范围内的混凝土、潮湿环境中的混凝土	0.50	325	300
寒冷地区位于水位升降范围的混凝土和受水压或除冰盐作用的混凝土	0.45	375	350
严寒地区位于水位升降范围的混凝土和受硫酸盐除冰盐等腐蚀的混凝土	0.40	400	375

注：1. 严寒地区：最冷月份平均温度低于-15℃，寒冷地区最冷月份平均温度低于-5~-15℃。

2. 水泥用量不包括掺和料。

3. 寒冷地区用的轻骨料混凝土应掺入引气剂，其含气量为 5%~8%。

③ 轻骨料混凝土净用水量根据稠度（坍落度或维勃稠度）和施工要求可按表 3.8-17 选用。

④ 轻骨料混凝土的砂率可按表 3.8-18 选用。

⑤ 当采用松散体积法设计配合比时，粗细骨料松散状态的总体积可按表 3.8-19 选用。

轻骨料混凝土净用水量　　　　　　表 3.8-17

轻骨料混凝土用途	稠度		净用水量 (kg/m³)
	维勃稠度 (g)	坍落度 (mm)	
预制构件及制品：			
(1)振动加压成型	10~20		45~140
(2)振动台成型	5~10	0~10	140~180
(3)振捣棒或平板振动器振实		30~80	165~215
现浇混凝土：			
(1)机械振捣		50~100	180~225
(2)人工振捣或钢筋密集		≥80	200~230

注：1. 表中值适用于圆球型和普通型轻骨料，对碎石型轻粗骨料，宜增加 10kg 左右用水量。

2. 掺加外加剂时，应按减水率适当减少用水量，按施工稠度要求调整。

3. 表中值适用于砂轻混凝土；若采用轻砂时，宜取轻砂 1h 吸水率为附加水量或按施工要求适当调整增加用水量。

轻骨料混凝土的砂率　　　　　　表 3.8-18

轻骨料混凝土用途	细骨料品种	砂率(%)
预制构件	轻砂	35~50
	普通砂	70~110
现浇混凝土	轻砂	—
	普通砂	35~45

注：1. 当混合使用普通砂和轻砂作细骨料时，砂率按比例插入中间值。

2. 当采用圆球型轻骨料时，砂率取下限值，碎石取上限值。

粗细骨料的总体积　　　　　　表 3.8-19

轻骨料粒型	细骨料品种	粗细骨料总体积(m³)
圆球型	轻砂	1.25~1.50
	普通砂	1.10~1.40
普通型	轻砂	1.30~1.60
	普通砂	1.10~1.50
碎石型	轻砂	1.35~1.65
	普通砂	1.10~1.60

⑥ 当采用粉煤灰作掺和料时，粉煤灰取代水泥百分率和超量系数等参数选择应符合国家标准。

（3）松散体积法（括号内为绝对体积法设计增加的要求）设计计算步骤：

① 根据设计要求的轻骨料混凝土的强度等级（密度等级）、混凝土用途，确定粗细骨料的种类和粗骨料的最大粒径。

② 测定粗细骨料的堆积密度（颗粒表观密度）、筒压强度和1h吸水率，并测定细骨料的堆积密度（相对密度）。

③ 按规程计算混凝土试配强度。

④ 按规程选择水泥用量。

⑤ 根据施工稠度要求，按规程选择净用水量。

⑥ 根据混凝土用途选取砂率。

⑦ 根据粗细骨料的类型，选用粗细骨料的总体积及粗细骨料用量。

⑧ 根据净用水量和附加水量计算总用水量。

⑨ 计算混凝土干表观密度，与设计要求对比调整配合比。

（4）粉煤灰轻骨料混凝土配合比设计步骤：

① 按规程进行基准轻骨料混凝土配合比设计与配制。

② 确定粉煤灰取代水泥率，见表 3.8-20。

粉煤灰取代水泥率　　　　　　　　　　表 3.8-20

混凝土强度等级	取代普通硅酸盐水泥率 β_c（%）	取代矿渣水泥率 β_c（%）
≤LC15	25	20
LC20	15	10
≥LC25	20	15

注：1. 水泥以 32.5 级水泥为基准，采用 42.5 级水泥应作相应调整；
　　2. ≥LC20 的轻骨料混凝土应采用 Ⅰ、Ⅱ 级粉煤灰，≤LC15 的素混凝土可用 Ⅲ 级粉煤灰；
　　3. 根据试验，可适当放宽粉煤灰取代水泥百分率。

③ 根据基准混凝土水泥用量和选用粉煤灰取代水泥百分率，计算粉煤灰轻骨料混凝土水泥用量。

④ 根据粉煤灰级别和混凝土强度等级，粉煤灰超量系数在1.2~2.0 范围内选取，计算粉煤灰掺量。

⑤ 分别计算粉煤灰轻骨料混凝土中的水泥、粉煤灰和粗细

骨料的绝对体积，按粉煤灰超出水泥的体积，扣除同体积的细骨料用量。

⑥ 用水量以符合稠度要求调整用水量。

⑦ 通过试配调整配合比，最后以既能达到设计要求的配制强度和干表观密度，又具有最小水泥用量的配合比作为选用配合比，并进行质量校正。

3.8.8 大孔径轻骨料混凝土

（1）一般规定

大孔径轻骨料混凝土按其抗压强度标准值，划分为 LC2.5、LC3.5、LC5.0、LC7.5、LC10.0 五个等级。

（2）轻粗骨料的技术要求

① 轻粗骨料级配宜采用 5～10mm 或 10～16mm 单一粒级。

② 轻粗骨料密度等级和强度等级应根据工程需要选用。

③ 轻粗骨料其他技术性能应符合国家标准《轻集料及其试验方法 第一部分：轻集料》GB/T 17431.1 的有关规定。

（3）配合比计算与试配

① 根据混凝土要求的强度等级及轻粗骨料品种，水泥用量可在 $150～250kg/m^3$ 范围内选用，并可掺入适量的外加剂和掺和料。

② 混凝土拌合物的用水量应以水泥能均匀附在骨料表面并呈油状光泽而不流淌为度。可在净水灰比 0.30～0.42 范围内选用一个试配水灰比。

③ 振动加压型的轻骨料混凝土小型空心砌块，宜采用干硬性大孔混凝土拌合物，其用水量以模底不淌浆和坯体不变形为准。

（4）施工工艺

① 拌合物各组分材料按质量计量。轻粗骨料可采用体积计量。

② 拌合物应采用强制式搅拌机拌制。

③ 当采用预湿饱和面干骨料时，粗骨料、水泥和净用水量可一次投入搅拌机内，拌合至水泥浆均匀包裹在骨料表面且呈油状光泽时为准，拌合时间为 1.5～2.0min。采用骨料时，先将骨料和 40%～60% 总用水量投入搅拌机内，拌合 1min 后，再加入剩余水量和水泥拌合 1.5～2.0min。拌制少砂大孔轻骨料混凝土时，砂或轻砂和粉煤灰等宜与水泥一起加入搅拌机内。

④ 现场浇筑时，混凝土拌合物直接浇筑入模，依靠自重落料压实，可用捣棒轻轻插捣模壁拌合物，不得振捣。

浇筑高度较高时，应水平分层和多点浇筑，每层高度不宜大于 300mm，浇筑捣实后，表面用铁铲拍平。

大孔径轻骨料混凝土小型砌块应采取振动加压成型。

3.8.9 泵送轻骨料混凝土

(1) 一般规定

① 泵送轻骨料混凝土宜采用砂轻混凝土。

② 泵送轻骨料混凝土采用轻粗骨料宜浸水或洒水预湿处理，预湿后的吸水率不应少于 24h 吸水率。

(2) 原材料要求

① 泵送轻骨料混凝土采用的水泥应采用通用硅酸盐水泥。

② 泵送轻骨料混凝土采用轻粗骨料的密度等级不宜低于 600 级，当掺入轻细骨料时，轻细骨料的密度等级不应低于 800 级。

③ 轻粗骨料应采用连续级配，最大粒径不宜大于 16mm，粒型系数不宜大于 2.0。

④ 泵送轻骨料混凝土细骨料宜采用中砂，细度模数宜在 2.2～2.7，其中通过 0.315mm 粒径含量不应少于 15%。

⑤ 泵送轻骨料混凝土宜掺用泵送剂、减水剂和引气剂等外加剂，且可掺入Ⅰ、Ⅱ级粉煤灰、矿物微粉或其他矿物掺和料。

(3) 配合比设计

① 泵送轻骨料混凝土配合比设计除应满足轻骨料混凝土设计强度等级、耐久性和密度的要求，其拌合物应满足可泵性、粘

聚性和防水性要求。

② 泵送轻骨料混凝土拌合物入泵时的坍落度值应根据泵送高度选用，宜为 150～200mm；含气量为 5%。

③ 泵送轻骨料混凝土的水泥用量不宜少于 350kg/m³。

④ 泵送轻骨料混凝土的砂率为 40%～50%，当掺用粉煤灰并用超量法取代时，砂率可适当降低。

3.8.10 质量检验

1. 轻骨料定期检验堆积密度、含水率、吸水率、颗粒级配、筒压强度、强度等级等技术性能。必要时尚应检验其他项目。

2. 对拌合物的检验，各组成材料重量是否符合配合比，每台班一次；坍落度及密度，每台班一次。

3. 强度检验：每 100 盘且不大于 100m³ 的同配合比混凝土取样不少于一次。

4. 混凝土干表观密度检验：连续生产的预制厂及商品混凝土搅拌站，对同配合比的混凝土，每月不少于 4 次，单项工程，每 100m³ 混凝土至少一次；检验结果的平均值应在设计值的 103% 以内。

保温和结构保温类的轻骨料混凝土，当原材料、配合比、混凝土表观密度发生变化时，应及时测定混凝土的导热系数及其他要求的物理性能指标。

3.9 结构普通混凝土

3.9.1 执行标准

1.《混凝土结构工程施工质量验收规范》GB 50204—2002，2010 年版

2.《混凝土强度检验评定标准》GB/T 50107—2010

3.《普通混凝土配合比设计规程》JGJ 55—2011

4.《混凝土泵送施工技术规程》JGJ/T 10—1995

5.《粉煤灰混凝土应用技术规范》GBJ 146—1990

6.《混凝土外加剂应用技术规范》GBJ 50119—2003

7.《预拌混凝土》GB/T 14902—2003

8.《混凝土用水标准》JGJ 63—2006

9.《混凝土结构耐久性设计规范》GB/T 50476—2008

10.《混凝土耐久性检验评定标准》JGJ/T 193—2009

11.《补偿收缩混凝土应用技术规程》JGJ/T 178—2009.

12.《清水混凝土应用技术规程》JGJ 169—2009

13.《混凝土中钢筋检测技术规程》JGJ/T 152—2008

14.《钢筋阻锈剂应用技术规程》JGJ/T 192—2009

15.《水泥基灌浆材料应用技术规范》GB/T 50448—2008

16.《普通混凝土拌合物性能试验方法标准》GB/T 50080—2002

17.《普通混凝土力学性能试验方法标准》GB/T 50081—2002

18.《普通混凝土长期性能和耐久性能试验方法标准》GB/T 50082—2009

3.9.2 普通混凝土性能

(1)普通混凝土拌合物性能试验包括取样及试样制备、稠度试验、凝结时间试验、泌水与压力泌水试验、表观密度试验、含气量试验和配合比分析试验。

(2)普通混凝土力学性能试验包括取样及试样制备、立方体抗压强度试验、轴心抗压强度试验、静力受压弹性模量试验、劈裂抗拉强度试验、抗折强度试验。

(3)普通混凝土长期性能和耐久性能试验包括取样及试样制备、抗冻性能试验、动弹性模量试验、抗水渗透性能试验、抗氯离子渗透性能试验、收缩试验、早期抗裂性能试验、受压徐变试验、抗碳化性能试验、混凝土中钢筋锈蚀试验、抗压疲劳变形试验、抗硫酸盐侵蚀性能试验和碱-骨料反应试验。

（4）根据《民用建筑工程室内环境污染控制规范》（GB 50325—2010）对材料的规定，商品混凝土、预制构件和新型墙体材料应测定放射性指标限量。

3.9.3 普通混凝土拌合物性能试验

1. 取样

（1）同一组混凝土的取样应从非首盘（车）的同一盘（车）混凝土取样。取样量应多于试验所需量的 1.5 倍；且不少于 20L。

（2）取样应具有代表性，宜采用多次采样方法。一般在同一盘（车）中的 1/4 处、1/2 处、3/4 处之间分别取样，时间不超过 15min，人工搅拌均匀。

（3）从取样完毕到开始做各项试验不应超过 5min。

2. 试样制备

（1）拌合混凝土时的环境温度控制在 20±5℃。

（2）材料用量应以质量计，计量精度：骨料±1％，水、水泥、掺合料、外加剂均为±0.5％。

（3）混凝土的制备应符合配合比设计的规定。

（4）从试样制备完毕到开始做各项试验不宜超过 5min。

（5）取样应作记录，内容包括：取样日期、时间；工程名称、结构部位；混凝土强度等级；取样方法；试样编号；试样数量；环境温度和取样混凝土温度；各种原材料品种、规格、产地及性能指标；混凝土配合比及每盘混凝土材料用量。

（6）试验报告的基本内容：

① 委托单位提供的内容：委托单位名称、工程名称与施工部位、要求检测的项目名称、原材料的品种、规格、产地及混凝土配合比、要求说明的其他内容。

② 检测单位提供的内容：试样编号、试验日期与时间、仪器设备名称、型号及编号、环境温度与湿度、原材料的品种、规

格、产地及混凝土配合比及相应的试验编号、搅拌方式、混凝土强度等级、检测结果、要求说明的其他内容。

③ 检测项目的试验结果的内容。

3. 稠度试验

坍落度和坍落扩展度法

（1）适用于骨料最大粒径不大于 40mm、坍落度不大于 10mm 的混凝土拌合物稠度测定。

（2）坍落度试验步骤：

① 湿润坍落度筒及底板，内壁和底板应无明水。坍落度筒平稳放在底板上。

② 将混凝土拌合物试样分三层均匀装入筒内，用捣棒沿螺旋方向由外向内均匀插捣 25 次，插捣应贯穿本层至下层 10～20mm，浇筑顶层超过筒口，随捣随添，刮去多余混凝土，用抹刀抹平。整个装料应在 150s 内完成。

③ 清除筒边底板上的混凝土后，5～10s 内垂直平稳提起坍落度筒。

④ 提起坍落度筒后，测量筒高与坍落后混凝土试体高度之间的高度差，即为该混凝土拌合物的坍落度值。坍落度筒提离后，如混凝土发生崩坍或一边剪坏现象，则应重新取样另行测定；如第二次试验仍出现上述现象，则表示该混凝土和易性不好，应予记录审查。

⑤ 观察坍落后混凝土试体黏聚性及保水性

黏聚性检查方法：用捣棒在已坍落的混凝土锥体侧面轻轻敲打，如锥体逐渐下沉，则表示黏聚性好。如锥体倒坍、部分崩裂或出现离析现象，则表示黏聚性不好。

保水性以混凝土拌合物稀浆析出程度来评定，坍落度筒提起后如有较多稀浆从底部析出，锥体部分混凝土也因失浆而骨料外露，则表示混凝土拌合物的保水性不好；如坍落度筒提起后无稀浆或仅有少量稀浆自底部析出，则表示此混凝土拌合物的保水性好。

⑥当混凝土拌合物的坍落度大于 220mm 时,用钢尺测量混凝土扩展后最终的最大直径和最小直径,在这两个直径之差小于 50mm 的条件下,用算术平均值作为坍落度扩展值,测量精度 1mm,结果修约至 5mm。否则这次试验失败。

如果发现粗骨料在中央集堆或边缘有水泥浆析出,表示此混凝土拌合物抗离析性不好,应予记录。

(3)混凝土拌合物稠度试验报告,应报告坍落度值或坍落扩展度值。

维勃稠度法

(1)适用于骨料最大料径不大于 40mm,维勃稠度在 5～30s 之间的混凝土拌合物稠度测定。坍落度不大于 50mm 或干硬性混凝土和维勃稠度大于 30s 的特干硬性混凝土拌合物的稠度,可采用附加增实因数法测定。

(2)维勃稠度试验步骤:

① 维勃稠度仪应放置在坚实面上,用湿布把容器、坍落度筒、喂料斗内壁等湿润。

② 将喂料斗、坍落度筒上方扣紧,对中校正位置,拧紧固定螺丝。

③ 将取样混凝土拌合物分三层均匀装入筒内,每层按螺旋方向由外向内插捣 25 次。

④ 把喂料斗转离,垂直提起坍落度筒。

⑤ 把透明圆盘转到混凝土圆台体顶面,拧紧定位螺钉,使测杆螺钉完全放松。

⑥ 开启振动台的同时用秒表计时,当振动到透明圆盘的底面被水泥浆布满时,停止计时和停机。

⑦ 由秒表读出时间即为该混凝土拌合物的维勃稠度值,精确至 1s。

(3)混凝土拌合物维勃稠度试验报告应报告混凝土拌合物维勃稠度值。

增实因数法

（1）适用于骨料最大粒径不大于40mm，增实因数大于1.05的混凝土拌合物的稠度测定。

（2）增实因数试验用混凝土拌合物的质量确定：按混凝土拌合物的配合比及原材料的表观密度已知和未知两种情况计算确定拌合物的质量。

（3）增实因数试验步骤：

① 将圆筒放在台秤上，用圆勺铲取拌合物装入筒内，按规定的方法称取拌合物的质量。

② 用不吸水的小尺轻拨混凝土表面使其成一平面，然后将盖板轻放在拌合物上。

③ 将圆筒轻放在跳桌台中央，使跳桌台面以15次/s连续跳动。

④ 将量尺卡于筒口，使筒壁卡入横尺凹槽下，滑动有刻度的竖尺，将竖尺的底端插入盖板中心小筒内，读取增实因数JC，精确至0.01。

⑤ 圆筒容积应经常校正：采用一块能覆盖筒顶面的玻璃板，先称出玻璃板和空筒的质量，然后向圆筒中倒水，加满水，推入盖严无气泡。擦净玻璃板和筒壁外的余水，称其质量。两次之差（g）即为圆量筒的容积（mL）。

（4）混凝土拌合物稠度试验的增实因数试验报告内容：列出增实因数值和其他说明。

4. 凝结时间试验

（1）凝结时间试验步骤：

① 应从制备取样的混凝土拌合物的试样中，用5mm标准筛筛出砂浆，每次应筛净，然后将其拌合均匀。将砂浆一次分别装入三个试样筒中，做三个试验。取样混凝土坍落度不大于70mm的混凝土，宜用振动台振实砂浆出浆为止不过振。混凝土坍落度大于70mm的混凝土，宜采用人工捣实，沿螺旋方向由外向内均匀插捣25次，然后用橡皮锤轻敲筒壁，直至插捣孔消失为止；砂浆表面应低于试样筒口约10mm；加盖试样筒。

② 砂浆试样制备完毕,编号后置于温度为20±2℃的环境或现场同条件下待试。

③ 凝结时间测定从水泥与水接触瞬间开始计时。根据混凝土拌合物的性能,确定测针试验时间,以后每隔0.5h测试一次,在临近初凝、终凝时间可增加测定次数。

④ 在每次测试前2min,将一片20mm厚的垫块垫入筒底一侧使其倾斜,用吸管吸去表面泌水,再复原放平。

⑤ 测试时将砂浆试样筒置于贯入阻力仪上,测针端部与砂浆表面接触,然后在10±2s内均匀地使测针贯入砂浆25±2mm深度,记录贯入压力,精确至10N,时间精确至1min。记录环境温度精确至0.5℃。

⑥ 各测点的间距应大于测针直径的两倍且不小于15mm。测点与试样筒壁的距离应不小于15mm。

⑦ 贯入阻力测试在0.2~28MPa之间应至少进行6次,直至贯入阻力大于28MPa为止。

⑧ 在测试过程中应根据砂浆凝结水,适时更换测针,更换测针宜按表3.9-1选用。

测针选用规定表 表 3.9-1

贯入阻力(MPa)	0.2~3.5	3.5~20	20~28
测针面积(mm²)	100	50	20

⑨ 按贯入阻力的结果计算,确定初凝、终凝时间。

凝结时间宜通过线性回归法确定,也可用绘图拟合法确定。

用三个试验结果和初凝终凝时间的算术平均值作为此项试验的初凝终凝时间。如果三个试验的最大值或最小值中有一次与中间值之差超过中间值的10%,则以中间值为试验结果。如果最大值和最小值与中间值之差均超过中间值的10%,则此次试验失效。

(2)凝结时间试验报告内容包括:

① 每次做贯入阻力试验时所对应的环境温度、时间、贯入

压力、测针面积和计算出的贯入阻力值。

② 根据贯入阻力和时间绘出关系曲线。

③ 混凝土拌合物的初凝、终凝时间。

④ 其他应说明情况。

5. 泌水与压力泌水试验

泌水试验

（1）适用于骨料粒径不大于 40mm 的混凝土拌合物的泌水试验。

（2）泌水试验步骤：

①用湿布湿润试样筒内壁后称量记录试筒质量，再将混凝土试样装入试样筒，装料和捣实方法：

方法 A：用振动台振实。将试样一次装入筒内，启动振动台振到出浆为止，使混凝土拌合物表面低于筒口 30±3mm，用抹刀抹平称量，计算总质量。

方法 B：用捣棒捣实。将混凝土拌合物分两层装入筒内，每层从外向内插捣 25 次，贯穿本层整个深度。每一层捣完后用橡皮锤轻敲筒外壁 5~10 次进行振实，至表面插捣孔消失为止，并使混凝土拌合物表面低于试筒 30±3mm，用抹刀抹平称量，计算总质量。

② 保持气温 20±2℃，试筒保持水平不振动，始终盖好盖子。

③ 从计时开始后 60min，每隔 10min 吸取 1 次试样表面泌出的水，后每隔 20min 吸一次水，直到不泌水为止。为便于吸水，每次吸水前 2min，将一片 35mm 厚的垫块垫入筒底一侧便于倾斜，吸水后复原，吸出的水放入量筒中，记录每次吸水量，累计总水量，精确至 1mL。

④ 计算泌水量和泌水率，精确至 1%。

⑤ 泌水率取三个试样测值的算术平均值。三个测值中的最大值或最小值，如果有一个与中间值的差超过中间值的 15%，则以中间值为试验结果。如果最大值和最大值与中间值的差均超

过中间值的 15％，则此次试验无效。

（3）混凝土拌合物的泌水试验报告内容：

① 混凝土拌合物的总用水量、总质量。

② 试筒质量。

③ 试筒和试样的总质量。

④ 每次吸水时间和相应的吸水量。

⑤ 泌水量和泌水率。

压力泌水试验

（1）适用于骨料粒径不大于 40mm 的混凝土拌合物压力泌水试验。

（2）压力泌水试验步骤：

① 将混凝土拌合物分两层装入压力泌水仪的缸体容器内，每层从外向内插捣 20 次，每一层捣完后用橡皮锤轻敲容器外壁 5～10 次进行振实，直至插捣孔消失为止。使拌合物的表面低于容器口 30mm，用抹刀抹平。

② 将容器擦干净，按规定全部给混凝土试样施加压力不小于 2MPa 打开泌水阀门同时计时，保持恒压，泌出的水接入 200mL 量筒里。加压 10s 时读出泌水量 V_{10}，加压到 140s 时读出泌水量 V_{140}。

③ 计算压力泌水率，精确至 1％。

（3）混凝土拌合物压力泌水试验报告内容：

① 加压 10s 时读出泌水量 V_{10}，加压到 140s 时读出泌水量 V_{140}。

② 压力泌水率。

6. 表观密度试验

（1）混凝土拌合物的表观密度试验步骤：

① 用湿布擦干净容器内外，称出容筒质量，精确至 50g。

② 根据混凝土拌合物稠度定装料和捣实方法：

坍落度不大于 70mm，用振动台振实为宜。

坍落度大于 70mm，用捣棒捣实为宜。

　　根据各量筒大小决定分层和插捣次数。用 5L 容器，混凝土拌合物分两层装入，每层插捣 25 次；大于 5L 容器，每层高度不大于 100mm，每层插捣次数应按每 10000mm² 不少于 12 次，每一层捣实后用橡皮锤轻敲筒壁 5～10 次进行振实，至表面捣孔消失为止。

　　采用振动台振实时，应一次装满振动至表面出水为止。

　　③ 刮去筒口多余混凝土拌合物，称出混凝土拌合物与容量筒的总质量，精确至 50 g。

　　④ 计算混凝土拌合物表观密度值，精确至 10kg/m³。

　　(2) 混凝土拌合物表观密度试验报告内容：

　　① 容量筒质量和容积。

　　② 容量筒和混凝土拌合物试样总质量。

　　③ 混凝土拌合物的表观密度值。

　　7. 含气量试验

　　(1) 在进行混凝土拌合物含气量测定之前，应进行拌合物所用骨料含气量的测定。

　　① 计算试样中粗细骨料的质量。

　　② 在容器中先注入 1/3 高度的水，然后把通过 40mm 网筛的质量 m_g、m_s 的粗细骨料称好、拌匀，倒入容器，水面每升高 25mm 左右，轻轻插捣 10 次，搅动排除夹杂空气。加料过程中应始终保持水高出骨料顶面；骨料全部加入后浸泡 5min，再用橡皮锤轻敲外壁排净气泡，去除泡沫加满水，装好密封圈，加盖拧紧螺栓。

　　③ 关闭操作阀和排气阀，打开排水阀和加水阀，通过加水阀，向容器内加水。当排水阀流出的水不含气泡时，同时关闭加水阀和排水阀。

　　④ 开启进气阀，用气泵向气室注气，使气室内的压力值大于 0.1MPa，使压力表稳定，微开排气阀，调整压力呈 0.1MPa，关排气阀。

　　⑤ 开启操作阀，使气室里的空气进入容器，待压力表显示

稳定记录示值 P_a，然后开启排气阀，压力表归零。

⑥ 重复进行试验，对容器内的试样再测一次记录 P_a。

⑦ 若两次相对误差小于 0.2% 时，取两次记录的算术平均值，按压力与含气量关系曲线查得骨料的含气量（精确至 0.1%）。若不满足要求，则进行第三次试验，得到压力值 P_a。当与其中一个值相对误差不大于 0.2% 时，则取此两值的算术平均值，按压力与含气量关系曲线查得骨料的含气量（精确至 0.1%）。当仍大于 0.2% 时，则此次试验失败，应重做。

(2) 混凝土拌合物含气量试验步骤：

① 用湿布擦净容器，装入混凝土拌合物试样。

② 混凝土拌合物捣实方法：

坍落度大于 70mm 时，采用手工捣实；

坍落度不大于 70mm 时，采用机械振动（振动台或振捣器）。

用振捣棒捣实时，应将混凝土拌合物分三层均匀装入容器，每层从外向里插捣 25 次，再用橡皮锤轻敲容器 10~15 次，使插捣孔填满，如有凹陷应填平。

用机械振实时，一次装入混凝土拌合物，随捣随振，表面平整，不得过振。如需同时测定拌合物表观密度时，可称量和计算。

③ 然后在正对操作阀孔的混凝土拌合物表面一小片塑料薄膜，擦净容器边缘，装好密封垫圈，加盖拧紧螺栓。

④ 关闭操作阀和排气阀，打开排水阀和加水阀。通过加水阀向容器内注水，当排水阀流出的水不含气泡时，同时关闭加水阀和排水阀。

⑤ 然后开启进气阀，用气泵注入空气至气室内压力略大于 0.1MPa，待压力值稳定后，微开排气阀，调整压力至 0.1MPa，关闭排气阀。

⑥ 开启操作阀，待压力值稳定后，测得压力值 P_a。

⑦ 开启排气阀，压力仪示值回零。重复试验过程步骤，对容器内试样再测一次压力值（MPa）。

⑧ 若两次值的相对误差小于 0.2% 时，则取两次测值的算术平均值。按压力与含气量关系曲线查得含气量 A_0（精确至 0.1%）。若不满足要求，则进行第三次试验，测得压力值 P_b。当三次测值中较接近的一个值的相对误差不大于 0.2% 时，则取此两值的算术平均值，按压力与容气量关系曲线查得含气量 A_1；当相对误差大于 2% 时，则此次试验失效。

⑨ 计算混凝土拌合物的含气量。

（3）混凝土拌合物气压法含气量试验报告内容：

① 粗骨料和细骨料的含气量。

② 混凝土拌合物的含气量。

8. 配合比分析试验

（1）混凝土原材料试验项目：

① 水泥表观密度试验；

② 粗骨料、细骨料饱和面干状态的表观密度试验；

③ 细骨料修正系数的测定。

（2）混凝土拌合物的取样：

（3）水洗法分析混凝土配合比试验步骤：

① 试验过程的环境温度在 15~25℃ 之间，误差不超过 2℃。

② 筛取质量为 m_0 的混凝土拌合物试样，精确至 50g，计算体积。

③ 把试样在 5mm 筛上水洗过筛，收集全部冲洗过筛的砂浆和水的混合物，称量洗净的粗骨料试样在饱和面干状态下的质量 m_s。

④ 将全部冲洗过筛的砂浆和水的混合物全部移到试筒中，加水至试体筒的 2/3 高度，用棒搅拌排气，可加少量异丙醇消气，让试样静止 10min，以便固体物质沉积于容器底部，加水至满，边加水边推玻璃板，盖严后擦净板面和筒壁的水，称出砂浆和水的混合物、试样筒、水及玻璃板的总质量，计算细砂浆的水中质量。

⑤ 将试样筒中的砂浆与水的混合物在 0.16mm 筛上冲洗，

然后将在 0.16mm 筛上洗净的细骨料全部移到广口瓶中，加水至满，再一边加水一边推玻璃板，擦干净水，称出细骨料试样、试样筒、水及玻璃板的总质量，计算细骨料在水中的质量。

⑥ 混凝土拌合物中四种组分结果计算及确定

计算出混凝土拌合物中水泥、水、粗骨料、细骨料的单位用量：以两个试样试验结果的算术平均值作为测定值。两次试验值的差值的绝对值应符合规定：水泥$\leqslant$6kg/m³；水$\leqslant$4kg/m³；砂$\leqslant$20kg/m³；石$\leqslant$30kg/m³；否则此次试验失败。

（4）混凝土拌合物水洗法配合比分析试验报告内容：

① 试样的质量；

② 水泥的表观密度；

③ 粗骨料和细骨料的饱和面干状态的表观密度；

④ 试验中水泥、水、细骨料和粗骨料的质量；

⑤ 混凝土拌合物中的水泥、水、粗骨料和细骨料的单位用量；

⑥ 混凝土拌合物的水胶比。

3.9.4 施工现场混凝土拌合物的取样试验

1. 坍落度试验取样地点：应从混凝土浇筑地点随机取样。从同一盘搅拌机或同一车运送的混凝土中取样。商品混凝土是在交货地点取样。

2. 取样频率：每个作业班开盘时检查坍落度，合格后才能浇筑，中间要随时检查；抗压强度试块制作，采样时先检查坍落度，合格后再制模；要作记录并写入"混凝土抗压强度试验报告"委托书；商品混凝土在施工现场应有坍落度检验记录写入委托单。

3. 现场测定坍落度的方法：

将混凝土拌合料分三层装入标准尺寸的圆锥坍落度筒中，每一层用直径为 16mm 的捣棒垂直的均匀地自外向里插捣 25 次，三层捣完后将圆筒口刮平，然后将筒垂直提起。这时混凝土便由于自重发生坍落现象。量出向下坍落的尺寸（mm）就叫坍落度。坍落度越大表示混凝土流动性越大。

4. 黏聚性，保水性检查：在做完坍落度试验后，可以同时观察混凝土的黏聚性、保水性。如果混凝土底部不出现过多的稀浆或离析、泌水，说明保水性好，并用捣棒从侧面轻轻敲击混凝土拌合料，黏聚性好的混凝土，混凝土慢慢脱落，不发生离析坍落或崩溃。否则黏聚性、保水性不好。

5. 维勃稠度测定：适应于干硬性混凝土。表示拌合物的稠度值。

3.9.5 普通混凝土力学性能试验

混凝土强度等级以立方体抗压强度标准值来表示。它的单位是 N/mm^2（MPa）。

《混凝土结构设计规范》GB 50010—2010 中规定混凝土强度等级分为 C15、C20、C25、C30、C35、C40、C45、C50、C55、C60、C65、C70、C75、C80。

试件取样

1. 试验设备

（1）试模 应符合《混凝土试模》JG 237 的技术要求规定，自检周期三个月。

模具是由铸铁或钢制成，应有足够的刚度和拆装方便，内表面要机械加工，不平度为 100mm 不超过 0.05mm，组装后其相邻面的不垂直度不应超过±0.5°。

取样之前要检查模具，防止采用不合格劣质模具。

（2）振动台 应符合《混凝土试验室用振动台》GB/T 3020 中的技术要求规定。应具有有效的计量检定证书。

（3）压力试验机应符合《液压式压力试验机》GB/T 3722 及《试验机通用技术要求》GB/T 2611 中的技术要求（计量精度±1%），试验破坏荷载应在压力机全导程 20%～80%之间。应具有有效的计量检定证书。

(4) 微变形测量仪的测量固定架行距为 150mm，精度不得低于 0.001mm。应具有有效的计量检定证书。

(5) 垫块、垫条与支架 劈裂抗拉强度试验应采用半径为 75mm 的钢制弧形垫块，尺寸应符合规定。垫条为三层胶合板制成，长度不小于试件长度，宽 20mm，厚 3~4mm。支架为钢支架。钢垫板的平面尺寸应不小于试件的承压面积，厚不小于 25mm，公差 0.04mm，表面硬度不小于 55HRe，硬化层厚度约为 5mm。

(6) 混凝土坍落度筒，Φ16 长 600mm 的钢制捣棒、橡皮锤、钢板尺、长尺等。

2. 试件尺寸、形状和公差

试模大小应根据粗骨料尺寸和试验项目而定，见表 3.9-2

试件横截面尺寸 表 3.9-2

试件横截面尺寸(mm)	骨料最大粒径(mm)	
	劈裂抗拉强度试验	其他试验
100×100×100(非标准试件)	20	31.5
150×150×150(标准试件)	40	40
200×200×200(非标准试件)		

特殊情况，可采用 Φ150×300mm 圆柱体标准试件和 Φ100×200mm 和 Φ200×400mm 圆柱体非标准试件。

轴心抗在强度和静力受压弹性模量试件规定：

150mm×150mm×300mm 为棱柱体标准试件；

100mm×100mm×300mm 和 200mm×200mm×400mm 为棱柱体非标准试件。

特殊情况，可采用 Φ150×300mm 圆柱体标准试件和 Φ100×200mm 和 Φ200×400mm 圆柱体非标准试件。

抗折强度试件规定：

150mm×150mm×600mm（或 550mm）为的棱柱体标准试件；

100mm×100mm×400mm 为的棱柱体非标准试件。

公差：试样承压面的平面度公差不得超过 0.0005d（边长），相邻面夹角 90°公差不超过 0.5°，边长、直径和高度尺寸公差不超过 1mm。

3. 取样地点和频率

现场搅拌混凝土，取样应在混凝土浇筑地点随机取样。每组三个试块应在同一盘搅拌的混凝土中取样，应在搅拌后第三盘至结束前 30min 之间取样。当拌合地点距浇筑地点不远时，也可在拌合地点随机取样。

为了控制和改善城市环境，减少施工带来的粉尘污染和噪声，国家建设部规定：从 2001 年起，大中城市一律采用商品混凝土和预拌砂浆，不允许现场搅拌混凝土和砂浆。

商品混凝土，除预拌厂内按规定留取试块外，商品混凝土运至混凝土施工现场后进行交货检验，其混凝土试样应在交货地点同一车运送的混凝土卸料量的 1/4、1/2、3/4 之间取样，每个取样量应满足所需用量 1.5 倍，且不少于 0.02m³，每组取样三个试块。

试块留置应按下列规定：

(1) 每拌制 100 盘且不超过 100m³ 的同配合比混凝土时，不少于一次；

(2) 每工作班拌制的同一配合比的混凝土不足 100 盘时，不得少于一次；

(3) 当一次连续浇筑超过 1000m³ 时，同一配合比的混凝土每 200m³ 不得少于一次；

(4) 每一现浇楼层段，同一配合比混凝土每一验收批不得少于一次；

(5) 每次取样应留置同条件养护试件，同条件养护试件的留置组数，应根据实际需要确定，如拆模、提前结构验收等；

(6)《混凝土结构工程质量验收规范》GB 50204 要求，每一种设计强度等级混凝土都要有计划的留置一定数量的同条件养护试件，试验结果按规定的办法评定，作为结构实体检验。

(7) 冬期施工，增留不少于二组同条件养护试块和转常温试块及临界强度试块。

(8) 注意事项：

试块留置数量应根据混凝土浇筑量和施工技术及进度要求足量留置：

① 混凝土批量较少时，应注意到单位工程混凝土强度质量评定，因评定方法不同，对混凝土强度平均值要求也不同，故应适当多留试块组；

② 同一部位（如基础底板）混凝土浇筑量大时，应按批量留足试块组，不可缺少试块组；

③ 为施工技术和进度要求，如提前拆模、出池、吊装、预应力张拉、冬期施工，提前进行结构验收等，应预留足同条件养护试块组。

4. 试件制作步骤

装配好试模，模内壁涂以脱模剂，取样之后立即制作试件。成型方法根据坍落度而定。坍落度不大于 70mm 的宜用振动台振实；坍落度大于 70mm 的混凝土宜用捣棒人工捣实。

(1) 振动台成型：

混凝土拌合物应一次装入试模，装料时用抹刀沿模内壁略加插捣并使拌合物溢出试模上口，振动时防止试模在振动台上自由跳动，振动要持续到混凝土表面出浆时为止，不得过振。刮去多余的混凝土并用抹刀抹平。振动台频率 $50 \pm 3Hz$，空载时振幅约为 0.5mm。

(2) 人工插捣成型：

混凝土拌合物应分二次装入试模，每层的装料厚度大致相等。插捣棒为钢制，长 600mm，直径为 16mm，端部应磨圆。插捣按螺旋方向从边缘向中心均匀进行。插捣底层时，捣棒应达到试模表面，插捣上层时，插棒应穿入下层深度为 20～30mm。每层插捣次数一般为每 $10000mm^2$ 不应少于 12 次。捣完后，除去多余混凝土，用抹刀抹平。

(3) 用插入式振捣棒振实制作试件方法：

① 将混凝土拌合物一次装入试模，装料时应用抹刀沿内试模壁插捣，并使混凝土拌合物高出模口。

② 宜用 Φ25 插入式振捣棒插入试模振捣，棒距底板 10～20mm，振动至表面出浆为止。约 20s，应避免过振离析，振捣棒慢慢拔起不得留孔洞。

③ 刮除试模口外多余混凝土，待混凝土初混凝时用抹刀抹平。

(4) 强度试件的制作应在 15min 内完成。

(5) 试件成型后应覆盖表面，在 20±5℃（静置 1～2d），拆模、编号，然后立即放入 20±2℃，相对湿度为 95％以上的标准养护室内养护，试件表面应保持潮湿，标准养护 28d。

(6) 见证取样。混凝土试件必须由施工单位取样人会同见证人一起完成。见证封锁，填好委托书送至试验室。

普通混凝土力学性能试验

普通混凝土力学性能试验包括立方体抗压强度试验、轴心抗压强度试验、静力受压弹性模量试验、劈裂抗拉强度试验、抗折强度试验。

1. 立方体抗压强度试验

(1) 立方体抗压强度试验步骤：

① 试件从标准养护室内取出，表面擦拭干净；

② 将试件安放在试验机的垫板上，试件中心对准，开启试验机，均衡下压，均匀加荷，直至试件破坏，记录破坏荷载。

(2) 混凝土立方体抗压强度值的确定：

① 取三个试块强度的算术平均值作为该组试件的抗压强度值。（精确至 0.1MPa）

② 当三个试块强度中最大或最小值之一与中间值之差超过中间值的 15％时，取中间值；

③ 最大值和最小值均超过中间值 15％时，该组试件无效。

(3) 混凝土强度合格评定

按照国家标准《混凝土强度检验评定标准》GB/T 50107—2010 的要求，每个单位工程的每个设计强度等级的混凝土强度评定方法及条件为：

① 统计方法评定

当混凝土的生产条件在较长时间内能保持一致，且同一品种混凝土的强度变异性能保持稳定时，样本容量应为连续的三组试件，其强度应同时满面足下列要求：

$$m_{f_{cu}} \geqslant f_{cu,k} + 0.7\sigma_0$$

$$f_{cu,min} \geqslant f_{cu,k} - 0.7\sigma_0$$

当混凝土强度等级不高于 C20 时，其强度的最小值尚应满足下式要求：

$$f_{cu,min} \geqslant 0.85 f_{cu,k}$$

当混凝土强度等级高于 C20 时，其强度的最小值尚应满足下式要求：

$$f_{cu,min} \geqslant 0.90 f_{cu,k}$$

式中　$m_{f_{cu}}$——同一验收批混凝土立方体抗压强度的平均值

　　　$f_{cu,k}$——混凝土立方体抗压强度标准值（N/mm^2）；

　　　σ_0——验收批混凝土立方体抗压强度的标准差（N/mm^2）；

　　　$f_{cu,min}$——同一验收批混凝土立方体抗压强度的最小值（N/mm^2）。

② 验收批混凝土立方体抗压强度的标准差，应根据前一个检验期内同一品种混凝土试件的强度数据，按下列公式确定：

$$\sigma_0 = \frac{0.59}{m} \sum_{i=1}^{m} \Delta_{f_{cu},i}$$

式中　$\Delta f_{cu,k}$——第 i 批试件立方体抗压强度中最大值与最小值之差；

　　　m——用以确定验收批混凝土立方体抗压强度标准差的数据总批数。

注：上述检验期不应少于 60d 也不宜超过 90d，且在该期间内强度数据的总批数不应少于 15 批。σ_0 不应小于 2.5N/mm^2。

③ 对大批量连续生产的混凝土，样本容量应不少于 10 组混凝土试件，其强度应同时满足下列公式的要求：

$$m_{f,\text{cu}} - \lambda_1 S_{f_{\text{cu}}} \geqslant f_{\text{cu,k}}$$

$$f_{\text{cu,min}} \geqslant \lambda_2 f_{\text{cu,k}}$$

式中 $S_{f_{\text{cu}}}$ ——同一验收批混凝土样本立方体抗压强度的标准差 (N/mm^2)；

λ_1，λ_2 ——合格判定系数，按表 3.9-3 取用。

注：本条中验收批的强度标准差 $S_{f_{\text{cu}}}$ 不应小于 2.5N/mm^2。

混凝土强度的合格判定系数 　　　表 3.9-3

试件组数	10~14	15~19	≥20
λ_1	1.00	0.95	0.90
λ_2	0.90	0.85	

④ 混凝土样本立方体抗压强度的标准差 $S_{f_{\text{cu}}}$ 可按下列公式计算：

$$S_{f_{\text{cu}}} = \sqrt{\frac{\sum_{i=1}^{n} f_{\text{cu},i}^2 - n m_{f_{\text{cu}}}^2}{n-1}}$$

式中 $f_{\text{cu},i}$ ——第 i 组混凝土样本试件的立方体抗压强度值 (N/mm^2)；

n ——混凝土式件的样本组数。

① 非统计方法评定

当用于评定的样本试件组数不足 10 组且不少于 3 组时，可采用非统计方法评定混凝土强度。

② 按非统计方法评定混凝土强度时，其强度应同时满足下列要求：

$$m_{f_{\text{cu}}} \geqslant \lambda_3 f_{\text{cu,k}}$$

$$f_{\text{cu,min}} \geqslant \lambda_4 f_{\text{cu,k}}$$

式中 λ_3 ——合格判定系数，按表 3.9-4 取用。

混凝土强度的合格判定系数 3.9-4

混凝土强度等级	＜C50	≥C50
λ_3	1.15	1.10
λ_4	0.95	0.90

① 混凝土强度的合格性判断

当检验结果能满足统计方法评定中第①条或第③条或非统计方法评定中第②条的规定时，则该批混凝土强度判定为合格；当不能满足上述规定时，该批混凝土强度判定为不合格。

② 由不合格批混凝土制成的结构或构件，应进行鉴定。对不合格的混凝土可采用从结构或构件中钻取试件的方法或采用非破损检验方法，对混凝土的强度进行检测，作为混凝土强度处理的依据。

（4）混凝土验收批试件代表值低于设计强度等级要求或试件组无效和缺少，混凝土强度评定不合格，应组织有关部门进行鉴定和检测，判定工程结构可靠性和加固方法。

（5）普遍混凝土力学性能试验报告的内容：

① 委托单位提供的内容：委托单位名称、工程名称与施工部位、检测项目名称、要求说明的其他内容。

② 试件制作单位提供的内容：试件编号、试件制作日期、混凝土设计强度等级、试件形状与尺寸、原材料的品种、规格、产地及混凝土配合比、养护条件、试验龄期、要求说明的其他内容。

③ 检测单位提供的内容：试件收到日期、试件形状与尺寸、试验编号、试验日期、试验仪器名称、型号及编号、试验温湿度、养护条件及试验龄期、混凝土设计强度等级、检测结果、要求说明的其他内容。

2. 轴心抗压强度试验

（1）棱柱体混凝土试件测定轴心抗压强度。

（2）混凝土强度等级≥C60时，试件周围应设防崩裂网罩。

(3) 轴心抗压强度试验步骤:

① 试件从标准养护室内取出,表面擦拭干净。

② 将试件直立在垫板上,中心对中,开动试验机,均衡加压加荷,试件变形破坏,记录破坏荷载。

③ 计算试样结果。

④ 混凝土强度等级≥C60 时,用标准试件尺寸换算系数调整强度值。

3. 静力受压弹性模量试验

(1) 混凝土棱柱体试件测定混凝土静力受压弹性模量,每次试验需 6 个试件。

(2) 混凝土静力受压弹性模量试验步骤:

① 试件从标准养护室内取出,表面擦拭干净。

② 取 3 个试件按规定测定混凝土轴心抗压强度,另 3 个试件测定静力受压弹性模量。

③ 在测量静力受压弹性模量时,测量仪应对中试件。

④ 开动压力试验机,均匀下压加荷,恒载 60s,并在 30s 内记录每测点变形读数。

⑤ 当以上变形值之差与它们的平均值之比大于 20%时,应重新对中试件重复试验。如果无法使其减少到低于 20%时,则此次试验失效。

⑥ 卸除变形测量仪,以同样的速度加荷至破坏,记录破坏荷载。如果试件的抗压强度与 δ_{cp} 之差超过 δ_{cp} 的 20%时,在报告中注明。

⑦ 计算混凝土静力受压弹性模量试验结果。

⑧ 按 3 个试件的测值的算术平均值作为该组试验值。如其中有一个试件的轴心抗压强度值与用以确定检验控制荷载的轴心抗压强度值相差 20%时,则弹性模量值按两个试件的算术平均值计。如有两个试件超过规定则试验失效。

4. 劈裂抗拉强度试验

劈裂抗拉强度试验步骤:

① 试件从标准养护室内取出，表面擦拭干净。

② 将试件放在试验机的中心位置，劈裂承压面和劈裂面应与试件成型的顶面垂直，在上下压板与试件之间垫圆弧形垫块及垫条各一，并对准中心，安装在定位架上。

③ 开动试验机均衡下压加荷。当混凝土强度等级＜C60 时，加荷速度 0.02～0.05MPa/s；当混凝土强度等级 C30～C60 时，取加荷速度 0.05～0.08MPa/s；当混凝土强度等级≥C60 时，加荷速度 0.08～0.10MPa/s，至试件破坏，记录破坏荷载。

④ 计算劈裂抗拉强度试验结果。

⑤ 强度值的确定：

A. 以 3 个试件的测值的算术平均值作为该组试验的强度值（精确至 0.01MPa/s）；

B. 当 3 个试块强度中最大或最小值与中间值之差超过中间值的 15％时，取中间值；

C. 最大值和最小值均超过中间值 15％时，该组试件无效。

⑥ 采用 100mm×100mm×100mm 非标准试件测得的劈裂抗拉强度值，应乘以尺寸换算系数 0.85。

⑦ 当混凝土强度等级≥C60 时，宜采用标准试件。使用非标准试件时，尺寸换算系数应通过试验确定。

5. 抗折强度试验

(1) 试件应符合有关规定外，在长度中部 1/3 区段内不得有表面直径超过 5mm，深度超过 2mm 的孔洞。

(2) 混凝土抗折强度试验步骤：

① 试件从标准养护室内取出，表面擦拭干净。

按图装置试件，尺寸偏差不得大于 5mm，试件的承压面应为试件成型时的侧面，支座及承压面与圆柱的接触面应平稳、均匀、垫平。

② 加荷均匀连续。

当混凝土强度等级＜C60 时，加荷速度 0.02～0.05MPa/s；

当混凝土强度等级 C30～C60 时，取加荷速度 0.05～0.08MPa/s；

当混凝土强度等级≥C60 时，加荷速度 0.08～0.10MPa/s，至试件破坏，记录破坏荷载。

③ 抗折强度试验结果，计算 R 确定：

A. 若试件下边缘断裂位置处于二个集中荷载作用线之间，计算抗折强度值。

B. 三个试件中若有一个折断面位于两个集中荷载之外，则混凝土抗折强度值按两个试件的试验结果计算。若这两个测值之差不大于这两个测值的较小值的 15％时，则报这两个测值的算术平均值计算为该组试件的抗折强度值。否则该组试件的试验失效。若有两个试件的下边缘断裂位置位于两个集全荷载作用线之外，则该组试件试验失效。

④ 当试件尺寸为 100mm×100mm×400mm 的非标准试件，应乘以尺寸换算系数 0.85。

⑤ 当混凝土强度等级≥C60 时，宜采用标准试件。使用非标准试件时，尺寸换算系数应通过试验确定。

(3) 混凝土抗折强度试验报告内容：实测的抗折强度值。

(4) 圆柱体试件的制作、养护、抗压强度试验、静力受压弹性模量试验、劈裂抗拉强度试验、抗折强度试验应按附录试验方法进行。

3.9.6 混凝土结构的耐久性

钢筋混凝土建筑正常使用年限 50 年以上，但由于混凝土碳化，浇筑不密实，露筋等，使钢筋锈蚀或碱—骨料反应引起膨胀，使混凝土构件开裂，造成建筑物破坏，故重要工程的混凝土耐久性处理十分重要。

耐久性包括抗冻性能、抗水渗透性能、抗硫酸盐侵蚀性、抗氯离子渗透性能、抗碳化性能和早期抗裂性能、抗风化及碱—骨料反应等性能。建筑物的地下部分结构应具有抗渗性，高强混凝土和特别重要的工程应进行碱—集料反应试验。

《混凝土结构设计规范》GB 50010—2010 对混凝土结构的耐久性作出规定。

2009 年 5 月 1 日起，建设部和国家质监总局联合发布实施国家标准《混凝土结构耐久性设计规范》GB/T 50476—2008，对混凝土结构工程的耐久性作出重大修订。

3.9.6.1 基本规定

1. 设计原则

混凝土结构的耐久性应根据设计使用年限、环境类别及作用等级进行设计。

对氯化物环境下的重要混凝土结构，应按规范的规定进行辅助性校核。

耐久性设计的内容应包括：

（1）结构的设计使用年限、环境类别及其作用等级；

（2）有利于减轻环境作用的结构形式、布置和构造；

（3）混凝土结构材料的耐久性质量要求；

（4）钢筋的混凝土保护层厚度；

（5）混凝土裂缝控制要求；

（6）防水、排水等构造措施；

（7）严重环境作用下合理采用防腐蚀附加措施或多重防护策略；

（8）耐久性所需的施工养护制度与保护层厚度的施工质量验收要求；

（9）结构使用阶段的维护、修理与检测要求。

2. 环境类别与作用等级

（1）混凝土结构所处环境按其对钢筋和混凝土材料的腐蚀机理分为 5 类。环境类别见表 3.9-5。

（2）环境对配筋混凝土结构的作用等级规定见表 3.9-6。

（3）当结构构件受到多种环境类别共同作用时，应分别满足每种环境类别单独作用下的耐久性要求。

环境类别   表 3.9-5

环境类别	名　称	腐蚀机理
Ⅰ	一般环境	保护层混凝土碳化引起钢筋锈蚀
Ⅱ	冻融环境	反复冻融导致混凝土损伤
Ⅲ	海洋氯化物环境	氯盐引起钢筋锈蚀
Ⅳ	除冰盐等其他氯化物环境	氯盐引起钢筋锈蚀
Ⅴ	化学腐蚀环境	硫酸盐等化学物质对混凝土的腐蚀

注：一般环境指无冻融、氯化物和其他化学腐蚀物质作用。

环境作用等级   表 3.9-6

环境类别＼环境作用等级	A 轻微	B 轻度	C 中度	D 严重	E 非常严重	F 极端严重
一般环境	Ⅰ—A	Ⅰ—B	Ⅰ—C	—	—	—
冻融环境	—	—	Ⅱ—C	Ⅱ—D	Ⅱ—E	—
海洋氯化物环境	—	—	Ⅲ—C	Ⅲ—D	Ⅲ—E	Ⅲ—F
除冰盐等其他氯化物环境	—	—	Ⅳ—C	Ⅳ—D	Ⅳ—E	—
化学腐蚀环境	—	—	Ⅴ—C	Ⅴ—D	Ⅴ—E	—

（4）在长期潮湿或接触水的环境条件下，混凝土结构的耐久性设计应考虑混凝土可能发生的碱—骨料反应、钙矾石延迟反应和软水对混凝土的溶蚀，在设计中采取相应的措施。对混凝土含碱量的限制应根据规范附录确定。

（5）混凝土结构耐久性设计应考虑高速流水、风沙以及车轮行驶对混凝土表面的冲刷、磨损作用等实际使用条件对耐久性的影响。

3. 设计使用年限

混凝土结构的设计使用年限应按建筑物的合理使用年限确定，不低于现行国家标准《工程结构可靠性设计统一标准》GB 50153 的规定：不低于 100 年和 50 年；对于城市桥梁等市政工程结构应按表 3.9-7 的规定确定。

混凝土结构的设计使用年限 表 3.9-7

设计使用年限	适 用 范 围
不低于 100 年	城市快速路和主干道上的桥梁以及其他道路上的大型桥梁、隧道、重要的市政设施等
不低于 50 年	城市次干道和一般道路上的中小型桥梁,一般市政设施

严重环境作用下的桥梁、隧道等混凝土结构,其部分构件可设计成易于更换的构件,便于经济合理地进行大修更新。

4. 材料要求

(1)混凝土材料应根据结构所处的环境类别、作用等级和结构设计使用年限,按同时满足混凝土最低强度等级、最大水胶比和混凝土原材料组成的要求确定。

(2)结构构件的混凝土强度等级应同时满足耐久性和承载能力的要求。

(3)配筋混凝土结构满足耐久性要求的混凝土最低强度等级应符合表 3.9-8 的规定。

满足耐久性要求的混凝土最低强度等级 表 3.9-8

环境类别与作用等级	设计使用年限		
	100 年	50 年	30 年
Ⅰ—A	C30	C25	C25
Ⅰ—B	C35	C30	C25
Ⅱ—C	$C_a 35$、C45	$C_a 30$、C45	$C_a 30$、C40
Ⅱ—D	$C_a 40$	$C_a 35$	$C_a 35$
Ⅱ—E	$C_a 45$	$C_a 40$	$C_a 40$
Ⅲ—C、Ⅳ—C、Ⅴ—C Ⅲ—D、Ⅳ—D	C45	C40	C40
Ⅴ—D、Ⅲ—E、Ⅳ—E	C50	C45	C45
Ⅴ—E、Ⅲ—F	C55	C50	C50

注:1. C_a 为引气混凝土;

2. 预应力混凝土构件的混凝土最低强度等级不应低于 C40,预应力筋不得小于 5mm;

3. 如能加大钢筋的保护层厚度,大截面受压墩、柱的混凝土强度等级可以低于表中规定的数值和 C15。

（4）φ6（包括不大于 φ6 的冷拔丝）的细热轧钢筋作受力主筋，只限于在一般环境（Ⅰ—A、Ⅰ—B）的构件中，设计使用年限不得超过 50 年；当环境作用等级为（Ⅰ—C）时，设计使用年限不得超过 30 年。

（5）同一构件中宜使用同一材质的受力钢筋。

5. 构造规定

（1）不同环境作用下钢筋主筋、箍筋和分布筋，其混凝土保护层厚度应满足钢筋防锈、耐火及与混凝土之间粘结力传递的要求，且保护层厚度设计值不得小于钢筋直径。

（2）具有连续密封套管的后张预应力钢筋，其混凝土保护层厚度可与普通钢筋相同或大 10mm，且不小于孔径的 1/2。

先张法预应力筋在全预应力状态下的保护层厚度可与普通钢筋相同或大 10mm。

工厂预制混凝土构件的混凝土保护层厚度可比现浇构件减少 5mm。

（3）在荷载作用下配筋混凝土构件的表面裂缝最大宽度限值应符合表 3.9-9 的要求。

表面裂缝计算宽度限值（mm）　　　　　表 3.9-9

环境作用等级	钢筋混凝土构件	有粘结预应力混凝土构件
A	0.40	0.20
B	0.30	0.20(0.15)
C	0.20	0.10
D	0.20	按二级裂缝控制或按部分预应力 A 类构件控制
E、F	0.15	按一级裂缝控制或按全预应力类构件控制

注：1. 括号中的宽度适用于采用钢丝或钢绞线的先张预应力构件；

2. 裂缝控制等级为一、二级时，按国家标准《混凝土结构设计规范》GB 50010 计算宽度；部分预应力 A 类构件或全预应力构件按行业标准《公路钢筋混凝土及预应力混凝土桥涵设计规范》JTGD 62 计算裂缝宽度；

3. 有自防水要求的混凝土构件，其横向弯曲的表面裂缝计算宽度不应超过 0.20mm。

（4）混凝土结构构件的形状和构造应有效地避免水、汽和有害物质在混凝土表面积聚，并采取以下构造措施：

① 受雨淋或可能积水的露天混凝土构件顶面，宜做成斜面（应考虑挠度和预应力反拱的影响）；

② 室外悬挑构件侧边下沿应做滴水槽、鹰嘴或其他防淌水的构造措施；

③ 屋面、桥面应设置专门排水系统；

④ 在混凝土结构构件与上覆的露天面层之间应设防水层。

（5）当环境作用等级为 D、E、F 级时，应减少混凝土结构构件表面的暴露面积，并应避免表面凹凸变化，棱角做成圆角。

（6）施工缝、伸缩缝的设置宜避开局部环境作用不利部位，应采取有效的防护措施。

（7）结构构件外的吊环、紧固件、连接件等金属部件，表面应采取防腐措施；后张预应力体系应采取多重防护措施。

6. 施工质量的附加要求

（1）根据结构所处的环境类别与作用等级，混凝土耐久性对施工养护制度的要求应符合表 3.9-10 的规定。

（2）处于Ⅰ—A、Ⅰ—B 环境下的混凝土结构构件，保护层厚度的施工质量验收要求按结构验收规范规定执行。

施工养护制度 表 3.9-10

环境作用等级	混凝土类型	养护制度
Ⅰ—A	一般混凝土	至少养护 1d
	大掺量矿物掺合料混凝土	浇筑后立即覆盖并加湿养护至少 3d
Ⅰ—B、Ⅰ—C、Ⅱ—C、Ⅲ—C、Ⅳ—C、Ⅴ—C、Ⅱ—D、Ⅴ—D、Ⅱ—E、Ⅴ—E	一般混凝土	养护不少于 3d，至现场混凝土强度不低于标准强度的 50%
	大掺量矿物掺合料混凝土	浇筑后立即覆盖并加湿养护不少于 7d，养护至现场混凝土强度不低于标准强度的 50%

环境作用等级	混凝土类型	养护制度
Ⅲ—D、Ⅳ—D、Ⅲ—E、Ⅳ—E、Ⅲ—F	大掺量矿物掺合料混凝土	浇筑后立即覆盖并加湿养护不少于7d,养护至现场混凝土强度不低于标准强度的50%。加湿养护结束后应继续用喷涂或覆盖保湿、防风,至现场混凝土强度不低于标准强度的70%

注:1. 表中要求混凝土表面大气温度不低于10℃;

2. 有盐的冻融环境中混凝土施工养护应按Ⅲ、Ⅳ类环境的规定执行;

3. 大掺量矿物掺合料混凝土在Ⅰ—A环境中用于永久浸没于水中的构件。

(3) 环境作用等级为 C、D、E、F 的混凝土结构构件保护层厚度的施工质量验收要求:

① 对选定的配筋构件,选择有代表性的最外侧 8～16 根钢筋的 3 个部位的保护层厚度进行无破损检测。

② 同一构件所有测点,95%或以上的实测点保护层厚度应满足合格要求。

③ 当不能满足要求时,可增加同量点检测,按两次全部数据进行统计仍不满足要求,则判定不合格,并要求采取补救措施。

3.9.6.2 一般环境

1. 环境作用等级

(1) 一般环境对配筋混凝土结构的环境作用等级按表3.9-11确定。

一般环境对配筋混凝土结构的环境作用等级　　表 3.9-11

环境作用等级	环境条件	结构构件示例
Ⅰ—A	室内干燥环境	常年干燥、低湿度环境中的室内构件;所有表面均永久处于静水下的构件
	永久的静水浸没环境	
Ⅰ—B	非干湿交替的室内潮湿环境	中、高湿度环境中的室内构件;不接触或偶尔接触雨水的室外构件;长期与水或湿润土体接触的构件
	非干湿交替的露天环境	
	长期湿润环境	

续表

环境作用等级	环 境 条 件	结构构件示例
Ⅰ—C	干湿交替环境	与冷凝水、露水或与蒸汽频繁接触的室内构件； 地下室顶板构件； 表面频繁淋雨或频繁与水接触的室外构件； 处于水位变动区的构件

注：1. 干燥、低湿度环境指年平均湿度低于60%，中、高湿度环境指年平均湿度大于60%。

2. 干湿交替指混凝土表面经常交替接触大气和水的环境条件。

（2）配筋混凝土墙、板构件的一侧表面接触室内干燥空气，另一侧表面接触水或湿润土体时，接触空气一侧的环境作用等级宜按干湿交替环境确定。

2. 材料与保护层厚度

（1）一般环境中的配筋混凝土结构构件，其钢筋保护层厚度、混凝土强度等级、最大水胶比应符合表 3.9-12 的要求。

一般环境中的配筋混凝土材料与钢筋保护层最小厚度 c（mm）

表 3.9-12

环境作用等级	设计使用年限	100 年			50 年			30 年		
		混凝土强度等级	最大水胶比	c	混凝土强度等级	最大水胶比	c	混凝土强度等级	最大水胶比	c
板、墙等面形构件	Ⅰ—A	≥C30	0.55	20	≥C25	0.60	20	≥C25	0.60	20
	Ⅰ—B	C35 ≥C40	0.50 0.45	30 25	C30 ≥C35	0.55 0.50	25 20	C25 ≥C30	0.60 0.55	25 20
	Ⅰ—C	C40 C45 ≥C50	0.45 0.40 0.36	40 35 30	C35 C40 ≥C45	0.50 0.45 0.40	35 30 25	C30 C35 ≥C40	0.55 0.50 0.45	30 25 20
梁、柱等条形构件	Ⅰ—A	C30 ≥C35	0.55 0.50	25 20	C25 ≥C30	0.60 0.55	25 20	≥C25	0.60	20

续表

环境作用等级 \ 设计使用年限		100 年			50 年			30 年		
		混凝土强度等级	最大水胶比	c	混凝土强度等级	最大水胶比	c	混凝土强度等级	最大水胶比	c
梁、柱等条形构件	Ⅰ—B	C35 ≥C40	0.50 0.45	35 30	C30 ≥C35	0.55 0.50	30 25	C25 ≥C30	0.60 0.55	30 25
	Ⅰ—C	C40 C45 ≥C50	0.45 0.40 0.36	45 40 35	C35 C40 ≥C45	0.50 0.45 0.40	40 35 30	C30 C35 ≥C40	0.55 0.50 0.45	35 30 25

注：1. Ⅰ—A 环境中使用年限低于 100 年的板、墙，当混凝土骨料最大粒径不大于 15mm 时，保护层最小厚度可降为 15mm，但最大水胶比不应大于 0.55；

2. 年平均气温大于 20℃且年平均湿度大于 75％的环境，除Ⅰ—A 环境中的板、墙构件外，混凝土最低强度应比表中规定提高一级，或将保护层最小厚度增大 5mm；

3. 直接接触土体浇筑的构件，其混凝土保护层厚度不应小于 70mm；有混凝土垫层时，可按表 3.9-12 确定；

4. 处于流动水中或同时受水中泥沙冲刷的构件，保护层厚度宜增加 10～20mm；

5. 预制构件的保护层厚度可按规定减少 5mm；

6. 当胶凝材料中粉煤灰和矿渣等掺量小于 20％时，表中水胶比低于 0.45 的可适当增加；

7. 预应力钢筋的保护层厚度按规范规定执行。

(2) 在Ⅰ—A、Ⅰ—B 环境中的室内混凝土结构构件，如考虑建筑装饰对钢筋锈蚀的有利作用，则其混凝土保护层最小厚度可适当减小不超过 10mm；在任何情况下，板、墙等面形构件的最外侧钢筋保护层厚度不应小于 10mm；梁、柱等条形构件的最外侧钢筋保护层厚度不应小于 15mm。

在Ⅰ—C 环境中频繁遭遇雨淋的室外混凝土结构构件，如考虑防水饰面的保护作用，则其混凝土。保护层最小厚度可适当减小，但不应低于Ⅰ—B 环境的要求。

（3）采用 φ6 的细直径热轧或冷拔钢筋作为构件主要受力筋时，混凝土强度等级应比规定提高一级，或将钢筋的混凝土保护层厚度增加 5mm。

3.9.6.3 冻融环境

1. 环境作用等级

（1）冻融环境对混凝土结构的环境作用等级应按表 3.9-13 确定。

冻融环境对混凝土结构的环境作用等级　　　　表 3.9-13

环境作用等级	环境条件	结构构件示例
Ⅱ—CDE	微冻地区的无盐环境混凝土高度饱水	微冻地区的水位变动区构件和频繁受雨淋的构件水平表面
	严寒和寒冷地区的无盐环境混凝土高度饱水	严寒和寒冷地区受雨淋构件的竖向表面
Ⅱ—D	严寒和寒冷地区的无盐环境混凝土高度饱水	严寒和寒冷地区的水位变动区构件和频繁受雨淋的构件水平表面
	微冻地区的有盐环境混凝土高度饱水	有氯盐的水位变动区构件和频繁受雨淋的构件水平表面
	严寒和寒冷地区的无盐环境混凝土中度饱水	有氯盐严寒和寒冷地区受雨淋件的竖向表面区
Ⅱ—E	严寒和寒冷地区的有盐环境混凝土高度饱水	有氯盐严寒和寒冷地区的水位变动区构件和频繁受雨淋的构件水平表面

注：1. 冻融环境按当地最冷月份平均气温划分为微冻地区为 −3～2.5℃、寒冷地区为 −8～−3℃和严寒地区为 −8℃以下；

　　2. 中度饱和指冰冻前偶受水或受潮，混凝土内饱和程度不高；高度饱水指冰冻前长期或频繁接触水或湿润土体，混凝土内高速饱和；

　　3. 无盐或有盐指冻结的水中是否含有盐类，包括海水中的氯盐、除冰盐或其他盐类。

（2）位于冰冻线以上土中的混凝土结构构件，其环境作用等级可根据当地实际情况适当降低。

（3）可能偶然遭受冻害的饱水混凝土结构构件，其环境作用等级可按规定降低一级。

（4）直接接触积雪的混凝土墙、柱底部，宜适当提高环境作用等级，并增加表面防护措施。

2. 材料与保护层厚度

（1）在冻融环境下，混凝土原材料的选用规定：

Ⅰ 混凝土的胶凝材料

① 混凝土的胶凝材料用量控制范围的规定见表 3.9-14。

混凝土的胶凝材料用量　　　　　表 3.9-14

最低强度等级	最大水胶比	最小用量 （kg/m³）	最大用量 （kg/m³）
C25	0.60	260	
C30	0.55	280	400
C35	0.50	300	
C40	0.45	320	450
C45	0.40	340	
C50	0.36	360	480
≥C55	0.36	380	500

② 配筋混凝土的胶凝材料中，矿物掺合料用量占胶凝材料总量的比值（根据环境类别与作用等级、混凝土水胶比、钢筋的混凝土保护层厚度及施工养护期限等因素综合确定）的规定：

ⅰ. 长期处于室内干燥Ⅰ—A 环境中的混凝土结构构件，当其包括最外侧的箍筋与分布钢筋的混凝土保护层厚度≤20mm，水胶比＞0.55 时，不应使用矿物掺和料或粉煤灰硅酸盐水泥、矿渣硅酸盐水泥；

长期潮湿Ⅰ—A 环境中的混凝土结构构件，可采用矿物掺合料，且厚度较大的构件宜采用大掺量矿物掺合料混凝土。

ⅱ. Ⅰ—B、Ⅰ—C 环境和Ⅱ—C、Ⅱ—D、Ⅱ—E 环境中的混凝土结构构件，可使用少量矿物掺合料，并可随水胶比的降低适当增加矿物掺合料用量。当混凝土的水胶比 W/B≥0.4 时，不应使用大掺量矿物掺合料混凝土。

ⅲ. 氯化物环境和化学腐蚀环境中的混凝土结构构件，应采用较大掺量矿物掺合料混凝土，Ⅲ—D、Ⅳ—D、Ⅲ—E、Ⅳ—E、Ⅲ—F 环境中的混凝土结构构件，应采用水胶比 $W/B \leqslant 0.4$ 的大掺量矿物掺合料混凝土，且宜在矿物掺合料中再加入胶凝材料总量的 3%～5% 的硅灰。

③ 用作矿物掺合料的粉煤灰应选用游离氧化钙含量不大于 10% 的低钙灰。

④ 冻融环境下用于引气混凝土品粉煤灰掺合料，其含碳量不宜大于 1.5%。

⑤ 氯化物环境下不宜使用抗硫酸盐硅酸盐水泥。

⑥ 硫酸盐化学腐蚀环境中，当环境作用等级为 Ⅴ—C 和 Ⅴ—D 级时，水泥中铝酸三钙含量应分别低于 8% 和 5%；当使用大掺量矿物掺合料时，水泥中铝酸三钙含量应分别不大于 10% 和 8%；当环境作用为 Ⅴ—E 级时，水泥中铝酸三钙含量应低于 5%，并应同时掺加矿物掺合料。

硫酸盐环境中使用抗硫酸盐水泥或高抗硫酸盐水泥时宜掺加矿物掺合料。当环境作用超过 Ⅴ—E 级时，应根据当地的大气环境和地下水变动条件，进行专门实验研究论证后确定水泥的种类和掺合料用量，且不应使用高钙粉煤灰。

硫酸盐环境中的水泥和矿物掺合料中，不得加入石灰石粉。

⑦ 对可能发生碱骨料反应的混凝土，宜采用大掺量矿物掺合料；单掺磨细矿渣的用量占胶凝材料总量 $\alpha_s \geqslant 50\%$，单掺粉煤灰 $\alpha_f \geqslant 40\%$，单掺火山灰质材料不小于 30%，并降低水泥和矿物掺合料的含碱量和粉煤灰中的游离氧化钙含量。

Ⅱ 混凝土中氯离子、三氧化硫和碱含量

① 配筋混凝土中氯离子的最大含量的规定见表 3.9-15。

② 不得使用含有氯化物的防冻剂和其他外加剂。

③ 三氧化硫的最大含量不应超过胶凝材料总量的 4%。

配筋混凝土中氯离子的最大含量（水溶值）　表 3.9-15

环境作用等级	构件类型	
	钢筋混凝土（%）	预应力混凝土（%）
Ⅰ—A	0.3	0.06
Ⅰ—B	0.2	
Ⅰ—C	0.15	
Ⅲ—C、Ⅲ—D、Ⅲ—E、Ⅲ—F	0.1	
Ⅳ—C、Ⅳ—D、Ⅳ—E	0.1	
Ⅴ—C、Ⅴ—D、Ⅴ—E	0.15	

④ 含碱量（水溶碱、等效 Na_2O）应满足的要求：

ⅰ 对骨料无活性且处于干燥环境条件下的混凝土构件，含碱量不应超过 $3.5kg/m^3$（设计使用年限 100 年时，含碱量不应超过 $3.0kg/m^3$）

ⅱ 对骨料无活性且处于潮湿环境（相对湿度≥75%）条件下的混凝土构件，含碱量不应超过 $3.0kg/m^3$

ⅲ 对骨料有活性且处于潮湿环境（相对湿度≥75%）条件下的混凝土构件，应严格控制混凝土含碱量并掺加矿物掺合料。

Ⅲ 混凝土骨料

① 配筋混凝土中的骨料最大粒径的规定见表 3.9-16。

配筋混凝土中的骨料最大粒　　表 3.9-16

混凝土保护层最小厚度（mm）		20	25	30	35	40	45	50	≥60
环境等级	Ⅰ—A、Ⅰ—B	20	25	30	35	40	40	40	40
	Ⅰ—C、Ⅱ、Ⅴ	15	20	20	25	25	30	35	35
	Ⅲ、Ⅳ	10	15	15	20	20	25	25	25

② 混凝土骨料应满足骨料级配和粒形的要求，并应采用单粒级石子两级或三级投料。

③ 混凝土用砂应采取防止混用海砂或受海水污染的措施。

（2）环境作用等级为Ⅱ—D、Ⅱ—E 的混凝土结构构件应采用引气混凝土，引气混凝土的含气量与气泡间隔系数应符合表 3.9-17 规定。

引气混凝土含气量（%）和平均气泡间隔系数（mm）

表 3.9-17

骨料最大粒径/含气量/环境条件	混凝土高度饱水	混凝土中度饱水	盐或化学腐蚀下冻融
10	6.5	5.5	6.5
15	6.5	5.0	6.5
25	6.0	4.5	6.0
40	5.5	4.0	5.5
平均气泡间隔系数（mm）	250	300	200

注：表中含气量：C50 可降低 0.5%，C60 可降低 1%，但不应低于 3.5%。

（3）冻融环境中的配筋混凝土结构构件，混凝土材料与钢筋的最小保护层厚度的规定见表 3.9-18

冻融环境中混凝土材料与钢筋的保护层最小厚度的规定

表 3.9-18

			100 年			50 年			30 年		
			混凝土强度等级	最大水胶比	c	混凝土强度等级	最大水胶比	c	混凝土强度等级	最大水胶比	c
板、墙等面形构件	II—C 无盐		C45	0.40	35	C45	0.40	30	C40	0.45	30
			≥C50	0.36	30	≥C50	0.36	25	≥C45	0.40	25
			C_a35	0.50	35	C_a30	0.55	30	C_a30	0.55	25
	II—D	无盐			35			35			30
		有盐	C_a40	0.45		C_a35	0.50		C_a35	0.50	
	II—E 有盐		C_a45	0.40		C_a40	0.45		C_a40	0.45	
梁、柱等条形构件	II—C 无盐		C45	0.40	40	C45	0.40	35	C40	0.45	35
			≥C50	0.36	35	≥C50	0.36	30	≥C45	0.40	30
			C_a35	0.50	35	C_a30	0.55	30	C_a30	0.55	30
	II—D	无盐			40			40			35
		有盐	C_a40	0.45		C_a35	0.50		C_a35	0.50	
	II—E 有盐		C_a45	0.40		C_a40	0.45		C_a40	0.45	

　　有盐冻融环境中钢筋的混凝土保护层最小厚度，应按氯化物环境的有关规定执行。

　　（4）重要工程和大型工程，混凝土的抗冻耐久性指数不应低于表 3.9-19 的规定。

混凝土的抗冻耐久性指数 DF（%）　　表 3.9-19

设计使用年限	100 年			50 年			30 年		
环境条件	高度饱水	中度饱水	盐或化学腐蚀下冻融	高度饱水	中度饱水	盐或化学腐蚀下冻融	高度饱水	中度饱水	盐或化学腐蚀下冻融
严寒地区	80	70	85	70	60	80	65	50	75
寒冷地区	70	60	80	60	50	70	60	45	65
微冻地区	60	60	70	50	45	60	50	40	55

　　注：1. 抗冻耐久性指数为混凝土试件经 300 次快速冻融循环后混凝土的动弹性模量 E_1 与其初始值 E_0 的比值 $DF=E_1/E_0$。

　　　　2. 对于厚度小于 150mm 的薄壁混凝土构件，其 DF 值宜增加 5%。

3.9.6.4　氯化物环境

海洋氯化物环境

　　1. 海洋和近海地区接触海水氯化物的配筋混凝土结构构件，应按海洋氯化物环境进行耐久性设计。

　　海洋氯化物环境对配筋混凝土结构构件的环境作用等级，应按表 3.9-20 确定。

　　2. 一侧接触海水或含有海水土体、另一侧接触空气的海中或海底隧道配筋混凝土结构构件，其环境作用等级不宜低于Ⅲ—E。

海洋氯化物环境的作用等级　　表 3.9-20

环境作用等级	环境条件	结构构件示例
Ⅲ—C	水下区和土中区：周边永久浸没于海水或埋于土中	桥墩、基础
Ⅲ—D	大气区（轻度盐雾）； 距平均水位 15m 高度以上的海上大气区； 距涨潮岸线以外 100～300m 内的陆上室外环境	桥墩、桥梁上部结构构件；靠海的陆上建筑外墙及室外构件

续表

环境作用等级	环境条件	结构构件示例
Ⅲ—E	大气区(轻度盐雾); 距平均水位 15m 高度以上的海上大气区; 距涨潮岸线 100 以内、低于海平面以上 15m 的陆上室外环境	桥梁上部结构构件; 靠海的陆上建筑外墙及室外构件
	潮汐区和浪溅区,非炎热地区	桥墩,码头
Ⅲ—F	潮汐区和浪溅区,炎热地区	桥墩,码头

注:1. 近海或海洋环境中的水下区、潮汐区、浪溅区和大气区的划分,按国家现行标准《海港工程混凝土结构防腐蚀技术规范》JTJ-275 的规定确定;近海或海洋环境的土中区指海底以下或近海的陆区地下,其地下水中的盐类成分与海水相近;

2. 海水激流中构件的作用等级宜提高一级;内陆盐湖中氯化物的环境作用等级可比照规定确定;

3. 轻度盐雾区与重度盐雾区界限的划分,宜根据当地的具体环境和既有工程调查确定;靠近海岸的陆上建筑物,海雾对室外混凝土构件的作用尚应考虑风向、地貌等因素;密集建筑群,除直接面海和迎风的建筑物外,其他建筑物可降低作用等级;

4. 炎热地区指年平均温度高于 20℃的地区。

3. 江河入海口附加水试的含盐量应根据实测确定,当含盐量明显低于海水时,其环境作用等级可低于规定。

4. 重要配筋混凝土结构构件,当氯化物环境作用等级为 E、F 级时应采取防腐蚀附加措施。

除冰盐等其他氯化物环境

5. 降雪地区接触除冰盐(雾)的桥梁(包括城市桥梁)、隧道、停车库(包括车库楼板)、道路周围构筑物等配筋混凝土结构构件,内陆地区接触含有氯盐的地下水、土以及频繁接触含氯盐消毒剂的配筋混凝土结构构件,应按除冰盐等其他氯化物环境进行耐久性设计。

6. 应按除冰盐等其他氯化物环境对于配筋混凝土结构构件的环境作用等级按表 3.9-21 确定。

7. 氯化物环境中,用于稳固岩土的混凝土支护,如作为永久性结构的一部分,则应满足相应的耐久性要求,否则不应考虑其中的钢筋和型钢在永久承载中的作用。

除冰盐等其他氯化物环境作用等级　　表 3.9-21

环境作用等级	环境条件	结构构件示例
Ⅳ—C	受除冰盐盐雾轻度作用	离开行车道 10m 以外接触盐雾的构件
	四周浸没于含氯化物水中	地下水中构件
	接触较低浓度氯离子水体,且有干湿交替	处于水位变动区,或部分暴露于大气、部分在地下水土中的构件
Ⅳ—D	受除冰盐水溶液轻度溅射作用	桥梁护墙、立交桥桥墩
	接触较高浓度氯离子水体,且有干湿交替	海水游泳池壁;处于水位变动区,或部分暴露于大气、部分在地下水土中的构件
Ⅳ—E	直接接触除冰盐溶液	路面、桥面板,与含盐渗漏水接触的桥梁帽梁、墩柱顶面
	受除冰盐水溶液重度溅射或重度盐雾作用	桥梁护栏、护墙,立交桥桥墩;车道两侧 10m 以内的构件
	接触高浓度氯离子水体,有干湿交替	处于水位变动区,或部分暴露于大气、部分在地下水中的构件

注:水中氯离子浓度（mg/L）的划分:
　　较低 100~500; 较高 500~5000; 高>5000;
　　土中氯离子浓度（mg/kg）的划分:
　　较低 150~750; 较高 750~7500; 高>7500。

8. 氯化物环境作用等级为的配筋混凝土结构,应在耐久性设计中提出定期检测的要求和详细规划,并设专供检测取样用的构件。

9. 氯化物环境中配筋混凝土桥梁结构的构造要求的规定:

(1) 优先采用预制混凝土构件;

(2) 桥面应设可靠防水层,但不考虑防水层对氯化物的阻隔作用;

(3) 遭受氯盐腐蚀的混凝土桥面、墩柱顶面和车库楼面等部位应设置排水坡,并防止雨水流到下部底面;

(4) 桥面排水管道应采用非钢质管,排水口应与构件表面及柱墩基础有间距;

(5) 海水水位变动区和浪溅区,不宜设置施工缝与连接缝;

（6）伸缩缝及附近部位的混凝土宜采取防腐蚀附加措施，伸缩缝下方的构件应采取防止渗漏水侵蚀的构造措施。

材料与保护层厚度

1. 氯化物环境中应采用掺有矿物掺合料的混凝土。选用的原材料质量应符合规定。

2. 氯化物环境中的配筋混凝土结构构件，其钢筋保护层最小厚度及其相应的混凝土强度等级、最大水胶比应符合表 3.9-22 的规定。

氯化物环境中混凝土材料与钢筋保护层最小厚度 c（mm） 表 3.9-22

环境作用等级	设计使用年限 100年			50年			30年		
	混凝土强度等级	最大水胶比	c	混凝土强度等级	最大水胶比	c	混凝土强度等级	最大水胶比	c
板、墙等面形构件 Ⅲ—C / Ⅳ—C	C45	0.40	45	C40	0.42	40	C40	0.42	35
Ⅲ—D / Ⅳ—D	C45 / ≥C50	0.40 / 0.36	55 / 50	C40 / ≥C45	0.42 / 0.40	45 / 45	C40 / ≥C45	0.42 / 0.40	45 / 40
Ⅲ—E / Ⅳ—E	C50 / ≥C55	0.36 / 0.36	60 / 55	C45 / ≥C50	0.40 / 0.36	55 / 50	C45 / ≥C50	0.40 / 0.36	45 / 40
Ⅲ—F	≥C55	0.36	65	C50 / ≥C55	0.36 / 0.36	60 / 60	C50	0.36	55
梁、柱等条形构件 Ⅲ—C / Ⅳ—C	C45	0.40	45	C40	0.42	40	C40	0.42	40
Ⅲ—D / ⅣD	C45 / ≥C50	0.40 / 0.36	60 / 55	C40 / ≥C45	0.42 / 0.40	55 / 50	C40 / ≥C45	0.42 / 0.40	50 / 45
ⅢE / ⅣE	C50 / ≥C55	0.36 / 0.36	65 / 60	C45 / ≥C50	0.40 / 0.36	60 / 55	C45 / ≥C50	0.40 / 0.36	50 / 45
ⅢF	C55	0.36	70	C50 / ≥C55	0.36 / 0.36	65 / 60	C50	0.36	55

注：1. 可能出现海水冰冻环境与除冰盐环境时，宜采用强度等级降低一级的引气混凝土，相应的最大水胶比可提高 0.05，但应满足规范的规定；

2. 处于流动海水中或同时受水中泥沙冲刷腐蚀的混凝土构件，其钢筋的混凝土保护层厚度应增加 10~20mm；

3. 预制构件的保护层厚度可比规定减少 5mm；

4. 当满足规范规定的扩散系数时，C50 和 C55 混凝土所对应的最大水胶比可分别提高到 0.40 和 0.38；预应力混凝土保护层厚度按规范规定执行。

3. 海洋氯化物环境作用等级为Ⅲ—E 和Ⅲ—F 的配筋混凝土，宜采用大掺量矿物掺合料混凝土，否则应提高混凝土强度等级或增加钢筋保护层最小厚度。

4. 对大截面柱、墩等配筋混凝土受压构件中的钢筋，宜在相应混凝土强度等级时采用较大的混凝土保护层厚度。对直接受氯化物作用的混凝土墩柱顶面，宜加大钢筋保护层厚度。

5. 在特殊情况下处于 E、F 级中的配筋混凝土构件，采取可靠的防腐蚀附加措施。

6. 对氯化物环境中的重要配筋混凝土结构工程，设计时应提出混凝土抗氯离子浸入性指标的要求，见表 3.9-23。

混凝土抗氯离子浸入性指标   表 3.9-23

设计使用年限	100 年		50 年	
侵入性指标	D	E	D	E
28d 龄期氯离子扩散系数 DRM(10^{-12}/m^2s)	≪7	≪4	≪10	≪5

7. 氯化物环境中配筋混凝土构件的纵向受力钢筋不应小于 $\phi16$。

3.9.6.5 化学腐蚀环境

1. 化学腐蚀环境下的混凝土结构的耐久性设计，应控制混凝土遭受化学腐蚀性物质长期侵蚀引起的损伤。

2. 严重化学腐蚀环境下的混凝土结构构件，应结合当地环境，必要时可在混凝土表面施加环氧树脂涂层、设置水溶性树脂砂浆抹面层或铺设其他防腐蚀面层，也可加大构件截面尺寸。薄壁构件宜增加厚度。

当混凝土结构构件处于硫酸根离子浓度大于 1500mg/L 的流动水或 pH 值小于 3.5 的酸性水中时，应在混凝土表面采取专门的防腐蚀附加措施。

3. 水、土中的硫酸盐和酸类物质对混凝土结构构件的环境作用等级可按表 3.9-24 确定。当有多种化学物质共同作用时，应取其中最高的作用等级作为设计的环境作用等级。如其中有两种及以上化学物质的作用等级相同且可能加重化学腐蚀时，其环境作用等级应再提高一级。

水、土中的硫酸盐和酸类物质环境作用等级　表 3.9-24

作用因素 环境作用等级	水中硫酸根离子浓度 SO_4^{2-}（mg/L）	土中硫酸根离子浓度 SO_4^{2-}（mg/kg）	水中镁离子（mg/L）	水中酸碱度（pH 值）	水中侵蚀性二氧化碳浓度（mg/L）
V—C	200～1000	300～1500	300～1000	6.5～5.5	15～30
V—D	1000～4000	1500～6000	1000～3000	5.5～4.5	30～60
V—E	4000～10000	6000～15000	≥3000	<4.5	60～100

注：1. 表 3.9-24 中与环境作用等级相应的硫酸根浓度，所对应的环境条件为非干旱高寒地区的干湿交替环境；当无干湿交替（长期浸没于地表或地下水中）时，可按表中的作用等级降低一级，但不得低于 V—C 级。
　　2. 当混凝土结构构件处于弱透水性土体中时，土中硫酸根离子、水中镁离子、水中侵蚀性二氧化碳及水中值的作用等级可降低一级，但不低于 V—C 级；
　　3. 对含有较高浓度氧盐的地下水、土，可不单独考虑硫酸盐的作用；
　　4. 高水压条件下，应提高相应的环境作用等级。

4. 对于干旱、高寒地区的环境条件可按表 3.9-25 的规定确定。

干旱、高寒地区硫酸盐环境作用等级　　表 3.9-25

作用因素 环境作用等级	水中硫酸根离子浓度 SO_4^{2-}（mg/L）	土中硫酸根离子浓度（水溶液）SO_4^{2-}（mg/kg）
V—C	200～500	300～750
V—D	500～2000	7503000
V—E	2000～5000	3000～7500

注：干旱地区指干燥度系数大于 2.0 地区；高寒地区指海拔 3000m 以上地区。

5. 大气污染环境对混凝土结构的作用等级可按表 3.9-26 确定。

6. 污水管道、厕舍、化粪池等接触硫化氢气体或其他腐蚀性液体的混凝土结构构件，可将环境作用确定为 V—D、V—E 级。

7. 化学腐蚀环境下的混凝土不宜单独使用硅酸盐水泥或普

通硅酸盐水泥作为胶凝材料，其原材料组成应根据环境类别和作用等级按规范确定。

大气污染环境作用等级 表 3.9-26

环境作用等级	环境条件	结构构件示例
V—C	汽车或机车废气（包括含盐大气）	受废气直射的结构构件，处于封闭空间内受废气作用的车库或隧道构件
V—D	酸雨（雾、露）pH 值≥4.5	遭酸雨频繁作用的构件
V—E	酸雨 pH 值<4.5	遭酸雨频繁作用的构件

8. 水、土中的化学腐蚀环境、大气污染环境和含盐大气环境中的配筋（包括素混凝土）混凝土结构构件，其普通钢筋的混凝土保护层最小厚度及相应的混凝土强度等级、最大水胶比应按表 3.9-27 确定。

化学腐蚀环境下混凝土材料与钢筋的保护
层最小厚度 c（mm） 表 3.9-27

环境作用等级 / 设计使用年限		100 年			50 年		
		混凝土强度等级	最大水胶比	c	混凝土强度等级	最大水胶比	c
板、墙等面形构件	V—C	C45	0.40	40	C40	0.45	35
	V—D	C50 ≥C55	0.36 0.36	45 40	C45 ≥C50	0.40 0.36	40 35
	V—E	C55	0.36	45	C50	0.36	40
梁、柱等条形构件	V—C	C45 ≥C50	0.40 0.36	45 40	C45 ≥C50	0.45 0.36	40 35
	V—D	C50 ≥C55	0.36 0.36	50 45	C45 ≥C50	0.40 0.36	45 40
	V—E	C55 ≥C60	0.36 0.33	50 45	C50 ≥C55	0.36 0.36	45 40

9. 在干旱、高寒硫酸盐环境和含盐大气环境中的混凝土结构，宜采用引气混凝土，引气要求可按冻融环境中度饱水条件下的规定确定。

3.9.6.6　后张预应力混凝土结构耐久性要求

1. 预应力筋的防护

（1）预应力筋（钢绞线、钢丝）的耐久性能可通过材料表面处理、预应力套管、预应力套管填充、混凝土保护层和结构构造措施等环节提供保证。预应力筋的耐久性防护措施应按表 3.9-28 的规定选用。

预应力筋的耐久性防护工艺和措施　　表 3.9-28

编号	防护工艺	防护措施
PS1	预应力筋表面处理	油脂涂层或环氧涂层
PS2	预应力套管内部填充	水泥基浆体、油脂或石蜡
PS2a	预应力套管内部特殊填充	管道填充浆体中加入阻锈剂
PS3	预应力套管	高密度聚乙烯、聚丙烯套管或金属套管
PS3a	预应力套管特殊处理	套管表面涂刷防渗涂层
PS4	混凝土保护层	满足规范规定
PS5	混凝土表面涂层	耐腐蚀表面涂层和防腐蚀面层

注：1. 预应力筋钢材质量应符合现行国家标准《预应力混凝土用钢丝》GB/T 5223、《预应力混凝土用钢绞线》GB/T 5224 与现行行业标准《预应力钢丝及钢绞线用热轧盘条》YB/T 146 的技术规定。

2. 金属套管仅可用于体内预应力体系，分节段施工的预应力桥梁结构，节段间的体内预应力套管不应使用金属套管。

（2）不同环境作用等级下，预应力筋的多重防护措施可根据具体情况按表 3.9-29 规定选用。

预应力筋的多重防护措施　　表 3.9-29

环境类别与作用等级		体内预应力体系	体外预应力体系
Ⅰ大气环境	Ⅰ—A、Ⅰ—B	PS2、PS4	PS2、PS3
	Ⅰ—C	PS2、PS3、PS4	PS2a、PS3
Ⅱ冻融环境	Ⅱ—C、Ⅱ—D(无盐)	PS2、PS3、PS4	PS2a、PS3
	Ⅱ—D(有盐)、Ⅱ—E	PS2a、PS3、PS4	PS2a、PS3a

续表

环境类别与作用等级		体内预应力体系	体外预应力体系
Ⅲ海洋环境	Ⅲ—C、Ⅲ—D	PS2a、PS3、PS4	PS2a、PS3a
	Ⅲ—E	PS2a、PS3、PS4、PS5	PS1、PS2a、PS3
	Ⅲ—F	PS1、PS2a、PS3、PS4、PS5	PS1、PS2a、PS3a
Ⅳ除冰盐	Ⅳ—C、Ⅳ—D	PS2a、PS3、PS4	PS2a、PS3a
	Ⅳ—E	PS2a、PS3、PS4、PS5	PS1、PS2a、PS3
Ⅴ化学腐蚀	Ⅴ—C、Ⅴ—D	PS2a、PS3、PS4	PS2a、PS3a
	Ⅴ—E	PS2a、PS3、PS4、PS5	PS1、PS2a、PS3

2. 锚固端的防护

(1) 预应力锚固端的耐久性应通过锚头组件材料、锚固封罩、封罩填充、锚固区封填和混凝土表面处理等环节提供保证。锚固端的防护工艺和措施应按表 3.9-30 的规定选用。

预应力锚固端耐久性防护工艺与措施 表 3.9-30

编号	防护工艺	防护措施
PA1	锚具表面处理	锚具表面镀锌或者镀氧化膜工艺
PA2	锚头封罩内部填充	水泥基浆体、油脂或石蜡
PA2a	锚头封罩内部特殊填充	填充材料中加入阻锈剂
PA3	锚头封罩	高耐磨性材料
PA3a	锚头封罩特殊处理	锚头封罩表面涂刷防渗涂层
PA4	锚固端封端层	细石混凝土材料
PA5	锚固端表面涂层	耐腐蚀表面涂层和防腐蚀面层

注：锚具组件材料应符合国家现行标准《预应力筋用锚具、夹具和连接器》GB/T 14370、《预应力筋用锚具、夹具和连接器应用技术规程》JGJ 85 的技术规定。

(2) 不同环境作用等级下，预应力锚固端的多重防护措施可根据具体情况按表 3.9-31 的规定选用。

预应力锚固端的多重防护措施　　　表 3.9-31

锚固端类型 环境类别与 作用等级		埋入式锚头	暴露式锚头
Ⅰ大气 环境	Ⅰ—A、Ⅰ—B	PA4	PA2、
	Ⅰ—C	PA2、PA3、PA4	PA2a、PA3
Ⅱ冻融 环境	Ⅱ—C、Ⅱ— D(无盐)	PA2、PA3、PA4	PA2a、PA3
	Ⅱ—D(有盐)、 Ⅱ—E	PA2a、PA3、PA4	PA2a、PA3a
Ⅲ海洋 环境	Ⅲ—C、Ⅲ—D	PA2a、PA3、PA4	PA2a、PA3a
	Ⅲ—E	PA2a、PA3、PA4、PA5	不宜使用
	Ⅲ—F	PA1、PA2、PA3、PA4、PA5	不宜使用
Ⅳ除冰 盐	Ⅳ—C、Ⅳ—D	PA2a、PA3、PA4	PA2a、PA3a
	Ⅳ—E	PA2a、PA3、PA4、PA5	不宜使用
Ⅴ化学 腐蚀	Ⅴ—C、 Ⅴ—D	PA2a、PA3、PA4	PA2a、PA3a
	Ⅴ—E	PA2a、PA3、PA4、PA5	不宜使用

3. 构造与施工质量的附加要求

(1) 当环境作用等级为 D、E、F 时，后张预应力体系中的管道应采用高密度聚乙烯套管或聚丙烯塑料套管；分节段施工的预应力桥梁节段间的体内预应力套管不应使用金属套管。

(2) 高密度聚乙烯和聚丙烯预应力套管应能承受不小于 $1N/mm^2$ 的内压力。体内预应力体系的套管厚度不应小于 2mm，体外预应力体系的套管厚度不应小于 4mm。

(3) 用水泥基浆体填充后张预应力管道时，应控制浆体的流动度、泌水率、体积稳定性和强度等指标。在冰冻环境中灌浆，灌入的浆料必须在 10～15℃ 环境温度中至少保存 24h。

(4) 后张预应力体系的锚固端应采用无收缩高性能细石混凝

土封锚，其水胶比不得大于本体混凝土水胶比，且不应大于0.4；保护层厚度不应小于50mm，且在氯化物环境中不应小于80mm。

（5）位于桥梁端的后张预应力锚固端，应设置专门的排水沟和滴水沿；现浇节段间的锚固端应在梁体顶板表面涂刷防水层；并应在预制节段间涂刷或填充环氧树脂。

3.9.7 普通混凝土长期性能和耐久性能试验

普通混凝土长期性能和耐久性能试验包括取样及试样制备、抗冻性能试验、动弹性模量试验、抗水渗透性能试验、抗氯离子渗透性能试验、收缩试验、早期抗裂性能试验、受压徐变试验、抗碳化性能试验、混凝土中钢筋锈蚀试验、抗压疲劳变形试验、抗硫酸盐侵蚀性能试验和碱—骨料反应试验。

3.9.7.1 耐久性试件取样

1. 检验批及试验组数

① 同一检验批混凝土的强度等级、龄期、生产工艺和配合比应相同。

② 同一工程、同一配合比的混凝土，检验批不应少于1个。

③ 同一检验批，设计要求的各个检验项目应至少完成一组试验。

2. 取样

① 取样数量应至少为计算试验用量的1.5倍。计算试验用量应根据现行国家标准《普通混凝土长期性能和耐久性能试验方法标准》GB/T 50082的规定计算。

② 取样方法应符合现行国家标准《普通混凝土拌合物性能试验方法标准》GB/T 50080的规定。

③ 取样应在施工现场混凝土搅拌均匀后进行，应随机从非首车（盘）的同一车（盘）中1/4～3/4卸料量之间取样。

④ 每次取样应作记录，内容包括：耐久性检验项目、取样

日期、时间和取样人、见证人；取样地点（实验室名称、工程名称、结构部位等）；混凝土强度等级；混凝土拌合物工作性（包括坍落度）；取样方法；试样编号；试样数量；环境温度和取样时混凝土温度、试样制作时间及入模温度；取样后样品保存与运输方法。

⑤ 试件制作和养护应符合现行国家标准《普通混凝土力学性能试验方法标准》GB/T 50081 和《普通混凝土长期性能和耐久性能试验方法标准》GB/T 50082 的有关规定。

3.9.7.2 抗冻性能试验

以混凝土试件所能经受的冻融循环次数为指标的抗冻等级分：

F25、F50、F100、F150、F200、F250、F300、F350、F400、＞F400 十个抗冻等级。

1. 抗冻等级 F50 及以上的抗冻混凝土对原材料的要求：

（1）水泥：应优先选用硅酸盐水泥或普通硅酸盐水泥，不得使用火山灰质硅酸盐水泥；

（2）粗骨料（石子）：含泥量不得大于 1.0%，泥块含量不得大于 0.5%；

（3）细骨料（砂）：含泥量不得大于 3.0%，泥块含量不得大于 1.0%；

（4）抗冻等级 F100 及以上的混凝土，所用的粗细骨料均应进行坚固性试验，其结果应符合标准；

（5）抗冻混凝土宜用减水剂，在抗冻等级 F100 及以上的混凝土应掺引气剂，掺用后混凝土的含气量应符合规定。

2. 抗冻性能试验方法：

（1）慢冻法

① 适用于测定混凝土试件在气冻水融条件下，以经受的冻融循环次数来表示混凝土抗冻性能。

② 试件尺寸：根据混凝土中骨料的最大粒径选定。同混凝

土强度试块尺寸为 100mm×100mm×100mm 立方体试件。每组试件 3 块。

③ 慢冻法试验所需试件组数

D50 以下：试件总组数 3 组：强度试件 1 组，冻融试件 1 组，对比试件 1 组。

D100 及以上：试件总组数 5 组：强度试件 1 组，冻融试件 2 组，对比试件 2 组。

④ 慢冻法试验步骤

A. 在标准养护室内或同条件养护的冻融试验的试件，应在养护龄期为 24d 时提前将试件取出，放在 20±2℃水中浸泡 4d，水面高出试件顶面 20～30mm。试件应在 28d 龄期时开始进行冻融试验。始终在水中养护的冻融试件，当试件养护达到 28d 时，可直接进行后续试验，对此种情况应在试验报告中予以说明。

B. 当试件养护到 28d 时应及时取出，用湿布擦除表面水分后，应对外观尺寸进行测量，其外观尺寸应满足标准要求，分别编号、称重，然后按编号放在试验架内。试验架与试件的接触面积不宜超过试件底面的 1/5。试件与箱体内壁之间应至少留有 20mm 空隙，试件架中各试件之间应至少保持 30mm 空隙。

C. 冷冻时间应在冻融箱内温度降至－18℃时开始计算，每次从装入试件到温度降至－18℃所需的时间应在 1.5～2.0h 内，冻融箱内温度在冷冻时应保持在－20～－18℃。

D. 每次冻融循环中试件的冷冻时间不应小于 4h。

E. 冷冻结束后，应立即加入温度为 18～20℃的水使试件转入融化状态。加水时间不应超过 10min，控制系统应确保在 30min 内，水温不低于 10℃，且在 30min 后水温能保持在 18～20℃。冻融箱内的水面应至少高出试件表面 20mm。融化时间不应小于 4h。融化完毕视为该次冻融循环结束，可进入下一次冻融循环。

F. 每 25 次循环宜对冻融试件进行一次外观检查。当出现严重破坏时，应立即进行称重。当一组试件的平均质量损失率超过3%，可停止其冻融循环试验。

G. 试件在达到标准规定的冻融循环次数后，试件应称重和进行外观检查。详细记录试件表面破损、裂缝及边角缺损情况。当试件表面破损严重时，应选用高强石膏找平，然后应进行抗压强度试验。抗压强度试验应符合现行国家标准《普通混凝土力学性能试验方法标准》GB/T 50081 的相关规定。

H. 当冻融循环因故中断且试件处于冷冻状态时，试件应继续保持冷冻状态，直至恢复冻融试验为止。并应将故障原因及暂停时间在试验结果中注明。在整个试验过程中，超过两个冻融循环时间的中断故障次数不得超过 2 次。

I. 当部分试件由于失效破坏或者停止试验被取出时，应用空白试件填充空位。

J. 对比试件应继续保持原有的养护条件，直到完成冻融循环试验后，与冻融试验的试件同时进行抗压强度试验。

⑤ 当冻融循环出现下列三种情况之一时可停止试验：

A. 已达到规定的循环次数；

B. 抗压强度损失率已达到 25%；

C. 质量损失率已达到 5%。

⑥ 试验结果计算及处理规定：

A. 进行强度损失率计算；

B. 以三个试件抗压强度试验结果的算术平均值作为测定值。当三个试件抗压强度最大值或最小值与中间值之差超过中间值的15%时，应剔除此值，取其余两值的算术平均值作为测定值。当最大值和最小值均超过中间值的 15%时，应取中间值作为测定值；

C. 计算单个试件的质量损失率；

D. 计算一组试件的平均质量损失率；

E. 每组试件平均质量损失率应以三个试件的质量损失率试

验结果的算术平均值作为测定值。当某个试验结果出现负值应取0，再取三个试件的算术平均值；当三个值中的最大值或最小值与中间值之差超过 1% 时，应当剔除此值，再取其余两值的算术平均值作为测定值。当最大值和最小值与中间值之差均超过 1% 时，应取中间值作为测定值。

F. 混凝土抗冻等级应以抗压强度损失率不超过 25% 或者质量损失率不超过 5% 时的最大冻融循环次数表示。

(2) 快冻法：

① 适用于在水中经快速冻融来测定混凝土的抗冻性能。适用于抗冻性要求高的混凝土。快速抗冻性能等级可用能经受快速冻融循环的次数或耐久性系数来表示。

② 试件尺寸及数量：100mm×100mm×100mm 棱柱体试件，每组 3 块，同时制备中心埋有热电偶的测温试件，试件尺寸相同，抗冻性能应高于冻融试件。成型试件时，不得采用憎水性脱模剂。

③ 混凝土耐快速冻融循环次数应以同时满足相对动弹性模量值不小于 60% 和重量损失率不超过 5% 时的最大循环次数来表示，或混凝土耐久性系数来表示。

④ 快冻试验步骤：

A. 在标准养护室内或同条件养护的冻融试验的试件，应在养护龄期为 24d 时提前将试件取出，放在 (20±2)℃ 水中浸泡 4d，水面高出试件顶面 20~30mm。试件应在 28d 龄期时开始进行冻融试验。始终在水中养护的冻融试件，当试件养护达到 28d 时，可直接进行后续试验，对此种情况应在试验报告中予以说明。

B. 当试件养护 28d 时应及时取出，用湿布擦干净进行外观尺寸测量，试件的外观尺寸应满足标准要求，编号、称量为初试质量 W_{oi}。然后应按标准的规定测定其横向基频的初始值 f_{oi}。

C. 将试件放入试件盒中心，再放入冻融箱的试件架中，并向试件盒中注水。在整个试验过程中，盒内水位高度应始终保持至少高于试件顶面 5mm。

D. 测温试件盒应放在冻融箱的中心。

E. 冻融循环过程规定：

a. 每次冻融循环应在 2～4h 内完成，且用于融化时间不得少于整个冻融循环时间的 1/4。

b. 在冷冻和融化过程中，试件中心最低和最高温度应分别控制在（18±2）℃和（5±2）℃内。在任意时刻，试件中心温度不得高于 7℃且不得低于−20℃。

c. 每块试件从＋3℃降至−16℃，所用时间不得少于冷冻时间的 1/2，每块试件从−16℃升到＋3℃，所用时间不得少于整个融化时间的 1/2，试件内外温差不宜超过 28℃。

d. 冷冻和融化之间的转换时间不宜超过 10min。

F. 每隔 25 次冻融循环，宜测量试件的横向基频 f_{ni}。测量前应先将试件表面浮渣清洗干净擦干，然后应检查其外部损伤并称量试件的质量 W_{ni}。随后应按标准规定的方法测量横向基频。测定后，应迅速将试件调头重新装入试件盒内，并加水继续试验。试件的测量、称量及外观检查应迅速。待测试件应用湿布覆盖。

G. 当有试件停止试验被取出时，应另用其他试件填充空位。当试件在冷冻状态下因故中断时，试件应保持冷冻状态，直至恢复冻融试验为止。并将故障原因及暂停时间在试验报告中注明。试件在非冷冻状态下发生故障的时间不宜超过两个冻融循环时间。在整个试验过程中，超过两个冻融循环时间的中断故障次数不得超过两次。

H. 当冻融循环出现下列情况之一时，可停止试验：

a. 达到规定的冻融循环次数；

b. 试件的相对弹性模量下降到 60%；

c. 试件的质量损失率达 5%。

I. 试验结果计算规定：

a. 计算相对动弹性模量；

b. 计算单个试件的质量损失率；

c. 计算一组试件的平均质量损失率；

d. 每组试件的平均质量损失率应以三个试件的质量损失率试验结果的算术平均值作为测定值；

e. 混凝土抗冻等级应以相对动弹性模量下降至不低于60%或者质量损失率不超过5%时的最大冻融循环次数来确定。

3. 单面冻融法（盐冻法）

（1）适用于测定混凝土试件在大气环境中且与盐接触的条件下，以能够经受的冻融循环次数或者表面剥落质量或超声波相对动弹性模量来表示混凝土抗冻性能。

（2）试验环境条件要求：温度（20±2）℃，相对湿度（65±5）%。

（3）试件制作规定：

① 在制作试件时，应采用150mm×150mm×150mm立方体试模，应在模具中间垂直插入一片聚四氟乙烯片，使试模均分为两部分。聚四氟乙烯片不得涂抹任何脱模剂。当骨料尺寸较大时，应在试模的两内侧各放一片聚四氟乙烯片，但骨料的最大粒径不得大于超声波最小传播距离的1/3。应将接触聚四氟乙烯片的面作为测试面。

② 试件成型后，应先在空气中带模养护（24±2）h，然后将试件脱模并放在（20±2）℃的水中养护至7d龄期。当试件的强度较低时，带模养护的时间可延长，在（20±2）℃的水中养护时间应相应缩短。

③ 试件在水中养护7d龄期后，应按试件按规定进行切割。首先应将试件的成型面切去，试件高度应为110mm。然后将试件从中间的聚四氟乙烯片开成两个试件，每个试件的尺寸为150mm×110mm×70mm，偏差应为±2mm。切割完成后应将试件放置在空气中养护。非标准试件的测试表面边长不应小于90mm；对于形状不规则的试件，其测试表面大小应能保证内切

一个直径 90mm 的圆，试件的长高比不应大于 3。

④ 每组试件的数量不应少于 5 个，且总的测试面积不得少于 0.08m²。

(4) 单面冻融法试验步骤：

① 到达规定养护期的试件应放在温度为 (20±2)℃、相对湿度为 (65±5)% 的实验室中干燥至 28d 龄期，试件间隔 50mm。

② 在试件干燥至 28d 前 2～4d，除测试面和与测试面相平行的顶面外，其他侧面应采用环氧树脂或其他满足密封要求的材料进行密封。密封前应对试件侧面进行清洁处理，使试件保持清洁干燥。并应测量试件密封前后的质量 w_0 和 w_1，精确至 0.1g。

③ 密封好后的试件应放在试件盒中，测试面向下接触垫条，空隙为 (30±2)mm。向试件盒中加入试验液体并不得溅湿顶面，液面高度由液面调整装置调整为 (10±1)mm。加入液体后应盖上试件盒盖子。记录加液时间。试件预吸水时间应持续 7d。试验温度应保持为 (20±2)℃。预吸水期间应定期检查试验液体高度，并应始终保持液体高度满足 (10±1)mm 的要求。试件预吸水过程应每隔 (2～3)d 测量试件质量，精确至 0.1g。

④ 当试件预吸水结束后，应采用超声波测试仪测定试件的超声传播时间初始值 t_0 精确至 0.1 μs。超声传播时间初始值的测量应符合规定。

⑤ 将完成超声传播时间初始值测量的试件按标准要求重新装入试件盒中，试液高度应为 (10±1)mm。将装有试件的试件盒放置在单位冻融试验箱的托架上，确保试件盒浸泡在冷冻液中，深度为 (15±2)mm。在冻融循环试验前，不采用超声波方法将试件表面的疏松颗粒清除。

⑥ 在进行单面冻融试验时，应去除试验盒盖子，冻融循环过程宜连续不断进行。

⑦ 每 4 个冻融循环应对试件的剥落物、吸水率、超声传播时间和超声波相对动弹性模量进行一次测量。测量步骤：

A. 先将试件盒从单面冻融试验箱中取出，并放置到超声浴槽中，应使试件的测试面朝下，并应对浸泡在试验液体中的试件进行超声浴 3min。

B. 用超声浴方法处理完试件剥落物后，应立即将试件从试件盒中拿起，并垂直放置在一吸水物表面上，待测试液体流尽后，应将试件放在不锈钢盘中，测试面向下。用干毛巾将试件擦干净后从钢盘中拿开，钢盘天平归零。再将试件放回钢盘称量 w_n，精确至 0.1g。

C. 称量后立即将试件和钢盘一起放在超声传播时间测量装置中，并应按规定方法测定此时试件超声传播时间 t_n 精确至 0.1μs。

D. 测量完试件重新放入试件盒以后，应及时将超声波过程中掉落到盘中的剥落物吸收集到试件盒中，并用滤纸过滤留在试件盒中传的剥落物。

过滤前应先称量滤纸的质量 μ_f，然后将过滤后含有全部剥落物的滤纸在 (110±5)℃的烘箱中烘干 24h，并在 (20±2)℃、相对湿度 (60±5)％的实验室中冷却 (60±5) min，冷却后应称量烘干后的滤纸和剥落物的总质量 μ_b，精确至 0.1g。

⑧ 当冻融循环出现下列情况之一时，可停止试验，并应以经受的冻融循环 N 次数或者单面表面面积剥落物总质量或超声波相对动弹性模量来表示混凝土抗冻性能。

A. 达到 28 次冻融循环时；

B. 试件单面表面面积剥落物的总质量大于 1500g/m³ 时；

C. 试件的超声波相对动弹性模量降低到 80％时。

⑨ 试验结果计算及处理规定：

A. 计算试件表面剥落物的质量 μ_s；

B. 循环 N 次后，单个试件单位测试表面面积剥落物总质量计算；

C. 每组应取 5 个试件单位测试表面面积剥落物总质量计算值的算术平均值作为该组试件单位测试表面面积剥落物总质量的

测定值；

D. 计算经次冻融循环后试件相对质量增长 Δw_n（吸水率）；

E. 每组应取 5 个试件吸水率计算值的算术平均值作为该组试件的吸水率测定值；

F. 超声波相对传播时间和相对动弹性模量的计算方法：

a. 超声波在耦合剂中的传播时间 t_c 计算；

b. 经 N 次冻融循环后，每个试件传播轴线上传播时间的相对变化计算；

c. 在计算每个试件的超声波传播时间时，应以两个轴的超声波相对传播时间测定值。每组应取 5 个试件超声波传播时间计算值的算术平均值作为该组试件的超声波传播时间的测定值。

d. 经 N 次冻融循环后，试件的超声波相对动弹性模量 R 计算；

e. 超计算每个试件超声波相对动弹性模量时，应以两个轴的超声波相对动弹性模量测定值。每组应取 5 个试件超声波动弹性模量计算值的算术平均值作为该组试件的超声波动弹性模量的测定值。

3.9.7.3 动弹性模量试验

1. 适用于采用共振法测定混凝土的动弹性模量。

2. 试件尺寸为 $100mm \times 100mm \times 100mm$。

3. 动弹性模量试验步骤：

（1）首先应测定试件的尺寸和质量，尺寸精确至 1mm，质量精确至 0.01kg。

（2）将试件放在支撑体中心，成型面向上，将激振换能器的测杆轻压在试件长边侧面中线的 1/2 处，接收换能器的测杆轻压在试件长边侧面中线距端面 5mm 处。在测杆接触试件前，宜在测杆与试件接触面涂一层薄黄油或凡士林作为耦合介质，测杆压力大小应以不出现噪声为准。采用的动弹性模量测定仪各部件连接和相对位置应符合规定。

（3）放好测杆后，应先调整共振仪的激振功率和接收增益旋钮至适当位置。然后变换激振频率，并应注意观察指示电表的指针偏转。当指针偏转为最大时，表示试件达到共振状态，应以这时所显示的共振频率作为试件的基频振动频率。每一测量应复测读两次以上。当两次连续测值之差不超过两个测值的算术平均值的 0.5%时，应取这两个测值的算术平均值作为该试件的基频振动频率。

（4）当用示波器作显示的仪器时，示波器的图形调成一个正圆时的频率应对共振频率。在测试过程中，当发现两个以上峰值时，应将接收换能器移至距试件端部 0.224 倍试件长处。当指示电表示值为零时，应将其作为真实的共振峰值。

4. 试验结果计算及处理规定：

（1）计算动弹性模量；

（2）每组以 3 个试件动弹性模量的试验结果的算术平均值作为测定值，计算精确至 100MPa。

3.9.7.4 抗水渗透性能试验

渗水高度法

（1）抗渗混凝土必试项目：抗压强度和抗渗性能。抗压强度检验同普通混凝土的抗压强度检验相同。

（2）取样地点：在浇筑地点制作抗渗和强度试块必须是同一次拌合物。

（3）试块留置频率：同混凝土强度等级，同一抗渗等级，同一配合比，同种原材料，每单位工程不少于两组：连续浇筑 500m³ 混凝土以下应留置两组（12 块），一组标养，一组同条件养护。每增加 250~500m³ 混凝土应增加两组（12 块）试件。每单位工程不得少于两组。

（4）抗水渗透试验步骤：

① 试件：按规定的方法制作与养护。抗水渗透试验以 6 个试件为一组。

② 试件成型后 24h 拆模，用钢丝刷刷去上下两端面水泥浆膜，然后送标养室养护，养护期不少于 28d。

③ 试验前一天取出试件擦干用石蜡或水泥加黄油或其他可靠密封方式进行密封。

④ 试件准备好后，启动抗渗仪，并开通 6 个试位下的阀门，使水从 6 不孔中渗出。水应充满试位坑。在关闭 6 个试位下的阀门后，应将密封好试件安装在抗渗仪上。

⑤ 试件安装好后，应立即开通 6 个试位下的阀门，使水压在 24h 内恒定控制在 (1.2 ± 0.05) MPa，且加压过程不应大于 5min，应以达到稳定压力的时间作为试验记录的起始时间（精确至 1min）。

在稳压过程中随时观察试件端面的渗水情况，当有一个试件端面上出现渗水时，应停止试验并记录时间，并以试件的高度作为该试件的渗水高度。对于试件端面未出现渗水的情况，应在试验 24h 后停止试验，并及时取出试件。在试验过程中，当发现水从试件周边渗出时，应重新按规定进行密封。

⑥ 将从抗渗仪上取出试件放在压力机上，在试件上两端中心处沿直径方向各放一根 $\phi6$ 钢垫条，保持在同一竖直平面内，然后开动压力机，将试件沿纵断面劈裂为两半，用防水笔描出水痕。

⑦ 应将梯形板放在试件劈裂面上，用钢尺沿水痕等间距量测 10 个测点的渗水高度值，精确至 1mm。当遇到骨料阻挡时，可以靠近骨料两端的渗水高度算术平均值作为该测点后的渗水高度。

⑧ 试验结果计算及处理规定：

A. 计算试件渗水高度；

B. 计算一组试件的平均渗水高度。

逐级加压法

1. 适用于通过逐级施加水压力来测定以抗渗等级来表示混凝土的抗水渗透性能。

2. 试验步骤：

（1）按标准规定进行试件的密封和安装。

(2) 试验时，水压从 0.1MPa 开始，以后每隔 8h 增加 0.1MPa 水压，并随时观察试件端面渗水情况。当 6 个试件有 3 个试件表面出现渗水时，或加至规定压力（设计抗渗等级），在 8h 内有 6 个试件中表面渗水试件少于 3 个时，可停止试验，并记下此时水压力。在试验过程中，当发现水从试件周边渗出时，应按标准规定重新进行密封。

(3) 混凝土的抗渗等级应以每组 6 个试件中有 4 个试件未出现渗水时的最大水压力乘以 10 确定，即 $P=10H-1$。

3.9.7.5 抗氯离子渗透性能试验

Ⅰ. 快速氯离子迁移系数法（RCM 法）

(1) 适用于以测定氯离子在混凝土中非稳态迁移的迁移系数来确定混凝土抗氯离子渗透性能。

(2) 试验用试剂、仪器设备、溶液和指示剂应符合规定。

(3) RCM 试验所处的试验温度应控制在（20～25）℃。

(4) 试件制作规定：

① RCM 试验用试件应采用直径为（100±1）mm，高度为（50±2）mm 的圆柱体试件。

② 在试验室制作试件时，宜使用 φ100mm×100mm 或 φ100mm×200mm 试模，骨料最大粒径不宜大于 25mm。试件成型后应立即用塑料薄膜覆盖并移至标准养护室。试件应在（24±2)h 内拆模浸泡在水池中。

③ 试件养护期 28d、或 56d、84d。

④ 应在抗氯离子渗透试验前 7d 加工成标准试件。当使用 φ100mm×100mm 试件时，应从试件中部切取高度为（50±2）mm 的圆柱体作为试验用试件。并应将靠近浇筑面的试件端面作为暴露于氯离子溶液中的测试面。当使用 φ100mm×200mm 试件时，先将试件从正中间切成相同尺寸的两部分（φ100mm×100mm），然后应从两部分中各切取一个高度（50±2）mm 的试件，并应将第一次的切面作为暴露于氯离子溶液中的测试面。

⑤ 试件加工后应采用水砂纸和细锉刀打磨光滑，继续浸泡

在水中养护至龄期。

(5) RCM 法试验步骤:

① 将试件从养护池中取出清洗擦干净。用游标卡尺测量试件的直径和高度,精确至 0.1mm。将试件在饱和面干状态下置于真空容器中进行真空处理。

② 应在 5min 的将真空容器中的气压减少至 1~5MPa,保持该真空度 3h,然后在真空泵仍运转情况下,采用蒸馏水配制的饱和氢氧化钙溶液注入容器,溶液高度应保证将试件浸没,试件浸没 1h 后恢复常压,继续浸没 (18±2)h。

③ 试件安装在 RCM 试验装置前,应采用电吹风冷风吹干,表面应干净无油污、灰砂和水珠。

④ 试件的 RCM 试验装置准备好后,应将试件装入橡胶套内的底部,立在与试件齐高的橡胶套外侧安装两个高 20mm 不锈钢环箍,并应拧紧环箍上的螺栓呈扭矩 (30±2)N·m,使试件的圆柱侧面处于密封状态。当试件的圆柱曲面可能有造成液体渗漏的缺陷时,应以密封剂保持其密封性。

⑤ 应将装有试件的橡胶套安装在试验槽中,并安装好阳极板,然后应在橡胶套中注入约 300mL 浓度为 0.3mol/L NaOH 溶液,并应使阳极板和试件表面均浸没于溶液中,应在阴极试验槽中注入 12L 质量浓度为 10% 的 NaCl 溶液,并应使其液面与橡胶套中的 NaOH 溶液液面齐平。

⑥ 试件安装完成后,应将电源到阳极(正极)用导线连至橡胶筒中的阳极板,并将阴极(负极)用导线连至试验槽中的阴极板。

(6) 电迁移试验步骤:

① 打开电源,电压调整到 (30±0.2)V,并记录通过每个试件的初始电流。

② 根据(第一列)施加 30V 电压时测量到的初始电流值所处的范围,决定后续试验应施加的电压(第二列)。

根据实际施加的电压,记录初始电流。按照所得初始电流所处的范围（第三列），确定试验持续时间（第四列）（表 3.9-32）。

初始电流、电压与试验时间的关系   表 3.9-32

初始电流 I_{30V}（用 30V 电压）(mA)	施加电压 U（调整后）(V)	可能的初始电流 I_0(mA)	试验持续时间 t(h)
$I_0 < 5$	60	$I_0 < 10$	96
5～10	60	10～20	48
10～15	60	20～30	24
15～20	50	25～35	24
20～30	40	25～40	24
30～40	35	35～50	24
40～60	30	40～60	24
60～90	25	50～75	24
90～120	20	60～80	24
120～180	15	60～90	24
180～360	10	60～120	24
≥360	10	≥120	6

③ 应按照温度计或者电热偶的显示读数记录每一个试件的阳极溶液的初始温度。

④ 试验结束后，应测定阳极溶液的最终温度和最终电流。

⑤ 试验结束后，应及时排除试液，应用黄铜刷清除试验槽的结垢或沉凝物，并应用饮用水和洗涤剂将试验槽和橡胶套中洗干净，然后用电吹风的冷风吹干。

（7）氯离子渗透深度测定步骤：

① 试验结束后应及时断开电源。

② 断电后应将试件从橡胶套中取出擦干净。

③ 应在压力试验机上沿轴向将试件劈成两个半圆柱体，并立即在断面上喷涂浓度为 0.1mol/L 的 $AgNO_3$ 溶液显示指示剂。

④ 喷洒 15min 后，应沿试件直径断面分成 10 等分，并应用

防水笔描出渗透轮廓线。

⑤ 根据观察到的明显颜色变化，测量显色分界线离试件底面的距离，精确至 0.1mm。

⑥ 当某一测点被骨料阻挡，可将此测点位置移动到最近位置进行测量。当某测点数据不能得到，只要总测点数多于 5 个，可忽略此测点。

⑦ 当某测点位置有缺陷，使测值大于各测点平均值，可忽略此测点数据。在试验记录和试验报告中说明。

⑧ 试验结果计算及处理规定：

A. 计算混凝土的非稳态氯离子迁移系数。

B. 每组应以 3 个试件的氯离子迁移系数的算术平均值作为该组试件的氯离子迁移系数测定值。当最大值或最小值与中间值之差超过中间值的 15% 时，应剔除此值，取其余两值的平均值作为测定值；当最大值和最小值均超过中间值的 15% 时，取中间值作为测定值。

Ⅱ. 电通量法

1. 适用于测定以通过混凝土试件的电通量为指标来确定混凝土抗氯离子渗透性能。不适用于掺有亚硝酸盐和钢纤维等良导电材料的混凝土抗氯离子渗透试验。

2. 电通量试验装置、仪器设备和化学试剂应符合标准要求。

3. 电通量试验步骤：

① 电通量试验应采用直径（100±1)mm、高度（50±2)mm 的圆柱体试件。当试件表面有涂料等附加材料应预先去除，且试件内不得含有钢筋等良导电材料，试件不得有冻伤等物理伤害。

② 电通量试验宜在 28d 龄期进行。对于掺有大掺量矿物掺合物的混凝土，可在 56d 龄期试验。应先将到规定龄期的试件暴露于空气中表面干燥，并以硅胶或树脂密封材料涂刷试件圆柱侧面和填补涂层中的孔洞。

③ 电通量试验前应将试件进行真空饱水。应先将试件放入

真空容器中，然后开动真空泵，并应在 5min 内将真空容器中的绝对压强试少至 1～5MPa，保持该真空度 3h，然后在真空泵仍运转情况下，采用蒸馏水或者离子水浸没试件，试件浸没 1h 后恢复常压，继续浸没（18±2）h。

④ 在真空饱水结束后，取出试件擦干，使试件处于相对湿度在 95％以上的环境中。将试件安装于试验槽内，并应采用螺杆将两试验槽和端面装有硫化橡胶垫到的试件夹紧。试件安装好后，应采用蒸馏水或其他有效方式检查试件和试验槽之间的密封性能。

⑤ 检查密封后，应将质量浓度为 3.0％的 NaCl 溶液和摩尔浓度为 0.3mol/L 的 NaOH 溶液分别注入试件两侧的试验槽中，注入 NaCl 溶液的试验槽内的铜网应连接电源负极，注入 NaOH 溶液的试验槽内的铜网应连接电源正极。

⑥ 正确连接电源线后，应在保持试验槽中充满溶液的情况下接通电源，并应对上述两铜网施加（60±0.1）V 直流恒电压，记录初始电流 I_0。开始每隔 5min 记录一次电流值。当电流值变化不大时，可每隔 10min 记录一次电流值。当电流变化很小时，每隔 30min 记录一次电流值，直至通电 6h。

⑦ 当采用自动采集数据的测试装置时，记录电流的时间间隔可设定 5～10min，电流测量值应精确至±0.5mA。试验过程中宜同时监测试验槽中溶液温度。

⑧ 试验结束后，应及时排出溶液，并应用凉开水和洗涤剂冲洗试验槽 60s 以上，然后用蒸馏水洗净，用电吹风冷风吹干。

⑨ 试验应在（20～25）℃的室内进行。

⑩ 试验结果计算及处理规定：

A. 试验过程及结果，应绘制电流与时间关系图。应通过各点数据以曲线连接。对曲线作面积积分或按梯形法进行面积积分，得到试验 6h 通过的电通量（C）。

B. 计算每个试件的总电通量。

C. 计算得到的通过试件的总电通量应换算成直径为 95mm

试件的电通量值。

D. 每组应取 3 个试件电通量的算术平均值作为该组试件电通量的测定值。当其一个电通量值与中间值的差值超过中间值的 15％时，应取其余两个试件的电通量的平均值作为该组试件的测定值。当有两个值与中间值之差超过中间值的 15％时，应取中间值作为该组试件的测定值。

3.9.7.6 收缩试验

非接触法

（1）适用于测定早龄期混凝土的自由收缩变形，也可用于无约束状态下的混凝土自收缩变形的测定。

（2）试件采用 100mm×100mm×515mm 的棱柱体试件，每组 3 个。

（3）试验设备应符合规定。

（4）非接触法收缩试验步骤：

① 试验应在温度为（20±2）℃和相对湿度（65±5）％的恒温恒湿条件下进行。非接触法收缩试验应带模进行测试。

② 试模准备后，应在试模内涂刷润滑油，然后在试模内铺设两层塑料薄膜或者放置一片聚四氟乙（PTFE）片。且在薄膜或者聚四氟乙烯与试模接触的面上均匀涂抹一层润滑油。应将反射靶固定在试模两端。

③ 将混凝土拌合物浇筑入试模后，应振动成型并抹平，立即带模移入恒温恒湿室。成型试件应测定混凝土初凝时间。当混凝土初凝时，应开始测读试件左右两侧初始读数，每隔 1h 或按规定的时间间隔测定试件两侧的变形读数。

④ 在整个测试过程中，试件在变形测定仪上放置的位置、方向均应始终保持不变。

⑤ 需要测定混凝土自收缩值的试件，应在浇筑振捣后立即采用塑料薄膜作密封处理。

（5）非接触法收缩试验结果的计算及处理规定

① 计算混凝土的收缩率。

② 每组取 3 个试件测试结果的算术平均值作为该组试件的早龄期收缩测定值，精确至 1.0×10^{-6}。作为相对比较的混凝土早龄期收缩值应以 3d 龄期测试得到的混凝土收缩值为准。

接触法

（1）适用于测定在无约束和规定的温湿条件下硬化混凝土试件的收缩变化性能。

（2）试件

① 采用 100mm × 100mm × 515mm 棱柱体试件，每组 3 个试件。

② 采用卧式混凝土收缩仪时，试件两端应预埋测头或留有埋设测头的凹槽。测头应由不锈钢或其他不锈的材料制成。

③ 采用立式混凝土收缩仪时，试件的一端中心应预埋测头，另一端采用 M20mm × 35mm 的螺栓（螺纹通长），并与立式混凝土收缩仪底座固定，螺栓和测头都应预埋进去。

④ 采用接触法引伸仪时，所用试件的长度应至少比仪器的测量标距长出一个截面边长。测头应粘贴在试件两侧的轴线上。

⑤ 使用混凝土收缩仪时，制作试件的试模应具有能固定测头或预留凹槽的端板。使用接触法引伸仪时，可用一般棱柱体试件。

⑥ 收缩试件成型时，不得使用机油等憎水性脱模剂。试件成型后应带模养护（1～2）d，并保证拆模不损伤试件。对于没有埋设测头的试件，拆模后立即粘贴或埋设测头，并立即移至标养室。

（3）试验设备（立式或卧式混凝土收缩仪）及变形测量仪均应符合标准规定要求。

（4）混凝土收缩试验步骤：

① 收缩试验应在恒温（20±2）℃恒湿（65±5）％的环境中进行。试件放置在不吸水的搁架上，底面架空，试件间隙应大于 30mm。

② 测定代表某一混凝土收缩性能的特征值时，试件应在 3d

龄期时从标养室内取出，立即移入恒温恒湿室测定其初始长度，此后在 1d、3d、7d、14d、28d、45d、60d、90d、120d、150d、180d、360d 的规定时间间隔测量其变形读数。

③ 测定混凝土在某一具体条件下的相对收缩值时（包括在徐变试验时的混凝土收缩变形测定），应按要求的条件进行试验。对非标准试件，当需要转入恒温恒湿室进行试验时，应先在该室内预置 4h，再测定其初始值和初始干湿状态。

④ 收缩测量前，应先用标准杆校正仪表的零点，并应在测定过程中至少再复核 1～2 次，其中一次应在全部试件测读完后进行。当复核时发现零点与原值的偏差超过 ±0.001mm 时，应调零后重新测量。

⑤ 试件每次在卧式收缩仪上放置的位置和方向均应保持一致。试件上应标明相应的方向记号。试件应轻稳，不得碰撞表架及表杆。发生碰撞应取下试件，重新复核标准杆零点。

⑥ 采用立式混凝土收缩仪时，整套测试装置应放在不受振动的地方，读数时应轻敲仪表或上下轻轻滑动测头。安装立式混凝土收缩仪的测试台应有减振装置。

⑦ 用接触法引伸仪测量时，应使每次测量时试件与仪表保持相对固定的位置与方向，每次重复 3 次读数。

（5）混凝土收缩试验结果计算及处理规定

① 计算混凝土收缩率。

② 每组应取 3 个试件收缩率的算术平均值作为该组试件混凝土收缩测定值，精确至 1.0×10^{-6}。

③ 作为相互比较的混凝土收缩率值应为不密封试件于 180d 所测得的收缩率值。可将不密封试件于 360d 所测得的收缩率值作为该混凝土终极收缩率值。

3.9.7.7 早期抗裂性能试验

（1）适用于测试混凝土试件在约束条件下的早期抗裂性能。

（2）试验装置及试件尺寸的规定

① 试件：应采用 800mm×600mm×100mm 的平面薄板型试

件，每组至少 2 个试件。混凝土骨料最大粒径不超过 31.5mm。

② 混凝土早期抗裂试验装置应采用钢制模具。模具四边（包括长侧板和短侧板）采用槽钢或角钢焊接而成。侧板厚度不应小于 5mm。模具四边不与底板通过螺栓固定在一起。模具内应设有 7 根裂缝诱导器，裂缝诱导器分别用 50mm×50mm、40mm×40mm 角钢与 5mm×50mm 钢板焊接组成，平行于模具短边。底板应采用不小于 5mm 钢板，并应在底板表面铺设聚乙烯薄膜或聚四氟乙烯片做隔离层。模具应作为测试装置的一部分，测试时应与试件连在一起。

其他试验用具（风扇、温度计、相对湿度计、风速计、放大镜、照明装置、钢直尺等）均应符合规定要求。

（3）试验步骤

① 试验应在温度（20±2)℃、相对湿度（60±5)％的恒温恒湿室中进行。

② 将混凝土浇筑在模具内后，应立即摊平比模具边框略高，用平板振捣或振捣棒插捣，不得欠振或过振，用抹子抹平表面平整。

③ 试件成型 30min 后，立即调节风扇位置和风速，方向平行于试件表面和裂缝诱导器，使试件表面中心正上方 100mm 处风速为（5±0.5)m/s。

④ 试验时间应从混凝土搅拌加水开始计算，应在（24±0.5)h 测读裂缝。裂缝长度用钢尺测量。取裂缝两端直线距离为裂缝长度。当一个切口有两条裂缝时，可相加折算成一条裂缝。

⑤ 裂缝宽度应采用 20～40 倍的放大镜测量，应测量每一条裂缝的最大宽度。

⑥ 单位开裂面积、单位面积的裂缝数目和单位面积的总开裂面积应根据浇筑 24h 测量得到裂缝数据计算。

（4）试验结果计算规定

① 计算每条裂缝的平均开裂面积。

② 计算单位面积的裂缝数目。

③ 计算单位面积上的总开裂面积。

④ 为组应分别以 2 个或多个试件的平均开裂面积、单位面积上的裂缝数目或单位面积上的总开裂面积的算术平均值作为该组试件平均开裂面积、单位面积上裂缝数目或单位面积上总开裂面积的测定值。

3.9.7.8 受压徐变试验

(1) 适用于测定混凝土试件在长期恒定轴向压力作用下的变形性能。

(2) 试验仪器设备：徐变仪（弹簧式或液压式）、加荷装置（加荷架、冲压千斤顶、测力装置）应符合规定。

(3) 变形测量装置分为：外装式（测定布置在试件纵向表面的纵轴上）、内埋式（试件成型时固定装置的量测基线位于试件中却与纵轴重合）、便携式（接触法引伸仪的测头牢固附置在试件上。）应变计分为差动式和钢弦式。

(4) 试件规定：

① 徐变试验应采用棱柱体试件。试件尺寸应根据混凝土中骨料的最大粒径按表 3.9-33 选用，长度应为截面边长尺寸的 3～4 倍。

徐变试验试件尺寸选用表　　　　　表 3.9-33

骨料的最大粒径(mm)	试件最小边长(mm)	试件长度(mm)
31.5	100	400
40	150	≥450

② 当试件叠放时，应在叠放试件的端头的试件和压板之间加装一个未安装应变量测仪表的辅助性混凝土垫块，截面尺寸与试件相同，长度应至少等于其截面尺寸的一半。

③ 试件数量

A. 制作徐变试件时，应同时制作相应的棱柱体抗压试件和收缩试件。

B. 收缩试件应与徐变试件相同，装有相同的变形测量装置。

C. 每组抗压、收缩和徐变试件的数量宜各为 3 个，其中每个加荷龄期的每组徐变试应至少为 2 个。

④ 试件制备规定

A. 叠加试件时端头宜磨平。

B. 徐变试件的受压面与相邻的纵向表面之间的角度与直角的偏差不应超过 1/100。

C. 采用外装式应变测量装置时，徐变试件两侧面不应有安装量测装置的埋入式测头，试模的侧壁应具有能在成型时使测头定位的装置。在对粘结的工艺及材料确有把握时，采用胶粘。

⑤ 试件养护规定

A. 抗压试件、收缩试件应随徐变试件一起同条件养护。

B. 对标准环境中的徐变，试件应在成型后不少于 24h 时拆模。拆模前试件应覆盖。试件在标养室中养护 7d，其中 3d 加载的徐变试验应养护 3d，养护期间不应浸泡水中。试验养护完成后应移出温度为（20±2）℃、相对湿度（60±5）％的恒温恒湿室进行徐变试验，直至试验完成。

C. 对于适用于大体积混凝土内部情况的绝湿徐变，试件在制作或脱模后应密封在保湿外套中（包括橡胶套、金属套筒等），且在整个试件存放和测试期间也应保持密封。

D. 对于需要考虑温度对混凝土弹性和非弹性性质的影响等特定温度下的徐变，应控制好试件存放的试验环境温度，应使其符合希望到的温度历史。

E. 对于需确定在具体使用条件下的混凝土徐变等其他存放条件，应根据具体情况确定试件的养护及试验制度。

（5）徐变试验规定

① 对比或检验混凝土的徐变性能时，试件应在 28d 短期加荷。当研究某一混凝土徐变特性时，应至少制备 5 组徐变试件，并应分别在龄期 3d、7d、14d、28d、90d 时加荷。

② 徐变试验步骤

A. 测头或测点应在试验前 1d 粘好，仪表安装后应仔细检查，不得有任何松动或异常现象。加荷装置、测力计等也应予以检查。

B. 在即将加荷徐变试件前，应测试同条件养护试件的棱柱体抗压强度。

C. 测头和仪表准备好后，应将徐变试件放在徐变仪的下压板后，使试件、加荷装置、测力计及徐变仪的轴线重合。并应再次检查变形测量仪表的调零情况，记下初始读数。当采用未密封的徐变试验时，应将其放在徐变仪的同时，覆盖参比用收缩试件的端部。

D. 试件放好后，应及时开始加荷。当无特殊要求时，应取徐变应力为所测得到的棱柱体抗压强度的 40%。当采用外装仪表或接触法引伸仪时，应用千斤顶先加压至徐变应力的 20% 进行对中。两侧的变形相差应小于其平均值的 10%，当超出此值，应松开千斤顶卸荷，重新调整后，应再加荷至徐变应力的 20%，再次检查对中情况。对中完毕后，应立即继续加荷直到徐变应力，应及时读出两边的变形值。并将此时两边变形的平均值作为在徐变荷载下的初始变形值。从对中完毕到测初始变形值之间的加荷及测量时间不得超过 10min。随后应拧紧承力丝杆上端的螺母，并应松开千斤顶卸荷，且应观察两边变形值的变化情况。此时，试件两侧的读数相差不应超过平均值的 10%，否则应予以调整，调整应在试件持荷的情况下进行，整个过程中所产生的变形增值应计入徐变变形之中。然后应加荷到徐变应力，并应检查两侧变形读数，其总和与加荷前读数相比，误差不应超过 2%，否则应予以补足。

E. 应在加荷后的 1d、3d、7d、14d、28d、45d、60d、90d、120d、150d、180d、270d、360d 测读试件的变形值。

F. 在测读徐变试件的变形读数的同时，应测量同条件放置参比用收缩试件的收缩值。

G. 试件加荷后应定期检查荷载的保持情况，应在加荷后 7d、28d、60d、90d 各校核一次，如荷载变化大于 2%，应予以补足。在使用弹簧式加载架时，可通过施加正确的荷载并拧紧丝杆上的螺母来进行调整。

（6）试验结果计算及处理规定

① 计算徐变应变。

② 计算徐变度。

③ 计算徐变系数

④ 每组应分别以 3 个试件徐变应变（徐变度或徐变系数）试验结果的算术平均值作为该组试件徐变系数的测定值。

⑤ 作为供对比用的混凝土徐变值，应采用经过标准养护的混凝土试件，在 28d 龄期时经受 0.4 倍棱柱体抗压强度的恒定荷载持续作用 360d 的徐变值。可用测得的 3 年徐变值作为终极徐变值。

3.9.7.9 抗碳化性能试验

（1）适用于测定在一定浓度的二氧化碳气体介质中混凝土试件的碳化程度，以评定混凝土的抗碳化能力。

（2）试件及处理规定

① 碳化试验采用棱柱体高宽比应不小于 3 的试件，一组三块。

骨料最大粒径 30mm，试件最小边长 100mm；

骨料最大粒径 40mm，试件最小边长 150mm；

骨料最大粒径 50mm，试件最小边长 200mm。

用立方体试件，其数量应相应增加。

② 碳化试验试件宜采用标准养护，试验前 2d 从标养室内取出，在 60℃下烘 48h。

③ 经烘干处理后的试件，除应留下一个或相对的两个侧面外，其余表面应采用加热的石蜡予以密封。然后应在暴露侧面上沿长度方向用铅笔以 10mm 间隔画出平行线，作为预定碳化深度的测量点。

（3）试验设备：碳化箱（包括碳化箱内架空支架、气体对流装置、恒温恒湿监测装置）、气体分析仪、供气装置（气瓶、压力表及流量计）均应符合规定要求。

（4）混凝土碳化试验步骤

① 将经过处理的试件放入碳化箱内支架上，试件间隔不小于 50mm。

② 试件放入碳化箱后，采用机械方法或油封密封碳化箱。开动箱内气体对流装置，充二氧化碳，并测定箱内浓度，逐步调节二氧化碳流量，使箱内二氧化碳浓度保持在（20±3）％。在整个试验期间应采取去湿措施，使箱内相对湿度控制在（70±5）％，温度控制在（20±2）℃范围之内。

③ 碳化试验开始后应每隔一定时间对箱内二氧化碳浓度、温度、湿度随时调节参数。去湿用的硅胶应经常更换。

④ 按规定方法将放在碳化箱内的试件，应在碳化到了 3d、7d、14d、28d 时分别取出试件，破型测定其碳化深度。棱柱体试件应通过压力试验机上的劈裂法或用干锯法从一端开始破型。每次切除的厚度应为试件宽度的一半，切后应用石蜡将破型后的试件的切断面封好，再放入箱内继续碳化，直到下一个试验期。当采用立方体试件时，应在试件中部劈开，立方体试件只作一次试验，劈开测试碳化深度后不得重复使用。

⑤ 随后应将切除所得的试件部分刷去断面上的残存粉末，喷上浓度为 1％的酚酞酒精溶液（酒精溶液含 20％的蒸馏水），约经 30s 后，应按原先标划的每 10mm 一个测点用钢尺测出各点碳化深度。当测点处的碳化分界线上刚好嵌有粗骨料颗粒，可取该颗粒两侧处碳化深度的算术平均值作为该点深度值，碳化深度测量应精确至 0.5mm。

（5）混凝土碳化试验结果计算和处理规定

① 计算混凝土在各试验龄期的平均碳化深度。

② 每组应以在二氧化碳浓度为（20±3）％，温度为（20±2）℃，湿度为（70±5）％的条件下三个试件碳化 28d 的碳化深度算术平均值作为该组试件的混凝土碳化测定值。

③ 以各龄期计算所得的碳化深度绘制碳化时间与碳化深度

的关系曲线，以表示在碳化条件下的混凝土碳化发展规律。

3.9.7.10 混凝土中钢筋锈蚀试验

(1) 适用于测定在给定的条件下混凝土中钢筋的锈蚀程度，以对比不同混凝土对钢筋的保护作用，但不适用于在侵蚀性介质中使用的混凝土内锈蚀试验。

(2) 试件制作与处理规定

① 混凝土内钢筋锈蚀试验应采用 $100mm\times100mm\times300mm$ 的棱柱体试件，每组 3 块，骨料最大粒径不超过 30mm。

② 试件中埋置的钢筋直径为 6.5mm 的普通低碳钢热轧盘条调直制成，其表面不得有锈坑及其他严重缺陷，每根钢筋长度为 $(299\pm1)mm$，用砂轮将其一端磨出长约 30mm 的平面，并用钢字打上标记，然后用 12% 盐酸溶液进行酸洗，经清水漂净后，用石灰水中和，再用清水冲洗，擦干后在干燥器中至少存放 4h，然后用分析天平称取每根钢筋的初重（精确到 0.001g）存放在干燥器中备用。

③ 试件成型前应将套有定位板的钢筋放入试模，定位板应紧贴试模的两个端板，为防止试模上的隔离剂沾污钢筋。安放完毕后应用丙酮擦洗钢筋表面。

④ 试件成型后，应在 $(20\pm2)℃$ 温度下盖湿布养护 24h 后拆模编号，拆除定位板，然后用钢丝刷将试件两端刷毛，抹上 20mm 厚的 1:2 水泥砂浆保护层，确保钢筋端部密封。就地用塑料薄膜养护 24h，移入标准养护室 28d。

(3) 试验设备规定

① 混凝土碳化试验设备包括碳化箱、供气装置及气体分析仪，应符合标准规定。

② 筋定位板 $100mm\times100mm$，采用木质五合板或薄木板制成，板上应钻孔穿钢筋。

③ 称量设备。

(4) 混凝土中钢筋锈蚀试验步骤

① 试件应先碳化，标养 28d 后，在二氧化碳浓度（20±

3)％、相对湿度（70±5)％、（20±2)℃条件下碳化 28d。对于有特殊要求的混凝土中钢筋锈蚀试验，碳化时间可再延长 14d 或 28d。

② 试件碳化处理后应立即移入标养室放置，试件间隔 50mm，应避免试件直接淋水。或在潮湿条件下存放 56d 后将试件取出破型。破型时不得损伤钢筋，先测定碳化深度，然后测定钢筋锈蚀程度。

③ 先破型测出混凝土碳化深度。取出试件中的钢筋，刮去钢筋上粘附的混凝土，清洗干净在干燥器中存放 4h，然后对每根钢筋用分析天平称重（精确至 0.001g)，计算出钢筋锈蚀的失重率。酸洗钢筋时，应在洗液中放入两根尺寸相同的同类短钢筋作为基准校正。

（5）钢筋锈蚀试验结果计算及处理规定

① 计算钢筋锈蚀失重率。

② 每组应取 3 个混凝土试件中钢筋锈蚀失重率的平均值作为该组混凝土试件中钢筋锈蚀失重率测定值。

3.9.7.11 抗压疲劳强度试验

（1）适用在自然条件下，通过测定混凝土在等幅重复荷载作用下疲劳累计变形与加载循环次数的关系，来反映混凝土抗压疲劳变形性能。

（2）试验设备：疲劳试验机，上、下钢垫板，微变形测量装置等均应符合试验要求。

（3）根据骨料最大粒径及疲劳试验机的允许吨位采用 100mm×100mm×300mm 的棱柱体试件。每组试件不应少于 6 个，其中 3 个做棱柱体轴心抗压强度试验，其余 3 个做抗压疲劳变形性能试验。

（4）抗压疲劳变形试验步骤

① 全部试件应在标养室中养护 28d 后取出，后在室温（20±5)℃存放 3 个月。

② 3 个月后，先用 3 块试件测定其棱柱体抗压强度。

③ 剩下 3 块试件进行抗压疲劳变形试验。先在疲劳试验机上进行静压变形对中两次。首次对中的应力宜取轴心抗压强度的 20%，第二次对中应力宜取轴心抗压强度的 40%。对中时，试件两侧变形产生之差应小于平均值的 5%。否则应调整试件位置，直到符合对中要求。

④ 抗压疲劳变形试验，采用脉冲频率为 4Hz。试验荷载宜取上限应力为 0.66 棱柱体抗压强度，下限应力为 0.10 棱柱体抗压强度。有特殊要求时，上限应力和下限应力可根据需要确定。

⑤ 试验中，应于每 1×10^5 次重复加载后，停机后 15s 内完成测量试件的累计变形，记录测试结果后继续加载进行抗压疲劳变形试验，直至试件破坏为止。若加载至 2×10^5 次试验试件仍未破坏，可停止试验。

（5）试验结果计算及处理规定

每组应取 3 个试件在相同加载次数时累计变形的算术平均值作为该组混凝土试件在等幅重复荷载下的抗压疲劳变形试验测定值。精度至 0.001mm/m。

3.9.7.12 抗硫酸盐侵蚀性能试验

（1）适用于测定混凝土试件在干湿交替环境中，以能够经受的最大干湿循环次数来表示混凝土抗硫酸盐侵蚀性能。

（2）试件规定

① 采用 100mm×100mm×100mm 立方体试件，每组 3 个。

② 混凝土的试件取样、制作和养护均应符合标准规定要求。

③ 除制作抗硫酸盐侵蚀试验用试件外，还应按照同样方法同时制作抗压强度对比试件。试件总组数应符合表 3.9-34 的要求。

（3）试验设备和试剂的规定

干湿循环试验装置（应具有试件静止、浸泡、烘干及冷却等自动进行装置）和数据实时显示和自动存储等功能。

也可采用由耐盐腐蚀材料制成的装 27L 溶液的带盖容器和烘箱，进行干湿循环试验。

试剂应采用化学纯无水硫酸钠。

抗硫酸盐侵蚀试验所需试件组数　　　　　表 3.9-34

设计抗硫酸盐等级	KS15	KS30	KS60	KS90	KS120	KS150	KS150 以上
检查强度所需干湿循环次数	15	15～30	30～60	60～90	90～120	120～150	150 及设计次数
鉴定 28d 强度所需试件组数	1	1	1	1	1	1	1
干湿循环试件组数	1	2	2	2	2	2	2
对比试件组数	1	2	2	2	2	2	2
总计试件组数	3	5	5	5	5	5	5

(4) 干湿循环试验步骤

① 试件应在养护至 28d 龄期前 2d 从标养室内取出擦干放入烘箱中，在（80±5）℃下烘干 48h，烘干后冷却至室温。对掺入掺合料比较多的混凝土，还可采用 56d 或设计规定的龄期进行试验。

② 试件烘干冷却后立即放入试验盒中，将配制好的 5% Na_2SO_4 溶液放入试件盒，液面高出试件顶面 20mm，注入溶液的时间不应超过 30min，开始浸泡（15±0.5）h。试验过程中宜定期检查和调整溶液的 pH 值，每隔 15 个循环测试一次溶液的 pH 值，维持在 6～8，溶液温度控制在（25～30）℃。

③ 浸泡结束后立即排液，30min 内排尽，将试件风干 30min，从排液到吹干试件应为 1h。

④ 风干结束立即升温 30min 完成，升温至 80℃，维持温度（80±5）℃，从升温到冷却时间为 6h。

⑤ 烘干结束立即冷却至（25～30）℃，时间 2h。

⑥ 每个干湿循环的总时间为（24±2）h。然后应再次放入溶液，进行下一个干湿循环。

⑦ 在达到标准规定的干湿循环次数后，应及时进行抗压强度试验。同时观察破损情况，进行外观描述。当试件有严重剥落、掉角等缺陷时，应先用高强石膏补平后再进行抗压强度试验。

⑧ 到干湿循环试验出现：当抗压强度耐蚀系数达到 75%，干湿循环次数达到 150 次或达到设计抗硫酸盐等级的干湿循环次数时，可停止试验。

⑨ 对比试件应继续保持原有的养护系条件，直至完成干湿循环试验后，与进行干湿循环试验的试件同时进行抗压强度试验。

(5) 抗硫酸盐侵蚀试验结果计算及处理规定

① 计算混凝土抗压强度耐蚀系数。

② N 次干湿循环后受硫酸盐腐蚀的一组混凝土试件的抗压强度测定值和同龄期标准养护一组对比混凝土试件抗压强度测定值，以 3 个试件抗压强度的试验结果的算术平均值作为测定值。当最大值或最小值与中间值之差超过中间值的 15% 时，应剔除此值，取其余两值的算术平均值作为测定值。当最大值和最小值与中间值之差均超过中间值的 15% 时，应取中间值作为测定值。

③ 抗硫酸盐等级应以混凝土抗压强度耐蚀系数下降到不低于 75% 的最大干湿循环次数来确定，符号为 KS。

3.9.7.13 碱-骨料反应试验

1. 执行标准

(1) 《普通混凝土用砂、石质量标准及检验标准》JGJ 52—2006

(2)《砂石碱活性快速鉴定方法》CECS 48∶93

(3)《硅碱含量限值标准》CECS 53∶93

砂石集料中含有一定的活性物质，与含碱性高的水泥（当量 $Na_2O > 0.6$）中的碱性物质发生化学反应，引起混凝土的膨胀开裂至破坏，叫碱-骨料反应。

碱-骨料反应试验适用于检验混凝土试件在温度 38℃ 及潮湿条件养护下，混凝土中的碱与骨料反应所引起的膨胀是否具有潜在危害。也适用于碱-硅酸反应和碱-碳酸盐反应。

2. 碱-骨料反应的种类

（1）碱-氧化硅反应。由水泥或其他来源的碱与骨料中活性 SiO_2 发生化学反应，导致砂浆或混凝土发生异常膨胀。代号为 ASR，活性骨料有蛋白石、方石英、千枚岩、粉砂岩。

（2）碱-碳酸盐反应：由水泥或其他来源的碱与白云石骨料中白云石晶体发生化学反应，导致砂浆或混凝土发生异常膨胀，代号 ACR。

3. 试验仪器设备规定

方孔筛、称量设备、试模、测头、测长仪、养护室等均应符合标准规定。

4. 碱骨料反应试验规定

（1）原材料和配合比设计规定

① 应使用硅酸盐水泥，水泥含碱量宜为 $(0.9\pm0.1)\%$ （以 Na_2O 当量计，$Na_2O+0.658K_2O$）可通过外加浓度为 10% 的 NaOH 溶液使试验用水泥含碱量达到 1.25%。

② 试验用细骨料细度模数宜为 2.7 ± 0.2，细骨料活性用试验评价。粗骨料的非活性也应通过试验确定。当工程用的骨料为同一品种的材料，应用该粗细骨料来评估活性。试验用粗骨料应由三种级配：$20\sim16mm$、$16\sim10mm$、$10\sim5mm$，各取 1/3 等量配合。

③ 水泥用量 $(420\pm10)kg/m^3$，水灰比应为 $0.42\sim0.45$，粗细骨料比为 6:4。试验中除可外加 NaOH 外，不可使用其他外加剂。

（2）试验制作规定

① 成型前 24h，应将试验材料放入 $(20\pm5)℃$ 的成型室。

② 采用机械搅拌。

③ 混凝土一次入模，用捣棒和抹刀捣实，在振动台上振动 30s 直至表面泛浆为止。

④ 试件成型后送入标养室，初凝前对试件抹平编号。

（3）试件养护及测量要求

① 试件应在标养室中养护（24±4）h 后脱模，用湿布盖好。尽快测量试件的基准长度。

② 试件的基准长度应在（20±2）℃恒温室中进行测量，每个试件至少重复测试两次。应取两次测值的算术平均值作为试件的基准长度值。

③ 测量基准长度后，应将试件放入 38±2℃的养护室养护。

④ 试件测量龄期应从测定基准长度算起，测量龄期应为 1 周、2 周、4 周、8 周、13 周、18 周、26 周、39 周和 52 周，以后每半年测一次。每次测量前 1d，应将养护盒从（38±2）℃的养护室取出放放入（20±2）℃恒温室，恒温时间为（24±4）h。测量方法各龄期相同。测量完毕后，应将试件调头放入养护盒中盖严盒盖，并重新放入（38±2）℃的养护室继续养护至下一个试验龄期。

⑤ 每次测量时，应观察试件有无裂缝、变形、渗出物及反应产物，应作详细记录。必要时辅以岩相分析，综合判断试件内部结构和可能的反应产物。

（4）当碱-骨料反应试验出现：在 52 周的测试龄期内的膨胀率超过 0.04% 或膨胀率虽少于 0.04%，但试验周期已达 52 周，可停止试验。

5. 试验结果计算及处理规定

（1）计算试件的膨胀率。

（2）每组应以 3 个试件测值的算术平均值作为该组试件的某一龄期的膨胀率的测定值。

（3）当每组平均膨胀率小于 0.020% 时，同一组试件中单个试件之间的膨胀率的差值不应超过 0.008%。

（4）当每组平均膨胀率大于 0.020% 时，同一组试件中单个试件之间的膨胀率的差值不应超过平均值的 40%。

6. 碱活性检验的方法

对重要工程的混凝土所使用的碎石或卵石、砂应进行碱活性检验。

（1）首先应采用岩相法检验碱活性骨料的品种、类型和数量，可由地质部门提供。

（2）若骨料中含有活性二氧化硅时，应采用化学法和砂浆棒长度膨胀法进行检验。

（3）若骨料中含有活性炭酸盐时，应采用面柱法进行检验。

7. 碎石或卵石碱活性试验（岩相法）

（1）适用于鉴定碎石、卵石的岩石种类、成分、检验骨料中活性成分的品种和含量。将样品风干、筛分，称取试样。岩相试验试样的最小重量，见表 3.9-35。

岩相试验试样最小重量　　　　　　　表 3.9-35

粒径(mm)	40~80	20~40	5~20
试样最小重量(kg)	150	50	10

① 大于 80mm 的颗粒，按 40~80mm 一级进行试验；

② 由肉眼逐粒观察，将试样按岩石品种分类；

③ 试样最小数量也可以颗粒计，每级至少 3000 粒。

（2）每类岩面均制成若干薄片，在显微镜下鉴定矿物组成结构等，特别应测定其隐晶质、玻璃质成分的含量。

（3）根据岩相鉴定结果，对评定为碱活性骨料或可疑时，作进一步鉴定。

8. 砂、碎石、卵石的碱活性试验（化学方法）

化学法是在规定的溶液浓度、颗粒、粒径、温度及时间下，测定碱溶液和骨料反应溶出的二氧化硅浓度及碱度降低值，借以判断骨料在使用高碱水泥的混凝土中是否产生危害性反应。

此方法适用于鉴定由硅质骨料引起的碱活性反应。

化学法是用重量法、滴定法或比色法测定溶液中的可溶性二氧化硅含量（SiO$_2$），用单终点法或双终点法测定溶液降低值。

按试验法出现以下情况之一，则还应进行砂浆长度法试验：

$\delta_R > 0.07$　　　并 $CSiO_2 > \delta_R$　　δ_R-单（双）终点碱性降低值

$\delta_R > 0.07$　　　并 $CSiO_2 > 0.035 + \delta_R/2$　　$CSiO_2$-滤液中二氧化硅浓度（mol/L）

如果不出现上述情况，则可划定为无潜在危害。

9. 砂、碎石、卵石的碱活性试验（砂浆长度法）

适用于鉴定硅质骨料与水泥（混凝土）中的碱发生潜在危害性。此方法不适应于碳酸盐骨料。

(1) 制作试件的材料要求：

水泥：在做一般骨料活性鉴定时，水泥含碱量为 1.2%。低于此值时，掺浓度为 10% 的氧化钠溶液调至水泥量的 1.2%，对于具体工程如该工程拟用水泥的含碱量高于此值，则用同工程所用水泥。水泥含碱量以氧化钠（Na$_2$O）计，氧化钾（K$_2$O）换为氧化钠时乘以换得系数 0.658。

砂：将样品缩分成约 5kg。按表 3.9-36 中的级配及比例组成试验用料。

砂的试验用料的级配及比例　　　　表 3.9-36

筛孔尺寸(mm)	5.00～2.50	2.50～1.25	1.25～0.630	0.630～0.315	0.315～0.160
分级重量(%)	110	25	25	25	15

对于碎石、卵石，即应将其粉碎成上列级配颗粒，其他步骤相同。

(2) 试模与测头、捣棒：金属试模规格为 40mm×40mm×160mm。试模两端正中有小孔，以便测头在此固定埋入砂浆。测头以不锈金属制成。钢制捣棒长 120～150mm。

(3) 砂浆配合比：水泥与砂的重量比为 1：2.25，一组三个试件共需水泥 600g、砂 1350g，水按标准选定。跳桌跳动次数改为 5s，跳动 10 次，以流动度在 105～120mm 为准。

（4）试件制作：

① 成型前将试验用料（水泥、砂、水），放入（20±2)℃恒温室中；

② 先将称好的水泥和砂拌入搅拌锅内，开动搅拌机拌合 5s，后徐徐加水 20～30s 加完，自开动搅拌器起搅拌（180±5)s 停车；

③ 将砂浆分两层装入试模内，每次捣 20 下：注意测头周围应填实，浇捣完毕后用镘刀刮除多余砂浆，抹平表面并标明测定方向。

（5）砂浆长度法试验：

① 试件成型标养（24±4)h 脱模（强度低可延长至 48h），脱模后即测量试件长度。在（20±2)℃恒温箱中，每个试件测试两次，两次的平均值作为试件基准长度，两次差值必须在精度范围之内。

② 从测基准长度起龄期 2 周、4 周、8 周、3 个月、6 个月或更长，在测前一天应把养护筒从（40±2)℃的养护室中取出放入（20±2)℃恒温室中，测量各个龄期的试件长度，测量后试件放入养护筒存入（40±2)℃养护室中。

③ 在测量时应对试件进行观察，内容包括试件变形、裂缝、渗出物，特别要注意有无胶体物质，并作详细记录。

④ 计算试件膨胀率（精确至 0.01%)

$$\varepsilon = \frac{lt - l_0}{l_0 - 2ld} \times 100\%$$

ε——试件在 7d 龄期的膨胀率；

lt——试件在 7d 龄期的长度；

l_0——试件的基准长度；

ld——侧头（即埋钉）的长度。

以上 3 个试件膨胀率的平均值作为某一龄期膨胀率的测定值，任一试件的膨胀率与平均值之差不得大于规定范围，当不符合要求时，去掉膨胀率值最小的，用剩余二根的平均值作为该龄期的膨胀值。

⑤ 结果评定：对于砂料或石料。当砂浆半年膨胀率小于0.1％或3个月的膨胀率小于0.05％（只有在缺少半年膨胀率时才有效）时，则判为无潜在危害。反之，如超过上述数值，则判为有潜在危害。

10. 碳酸盐骨料的碱活性试验（岩石柱方法）

适用于检验碳酸岩石是否具有碱活性。

（1）取样：在同块岩石的不同岩性方向取样，岩石层理不清，应在三个相互垂直的方向上各取1个样。

钻取的圆柱体直径为（9±1）mm，长度为（35±5）mm，试件两端应磨光互相平行且与试件的主轴线垂直，试件加工时应避免表面变质而影响碱溶液渗入岩样的速度。

（2）测量基准长度，试件编号后，放入蒸馏水瓶中，置于（20±2）℃恒温室中，每隔24h测一次长度，约2～5d，至试件两次测得的长度变化率之差不超过0.02％为止。以最后一次试件长度为基准长度。

（3）测定基长的试件侵入浓度为1mL/L氢氧化钠溶液瓶中。置于（20±2）℃恒温室中，六个月更换一次溶液。

（4）测长，从试件泡入碱液中算起，在（20±2）℃恒温室中7d、14d、21d、28d、56d、84d时进行测长，也可每隔4周测长一次，一年后每12周测长一次，试件浸泡期间，观测并记录其形态的变化，如开裂、弯曲、断裂。计算其长度变化。

（5）结果评定：试样中以其膨胀率最大一次测值作为分析该岩石碱活性的依据，试件浸泡84d的膨胀率如超过0.10％，则该岩样就评为其有潜在碱活性危害，不宜作为混凝土骨料。必要时应以混凝土试验结果作最后评定。

据目前研究得知，具有碱活性的碳酸盐骨料，一般是具有结晶细小的泥质石灰质白云石，而质地纯正的石灰石，白云石镁矿是没有碱活性的。

11. 碱-骨料反应的预防措施

当检验砂石料具有潜在危害时，应采取有效的预防措施：国

内外一般用含碱量低的水泥和在混凝土中掺入能抑制碱-骨料反应的掺合料:

(1) 使用碱量小于 0.6% 的水泥,目前我国的水泥碱含量大多高于 1.0%。

(2) 掺入 40% 矿渣或 30% 粉煤灰或 10% 硅灰,可以起到抑制碱-骨料反应的作用。

(3) 当砂石料具有潜在危害时,使用含钾钠离子的混凝土外加剂时,应进行混凝土中含碱量试验,才能决定是否可以使用。因我国目前使用的早强剂、防冻剂、膨胀剂等均含有硫酸盐等无机盐,使混凝土中含碱量剧增,引发碱骨料反应。

12. 砂、石碱活性,快速试验方法

(1) 试模、测头及捣棒

金属试模规格为 10mm×10mm×40mm,每个试模制六条砂浆试件,试模两端正中有小孔,测头在此固定埋入砂浆,测头用不锈钢制作,捣棒直径为 5mm,两头扁平。

(2) 试样及试件制备

① 骨料破碎后用筛筛取 0.150~0.630mm 的部分作试验用料。

② 试验分三组,每组水泥与骨料的重量比分别为 10∶1、1.5∶1、1.2∶1,每一试模取水泥 (50±0.1)g,三个配比用骨料分别为 5g、10g、25g,共 18 条试件。

③ 经制模、养护、测定其基准长度,蒸养压蒸,测定最终长度,计算试件膨胀率。

④ 结果正确性判定

6 个试件的测定值离散程度应符合下列要求:当相对变形超过 0.04% 时,每试件的相对变形量不得超过平均值的 15%,超过者必须删去,每组结果所取平均值不得少于 4 块试件。

⑤ 碱活性判定

在水泥和骨料三种配比试验结果中,用最大膨胀值评定骨料的碱活性,膨胀值大于或等于 0.1% 为活性骨料,小于 0.1% 为非活性骨料。

13. 混凝土碱含量限值标准

(1) 在骨料具有碱—硅酸反应活性时，依据混凝土所处的环境条件，对不同的工程结构分别采取的碱含量限值或措施；见表3.9-37。

不同环境条件与混凝土最大碱含量 表 3.9-37

环境条件	混凝土最大碱含量（kg/m³）		
	一般工程结构	重要工程结构	特殊工程结构
干燥环境	按工程类别限制	按工程类别限制	3.0
潮湿环境	3.5	3.0	2.1
含碱环境	3.0	用非活性骨料	

① 处于含碱环境中的一般工程结构，在限制混凝土含碱量的同时，应对混凝土表面作防碱涂层，否则应换用非活性骨料。

② 大体积混凝土结构（如大坝）的水泥碱含量，尚应符合有关行业标准规定。

(2) 在骨料具有碱—碳酸盐反应活性时，干燥环境中的一般工程结构和重要工程结构的混凝土按工程类别限制碱含量；特殊工程结构和潮湿环境及含碱环境中的一般工程结构和重要工程结构，应换用不具碱—碳酸盐反应活性骨料。

(3) 混凝土碱含量的计算

$$A = A_C + A_{ca} + A_{ma} + A_{aW}$$

A——混凝土碱含量（kg/m³）；

$$A_C = W_c K_c$$

A_C——水泥碱含量（kg/m³）；

W_c——水泥用量（kg/m³）；

K_c——水泥平均碱含量（%）；

$$A_{ca} = \alpha W_c W_a K_{ca}$$

A_{ca}——外加剂碱含量（kg/m³）；

α——钠或钾盐的重量折算成当量 Na_2O 重量系数；

W_a——外加剂掺量（％）；

K_{ca}——外加剂中钠（钾）盐含量（％）；

$$A_{ma} = \beta\gamma W_c K_{ma}$$

A_{ma}——掺合料碱含量（kg/m^3）；

W_c——掺合料用量（kg/m^3）；

β——掺合料有效碱含量占掺合料碱含量的百分率（％）；

γ——掺合料对水泥的重量置换率（％）；

K_{ma}——掺合料含碱量（％）；

β 值：矿渣 50％，粉煤灰 15％，硅灰 50％。

钠和钾盐的重量折算成等当量 Na_2O 重量的系数，见表 3.9-38。

钠和钾盐的重量折算成等当量 Na_2O 的折算系数

表 3.9-38

钠钾盐	$NaNO_2$	NaCl	Na_2SO_4	Na_2CO_3	$NaNO_3$	K_2SO_4	K_2CO_3	KCl
α	0.45	0.53	0.44	0.58	0.36	0.36	0.45	0.42

当混凝土碱含量按计算不大于限值时判定为合格，大于限定值时，应换用非活性骨料。

采用下列一种或几种措施，混凝土碱含量经计算应满足限值需求：

①使用碱含量低的水泥；②降低水泥用量；③不用含氯盐的砂；④不用或少用含碱外加剂；⑤使用掺合料如矿渣、天然沸石、粉煤灰和硅类。

选用能有效抑制 ASR 的矿渣水泥、粉煤灰水泥、火山灰水泥或掺合料。经验证，混凝土碱含量可不受限值限制。

14. 北京地区碱-骨料反应及对外加剂的规定

北京地区砂、石有四大主要来源：经骨料碱活性试验及地质资料分析，作如下评估：南口碎石具有明显的碱硅酸反应活性，不宜作混凝土骨料使用；永定河水系石料视为对工程有害或潜在可能有害的碱活性骨料；北郊温榆河和东郊潮白河水系石料，属于对工程无害的非碱活性骨料；龙凤山中砂无碱活性反应，但由于其中还混有近 1/3 的硅质碱活性矿物，因此不宜用于配制含碱量高的混凝土。

卢沟桥（永定河）河卵石和南口碎石配制混凝土的安全含碱量界限为 4kg/m³，而龙凤山（温榆河）和十里堡（潮白河）的河卵石配制混凝土的安全含碱量均大于 6kg/m³。

混凝土冬期施工普遍采用掺防冻剂，必然增加混凝土的含碱量，因此北京市建委于 1995 年发出"关于使用混凝土外加剂有关规定的通知"，外加剂必须经认证颁发准用证，并公布了混凝土外加剂碱含量检测结果。

北京市建委、市规划委印发了京建科（1999）230 号《预防混凝土工程碱集料反应技术管理规定（试行）》京 TY5—99，自 1999 年 10 月 1 日起试行。其主要内容：

（1）碱活性骨料按砂浆长度膨胀法试验（砂浆棒养护期 180d 或 16d），按膨胀量的大小分为四种：

A 种：非碱活性骨料，膨胀量小于或等于 0.02%；

B 种：低碱活性骨料，膨胀量大于 0.02%，小于或等于 0.06%；

C 种：碱活性骨料，膨胀量大于 0.06%，小于或等于 0.10%；

D 种：高碱活性骨料，膨胀量大于 0.10%。

（2）结构混凝土工程按所处环境分为三类管理：

Ⅰ类工程：干燥环境，不直接接触水，空气相对湿度长期低于 80% 的工业与民用建筑工程。如居室、办公室、非潮湿条件下生产的工业厂房、仓库等。

Ⅱ类工程：潮湿环境，直接与水接触的混凝土工程，干湿交替环境。潮湿土壤。如水坝、水池、桥梁、护坡、公路、飞机跑道、地铁、隧道、地下构筑物、建筑物，地下室或基础工程等。

Ⅲ类工程：外部有供碱环境并于潮湿环境。

（3）预防碱活性骨料反应的工程措施

① Ⅰ类工程可不采取预防混凝土碱-骨料反应的措施。但结构混凝土外露部分需采取有效的防水措施，采用防水涂料、面砖等防止雨水渗进混凝土结构。

② Ⅱ类工程均应采取预防混凝土碱-骨料反应措施：

A. 使用 A 种非碱活性骨料配制混凝土。其混凝土含碱量不受限制。

B. 使用 B 种低碱活性骨料配制混凝土，其混凝土含碱量不超过 $5kg/m^3$。优先使用低碱水泥（碱含当量 0.6% 以下），掺加矿粉掺加料及低碱无碱外加剂。

C. 使用 C 种碱活性骨料配制混凝土，其混凝土含碱量不超过 $3kg/m^3$，在满足混凝土强度等级要求的条件下，采取下列措施：

a. 用含碱量不大于 1.5% 的 Ⅰ 或 Ⅱ 级粉煤灰取代 25% 以上重量的水泥，并控制混凝土碱含量低于 $4kg/m^3$。

b. 用含碱量不大于 1.0%，比表面积 $4000cm^2/g$ 以上的高炉矿渣取代 40% 以上重量的水泥，并控制混凝土碱含量低于 $4kg/m^3$。

c. 用硅灰取代 10% 以上重量水泥，并控制混凝土碱含量低于 $4kg/m^3$。

d. 用沸石粉取代 30% 以上重量水泥，并控制混凝土碱含量低于 $4kg/m^3$。

D. 使用比表面积 $5000m^2/g$ 以上的超细矿粉掺合料时，通过检测试验确定抑制碱骨料的反应的最小掺量。

E. 可采用硫酸盐水泥或铁铝酸盐水泥配制混凝土。

③ Ⅲ类工程除采用Ⅱ类工程的措施外，还考虑采取混凝土隔离层（如防水层）的措施，否则须使用 A 种非碱活性骨料配制混凝土。

（4）建设各方对预防混凝土碱-骨料反应须采取的措施和承担的责任：

① 北京地区的建设单位必须重视预防混凝土碱-骨料反应对混凝土工程的损害。

② 设计单位必须在设计图及说明中注明需预防混凝土碱-骨料反应的工程部位和须采取的预防措施，设计单位应承担所设计工程 20 年内不发生混凝土碱-骨料反应损害的设计责任。

③ 施工单位依据工程设计要求，在编制施工组织设计时提出具体的预防混凝土碱-骨料反应的技术措施，做好混凝土配合比设计，严格选用水泥、砂、石、外加剂、矿粉掺合料等，并做好材料的现场复试检测工作。

施工单位对Ⅱ、Ⅲ类混凝土工程承担 20 年内不发生碱骨料反应损害的施工责任。

用于Ⅱ、Ⅲ类工程选用的水泥、砂、石、外加剂、掺合料等，必须具有由市技术监督局核定的法定检测单位出具的碱含量和骨料活性检测报告。

混凝土预拌工厂和预制构件厂，应严格按照委托单位提出的配制要求配制混凝土，出厂时应向用户送出正式检测报告。包括所用砂石产地及碱活性等级和混凝土碱含量的评估结果等。对所提供的混凝土和预制构件要承担 20 年不发生混凝土碱-骨料反应损害的相应责任。

④ 监理单位应承担所监理的工程 20 年内不发生混凝土碱-骨料反应损害的监理责任。

⑤ Ⅱ、Ⅲ类工程结构验收时，应将设计、施工、材料、监理各单位所签订的技术责任合同，预防混凝土碱-骨料反应的技术措施，混凝土原材料检测报告和混凝土配合比，混凝土强度试验报告和混凝土碱含量评估等作为工程验收的必备档案留存。未按规定执行的工程，工程质量监督部门不得进行质量核验。

3.9.8　特殊混凝土对原材料的质量要求

特殊混凝土对原材料的质量要求，见表 3.9-39。

特殊混凝土对原材料的质量要求　　表 3.9-39

		抗渗混凝土	抗冻混凝土	高强混凝土	泵送混凝土
水泥	优选品种	硅酸盐水泥 普通硅酸盐水泥	硅酸盐水泥 普通硅酸盐水泥	硅酸盐水泥 普通硅酸盐水泥	硅酸盐水泥、普通硅酸盐水泥、矿渣水泥
	强度等级	42.5		52.5	
	用量(kg)	不小于320		不大于550	不小于300
	水灰比	抗渗等级 / 最大水灰比：P6 0.60 0.55；P8~P12 0.55 0.50；>P12 0.50 0.45	抗冻等级 / 无引气剂 / 掺引气剂：F50 0.55 0.60；F100 0.55；F150以上 0.50	C60计算确定 C60以上经验选取	大于0.60
	碱活性			不低于57MPa	
	坍落度 (mm)				泵送高度(m) / 坍落度：<30 100~140；30~60 140~160；60~100 160~180；<100 180~200
细骨料(砂)	细度模数			中砂大于2.6	中砂
	级配分区				0.135 不小于15% 0.160 5%
	砂率%	35~40		试验确定	
	灰砂比	1:2~1:2.5			
	含泥量	不大于3.0	不大于3.0	不大于2.0	
	泥块含量	不大于1.0	不大于1.0	不大于1.0	
	坚固性试验	F100以上者			
粗骨料(碎石或卵石)	最大粒径 (mm)	不大于40		31.5	泵送高度 / 粒径与骨料比 碎石 卵石

续表

		抗渗混凝土	抗冻混凝土	高强混凝土	泵送混凝土
粗骨料碎石或卵石	最大粒径 (mm)	不大于40		31.5	50m以上 1:3 50~100m 1:2.5 100m以上 1:4 1:3 1:5 1:4
	含泥量(%)	不大于1	不大于1	不大于1	
	泥块含量 (%)	0.5	0.5	0.5	
	坚固性试验		F100及以上者	压碎性试验	
	岩石抗压试验			碎石应作不小于1.5倍混凝土抗压强度	
	片状颗粒量(%)			不大于5	不大于1
外加剂	宜用品种	防水剂、膨胀剂、引气剂、减水剂	引气剂、减水剂		泵送剂、引气剂、减水剂
	含气量(%)	3~5	不超过7最小4~6		不大于4

	等级	细度 (mm)	烧失量 (%)	水量比	二氧化硫含量(%)	粉煤灰取代水泥最大限量(%)		硅酸盐水泥	普通水泥	矿渣水泥
粉煤灰	I	≤12	≤5	≤95	≤3		预应力混凝土			
							钢筋混凝土	25	15	10
							高强混凝土抗冻混凝土	30	25	20
	II	≤20	≤8	≤105	≤8		泵送混凝土	50	40	30

3.9.9 混凝土耐久性能等级划分与试验方法及检验结果

1. 检验项目、试验方法、测试内容、参照规范/标准

(1) 混凝土耐久性检验项目的试验方法应符合现行国家标准《普通混凝土长期性能和耐久性能试验方法标准》GB/T 50082的规定。

(2) 混凝土抗冻耐久性指数和氯离子扩散系数的测定方法应符合表 3.9-40 的规定。

混凝土抗冻耐久性指数和氯离子扩散系数的测定方法

表 3.9-40

耐久性能参数	试验方法	测试内容	参照规范/标准
耐久性指数 DF	快速冻融试验(F) 慢速冻融试验(D)	混凝土试件动弹模损失	《水工混凝土试验规程》DL/T 5150
氯离子扩散系数 DRCM	氯离子外加电场快速迁移 RCM 试验	非稳态氯离子扩散系数	《公路工程混凝土结构防腐蚀技术规范》JTG/TB 07—2006

(3) 混凝土及其原材料中氯离子含量的测定方法应符合表 3.9-41 的规定。

氯离子含量的测定方法　　　表 3.9-41

测试物	试验方法	测试内容	参照规范/标准
新拌混凝土	硝酸银滴定水溶氯离子,1L 新拌混凝土溶于 1L 水中,搅拌 3min,取上部 50mL 溶液	氯离子百分含量	《水质 氯化物的测定 硝酸银滴定法》GB 11896
	氯离子选择电极快速测定,质 600g 砂浆,用氯离子选择电极和甘汞电极进行测量	砂浆中氯离子的选择电住电势	《水运工程混凝土试验规程》JTJ 270
硬化混凝土	硝酸银滴定水溶氯离子,5g 粉末溶于 100mL 蒸馏水,磁力搅拌 2h,取 50mL 溶液	氯离子百分含量	《水质 氯化物的测定 硝酸银滴定法》GB 11896
	硝酸银滴定水溶氯离子,20g 混凝土硬化砂浆粉末溶于 200mL 蒸馏水,搅拌 2min 浸泡 24h,取 20mL 溶液	氯离子百分含量	《混凝土质量控制标准》GB 50164 《水运工程混凝土试验规程》JTJ 270
砂	硝酸银滴定水溶氯离子,水砂比 2:1,10mL 澄清溶液稀释至 100mL	氯离子百分含量	《普通混凝土用砂、石质量及检验方法标准》JGJ 52
外加剂	电住滴定法测水溶氯离子,固体外加剂 5g 溶于 200mL 水中,液体外加剂 10mL 稀释至 100mL	氯离子百分含量	《混凝土外加剂匀质性试验方法》GB/T 8077

（4）混凝土及水、土中硫酸根离子含量的测定方法应符合表 3.9-42 的规定。

硫酸根离子含量的测定方法　　　　　表 3.9-42

测试物	实验方法	测试内容	参照规范/标准
硬化混凝土	重量法测量硫酸根含量，5g 粉末溶于 100mL 蒸馏水	硫酸根浓度 mg/L	《水质　硫酸根的测定重量法》GB/T 11899
水	重量法测量硫酸根含量		
土	重量法测量硫酸根含量	硫酸根含量 mg/kg	《森林土壤水溶性盐分分析》GB 7871

2. 性能等级

（1）混凝土抗冻性能、抗水渗透性能和抗硫酸盐侵蚀性能的等级划分应符合表 3.9-43 的规定。

混凝土抗冻性能、抗水渗透性能和抗硫酸盐侵蚀性能的等级划分

表 3.9-43

抗冻性能（快速法）		抗冻性能（慢速法）	抗渗等级	抗硫酸盐等级
F50	F250	D50	P4	KS30
F100	F300	D100	P6	KS60
F150	F350	D150	P8	KS90
F200	F400	D200	P10	KS120
＞F400		＞D200	P12	KS150
			＞P12	＞KS150

（2）混凝土抗氯离子渗透性能的等级划分规定：

① 采用氯离子迁移系数（RCM 法）划分测试龄期为 84d 的抗氯离子渗透性能等级划分应符合表 3.9-44 的规定：

混凝土抗氯离子渗透性能等级划分（RCM 法）

表 3.9-44

等级	Ⅰ	Ⅱ	Ⅲ	Ⅳ	Ⅴ
氯离子迁移系数 DRCM （×$10m^{2-12}$/s）	≥4.5	3.5～4.5	2.5～3.5	1.5～2.5	＜1.5

② 采用电通法划分测试龄期为 28d（水泥混合料与矿物掺合料之和超过胶凝材料用量的 50%时，测试龄期为 56d）的混凝土抗氯离子渗透性能等级划分应符合表 3.9-45 的规定。

混凝土抗氯离子渗透性能等级划分（电通法）

表 3.9-45

等级	Qs—Ⅰ	Qs—Ⅱ	Qs—Ⅲ	Qs—Ⅳ	Qs—Ⅴ
电通量 Qs(C)	≥4000	2000～4000	1000～2000	500～1000	<500

（3）混凝土抗碳化性能的等级划分应符合表 3.9-46 的规定。

混凝土抗碳化性能的等级划分　　表 3.9-46

等级	T—Ⅰ	T—Ⅱ	T—Ⅲ	T—Ⅳ	T—Ⅴ
碳化深度 d(mm)	≥30	20～30	10～20	0.1～10	<0.1

（4）混凝土早期抗裂性能的等级划分应符合表 3.9-47 的规定。

凝土早期抗裂性能的等级划分　　表 3.9-47

等级	L—Ⅰ	L—Ⅱ	L—Ⅲ	L—Ⅳ	L—Ⅴ
单位面积上的总开裂面积 c(mm²/m²)	≥1000	700～1000	400～700	100～400	<100

3. **检验结果与评定**

（1）对于同一检验批只进行一组试验品检验项目，应将试验结果作为检验结果。对于抗冻试验、抗水渗透试验和抗硫酸盐侵蚀试验，当同一检验批进行一组以上试验时，应取所有组试验结果中的最小值作为检验结果。当检验结果介于相邻两个等级之间时，应取等级较低者作为检验结果。

（2）对于抗氯离子渗透试验、碳化试验、早期抗裂试验，当同一检验批进行一组以上试验时，应取所有组试验结果中的最大值作用检验结果。

（3）混凝土的耐久性应根据混凝土的各耐久性检验项目的检验结果分项进行评定。符合设计规定的检验项目可评定为合格。

（4）同一检验批全部耐久性项目检验合格者，该检验批混凝土耐久性可评定为合格。

（5）对于某一检验批被评定为不合格的耐久性检验项目，应进行专项评审并对该检验批的混凝土提出处理意见。

3.9.10　结构实体同条件养护试件混凝土强度检验

根据《混凝土结构工程施工质量验收规范》GB 50204 的规定，对柱、墙、梁等结构构件的重要部位须留置同条件养护试件，作为结构实体混凝土强度检验的依据。

1. 同条件养护试件的留置方式和取样数量应符合下列要求：

① 结构实体混凝土强度检验用同条件养护试件所对应的结构构件或结构，应由建设、监理、施工单位等各方根据其重要性共同选定；

② 对混凝土结构工程中的各混凝土强度等级均应留置同条件养护试件；

③ 结构实体混凝土强度检验用同一强度等级的同条件养护试件，其留置的数量应根据混凝土工程量和重要性，不宜少于10组，且不应少于 3 组；

④ 同条件养护试件拆模后，应放入钢筋笼内加锁，放置在靠近相应结构构件或结构部位的适当位置，并应采取相同的养护方法。

2. 结构实体检验等效养护龄期混凝土强度检验统计，见表3.9-48。

结构实体检验等效养护龄期混凝土强度检验统计

表 3.9-48

工程名称		施工部位			设计强度等级	
养护方法		试块组数			试验强度等级	
混凝土浇筑日期	年　月　日	混凝土试验日期			年　月　日	
日期						
最高气温						
最低气温						

续表

平均气温							
累计(℃·d)							
日期							
最高气温							
最低气温							
平均气温							
累计(℃·d)							

3. 同条件养护试件应在达到等效养护龄期时进行强度试验。等效养护龄期应根据同条件试件强度与在标准养护条件下 28d 龄期试件强度相等的原则确定：

（1）等效养护龄期可取日平均温度逐日累计达到 600℃·d 时所对应的龄期，0℃ 及以下的龄期不计入；等效养护龄期不应小于 14d，也不宜大于 60d。

（2）同条件养护试件的强度代表值应根据试验结果乘以折算系数 1.10，按《混凝土强度检验评定标准》GB/T 50107—2010 的规定评定。

3.9.11 清水混凝土

1. 随着我国建筑业整体技术水平的提高，绿化建筑的兴起，清水混凝土引起人们的普遍重视。为了达到混凝土成型后的表面自然质感的外观效果，现在不少工程在混凝土结构设计及施工中提出了清水混凝土要求。

2. 清水混凝土类型分为普通清水混凝土、饰面清水混凝土和装饰清水混凝土三类。

3. 工程设计

（1）确定清水混凝土类型及应用范围，构件尺寸宜标准化和模数化。应绘制构件详图，明确明缝、蝉缝、对拉螺栓孔眼、装饰图案和装饰片等的形状、位置和尺寸。

（2）清水混凝土结构的环境条件应符合规定，使用年限不宜超过 50 年。

（3）普通钢筋清水混凝土结构采用的混凝土强度等级不宜低于 C25。当钢筋混凝土伸缩缝不符合规范规定时，清水混凝土强度等级不宜高于 C40。

（4）对于处于露天环境的清水混凝土结构，其纵向受力钢筋的混凝土保护层厚度应符合最小厚度的规定：板、墙、壳为 25mm；梁、柱为 35mm。

（5）设计结构钢筋时，应根据清水混凝土饰面效果确定螺栓孔位。

（6）对伸缩缝间距不符合规范规定的楼屋盖和墙体的设计规定：

① 水平方向的钢筋宜采用带肋钢筋，间距宜减小，配筋率增加。

② 根据工程实际情况采用设置后浇带或跳仓施工。后浇带宜设明缝，后浇带宽度宜为相邻两条明缝的间距。

4. 施工准备

（1）施工前应熟悉设计图纸，明确清水混凝土的范围和类型，确定施工工艺，进行施工图深化设计和专项施工方案，施工前宜做样板，综合考虑各施工工序对饰面效果的影响。施工应进行全过程质量控制，对饰面效果要求相同的，材料和施工工艺应保持一致。

（2）有防水和人防等要求的清水混凝土构件，必须采取防裂、防渗、防污染及密闭等措施，并不得影响饰面效果。

（3）模板

① 面板可采用满足强度、刚度和周转使用要求的胶合板、钢板、塑料板、铝板、玻璃钢等材料。骨架应规格顺直一致，满足受力要求的强度和刚度。

② 选用对拉螺栓的品种，规格应有足够的强度。选用塑料、橡胶、尼龙等材料制成的套管及堵头的直径应与对拉螺栓相配套。

③ 明缝条可选用梯形的硬木或铝合金材料。

④ 内衬模可选用塑料、橡胶、玻璃钢、聚氨酯等材料。

（4）钢筋

① 钢筋连接方式不应影响保护层厚度。

② 钢筋绑扎丝选用 20～22 号不锈钢丝。

③ 钢筋垫块应有足够的强度、刚度，颜色应与清水混凝土的颜色相近。

（5）混凝土

① 水泥：宜选用不低于 42.5 级的硅酸盐水泥或普通硅酸盐水泥。同一工程宜用同一厂家、同一品种、同一强度等级的水泥。

② 粗骨料应采用连续粒级、颜色均匀、表面洁净，质量符合要求的粗骨料。细骨料宜采用中砂，质量应符合要求。

③ 同一工程所用的掺合料应来自同一厂家、同一规格型号Ⅰ级粉煤灰。

（6）涂料应选用具有防污染性、憎水性、防水性的透明涂料。

5. 模板工程

（1）模板分块设计应满足清水混凝土饰面效果的设计要求：

① 内外模板分块宜以轴线、墙中线或门窗口中线为对称中心线。

② 外墙模板上下接缝宜设置在楼顶标高、窗台标高、框架梁或窗过梁梁底标高，窗间墙边线或其他分格线位置。

③ 阴角模与大模板宜采用明缝处理。

（2）单块模板的面板分割设计应与蝉缝、明缝等饰面效果一致的要求：

① 墙模板的分割应依据墙面的长度，高度、门窗洞口的尺寸、梁的位置及模板的配置位置和高度确定。水平方向的蝉缝、明缝应交圈，竖向应顺直有规律。

② 群柱竖缝方向宜一致、对称、均匀布置。水平模板排列应均匀对称、横平竖直；弧形平面宜沿径向辐射布置。

③ 内衬模板的面板分割应保证装饰图案的连续性及施工可操作性。

（3）模板结构设计应符合国家现行标准《建筑工程大模板技术规程》JGJ 74 和《钢框胶合板模板技术规程》JGJ 96 的规定：模板结构应牢固稳定，拼缝严密、规格尺寸准确。斜墙、斜柱、液压爬模等异形构件模板应进行专项受力计算，并应满足饰面效果要求。

（4）饰面清水混凝土模板规定：

① 角模：阴角部位应配置阴角模，面板斜口连接；阳角部位宜两面模板直接搭接。

② 接缝宜设置在肋处，无肋接缝应防漏浆。

③ 模板钉眼、焊缝不应影响饰面效果。假眼宜采用同直径的堵头或锥形接头固定在模板面板上。

④ 门窗洞口模板支撑应稳固，周边密封，下口设排气孔，滴水线模板应易拆除，企口、斜坡一次成型。

⑤ 宜利用下层构件的对拉螺栓孔支承上层模板。

⑥ 宜将墙体端部模板面板内嵌固定；

⑦ 对拉螺栓应根据清水混凝土饰面效果，达到整齐、匀称。

（5）模板下料尺寸应正确，切口平整，模板龙骨不宜有接头。模板加工宜预拼、校核，编号。存放区应有排水、防水、防雨淋、防潮、防火等措施。胶合板面板切口应刷封边漆，螺栓孔眼应有保护垫圈。隔离剂应涂刷均匀。

（6）根据编号进行安装，模板应连接紧密，拼接缝处应有防漏浆措施。对拉螺栓安装应位置正确、受力均匀。支撑应设置正确、连接牢固、稳定可靠。

（7）做好对模板面板、边角的保护。拆模应制定清水混凝土墙体、柱等的保护措施，及时清理和修复。

6. 钢筋工程

（1）钢筋应清洁、无锈蚀和污染，钢筋半成品应分类摆放在干燥清洁的存放区，及时使用，避免雨淋。

（2）钢筋保护层垫块颜色应与混凝土表面颜色接近，呈梅花形布置。定位钢筋端头应刷防锈漆，并宜套上与混凝土颜色相近的塑料套。

（3）对拉螺栓应避让钢筋。钢筋、垫块及预埋件位置应正确。

（4）钢筋绑丝扎扣及尾端应弯向构件截面内侧，不得外露。

7. 混凝土工程

（1）清水混凝土应考虑工程所处环境，根据抗碳化、抗冻害、抗硫酸盐、抗盐害和抑制碱-骨料反应等对混凝土耐久性产生影响的因素进行配合比设计。

（2）清水混凝土应按照配合比设计要求进行试配，按照原材料试验结果确定外加剂型号和用量，采用矿物掺合料，确定混凝土表面颜色。

（3）应采用强制式搅拌机搅拌清水混凝土，延长搅拌时间20～30s，使拌合物的工作性能稳定，90min 的坍落度经时损失值小于 30mm，无泌水离析现象。

（4）清水混凝土宜从门窗洞口两侧同时浇灌，振捣棒插入下层深度 50mm，振捣均匀密实，严禁漏振、欠振、过振。施工缝接缝前，应剔凿浮浆层和松动石子清理干净。

（5）冬期施工，应采取防风保温措施，确保混凝土入模温度不低于 5℃。

（6）拆模后立即养护。混凝土处于临界强度以上才能拆模。

（7）普通清水混凝土表面宜涂刷透明保护涂料；饰面清水混

凝土表面应涂刷透明保护涂料。同一视觉范围内的涂料及施工工艺应一致。

（8）清水混凝土应加强成品保护，不应污染、损伤，特别是阳角部位应采用硬质材料保护。挂架、吊篮、脚手架等应使用垫衬保护。剔凿修复混凝土应制定专项施工措施。

3.9.12　补偿收缩混凝土

1. 补偿收缩混凝土宜用于混凝土结构自防水、工程接缝填充、采取连续施工的超长混凝土结构、大体积混凝土等工程。以钙矾石作为膨胀源的补偿收缩混凝土，不得用于长期处于环境温度高于 80℃的钢筋混凝土工程。

2. 补偿收缩混凝土的质量应符合国家标准《混凝土质量控制标准》GB 50164 的规定，还应符合设计所要求的强度等级、限制膨胀率、抗渗等级和耐久性技术指标。

3. 补偿收缩混凝土的限制膨胀率应符合表 3.9-49 的规定。

补偿收缩混凝土的限制膨胀率　　　　表 3.9-49

用　　途	限制膨胀率（%）	
	水中 14d	水中 14d 转空气中 28d
用于补偿混凝土收缩	≥0.015	≥−0.030
用于后浇带、膨胀加强带和工程接缝填充	≥0.025	≥−0.020

4. 补偿收缩混凝土的抗压强度要求：

① 对大体积混凝土工程或地下工程，补偿收缩混凝土的抗压强度以标养 60d 或 90d 的强度为准。其余工程以标养 28d 的强度为准。

② 补偿收缩混凝土设计强度等级不宜低于 C25；用于填充的补偿收缩混凝土设计强度等级不宜低于 C30。用于填充的补偿收缩混凝土抗压强度检测，按照在限制状态下补偿收缩混凝土抗压强度检验方法进行。

③ 补偿收缩混凝土设计强度等级取值规定:

A. 补偿收缩混凝土设计强度等级应符合现行国家标准《混凝土结构设计规范》GB 50010 的规定。用于后浇带和膨胀加强带的补偿收缩混凝土的设计强度等级应比两侧混凝土提高一个等级。

B. 限制膨胀率的设计取值应符合表 3.9-50 的规定。使用限制膨胀率大于 0.060% 的混凝土时,应先进行试验研究。

限制膨胀率的设计取值　　　　表 3.9-50

结构部位	限制膨胀率(%)
板梁结构	≥0.015
墙体结构	≥0.020
后浇带、膨胀加强带等部位	≥0.025

限制膨胀率的取值以 0.005% 的间隔为一个等级。

④ 限制膨胀率取值宜适当增大的情况:

A. 强度等级≥C50,限制膨胀率提高一个等级;

B. 约束程度大的基桩基础底板等构件;

C. 气候干燥地区、夏季炎热且养护条件差的构件;

D. 结构总长度大于 120m;

E. 屋面板;

F. 室内结构越冬外露施工。

5. 大体积、大面积及超长结构的后浇带可采用膨胀加强带措施的规定:

A. 膨胀加强带可采用连续式、间歇式或后浇式等;

B. 膨胀加强带宽度宜为 2000mm,并应在其两侧用密孔钢(板)丝网将带内外混凝土分开;

C. 非沉降的膨胀加强带可在两侧补偿收缩混凝土浇筑 28d 后再浇筑,大体积混凝土的膨胀加强带应在两侧混凝土中心温度降至环境温度时再浇筑。两侧沉降差异较大的膨胀加强带应在沉降大的一侧沉降基本完成后浇筑，可在建筑物结构完成后浇筑。

6. 补偿收缩混凝土的浇筑方式和构造形式应根据结构长度按表 3.9-51 进行选择。膨胀加强带之间的间距宜为 30～60m。强约束板式结构宜采用后浇式膨胀加强带分段浇筑。

补偿收缩混凝土的浇筑方式和构造形式 表 3.9-51

结构类别	结构长度 $L(m)$	结构厚度 $H(m)$	浇筑方式	构造形式
墙体	≤60	—	连续浇筑	连续式膨胀加强带
	>60	—	连续浇筑	后浇式膨胀加强带
板式结构	≤60	—	连续浇筑	—
	60～120	≤1.5	连续浇筑	连续式膨胀加强带
	60～120	>1.5	分段浇筑	后浇式、间歇式膨胀加强带
	>120		分段浇筑	后浇式、间歇式膨胀加强带

7. 补偿收缩混凝土中的钢筋配置规定

① 补偿收缩混凝土应采用双排双向配筋，钢筋间距：底板 150～200mm；楼板 100～200mm，屋面板、墙体水平筋 100～150mm。

当地下室外墙的净高大于 3.6m 时，在墙高水平中线部位上下 500mm 范围内，水平筋的间距不宜大于 100mm。配筋率应符合规范规定。

② 附加钢筋配置规定

A. 当房屋平面形体有凹凸时，在房屋凹角处楼板、两端阳角及山墙处的楼板、与周围梁柱墙等构件整体浇筑受约束较强的楼板，宜加强配筋。

B. 在出入口位置、结构截面变化处、构造复杂的突出部位、楼板预留孔洞、标高不同的相邻构件连接处等宜加强配筋。

③ 地下结构或水工结构采用结构自防水时，在施工措施保证完善的前提下，迎水面可不做柔性防水。

8. 原材料选择

(1) 水泥应符合现行国家标准《通用硅酸盐水泥》GB 175 或《中热、低热硅酸盐水泥、低热矿渣硅酸盐水泥》GB 200 的规定。

(2) 骨料、轻骨料、粉煤灰、拌合水应符合现行国家标准和行业标准。

(3) 膨胀剂的品种和性能应符合现行行业标准《混凝土膨胀剂》JC 476 的规定，存放不得受潮、结块、胀袋。

(4) 减水剂、缓凝剂、泵送剂、防冻剂等混凝土外加剂均应符合标准规定。

9. 配合比

(1) 补偿收缩混凝土的配合比设计应符合规定。应满足强度、膨胀性能、抗渗性、耐久性等技术指标和施工工作性要求。

(2) 应根据工程设计和施工要求选择膨胀剂品种，掺量应符合设计要求的限制膨胀率按表 3.9-52 选取。

每立方米混凝土膨胀剂用量 表 3.9-52

用　　途	混凝土膨胀剂用量（kg/m³）
用于补偿混凝土收缩	30～50
用于后浇带、膨胀加强带和工程接缝填充	40～60

（3）补偿收缩混凝土的水胶比不宜大于 0.50。胶凝材料用量不宜小于 300kg/m³，用于膨胀加强带和工程接缝填充部位的补偿收缩混凝土的胶凝材料用量不宜小于 350kg/m³。

10. 补偿收缩混凝土的搅拌、浇筑和养护

（1）补偿收缩混凝土宜在预拌混凝土厂生产，应计量准确，其搅拌时间适当延长搅拌均匀。

（2）后浇带和膨胀加强带的设置应符合设计要求，浇筑前应清理干净。根据膨胀加强带的构造形式按规定顺序浇筑。浇筑后应立即用塑料薄膜覆盖。施工间歇混凝土表面已硬化部位，应先在其上铺设 50mm 厚的同配合比无骨架的膨胀水泥砂浆，再浇筑混凝土。

（3）水平构件应在终凝前采用机械或人工方式，对混凝土表面进行三次抹压，防止混凝土表面出现裂缝。

（4）补偿收缩混凝土浇筑完成后应及时潮湿养护不少于 14d。水平构件常温施工可采用塑料薄膜覆盖和铺湿麻袋、定时洒水养护。底板宜采用蓄水养护。墙体顶端可设多孔淋水管，达到脱模强度后，可松动对拉螺栓脱模，上部淋水进行保湿养护。冬期施工可采用塑料薄膜加岩棉被保温养护。也可通过试验采用保温养护、加热养护、蒸气养护或其他快速养护方式。

11. 施工缝、防水节点和施工缺陷的处理措施

（1）水平和竖向施工缝、穿墙管对穿螺栓等节点部位，应在迎水面进行混凝土自防水修补，开凿凹槽，冲洗干净刷界面剂，用膨胀水泥砂浆填实抹平湿润养护 14d，表面刷防水涂料。

（2）较大的蜂窝、孔洞等质量缺陷，应采用比结构混凝土高一个强度等级的补偿收缩混凝土进行修补。有防水要求的部位，表面采用膨胀水泥砂浆进行防水处理养护 14d。

（3）对非贯通性混凝土裂缝，可进行表面封堵或开凿凹槽，

采用刚性防水材料或膨胀水泥砂浆修补。对贯通性混凝土裂缝，应采用压力灌浆进行修补。

12. 补偿收缩混凝土的验收

原材料验收规定：

① 同一厂家、同一类型、同一编号且连续进场的膨胀剂，200t 为一批，每批抽样不少于一次，检查产品合格证、出厂检验报告和进场复试报告。

② 水泥、外加剂等原材料应按规范规定验收。

③ 补偿收缩混凝土的限制膨胀率的检验规定：

A. 按配合比设计要求，配合比试配应至少进行一组限制膨胀率试验。

B. 施工中同一配合比混凝土，应至少分两批次取样，每批次至少制作一组试件，进行限制膨胀率试验。各批次试验结果均应满足工程设计要求。

C. 多组试件的试验取平均值作为试验结果。

④ 当现场取样试件的限制膨胀率低于设计值，实际工程未发生贯通裂缝时，可通过验收。

当现场取样试件的限制膨胀率符合设计值，实际工程发生贯通裂缝时，应按规程由施工单位提出技术处理方案进行修补，处理后重新检查验收。

当现场取样试件的限制膨胀率低于设计值，实际工程发生贯通裂缝时，应组织专家进行专项评审处理，处理后重新检查验收。

3.10 钢　　筋

3.10.1　执行标准

1.《混凝土结构施工质量验收规范》GB 50204—2002

（2010 版）

2.《混凝土结构设计规范》GB 50010—2010

3.《建筑抗震设计规范》GB 50011—2010

4.《钢筋混凝土用钢　第 1 部分：热轧光圆钢筋》GB 1499.1—2008

5.《钢筋混凝土用余热处理钢筋》GB 13014—1991

6.《钢筋混凝土用钢　第 2 部分　热轧带肋钢筋》国家标准第 1 号修改单 GB 1499.2—2007/XG1—2009

7.《低碳钢热轧圆盘条》GB/T 701—2008

8.《碳素结构钢》GB/T 700—2006

9.《冷轧带肋钢筋》GB 13788—2008

10.《冷轧扭钢筋》JG 190—2006

11.《预应力混凝土用钢丝》GB/T 5223—2002

12.《中强度预应力混凝土用钢丝》YB/T 156—1999

13.《预应力混凝土用钢棒》YB/T 111—1997

14.《预应力混凝土用钢绞线》GB/T 5224—2003

15.《预应力混凝土用低合金钢丝》YB/T 038—1993

16.《一般用途低碳钢丝》YB/T 5294—2009

17.《冷拔钢丝预应力混凝土构件设计与施工规程》JGJ 19—2010

18.《冷轧带肋钢筋混凝土结构技术规程》JGJ 95—2003

19.《冷轧扭钢筋混凝土构件技术规程》JGJ 115—2006

20.《钢筋焊接网混凝土结构技术规程》JGJ 114—2003

21.《无粘结预应力混凝土结构技术规程》JGJ 92—2004

22.《混凝土中钢筋检测技术规程》JGJ/T 152—2008

3.10.2 钢筋进场材质检验

必须有出厂合格证书及检验报告单。

钢筋成捆有标牌，注明钢筋生产厂家、出厂日期、规格、数量。

进口钢筋还必须有化学成分试验报告，弄清进口国别及质量检验标准。

3.10.3 常用钢材必试项目、组批原则及取样数量

常用钢材的必试项目、组批原则及取样规定，见表3.10-1。

3.10.4 取样方法

拉伸和弯曲试样，可在每批材料或每盘中任选两根钢筋距端部500mm处截取。

试样长度应根据钢筋种类、规格及试验项目而定。一般习惯试样长度（mm）见表3.10-2。

3.10.5 检验要求

1. 外观质量检查：

① 尺寸测量：包括直径、不圆度、肋高等应符合偏差规定；

② 表面质量：不得有裂纹、结疤、折叠、凸块或凹陷；

③ 重量偏差：试样不少于10只，总长度不小于60m，长度逐根测量精确到10mm，试样总重量不大于100kg时，精确到0.5kg，试样总重量大于100kg时，精确到1kg。重量偏差应符合规定。

2. 检验要求：

《钢筋混凝土用钢 第1部分：热轧光圆钢筋》GB 1499.1—2008、《钢筋混凝土用钢 第2部分热轧带肋钢筋》国家标准第1号修改单 GB 1499.2—2007/XG1-2009、《钢筋混凝土用余热处理钢筋》GB 13014—91 的力学性能、工艺性能，见表3.10-3。

常用钢材试验规定

表 3.10-1

序号	材料名称及相关标准规范代号	试验项目	组批原则及取样规定
1	《碳素结构钢》 GB 700	必试:拉伸试验(屈服点、抗拉强度、伸长率)、弯曲试验	同一厂别、同一炉罐号、同一规格、同一交货状态、同一验收批,不足 60t 也按一批计。每一验收批取一组试件(拉伸、弯曲各一个)
2	《钢筋混凝土用钢 第 1 部分:热轧光圆钢筋》 GB 1499.1	必试:拉伸试验(屈服点、抗拉强度、伸长率)弯曲试验 其他:反向弯曲、化学成分	同一厂别、同一炉罐号、同一规格、同一交货状态每 60t 为一验收批,不足 60t 也按一批计。每一验收批,在任意选的两根钢筋上切取试件(拉伸、弯曲各二个)
3	《钢筋混凝土用余热处理钢筋》 GB 13014		
4			
5	《低碳钢热轧圆盘条》 GB/T 701	必试:拉伸试验(屈服点、抗拉强度、伸长率)弯曲试验 其他:化学成分	同一厂别、同一炉罐号、同一规格、同一交货状态每 60t 为一验收批,不足 60t 也按一批计。每一验收批其中取拉伸 1 个、弯曲 2 个(取自不同盘)
6	《冷轧带肋钢筋》 GB 13788	必试:拉伸试验(屈服点、抗拉强度、伸长率)、弯曲试验 其他:松弛率、化学成分	同一牌号、同一外型、同一生产工艺、同一交货状态每 60t为一验收批,不足 60t 也按一批计。每一验收批拉伸试件 1 个(逐盘)、弯曲试件 2 个(每批)、松弛试件 1 个(定期)。在每盘中的任意一端截去 500mm 后切取

续表

序号	材料名称及相关标准规范代号	试　验　项　目	组批原则及取样规定
7	《冷轧扭钢筋》JG 190	必试:拉伸试验(屈服点,抗拉强度,伸长率)弯曲试验重量,节距,厚度	同一牌号,同一规格尺寸,同一轧机,同一台班每10t为一验收批,不足10t也按一批计。每批取弯曲试件1个,拉伸试件2个,伸长试件2个,重量、节距、厚度各3个
8 ※	《预应力混凝土用钢丝》GB/T 5223	必试:抗拉强度,最大力下总伸长率,伸长应力,规定非比例 其他:断面收缩率,扭转次数,松弛率,断后伸长率,弯曲次数	钢丝应接批检查与验收,每批钢丝由同一牌号,同一规格,同一加工状态的钢丝组成,每批重量不大于60t。钢丝的检验规则应按GB/T 2103及GB/T 17505的规定执行。检验项目按GB/T 228的规定进行
9	《中强度预应力混凝土用钢丝》YB/T 156	必试:抗拉强度,伸长率,反复弯曲 其他:非比例极限($\sigma_{0.2}$)松弛率(每季度)	钢丝应成批验收,每批由同一牌号,同一规格,同一强度等级,同一生产工艺制度的钢丝组成。每批重量不大于60t。每盘钢丝的两端应进行抗拉强度,伸长率,反复弯曲的检验。规定非比例伸长率的($\sigma_{0.2}$)和松弛率试验,每季度抽检1次,每次不少于3根
10	《预应力混凝土用钢棒》GB/T 5223.3	必试:抗拉强度,伸长率,平直度 其他:规定非比例伸长应力,松弛率	钢棒应成批验收,每批由同一牌号,同一外形,同一公称截面尺寸,同一热处理制度加工的钢棒组成。不论交货状态是盘卷或直条,检验件均在端部取样,各试验项目取样件均为一根。必试验项目的批量划分按交货直径而定(盘卷:≤13mm,批量为≤5盘;≤13mm,批量为≤1000条,13mm~26mm,批量为≤200条,≥26mm,批量为≤100条)

续表

序号	材料名称及相关标准规范代号	试验项目	组批原则及取样规定
11	《预应力混凝土用钢绞线》GB/T 5224	必试：整根钢绞线的最大负荷、屈服负荷、伸长率、松弛率、尺寸测量 其他：弹性模量	预应力钢绞线应成批验收，每批由同一规格、同一牌号、同一生产工艺制度的钢绞线组成，每批重不大于60t从每批钢绞线中任取3盘，每盘所选的钢绞线端部正常部位截取一根进行表面质量、直径和力学性能试验。如每批少于3盘，则应逐盘进行上述检验。屈服和松弛试验每季度曲检一次，每次不少于一根
12	《预应力混凝土用低合金钢丝》YB/T 038	必试： (1)拔丝用盘条：抗拉强度、伸长率、冷弯 (2)钢丝：抗拉强度、伸长率、应力松弛、反复弯曲	拔丝用盘条见低碳热轧圆盘条。 钢丝：每批钢丝应由同一牌号、同一形状、同一尺寸、同一交货状态后的钢丝组成。从每批中抽查5%，但不少于5盘进行形状、尺寸和表面检查。从上述检查合格的钢丝中抽取5%，优质钢抽取10%，不少于3盘，拉伸试验每盘一个(任意端)；不少于5盘，反复弯曲试验每盘一个(任意端500mm后取样)
13	《一般用途低碳钢丝》YB/T 5294	必试：抗拉强度、180°弯试验次数、伸长率(标距100mm)	每批钢丝应由同一尺寸、同一锌层级别、同一交货状态的钢丝组成。从每批中抽查5%，但不少于5盘进行形状、尺寸和表面检查。从上述检查合格的钢丝中抽取10%，优质钢抽取5%，不少于3盘，拉伸、反复弯曲试验每盘各一个(任意端)

钢材试样长度（mm） 表 3.10-2

试样直径	拉伸试样长度	弯曲试样长度	反复试样长度
6.5～25	300～400	250	150～250
25～32	350～450	300	
32～50	500		

热轧钢筋的力学性能和工艺性能 表 3.10-3

强度等级	公称直径（mm）	力学性能			工艺性能	
		屈服点 $Re(\sigma_s)$、$\sigma_{p0.2}$）（MPa）	抗拉强度 $Rm(\sigma_b)$（MPa）	伸长率 $A_5(10)$（δ_5）（%）	弯芯直径（d）	弯曲角度（°）
HPB235（Q235）	8～20	235	370	25	$d=a$	180°
HRB335	6～25 28～50	335	490	16	$d=3a$ $d=4a$	180°
HRB400	6～25 28～50	400	570	14	$d=4a$ $d=5a$	180°
HRB500	6～25 28～50	500	630	12	$d=6a$ $d=7a$	180°
RRB400	8～25 28～40	440	600	14	$d=3a$ $d=4a$	90°

注：1. HPB235 级钢筋系指《钢筋混凝土用钢 第 1 部分：热轧光圆钢筋》GB 1499.1 中的 Q235 钢筋；

2. HRB335 级（20MnSi）、HRB400 级（20MnSiV、20MnSiNb、20MnTi）钢筋系指《钢筋混凝土用热轧带肋钢筋》GB/T 1499—1998 中的钢筋；

3. RRB 400 级（K20MnSi）钢筋系指《钢筋混凝土用余热处理钢筋》（GB 13014—91）中的 KL400 钢筋。

3. 低碳热轧圆盘条，见表 3.10-4。

4. 冷轧带肋钢筋，见表 3.10-5。

低碳热轧圆盘条的力学性能和工艺性能   表 3.10-4

牌号	公称直径 mm	力学性能			工艺性能	
		$Re(\sigma_s)$	$Rm(\sigma_b)$	$A_5(\delta_5)$	弯芯直径 d	弯曲角度
		不小于			受弯部位表面不得产生裂纹	
Q215	5.5～30	215	375	27	$D=0$	180°
Q235		235	410	23	0.5a	

冷轧带肋钢筋的力学性能和工艺性能   表 3.10-5

牌号	力学性能				工艺性能	
	$Rm(MPa)$ 不小于	$A_{10}(\sigma_{10})$ (%)	$A_{100}(\sigma_{100})$ (%)	反复弯曲次数	弯心直径 d	弯曲角度
		不小于			受弯部位表面不得产生裂纹	
CRB550	550	8.0	—	—	3d	180°
CRB650	650	—	4.0	3		
CRB800	800		4.0	3	—	180°
CRB970	970		4.0	3		
CRB1170	1170	—	4.0	3		180°

冷轧带肋钢筋混凝土结构技术规程规定：

(1) 强度级别 650 级及以上级别的钢筋的抗拉强度和伸长率应逐盘进行检验，从每盘任一端截去 500mm 后取一个拉伸试件，每批抽取二个试件做反复弯曲性能检验，如检验结果有一个试件不符合规定，应逐盘检验。检验结果如有试样不符合规定，则判该盘钢筋不合格。

(2) 成捆供应的 550 级钢筋的力学性能和工艺性能应按同一厂家、同一规格、同一材料来源、同一生产工艺轧制的钢筋组成不大于 10t 为一批，每批随机抽取抗拉和弯曲试样各一根。检查结果有一项指标不符合规定时，应从该批钢筋中取双倍试样进行复检。复检仍有一个试样不合格，则应判该批钢筋不合格。

5. 冷轧扭钢筋，见表 3.10-6。

冷轧扭钢筋的力学性能　　　　　表 3.10-6

钢筋级别	钢筋标志直径(mm)	轧扁厚度 t 不小于(mm)	节距 l_1 不大于(mm)	抗拉强度标准值(MPa)	抗拉强度设计值(MPa)	伸长率 δ_{10}(%)	弹性模量 E(N/mm²)	冷弯180°(弯心直径 3d)
Ⅰ型	6.5 8 10 12 14	3.7 4.2 5.3 6.2 8.0	75 95 110 150 170	≥580	360	≥4.5		受弯曲部位表面不得产生裂纹
Ⅱ型	12	8.0	145					

6. 预应力混凝土用钢丝，见表 3.10-7。

预应力混凝土用钢丝的力学性能　　　　　表 3.10-7

钢筋类别	钢筋直径(mm)	抗拉强度(N/mm²)不小于	屈服强度(N/mm²)不小于	伸长率(%)	弯曲次数		松弛		
					次数不小于	弯曲直径(mm)	初始应力相当于强度(%)	100h 重力损失(%)不大于	
								Ⅰ级松弛	Ⅱ级松弛
冷拉钢丝	3.0	1470 1570	1100 1180	2 2	4 4	7.5 7.5			
	4.0	1670	1255	3	4	10			
	5.0	1470 1570 1670	1100 1180 1255	3 3 3	5 5 5	15 15 15			
刻痕钢丝	5.0	1180 1470	1000 1255	4	4	15	70	8	2.5

7. 冷拉钢丝的力学性能见表 3.10-8。

8. 消除应力光圈及螺旋肋钢丝的力学性能见表 3.10-9。

冷拉钢丝的力学性能   表 3.10-8

公称直径 (d_n/mm)	抗拉强度 (σ_b/MPa) 不小于	规定非比例伸长应力 ($\sigma_{p0.2}$/MPa) 不小于	最大力下总伸长率(可用L_0=200mm代替)(δ_{gt}/%) 不小于	弯曲次数(次/180°) 不小于	变曲半径 (R/mm)	断面收缩率 (Ψ/%) 不小于	每210mm扭矩的扭转次数 (n) 不小于	初始应力相当于70%公称抗拉强度时,1000h后应力松弛率(r/%) 不大于
3.00	1470	1100		4	7.5	—		
4.00	1570	1180		4	10	35	8	
	1670	1250		4	15		8	
5.00	1770	1330	1.5					8
6.00	1470	1100		5	15		7	
7.00	1570	1180		5	20	30	6	
	1670	1250		5	20		5	
8.00	1770	1330						

消除应力光圆及螺旋肋钢丝的力学性能   表 3.10-9

公称直径 (d_n/mm)	抗拉强度 (σ_b/MPa) 不小于	规定非比例伸长应力 ($\sigma_{p0.2}$/MPa) 不小于		最大力下总伸长率(可用$L0$=200mm代替)(δ_{gt}/%) 不小于	弯曲次数(次/180°) 不小于	变曲半径 (R/mm)	应力松弛性能 初始应力相当于公称抗拉强度的百分数(%)	1000h后应力松弛率(r/%) 不大于	
		WLR	WNR					WLR	WNR
								对所有规格	
4.00	1.470	1.290	1.250		3	10			
	1.570	1.380	1.330						
4.80	1.670	1.470	1.410		4	15	60	1.0	4.5
5.00	1.770	1.560	1.500						
	1.860	1.640	1.580						
6.00	1.470	1.290	1.250		4	15			
6.25	1.570	1.380	1.330	3.5	4	20	70	2.0	8
	1.670	1.470	1.410		4	20			
7.00	1.770	1.560	1.500		4	20			
8.00	1.470	1.290	1.250		4	20			
9.00	1.570	1.380	1.330		4	25	80	4.5	12
10.0	1.470	1.290	1.250		4	25			
12.0					4	30			

消除应力的刻痕钢丝的力学性能　　　　表 3.10-10

公称直径 (d_n /mm)	抗拉强度 (σ_b/MPa) 不小于	规定非比例伸长应力 ($\sigma_{p0.2}$/MPa) 不小于		最大力下总伸长率(可用 $L_0=200$mm 代替)/(δ_{gt}/%) 不小于	弯曲次数/(次/180°) 不小于	变曲半径 (R /mm)	应力松弛性能		
		WLR	WNR				初始应力相当于公称抗拉强度的百分数(%)	1000h 后应力松弛率(r/%) 不大于	
								WLR	WNR
								对所有规格	
≤5.00	1.470	1.290	1.250	3.5	3	15	60	1.5	4.5
	1.570	1.380	1.330						
	1.670	1.470	1.410						
	1.770	1.560	1.500				70	2.5	8
	1.860	1.640	1.580						
>5.00	1.470	1.290	1.250			20	80	4.5	12
	1.570	1.380	1.330						
	1.670	1.470	1.410						
	1.770	1.560	1.500						

　　每一交货批钢丝的实际强度不应高于其公称强度级 200MPa。

　　9. 常用预应力钢胶线力学性能

　　《无粘结预应力混凝土结构技术规程》JGJ 92—2004 中，常用预应力钢胶线的主要力学性能，见表 3.10-11。

　　制作无粘结预应力筋的钢绞线或碳素钢丝：无粘结预应力筋外包层材料应采用高密度聚乙烯，严禁使用聚氯乙烯，涂料层应采用专用防腐油脂，两者性能均应符合规程的要求。

　　10.《混凝土结构设计规范》GB 50010—2010 列出的钢筋强度标准值见表 3.10-12、表 3.10-13。

3.10.6　检验结果及质量判定

　　试验用试样数量，取样规则及试验方法必须按标准规定。如果有某一项试验结果不符合标准要求，则在同一批中再取双倍数量的试样进行该不合格项目的复验。复验结果（包括该项试验所

常用预应力钢胶线的主要力学性能 表 3.10-11

公称直径 d_n	抗拉强度标准值 f_{ptk} (N/mm²)	抗拉强度设计值 f_{py} (N/mm²)	最大力总伸长率 ($l_0 \geqslant$ 500mm)	公称截面面积 A_{pk} (mm²)	理论重量 (g/m)	应力松弛性能	
						初始应力相当于抗拉强度标准值的百分数(%)	100h 后应力松弛率（%）
9.5	1720	1220		54.8	430		
	1860	1320					
	1960	1390					
12.7	1720	1220		98.7	775	对所有规格	对所有规格
	1860	1320					
	1960	1390					
15.2	1570	1110	$\geqslant 3.5$	140	1101	60	$\leqslant 1.0$
	1670	1180				70	$\leqslant 2.5$
	1720	1220					
	1860	1320				80	$\leqslant 4.5$
	1960	1390					
15.7	1770	1250		150	1178		
	1860	1320					

注：1. 可采用 ϕ15.2mm 或 ϕ17.8mm 大直径预应力钢绞线制成无粘结预应力筋。

2. 钢绞线的抗拉强度设计值是按现行国家标准《混凝土结构设计规范》GB 50010—2010 的规定，取钢绞线极限抗拉强度的 0.85 作为屈服强度。

普通钢筋强度标准值（N/mm²） 表 3.10-12

种 类		符号	d(mm)	f_{yK}
热轧钢筋	HPB235(Q235)	ϕ	8~20	235
	HRB335(20MnSi)		6~50	335
	HRB400(20MnSiV 20MnSiNb 20MnTi)		6~50	400
	RRB400(K20MnSi)		8~40	400

要求的任一指标），即使有一个指标不合格，则该批钢筋判定不合格。

预应力钢筋强度标准值（N/mm²）　　表 3.10-13

种类		符号	公称直径 d 或 D_g(mm)	f_{ptK}
钢绞线	1×3	Φ^s	8.6、10.8	1860、1720、1570
			12.9	1720、1570
	1×7		9.5、11.1、12.7	1860
			15.2	1860、1720
消除应力钢丝	光面螺旋肋	Φ^P Φ^H	4、5	1770 1670 1570
			6	1670 1570
			7、8、9(光面)	1570
	刻痕	Φ^I	5、7	1570
热处理钢筋	40Si₂Mn	Φ^{HT}	6	1470
	48Si₂Mn		8.2	
	45Si₂Cr		10	

3.10.7 混凝土结构实体中钢筋的检验

混凝土结构中钢筋的检测包括钢筋间距和保护层厚度的检测，钢筋直径检测和钢筋锈蚀性状检测。

3.10.7.1 钢筋间距和保护层厚度的检测

1. 钢筋检测采用电磁感应法用钢筋探测仪和雷达仪检测。根据钢筋设计资料确定检测区域，选择清洁、平整的检测面，并避开钢筋接头和绑丝及金属预埋件。

2. 当混凝土保护层厚度为 10～50mm 时，混凝土保护层厚度检测的允许误差为 ±1cm，钢筋间距检测的允许误差为 ±3mm。

3. 钢筋间距检测：钢筋间距应满足钢筋探测仪的检测要求。探头在检测面上移动，直到钢筋探测仪保护层厚度显示值最小，探头中心线与钢筋轴线重合，在相应位置作好标记。将检测范围内的设计间距相同的连续相邻钢筋逐一标出，量测钢筋间距。

4. **混凝土保护层厚度检测：钢筋探测仪和雷达扫描仪检测。**

(1) 钢筋探测仪检测混凝土保护层厚度和钢筋间距

① 首先应设定钢筋探测仪量程范围及钢筋公称直径，沿被测钢筋轴线选择相邻钢筋影响最小位置，避开钢筋接头和绑丝，在被检测的钢筋同一位置重复检测 2 次，读取 2 次混凝土保护层厚度检测值。2 次检测值相差不应大于 1mm，检测有效。

② 当实际混凝土保护层厚度小于钢筋探测仪最小示值时，应采用在探头下附加垫块的方法进行检测。其各方向厚度值偏差不大于 1mm 时，所加垫块在计算时扣除，得出混凝土保护层厚度的实测值。

③ 两次检测值相差大于 1mm，检测无效；当相邻钢筋对检测结果有影响、钢筋直径有异议、钢筋实际位置与根数与设计有较大偏差等，应查明原因，在该处选取不少于 30% 的已测钢筋（少于 6 处应全部选取），不少于 6 处，重新检测或钻孔剔凿验证。

(2) 雷达仪检测钢筋间距

雷达法宜用于结构及构件中钢筋间距的大面积扫描检测。根据被测结构及构件中钢筋的排列方向，雷达仪探头或天线应沿垂直于选定的被测钢筋轴线方向扫描，根据钢筋反射波位置来确定钢筋间距和混凝土保护层厚度检测值。

5. **钢筋保护层厚度检验的结构部位和构件数量，应符合下列要求**

(1) 钢筋保护层厚度检验的结构部位，应由监理（建设）、施工等各方根据结构构件的重要性共同选定；

(2) 对梁、板类构件，应各抽取不少于 3 个构件进行检验；当有悬挑构件时，尚应再抽取不少于 3 个构件进行检捡。

6. 对选定的梁，应对全部上部纵向受力钢筋的保护层厚度进行检验；对选定的板，应对不少于 3 根上部纵向受力钢筋的保护层厚度进行检验。对每根钢筋应在有代表性的部位测量 1 点。

7. 钢筋保护层厚度检验时，梁、板类构件上部纵向受力钢筋保护层厚度的允许偏差，对梁为＋10mm，－5mm，对板为＋7mm、－3mm。

8. 结构实体钢筋保护层厚度的合格质量，应符合下列规定：

(1) 当全部钢筋保护层厚度的检测结果的合格率为90%及以上，且不合格点最大偏差不大于规定允许偏差的1.5倍时，钢筋保护层厚度的检验结果应判为合格；

(2) 当全部钢筋保护层厚度的检测结果的合格率小于90%但不小于80%，且不合格点最大偏差不大于规定允许偏差的1.5倍时，可再抽取相同数量的构件进行检验；当按两次抽样总和计算的合格率为90%及以上，且第二次抽样检验不合格点最大偏差不大于规定允许偏差的1.5倍时，钢筋保护层厚度的检验结果仍应判为合格。

3.10.7.2 钢筋直径检测

1. 钢筋的公称直径检测应采用钢筋探测仪检测，与检测混凝土保护层厚度检测同时进行，并结合钻孔、剔凿的方法进行。钢筋钻孔、剔凿的数量不应少于该规格已测钢筋的30且不应少于3处，采用游标卡尺实测，量测精度应为0.1mm。

2. 当钢筋探测仪测得的钢筋公称直径与钢筋实际公称直径之差大于1mm时，应以实测结果为准。

3.10.7.3 钢筋锈蚀性状检测

1. 采用半电池电位法定世评估混凝土结构及构件中钢筋的锈蚀性状。不适用于带涂层的钢筋及混凝土已饱水和接近饱水的构件检测。

2. 钢筋半电池电位检测

(1) 在混凝土结构及构件上可布置若干测区，测区面积不宜大于5m×5m进行编号，每个测区采用矩阵式100mm×100mm～500mm×500mm划分网格的布置电位测点。

(2) 测位处混凝土表面应清洁、平整。测区有绝缘涂层介质隔离时应清除，必要时应采用砂轮或钢丝刷打磨。

(3) 用导线与钢筋及半电池连接

A. 根据检测钢筋的分布情况，在适当位置剔凿出钢筋接导线，导线另一端接电压仪负输入端，使测区内的钢筋形成电通路。

B. 导线一端连接电压仪正输入端，导线另一端连接半电池插头上。

C. 测区混凝土用水中加适量（2%）家用液态洗涤剂配制成导电溶液喷洒在混凝土表面充分浸湿，使半电池连接垫与混凝土表面测点形成良好耦合。

(4) 半电池检测系统稳定性要求

A. 在同一测点，用相同半电池重复 2 次检测得该点电位差值应小于 10mV；

B. 在同一测点，用两只不同的半电池重复 2 次检测得该点电位差值应小于 20mV。

(5) 半电池电位的检测步骤

A. 测量记录环境温度；

B. 按测区编号，将半电池依次放在各电位测点上，检测记录各测点电位值；

C. 检测时应及时清除电连接垫表面的吸附物，半电池多孔塞与混凝土表面形成电通路；

D. 在水平和垂直方向上检测时，应保证半电池刚性管中的饱和硫酸铜溶液同时与多孔塞和铜棒保持完全接触；

E. 检测时应避免外界各种因素产生电流影响。

(6) 当检测环境温度在（22±5）℃之外时，应按公式对测点的电位值进行温度修正。

3. 半电池电位法检测结果评判

(1) 按合适比例在结构及构件图上标出各测点的半电池电位值，通过数值相等的各点或内插等值的各点绘出电位等值线。电位等值线的最大间隔宜为 100mV。

(2) 按表 3.10-14 判断半电池电位值评价钢筋锈蚀性状。

半电池电位值评价钢筋锈蚀性状的判定依据　　表 3.10-14

电位水平(mV)	钢筋锈蚀性状
>-200	不发生锈蚀的概率>90%
$-200\sim-350$	锈蚀性状不确定
<-350	发生锈蚀的概率>90%

4. 钢筋的实际锈蚀状况宜进行剔凿实测验证。

3.11　钢筋焊接件

3.11.1　执行标准

《钢筋焊接及验收规程》JGJ 18—2003

规程规定：从事钢筋焊接施工的焊工，必须持有焊工考试合格证才能上岗操作。

3.11.2　焊接材料的性能

凡施焊的各种钢筋、型钢、钢板，均应有钢材合格证，材质保证书和进场复试报告，焊条、焊剂应有合格证。其他施焊的各种材料也应符合其质量规定。

1. 焊接的钢筋性能必须符合国家标准的规定：

（1）《钢筋混凝土用热轧带肋钢筋》GB 1499.2—2007/×G1—2009

（2）《钢筋混凝土用热轧光圆钢筋》GB 1499.1—2008

（3）《钢筋混凝土用余热处理钢筋》GB 13014—1991

（4）《普通低碳热轧圆盘条》GB/T 701—2008

（5）《冷轧带肋钢筋》JG 190—2006

2. 焊接的钢板和型钢：预埋件接头、熔槽帮接头和坡口焊接头中的钢板和型钢，宜采用低碳钢或低合金钢，其力学性能和化学成分应分别符合国家标准《碳素结构钢》GB/T 700—2006

或《低合金高强度结构钢》GB/T 1591—2008 的规定。

3. 电弧焊焊条：其性能应符合国家标准《碳素钢焊条》GB/T 5117 或《低合金钢焊条》GB/T 5118 的规定，见表 3.11-1。

钢筋电弧焊焊条型号　　　　　表 3.11-1

钢筋级别	电弧焊接头型式			
	帮条焊 搭接焊	坡口焊 熔槽帮条焊 预埋件穿孔塞焊	窄间隙焊	钢筋与钢板搭接焊 预埋件 T 形角焊
HPB235	E4303	E4303	E4316　E4315	E4303
HRB335	E4303	E5003	E5016　E5015	E4303
HRB400	E5503	E5003	E6016　E6015	E5003
RRB400	E5503	E5503		

采用低氢型碱性焊条时，应按使用说明书的要求烘焙，且宜放入保温筒内保温使用，酸性焊条若受潮，使用前也应烘焙后才能使用。

4. 电渣压力焊和埋弧压力焊中，可采用 HJ431 焊剂。焊剂应存放在干燥库房内。受潮时，使用前应经 250～300℃烘焙 2h。

5. 凡施焊的各种钢筋、钢板均应有质量证明书；焊条、焊剂应有产品合格证。钢筋进场时，应按规定抽取试件做力学性能试验，其质量必须符合有关标准规定。

6. 各种焊接材料应分类存放、妥善管理；应采取防止锈蚀、受潮变质的措施。

7. 氧气的质量应符合现行国家标准《工业用氧》GB/T 3863 的规定，其纯度应大于或等于 99.5%（优等品或一等品）。

8. 乙炔的质量应符合现行国家标准《溶解乙炔》GB 6819 的规定，其纯度应大于或等于 98.0%，磷化氢、硫化氢含量使用 10%硝酸银试纸不变色。

9. 液化石油气的质量应符合现行国家标准《液化石油气》GB 11174 或《油气田液化石油气》GB 9052.1 的各项规定。

3.11.3 钢筋焊接方法的适用范围

1. 钢筋焊接时，各种焊接方法的适用范围应符合表 3.11-2 规定。

钢筋焊接方法的适用范围　　　　表 3.11-2

焊接方法		接头型式	适用范围	
			钢筋牌号	钢筋直径（mm）
电阻点焊			HPB235	8～16
			HRB335、HRB400	6～16
			CRB550	4～12
闪光对焊			HPB235	8～20
			HRB335、HRB400	6～40
			RRB400	10～32
			HRB500	10～40
			Q235	6～14
电弧焊	帮条焊	双面焊	HPB235	10～20
			HRB335、HRB400	10～40
			RRB400	10～25
		单面焊	HPB235	10～20
			HRB335、HRB400	10～40
			RRB400	10～25
	搭接焊	双面焊	HPB235	10～20
			HRB335、HRB400	10～40
			RRB400	10～25
		单面焊	HPB235	10～20
			HRB335、HRB400	10～40
			RRB400	10～25
	熔槽帮条焊		HPB235	20
			HRB335、HRB400	20～40
				20～40
			RRB400	20～25

续表

焊接方法			接头型式	适用范围	
				钢筋牌号	钢筋直径 (mm)
电弧焊	坡口焊	平焊		HPB235 HRB335、HRB400 RRB400	18～20 18～40 18～25
		立焊		HPB235 HRB335、HRB400 RRB400	18～20 18～40 18～25
	钢筋与钢板搭接焊			HPB235 HRB335 HRB400	8～20 8～40 8～25
	窄间隙焊			HPB235 HRB335 HRB400	16～20 16～40 16～40
	预埋件电弧焊	角焊		HPB235 HRB335 HRB400	8～20 20～25 20～25
		穿孔塞焊		HPB235 HRB335 HRB400	20 20～25 20～25
电渣压力焊				HPB235 HRB335、HRB400	14～20 14～32
气压焊				HPB235 HRB335、HRB400	14～20 14～40
预埋件钢筋埋弧压力焊				HPB235 HRB335、HRB400	8～20 6～25

注：1. 电阻点焊时，适用范围钢筋直径系指2根不同直径钢筋交叉叠接中较小者；
2. 当设计规定对冷拔低碳钢丝焊接网进行点焊，或对原 RL540 钢筋（级）进行闪光对焊时，可按规程有关条款的规定实施；
3. 钢筋闪光对焊含封闭式箍筋闪光对焊。

2. 电渣压力焊适用于柱、墙、构筑物等现浇混凝土结构中竖向受力钢筋的连接；不得在竖向焊接后横置于梁、板等构件中作水平钢筋用。

3. 在工程开工正式焊接之前，参与施焊的焊工应进行现场焊接工艺试验，试验结果应符合质量检验与验收的要求，才能投入施工。

4. 钢筋焊接施工前的准备：

（1）应清除钢筋、钢板焊接部位以及与电极接触对表面上的锈斑、油污、杂物等；钢筋端部当有弯折、扭曲时，应予以矫直后切除；

（2）带肋钢筋进行闪光对焊、电弧焊、电渣压力焊和气压焊时，宜将纵肋对纵肋安放和焊接；

（3）焊条或焊剂使用前，如受潮，或应按使用说明书的要求烘焙。

5. 雨天、雪天不宜在现场进行施焊；必须施焊时，应采取有效遮蔽措施。大风天，闪光对焊、电弧焊及气压焊，应采取挡风措施。

6. 焊接时应随时观察电源电压的波动情况，当电源电压下降大于或等于8%时，不得进行焊接。

7. 环境温度低于−5℃条件下施焊时，焊接工艺应符合下列要求

（1）闪光对焊时，宜采用预热闪光焊或闪光-预热闪光焊；可增加调伸长度，采取较低变压器级数，增加预热次数和间歇时间。

（2）电弧焊时，宜增大焊接电流，减低焊接速度。电弧帮条焊或搭接焊时，第一层焊缝应从中间引弧，从两端施焊；以后各层温控施焊，层间温度控制在 150～350℃ 之间。多层施焊时，可采用回火焊道施焊。

（3）环境温度低于−20℃时，不宜进行各种焊接。

3.11.4 必试项目

各种焊接的必试项目，见表 3.11-3。

必试项目　　　　　　　　　表 3.11-3

焊接种类		必试项目
点焊	焊接骨架、焊接网	抗拉试验、抗剪试验
闪光对焊		抗拉试验、弯曲试验
电弧焊		抗拉试验
电渣压力焊		抗拉试验
气压焊		抗拉试验、梁、板另加弯曲试验
预埋件钢筋 T 型接头		抗拉试验

3.11.5　试样尺寸

1. 钢筋焊接接头拉伸试样尺寸，见表 3.11-4。

钢筋焊接接头拉伸试样尺寸　　　　表 3.11-4

焊接方法		接头型式	试样尺寸(mm)	
			L_s	$L \geqslant$
电阻点焊			300	$L_s + 2L_j$
闪光对焊			$8d$	$L_s + 2L_j$
电弧焊	双面帮条焊		$8d + L_h$	$L_s + 2L_j$
	单面帮条焊		$5d + L_h$	$L_s + 2L_j$
	双面搭接焊		$8d + L_h$	$L_s + 2L_j$
	单面搭接焊		$5d + L_h$	$L_s + 2L_j$
	熔槽帮条焊		$8d + L_h$	$L_s + 2L_j$
	坡口焊		$8d$	$L_s + 2L_j$
	窄间隙焊		$8d$	$L_s + 2L_j$
电渣压力焊			$8d$	$L_s + 2L_j$
气压焊			$8d$	$L_s + 2L_j$
预埋件电弧焊			200	
预埋件埋弧压力焊				

注：L_s—受试长度；L_h—焊缝（或镦粗）长度；L_j—夹持长度（100～200mm）；
　　L—试样长度；d—钢筋直径。

2. 钢筋焊接接头弯曲试验试件试样长度,见表 3.11-5。

钢筋焊接接头弯曲试验试件试样长度 表 3.11-5

钢筋公称直径 (mm)	钢筋级别	弯心直径 (mm) D	支辊内侧距 $(D+2.5d)$ (mm)	试样长度 L (mm)
12	HPB235	$2d=24$	54	200
	HRB335	$4d=48$	78	230
	HRB400	$5d=60$	90	240
	RRB400			
	HRB500	$7d=84$	114	260
14	HPB235	$2d=28$	63	210
	HRB335	$4d=56$	91	240
	HRB400	$5d=70$	105	250
	RRB400			
	HRB500	$7d=98$	133	280
16	HPB235	$2d=32$	72	220
	HRB335	$4d=64$	104	250
	HRB400	$5d=80$	120	270
	RRB400			
	HRB500	$7d=112$	152	300
18	HPB235	$2d=36$	81	230
	HRB335	$4d=72$	117	270
	HRB400	$5d=90$	135	280
	RRB400			
	HRB500	$7d=126$	171	320
20	HPB235	$2d=40$	90	240
	HRB335	$4d=80$	130	280
	HRB400	$5d=100$	150	300
	RRB400			
	HRB500	$7d=140$	190	340
22	HPB235	$2d=44$	99	250
	HRB335	$4d=88$	143	290
	HRB400	$5d=110$	165	310
	RRB400			
	HRB500	$7d=154$	209	360

3.11.6 钢筋电阻点焊

混凝土结构中的钢筋焊接电阻点焊包括钢筋焊接骨架和钢筋焊接网。

钢筋焊接骨架和钢筋焊接网可由 HPB235、HRB335、HRB400、CRR550 钢筋制成。当两根钢筋直径不同时，焊接骨架较小钢筋直径小于或等于 10mm 时，大、小钢筋直径之比，不宜大于 3；当较小钢筋直径为 12～16mm 时，大、小钢筋直径之比，不宜大于 2；焊接网较小钢筋直径不得小于较大钢筋直径的 0.6 倍。

1. 抽取试件的规定：

（1）凡钢筋级别、直径及尺寸相同的焊接骨架和焊接网应视为同一类型制品，且每 300 件作为一批，一批内不足 300 件的亦应按一批计算；

（2）外观检查应按同一类型制品分批检查，每批抽查 5%，且不得少于 5 件；

（3）力学性能试验：试件应从每批成品中切取。

当焊接骨架所切取试件的尺寸小于规定的试件尺寸，或受力钢筋直径大于 8mm 时，可在生产过程中制作模拟焊接试验网片中切取试件：抗剪试件纵筋长度应大于或等于 290mm（以横筋分为一边为≥250mm，另一边为≥40mm），横筋长度应大于或等于 50mm（以竖筋两边各≥25mm）；拉伸试件纵筋长度应≥300mm；

（4）由几种钢筋直径组合的焊接骨架或焊接网，应对每种组合的焊点作力学性能试验；

（5）热轧钢筋的焊点应做剪切试验，试件为 3 件；焊接网剪切试件应沿同一横向钢筋随机切取；切取剪切试件时，应使制品中的纵向钢筋成为试件的受拉钢筋。冷轧带肋钢筋焊点除作剪切试验外，尚应对纵向和横向冷轧带肋钢筋做拉伸试验，试件应各为 1 件；

(6) 切取过试件的制品，应补焊同牌号、同直径的钢筋，其每边的搭接长度不应小于 2 个孔格的长度。

2. 焊接骨架和焊接网的外观质量检查

(1) 焊接骨架

① 应对焊点融化，压入较小钢筋的深度（应为较小钢筋直径的 18%～25%）进行检查，每件制品的焊点脱落、漏焊数量不得超过焊点总数的 4%，且相邻两焊点不得漏焊及脱落；

② 量测焊接骨架的长度和宽度，并抽查纵、横方向 3～5 个网格尺寸，其允许偏差应符合表 3.11-6 的规定。当外观检查结果不符合要求时，应逐件检查，并剔出不合格品进行整修再交二次验收。

焊接骨架的允许偏差应见表 3.11-6。

焊接骨架的允许偏差 表 3.11-6

项　　目		允许偏差 (mm)
焊接骨架	长度	±10
	宽度	±5
	高度	±5
骨架箍筋间距		±10
受力主筋	间距	±15
	排距	±5

(2) 焊接网：焊接网应进行外形尺寸和外观质量检查，检查结果应符合表 3.11-7 的要求

外形尺寸检查和外观质量检查 表 3.11-7

焊接网的长度、宽度及网格尺寸	允许误差　±10mm
网片两对角线之差	不得大于　10mm
焊接网交叉点开焊数	不得大于网片钢筋交叉点总数的 1%
任一根钢筋上开焊点数	不得大于网片钢筋交叉点总数的 1/2
焊接网最外边钢筋上的交叉点钢筋	不得开焊
外观质量	不得有裂纹、折叠、结疤、凹坑、油污及影响使用的缺陷

(3) 焊接骨架和焊接网的力学性能试验及质量判定。

3. 力学性能试验，见表3.11-8。

焊接骨架和焊接网的力学性能试验　　表 3.11-8

	钢筋级别	试件尺寸	试件数量	试验结果
拉伸试验	CRR550	大于或等于 300mm	纵向钢筋1个 横向钢筋1个	不得小于该级别钢筋抗拉强度 550N/mm²
抗剪试验	HPB235 HRB335 HRB400 CRB550	纵筋长度应大于或等于 290mm，横筋长度应大于或等于 50mm；沿同一横向钢筋随机切取，其受拉钢筋为纵向钢筋。对于2根钢筋非受拉钢筋应在焊点外切断，且不应损伤受拉钢筋焊点	3个试件	3个试件抗剪力的平均值应符合 $F \geqslant 0.3 \times A_0 \times \sigma$ 式中： F—抗剪力(N)； A_0—较大钢筋截面面积； σ——该级别钢筋(丝)的屈服强度(MPa)

注：冷轧带肋钢筋的屈服强度按 440N/mm² 计算。

4. 质量判定：冷轧带肋钢筋试件拉伸试验，其抗拉强度不得小于 550N/mm²。

当拉伸试验不合格时，应再切取双倍数量试件进行复检；复检结果均合格时，应评定该批焊接制品焊点拉伸试验合格。

当剪切试验结果不合格时，应从该批制品中再切取6个试件进行复验；当全部试件平均值达到要求时，应评定该批焊接制品焊点剪切试验合格。

3.11.7　钢筋闪光对焊

1. 试件取样规定

(1) 在同一台班内，由同一焊工完成的 300 个同牌号、同直径钢筋焊接接头为一批。当同一台班内焊接接头较少，可在一周内累计，仍不足 300 个接头，应按一批计算；

（2）力学性能检验时，应从每批接头中随机切取 6 个接头，其中 3 个做拉伸试验，3 个做弯曲试验；

（3）焊接等长的预应力钢筋（包括螺丝端杆与钢筋）时，可按生产时同等条件制作模拟试件；螺丝端杆接头可只做拉伸试验；

（4）封闭环式箍筋闪光对焊接头，以 600 个同牌号、同规格的接头作为一批，只做拉伸试验。

2. 质量检验：应分别进行外观检查和拉伸、弯曲两项力学性能

（1）外观检查要求：

① 接头处不得有横向裂纹；

② 与电极接触处钢筋表面不得有明显烧伤；

③ 接头处弯折角不得大于 3°；

④ 轴线偏差不得大于钢筋直径的 0.1 倍，且不大于 2mm。有一个接头不符合要求时，应全数检查，不合格接头重焊。

（2）拉伸试验及质量判定

① 钢筋闪光对焊的拉伸试验，见表 3.11-9。

钢筋闪光对焊的拉伸试验　　表 3.11-9

钢筋牌号	试件数量	试件制作条件	试验结果	断裂状况
HPB235、Q235 HRB335 HRB400 RRB400 HRB500	3 个试件		3 个试件均不得小于该级别抗拉强度	应至少有 2 个试件断于焊逢之外，并呈延性断裂
预应力钢筋螺丝端杆与钢筋接头	3 个试件	焊接等长的预应力钢筋时，可按生产同条件制作模拟试验		应全部断于焊缝之外，呈延性断裂

② 质量判定：

A. 焊接接头，若有一个试件抗拉强度不足或 2 个试件在焊

缝或热影响区发生脆断时，应取 6 个试件试验，仍有一个试件抗拉强度不足或 3 个试件于焊缝处脆断，应确认该批接头不合格。

B. 预应力钢筋与螺丝端杆对焊接头模拟试件，当模拟试件试验结果不符合要求时，应进行复验。复验应从现场焊接接头中切取，其数量和要求与初始试验相同。

（3）弯曲试验及质量判定：试件数量 3 个，可在万能试验机、手动或电动液压弯曲试验器上进行。弯曲试验弯曲 90°，试验结果至少有 2 个试件不得发生破裂，应评定该批接头弯曲试验合格。

当有 2 个试件发生断裂，应进行复验。应再取 6 个试件复试，当仍有试件发生破断，应确认该批接头不合格。

3.11.8 钢筋电弧焊

1. 钢筋电弧焊接头型式分

帮条焊、搭接焊、坡口焊、窄间隙焊和熔槽帮条焊五种。

2. 帮条焊和搭接焊

技术参数，见表 3.11-10。

帮条焊和搭接焊技术参数 （mm）   表 3.11-10

钢筋级别	焊缝型式	帮条或搭接焊缝长度 l(mm)	焊缝厚度 s	焊缝宽度 b
HPB235	单面焊	≥8d	不小于主筋 0.3d	不小于主筋 0.8d
	双面焊	≥4d		
HRB335 HRB400 RRB400	单面焊	≥10d		
	双面焊	≥5d		

注：① 帮条焊时，帮条级别或直径与主筋的级别或直径，可相同和低一个级别或小一个规格；
　　② 搭接焊时，焊接端钢筋应预弯，应使两钢筋的轴线在同一直线上。

3. 熔槽帮条焊

用于直径 20mm 及以上钢筋的现场焊接，焊接时应加角钢作垫板模。角钢边长宜为 40～60mm，长度 80～100mm，两钢筋端面间隙为 10~16mm，焊缝余高不得大于 3mm。

4. 窄间隙焊接头

宜用于直径 16mm 及以上钢筋的现场水平连接。焊接时钢筋应置于铜模中，用焊条连续焊接。焊缝余高不得大于 3mm，且应平缓过渡至钢筋表面。

应选用低氢型碱性焊条，其型号应符合规定。

5. 预埋件钢筋 T 形电弧焊接头：

分角焊和穿孔塞焊两种。其焊接要求见表 3.11-11。

焊接用材和焊缝要求　　　表 3.11-11

材　料		钢板长度	规　格	角焊缝脚
钢板厚度		≥60mm	≮6.0d，≮6mm	
钢筋级别	HPB235	≥200mm	受力锚固筋　d≮8mm	≮0.5d
	HRB335 HRB400		构造锚固筋　d≮6mm	≮0.6d

6. 钢筋与钢板搭接焊

焊接要求见表 3.11-12。

搭接焊焊缝要求　　　表 3.11-12

钢筋级别	搭接长度	焊缝宽度	焊缝厚度
HPB235	≮4d	≮0.6d	≮0.35d
HRB335、HRB400	≮5d		

7. 坡口焊：

(1) 坡口面应平顺，切口边缘不得有裂纹、钝边或缺棱；

(2) 坡口角度：平焊 55°~65°，间隙 4~6mm；立焊 35°~55°，间隙 3mm。

(3) 钢垫板厚度宜为 4~6mm，长度宜 40~60mm。

垫板宽度 b：坡口平焊：$b = d + 10$mm；

坡口立焊：$b = d$。

(4) 焊缝宽度应大于 V 型坡口的边缘 2~3mm，焊缝余高不得大于 3mm，并平缓过渡至钢筋表面；

（5）钢筋与钢垫板之间，应加焊二、三层侧面焊缝；

（6）当发现接头中有弧坑、气孔及咬边等缺陷时，应立即补焊。

8. 质量检验

应分批进行外观检查和力学性能检验。

（1）检验批：

① 在现浇混凝土结构中，应以 300 个同牌号钢筋、同型式接头作为一批；在房屋结构中，应在不超过二楼层中 300 个同牌号钢筋、同型式接头作为一批。每批随机切取 3 个接头，做拉伸试验。

② 在装配式结构中，可按生产条件制作模拟试件，每批 3 个做拉伸试验。

③ 钢筋与钢板电弧搭接焊接头可只进行外观检查。

注：在同一批中若有几种直径不同的钢筋焊接接头，应在最大直径钢筋接头中切取 3 个试件。

（2）外观检查：

① 焊缝应平整、光滑、平缓。无凹陷、焊瘤、裂纹。

② 咬边、气孔，夹渣等缺陷及偏差应符合表 3.11-13 的规定。

焊缝外观检查要求　　　　　　表 3.11-13

名　　称	单位	接头型式		
		帮条焊	搭接焊钢筋与钢板搭接焊	坡口焊窄间隙焊熔槽帮条焊
帮条沿接头中心线的纵向偏移	mm	0.3d	—	—
接头处弯折角	°	3	3	3
接头处钢筋轴线的偏移	mm	0.1d	0.1d	0.1d
焊缝厚度	mm	+0.05d 0	+0.05d 0	—

续表

名 称		单位	接 头 型 式		
			帮条焊	搭接焊钢筋与钢板搭接焊	坡口焊窄间隙焊熔槽帮条焊
焊缝宽度		mm	+0.10d 0	+0.10d 0	—
焊缝长度		mm	−0.3d	−0.3d	—
横向咬边深度		mm	0.5	0.5	0.5
在长 2d 焊缝表面上的气孔及夹渣	数量	个	2	2	—
	面积	mm²	6	6	—
在全部焊缝表面上的气孔及夹渣	数量	个	—	—	2
	面积	mm²	—	—	6

注：d 为钢筋直径（mm）。

（3）拉伸试验结果要求及质量判定：

① 3 个钢筋接头试件的抗拉强度均不得小于该级别钢筋规定的抗拉强度。

② 3 个接头试件均应断于焊缝之外，至少有 2 个是延性断裂，当有 1 个试件的抗拉强度小于规定值或 1 个试件断于焊缝或 2 个试件脆断，应进行复验。

复验应从现场焊接接头中切取，其数量和要求与初始试验时相同。

3.11.9 电渣压力焊

电渣压力焊用于现浇钢筋混凝土结构中竖向或斜向钢筋接头，严禁用于水平接头。

1. 电渣压力焊工艺要求

（1）焊接夹具应具有足够刚度，夹具的上下钳口应夹紧上、下钢筋上，不得晃动；

（2）电渣压力焊焊机容量应根据所焊钢筋直径选定，设备配置齐全。引弧可采用直接引弧法，或铁丝圈（焊条芯）引弧法；

（3）引燃电弧后，应先进行电弧过程，然后，加快上钢筋下送速度，使钢筋端面与液态渣池接触，转变为电渣过程，最后在断电的同时迅速下压上钢筋，挤出熔化金属和熔渣；

（4）电渣压力焊焊接参数，包括焊接电流、电压和通电时间，采用 HJ431 焊剂时，见表 3.11-14 的规定。采用专用焊剂或自动电渣压力焊时，应根据焊剂或焊机使用说明书推荐数据，通过试验确定。

不同直径钢筋焊接时，上下钢筋轴线应在同一直线上；

（5）在焊接生产中焊工应进行自检，当发现偏心、弯折、烧伤等焊接缺陷时，应查找原因和采取措施及时消除。

电渣压力焊焊接参数　　　　表 3.11-14

钢筋直径 d(mm)	焊接电流 (A)	焊接电压（V）		焊接通电时间(s)	
		电弧过程 $U_{2.1}$	电弧过程 $U_{2.2}$	电弧过程 t_1	电弧过程 t_2
14	200～220			12	3
16	200～250			14	4
18	250～300			15	5
20	300～350	35～45	18～22	17	5
22	350～400			18	6
25	400～450			21	6
28	500～550			24	6
32	600～650			27	7

2. 试件抽取规定

在现浇混凝土结构中，应以 300 个同牌号钢筋接头作为一批；在房屋结构中，应在不超过二楼层中 300 个同牌号钢筋接头作为一批。每批随机切取 3 个接头做拉伸试验。

注：在同一批中若有几种直径不同的钢筋焊接接头，应在最大直径钢筋接头中切取 3 个试件。

3. 外观检查要求

（1）敲去渣壳，四周焊包应均匀，凸出钢筋表面的高度不得小于 4mm；

（2）钢筋与电极接触处，应无烧伤等缺陷；

（3）弯折角不得大于 3°；

（4）偏心不得大于 $0.1d$，且不大于 2mm。

4. 拉伸试验结果及质量判定

① 3 个钢筋接头试件的抗拉强度均不得小于该牌号钢筋规定的抗拉强度；

② 3 个接头试件均应断于焊缝之外，至少有 2 个是延性断裂，当有 1 个试件的抗拉强度小于规定值或 1 个试件断于焊缝或 2 个试件脆断，应进行复验。

复验应从现场焊接接头中切取，其数量和要求与初始试验时相同。

3.11.10 钢筋气压焊

1. 气压焊可用于钢筋在垂直、水平或倾斜位置的对接焊接。不同直径钢筋焊接，直径之差不得大于 7mm。

2. 气压焊按加热温度和工艺分为熔态和固态气压焊两种，优先采用熔态气压焊。

3. 气压焊设备要求

（1）供气装置应包括氧气瓶、溶解乙炔气瓶或液化石油气瓶、干式回火防止器、减压器及胶管等，应执行国家有关安全规定。

（2）焊接夹具应能夹紧钢筋，不得产生滑移；安装定位应保持刚度；动夹头与定夹头应保持同心；动夹头的位移应大于或等于最大直径钢筋焊接时所需压缩长度。

4. 采用固态气压焊的焊接工艺要求

（1）焊前钢筋端面应切平、打磨出光泽，钢筋应安装夹牢预压顶紧，端面局部间隙不得大于 3mm；

（2）气压焊加热开始，钢筋端面密合前采用碳化焰集中加热，端面密合后可采用中性焰宽幅加热，焊接全过程不得使用氧化焰；

（3）钢筋施加的顶压力应为 $30 \sim 40 N/mm^2$。

5. 采用熔态气压焊的焊接工艺要求：

（1）安装前，两钢筋端面应预留 $3 \sim 5mm$ 间隙；

（2）开始使用中性焰加热，待钢筋端头至熔化状态，端部呈凸状时，即加压挤出熔化金属，密合牢固；

（3）熔态气压焊使用氧液化石油气火焰，应适当增大氧气量。

6. 气压焊接头质量应进行外观检查，拉伸和弯曲两项力学性能试验。

7. 试件抽取规定

在现浇混凝土结构中，应以 300 个同牌号钢筋接头作为一批；在房屋结构中，应在不超过二楼层中 300 个同牌号钢筋接头作为一批。

在柱、墙的竖向钢筋连接中，应从每批接头中随机切取 3 个接头做拉伸试验。在梁、板的水平钢筋连接中，应另取 3 个接头做弯曲试验。

8. 外观检查要求，应逐个检查

（1）偏心距不得大于 $0.15d$，且不得大于 4mm。当不同直径钢筋焊接时，应按较小钢筋直径计算；当大于上述规定值，但在钢筋直径的 0.30 倍以下时，可加热矫正；当大于 0.30 倍时，应切除重焊；

（2）弯折角不得大于 $3°$；当大于规定值时，应重新加热矫正；

（3）镦粗直径不得小于 $1.4d$，当小于规定值时，应重新加热镦粗；

（4）镦粗长度 L_c 不得小于 $1.0d$，且凸起部分平缓圆滑。当小于规定值时，应重新加热镦长。

9. 拉伸试验结果质量判定

（1）3 个钢筋接头试件的抗拉强度均不得小于该牌号钢筋规定的抗拉强度；

（2）3 个接头试件均应断于焊缝之外，至少有 2 个是延性断裂，当有 1 个试件的抗拉强度小于规定值或 1 个试件断于焊缝或 2 个试件脆断，应进行复验。

复验应从现场焊接接头中切取，其数量和要求与初始试验时相同。

10. 弯曲试验结果质量判定：试件数量：3 个。可在万能试验机、手动或电动液压弯曲试验器上进行。压焊面应处在弯曲中心点，弯曲 90°，3 个试件均不得在压焊面上破断。弯心直径，见表 3.11-15。

气压焊接头弯曲试验弯心直径 　　　　表 3. 11-15

钢筋牌号	弯心直径（$d \leqslant 25$mm）	弯心直径（$d > 25$mm）
HPB235	$2d$	$3d$
HRB335	$4d$	$5d$
HRB400、RRB400、HRB500	$5d$	$6d$

试验结果：当有 1 个试件发生断裂，应再切取 6 个试件复试，仍有 1 个试件不符合要求，确认该批接头为不合格。

3. 11. 11　预埋件钢筋埋弧压力焊

1. 埋弧压力焊设备要求

（1）引弧焊变压器作为电源应根据钢筋直径大小选用 500 型或 1000 型；

（2）焊接机构应操作方便灵活，装有电流表、电压表及高频引弧装置，焊接地线采用对称接地法；控制系统灵敏准确，配备时间继电器及显示装置。

2. 埋弧压力焊工艺要求

（1）经试验设定引弧提升高度、电弧电压、焊接电流及通电时间等焊接参数；

（2）钢板应放平与铜板电极紧密接触；

（3）夹钳应夹牢锚固钢筋，放好挡圈，注满焊剂；

（4）接通焊接电源和高频引弧装置，立即上提钢筋引燃电弧，电弧稳定燃烧，再逐渐下送，迅速顶压，操作紧密配合；

（5）敲去渣壳，四周焊包凸出钢筋高度不得小于 4mm；

（6）焊接生产焊工应自检，发现焊接缺陷时，应查找原因和采取措施及时消除。

3. 预埋件钢筋 T 形接头应作外观检查和力学性能拉伸试验。

（1）外观检查

应从同一台班内完成的同一类型预埋件中抽查 5%，且不得少于 10 件。检查结果应符合下列要求：

① 预埋件钢筋手工电弧焊接头

A 角焊缝焊脚（k）应符合规程规定；

B 焊缝表面不得有肉眼可见的裂纹；

C 钢筋咬边深度不得超过 0.5mm；

D 钢筋相对钢板的直角偏差不得大于 3°。

② 预埋件钢筋埋弧压力焊接头

A 四周焊包凸出钢筋表面的高度不得小于 4mm；

B 钢筋咬边深度不得超过 0.5mm；

C 钢板应无焊穿，根部无凹陷现象；

D 钢筋相对钢板的直角偏差不得大于 3°。

当有 3 个接头不符合上述要求时，应全数进行检查，并剔出不合格品。经补焊后复验。

（2）拉伸试验 3 个试件的抗拉强度均应符合下列要求：

① HPB235 钢筋接头不得小于 350N/mm² ；

② HRB335 钢筋接头不得小于 470N/mm² ；

③ HRB400 钢筋接头不得小于 550N/mm² ；

当试验结果，3 个试件中有小于规定时，应进行复验。复验时，应再取 6 个试件。复验结果，其抗拉强度均达到上述要求时，应评定该批接头为合格品。

3.12 钢筋机械连接件

3.12.1 执行标准

《钢筋机械连接技术规程》JGJ 107—2010

3.12.2 钢筋机械连接接头型式

钢筋机械连接常用的接头类型有套筒挤压接头、锥螺纹接头、滚轧直螺纹套筒接头、镦粗直螺纹套筒接头，熔融金属充填套筒接头、水泥灌浆充填套筒接头等。

3.12.3 接头的设计原则与性能等级

1. 钢筋机械连接接头的设计应满足接头强度（屈服强度及抗拉强度）及变形性能的要求。

2. 钢筋机械连接件的屈服承载力和抗拉承载力的标准值不应小于被连接钢筋的屈服承载力的和抗拉承载力标准值的1.10 倍。

3. 钢筋接头应根据接头的性能等级和应用场合，对单向拉伸性能、高应力反复拉压、大变形反复拉压、抗疲劳等各项性能确定相应的检验项目。

4. 接头应根据抗拉强度、残余变形以及高应力和大变形条件下反复拉压性能的差异，分下列三个性能等级：

Ⅰ级：接头抗拉强度不小于被连接钢筋实际拉断强度或不小于 1.10 倍钢筋抗拉强度标准值，残余变形小并具有高延性及反复拉压性能。

Ⅱ级：接头抗拉强度不小于被连接钢筋抗拉强度标准值，残余变形小并具有高延性及反复拉压性能。

Ⅲ级：接头抗拉强度不小于被连接钢筋屈服强度标准值的

1.25 倍，残余变形小具有一定的延性及反复拉压性能。

5. Ⅰ级、Ⅱ级、Ⅲ级接头的抗拉强度和变形性能必须符合表 3.12-1 的规定。应能经受规定的高应力和大变形反复拉压循环，且在经历拉压循环后，其抗压强度仍应符合规定。

接头性能检验指标 表 3.12-1

等　　级		Ⅰ级	Ⅱ级	Ⅲ级
抗拉强度		$f^\circ_{mst} \geqslant f_{stk}$ （断于钢筋） $f^\circ_{mst} \geqslant 1.10 f_{stk}$ （断于接头）	$f^\circ_{mst} \geqslant f_{stk}$	$f^\circ_{mst} \geqslant 1.25 f_{yk}$
单向拉伸	残余变形(mm)	$u_0 \leqslant 0.10 (d \leqslant 32)$ $u_0 \leqslant 0.14 (d > 32)$	$u_0 \leqslant 0.14 (d \leqslant 32)$ $u_0 \leqslant 0.16 (d > 32)$	$u_0 \leqslant 0.14 (d \leqslant 32)$ $u_0 \leqslant 0.16 (d > 32)$
	最大力总伸长率(%)	$A_{sgt} \geqslant 6.0$	$A_{sgt} \geqslant 6.0$	$A_{sgt} \geqslant 3.0$
高应力反复拉压	残余变形 (mm)	$u_{20} \leqslant 0.3$	$u_{20} \leqslant 0.3$	$u_{20} \leqslant 0.3$
大变形反复拉压	残余变形 (mm)	$u_4 \leqslant 0.3$ 且 $u_8 \leqslant 0.6$	$u_4 \leqslant 0.3$ 且 $u_8 \leqslant 0.6$	$u_4 \leqslant 0.6$

主要符号 表 3.12-2

编号	符号	单位	含　　义
1	u_0	N/mm²	接头的残余变形
2	u_{20}	N/mm²	接头经高应力反复拉压 20 次
3	u_4、u_8	N/mm²	接头经大变形反复拉压在第4、第8次后的残余变形
4	f°_{mst}	N/mm²	机械连接接头的实际抗拉强度
5	f°_{st}	N/mm²	钢筋抗拉强度实测值
6	$f_{uk} f_{yk}$	N/mm²	钢筋抗拉、抗压强度标准值

注：当频遇荷载组合下，构件中钢筋应力明显高于 $0.6 f_{yk}$ 时，设计部门可对单向拉伸残余变形 u_0 的加载峰值提出调整要求。

6. 对直接承受动力荷载的结构构件，设计应根据钢筋应力变化幅度提出接头的抗疲劳性能要求。当设计无专门要求时，接头的疲劳应力幅度值不应小于国家标准《混凝土结构设计规范》GB 50010—2010 中普通钢筋疲劳应力幅度值的 80%。

3.12.4 接头的应用

1. 结构设计图纸中应列出设计选用的钢筋接头等级和应用部位。接头等级的选定应符合下列规定

(1) 混凝土结构中要求充分发挥钢筋强度或对接头延性要求较高的部位应优先选用Ⅱ级接头。当在同一连接区段内必须实施 100% 钢筋接头的连接时，应采用Ⅰ级接头。

(2) 混凝土结构中钢筋应力较高但对接头延性要求不高的部位，可采用Ⅲ级接头。

2. 钢筋混凝土中钢筋最小保护层厚度 15mm。连接件之间的横向净距不小于 25mm。

3. 结构构件中纵向受力钢筋的接头位置宜相互错开。钢筋机械连接的连接区段长度应按 $35d$ 计算（d 为被连接钢筋中的较大直径）。同一连接区段内有接头的受力钢筋截面面积占受力钢筋总截面积的百分率应符合下列规定

(1) 接头宜设置在结构构件受拉钢筋应力较小部位，当需要在高应力部位设置接头时，在同一连接区段内Ⅲ级接头的接头百分率不应大于 25%；Ⅱ级接头的接头百分率不应大于 50%；Ⅰ级接头的接头百分率可不受限制。

(2) 接头宜避开有抗震设防要求的框架的梁端和柱端箍筋加密区；当无法避开时，应采用Ⅱ级接头或Ⅰ级接头，且接头百分率不应大于 50%。

(3) 受拉钢筋应力较小部位或纵向受压钢筋，接头百分率可不受限制。

(4) 对直接承受动力荷载的结构构件，接头百分率不应大于 50%。

4. 当对具有钢筋接头的构件进行试验并取得可靠数据时，接头的应用范围可根据工程实际情况进行调整。

3.12.5 钢筋机械连接接头的检验与验收

钢筋机械连接接头必须进行三种检验：（1）型式检验；（2）工艺检验；（3）施工现场检验。

1. 接头的型式检验

（1）型式检验应由国家、省部级主管部门认可的检测机构进行，按规定格式出具试验报告和评定结论。由该技术提供单位交建设（监理）单位、设计单位、施工单位向质监部门核验。型式检验报告有效期为四年。

（2）用于该工程型式检验的钢筋应符合国家标准 GB 1499.2—2007/XG1—2009 的规定。

（3）型式检验试件必须采用未经预拉的试件。用于型式检验的直螺纹或锥螺纹接头试件应散件送达型式检验单位，由型式检验单位或在其监督下由接头技术提供单位按规程规定的拧紧矩进行装配，检验报告中记录有拧紧扭矩。

（4）型式检验的内容和要求：

① 试件数量：对每种型式、级别、材料、工艺的机械连接接头、型式检验试件不应少于 9 个，其中单向拉伸试件不应少于 3 个，高应力反复拉压试件不应少于 3 个，大变形反复拉压试件不应少于 3 个，同时应另取 3 根钢筋试件做抗拉强度试验。全部试件均应在同一根钢筋上截取。

② 试件尺寸：试件连接件长度＋8d（钢筋直径）；

③ 型式检验的试验方法应按规程附录中的规定进行，当试验结果符合下列规定时评为合格：

A. 强度检验：每个试件的强度检验实测值应符合规程中相应等级的强度要求；

B. 变形检验：对残余变形和最大力总伸长率，每组 3 个试件检验的实测平均值应符合相应等级的规定。

2. 接头的工艺检验

（1）对接头试件的钢筋母材进行抗拉试验；

（2）加工钢筋接头的操作人员应经专业技术培训合格才能上岗施工；

（3）钢筋接头的加工与安装质量应进行工艺检验；

（4）锥螺纹接头现场加工的规定

① 钢筋端部不得有影响螺纹加工的局部弯曲；

② 钢筋丝夹长度应满足设计要求，使拧紧后的钢筋丝头不得相互接触，丝头加工长度公差应为 $-0.5p \sim -1.5p$；

③ 钢筋丝头的锥度和螺距应使用专用锥螺纹量规检验；抽检数量 10%，检验合格率不应小于 95%。

（5）锥螺纹钢筋接头的安装质量要求

A. 应严格保证钢筋与连接套的规格相一致；

B. 接头安装应用扭力扳手拧紧，拧紧扭矩值应符合表 3.12-3 要求；

锥螺纹接头安装时的拧紧扭矩值 表 3.12-3

钢筋直径 （mm）	≤16	18～20	22～25	28～32	36～40
拧紧扭矩 （N·m）	100	180	240	300	360

C. 校核用扭力扳手与安装用扭力扳手应区分使用，校核用扭力扳手应每年校核 1 次，准确度级别应选用 5 级。

（6）直螺纹接头现场加工的规定

① 钢筋端部应切平或镦平后加工螺纹；

② 镦粗头不得有与钢筋轴线相垂直的横向裂纹；

③ 钢筋丝头长度应满足企业标准中产品设计要求，公差应为 $0 \sim 2.0p$；

④ 钢筋丝头宜满足 6f 级精度要求，应用专用直螺纹量规检验，通规能顺利旋入并达到要求的拧入长度，止规旋入不得超过 $3p$。抽检数量 10%，检验合格率不应小于 95%。

（7）直螺纹接头的安装质量要求

A. 安装接头时可用管钳扳手拧紧，应使钢筋丝头在套筒中央位置相互顶紧。标准型接头安装后的外露螺纹不宜超过 $2p$。

B. 安装后应用扭力扳手校核拧紧扭矩，拧紧扭矩值应符合表 3.12-4 规定。

直螺纹接头安装时的最小拧紧扭矩值　　表 3.12-4

钢筋直径 （mm）	≤16	18～20	22～25	28～32	36～40
拧紧扭矩 （N·m）	100	200	260	320	360

C. 校核用扭力扳手的准确度级别可选用 10 级。

（8）套筒挤压钢筋接头的安装质量的要求：

① 钢筋端部不得有局部弯曲，不得有严重锈蚀和附着物；

② 钢筋端部应有检查插入套筒深度的明显标记，钢筋端头离套筒长度中点不宜超过 10mm；

③ 挤压应从套筒中央开始，依次向两端挤压，压晨直径的波动范围应控制在供应商认定的允许波动范围内，并提供专用量规进行检验；

④ 挤压后的套筒不得有肉眼可见裂纹。

（9）钢筋连接施工前，应由该技术提供单位提交有效的型式检验报告，应对不同钢筋厂长的进场钢筋进行接头工艺检验。工艺检验的规定：

① 每种规格钢筋的接头试件不应少于 3 根；

② 每根试件的抗拉强度和 3 根接头试件的残余变形的平均值均应符合规程规定；

③ 接头试件在测量残余变形后可再进行抗拉强度试验，并按规程附录中的单向拉伸加载制度进行试验；

④ 第一次工艺检验中 1 根试件抗拉强度或 3 根试件的残余变形平均值不合格时，允许再抽 3 根试件进行复检，复检仍不合格时判为工艺检验不合格。

3. 施工现场接头的检验与验收

（1）现场检验应按规程进行加工和安装质量检验及接头的抗拉强度试验。

（2）接头的现场检验应按验收批进行。同一施工条件下，采用同一批材料的同等级、同型式、同规格接头，每500个为一验收批，不足500个也为一验收批。

（3）螺纹接头安装后应按验收批抽取10%的接头进行拧紧扭矩校核，拧紧扭矩值不合格数超过被校核接头数的5%时，应重新拧紧全部接头，直到合格为止。

（4）按每一验收批，在工程结构中随机截取3个试件作抗拉强度试验，3个试件的试验结果均符合设计要求的接头性能等级的抗拉强度要求，该验收批应评为合格。如有1个试件不符合要求，应再取6个试件复验，复验中如仍有1个试件不符合要求，则该验收批评为不合格。

（5）在现场连续10个验收批一次抽样检验，抗拉强度试验全部合格，验收批接头数量可扩大一倍。

（6）现场截取抽样试件后，原接头位置的钢筋允许采用同等规格的钢筋进行搭接连接，或采用焊接及机械连接方法补接。

（7）对抽检不合格的接头验收批，应由建设方会同设计等有关方面研究后提出处理方案。

本规程修订公布，废止了《带肋钢筋套筒挤压连接技术规程》JGJ 108—96和《钢筋锥螺纹接头技术规程》JGJ 109—96。

本规程公布实施后，各类钢筋机械接头，如套筒挤压连接、锥螺纹接头、滚压直螺纹接头《滚轧直螺纹套筒接头技术规程》JGJ 163-2004和粗直螺纹接头《钢筋镦粗直螺纹接头技术规程》JGJ 171—2004等均应遵守本规程规定。

3.12.6 带肋钢筋套筒挤压连接

1. 套筒挤压连接接头的型式检验、工艺检验及力学性能检验执行《钢筋机械连接技术规程》JGJ 107—2010的要求。

2. 套筒材料应选用适于压延加工的钢材，其实测力学性能应符合表 3.12-5 的要求。钢套筒的规格与尺寸应符合表 3.12-6 的要求。

套筒材料的力学性能 表 3.12-5

项 目	力学性能指标
屈服强度（N/mm²）	225～350
抗拉强度（N/mm²）	375～500
延伸率（%）	≥20
硬度（HRB）	60～80
或（HB）	102～133

钢套筒的规格与尺寸 表 3.12-6

钢套筒型号	钢套筒尺寸（mm）			压按标志道数
	外径	壁厚	长度	
G40	70	12	240	8×2
G36	63	11	216	7×2
G32	56	10	192	6×2
G28	50	8	168	5×2
G25	45	7.5	150	4×2
G22	40	6.5	132	3×2
G20	36	6	120	3×2

3. 套筒应有出厂合格证，在运输和储存中应按不同规格分别堆放，不得露天堆放，防止锈蚀和污染。

4. 当套筒两端外径和壁厚相同时，不同直径的带肋钢筋采用挤压连接时，其直径相差不应大于 5mm。

5. 挤压机的压力应按要求进行标定。

6. 压模、套筒与钢筋应配套使用，压模上应有规格标记。

7. 操作人员必须持证上岗。

8. 挤压接头的外观质量检验要求

（1）同一施工条件下，采用同一批材料的同等级、同型号、同规格接头，以 500 个为一验收批，不足 500 个也为一批。

（2）每验收批应随机抽取 10％挤压接头做外观质量检验：①外形尺寸；②压痕道数；③弯折不大于 3°；④裂缝。外观质量不合格少于抽检数的 10％为合格，超过 10％时，应逐根复验，并采取补救措施。

9. 挤压接头性能等级检验

对接头的每一验收批，必须在工程结构中随机截取 3 个试件作单向拉伸试验，当 3 个试件单向拉伸试验结果均符合强度要求时，该验收批为合格。如有 1 个试件的强度不符合要求，应再抽取 6 个试件进行复验，若有一个试件复验结果不符合要求，则该验收批评为不合格，应会同设计单位商定处理，记录存档。

3.12.7 钢筋锥螺纹连接

1. 锥螺纹连接套的材料：

宜用 54♯优质碳素结构钢，锥螺纹连接套的受拉承载力不应小于被连接钢筋的受拉承载力标准值的 1.1 倍。

锥螺纹连接套应有产品合格证；两端锥孔应有密封盖；套筒表面应有规格标记，进场应复验。

2. 操作工人应经考试合格持证上岗。

3. 加工钢筋锥螺纹时，应采用水溶性切削润滑液，不能用机油润滑或不加润滑液套丝，锥螺纹的锥度、牙型、螺距必须与连接套一致，经配套的量规检测合格，填写加工检验记录。钢筋规格和连接套的规格应一致，确保丝扣干净完好无损。一端丝头应上保护帽，另一端按规定力矩值拧紧连接套。

4. 连接钢筋时，应对正轴线将钢筋拧入连接套，然后用力矩扳手按接头力矩值拧紧，不得超拧。接头拧紧力矩值，见表3.12-7。

接头拧紧力矩值　　　　　　　　　表 3.12-7

钢筋直径(mm)	≤16	18～20	22～25	28～32	36～40
拧紧力矩(N·m)	100	180	240	300	360

5. 质量检验与施工安装用的力矩扳手应分开使用，不得混用。

6. 接头外观检查：随机抽取同规格接头的 10％ 进行外观检查，应满足钢筋与连接套规格一致，接头丝扣外露应符合规程要求。

7. 施工时接头拧紧值的抽检

① 用质检的力矩扳手，按规定的接头拧紧力矩值抽检接头的连接质量；

② 抽检数量和质量判定按规程；

③ 填写接头质量检查记录。

8. 钢筋锥螺纹接头按《钢筋机械连接技术规程》JGJ 107—2010 的要求，必须进行型式检验、工艺检验和施工现场检验。

3.12.8 钢筋滚压直螺纹连接

1. 执行标准

《滚压直螺纹钢筋连接接头》JG 163—2004

2. 材料要求

（1）钢筋：必须符合国家标准《钢筋混凝土用热轧带肋钢筋》GB 1499 HRB335、HRB400 和《钢筋混凝土用余热处理钢筋》GB 13014 RRB400 的要求。

直径 16～40mm，应有出厂质量证明和进场复试报告。

钢筋下料长度应按设计和规范要求的弯折、锚固长度及接头位置、同一区段内接头面积百分率（≤50％）及接头错开间距 35d 确定。

（2）连接套宜用优质碳素结构钢和低合金结构钢。标准型连接套的外形尺寸应符合表 3.12-8 的规定，连接套内螺纹应采用止、通塞规检验合格，用密封盖扣紧，套筒内不得混入杂物和锈蚀。逐个或分箱包装，应有明显的规格标记，不得混淆，应有出厂合格证。

（3）接头按连接套筒使用条件分类，见表 3.12-9。

连接套外形尺寸 表 3.12-8

钢筋直径	螺距(p)	长度 L_{-2}^{0}	外径 $\phi_{-0.4}^{0}$	螺纹小径 $D_{1}{}_{0}^{+0.4}$
16	2.5	45	25	14.8
18	2.5	50	29	16.7
20	2.5	54	31	18.1
22	2.5	60	33	20.4
25	3	64	39	23.0
28	3	70	44	26.1
32	3	82	49	29.8
36	3	90	54	33.7
40	3	95	59	37.6

接头按连接套筒使用条件分类 表 3.12-9

序号	使用 要求	套筒形式	代号
1	正常情况下钢筋连接	标准型	省略
2	用于两端钢筋均不能转动的场合	正反丝扣型	F
3	用于不同直径的钢筋连接	异径型	Y
4	用于较难对中的钢筋连接	扩口型	K
5	钢筋完全不能转动,通过转动连接套筒连接钢筋,用锁母锁紧套筒	加锁母型	S

标记:GFΦ25

表示:采用滚压直螺纹连接接头-正反丝扣套筒(用于两端钢筋均不能转动的场合)-HRB335-25。

3. 丝头加工

(1)钢筋下料应用砂轮切割机切割,不宜用热加工方法。钢筋端面宜平整与轴线垂直,不得有马蹄形或扭曲,端部弯曲应调直。

(2)丝头有效螺纹长度应满足设计规定:钢筋丝扣在套筒拧紧对中时,外露不得超过 $2p$。

（3）丝头加工时应使用水性润滑液，不得使用油性润滑液。

（4）丝头中径、牙型角及丝头有效螺纹长度应符合设计规定。

（5）标准型接头丝扣有效螺纹长度应不小于1/2连接套筒长度，其他连接形式应符合产品设计要求。

（6）丝头加工完毕经检验合格后，应立即带上丝头保护帽或拧上套筒，防止装卸钢筋时损坏丝头。

（7）钢筋丝头在长期存放和雨季情况下，应对丝头采取防锈措施，避免雨淋、沾污和机械损伤。

4. 丝头质量

（1）外观质量：连接套筒表面不得有裂纹，螺纹牙型应饱满，丝头表面不得有影响接头性能的损坏、缺陷及锈蚀。

（2）外形质量：丝头有效螺纹数量不得少于设计规定；牙顶宽度大于 $0.3p$ 的不完整螺纹累计长度不得超过两个螺纹周长；标准型接头的有效螺纹长度应不小于1/2连接套筒长度，且允许误差为 $+2p$；其他连接形式应符合产品设计要求。

（3）丝头尺寸的检验：用专用的螺纹环规检验，其环通规应能顺利地旋入，环止规旋入长度不得超过 $3p$。

5. 钢筋连接接头

（1）钢筋连接完毕后，标准型接头连接套筒外单边外露有效螺纹不得超过 $2P$，其他连接形式应符合产品设计要求。

（2）钢筋接头拧紧后应用力矩扳手，按表 3.12-10 检查拧紧力矩值，并加标记。

滚压直螺纹钢筋接头拧紧力矩值　　　　表 3.12-10

钢筋直径（mm）	≤16	18～20	22～25	28～32	36～40
拧紧力矩值（N·m）	100	200	260	320	360

注：当不同直径的钢筋连接时，拧紧力矩值按较小直径钢筋的相应值取用。

6. 质量检验：分型式检验、出厂检验、现场检验。

（1）型式检验：确定钢筋连接接头的性能等级。

钢筋连接接头的型式检验应由国家、省部级主管部门认可的质量检验部门进行，出具检验报告和结论。

型式检验试验方法应符合 JGJ 107 的有关规定。接头的性能必须全部符合相应性能等级的要求。

（2）出厂检验：确定套筒及锁母的质量。

① 套筒或锁母每 500 个为一个检验批，每批按 10％ 随机抽检，不足 500 个也按一批计算；检验内螺纹尺寸。

② 套筒或锁母的外观质量和尺寸检验应逐个进行；

③ 套筒或锁母的抽检合格率应不小于 95％。当抽检合格率小于 95％时，应另取同样数量的产品重新检验。两次检验总合格率不小于 95％时，该批产品合格。若合格率仍小于 95％，应对该批产品逐个检验，合格者方可使用。

（3）丝头现场检验

① 加工的钢筋丝头应由加工人员按丝头和外观质量的要求逐个自检，不合格的丝头应切去重新加工。

② 每个工作班由现场质检员随机抽样 10％，且不少于 10 个进行检验。

③ 现场丝头的抽检合格率不应小于 95％。当抽检合格率小于 95％时，应另取同样数量的产品重新检验。两次检验总合格率不小于 95％时，该批产品合格。若合格率仍小于 95％，应对该批产品逐个检验，合格者方可使用。

（4）钢筋连接接头外观质量及拧紧力矩检验

① 钢筋连接接头外观质量及拧紧力矩应符合标准要求。

② 钢筋连接接头外观质量在施工时应逐个自检，不符合要求的应及时调整或采取有效的连接措施。

③ 由现场质检员以同一施工条件、同一材料的同等级、同型式、同规格接头，每 500 个为一检验批，不足 500 个也按一批计算。

④ 每一检验批的接头，于施工结构中随机抽取 15％，且不少于 75 个接头，检验其外观质量及拧紧力矩。

⑤ 现场钢筋连接接头的抽检合格率不应小于 95％。当抽检

合格率小于95％时，应另抽取同样数量的接头重新检验。两次检验总合格率不小于95％时，该批产品合格。若合格率仍小于95％，应对该批产品逐个检验。在检验出不合格接头中，抽取3个接头进行抗拉强度检验，3个接头抗拉强度试验的结果全部符合规定时，该批接头外观质量可以验收。

（5）钢筋连接接头力学性能检验

① 以同一施工条件、同一材料的同等级同型式同规格接头，每500个为一检验批，不足500个也按一批计算。

② 每一检验批接头，应在施工结构中随机截取试件，按规定进行单向拉伸试验。试验结果应符合规程规定。

③ 在现场连续检验10个检验批，当其全部单向拉伸试件均一次抽样合格时，检验批接头数量可扩大为1000个。

3.12.9　镦粗直螺纹钢筋接头

1. 执行标准

（1）《钢筋机械连接技术规程》JGJ 107—2010

（2）《镦粗直螺纹钢筋接头》JG 171—2005

2. 材料要求

（1）钢筋：必须符合国家标准《钢筋混凝土用热轧带肋钢筋》GB 1499 HRB335、HRB400的要求。应有出厂质量证明和进场复试报告。

钢筋宜采用直径16～40mm。钢筋下料长度应按设计和规范要求的镦粗加长、弯折、锚固长度及接头位置、同一区段内接头面积百分率（≤50％）及接头错开间距35d确定。

（2）连接套宜用优质碳素结构钢和低合金高强度结构钢。应有出厂合格证或供货单位质量保证书。标准型连接套的外形尺寸参照表3.12-11的规定。连接套内螺纹应采用止、通塞规检验合格，用密封盖扣紧，套筒内不得混入杂物和锈蚀。逐个或分箱包装，应有明显的规格标记，不得混淆。

3. 接头使用要求分类，见表3.12-12。

连接套外形尺寸　　　　表 3.12-11

钢筋直径(mm)	螺距(p)	长度 L_{-2}^{0}	外径 $\phi_{-0.4}^{0}$	螺纹小径 $D_1{}_{0}^{+0.4}$
16	2.5	45	25	14.8
18	2.5	50	29	16.7
20	2.5	54	31	18.1
22	2.5	60	33	20.4
25	3	64	39	23.0
28	3	70	44	26.1
32	3	82	49	29.8
36	3	90	54	33.7
40	3	95	59	37.6

接头使用要求分类　　　　表 3.12-12

序号	型式	使用场合	特性代号
1	标准型	正常情况下连接钢筋	省略
2	加长型	用于转动钢筋较困难的场合,通过转动套筒连接钢筋	C
3	扩口型	用于钢筋较难对中的场合	K
4	异径型	用于连接不同直径的钢筋	Y
5	正反丝扣型	用于两端钢筋均不能转动而要求调节轴向长度的场合	ZF
6	加锁母型	钢筋完全不能转动,通过转动套筒连接钢筋,用锁母锁定套筒	S

4. 型号与标记

DZJ.C.Ⅱ25—表示:镦粗直螺纹钢筋接头。加长型 HRB335(Ⅱ级钢筋)。钢筋直径 25mm。

5. 性能要求

(1) 镦粗直螺纹钢筋接头的性能应满足强度和变形两种要求。其性能检验指标见表 3.12-13。

镦粗直螺纹钢筋接头的性能检验指标　　表 3.12-13

等　级		SA 级
单向拉伸	强度	$f^\circ_{mst}\geqslant f^\circ_{st}$ 或$\geqslant 1.15f_{tk}$
	极限应变	$\varepsilon_0\geqslant 0.04$
	残余应变	$u\leqslant 0.1mm$
高应力反复拉压	强度	$f^\circ_{mst}\geqslant f^\circ_{st}$ 或$\geqslant 1.15f_{tk}$
	残余应变	$u_{20}\leqslant 0.3mm$
大变形反复拉压	强度	$f^\circ_{mst}\geqslant f^\circ_{st}$ 或$\geqslant 1.15f_{tk}$
	残余应变	$u_4\leqslant 0.3mm$ 且 $u_8\leqslant 0.6mm$

（2）镦粗直螺纹钢筋接头用于直接承受动力荷载的结构时，应具有设计要求的抗疲劳性能。

6. 工艺与使用要求

（1）钢筋丝头

① 适用于标准型接头的丝头，其长度应为 1/2 套筒长度，公差为$+1p$ 以保证套筒在接头的居中位置。

② 适用于加长型的接头，其长度应大于套筒长度，以满足只转动套筒进行钢筋连接的要求。

③ 钢筋下料时，端部应调直，切口端面应与钢筋轴线相垂直，不得有挠曲或马蹄形。

④ 镦粗应采用专用镦粗机床将钢筋夹紧镦粗，镦粗头长度应大于 1/2 套筒长度，镦粗头基圆直径应大于丝头螺纹外径，过渡段坡度应$\leqslant 1/3$。镦粗头不得有与钢筋轴线相垂直的横向表面裂纹。

⑤ 不合格的镦粗头应切去重新镦粗，不得对镦粗头进行二次镦粗。

⑥ 加工钢筋丝头应采用水溶性切削润滑液，低温时应有防冻措施。

⑦ 钢筋丝头的螺纹应与连接套筒的螺纹相匹配，公差带应符合 GB/T 197 的 6f 要求。

（2）套筒

① 套筒与锁母材料宜使用优质碳素结构钢或合金结构钢。套筒长度与内外直径尺寸、螺纹规格、公差带及精度等级应符合产品设计要求，公差带应符合 GB/T 197 的 6H。

② 表面应无裂纹和其他缺陷，表面进行防锈处理。

③ 标准型套筒应便于正常情况下连接钢筋。

④ 变径型套筒应满足不同直径钢筋的连接要求。

⑤ 扩口型套筒应满足钢筋较难对中工况下，便于入扣连接。

⑥ 套筒两端应力加塑料保护塞。

（3）接头

① 接头拼接时用管钳扳手拧紧，应使两个丝头在套筒中央位置相互顶紧。

② 拼接完成后，套筒每端不得有 1 扣以上完整丝扣外露，加长型接头的外露丝扣不受限制，但应有明显标记。

7. 质量检验

（1）外观质量要求

丝头

a. 外形尺寸，包括螺纹直径及丝头长度应满足产品设计要求。

b. 牙形饱满，牙顶宽度超过 0.6mm，秃牙部分累计长度不应超过 1P。

（2）性能检验　分接头型式检验、套筒出厂检验、丝头加工施工现场检验、接头现场检验。

① 型式检验

a. 型式检验应由国家、省部级主管部门认可的检测机构进行，出具试验报告和评定结论。由供货或技术提供单位向使用单位提交有效的型式检验报告。

b. 每种型式、级别、规格、材料、工艺的机械连接接头，型式检验试件不应少于 9 个；其中单向拉伸试件不应少于 3 个，高应力反复拉压试件不应少于 3 个，大变形反复拉压试件不应少于 3 个，同时应取同批、同规格钢筋试件 3 根做力学性能试验。

c. 检验内容与性能指标见表 2-186。合格条件为：

强度检验 每个试件的实测值均应符合规定的检验指标；

极限应变、残余变形检验 每组试件的实测值均应符合规定的检验指标。

② 套筒出厂检验，见表 2-182。

a. 以 500 个为一检验批，每批按 10％抽检。

b. 检验结果符合表 3.12-14 的要求，判定该批产品为合格，否则不合格。

连接套筒质量检验要求　　　　　表 3.12-14

序号	检验项目	量具名称	检验要求
1	外观质量	目测	无裂纹或其他肉眼可见缺陷
2	外形尺寸	游标卡尺或专用量具	长度及外径尺寸符合设计要求
3	螺纹小径	光面塞规	通端量规应能通过螺纹小径,而止端量规则不应通过螺纹小径
4	螺纹中、大径	通端螺纹塞规	能顺利旋入连接套筒两端并达到旋合长度
		止端螺纹塞规	塞规不能通过套筒内螺纹,但允许从套筒两端部分旋合,旋入量不应超过 $3P$

c. 抽检合格率应大于或等于 95％；当抽检合格率小于 95％时，应另取双倍重新检验，当加倍抽检后的合格率大于 95％时，应判该批合格，若仍小于 95％时，该批应逐个检验，合格者方可使用。

③ 丝头加工现场检验

a. 加工工人应逐个目测检查丝头加工质量，每 10 个丝头用环规检查一次，剔除不合格丝头。

b. 由质检员以一个工作班生产的钢筋丝头为一个检验批，随机抽检 10％，按表 3.12-15 的要求进行质量检验。

丝头质量检验要求 表 3.12-15

序号	检验项目	量具名称	检 验 要 求
1	外观质量	目测	牙形饱满，牙顶宽超过 0.6mm 秃牙部分累计长度不超过一个螺纹周长
2	外形尺寸	卡尺或专用量具	丝头长度应满足设计要求，标准型接头的丝头长度公差为 $+1p$
3	螺纹大径	光面轴用量规	通端量规应能通过螺纹的大径，而止端量规则不应通过螺纹大径
4	螺纹中、小径	通端螺纹环规	能顺利旋入螺纹并达到旋合长度
		止端螺纹环规	允许环规与端部螺纹部分旋合，旋入量不应超过 $3p$

c. 当合格率小于 95％时应加倍抽检，复检中合格率仍小于 95％时，应对全部钢筋丝头逐个检验，切去不合格丝头，重新镦粗和加工螺纹。

d. 丝头检验合格后，应用塑料帽或连接套筒保护。

④ 接头现场检验　分外观质量检查和单向拉伸试验。

a. 同一施工条件下采用同一批材料的同等级、同型式、同规格接头，以 500 个为一检验批，不足 500 个也为一批。每批在工程结构中随机截取 3 个试件做单向拉伸强度试验。

b. 接头外观检查

接头试件尺寸及变形量测标距，见表 3.12-16。

接头试件尺寸及变形量测标距 表 3.12-16

序号	符号	含　义	尺寸(mm)
1	L	接头的套筒长度加两端镦粗钢筋过渡段长度	实测
2	L1	接头试件残余变形的量测标距	$L+4d$
3	L2	接头试件极限变形的量测标距	$L+8d$
4	d	钢筋直径	公称直径

c. 单向拉伸试验质量判定：当 3 个试件单向拉伸强度试验结果均符合表 3.12-13 的强度要求时，该验收批评为合格。如有 1 个试件的强度不合格，应再取 6 个试件进行复检，复检中如仍有 1 个试件结果不合格，则该批验收批判定不合格。在现场连续检验 10 个验收大化，全部单向拉伸试件一次抽样均合格时，验收批数量可扩大一倍。

d. 接头试件型式检验报告见表 3.12-17。

附录：施工记录

接头试件型式检验报告　　　表 3. 12-17

接头名称			送检试件数	送检日期			
送检单位				设计接头等级	Ⅰ级　Ⅱ级　Ⅲ级		
接头基本参数	连接件示意图			钢筋牌号			
				连接件材料			
				连接工艺参数			
钢筋试验结果			No1	No2		No3	要求指标
	钢筋母材编号						
	钢筋直径(mm)						
	屈服强度(N/mm²)						
	抗拉强度(N/mm²)						
试验结果		单向拉伸试件编号	No1	No2		No3	
	单向拉伸	抗拉强度(N/mm²)					
		非弹性变形(mm)					
		总伸长率					
	高应力反复拉伸	高应力反复拉伸试件编号	No4	No5		No6	
		抗拉强度(N/mm²)					
		残余变形(mm)					
	大变形反复拉伸	大变形反复拉伸试件编号	No7	No8		No9	
		强度(N/mm²)					
		残余变形(mm)					

试验单位：_____　负责人：_____　试验员：_____　校核：_____

试验日期：____年____月____日

注：1. 接头试件基本参数栏应详细记载。对套筒挤压接头，应包括套筒长度、外径、内径、挤压道次、压痕总宽度、压痕处平均直径、挤压后套筒长度。对锥螺纹接头应包括连接套长度、外径、螺纹规格、牙形角、镦粗直螺纹过渡段长度、锥螺纹锥度、安装时拧紧扭矩值等。

　　2. 破坏形式可分 3 种：钢筋拉断、连接件破坏、钢筋与连接件拉脱。

3.13 砌墙砖及砌块

3.13.1 执行标准

1.《烧结普通砖》GB/T 5101—2003

2.《烧结多孔砖》GB 13544—2011

3.《蒸压灰砂砖》GB 11945—1999

4.《烧结空心砖和空心砌块》GB 13545—2003

5.《非烧结普通黏土砖》JC/T 422—1991

6.《粉煤灰砌块》JC 238—1991（1996）

7.《粉煤灰砖》JC 239—2001

8.《砌墙砖试验方法》GB/T 2542—2003

9.《砌墙砖检验规则》JC 466—1992（1996）

10.《轻集料混凝土小型空心砌块》GB 15229—2002

11.《普通混凝土小型空心砌块》GB 8239—1997

12.《蒸压灰砂砖》GB 11945—1999

13.《蒸压灰砂空心砌块》JC/T 637—2009

14.《普通混凝土小型空心砌块建筑技术规程》JGJ/T 14—2011

15.《蒸压加气混凝土砌块》GB/T 11968—2006

16.《蒸压加气混凝土性能试验方法》GB/T 11969—2008

17.《砌体工程施工质量验收规范》GB 50203—2011

18.《混凝土小型空心砌块试验方法》GB/T 4111—1997

19.《建筑材料放射性核素限量》GB 6566—2001

3.13.2 砌墙砖和砌块必试项目、组批原则及取样规定

砌墙砖和砌块必试项目、组批原则及取样规定，见表3.13-1。

表 3.13-1

砌墙砖和砌块试验规定

序号	材料名称及相关标准规范代号	试验项目	组批原则及取样规定
1	《烧结普通砖》 GB/T 5101	必试:抗压强度 其他:抗风化、泛霜、石灰爆裂、抗冻	(1)每 15 万块为一验收批,不足 15 万块也按一批计 (2)每一验收批随机抽取试样一组(10 块)
2	《烧结多孔砖》 GB 13544	必试:抗压强度 其他:冻融、泛霜、石灰爆裂、吸水率	(1)每 3.5～5 万块为一验收批,不足 3.5 万块也按一批计 (2)每一验收批随机抽取试样一组(10 块)
3	《烧结空心砖和空心砌块》 GB 13545	必试:抗压强度(大条面) 其他:密度、冻融、泛霜、石灰爆裂、吸水率	(1)每 3 万块为一验收批,不足 3 万块也按一批计 (2)每批从尺寸偏差和外观质量检验合格的砖中,随机抽取抗压强度试验试样一组(5 块)
4	《非烧结普通黏土砖》 JC422	必试:抗压强度、抗折强度 其他:抗冻性、吸水率、耐水性	(1)每 5 万块为一验收批,不足 5 万块也按一批计 (2)每批从尺寸偏差和外观质量检验合格的砖中,随机抽取抗压强度试验试样一组(10 块)
5	《粉煤灰砖》 JC239	必试:抗压强度、抗折强度 其他:干燥收缩抗冻	(1)每 10 万块为一验收批,不足 10 万块也按一批计 (2)每一验收批随机抽取试样一组(20 块)

续表

序号	材料名称及相关标准规范代号	试验项目	组批原则及取样规定
6	《粉煤灰砌块》 JC 238	必试:抗压强度 其他:密度、碳化、干缩、抗冻	(1)每 200m³ 为一验收批,不足 200m³ 也按一批计 (2)每批从尺寸偏差和外观质量检验合格的砌块中,随机抽取试样一组(3 块),将其切割成边长为 200mm 的立方体试件进行试验
7	《蒸压灰砂砖》 GB 11945	必试:抗压强度 其他:密度、抗冻	(1)每 10 万块为一验收批,不足 10 万块也按一批计 (2)每一验收批随机抽取试样一组(10 块)
8	《蒸压灰砂空心砖》 JC/T 637	必试:抗压强度 其他:抗冻性	(1)每 10 万块为一验收批,不足 10 万块 3 也按一批计 (2)从外观质量检验合格的砖样中,随机抽取试样二组 10 块(NF 砖为 2 组 20 块)进行试验 NF 为规格代号,尺寸为 240mm×115mm×53mm
9	《普通混凝土小型空心砌块》 GB 8239	必试:抗压强度(大条面) 其他:密度和空心率、含水率、吸水率、干燥收缩、软化系数、抗冻性	(1)每 1 万块为一验收批,不足 1 万块也按一批计 (2)每批从尺寸偏差和外观质量检验合格的砖中,随机抽取抗压强度试验试样一组(5 块)
10	《轻骨料混凝土小型空心砌块》 GB 15229		
11	《蒸压加气混凝土砌块》 GB/T 11968	必试:立方体抗压强度、干体积密度 其他:干燥收缩、抗冻性、导热性	(1)同品种、同规格、同等级的砌块,以 1000 块为一批,不足 1000 块也为一批 (2)每批从尺寸偏差和外观质量检验合格的砌块中,随机抽取砌块,制作 3 组试件进行立方体抗压强度试验,制作 3 组试件做干体积密度检验抗压强度试验

3.13.3 砌墙砖随机抽样方法

1. 确定抽样数量：抽样数量由检验项目确定。检验项目分非破坏性检验项目：外观质量、尺寸偏差、体积密度、孔洞率、而后继续做其他检验项目：抗压强度等。

2. 编写产品集团顺序：从砖垛中抽样时，对检验批中抽样的砖垛、砖垛中的砖层和砖层中的砖块位置依次序编号，明确起点位置和顺序。

3. 决定砖垛中抽样位置：采用随机数码表法（如使用骰子或扑克牌确定随机数码）从砖垛中抽样，要确定抽样砖垛数及垛中抽样数量。根据批中可抽样砖垛数量和抽样数量，按表 3.13-2 决定抽样砖垛数和垛中抽取的砖样数量，确定抽样砖垛位置，以抽样砖垛数除可抽样砖垛数得到整数 a 和余数 b，从 $1 \sim b$ 的数值范围内，确定一个随机数码 R_{an}，抽取砖垛位置即从每 R_{an} 垛开始，每隔 $a-1$ 垛为抽取砖垛。

砌墙砖垛随机取样垛数及块数 表 3.13-2

抽样数量(块)	可抽取砖垛数(垛)	抽样砖垛数(垛)	垛中抽样块数
	≥250	50	1
50	125～250	25	2
	<125	10	5
20	≥100	20	1
	<100	10	2
10 或 5	任意	10 或 5	1

4. 确定砖样的抽样位置：抽样位置由砖垛中层数范围内和层中砖块数量范围内的一对随机数码所确定，垛中需要抽取几块样品时，则相应确定几对随机数码。每一检验项目所需抽样数量先按表查出抽样起点范围和抽样间隔，然后从规定范围内确定一个随机数码为抽样起点位置，从起点位置和抽样间隔实施抽样见表 3.13-3 的方法确定。

砖垛中随机取样的起点及间隔 表 3.13-3

检验用砖样数	抽样数量	抽样起点范围	抽样间隔
50	20	1~10	1
	10	1~5	4
	5	1~10	9
20	10	1~2	1
	5	1~4	3

5. 检验项目及顺序：采用随机抽样法从每批检验产品中堆垛中抽取外观质量检验样品数量，外观质量检验后从中随机抽取检验尺寸偏差样品数量，其他检验项目的样品从外观质量和尺寸偏差检验后的样品中抽取。

6. 检验项目及样品数量，见表 3.13-4。

各类砌墙砖的检验项目及样品数量 表 3.13-4

品种	批量	检验项目及样品数量												
		外观质量	尺寸偏差	强度等级	抗压抗折	石灰爆裂	泛霜	冻融	吸水率	密度	孔洞及排数	碳化后强度	干缩值	抗冻性	放射性	备用
烧结普通砖	3.5~15 万块	50	20	10		5	5	5	5						4	
蒸压灰砂砖	10 万块	100	10											5		
烧结多孔砖	3.5~5 万块	200	10		5	5	5	5						5		
烧结空心砖、空心砌块	3 万块	100	5		5			5	5	5	5					5
粉煤灰砌块	200m³	50	3										3	3	3	
普通混凝土小型空心砌块	1 万块	32	5		抗渗性3		相对含水率3				空心率3			10		

3. 13. 4   普通烧结砖

1. 普通烧结砖的分类

按主要材料分：黏土砖（N）、页岩砖（Y）、煤矸石面砖（M）和粉煤灰砖（F）。

（1）按用途分

① 标准红机砖、蓝机砖：用于结构砌体等。

② 烧结装饰砖：用于清水墙或用于墙体装饰的砖（简称装饰砖）。为增强装饰效果，装饰砖可制成本色、一色或多色，装饰面也可具有砂面、光面、压光等装饰图案。

③ 配砖：用于清水墙或装饰砖。

（2）规格

① 标准砖：240×115×53（mm）

② 配砖：175×115×53（mm）

③ 装饰砖和配砖的规格及装饰技术要求，可由订货合同确定。

2. 产品标记

砖的产品标记按产品名称、类别、强度等级、质量等级和标准编号顺序编写，如强度等级 MU10 一等品的黏土砖，其标记为：

粘结普通砖   N   MU10   B   GB/T 5101。

3. 质量等级

（1）强度等级：分五个强度等级：MU30、MU25、MU20、MU15、MU10，见表 3.13-5。

（2）强度和抗风化性能合格的砖根据尺寸偏差、外观质量、泛霜和石灰爆裂分为三个质量等级：优等品（A）、一等品（B）、合格品（C）；优等品适用于清水墙和墙体装饰，一等品、合格品用于混水墙。中等泛霜的砖不能用于潮湿部位。

4. 技术要求及判定规则

（1）尺寸偏差：根据三个尺寸长度的偏差评定三个质量等

普通烧结砖的强度等级 （MPa）　　表 3.13-5

强度等级	抗压强度平均值 $\bar{f} \geqslant$	变导系数($\delta \leqslant 0.21$)	变导系数($\delta \geqslant 0.21$)
		强度标准值 $f_k \geqslant$	单块最小抗压强度值 $f_{min} \geqslant$
MU30	30.0	22.0	25.0
MU25	25.0	18.0	22.0
MU20	20.0	14.0	16.0
MU15	15.0	10.0	12.0
MU10	10.0	6.50	7.50

级。见表 3.13-6。出厂检验和型式检验应符合表中相应等级规
定。否则判为不合格。

尺寸质量等级 （mm）　　表 3.13-6

公称尺寸	优等品		一等品		合格品	
	样品平均值差	极差	样品平均值差	极差	样品平均值差	极差
240	±2.0	±6	±2.5	±7	±3.0	±8
115	±1.5	±5	±2.0	±6	±2.5	±7
53	±1.5	±4	±1.6	±5	±2.0	±6

　　（2）外观质量：根据条面高差、弯曲、杂质凸出高度，缺棱
掉角、裂缝长度，完整面的多少及颜色等评定三个等级。见表
3.13-7。

外观质量等级 （mm）　　表 3.13-7

项　　目		优等品	一等品	合格品
两条面高度差		2	3	4
弯曲		2	3	4
杂质凸出高度		2	3	4
缺棱掉角的三个破坏尺寸　不得同时大于		5	20	30
裂缝长度	大面上宽度方向及其延伸呈条面的长度	30	60	80
	大面上长度方向及其延伸呈顶面的长度或条顶面水平裂缝长度	50	80	100
完整面		二条二顶	一条一顶	—
颜色			基本一致	

采用 JC/T 460 二次抽样方案，根据产品质量指标，检查出其中不合格数 d_1，判定：

$d_1 \leqslant 7$ 外观质量合格；

$d_1 \geqslant 11$ 外观质量不合格。

$7 < d_1 < 11$ 需重抽 50 块检验，检查出不合格数 d_2，判定：

$d_1 + d_2 \leqslant 14$ 时，外观质量合格；

$d_1 + d_2 > 19$ 时，外观质量不合格。

（3）强度：低于 MU10 判为不合格。

（4）抗风化性能：风化指数日气温从正降负或从负升正的每年平均天数与每年从霜降日起至消霜冻之日期间降雨量的平均值的乘积。

① 风化区的划分：以风化指数 12700 为界，划分为严重风化区和非严重风化区。见表 3.13-8。

中国风化区划分　　　　　　表 3.13-8

严重风化区		非严重风化区	
1. 黑龙江省	9. 陕西省	1. 山东省	11. 福建省
2. 吉林省	10. 山西省	2. 河南省	12. 台湾省
3. 辽宁省	11. 河北省	3. 安徽省	13. 广东省
4. 内蒙古自治区	12. 北京市	4. 江苏省	14. 广西壮族自治区
5. 新疆维吾尔自治区	13. 天津市	5. 湖北省	15. 海南省
6. 宁夏回族自治区		6. 江西省	16. 云南省
7. 甘肃省		7. 浙江省	17. 西藏自治区
8. 青海省		8. 四川省	18. 上海市
		9. 贵州省	19. 重庆市
		10. 湖南省	

② 严重风化区中的 1、2、3、4、5 地区的砖必须进行冻融试验，其他地区的砖的抗风化性能符合规定时可不做冻融试验，否则必须进行冻融试验。

③ 抗风化性能见表 3.13-9。

普通烧结砖抗风化性能指标　　　表 3.13-9

项目 砖种类	严重风化区				非严重风化区			
	5h沸煮吸水率%<		饱和系数<		5h沸煮吸水率%<		饱和系数<	
	平均值	单块最大值	平均值	单块最大值	平均值	单块最大值	平均值	单块最大值
黏土砖	21	23	0.85	0.87	23	25	0.88	0.90
粉煤灰砖	23	25			30	32		
白岩砖	16	18	0.74	0.77	18	20	0.78	0.80
煤矸砖	19	21			21	23		

注：粉煤灰掺入量（体积比）小于 30％时，抗风化性能指标按黏土砖规定。

（5）冻融试验后，每块砖样不允许出现裂纹、分层、掉皮、缺棱、掉角等冻坏现象，质量损失不得大于 2％。

（6）泛霜：每块砖样应符合规定

优等品　无泛霜；

一等品　不允许出现中等泛霜；

合格品　不允许出现严重泛霜。

（7）石灰爆裂

优等品　不允许出现大于 2mm 的爆裂区域；

一等品　每组砖样大于 2mm 小于 10mm 的爆裂区域不得多于 15 处，不允许出现大于 10mm 的爆裂区域；

合格品　每组砖样大于 2mm 小于 10mm 的爆裂区域不得多于 15 处，其中大于 10mm 的不得小多于 7 处，不允许出现大于 15mm 的爆裂区域。不允许有欠火砖、酥砖和螺旋纹砖。

5. 质量总判定

（1）出厂检验质量等级的判定：按出厂检验项目和在时效范围内最近一次型式检验中的抗风化性能，石灰爆裂及泛霜项目中最低质量等级进行判定。其中有一项不合格，则判为不合格。

（2）型式检验质量等级的判定：强度抗风化性能合格，按尺寸偏差、外观质量、泛霜、石灰爆裂检验中最低质量等级判定，其中有一项不合格，则判定该批产品的质量不合格。

（3）外观检验中有欠火砖、酥砖或螺旋纹砖则判定该批产品不合格。

3.13.5 普通混凝土小型空心砌块

1. 原材料：采用硅酸盐水泥、矿渣水泥、复合水泥，建筑用砂、碎石或卵石，重矿渣。

2. 质量等级：按其尺寸偏差、外观质量分为优等品（A）、一等品（B）、合格品（C）。

3. 强度等级：分为 MU3.5、MU5.0、MU7.5、MU10.0、MU15.0、MU20.0。

4. 产品标记：按产品名称（代号 NHB）、强度等级、外观质量等级和标准编号的顺序进行标记。如 NHB MU7.5 A GB8239。

5. 技术要求

（1）规格尺寸：主规格为 390mm×190mm×190mm，其他规格尺寸可由供需双方协商，最小外壁不小于 30mm，最小肋厚应不小于 25mm，空心率应不小于 25%。

（2）尺寸偏差和外观质量应符合等级规定。

（3）强度等级，见表 3.13-10。

（4）相对含水率，见表 3.13-11。

普通混凝土小型空心砌块的强度等级　　　表 3.13-10

强度等级	砌块抗压强度（MPa）	
	平均值不小于	单块最小值不小于
MU3.5	3.5	2.8
MU5.0	5.0	4.0
MU7.5	7.5	6.0
MU10.0	10.0	8.0
MU15.0	15.0	12.0
MU20.0	20.0	16.0

普通混凝土小型空心砌块的相对含水率 表 3.13-11

使用地区	潮湿	中等	干燥
相对含水率不大于	45	40	35

注：潮湿——系指年平均相对湿度大于 95% 的地区；
中等——系指年平均相对湿度大于 50%~70% 的地区（北京）；
干燥——系指年平均相对湿度小于 50% 的地区。

（5）抗渗性

用于清水墙的砌块，必须作抗渗试验，其抗渗性应满足规定，见表 3.13-12。

普通混凝土小型空心砌块的抗渗性 表 3.13-12

项 目 名 称	指 标
水面下降高度	三块中任一块不大于 10mm

（6）抗冻性，见表 3.13-13 的要求。

普通混凝土小型空心砌块的抗冻性 表 3.13-13

使用环境条件		抗冻标号	指 标
非采暖地区		不规定	
采暖地区	一般环境	F15	强度损失≤25% 质量损失≤5%
	干湿交替环境	F25	

注：非采暖地区指最冷月份平均气温高于 −5℃ 的地区；
采暖地区指最冷月份平均气温低于或等于 −5℃ 的地区。

6. 质量检验与判定：

（1）砌块出厂时，应提供产品质量合格证书，包括厂名和商标。批量编号和砌块数量，成品标记和检验结果、合格证编号、检验部门和检验人员签章。

砌块应按规格、等级分批堆放，运输和砌筑时应有防雨措施，砌块装卸不许翻斗车装卸。严禁碰撞扔摔，应轻码轻放。

（2）取样频率和检验项目：砌块按外观质量等级和强度等级，同生产工艺的一万块为一验收批，或每月生产不足一万块为一批，随机抽取 32 块做尺寸偏差和外观质量检验。合格的砌块进行其他项目检验。

① 强度等级 5 块；② 相对含水率 3 块；

③ 抗渗性 3 块；④ 抗冻性 10 块；

⑤ 空心率 3 块。

（3）质量判定规则

① 若受检砌块的尺寸偏差和外观质量均符合相应指标，则判定砌块符合相应等级。

② 若受检的 32 块砌块中，尺寸偏差和外观质量的不合格数不超过 7 块时，则判该批砌块符合相应等级。

③ 当所有项目的检验结果均符合各项技术要求等级时，由判定该批砌块符合相应等级。

3.13.6 烧结多孔砖

（1）烧结多孔砖的强度等级，见表 3.13-14。

烧结多孔砖的质量强度等级和强度指标 表 3.13-14

| 质量等级 | 强度等级 | 抗压强度（MPa） | | | 抗折强度（MPa） | |
		抗压强度平均值 $\bar{f} \geqslant$	变异系数 $\delta \leqslant 0.21$ 强度标准值 f_k	变异系数 $\delta > 0.21$ 单块最小值	变异系数 $\delta \leqslant 0.21$ 强度标准值 f_k	变异系数 $\delta > 0.21$ 单块最小值
优等	MU30	30.0	22.0	25.0	13.5	9.0
	MU25	25.0	18.0	22.0	11.5	7.5
	MU20	20.0	14.0	16.0	9.5	6.0
一等品	MU15	15.0	10.0	12.0	7.5	4.5
	MU10	10.5	6.0	7.5	5.5	3.0

（2）抗折荷重以最大破坏荷载乘以换算系数计算，见表 3.13-15。

抗折荷重以最大破坏荷载换算系数表 表 3.13-15

规格（mm）	代 号	换算系数
190×190×190	M	1
240×115×90	P	2

3.13.7 烧结空心砖和空心砌块

1. 适用以黏土、页岩、煤矸石、粉煤灰为主要原料，经焙烧而成的砖或砌块。

2. 类别：按主要原料分为黏土砖和砌块（N）、页岩砖和砌块（Y）、煤矸石（M）、粉煤灰（F）。

3. 规格：砖和砌块的外形尺寸要求（长、宽、高）（mm）为 390、290、240、190、180（175）、140、115、90。

4. 等级

（1）抗压强度分为 MU10.0、MU7.5、MU5.0、MU3.5、MU2.5。

（2）体积密度分为 800、900、1000、1100 级。

（3）强度、密度、抗风化性能和放射性物质合格的砖和砌块，根据尺寸偏差、外观质量、孔洞排列及其结构、泛霜、石灰爆裂、吸水率分为优等品（A）、一等品（B）、合格品（C）三个等级。

5. 产品标记：按产品名称、类别、规格、密度等级、强度等级、质量等级和标准编号顺序编写。

如：规格尺寸 290mm×190mm×90mm，密度等级 800，强度等级 MU7.5，优等品，页岩空心砖。

标记为：页岩空心砖 Y（290×190×90） 800 MU7.5 优 13545

6. 产品技术质量要求

（1）尺寸偏差见表 3.13-16。

尺寸允许偏差 （mm） 表 3.13-16

尺寸	优等品		一等品		合格品	
>300	±2.5	6	±3.0	7	±3.5	8
300~200	±2.0	5	±2.5	6	±3.0	7
200~100	±1.5	4	±2.0	5	±2.5	6
<100	±1.0	3	±1.7	4	±2.0	5

（2）外观质量见表 3.13-17。

外观质量 表 3.13-17

项 目		优等品	一等品	合格品
1. 弯曲	≤	3	4	5
2. 缺棱掉角的三个破坏尺寸不得同时	＞	15	30	40
3. 垂直度差	≤	3	4	5
4. 未贯穿裂缝长度	≤			
①大面上宽度方向及其延伸到条面长度		不允许	100	120
②大面上长度方向或条面上水平方向长度			120	140
5. 贯穿裂缝长度				
①大面上宽度方向及其延伸到条面长度		不允许	40	60
②壁、肋沿长度方向、宽度方向及其水平方向长度			40	60
6. 壁、肋内残缺长度			40	60
7. 完整面	不少于	一大面一条面	一条面或大面	—

注：凡有下列缺陷之一不能称为完整面：
　　1. 缺陷在大面、条面上造成破坏尺寸 20mm×30mm；
　　2. 大面条面裂纹 70mm×1mm；
　　3. 压陷、积底、焦花在大面、条面上的凹凸超过 2mm，区域大于 20mm×30mm。

（3）强度等级见表 3.13-18。

强度等级指标（MPa） 表 3.13-18

强度等级	抗压强度平均值	变异系数＜0.21	变异系数＞0.21
		强度标准值	最小抗压强度值
10	10	7.0	8.0
7.5	7.5	5.0	5.8
5.0	5.0	3.5	4.0
3.5	3.5	2.5	2.6
2.5	2.5	1.6	1.8

（4）密度等级见表 3.13-19。

（5）孔洞排列及其结构见表 3.13-20。

密度等级 表 3.13-19

密度等级	5 块密度平均值
800	≤800
900	801~900
1000	901~1000
1100	1001~1100

孔洞排列及其结构 表 3.13-20

等级	孔洞排列	孔洞排列数/排		孔洞率%
		宽度方向	高度方向	
优等品	有序交错排列	$b \geqslant 200$ ≥7	≥2	≥40
		$b < 200$ ≥5		
一等品	有序排列	$b \geqslant 200$ ≥5	≥2	
		$b < 200$ ≥4		
合格品	有序排列	≥3	—	

（6）石灰爆裂

优等品 无

一等品 2~10mm，5 处；

不允许大于 10mm 爆裂区域。

合格品 2~15mm，5 处；其中大于 10mm 7 处，不允许大于 15mm。

（7）吸水率

优等品 16.0（黏土砖和砌块、页岩、煤矸石）；24.0（粉煤灰）。

一等品 16.0（黏土砖和砌块、页岩、煤矸石）；22.0（粉煤灰）。

合格品 20.0（黏土砖和砌块、页岩、煤矸石）；24.0（粉煤灰）。

粉煤灰掺入量（体积比）小于 30%时，按黏土砖和砌块规定判定。

（8）抗风化性能

抗风化性能见表 3.13-21。

抗风化性能　　　　　　　　表 3.13-21

分　类	饱 和 系 数			
	严重风化区		非严重风化区	
	平均值	单块最大值	平均值	单块最大值
黏土、粉煤灰、	0.85	0.87	0.85	0.90
页岩、煤矸石	0.75	0.77	0.78	0.80

（9）冻蚀试验后，每块砖或砌块不允许出现分层、掉皮、缺棱掉角等冻坏现象，冻后裂纹长度不得大于表中合格品规定。

（10）产品中不允许出现欠火砖、酥砖。

（11）放射性物质应符合检测规定要求。

7. 检验规则（分出厂检验和型式检验）

（1）出厂检验：产品出厂必须进行出厂检验。检验项目包括尺寸偏差、外观质量、强度、密度。

（2）型式检验：全部检验项目。

（3）抽样

① 抽样方法：随机抽样。

② 检验项目抽样数量及判定规则见表 3.13-22。

检验项目抽样数量及判定规则　　　　表 3.13-22

序号	检验项目	抽样数量	判定规则	
1	外观质量	50	$d_1+d_2<18$	合格
2	尺寸偏差	20	$d_1+d_2\geqslant19$	不合格
3	强度	10	符合规定	
4	密度	5	符合规定	
5	孔洞排列及结构	5	符合规定	
6	泛霜	5	符合规定	
7	石灰爆裂	5	符合规定	

序号	检验项目	抽样数量	判定规则
8	吸水率	—	符合规定
9	冻蚀	—	符合规定
10	放射性物质	—	符合规定

8. 总判定

（1）外观质量检验样品中有欠火砖、酥砖的，判定该批产品不合格。

（2）出厂检验质量等级的判定：

按出厂检验项目范围内最近一次型式检验中的项目，石灰爆裂、泛霜、抗风化性能等项目中最低质量等级判定，其中有一顶不符合标准要求，判为不合格。

（3）型式检验质量等级判定：

强度、密度、抗风化性能和放射性物质合格的产品，按尺寸偏差、外观质量、孔洞、泛霜石灰爆裂、吸水率检验中最低等级判定，其中有一顶不合标准要求，则判定不合格。

产品出厂时，必须提供产品质合格证。主要内容包括生产厂名、产品标记、批量及编号、证书编号、实测技术性能、生产日期、检验员和单位签章。

3.13.8 粉煤灰砌块

抗压强度取 3 个试件的算术平均值，见表 3.13-23。边长为 200mm 的立方体试件为标准试件；边长为 150mm 的立方体试件，结果乘以 0.95 折算系数；边长 100mm 的立方体试件，结果乘以 0.9 折算系数。试件须在蒸养结束后 24～36h 内进行抗压试验，如在热池揭盖半小时内进行抗压试验，其结果乘以 1.12 折算系数。

3.13.9 非烧结普通砖

试验砖样 5 块，先做抗折试验，然后将两半砖按断口方向相

粉煤灰砌块抗压强度指标 表 3.13-23

项 目	指 标	
	10 级	13 级
抗压强度 MPa	3 块试件平均值不小于10.0,单块最小值 8.0	3 块试件平均值不小于13.0,单块最小值 10.5

反叠放,叠合部分不小于 100mm,做抗压试验,共五组,以五组平均值和单块最小值表示,见表 3.13-24。

非烧结普通砖抗压、抗折强度等级 表 3.13-24

级别	抗压强度(MPa)		抗折强度(MPa)	
	平均值不小于	单块最小值不小于	平均值不小于	单块最小值不小于
15	15.0	10.0	2.5	1.5
10	10.0	6.0	2.0	1.2
7.5	7.5	4.5	1.5	0.9

3.13.10 粉煤灰砖

粉煤灰砖的强度等级,见表 3.13-25。

粉煤灰砖的抗压强度和抗折强度等级 表 3.13-25

强度等级	抗压强度(MPa)		抗折强度(MPa)	
	10 块平均值≥	单块值≥	10 块平均值≥	单块值≥
MU30	30.0	24.0	6.2	5.0
MU25	25.0	20.0	5.0	4.0
MU20	20.0	16.0	4.0	3.2
MU15	15.0	12.0	3.0	2.6
MU10	10.0	8.0	2.5	2.0

3.13.11 蒸压灰砂空心砖

按 5 块试样抗压强度的算术平均值和单块值确定强度等级和质量等级,见表 3.13-26。

蒸压灰砂空心砖的强度等级及强度指标　表 3.13-26

质量等级	强度级别	抗压强度（MPa）	
		五块平均值≥	单块值≥
优等品	MU25	25.0	20.0
	MU20	20.0	16.0
	MU15	15.0	12.0
一等品	MU10	10.0	8.0
合格品	MU7.5	7.5	6.0

3.13.12　轻骨料混凝土小型空心砌块

试验项目：抗压强度试验；块体密度和空心率试验。

块体密度和空心率以 3 个砌块试件的算术平均值表示，见表 3.13-27。

轻骨料混凝土小型空心砌块的强度等级　表 3.13-27

强度等级	砌块抗压强度（MPa）		密度等级范围
	平均值	最小值	
MU1.5	≥1.5	1.2	≤600
MU2.5	≥2.5	2.0	≤800
MU3.5	≥3.5	2.8	≤1200
MU5.0	≥5.0	4.0	
MU7.5	≥7.5	6.0	≤1400
MU10.0	≥10.0	8.0	

3.13.13　蒸压加气混凝土砌块

1. 适用于工业与民用建筑物承重和非承重墙体及保温隔热使用的蒸压加气混凝土砌块。

2. 产品分类

（1）砌块规格尺寸见表 3.13-28。

		砌块规格尺寸	表 3.13-28

长度 L	宽度 B	高度 H
600	100、120、125、150、180、200、240、250、300	200、240、250、300

(2) 砌块按强度和干密度分级

① 强度级别有 A1.0、A2.0、A2.5、A3.5、A5.0、A7.5、A10.0 七个级别。

② 砌块等级：砌块按尺寸偏差与外观质量、干密度、抗压强度和抗冻性分为优等品（A）、合格品（B）二个等级。

③ 砌块产品标记

示例：强度级别为 A3.5、干密度级别为 B05、优等品、规格尺寸为 600mm×200mm×250mm 的蒸压加气混凝土砌块。

标记为 ACB A3.5　B05 600×200×250　GB11968

3. 技术要求

(1) 砌块的尺寸偏差和外观质量应符合格表 3.13-29。

砌块的尺寸偏差和外观质量技术指标　　表 3.13-29

项　目		指　标	
		优等品(A)	合格品(B)
尺寸允许偏差(mm)　长度(L)		±3	±4
宽度(B)		±1	±2
高度(H)		±1	±2
缺棱掉角	最小尺寸不得大于(mm)	0	30
	最大尺寸不得大于(mm)	0	70
	大于以上尺寸的缺棱掉角个数,不多于(个)	0	2
裂纹长度	贯穿一棱二面的裂纹长度不得大于裂纹所在面的裂纹方向尺寸总和的	0	1/3
	任一面上裂纹长度不得大于裂纹方向尺寸的	0	1/2
	大于以上尺寸的裂纹条数,不多于(条)	0	2
爆裂、粘连残损坏深度不得大于(mm)		20	30
平面弯曲		不允许	
表面层裂等			

（2）砌块的立方体抗压强度见表 3.13-30。

砌块的立方体抗压强度（MPa）　　　表 3.13-30

强度等级	立方体抗压强度	
	平均值不小于	单组最小值不小于
A1.0	1.0	0.8
A2.0	2.0	2.0
A2.5	2.5	2.0
A3.5	3.5	2.8
A5.0	5.0	4.0
A7.5	7.5	6.0
A10.0	10.0	8.0

（3）砌块干密度见表 3.13-31。

砌块干密度　　　表 3.13-31

干密度级别		B01	B04	B05	B06	B07	B08
干密度	优等品（A）	200	400	500	600	700	800
	合格品（B）	325	425	525	625	725	825

（4）砌块强度级别见表 3.13-32。

砌块强度级别　　　表 3.13-32

干密度级别		B01	B04	B05	B06	B07	B08
干密度	优等品（A）	A1.0	A3.0	A5.0	A6.0	A7.5	A10.0
	合格品（B）			A3.5	A3.5	A5.0	A7.5

（5）干燥收缩、抗冻性和导热系数见表 3.13-33。

4. 检验规则

检验分出厂检验和型式检验。

（1）出厂检验

① 检验项目：尺寸偏差、外观质量、立方体抗压强度、干密度。

② 抽样规则

A. 同品种、同规格、同等级的砌块，以一万块为一批。随机抽取 50 块砌块进行尺寸偏差、外观质量检验。

干燥收缩、抗冻性和导热系数　　　　表 3. 13-33

干密度级别		B01	B04	B05	B06	B07	B08
干燥收缩值	标准法(mm/m) ≤	0.60					
	快速法(mm/m) ≤	0.80					
抗冻性	质量损失(%) ≤	5.0					
	冻后强度(MPa)≥ 优等品	0.0	1.6	2.8	4.0	6.0	8.0
	冻后强度(MPa)≥ 合格品			2.6	2.8	4.0	6.0
导热系数(干态)(W/m·K)		0.10	0.12	0.14	0.16	0.18	0.20

注：规定采用标准法、快速法测定砌块干燥收缩值，若测定结果发生矛盾不能判定时，则以抗冻性测定的结果为准。

B. 从外观和尺寸偏差检验合格的砌块中，随机抽取 5 块制作试件进行检验：干密度，3 组 3 块；

强度级别，3 组 9 块。

③ 判定规则

A. 若受检的 50 块砌块中，尺寸偏差和外观质量不符合规定的砌块不超过 5 块时，判定该批砌块符合相应等级。若不符合规定的砌块超过 5 块时，判定该批砌块不符合相应等级。

B. 以 3 组干密度试件的测定结果平均值判定砌块的干密度级别。符合规定时则判定该批砌块合格。

C. 以 3 组抗压强度试件测定结果按规定判定强度等级。当强度和干密度级别关系符合规定，同时 3 组试件中各个单组抗压强度平均值全部大于规定的此强度级别的最小值时，判定该批砌块符合相应等级。若有 1 组或 1 组以上小于此强度级别的最小值时，判定该批砌块不符合相应等级。

D. 出厂检验中受检验产品的尺寸偏差、外观质量、立方体抗压强度、干密度各项检验指标全部符合相应等级的技术要求时，判定为相应等级。否则降等级或判定不合格。

(2) 型式检验

① 检验项目：尺寸偏差、外观质量、立方体抗压强度、干密度等所有技术指标。

② 抽样规则

A. 在受检验的一批产品中，随机抽取 80 块砌块，进行尺寸偏差和外观质量检验。

B. 在外观和尺寸偏差检验合格的砌块中，随机抽取 17 块砌块制作试件，进行检验

干密度，3 组 9 块；

强度级别，5 组 15 块；

干燥收缩，3 组 9 块；

抗冻性，3 组 9 块；

导热系数，1 组 2 块。

③ 判定规则

A. 若受检的 50 块砌块中，尺寸偏差和外观质量不符合规定的砌块不超过 7 块时，判定该批砌块符合相应等级。若不符合规定的砌块超过 7 块时，判定该批砌块不符合相应等级。

B. 以 5 组干密度试件的测定结果平均值判定砌块的干密度级别。符合规定时则判定该批砌块合格。

C. 以 5 组抗压强度试件测定结果按规定判定强度等级。当强度和干密度级别关系符合规定，同时 3 组试件中各个单组抗压强度平均值全部大于规定的此强度级别的最小值时，判定该批砌块符合相应等级。若有 1 组或 1 组以上小于此强度级别的最小值时，判定该批砌块不符合相应等级。

D. 干燥收缩测定结果，当质量损失率单组最大值符合规定时，判定该项合格。

E. 抗冻性测定结果，当质量损失单组最大值和冻后强度单组最小值符合规定相应等级时，判定该批砌块符合相应等级，否则判定不符合相应等级。

F. 导热系数符合规定判定合格，否则判定不合格。

G. 型式检验中受检验产品，尺寸偏差、外观质量、立方体抗压强度、干密度、干燥收缩值、抗冻性、导热系数，各项检验全部符合相应等级的技术要求规定时，判定为相应等级。否则降等级或判定不合格。

④ 出厂质量证明书

出厂产品应有产品质量证明书，内容包括：生产厂名、厂址、商标、产品标准、本批产品主要技术性能、生产日期。

⑤ 砌块应存放 5d 以上方可出厂。砌块堆放应做到场地平整，同品种、同规格、同级别做到标记整齐，堆叠稳妥，采取防倒塌措施。装卸运输严禁摔、掷、翻斗车自卸等。

3.14 建筑砂浆

3.14.1 执行标准

1. 《砌体工程施工质量验收规范》GB 50203—2011
2. 《砌筑砂浆配合比设计规程》JGJ/T 98—2010
3. 《建筑砂浆基本性能试验方法》JGJ 70—2009
4. 《预拌砂浆》JG/T 230—2007

3.14.2 砂浆分类

1. 砂浆按拌合方式分：施工现场拌制的砂浆（大中城市已限制使用）和专业生产厂、站生产的预拌砂浆（正推广应用）；

2. 砂浆按胶凝材料分：水硬性胶凝材料（水泥）拌制砂浆、气凝性胶凝材料（石灰、石膏）拌制砂浆；

3. 砂浆按用途分：砌筑砂浆、抹灰砂浆、地面砂浆；

4. 预拌砂浆按生产拌制和供应形式分干混砂浆、湿拌砂浆；

5. 砂浆按材料组成和用途分普通砂浆和特种砂浆。

3.14.3 建筑砂浆基本性能试验

1. 试验项目

（1）稠度试验；

（2）表观密度试验；

（3）分层度试验；

（4）保水性试验；

（5）凝结时间试验；

（6）立方体抗压强度试验；

（7）拉伸粘结强度试验；

（8）吸水率试验；

（9）含气量试验；

（10）收缩试验；

（11）抗冻性试验；

（12）抗渗性试验；

（13）静力受压弹性模量试验。

2. 取样

（1）建筑砂浆试验用料应从同一盘砂浆或同一车砂浆中取样。取样量不应少于试验用量的 4 倍。

（2）宜在现场搅拌点或预拌砂浆卸料点的至少 3 个不同部位及时取样，人工搅拌均匀。从取样完成至开始进行各项性能试验，不宜超过 15min。

3. 试验记录

试验记录内容：

（1）工程名称；

（2）砂浆品种、技术要求；

（3）原材料品种、规格、产地及性能指标；

（4）砂浆配合比和每盘砂浆的材料用量；

（5）仪器设备名称、编号及有效期；

（6）试验依据；

（7）取样方法；

（8）试样编号；

（9）试样数量；

（10）取样日期、时间；

（11）环境温度；

（12）试验室温度、湿度；

（13）试验单位、地点；

（14）取样人员、试验人员、复核人员。

3.14.3.1 稠度检验

砂浆稠度直接影响砂浆的和易性，流动性和可操作性，在施工过程中要经常检查稠度的变化，要控制用水量。用砂浆稠度仪的试锥在 10s 时间内沉入砂浆深度的沉入度来表示。

稠度试验结果的确定：

（1）同盘砂浆应取两次试验结果的算术平均值，精确至 1mm，作为测定值；

（2）当两次试验值之差大于 10mm 时应重新取样测定。

一般砖墙、柱，砂浆稠度为 70～100mm 为宜。

3.14.3.2 分层度试验

测定砂浆拌合物的分层度以确定砂浆在运输和停放时的稳定性。

按分层度试验操作步骤，测定砂浆拌合物两次稠度，前后测得的稠度之差即为该砂浆的分层度值。

分层度试验结果的确定：

（1）应取两次试验结果的算术平均值，精确至 1mm，作为该砂浆的分层度值；

（2）当两次分层度试验值之差大于 10mm 时，应重新取样测定。

3.14.3.3 表观密度试验

测定砂浆拌合物捣实后的单位体积质量，以确定每立方米砂浆拌合物中各组成材料的实际用量。

砂浆拌合物表观密度试验，可采用手工捣实法或振动台振动法密实称重计算，取两次试验结果的算术平均值，精确至 $10\text{kg}/\text{m}^3$，作为测定值。

3.14.3.4 保水性试验

砌筑砂浆保水性影响砂浆的粘结强度和抗压强度的增长。

使用内径为 100mm，高度 25mm 的金属或硬塑料圆环试模，底下内衬不透水片和中速定性滤纸，装入砂浆捣实称重，上覆盖金属滤网和滤纸再盖不透水片，压重 2kg，静置 2min 称重。按照砂浆的配合比及加水量计算或经两次试验，确定砂浆含水率。

按规定计算砂浆保水率。取两次试验结果的算术平均值，精确至0.1%，作为砂浆的保水率。不论含水率还是保水率，两次测定值之差超过 2%时，试验结果无效。

若灰槽内有水泌出，砂浆沉底硬结，表明保水性不好，因此严禁使用隔夜或已凝结的砂浆。

3.14.3.5 凝结时间试验

采用贯入阻力法确定砂浆拌合物的凝结时间。

砂浆凝结时间的确定：从加水搅拌开始计时，分别记录时间和相应的贯入阻力值，根据试验所得各阶段的贯入阻力与时间的关系绘图，求出贯入阻力值达到 0.5MPa 的所需时间，即为砂浆的凝结时间测定值。

测定砂浆凝结时间应在同盘内取两个试样，以两个试验结果的算术平均值作为该砂浆的凝结时间值。两次试验结果的误差不应大于 30min，否则应重新测定。

3.14.3.6 砂浆立方体抗压强度试验

1. 试模规格：70.7mm×70.7mm×70.7mm 模具由铸铁或钢制成，应具有足够的刚度，并拆装方便。内表面应机械加工，其不平度应每 100mm 不超过 0.05mm，组装后各邻面的不垂直度不应超过±0.5°。见证员应检查模具是否合格，否则不得取样。

2. 取样地点及频率：每一楼层施工段或 250m³ 砌体的砂浆为一验收批。施工中取样应在搅拌机出料口随机取样制作。一组试样应在同一盘砂浆中取样。每组试件应为 3 个。

3. 抗压强度试件制作步骤：制作砌筑砂浆试件时，先将模内壁涂刷薄层脱模剂，向试模内一次灌注满砂浆，用捣棒（ϕ10mm，长 350mm 的钢棒，端部磨圆）均匀由外向里螺旋方向插捣 25 次，为防止低稠度砂浆捣固后，可能留下圆孔，允许用油灰刀沿模壁插数次，使砂浆面层高出试模顶面 6～8mm。当砂浆表面出现麻斑时（约 15～30min）将高出部分的砂浆沿模顶面削去抹平。

试件制作后，应在（20±5）℃温度下，停留一昼夜（24±2）

h 气温低可延时，但不能超过 2d，然后进行拆模、编号、封存转入标养。即在温度（20±3）℃，相对湿度为 90％以上的潮湿条件下养护。

4. 砂浆立方体抗压强度试验结果的确定

（1）以 3 个试件测值的算术平均值作为该组试件的砂浆立方体抗压强度平均值，精确至 0.1MPa；

（2）当三个测值的最大值或最小值中有一个与中间值的差值超过中间值的 15％时，应把最大值及最小值一个舍去，取中间值作为该组试件的抗压强度值；

（3）当两个测值与中间值的差值均超过中间值的 15％时，该组试验结果无效。

3.14.3.7 拉伸粘结强度试验

1. 基底水泥砂浆块的制备：采用 42.5 级通用硅酸盐水泥、中砂，以水泥：砂：水＝1：3：0.5 的配合比（质量比）拌合制成水泥砂浆，倒入 70mm×70mm×20mm 的硬聚氯乙烯或金属模具中（试模内壁先涂水性隔离脱模剂），振动成型或用抹灰刀均匀插捣 15 次，人工颠实 5 次，转 90°，再颠实 5 次，然后用刮刀以 45°方向抹平砂浆表面；成型 24h 后脱模，放入（20±2）℃，水中养护 6d，再在试验条件［温度应为（20±5）℃，相对湿度应为 45％～75％］下养护至规定龄期。试验前用 200 号砂纸或磨石将试件成型面磨平，备用。

2. 砂浆料浆的制备：分干混砂浆料浆和现拌砂浆料浆的制备。

（1）待检样品应在试验条件下放置 24h 以上；

（2）按设计要求的配合比进行物料称重，干物料总量不少于 10kg；

（3）先将称好的待检物料放入砂浆搅拌机中，再启动机器，然后徐徐加入规定量的水，搅拌 3～5min。搅拌好的料应在 2h 内用完。

3. 拉伸粘结强度试件的制备

（1）将制备好的基底水泥砂浆块在水中浸泡 24h，提前 5～

10min 取出，用湿布擦拭试件表面；

（2）在基底层水泥砂浆块的成型面放上成型框，将制备好的砂浆料浆倒入成型框中，用抹灰刀均匀插捣 15 次，人工颠实 5 次，转 90°，再颠实 5 次，然后用刮刀以 45°方向抹平砂浆表面，24h 内脱模，在温度、相对湿度 60%～80% 的环境中养护至规定龄期；

（3）每组砂浆试件应制备 10 个试件。

4. 拉伸粘结强度试验

（1）应先将试件标养 13d，再在试件表面以及上夹具表面涂上环氧树脂等高强度胶粘剂，然后将上夹具对正位置放在胶粘剂上，刮去溢出胶粘剂，确保夹具不歪斜，养护 24h；

（2）将钢制垫板套入基底水泥砂浆块上，再将夹具采用球铰活动连接安装到试验机上，试件置于拉伸夹具中，以（5±1）mm/min 速度加荷至试件破坏；

（3）破坏形式为拉伸夹具与胶粘剂破坏时，试验结果无效。

5. 拉伸粘结强度试验结果的确定

（1）应以 10 个试件测值的算术平均值作为拉伸粘结强度的试验结果；

（2）当单个试件的强度值与平均值之差大于 20% 时，应逐次舍弃偏差最大的试验值，直至各试验值与平均值之差不超过 20%，当 10 个试件中有效数据不少于 6 个时，取有效数据的平均值为试验结果，精确至 0.01MPa；

（3）当 10 个试件中有效数据少于 6 个时，此组试验结果无效，应重新制备试件进行试验；

（4）有特殊条件要求的拉伸粘结强度，应先按特殊要求条件处理后再试验。

6. 拉伸粘结强度试验用于内外墙饰面砖粘贴试验和内隔墙板的拼板等工程。

3.14.3.8 吸水率试验

1. 按 70.7mm×70.7mm×70.7mm 的试模制作试件 3 个，

放入标养箱内养护至 28d 取出试件，在 (105±5)℃温度下烘干 (48±0.5)h 后称重；

2. 将试件成型面朝下放入水槽，用 2Φ10 钢筋垫起，试件浸入水中上表面距水面不小于 20mm。浸入 (48±0.5)h 后取出，用拧干的湿布擦干称重。

3. 取 3 个试件称重的算术平均值作为砂浆的吸水率，精确至 1%。

3.14.3.9　含气量试验

1. 砂浆含气量的测定可采用仪器法和密度法。以仪器法测定结果为准。

2. 仪器法采用砂浆含气量测定仪测定砂浆含气量。

3. 试验结果的确定：

(1) 当两次测值的绝对误差不大于 0.2% 时，取两次试验结果的算术平均值作为该砂浆的含气量。当两次测值的绝对误差大于 0.2% 时，试样结果无效；

(2) 当所测含气量数值小于 5% 时，试样结果应精确至 0.1%；当所测含气量数值大于或等于 5% 时，试样结果应精确至 0.5%。

3.14.3.10　收缩试验

1. 采用 40mm×40mm×160mm 棱柱体试模制作砂浆试件 3 个，标养 7d，将试件移入温度 (20±1)℃、相对湿度 (60±5)% 的试验室中预置 4h，按标明的测试方向立即测定试件的初始长度。测定前，应先采用标准杆调整立式砂浆收缩仪的百分表原点。

2. 测定初始长度后，应将砂浆试件置于恒温试验室内，然后分别按 7d、14d、21d、28d、56d、90d 测定试件自然干燥后的长度。

3. 干燥收缩值试验结果的确定

(1) 取 3 个试件测值的算术平均值作为砂浆干燥收缩值。当一个值与平均值偏差大于 20% 时，应剔除；当有两个值超过

20%时，该组试件结果无效。

（2）每块试件的干燥收缩值应取二位有效数值，精确至 10×10^{-6}。

3.14.3.11 抗冻性能试验

1. 砂浆抗冻试件采用 70.7mm×70.7mm×70.7mm 的立方体试件，制备两组，每组 3 块，分别作为抗冻和与抗冻试件同龄期的对比抗压强度检验试件，标养 28d。

2. 抗冻性能试验

（1）一组试件装入箱内温度保持在 -20℃～-15℃ 冷冻箱内。另一组对比试件存在标养室内。

（2）试件应在 28d 龄期进行冻融试验。试验前两天，两组试件从养护室内取出进行外观检查记录其原始状况，冻融试件放入 15～20℃ 的水中浸泡两天后取出擦干，置入篮筐进行冻融试验。对比试件放入标养室继续养护，直到完成冻融循环后，与冻融试件同时试压。

（3）每次冻结时间为 4h，冻结完成后立即取出放在恒温水中 15～20℃ 融化 4h，作为一次冻融循环。

（4）5 次循环进行一次外观检查，记录试件的破坏情况；当该组试件中有 2 块出现明显分层、裂开、贯通缝等破坏时，试件冻融性能试验结束。

（5）冻融试验结束后，将冻融试件从水槽中取出擦干称重。对比试件应提前两天浸水。

（6）冻融试件与对比试件同时进行抗压强度试验。

（7）砂浆冻融试验后应分别计算强度损失率和质量损失率。

3. 冻融性能的确定

当冻融试件的抗压强度损失率不大于 25%，且质量损失率不大于 5% 时，则该组砂浆试块在相应标准要求的冻融循环次数下，抗冻性能可判为合格，否则应判为不合格。

3.14.3.12 抗渗性能试验

1. 试件的制作：采用上口为 70mm，下口为 80mm，高度为

30mm 的圆锥形带底金属试模。将拌合好的砂浆一次装入试模中，用抹灰刀均匀插捣 15 次，颠实 5 次，用抹刀将试模多余的砂浆刮去抹平。成型 6 个试件。

2. 试件成型后在室温（20±5）℃的环境下静置（24±2）h 后脱模，放入温度（20±2）℃，湿度 90％以上的标养室内养护至规定龄期。试件取出待干燥后，应采用密封材料密封装入砂浆渗透仪中进行抗渗试验。

3. 抗渗试验，从 0.2MPa 开始加压，恒压 2h 后增至 0.3MPa，以后每隔 1h 增加 0.1MPa。当 6 个试件中有 3 个试件表面出现渗水现象时，应停止试验记下水压。当发现试件周边渗水时，应停止试验重新密封，再作试验。

4. 砂浆抗渗压力值应以每组 6 个试件中 4 个试件未出现渗水时的最大压力计，即按 6 个试件中 3 个试件出现渗水时的水压力减去 0.1，精确至 0.1MPa，作为砂浆抗渗压力值。

3.14.3.13　静力受压弹性模量试验

1. 测定各类砂浆静力受压时的弹性模量。指应力为 40％轴心抗压强度时的加荷割线模量。

2. 试件制作：以 70.7mm×70.7mm×（210～230）mm，钢底模的棱柱体，试模的不平整度应为每 100mm 不超过 0.05mm，相邻面的不垂直度不应超过±1°。按规定步骤制作砂浆试件 6 个。放入标养室内养护至规定龄期。

3. 试件从养护室取出应及时进行试验。将试件擦干、测量尺寸、检查外观，计算试件承压面积。

4. 取 3 个试件放置于试验机上均匀加压，直至试件破坏，测定砂浆的轴心抗压强度。取 3 个试件测值的算术平均值作为该组试件的轴心抗压强度值。当 3 个试件测值的最大值和最小值中有一个与中间值的差值超过中间值的 20％时，应舍去最大及最小值，取中间值作为该组试件的轴心抗压强度值。当两个测值与中间值的差值超过 20％时，该组试验结果无效。

5. 将测量变形的仪表安装在测定弹性模量的试件两侧对称

的中心线上。试件的测量标距应为 100mm。调整试件在试验机对中位置。按 0.25～1.5kN/s 的加荷速度连续均匀地加荷至轴心抗压强度的 40%，即达到弹性模量试验的控制荷载值，然后同速卸荷至零，反复预压 3 次。

6. 按同速进行第 4 次加荷。先加荷到应力为 0.3MPa 的初始荷载，恒荷 30s 后，读取并记录两侧仪表测值，然后再加荷到控制荷载（$0.4f_{mc}$），恒荷 30s 后，读取并记录两侧仪表的测值，两侧测值的平均值，即为该次试验的变形值。按同速卸荷至初始荷载，恒荷 30s 后，再读取并记录两侧仪表上的初始测值，再按上述方法进行第 5 次加荷、恒荷、读数，计算出该次试验的变形值。两次试验的变形值差不大于测量标距的 0.2‰时，试验方可结束。否则重新试验。

7. 砂浆的弹性模量值的确定

取 3 个试件测值的算术平均值作为砂浆的弹性模量。当其中一个试件在测完弹性模量后的棱柱体抗压强度值 f'_{mc} 与决定试验控制荷载的轴心抗压强度值 f_{mc} 的差值超过后者的 20%时，弹性模量值应按另外两个试件的算术平均值计算。当两个试件在测完弹性模量后的棱柱体抗压强度值 f'_{mc} 与决定试验控制荷载的轴心抗压强度值 f_{mc} 的差值超过后者的 20%时，试验结果无效。

3.14.4 预拌砂浆的组成及分类

1. 预拌砂浆的组成

（1）预拌砂浆的基本组成见表 3.14-1。

预拌砂浆的基本组成   表 3.14-1

胶结材料	水泥	消石灰粉	细磨石灰粉	石膏	粉煤灰	—
集料	砂/粗砂	填料/颜料	轻集料	工业尾矿	风积砂	—
添加剂	引气剂消泡剂	促凝剂塑化剂	缓凝剂粘结剂	防水剂聚合物	增稠剂保水剂	可再分散乳胶粉

（2）预拌砂浆的主要特点

① 预拌砂浆由专业工厂自动化生产，可按不同要求灵活设

计配合比，质量稳定。以商品化形式供应施工工地，无粉尘有益环境，促进文明施工。机械化施工，提高工作效率和经济效益。

② 与传统砂浆产品相比，预拌砂浆优异的性能源于胶凝材料的优化选择、集料的最佳搭配和最关键的各种添加剂的加入，达到一个最佳灰砂比、最紧密堆积以及各种添加剂的最佳组合，使得预拌砂浆产品性能优异。

2. 预拌砂浆的分类

预拌砂浆分为预拌湿砂浆和预拌干砂浆。

（1）预拌湿砂浆分类，见表 3.14-2。

预拌湿砂浆分类　　表 3.14-2

项目	预拌砌筑砂浆	预拌抹灰砂浆	预拌地面砂浆	预拌防水砂浆
符号	RM	RP	RS	RW
强度等级	M5、M7.5、M10 M15、M20、 M25、M30	M5、M10、 M15、M20	M15、M20、 M25	M10、M15、 M20
稠度(mm)	50、70、90	70、90、110	50	50、70、90
凝结时间(h)	8、12、24	8、12、24	4、8	8、12、24
抗渗等级	—	—	—	P6、P8、P10、P12

（2）预拌干砂浆分普通干混砂浆和特种干混砂浆。

① 普通干混砂浆的分类，见表 3.14-3。

预拌干砂浆的分类　　表 3.14-3

项目	干混砌筑砂浆	干混抹灰砂浆	干混地面砂浆	干混防水砂浆
符号	DM	DP	DS	DW
强度等级	M5、M7.5、M10 M15、M20、 M25、M30	M5、M10、 M15、M20	M15、M20、 M25	M10、M15、 M20
抗渗等级	—	—	—	P6、P8、P10、P12

标记：RXM-M10-70-12h。

表示：预拌砂浆品种-预拌砌筑砂浆，强度等级 M10，稠度

70mm，凝结时间 12h。

② 特种干混砂浆的分类，见表 3.14-4。

特种干混砂浆的分类 表 3.14-4

品　种	符号	用　途
干混瓷砖粘结砂浆	DTA	用于陶瓷墙地砖粘贴
干混耐磨地评砂浆	DFH	用于混凝土地面，具有一定耐磨性
干混界面处理砂浆	DRT	用于改善砂浆层与基面粘结性能
干混特种防水砂浆	DWS	用于有特殊抗渗防水要求的部位
干混自流平砂浆	DSL	用于地面能流动找平
干混灌浆砂浆	DGR	用于设备基础二次灌浆、地脚螺栓锚固等
干混外保温粘结砂浆	DEA	用于膨胀聚苯板外墙外保温系统的粘结砂浆
干混外保温抹面砂浆	DBI	用于膨胀聚苯板外墙外保温系统的抹面砂浆
干混聚苯颗粒保温砂浆	DPG	用于建筑物外墙、以胶粉聚苯颗粒为保温隔热层的干混砂浆
干混无机骨料保温砂浆	DTI	用于建筑物墙体保温隔热层以膨胀珍珠岩或膨胀蛭石为主要成分的干混砂浆

特种干混砂浆标记：DWS　XX　JCT 547—2005。

表示：DWS-干混特种防水砂浆，××-产品类型（也可标强度等级与抗渗等级），标准号 JC/T 547—2005。

3.14.5　预拌砂浆常用材料及检验方法

3.14.5.1　胶凝材料

预拌砂浆中常用的胶凝材料分气硬性胶凝材料和水硬性胶凝材料。

1. 水泥：各种水泥是水硬性胶凝材料，是预拌砂浆中的主要组成部分。

（1）预拌砂浆中常用水泥，见表 3.14-5。

预拌砂浆中常用水泥的选用　　　　　　表 3.14-5

工程特点或所处环境条件		优先选用	可以使用	不宜使用
普通预拌砂浆	在普通气候环境中	普通水泥	矿渣水泥、火山灰水泥、粉煤灰水泥、复合水泥	
	在干燥环境中	普通水泥	矿渣水泥	火山灰水泥、粉煤灰水泥
	在高湿度环境中或永远处在水下	矿渣水泥	普通水泥、火山灰水泥、粉煤灰水泥、复合水泥	
有特殊要求的预拌砂浆	有快硬要求	硅酸盐水泥	普通水泥	矿渣水泥、火山灰水泥、粉煤灰水泥、复合水泥
	有高强要求	硅酸盐水泥	普通水泥 矿渣水泥	火山灰水泥、粉煤灰水泥
	严寒地区的露天部位以及寒冷地区的处在水位升降范围内的预拌砂浆	普通水泥	矿渣水泥	火山灰水泥、粉煤灰水泥
	严寒地区处在水位升降范围内的预拌砂浆	普通水泥		矿渣水泥、火山灰水泥、粉煤灰水泥
	有抗渗要求	普通水泥		矿渣水泥
	有耐磨要求	硅酸盐水泥、普通水泥	矿渣水泥	火山灰水泥、粉煤灰水泥

　　国家标准《通用硅酸盐水泥》GB 175—2007/XG1—2009 的各项性能及测试方法见相关内容。

不同种类的预拌砂浆应该选用不同强度等级的水泥。对于一般的砌筑砂浆和内外墙抹灰砂浆,可以用 32.5 和 32.5R 强度等级的水泥;对于有特殊要求的预拌砂浆,如粘结剂预拌砂浆,要选用 42.5 和 42.5R 强度等级的水泥。要求较高的预拌砂浆要用硅酸盐水泥,以保证其品质;对于要求较低的预拌砂浆,可以选用掺混合材料的普通硅酸盐水泥。

(2) 铝酸盐水泥在预拌砂浆中的应用

目前使用最多的是低中档铝酸盐水泥,不过在一些高速公路修补时可用凝固速度快,早期强度高的 Al_2O_3 含量大于 70% 的铝酸盐水泥。

由于铝酸盐水泥具有早期快硬、耐高温的特性,在预拌砂浆产品中,常用于配制自流平砂浆、无收缩灌浆料、快速修补砂浆、堵漏剂。

(3) 硫铝酸盐水泥的应用

可用于快硬的工程修补预拌砂浆、冬期施工用预拌砂浆、地面工程用预拌砂浆。

(4) 水泥进场检验

水泥进场检验内容:水泥品种、级别、包装后散装仓号、出厂日期等。应对其强度、安定性及其他必要的性能指标进行复检,其质量必须符合现行国家标准相应水泥品种标准的规定。在使用中对质量有怀疑或出厂超过 3 个月时应进行复验,按复验结果应用。

2. 气硬性胶凝材料:气硬性胶凝材料有石膏、石灰、水玻璃和菱苦土。

(1) 石膏

① 石膏的种类:在 $CaSO_4 \cdot H_2O$ 体系中,石膏有 5 种形态,7 个变种:二水石膏、α 型和 β 型半水石膏、α 型和 β 型Ⅲ硬石膏、Ⅱ型硬石膏、Ⅰ型硬石膏。

常用的石膏种类有建筑石膏、高强石膏、无水石膏等。

② 石膏的性能和应用

A. 建筑石膏

执行标准：《建筑石膏》GB 9776；

建筑石膏是将天然二水石膏加热至 $107\sim170℃$，经脱水、陈化转变而成。β半水硫酸钙（$\beta\text{-}CaSO_4 \cdot 1/2H_2O$）的含量不小于 60%。

主要性能：

a. 凝结硬化快：初凝不小于 6min，终凝不大于 30min。可加缓凝剂。

b. 空隙率大。强度低：抗压强度为 $3\sim5MPa$。

c. 建筑石膏硬化体隔热性和保温性好，耐水性差。导热系数为 $0.121\sim0.205W/(m\cdot K)$，软化系数为 $0.30\sim0.45$。

d. 防火性能好：非燃烧体。

e. 建筑石膏硬化时体积略有膨胀：约膨胀 0.05%～0.15%。微膨胀石膏体表面光滑饱满，干燥时不开裂。

f. 装饰性、加工性好。

g. 细度以 0.2mm 方孔筛筛余应不大于 10%。

h. 凝结时间应符合表 3.14-6 的规定。强度要求不得低于表 3.14-6 中数值规定。

凝结时间和强度要求　　　　　　表 3.14-6

品　　种	初凝时间 （min）	终凝时间 （min）	2h 抗折强度 （MPa）	2h 抗压强度 （MPa）
天然建筑石膏(N)	$\geqslant 6$	$\leqslant 30$	2.2	4.5
磷建筑石膏(P) 脱硫建筑石膏(S)	$\geqslant 3$	$\leqslant 30$	2.5 3.0	5.0 6.0

i. 有害物质含量应不大于表 3.14-7 的数值。

j. 放射性必须符合《建筑材料放射性核素限量》GB 6566—2010 的规定。

有害物质含量 表 3.14-7

有 害 物 质	含量(%)
K_2O(可溶性的)	0.05
Na_2O(可溶性的)	0.05
MgO(可溶性的)	0.05
P_2O_5(总量)	0.9
F(总量)	1.0

B. 高强石膏

高强石膏

高强石膏是将二水石膏置于加压水蒸气条件下,或在酸和盐的溶液中加热时,生成的 α 型半水石膏变体。

基本技术性能指标中细度、标准稠度用水量、凝结时间、强度,执行标准:《建筑石膏》GB 9776、也可参照《陶瓷模用石膏粉》GB 1639

用途:水热法生产的 α 型半水石膏主要用于工业模型。

高强石膏适用于强度要求较高的抹灰干粉砂浆工程、装饰干粉砂浆、自流平干粉砂浆。

C. 无水石膏

无水石膏又称硬石膏,有天然的和人工制取两种。天然硬石膏是在自然界中内海及盐湖中化学沉积的结果。人工无水石膏是由石膏或化学石膏经脱水而成,分为硬石膏Ⅰ型、Ⅱ型、Ⅲ型。

硬石膏的溶解度较大,但溶解速度缓慢,需 40d 以上才可达到溶解平衡,因此用硬石膏作胶凝材料必须经过活化处理。

③ 进厂检验:进行干粉砂浆批量生产时,必须对石膏进行进厂检验。检查其品种、级别、包装、出厂日期等,应对其细度、标准稠度用水量、凝结时间、强度等性能指标进行复验,其质量必须符合现行国家标准《建筑石膏》GB 9776 相应石膏品种的规定。

(2)石灰

石灰是在土木工程中使用较早应用广泛的矿物胶凝材料之一。其主要化学成分是 CaO，含有少量的 MgO 等杂质。

① 石灰的生产和品种

石灰是将石灰石（主要成分为 $CaCO_3$）在适当温度范围内煅烧分解得以 CaO 为主要成分的块状与粉状的生石灰，再经水化作用制成消石灰粉（熟石灰粉）和石灰膏 $[Ca(OH)_2]$ 共四个品种。

石灰的另一来源是化学工业副产品。如用水作用于碳化钙（即电石）以制取乙炔时所产生的电石渣，即消石灰（氢氧化钙）。

② 石灰的特性：可塑性、水化中体积膨胀、硬化缓慢、硬化后强度低、硬化中体积收缩大、耐水性差。

③ 石灰的技术指标

建材行业标准《建筑消石灰粉》JC/T 481 规定，消石灰粉分为钙质消石灰粉（MgO 含量＜4％）、镁质消石灰粉（MgO 含量 4％～24％）和白云石消石灰粉（MgO 含量 24％～30％）三类，技术指标分为优等品、一等品、合格品三个等级。技术指标见表 3.14-8。

建筑消石灰的技术指标　　　　　　表 3.14-8

项目		钙质消石灰粉			镁质消石灰粉			白云石消石灰粉		
		优等品	一等品	合格品	优等品	一等品	合格品	优等品	一等品	合格品
CaO＋MgO 含量 不小于(%)		70	65	60	65	60	55	65	60	55
游离水(%)		0.4～2								
体积安定性		合格								
细度	0.9mm 筛筛余(%)	0	0	0.5	0	0	0.5	0	0	0.5
	0.125mm 筛筛余(%)	3	10	15	3	10	15	3	10	15

（3）应用

① 干粉石灰装饰涂料。将消石灰粉加入过量的水稀释成石灰乳作为涂料，主要用于内墙和顶棚刷白，增加室内美观和亮度。掺入少量佛青颜料呈纯白色；掺入水泥、粒化高炉矿渣或粉煤灰提高粉刷层的防水性；掺入各种耐碱颜料获得更好的装饰效果。

② 消石灰粉与水泥配制成石灰砂浆或混合砂浆，可用于墙体砌筑或抹面石灰砂浆，有一定的保水性。

③ 石灰膏的主要成分是 $Ca(OH)_2$ 和水。石灰膏一定要存放在水中，随用随取。如暴露在空气中，$Ca(OH)_2$ 与空气中的 CO_2 结合还原成碳酸钙（$CaCO_3$），成为废料。

④ 进厂检验方法：

进厂检验批量：按同一厂家、同一等级、同一品种、同一批号，连续进厂的消石灰粉，袋装不超过 100t 为一检验批，每批抽样不少于一次。

检验内容：检查产品合格证、出厂检验报告和进厂复验报告。检验其品种、级别、包装、出厂日期等，对其细度、游离水含量、体积安全性及（$CaO+MgO$）含量等性能指标进行复验，其质量必须符合现行国家标准《建筑消石灰粉》JC/T 481 相应品种标准的规定。

3.14.5.2 填料

预拌砂浆用填料可分为粗骨料（最大粒径为 8mm）和细填料（粒径 0.1mm 以下）。

1. 骨料进厂检验

检验批量：按照同一厂家、同一产地、同一等级、同一品种和同一批号连续进厂的骨料，300t 为一批，每一批抽检一次。

进厂检验内容：应检查其产品合格证、出厂检验报告和进厂复验报告。检查其品种、规格、级别、包装、出厂日期等，对其颗粒级配、含水率、含泥量和泥块含量等性能指标进行复验。海砂还必须检验氯离子含量。并根据干拌砂浆性能要求增加检验项目。质量必须符合干拌砂浆对相应骨料品种性能要求的规定。

2. 粗骨料分为普通骨料、装饰骨料、轻质骨料

细填料根据其活性可分为惰性细填料、活性细填料。

(1) 普通骨料包括河砂、湖砂和山砂及人工砂。

其性能包括颗粒级配、含泥量和泥块含量、有害物质、坚固性、表观密度、含水率、碱-骨料反应以及放射性。

其检验方法见本手册相关内容。

(2) 装饰骨料

是指粒径在 0~8mm 的具有特定颜色和花纹的骨料,如石灰质圆石、大理石、侏罗纪石灰石、云母等。

其性能及检验方法同普通骨料。

(3) 轻质骨料

是指粒径在 0~8mm 的黏土陶粒、页岩陶粒、粉煤灰陶粒、浮石、火山渣、煤渣、自然煤矸石、膨胀矿渣珠等。

其性能应符合《轻集料及其试验方法 第 1 部分:轻集料》GB/T 17431.1—2010 和《建设用砂》GB/T 14684—2011 的技术要求和检验方法。

可根据干拌砂浆的种类选择适当的粒径和颗粒级配。

轻骨料其他技术指标见表 3.14-9。

轻骨料其他技术指标 表 3.14-9

项目名称	质量指标	备注
烧失量	≤5%	—
硫化物和硫酸盐含量	≤1.0%	—
含泥量	≤3%	—
有机物含量	不深于标准色	—
反射性比活度	符合《建筑材料放射性核素限量》GB 6566 规定	煤渣、自然煤矸石应符合《建筑材料放射性核素限量》GB 6566 的规定
表观密度	不大于 2100kg/m	—
含水率	小于 0.2%	—

（4）惰性填料

惰性填料是指没有活性、不能产生强度的物质，如磨细石英砂、石灰石、硬矿渣等材料，在干拌砂浆中的作用主要是减少胶凝材料的用量，降低生产成本。

（5）活性细填料　常用的活性细填料有粉煤灰、粒化高炉矿渣粉、硅灰和沸石粉。

① 细填料进厂检验：应根据干拌砂浆的性能要求和细填料的种类，检查其品种、规格、级别、包装、出厂日期等，检查其细度、游离水、泥含量性能指标，适当增加检验项目进行复验。其质量必须符合干拌砂浆对相应细填料品种性能要求的规定。

② 粉煤灰

A. 粉煤灰的性能和检验方法见本手册相关内容。

B. 粉煤灰在预拌砂浆中的作用：由于粉煤灰具有潜在的化学活性，颗粒微细，且含有大量玻璃体微珠，掺入干拌砂浆中可以发挥活性效应、形态效应和微粒填充效应。

③ 粒化高炉矿渣粉

高炉矿渣的主要成分为二氧化硅、氧化钙和三氧化二铝。按矿渣中的酸碱性氧化物的含量比值区分为碱性矿渣、酸性矿渣和中性矿渣。

根据国家标准《用于水泥和混凝土中的粒化高炉矿渣粉》GB/T 18046 的规定，矿渣粉分为 S105、S95、S75 三个等级，技术要求见表 3.14-10。

矿渣粉的技术要求　　　　　　表 3.14-10

项　　目	级　　别		
	S105	S95	S75
密度（g/cm）	—	≥2.8	—
比表面积（m/kg）	—	≥350	≥55
活性指数（%）　7d	≥95	≥75	≥75
活性指数（%）　28d	≥105	≥95	≥95

续表

项 目	级 别		
	S105	S95	S75
流动度比(%)	≥85	≥90	—
含水量(%)		≤1.0	—
三氧化硫(%)	—	≤4.0	—
氯离子(%)		≤0.02	
烧失量(%)		≤3.0	—

矿渣粉的细度用比表面表示，用勃氏法测定。

磨细矿渣粉的比表面积采用激光粒度分析仪测定其粒度分布。

磨细矿渣粉的需水量比和活性指数的测定方法：基准胶砂为水泥450g、ISO标准砂1350g、水225g；掺磨细矿渣的受检胶砂为水泥225g，磨细矿渣25g，ISO标准砂1350g，用水量为使受检胶砂的跳桌流动度达基准胶砂流动度值±5mm。受检胶砂的用水量与基准胶砂的用水量之比为磨细矿渣粉的需水量比。受检胶砂的相应龄期的强度与基准胶砂的相应龄期的强度比为磨细矿渣粉的相应龄期的活性指数。

④ 硅灰

从生产硅铁合金或硅钢等产品时所排放的烟气中收集到的烟尘。主要成分是二氧化硅，一般占90%左右。其他成分为氧气铁、氧化钙、氧化硫等不超过1%，烧失量约为1.5%～3%。

A. 硅灰技术要求见表3.14-11。

硅灰技术要求 表 3.14-11

指 标	要 求	测 定 方 法
粒径	0.1～1.0μm	
比表面积(cm²/g)	≥15000	
	3.4～4.7m²/g	透气法
	18～22m²/g	BE氮吸附法

指　标	要　求	测 定 方 法
需水量(%)	≤125	
含水量(%)	≤3.0	
28d 活性指数(%)	≥85	
三氧化硫(%)	≥85	
氯离子含量(%)	≤0.02	
烧失量(%)	≤6	

B. 硅灰的需水量比和活性指数的测定方法：基准胶砂为水泥 450g、ISO 标准砂 1350g、水 225g；掺硅灰的受检胶砂为水泥 450g，硅灰 45g、ISO 标准砂 1350g，用水量为使受检胶砂的跳桌流动度达到基准胶砂流动度值的相差 5mm。受检胶砂的用水量与基准胶砂的用水量之比为硅灰的需水量比。受检胶砂的相应龄期的强度与基准胶砂的相应龄期的强度比为硅灰的相应龄期的活性指数。

C. 硅灰在预拌砂浆中的作用

由于硅灰具有高比表面积，因而其需水量很大，将其作为活性细填料必须要配以减水剂，以保证砂浆的和易性。能有以下效果：

a. 提高砂浆的强度，配制高强砂浆。

b. 改善砂浆的孔结构，提高抗渗性、抗冻性及抗腐蚀性。

⑤ 沸石粉

沸石粉的主要化学成分是二氧化硅和三氧化二铝，其中可溶性硅和铝的含量不低于 10% 和 8%。

A. 沸石粉的性能：密度为 2.49g/cm³，堆积密度为 7800kg/m³。

B. 沸石粉的技术要求见表 3.14-12。

C. 检验方法

细度（%）用水筛法测定：用 0.080 方孔筛的筛余量表示。

沸石粉的技术要求　　　　　表 3. 14-12

技 术 要 求	质 量 等 级		
	Ⅰ	Ⅱ	Ⅲ
吸氨值(mol/100g)	130	100	90
相当于沸石含量(%)	60	48	45
细度(%)	≤4	≤10	≤15
沸石粉水泥胶砂需水量(%)	≤125	≤120	≤120
沸石粉水泥胶 28d 抗压强度(%)	≥75	≥70	≥62

比表面积采用激光粒度分析仪测定其粒度分布，计算比表面积。沸石粉水泥胶砂的需水量比测定方法：实验样品为 90g 沸石粉，210gPI 型硅酸盐水泥和 750g 标准砂；对比样品为 300gPI 型硅酸盐水泥和 750g 标准砂。用水量为砂浆的流动度达到125～135mm 时的用水量。实验样品的用水量与对比样品的用水量之比即为水泥胶砂需水量比。

磨细天然沸石的需水量比和活性指数的测定方法：

基准胶砂为水泥 450g，ISO 标准砂 1350g，水 225g；掺磨细天然沸石的受检胶砂为水泥 405g，磨细天然沸石 45g，ISO 标准砂 1350g，用水量为使受检胶砂的跳桌流动度达基准胶砂流动度值±5mm。受检胶砂的用水量与基准胶砂的用水量之比为磨细天然沸石的需水量比。受检胶砂的相应龄期的强度与基准胶砂的相应龄期的强度比为磨细天然沸石的相应龄期的活性指数。

D. 沸石粉在预拌砂浆中的应用

根据需要达到的改性目的选择适宜的掺量及辅助外加剂。改善砂浆和易性掺量宜为 10% 左右；作填料使用掺量可达 40%，同时掺加减水剂。

3.14.5.3　添加剂

1. 纤维素醚

纤维素醚是碱纤维素与醚化剂在一定条件下反应形成的一系

列产物的总称。纤维素醚分为离子型（羧甲基纤维素盐）和非离子型（甲基纤维素、甲基羟乙基（丙基）纤维素、羟乙基纤维素）等两类。

在干拌砂浆中，纤维素醚作为流变改性剂，用来调节新拌砂浆流变性能的添加剂。作为保水和增稠剂的纤维素醚，最常用于每一种干拌砂浆产品，有羟乙基甲基纤维素醚（MHEC）和羟丙基甲基纤维素醚（MHPC），在欧洲市场上占有 90％以上。

(1) 产品性能：

① 产品状态：粉末状或颗粒状。

② 电荷状态：非离子状态和阴离子状态。

非离子状态的纤维素醚〔甲基纤维素（MC）、羟乙基甲基纤维素（MHEC）和羟丙基甲基纤维素（MHPC）、羟乙基纤维素（HEC）〕与其他添加剂水溶液相溶性好。

阴离子状态的羧甲基纤维素（NaCMC）、羧甲基乙基纤维素（NaCMHEC）在有钙离子的情况下不稳定。

③ pH：在 3.0～11.0 之间。pH 在酸性介质条件下，纤维素醚溶解很慢，pH 在碱性介质条件下，纤维素醚溶解很快。

④ 溶解性：甲基纤维素（MC）和羟乙基甲基纤维素（MHEC）可溶于冷水，不溶于热水，45～60℃成絮凝。阴离子羧基纤维素可在任何温度下溶于水。

⑤ 增稠性能：纤维素醚是影响需水量的主要因素，特别是与纤维素醚的粘度、掺加比例等因素有关。溶液的稠度会随着聚合度、浓度的增加而增大。

⑥ 保水性：纤维素醚具有减少丢失水分的性能，有利于水泥水化及较长开放时间。在保水性和稠度的共同作用下，促进砂浆的粘结力和强度。纤维素醚的用量、浓度、粘合度的增大而保水性增强。随细度增加而增强，随温度上升而降低。

⑦ 和易性：它的表面活性能适当地夹带空气泡起到润滑剂作用，改善水泥基的工作性能，可用于挤塑陶瓷。

⑧ 热凝胶：温度升高时纤维素醚水溶液会出现热凝胶。

⑨ 成膜性：纤维素醚水溶液成膜具有透明、柔韧性及抗油脂性。

⑩ 悬浮性：纤维素醚水溶液粘度和浓度比较稳定，沉淀时间长。

⑪ 表面活性：纤维素醚水溶液具有保护胶体的表面活性及乳化性能。

⑫ 流变性：纤维素醚水溶液是触变性流体。

⑬ 延迟溶胀性：经一定的延时后迅速溶解结块。调节溶液pH从碱性、中性至酸性，延时溶胀时间越长。

（2）纤维素醚在预拌砂浆中的应用

纤维素醚的主要功能：

① 可使新拌砂浆增稠防止离析获得均匀一致的可塑性；

② 具有引气作用，可稳定砂浆中引入均匀细小气泡；

③ 保水性，有助于保持薄层砂浆中的水分，使水泥有更多时间水化。

在干拌砂浆中，甲基纤维素醚起保水、增稠、改善施工性能的作用。良好的保水性能确保砂浆不会因缺水、水泥厂水化不令而导致起砂、起粉和强度降低；增稠效果使砂浆结构强度增强和湿粘性，提高湿砂浆的上墙性能，减少砂浆浪费；提高砂浆粘贴瓷砖粘结力及良好的抗下垂能力。在自流平砂浆中宜选择较低粘度的甲基纤维素（MC），以保持砂浆的流动性，起到防止分层离析和保水作用。

2. 可再分散乳胶粉

可再分散乳胶粉是高分子聚合物乳液经喷雾干燥及后续处理而成的粉状热塑性树脂。

（1）分类：可再分散乳胶粉包括：聚合物树脂、内外添加剂、保护胶体（聚乙烯醇）、抗结块剂。

（2）种类

均聚物：醋酸乙烯；

共聚物：醋酸乙烯-乙烯、醋酸乙烯-叔碳酸乙烯酯、苯乙烯-

丙烯酸；

三元共聚物：醋酸乙烯-叔碳酸乙烯酯-丙烯酸等。

应用广泛的可再分散乳胶粉：

醋酸乙烯酯与乙烯共聚胶粉（VAC/E），乙烯与氯乙烯及月桂酸乙烯酯三元共聚胶粉（E/VC/VL），醋酸乙烯酯与乙烯及高级脂肪酸乙烯酯三元共聚胶粉（VACEVeoVa）、醋酸乙烯酯与高级脂肪酸乙烯酯（VACVeoVa）、丙烯酸酯与苯乙烯共聚胶粉（A/S）、醋酸乙烯酯与丙烯酸酯及高级脂肪酸乙烯酯三元共聚胶粉（VAC/AVeoVa）、醋酸乙烯酯均聚胶粉（PVAC）、苯乙烯与二烯共聚胶粉（SBR）、其他二元与三元共聚胶粉，其他加入功能性添加剂到配方胶粉，其他加入功能性添加剂与一种以上胶粉到的配方胶粉。

（3）基本特性

可再分散胶粉主要的质量控制指标为容重、灰分、pH 和残余水分。采用可再分散胶粉改性后砂浆可提高抗拉强度、弹性、柔性和封闭性。

（4）可再分散胶粉的应用

可再分散胶粉主要用于特种干砂浆产品，包括瓷砖胶、保温系统粘结砂浆、抹面砂浆、自流平砂浆、腻子、装饰抹灰和干粉涂料、瓷砖填缝剂、修补砂浆和防水密封砂浆等。

3. 木质纤维素

木质纤维素是采用富含木质素的高等级天然木材以及食物纤维、蔬菜纤维等经化学处理、提取加工磨细而成的粉末。在预拌砂浆中加入木质纤维素抗裂剂能提高砂浆的抗裂性能。

（1）木质纤维素的物理性能

① 密度为 $1.3\sim1.5g/cm^3$；

② 含水率为 $6\%\sim8\%$；

③ 不溶于水和有机溶剂，耐稀酸和稀碱；

④ 耐温性：$160\sim200℃$；

⑤ 具有胀缩性，无毒；

⑥ 耐冻融，冰点可达－70℃；

⑦ pH 为 7.5。

（2）木质纤维素的特性

① 增稠效果：木质纤维素具有强劲的交联织补功能，达到保水和增稠效果；

② 改善和易性；

③ 抗裂性好；

④ 低收缩；

⑤ 流动性好；

⑥ 热稳定及抗下垂性；

⑦ 延长"开放时间"并缓凝；

⑧ 添加量为 0.3%～0.5%，优化建材性能和改善施工性能的特点，广泛用于涂料、保温浆料、腻子、瓷砖粘结剂、嵌缝石膏、水泥预制板等。

（3）木质纤维素的经验掺加量

① 外墙保温料浆：每吨添加量 0.4%～0.5%；

② 内外墙耐水腻子：每吨添加量 0.4%～0.5%；

③ 陶瓷砖粘结剂：每吨添加量 0.2%～0.5%；

④ 嵌缝石膏：每吨添加量 0.3%～0.6%。

4. 消泡剂

消泡剂是为防止砂浆在搅拌合施工过程中产生气泡和砂浆表面出现缺陷，从而改善自流平砂浆的流平性能和提高砂浆的抗压强度。干拌砂浆中使用的粉状消泡剂主要是多元醇类和聚硅氧烷等。

干粉消泡剂的产品特性，见表 3.14-13。

干粉消泡剂的产品特性   表 3.14-13

外 观	白色流动粉末
pH	6.5～8.5
体积密度/(g/L)	375～425
水溶性	可乳化

消泡剂的应用：

消泡剂的主要功能是消泡、抑现，使产品表现均匀美观，同时可提高产品的抗渗性和增加强度。用于水泥基自流平砂浆、石膏和水泥基地面找平砂浆、修补砂浆、无收缩灌浆料、填缝剂和粉末涂料等。应用时必须通过试验确定消泡剂的适宜掺量，约为粉料总量过量的 0.05%～0.20%，不得过量。

5. 外加剂

外加剂包括膨胀剂、减水剂、引气剂、促凝剂、缓凝剂、防水剂、早强剂等。

（1）膨胀剂

① 膨胀剂的类型见表 3.14-14。

膨胀剂的类型 表 3.14-14

类型	品种	代号	基本组成	膨胀源	特点与用途
硫铝酸盐系	CSA 型膨胀剂	CSA	硫铝酸钙熟料、石灰石、石膏	钙矾石	掺入量8%～10%，膨胀率0.5%～1%
	U 型膨胀剂	UEA	硫铝酸钙熟料、明矾石、石膏		应用广泛，水泥强度的增长和膨胀作用协同，有较长时间补偿收缩能力
	U 型高效膨胀剂	UEA-H	硅铝酸钙熟料、明矾石、石膏		含碱低，坍落度损失小，膨胀效果好
	铝酸钙膨胀剂	AEA	铝酸钙熟料、明矾石、石膏		节能，价低
	明矾石膨胀剂	EA-L	明矾石、石膏		节能，使用方便，含碱量较高
石灰系	石灰系膨胀剂		石灰、硬脂酸	氧化钙	应用于大型设备基础灌浆和地脚螺栓的灌浆
	石灰脂膨胀剂				无声爆炸的静态无公害破碎剂

续表

类型	品种	代号	基本组成	膨胀源	特点与用途
其他	铁粉系膨胀剂		铁屑、氧化剂（重铬酸盐、高锰酸盐）、触媒剂（氯盐）、分散剂（减水剂）		用于设备底座与混凝土基础间的灌浆、混凝土接缝、地脚螺栓的锚固、管子接头
	氧化镁型膨胀剂				解决大体积混凝土收缩补偿要求和冷缩裂缝问题
	复合型膨胀剂		石灰石、铝土质材料、铁质材料	过烧石灰石和钙矾石	碱含量较低

② 膨胀剂在预拌砂浆中的应用

膨胀剂一般用量为 10％以下。除主要用于混凝土工程中，产生一定的体积膨胀防止和控制混凝土干缩裂纹。在干拌砂浆中使用膨胀剂的主要目的是为了补偿砂浆硬化后产生的收缩。使用膨胀剂后，抗裂性、抗渗性及抗压性能有一定改善。

（2）减水剂

① 减水剂的分类：普通减水剂、高效减水剂、早强减水剂、缓凝减水剂、引气减水剂。

② 减水剂的品种和性能，见表 3.14-15。

（3）引气剂

① 引气剂的主要种类

A. 松香树脂：松香热聚物、松香皂类（多用于混凝土）；

B. 烷基和烷基芳烃磺酸盐类：十二烷基磺酸盐、烷基苯磺酸盐、烷基苯酚聚氧乙烯醚；

减水剂的品种和性能 表 3.14-15

分类	品种	减水剂名称	成　分	性　能
普通减水剂	木质素磺酸盐	木质素磺酸钙、木质素磺酸钠、木质素磺酸镁	造纸废液	增强混凝土的抗渗、抗冻及耐腐蚀性,提高混凝土的耐久性
	多元醇	糖蜜、糖钙和低聚糖	甘蔗或甜菜制糖剩余的废液	糖蜜缓凝性较强
	羟基羧酸盐		褐煤、草炭的腐蚀酸钠	天然原料制成的葡萄糖酸钠缓凝性强,有减水和增强作用
高效减水剂	合成型单组分高效减水剂	单环芳烃-氨基磺酸盐	苯酚、对氨基苯磺酸	坍落度损失少;抗压强度增长高;对水泥适应性强;掺量范围小作用大
		萘基	工业萘、浓硫酸、甲醛	能长久储存,各项性能符合标准,坍落度损失大,与普通减少剂等相容性好
		蒽基	煤焦油中分馏出的三连苯环构成的蒽	使混凝土含气量加大,减水、增强效果较低
		蜜胺树脂磺酸基		用于耐火混凝土,硬化混凝土表面光洁光泽气孔少,用作彩砖光亮剂
		酮基磺酸盐	丙酮、甲醛	延迟泌水、逐渐退色
		聚羧酸基	聚丙烯酸、顺丁烯二酸酐、马来酸酐	坍落度保持率好,减水率高,强度增高,含气量增加
	复合型高效减水剂			见高效泵送剂、高效防冻剂

C. 脂肪醇磺酸盐类：脂肪醇聚氧乙烯醚、脂肪醇聚氧乙烯磺酸钠、脂肪醇硫酸钠；

D. 皂类：三萜皂类（多用于混凝土）；

E. 其他：蛋白质盐、甲基纤维素醚；

F. 非离子型表面活性指剂：烷基酚环氧乙烷缩合物。

② 主要特性

A. 提高砂浆和混凝土的耐久性；

B. 增加砂浆掺合物的稳定性和黏性，降低水合离析现象；

C. 减少砂浆表面缺陷；

D. 砂浆抹面平整。

（4）促凝剂

① 促凝剂的种类

无机物：

氯盐类　氯乙钙、氯乙钠、氯乙钾、氯乙铝和三氯乙铁等；

碳酸盐类　碳酸钠、碳酸锂等；

硝酸盐、亚硝酸盐等。

水溶性有机物：三乙醇胺（TEA）、三异丙醇胺（TP）、甲酸盐、乙酸盐等。

② 促凝剂在干拌砂浆中的应用

氯化钙能加速矿物水化，但对钢筋有腐蚀作用，有钢筋时不宜使用。

甲酸钙和碳酸锂是干拌砂浆中常用的非氯盐促凝剂，可提高砂浆早期强度，具有很好到防冻融性，在负温下施工。掺量为砂浆总量的 0.7% 以下。

干拌砂浆采用硅酸盐水泥＋高铝水泥。用于自流平砂浆可快速硬化。采用碳酸锂促凝剂应采用 200 目以下细颗粒，否则会在自流平砂浆表面起斑点。掺量为砂浆总量的 0.2% 以下。

（5）缓凝剂

① 缓凝剂的种类

A. 糖类：糖钙、葡萄糖酸盐；

B. 羟基羧酸及其盐类：柠檬酸、天然酒石酸及其盐；

C. 无机盐类：锌盐、磷酸盐等；

D. 木质磺酸盐等。

② 缓凝剂在干拌砂浆中的应用

缓凝剂可用于自流平砂浆、刚性防水浆料、腻子等。酒石酸和葡萄糖酸钠与合非超塑化剂在自流平砂浆中配合效果较好；柠檬酸及柠檬酸盐与干酪素配合效果较好。酒石酸、柠檬酸及其盐以及葡萄糖酸盐，掺量为 $0.05\% \sim 0.2\%$

(6) 防水剂

① 防水剂的种类和性能

A. 脂肪酸金属盐：硬脂酸钙、硬脂酸锌。掺量为 $0.2\% \sim 1\%$。成本较低，但搅拌时间长。

B. 有机硅类憎水剂 硅烷基粉末添加剂，憎水效能高，搅拌时间短砂浆均匀。掺量为 $0.1\% \sim 0.5\%$。

C. 特殊的憎水性可再分散聚合物粉末。良好的憎水性，可改善砂浆的粘结性、内聚性和柔性。掺量较高为 $1\% \sim 3\%$。

② 防水剂的特点

用于干拌砂浆产品的憎水性添加剂的特点：

A. 应为粉末状产品；

B. 具有良好的拌合性能；

C. 砂浆憎水性效果长；

D. 表面粘结强度好；

E. 对环境友好。

硅烷基粉末添加剂，憎水效能高，搅拌时间短砂浆均匀。广泛应用于防水砂浆、保温隔热系统中的保护层砂浆、外墙腻子、彩色砂、高性能瓷砖填缝剂以及其他有憎水性要求的干混砂浆。

憎水剂和憎水性可再分散胶粉的主要用途为：防水抹灰砂浆、防水砂浆、外墙腻子、外墙保温系统到抹面砂浆；瓷砖填缝剂。

(7) 早强剂

早强剂的种类

A. 强电解质无机质盐：硫酸盐、硫酸复盐、硝酸盐、亚硝酸盐、氨盐等；

B. 水溶性有机化合物：三乙醇胺、甲酸盐、乙酸盐等。

6. 颜料

① 颜料种类与特性

颜料按物羚状态分为液体、粉末颜料；按化学性质分无机和有机颜料。无机颜料包括氧化铁系、路系、铝系和铅系。干拌砂浆中一般常用氧化铁、氧乙铬、群青及普鲁士红。

② 颜料在干拌砂浆中的应用

氧乙铁系颜料是砂浆合适颜料，与水泥相容好。炭黑与水泥不相容，不适用于干拌砂浆。

3.14.6　预拌砂浆的基本性能及检验

3.14.6.1　预拌砂浆的基本性能

1. 预拌砂浆的性能要求

见表 3.14-16。

预拌砂浆的性能要求　　　　　　　表 3.14-16

粉料外观	新拌浆体	硬化浆体
1. 颗粒均匀 2. 纤维分散均匀 3. 颜色无拖尾	1. 良好和易性 2. 足够保水性 3. 良好施工性 4. 良好抗滑移性	1. 抗压、抗拉强度 2. 剪切强度 3. 拉伸粘结强度 4. 弹性模量 5. 抗冻性 6. 尺寸稳定性

2. 预拌砂浆性能

(1) 粉状砂浆密度：密度（比重）、表观密度（容重）。

(2) 可操作时间：按工人操作习惯，砂浆拌合物的流变性能、扩散度和粘结强度符合砂浆拌合物和硬化体的性能和质量要求。

（3）保水性：砂浆在基层上的理想水化目标是水泥水化产物伴随基层吸收水分的过程渗透到基层中，形成与基层间达到要求的粘结强度。

（4）粘结性能：砂浆与基层界面间能长期稳定、有效地实现粘结，不发生空鼓、开裂、脱落的能力。

用砂浆与基材之间的拉伸粘结强度或压剪粘结强度，来表征粘结界面由形变引起的拉应力或剪应力的作用。

粘结强度的影响因素包括：①胶混凝材料、骨料、集料、保水剂、粘结剂、施工性能调节剂等的选择；②砂浆的保水能力、渗透能力、基层强度；③基层界面的粗糙程度和吸水特性；④施工环境、施工方法及操作工具；⑤从基层向外各层抹灰砂浆粘结强度应逐层降低：基层-界面处理剂之间的粘结强度≥底层砂浆-界面处理剂之间的粘结强度底层砂浆-面层砂浆之间的粘结强度≥面层砂浆-腻子材料之间的粘结强度。

（5）拉伸弹性模量：表征砂浆硬化过程中所产生的水化和碳化产物在硬化体含水率、环境温度和湿度变化时承受变形应力，产生弹性应变的特征。

抹灰砂浆必须具有与基层相匹配的弹性模量。确定砂浆弹性模量指标时应遵守"硬底软面"规则。即从基材往外，抹灰层弹性模量逐层降低。

（6）尺寸稳定性：包括砂浆拌合物的塑性变形和硬化体的尺寸变形。

（7）耐久性：材料在使用过程中抵抗其自身及外界物理、化学、生物等环境因素长期作用，保持其原有性能而不变质、不破坏的能力。包括浸水老化、循环冻融、耐热与耐光老化等。

3.14.6.2　粉状砂浆的性能检验

检验项目：目测；干砂浆的堆积密度、烧失量。

目测：颗粒公布均匀，颜色无拖尾状态，纤维分散均匀为合格。

干砂浆的堆积密度、烧失量的测定：准备好试验器具和试样，按规定的测试步骤试验和计算方法进行，最后对试验结果进行评价。

3.14.6.3 新拌砂浆的性能检验

检验项目：稠度、密度、分层度、凝结时间、保水性、空气含量、流动性、润湿性、瓷砖胶滑移性。

3.14.6.4 砂浆硬化的性能检验

检验项目：拉伸粘结强度、抗压强度、抗折强度、立方体抗压强度、渗水率、横向变形挠度、吸水性、弹性模量、抗冻性、收缩率、可泵送性。

检验步骤：准备好试验器具和试样，按规定的测试步骤试验和计算方法进行，最后对试验结果进行评价。

3.14.7 普通砌筑砂浆

1. 执行标准、规范

(1)《砌体工程施工质量验收规范》GB 50203—2010

(2)《砌筑砂浆配合比设计规程》JGJ/T 98—2010

(3)《建筑砂浆基本性能试验方法标准》JGJ/T 70—2009

2. 砌筑砂浆必试项目

分层度、稠度和抗压强度。我国以抗压强度作为评定质量的依据。

3. 砂浆胶凝材料的选用及质量要求，见表 3.14-17。

砂浆胶凝材料的选用及质量要求　　　表 3.14-17

胶凝材料种类	常用胶凝材料	质量要求
水泥	普通水泥、矿渣水泥、粉煤灰、火山灰水泥、砌筑水泥	品种、强度等级符合规范或规程及设计要求；储存超期检验
石灰	石灰膏、消石灰粉	消化时间大于 15d，3mm 筛过滤，无颗粒
石膏	建筑石膏	符合规定标准

4. 砌筑砂浆的技术指标，见表 3.14-18。

砌筑砂浆的技术指标　　　　　　表 3.14-18

地区		北京市	上海市	广州市
项目		干混砌筑砂浆 DM	干混砌筑砂浆 RM	干混砌筑砂浆 GQ
强度等级		DM2.5 DM5.0 DM7.5 DM10 DM15	RM5.0 RM7.5 RM10 RM15 RM20 RM25 RM30	M5.0 M7.5 M10 M15 M20
稠度(mm)		≤90	50～100	
分层度(mm)		≤20	≤25	
和易性	流动度(mm)			≤150～180
	保水性(%)	≥80		
28d 抗压强度(MPa)		≥强度等级	≥强度等级	≥强度等级
凝结时间(h)	初凝	≥2		
	终凝	≤10	8、12、24	
抗冻性收缩率(%)		≤0.5		

3.14.8 特种砌筑砂浆

1. 执行标准

(1)《砌筑砂浆配合比设计规程》JGJ/T 98—2010

(2)《建筑砂浆基本性能试验方法标准》JGJ/T 70—2009

(3)《水泥胶砂干缩试验方法》JC/T 603—2004

(4)《蒸压加气混凝土用砌筑砂浆与抹面砂浆》JC 890—2001

(5) 《混凝土小型空心砌块和混凝土砌筑砂浆》JC 860—2008

2. 用途

用于加气混凝土砌块、轻质保温砌块和灰砂砖等新型墙体材料的特种砌筑砂浆。

3. 分类

按砌筑砂浆的保水性的高低分为高保水性砌筑砂浆、中等保水性砌筑砂浆、低保水性砌筑砂浆。

4. 特种砌筑砂浆的参考配比，见表 3.14-19。

特种砌筑砂浆的参考配比 表 3.14-19

材料	规格	质量比
普通硅酸盐水泥	32.5	120～200
砂	0～4mm	600～800
重钙粉	0～0.1mm	100～200
微沫剂或引气剂		0.1～0.3
纤维素醚	15000～45000Pa·s	0.5～3
其他功能添加剂(改善抗下垂性的淀粉醚)		0～0.5
其他功能添加剂(冬期施工用早强剂甲酸钙)		0～10
合计		1000
加水量		15%～19%

5. 性能测试项目：抗压强度、稠度、凝结时间、保水率、收缩率。

3.14.9 普通抹灰砂浆

1. 执行标准、规范

(1)《蒸压加气混凝土用砌筑砂浆与抹面砂》JC 890—2001

(2)《建筑砂浆基本性能试验方法》JGJ/T 70—2009

(3)《水泥胶砂干缩试验方法》JC/T 603—2004

2. 抹灰砂浆分类

（1）按砂浆功能分类：普通抹灰砂浆、装饰抹灰砂浆、防水抹灰砂浆、绝热保温砂浆、防水砂浆、耐酸砂浆、防射线砂浆等。

（2）按使用的胶凝材料分类：

① 使用水泥、石膏或熟石灰等无机粘结剂的抹灰砂浆；

② 使用水泥、可再分散粉末或熟石灰作粘结剂的装饰性粉刷砂浆；

③ 水泥基抹灰用于外部涂敷和潮湿房间，而石膏基抹灰用于内墙。

3. 抹灰砂浆的典型配方

见表3.14-20。

抹灰砂浆的典型配方　　　　　　　　　　表 3.14-20

成分	石灰-水泥抹灰	水泥基轻质抹灰
普通硅酸盐水泥 32.5R	8～12	18～25
熟石灰	6～8	0～5
0.2～0.8mm 石英砂	80～88	—
石灰石砂	—	60～75
石灰石粉	—	5～7
发泡聚苯乙烯	—	1～2
淀粉醚	—	0.01～0.02
疏水剂	0.15～0.25	0.1～0.2
引气剂	0.015～0.03	0.03～0.05
甲基纤维素醚	0.08～0.12	0.1～0.12

4. 防止干拌砂浆产生质量通病的措施

防止砂浆产生开裂、空鼓、脱落等质量通病，应从材料、设计、施工等方面采取措施，要求抹灰砂浆的弹性模量和变形性能遵守"硬底软面"或"逐层渐变"的规则。

5. 防止外墙保温面层干混抹灰砂浆产生质量通病的措施

外墙保温体系主要有 EPS 保温板体系、XPS 保温板体系和聚氨酯泡沫喷涂保温体系。由墙体、粘结层、保温层、保护层及外装饰层等组成。砂浆保护层的抗裂性能是评价外墙保温体系技术性能的主要依据。从材料、设计、施工三个环节采取的措施是：

① 材料：面层砂浆要根据保温层材料的不同性能确定不同基层的砂浆硬化层的弹性模量。为减少抹灰砂浆的早期收缩和提高硬化层的温湿度变形能力，增加可分散胶乳的掺量，适当添加一定量的合成纤维，增强材料玻纤网格布的质量必须满足要求；

② 设计：应尽量满足"硬底软面"原则，保证砂浆层内应力的逐层缓慢释放，减少裂缝、空鼓的产生；

③ 施工：干粉砂浆要充分搅拌均匀；铺设的保温板要尽量平整，板缝应用胶粘剂填平；面层抹完要及时养护，尽量避免太阳暴晒。

3.14.10　粉刷石膏

1. 执行标准规范

《粉刷石膏建筑行业标准》JC/T 517—2004

2. 粉刷石膏的组成与特点

粉刷石膏是采用品位在 85% 以上的优质天然石膏（或脱硫石膏）为原料，经脱水制成的熟石膏粉，再与溶解极快的保水剂、粘结剂、凝结时间调节剂及细骨料混合制成的粉刷石膏。

石膏是一种资源丰富节能环保型胶凝材料。使用方便，保温隔热性能好，具有良好的呼吸性能。和易性好，强度高，表面细腻，灰浆容重小，抹灰劳动强度低，施工效率高。

3. 粉刷石膏的参考配方见表 3.14-21。

4. 性能检测项目：细度、凝结时间、可操作时间、保水率、抗折强度、抗压强度和体积密度。

5. 技术性能指标见表 3.14-22。

粉刷石膏的参考配方　　　表 3.14-21

成　　分	质　量　比
半水石膏	300～500
石英砂	400～500
纤维素醚 MC	2～3
木质纤维	3～5
缓凝剂	2～3

技术性能指标　　　表 3.14-22

产品类别	面层粉刷石膏	底层粉刷石膏	保温层粉刷石膏
1.0mm 方孔筛筛余	0	—	—
0.2mm 方孔筛筛余	≤40	—	—
保水率(%)	90	75	60
抗折强度(MPa)	3.0	2.0	—
抗压强度(MPa)	6.0	4.0	0.6
剪切粘结强度(MPa)	0.4	0.3	—
体积密度	—	—	$500kg/m^3$

3.14.11　建筑用耐水腻子

1. 执行标准

(1)《建筑室内用腻子》JG/T 298—2010

(2)《建筑外墙用腻子》JG/T 157—2009

2. 建筑耐水腻子的特点

腻子是重要的配套装修材料，可以消除装饰基层表面缺陷，提高基层的平整度；可抵抗基层开裂，保护涂料不起皮、不脱落；外墙腻子可提高墙体耐久性，提高墙体保温隔热作用，降低能耗，节约能源，美化装饰效果，改善居住环境；美化室内墙面，使墙面平整、光洁，易于清洗。

3. 腻子的品种和材料组成

见表 3.14-23。

腻子的品种和材料组成   表 3. 14-23

腻子品种	材料组成	优　点
粉状腻子	白水泥、灰钙粉、重质碳酸钙、滑石粉、轻质碳酸钙、纤维素醚、可分散乳胶粉、石膏、纤维	性能优良,包装费低
膏状腻子	重质碳酸钙、滑石粉、轻质碳酸钙、纤维、膨润土、乳液、液体粘结剂	使用方便,批刮性好,性能优良
双组分腻子	白水泥、灰钙粉、重质碳酸钙、滑石粉、液体粘结剂	成本低,性能尚好
弹性腻子	水泥、重质碳酸钙、滑石粉、纤维、可分散乳胶粉或乳液(助剂)	延伸率大

4. 性能检测项目:施工性、干燥时间、打磨性、耐水性、耐碱性、粘结强度、低温贮存稳定性。

5. 耐水腻子的性能指标

见表 3.14-24。

耐水腻子的性能指标   表 3. 14-24

项　　目	性 能 指 标
保水率(%)	≥90
干燥时间(表干)(h)	≤5
初期干燥抗裂性	无裂纹
打磨性	可打磨平整
吸水量(g/10min)	≤2
耐水性(96h)	无异常
耐碱性(48h)	无异常

3. 14. 12　特种抹灰砂浆

1. 执行标准

(1)《蒸压加气混凝土用砌筑砂浆与抹面砂浆》JC 890—2001

（2）《建筑砂浆基本性能试验方法标准》JGJ/T 70—2009

（3）《水泥胶砂缩试验方法》JC/T 603—2004

2. 用途

用于要求保水性、粘结性特别好的抹灰砂浆，如内外墙界面处理剂、内外墙腻子、防水抹灰砂浆、防裂抹灰砂浆等。

3. 特种抹灰砂浆的参考配比见表3.14-25。

特种抹灰砂浆的参考配比　　　　　　表3.14-25

材　　料	规　　格	质　量　比
普通硅酸盐水泥	32.5	150～300
消石灰		0～60
砂	0～2.5mm	500～800
重钙粉	0～0.1mm	50～200
引气剂		0～0.5
纤维素醚	15000～45000Pa·s	0.5～3
可再分散乳胶粉		10～30
疏水剂		0～3
其他功能添加剂（改善抗下垂性的淀粉醚）		0～0.3
其他功能添加剂（冬期施工用早强剂甲酸钙）		0～10
合计		1000
加水量		16%～20%

性能测试项目：抗压强度、稠度、凝结时间、收缩率、保水率。

粘结强度试验结果判定：以5个试件为一组，计算5个试件的算术平均值，若单个试件强度超过平均值的15%时，应以剔除，取其余试件强度的算术平均值精确至0.01MPa作为试验结果。当5个试件中有效值不足3个时，结果无效。

3.14.13　普通地面砂浆

1. 执行标准

《建筑地面工程施工质量验收规范》GB 50209—2010

2. 地面砂浆基础配方见表 3.14-26。

地面砂浆基础配方　　　　　　　表 3.14-26

材　料	参　数	配方（%）
普通硅酸盐水泥		40～50
石英砂	50～140 目	20～30
石英砂	10～50 目	20～30
粗砂	2～4mm	10～20
甲基纤维素醚	MT400PFV	0.05～0.1
可再分散乳胶粉		1～3
减水剂		0.1～0.3
除泡剂		0.1～0.3

3. 干混地面砂浆的技术指标见表 3.14-27。

干混地面砂浆的技术指标　　　　　表 3.14-27

项　目		干混砌筑砂浆 DS	干混砌筑砂浆 RS	干混砌筑砂浆 GD
强度等级		DS15 DS20 DS25	RS15 RS20 RS25	M10 M15 M20 M25
稠度（mm）		≤50	30～50	
分层度（mm）		≤20	≤20	
和易性	流动度（mm）			≤140～180
	保水性（%）			≥90
28d 抗压强度（MPa）		≥强度等级	≥强度等级	≥强度等级

续表

项 目		干混砌筑砂浆 DS	干混砌筑砂浆 RS	干混砌筑砂浆 GD
凝结时间(h)	初凝	≥2		
	终凝	≤10	4、8	
抗冻性		符合要求		
收缩率(%)		≤0.5		

4. 性能测试项目：流动性、凝结时间、收缩性、抗压抗折强度。

3.14.14 耐磨地坪材料

1. 耐磨地坪材料由硅酸盐水泥或普通硅酸盐水泥、特种耐磨骨料为基料，加适量添加剂混合组成。

耐磨地坪材料的施工与基层混凝土浇筑同时进行，基层混凝土初凝时将耐磨材料撒在混凝土表面，经压实、抹平、收光为耐磨地坪。其特点：施工简便周期短、高强度、高硬度、高耐磨性、抗渗能力强（水、油）、地面质感好。

2. 耐磨材料的技术要求见表 3.14-28。

耐磨材料的技术要求 表 3.14-28

项 目		技 术 指 标	
		Ⅰ 型	Ⅱ 型
外观		均匀、无结块	
骨料含量偏差		生产商控制指标的±5%	
抗折强度	≥	11.5	13.5
抗压强度	≥	80.0	90.0
耐磨度比(%)	≥	300	350
表面强度(压痕直径)(mm)	≤	3.30	3.10
颜色(与标准样比)		近似~微	

3. 性能测试项目：抗压和抗折强度、耐磨比。

4. 耐磨比试验按《混凝土及其制品耐磨性试验方法（滚珠

轴承法)》GB/T 16925 的规定进行。每组试件 5 块。试件成型按《水泥胶砂强度检验方法（ISO 法）》GB/T 17671 规定制备、养护、试验，与基准砂浆耐磨度计算比较，评定结界。

3.14.15 瓷砖粘结砂浆

1. 执行标准规范

(1)《陶瓷墙地砖胶粘剂》JC/T 547—2005

(2)《胶粉聚苯颗粒外墙外保温系统》JG 158—2004

(3)《外墙饰面砖工程施工及验收规程》JGJ 126—2000

(4)《建筑工程饰面砖粘结强度检验标准》JGJ 110—2008

2. 瓷砖胶分类：水泥基瓷砖胶、膏状乳液瓷砖胶、反应型树脂瓷砖胶。水泥基瓷砖胶是由水泥、矿物集料、有机外加剂组成的粉状混合物。分单组分干粉水泥基瓷砖胶和双组分水泥基瓷砖胶。

3. 瓷砖粘结砂浆的主要特点：良好的保水性能、良好的施工性能、抗下滑性能、瓷砖粘贴效率高、良好的柔性、安全性。

4. 标准型瓷砖胶的参考配方见表 3.14-29。

标准型瓷砖胶的参考配方　　　　表 3.14-29

组　　成	规 格 型 号	质 量 配 比
水泥	32.5R	350～450
石英砂	0.1～0.6mm	450～600
碳酸钙	200 目	50～100
可再分散性胶粉		10～30
纤维素醚		2～4
其他功能性添加剂(抗下滑性)		0.5～1.5

水泥基瓷砖胶的分类　　　　表 3.14-30

水泥基瓷砖胶的分类标记	说　　明
C1	普通型-水泥基胶粘剂
C1F	快速硬化-普通型-水泥基胶粘剂

水泥基瓷砖胶的分类标记	说 明
C1T	抗滑移-普通型-水泥基胶粘剂
C1FT	抗滑移-快速硬化-普通型-水泥基胶粘剂
C2	增强型-水泥基胶粘剂
C2E	加长晾置时间-增强型-水泥基胶粘剂
C2F	增强型-快速硬化-水泥基胶粘剂
C2T	抗滑移-增强型-水泥基胶粘剂
C2TE	加长晾置时间-抗滑移-增强型-水泥基胶粘剂
C2FT	抗滑移-增强型-快速硬化-水泥基胶粘剂

5. 瓷砖胶的选型指南见表 3.14-31。

瓷砖胶的选型指南　　　　　　　表 3.14-31

类 型	聚合物的典型水泥基瓷砖胶的基本性能要求 表 2-101 用量	用 途
低质量型(C1)	0~1.5%	室内使用,没有明显的温差变化,不适用于玻化砖
普通型(标准型)(C1)	1.5%~2%	室内和室外,适用于玻化砖,不适用于全玻化砖,不适用于在瓷砖上贴瓷砖
增强型(柔性型)(C2)	3.5%~4%	室内和室外,在室内旧瓷砖上贴瓷砖,在外保温基层上贴瓷砖
特殊类型	5%~8%	在室外旧瓷砖上贴瓷砖,在胶合板上贴瓷砖,在龄期仅 3 个月的混凝土基层上贴瓷砖,在难处理基层上无需底涂贴瓷砖

6. 水泥基瓷砖胶的基本性能要求见表 3.14-32。

水泥基瓷砖胶的基本性能要求 表 3.14-32

类型	名称	项 目	指标
I	普通型胶粘剂 (C1)	拉伸胶粘原强度(MPa)≥	0.5
		浸水后的拉伸胶粘强度(MPa)≥	0.5
		老化后的拉伸胶粘强度(MPa)≥	0.5
		冻融循环后的拉伸胶粘 强度(MPa)≥	0.5
		晾置时间,20min 拉伸胶粘 强度(MPa)≥	0.5
II	快速硬化胶 粘剂(CF)	早期拉伸胶粘强度(MPa)≥	0.5
		晾置时间,10min 拉伸胶粘 强度(MPa)≥	0.5
III	特殊性能 (CT)	滑移(mm)≤	0.5
IV	附加性能 (C2)	拉伸胶粘原强度(MPa)≥	1.0
		浸水后的拉伸胶粘强度(MPa)≥	1.0
		老化后的拉伸胶粘强度(MPa)≥	1.0
		冻融循环后的拉伸胶粘 强度(MPa)≥	1.0
V	附加性能 (CE)	加长的晾置时间,30min 拉伸胶 粘强度(MPa)≥	0.5

7. 性能测试项目：胶粘强度、浸水后的胶粘强度、热老化后胶粘强度、冻融循环后的胶粘强度、晾置时间的测定。每组 10 个试样；陶瓷墙地砖胶粘剂润湿能力、抗滑移、横向变形试验。

8. 试验结果判定：各个试验项目按规定的方法步骤进行，计算单个试件胶粘强度，精确至 0.1MPa。

对每一系列拉伸胶粘强度的确定：求 10 个数据的平均值；舍弃超出平均值 20% 范围的数据；若仍有 5 个或更多数据被保留，求新的平均值；若少于 5 个数据，则重新试验。

3.14.16　填缝剂

1. 执行标准规范

(1)《陶瓷墙地砖填缝剂》JC/T 1004—2006

(2)《外墙饰面砖工程施工及验收规程》JGJ 126—2000

2. 产品分类

按产品性能分普通型、改进型；

按产品的附加性能分快硬性、低吸水性、高耐磨性。

3. 特点

(1) 与瓷砖边缘具有良好的粘合性；

(2) 低收缩率，减少裂纹形成；

(3) 优质的柔性配方具有足够的抗变形能力；

(4) 低吸水率，具有良好的防水抗渗性能；

(5) 无毒无味，安全环保。

4. 填缝剂的参考配方见表 3.14-33。

填缝剂的参考配方　　　　　　　　表 3.14-33

组　成	规　格　型　号	配　　方
水泥	32.5R	250～350
石英砂	0.1～0.4mm	400～600
重钙粉	0.05mm	100～200
可再分散乳胶粉		10～30
纤维素醚		0～1
其他功能助剂(改善施工性)		0～10

5. 水泥基填缝剂的技术性能要求见表 3.14-34。

水泥基填缝剂的技术性能要求　　　表 3.14-34

性能要求	项　目		要　求
基本性能	耐磨损性(mm³)	<	2000
	抗折强度(MPa)	>	2.50
	冻融循环后的抗折强度(MPa)	>	2.50
	抗压强度(MPa)	>	15.0
	冻融循环后的抗压强度(MPa)	>	15.0
	28d 的线性收缩值(mm/m)	>	3.0
	30min 后的吸水量(g)	<	5.0
	240min 后的吸水量(g)	<	10.0
快速硬化	快硬性水泥基填缝剂应满足基本性能要求,并要求 24h 或更短时间内标准条件下的抗压强度必须满足要求　　<		15.0
附加性能	高的耐磨损性(mm³)	≤	1000
	30min 后更低的吸水量(g)	≤	2.0
	240min 后更低的吸水量(g)	≤	5.0

6. 反应型树脂填缝剂的基本性能见表 3.14-35。

反应型树脂填缝剂的基本性能　　　表 3.14-35

	项　目		要　求
基本性能	耐磨损性(mm³)	≤	250
	抗折强度(MPa)	≥	30.0
	抗压强度(MPa)	≥	45.0
	28d 的线性收缩值(mm/m)	≤	1.5
	240min 后的吸水量(g)	≤	0.1

7. 性能测试项目:抗压强度、抗折强度、吸水性、耐磨性、横向变形。

8. 测试结果判定:每个填缝剂 2 个试件,按规定的试验方法与步骤进行试验耐磨性试验，取两个试件的平均值，精确至 $1mm^3$。

3.14.17 界面砂浆

1. 执行标准规范

(1)《陶瓷墙地砖胶粘剂》JC/T 547—2005

(2)《混凝土界面处理剂》JC/T 907—2002

2. 产品分类

(1) 高保水性界面砂浆，代号 DB-HR，用于加气混凝土墙面、石膏板等；

(2) 中等保水性界面砂浆，代号 DBMR，用于现浇混凝土墙面等；

(3) 低保水性界面砂浆，代号 DB-LR，用于低吸水率的聚苯板等有机板材、釉面砖等。

3. 特点

(1) 能封闭基材的孔隙，减少墙体的吸收性，达到阻缓、降低轻质砌体抽吸抹面砂浆内水分，保证抹面砂浆材料在更佳条件下胶凝硬化。

(2) 提高基材表面强度，保证砂浆的粘结力。

(3) 在砌体与抹面间起粘结搭桥作用，保证使上墙砂浆与砌体表面更易结合成牢固整体。

(4) 免除抹灰前的二次浇水工序，避免墙体收缩。

4. 界面砂浆的参考配方见表 3.14-36。

界面砂浆的参考配方　　　　表 3.14-36

序号	原材料	规　　格	质量比
1	普通硅酸盐水泥	42.5R	350～450
2	砂	0～2.5mm	400～600
3	重钙粉	0～0.1mm	0～100
4	可再分散乳胶粉		10～40

续表

序号	原材料	规　　格	质量比
5	纤维素醚	15000～45000Pa·s	0.5～3.5
6	其他功能助剂(早强剂)		0～10
	合计		1000
	加水量		18%～21%

5. 性能测试项目：保水率、拉伸粘结强度、压剪强度。

3.14.18　装饰砂浆

1. 执行标准规范

《墙体饰面砂浆》JC/T 1024—2007

2. 产品分类：分室内、室外；普通墙面和保温墙面。保温墙面装饰砂浆应具有良好的柔性和抗开裂性能。

3. 饰面砂浆的特点

(1) 装饰砂浆具有良好的透气性，选择合适的添加剂可取得良好的防水效果。

(2) 装饰砂浆能取得仿瓷砖的装饰效果。

(3) 水泥基装饰砂浆的缺点是色差和泛碱。

4. 装饰砂浆的参考配方见表 3.14-37。

装饰砂浆的参考配方　　　　表 3.14-37

材　　料	质　量　比
白色或灰色普通硅酸盐水泥	10～20
碳酸钙,300 目	0～15.00
熟石灰	5.00
石英砂	平衡到 100
颜料(无机)	0～5.00
引气剂	0.00～0.03
木质纤维	0.20～0.50

续表

材　料	质　量　比
纤维素醚，10000～15000mPa·s	0.20～0.30
憎水剂	0.02～0.40
淀粉醚	0.01～0.03
可再分散胶粉	1.50～4.00
总计	100.00

5. 性能测试项目：抗压强度、抗折强度、吸水量、抗泛碱性能。

3.14.19　水泥基自流平砂浆

1. 执行标准规范

(1)《自流平地面工程技术规程》JGJ/T 175—2009

(2)《地面用水泥基自流平砂浆》JC/T 985—2005

(3)《石膏基自流平砂浆》JC/T 1023—2007

(4)《环氧树脂地面涂层材料》JC/T 1015—2006

(5)《地坪涂装材料》GB/T 22374—2008

2. 自流平砂浆产品分类

(1) 用于底层自流平的砂浆：石膏基自流平砂浆、水泥基自流平砂浆。

(2) 用于地面面层自流平的砂浆：水泥基自流平砂浆、环氧树脂或聚氨酯自流平砂浆。

3. 自流平砂浆特点

(1) 具有与基层良好的粘结性和耐磨性。

(2) 面层自流平具有较高的抗压和抗折强度，表面成型光滑。

4. 自流平地面施工对基层要求

(1) 基层应为混凝土层或水泥砂浆层，应坚固、密实。混凝土抗压强度不应小于 20MPa，水泥砂浆的抗压强度不应小于 15MPa。强度不足应处理。

（2）基层表面不得有起砂、空鼓、起壳、脱皮、疏松、麻面、油脂、灰尘、裂纹等缺陷。缺陷超过规定应补强处理、灌浆处理或重新施工。

（3）基层平整度：水泥基和石膏基自流平砂浆地面基层不应大于 4mm/2m，环氧树脂和聚氨酯自流平砂浆地面基层不应大于 3mm/2m。

（4）基层含水率不应大于 8%。

（5）楼地面与墙面交接部位、穿楼面的套管等细部构造，应进行防护处理。

5. 材料质量要求

（1）水泥基自流平砂浆性隔应符合现行行业标准《地面用水泥基自流平砂浆》JC/T 985—2005 的规定；

（2）石膏基自流平砂浆性能应符合现行行业标准《石膏基自流平砂浆》JC/T 1023—2007 的规定；

（3）水泥基和石膏基自流平砂浆放射性核素限量应符合现行国家标准《建筑材料放射性核素限量》GB 6566—2010 的规定；

（4）环氧树脂自流平材料性能应符合现行行业标准《环氧树脂地面涂层材料》JC/T 1015 的规定；

（5）聚氨酯自流平材料性能应符合现行国家标准《地坪涂装材料》GB/T 22374—2008 的规定；

（6）环氧树脂和聚氨酯自流平材料的有害物质限量应符合现行国家标准《地坪涂装材料》GB/T 22374—2008 的规定；

（7）拌合用水应符合《混凝土用水标准》JGJ 63—2006 的规定。

6. 水泥基自流平砂浆的参考配方见表 3.14-38。

7. 水泥基和石膏基自流平砂浆地面施工要求

（1）施工条件

① 施工温度应为 5～35℃，相对湿度不宜高于 80%，基层表面温度不宜低于 5℃；

自流平砂浆的参考配方 表 3.14-38

配方材料	性 能	组分(%)
混合胶凝材料 硅酸盐水泥 高铝水泥 无水硬石膏或 α-半水石膏	无机胶凝材料,提供强度和粘结力,通过调整配比来控制膨胀、收缩和强度高低	30~40
石英砂	骨料,使用具有最优颗粒级配的石英砂提高强度	30~50
碳酸钙粉或白云石粉	填料,提高强度和改善流动性	10~20
碳酸锂	促凝剂,提高早期强度	0~0.20
消泡剂		0.05
缓凝剂	控制初凝时间,保证一定的可操作时间	0~0.25
纤维素醚,低黏度	提供保水性和黏度,防止泌水	0~0.1
超塑化剂	降低需水量,提高流动性	0.1~0.5
可再分散胶粉	有机胶凝材料,提高流平和自愈性能,提高硬化砂浆的粘结强度、耐磨性、抗冲击强度,降低弹模,减少开裂	1~4
总计		100.00
水		22~24

② 应在主体结构及地面基层施工验收后进行;

③ 施工应采用专用机具。

(2) 施工工序与工艺

① 封闭现场,严禁交叉作业;

② 基层检查与处理:包括基层平整度、强度、含水率、裂缝、空鼓等,如有缺陷应按要求进行处理;

③ 在基层上满涂自流平界面剂,不得漏涂和积液;

④ 制备浆料,浆料必须搅拌均匀;

⑤ 摊铺自流平浆料,自行流展找平,也可用专用锯齿刮板辅助展平;

⑥ 浆料摊平后，采用自流平消泡滚筒放气；

⑦ 施工完后养护 24h 以上，做好成品保护。

8. 性能测试项目：流动度、拉伸粘结强度、耐磨性、尺寸变化率、抗压、抗折强度见表 3.14-39。

水泥基自流平砂浆的技术指标　　　表 3.14-39

序号	项　目			技术指标
1	流动性(mm)	初始流动度	≥	130
		20min 流动度	≥	130
2	拉伸粘结强度(MPa)		≥	1.0
3	耐磨性/(g)		≤	0.50
4	尺寸变化率(%)			−0.15～+0.15
5	抗冲击性			无开裂或脱离底板
6	24h 抗压强度(MPa)		≥	6.0
7	24h 抗折强度(MPa)		≥	2.0

注：1. 用户若有特殊要求，由供需双方协商解决。

2. 适用于有耐磨要求的地面。

9. 环氧树脂和聚氨酯自流平地面施工要求

（1）环氧树脂和聚氨酯自流平地面施工区域内严禁烟火和带火操作；

（2）环氧树脂和聚氨酯自流平地面涂料分三层施工：

① 底层涂料应按比例称重配制，按产品说明书规定的时间内使用。涂刷应均匀；

② 中层涂料按产品说明书的比例称重配置，搅拌均匀批刮。固化后用打磨机打磨，局部凹陷用树脂砂浆找平修补；

③ 面层材料用镘刀刮涂，必要时使用消泡滚筒进行消泡处理。

10. 自流平地面工程质量检验规定

（1）基层和面层应按每一层次或每层施工段或变形缝作为一检验批，高层建筑可按三个标准层作为一检验批。

（2）每个检验批应按自然间或标准间随机抽查。走廊（过道）以 10m 为一间，工业厂房（按跨计）、礼堂、门厅以 2 个轴线为 1 间计。

（3）有防水要求的建筑地面，按每检验批随机抽检不少于 4 间。

11. 使用注意事项

（1）准确的水量是达到正确的材料性能的关键。自流平砂浆必须具有一定的吸收性以便水基胶尽早产生粘结力粘贴 PVC 地板。

（2）由于要求自流平砂浆有快硬、快干和低收缩性的特殊性能，故大部分商业产品采用混合胶凝材料系统，从而获得以钙钒石为主要水化产物的硬化自流平砂浆。

（3）自流平地面工程使用的材料和施工现场的室内空气质量应符合现行国家标准《民用建筑工程室内环境污染程控制规范》GB 50325—2010 的规定。

3.14.20　水泥基灌浆材料

1. 执行标准规范

（1）《水泥基灌浆材料》JC/T 986—2005

（2）《水泥基灌浆料应用技术规范》YB/T 50448—2008

2. 产品分类：Ⅰ、Ⅱ、Ⅲ、Ⅳ类

3. 进场复验取样

（1）水泥基灌浆材料每 200t 为一个编号作为取样单位，取样应有代表性，总量不少于 30kg。

（2）将样品混合均匀，用四分法将每一编号取样量缩减至试验所需量的 2.5 倍。

（3）每一编号取得的试样应充分混合均匀，分为两等份：一份进行检验，一份密封保存至有效期以备仲裁检验。

4. 技术资料检验

（1）进场的水泥基灌浆材料应具有产品合格证、使用说明书、出厂检验报告。

(2)出厂检验报告内容应包括：产品名称与型号、检验依据标准、生产日期、用水量、流动度（或坍落度和坍落扩展度）的初始值和30min保留值、竖向膨胀率、1d抗压强度、检验部门印章、检验人员签字。用户需要时，生产厂家应7d内补发3d抗压强度值、32d内补发28d抗压强度值。

5. 复验项目：水泥基灌浆材料性能和净含量。

(1)净含量要求：每袋净质量应为25kg或50kg的99%；随机抽取40袋25kg包装或20袋50kg包装的产品，其总净含量不得少于1000kg；其他包装形式，净含量取样按上述原则规定供需双方协商确定。

(2)水泥基灌浆材料主要性能见表3.14-40。

<table>
<tr><td colspan="8" align="center">水泥基灌浆材料主要性能指标   表 3.14-40</td></tr>
<tr><td colspan="2" align="center">类 别</td><td align="center">I</td><td align="center">II</td><td align="center">III</td><td colspan="2" align="center">IV</td></tr>
<tr><td colspan="2">最大集料粒径(mm)</td><td colspan="3" align="center">≤4.75</td><td colspan="2" align="center">>4.75 且≤16</td></tr>
<tr><td rowspan="2">流动度
(mm)</td><td>初始值</td><td>≥380</td><td>≥340</td><td>≥290</td><td>≥270 *</td><td>≥650 **</td></tr>
<tr><td>30mim 保留值</td><td>≥340</td><td>≥310</td><td>≥260</td><td>≥240 *</td><td>≥550 **</td></tr>
<tr><td rowspan="2">竖向膨胀
率(%)</td><td>3h</td><td colspan="5" align="center">0.1～3.5</td></tr>
<tr><td>24h 与 3h 的
膨胀值之差</td><td colspan="5" align="center">0.02～0.5</td></tr>
<tr><td rowspan="3">抗压强度
(MPa)</td><td>1d</td><td colspan="5" align="center">≥20.0</td></tr>
<tr><td>3d</td><td colspan="5" align="center">≥40.0</td></tr>
<tr><td>28d</td><td colspan="5" align="center">≥60.0</td></tr>
<tr><td colspan="2">对钢筋有无锈蚀作用</td><td colspan="5" align="center">无</td></tr>
<tr><td colspan="2">氯离子含量(%)</td><td colspan="5" align="center">≤0.06</td></tr>
<tr><td colspan="2">泌水率(%)≥</td><td colspan="5" align="center">0</td></tr>
</table>

注：1. 表中性能指标均应按产品要求的最大用水量检验；
2. * 表示坍落度数值，** 表示坍落度扩展度数值；
3. 水泥基灌浆材料类别选择按有关规定执行；
4. 快膨快硬型水泥基灌浆材料的性能指标值 30min 流动度（坍落度和坍落度扩展度）保留值、24h 与 3h 的膨胀值之差及 24h 内抗压强度值由供需双方协商确定外，其他性能指标应符合规定；
5. 当 IV 类水泥基灌浆材料用于混凝土结构改造和加固时，对其 3d 的竖向膨胀率指标不做要求；
6. 对用于冬期施工的水泥基灌浆材料的 30min 保留值和 24h 与 3h 的膨胀值之差不做要求。

（3）用于冬期施工的水泥基灌浆材料性能见表 3.14-41。

用于冬期施工的水泥基灌浆材料性能指标 表 **3.14-41**

规定温度（℃）	抗压强度比（%）		
	R_{-7}	R_{-7+28}	R_{-7+56}
−5	≥20	≥80	≥90
−10	≥12		

注：1. 表示负温养护 R_{-7}、R_{-7+28}、R_{-7+56} 的试件抗压强度值与标准养护 28d 的试件抗压强度值的比值；

2. 施工时最低温度可比规定温度低 5℃。

冬期施工要求：

（4）用于高温环境的水泥基灌浆材料性能见表 3.14-42。

用于高温环境的水泥基灌浆材料性能 表 **3.14-42**

使用环境温度	抗压强度比（%）	热震性（20 次）
200～500	≥100	1. 试块表面无脱落； 2. 热震后的试件浸水端抗压强度与试件标准养护 28d 的抗压强度比≥90%

（5）水泥基灌浆材料的选择

1）地脚螺栓锚固用水泥基灌浆材料的选择见表 3.14-43。

地脚螺栓锚固用水泥基灌浆材料的选择 表 **3.14-43**

螺栓表面与孔壁的净间距（mm）	水泥基灌浆材料类别
15～50	Ⅱ类、Ⅲ类
50～100	Ⅲ类、Ⅳ类
>100	Ⅳ类

螺栓锚固埋设深度应满足设计要求，不小于 15d。

基础混凝土强度等级不低于 C20。

2）二次灌浆用水泥基灌浆材料的选择见表 3.14-44。

二次灌浆用水泥基灌浆材材料的选择　　表 3. 14-44

灌浆层厚度（mm）	水泥基灌浆材料类别
5～30	I 类
20～100	II 类
80～200	III 类
＞200	IV 类

注：1. 采用压力法或高位漏斗法灌浆施工时，可放宽水泥基灌浆材料类别的
　　　选择；
　　2. 当灌浆层厚度大于 150mm 时，可平均分两次灌浆。根据实际分层厚度选
　　　择合适的类别。第二次灌浆宜在第一次灌浆 24h 后，灌浆前应对第一次
　　　灌浆层表面做凿毛处理。

　　二次灌浆的强度等级应满足设计要求，设备基础的混凝土强
度等级不低于 C20。

　　3）混凝土结构改造和加固用水泥基灌浆材料的选择见表
3. 14-45。

混凝土结构改造和加固用水泥基灌浆材料的选择

表 3. 14-45

构件	加固方法	最小间距（mm）	水泥基灌浆材料的选择
混凝土柱	加大截面	＞60mm	IV 类
	加钢套板	10～20mm	I 类、II 类
		＞20mm	II 类、III 类
	干式外包钢	＞20mm	IV 类
混凝土梁	加大截面	侧面＞60mm	IV 类
		底面＞80mm	
楼板	叠合层法增加板厚	板上加固＞40mm	IV 类
		板下加固＞80mm	
质量缺陷修补	剔凿修补		IV 类

　　4）后张法预应力混凝土结构孔道灌浆用水泥基灌浆材料选
择见表 3. 14-46。

后张法预应力混凝土结构孔道灌浆用水泥基灌浆材料选择

表 3.14-46

环境类别	一、二	三	四
浇灌浆材料	可采用Ⅰ类	宜采用Ⅰ类	应采用Ⅰ类
灌浆工艺	可采用压力法灌浆或真空压浆法灌浆	宜采用压力法灌浆或真空压浆法灌浆	应采用真空压浆法灌浆

注：环境类别执行《混凝土结构耐久性设计规范》GB/T 50476—2008 环境类别分类。

材料特点

(1) 加水搅拌后即可使用，无离析，质量稳定。

(2) 高流动性。

(3) 快硬高强，可用于紧急抢修。

(4) 具有膨胀性，补偿收缩，体积稳定，防水、防裂、抗渗、抗冻融。

(5) 耐久性好。可用于地脚螺栓锚固、设备基础二次灌浆、混凝土结构加固与改造、后张预应力混凝土结构预留孔道的灌浆及封锚。

(6) 安全环保。

6. 灌浆材料的参考配方见表 3.14-47。

灌浆材料的参考配方

表 3.14-47

原材料	规格	质量比
硅酸盐水泥	42.5R	350～500
砂（天然砂、破碎砂、重钙）	0.1～3mm	400～600
改性填充料（粉煤灰、硅灰）		5～15
无水石膏		0～50
纤维素醚	15000～45000MPa·s	0.2～1
可再分散乳胶粉		10～25
膨胀剂		30～50
其他功能性添加剂（减水剂、缓凝剂、早强剂）		0～10
合计		1000
加水量		15%～18%

7. 性能测试项目：凝结时间、泌水率、流动度、竖向膨胀率、抗压强度、钢筋握裹强度、对钢筋锈蚀作用。

3.15 建筑墙体外保温体系

3.15.1 执行标准规范

1.《民用建筑热工设计规范》GB 50176—1993

2.《严寒和寒冷地区居住建筑节能设计标准》JGJ 26—2010

3.《夏热冬冷地区居住建筑节能设计标准》JGJ 134—2010

4.《居住建筑节能设计标准》北京市地方标准 DBJ 01-602—2004

5.《夏热冬暖地区居住建筑节能设计标准》JGJ 75—2012

6.《公共建筑节能设计标准》GB 50189—2005

7.《建筑节能工程施工质量验收规范》GB 50411—2007

8.《外墙外保温工程技术规程》JGJ 144—2004

9.《胶粉聚苯颗粒复合型保温系统》河北省工程建设标准 DB13 J/T 116—2011

10.《硬泡聚氨酯保温防水工程技术规范》GB 50404—2007

11.《膨胀聚苯板薄抹灰外墙外保温系统》JG 149—2003

12.《胶粉聚苯颗粒外墙外保温系统》JG 158—2004

13.《面砖饰面外墙外保温施工技术规程》Q/ZLGJS 0609—2003

14.《墙体保温用膨胀聚苯乙烯板胶粘剂》JC/T 992—2006

15.《外墙外保温用膨胀聚苯乙烯板抹面胶浆》JC/T 993—2006

16.《外墙外保温施工技术规程（聚苯板玻纤网格布聚合物砂浆做法）》DBJ/T 01-38—2002

17.《外墙外保温用聚合物砂浆质量检验标准》北京市地方

标准 DBJ/T 01-63—2002

3.15.2 建筑节能设计标准

1. 建筑与建筑热工设计

(1) 我国各城市的建筑气候分区按表 3.15-1 确定。

城市的建筑气候分区 表 3.15-1

气候分区	代表性城市
严寒地区 A 区	海伦、博克图、伊春、呼玛、海拉尔、满洲里、齐齐哈尔、富锦、哈尔滨、牡丹江、克拉玛依、佳木斯、安达
严寒地区 B 区	长春、乌鲁木齐、曼延吉、通辽、通化、四平、呼和浩特、抚顺、大柴旦、沈阳、大同、本溪、阜新、哈密、鞍山、张家口、酒泉、伊宁、吐鲁番、西宁、银川、丹东
寒冷地区	兰州、太原、唐山、阿坝、喀什、北京、天津、大连平凉、石家庄、德州、晋城、天水、西安、拉萨、康定、济南、青岛、安阳、郑州、洛阳、宝鸡、徐州
夏热冬冷地区	南京、蚌埠、盐城、南通、合肥、安庆、九江、武汉、黄石、岳阳、汉中、安康、上海、杭州、宁波、宜昌、长沙、南昌、株洲、永州、赣州、韶关之、桂林、重庆、达县、万州、涪陵、南充、宜宾、成都、贵阳、遵义、凯里、绵阳
夏热冬暖地区	福州、莆田、龙岩、梅州、兴宁、英德、河池、柳州、贺州、泉州、厦门、广州、深圳、湛江、汕头、海口、南宁、北海、梧州

(2) 围护结构的热工性能规定

根据建筑所处城市的建筑气候分区，围护结构的热工性能应分别符合表 3.15-2～表 3.15-7 的规定。当不能满足本条文规定时，必须按标准的规定进行权衡判断。

严寒地区 **A** 区围护结构传热系数限值　　表 3.15-2

围护结构部位		体形系数≤0.3 传热系数 K W/(m・K)	0.3<体形系数≤0.4 传热系数 K W/(m・K)
屋面		≤0.35	≤0.30
外墙包括非透明幕墙		≤0.45	≤0.40
底面接触室外空气的架空或外挑楼板		≤0.45	≤0.40
非采暖房间与采暖房间的隔墙或楼板		≤0.6	≤0.6
单一朝向 外窗(包括 透明幕墙)	窗墙面积比≤0.2	≤3.0	≤2.7
	0.2<窗墙面积比≤0.3	≤2.8	≤2.5
	0.3<窗墙面积比≤0.4	≤2.5	≤2.2
	0.4<窗墙面积比≤0.5	≤2.0	≤1.7
	10.5<窗墙面积比≤0.7	≤1.7	≤1.5
屋顶透明部分		≤2.5	

严寒地区 **B** 区围护结构传热系数限值　　表 3.15-3

围护结构部位		体形系数≤0.3 传热系数 K W/(m・K)	0.3<体形系数≤0.4 传热系数 K W/(m・K)
屋面		≤0.45	≤0.35
外墙包括非透明幕墙		≤0.50	≤0.45
底面接触室外空气的架空或外挑楼板		≤0.50	≤0.45
非采暖房间与采暖房间的隔墙或楼板		≤0.8	≤0.8
单一朝向 外窗(包括透 明幕墙)	窗墙面积比≤0.2	≤3.2	≤2.8
	0.2<窗墙面积比≤0.3	≤2.9	≤2.5
	0.3<窗墙面积比≤0.4	≤2.6	≤2.2
	0.4<窗墙面积比≤0.5	≤2.1	≤1.8
	10.5<窗墙面积比≤0.7	≤1.8	≤1.6
屋顶透明部分		≤2.5	

寒冷地区围护结构传热系数和遮阳系数限值　　　　表 3.15-4

围护结构部位	体形系数≤0.3 传热系数 K W/(m²·K)		0.3<体形系数≤0.4 传热系数 K W/(m²·K)	
屋面	≤0.55		≤0.45	
外墙不包括非透明幕墙	≤0.60		≤0.50	
底面接触室外空气的架空 或外挑楼板	≤0.60		≤0.50	
非采暖空调房间与采暖房 间的隔墙或楼板	≤1.5		≤1.5	

外窗(包括透明幕墙)		传热系数 K W/(m²·K)	遮阳系数 SC	传热系数 K W/(m²·K)	遮阳系数 SC
单一朝向外窗(包括透明幕墙)	窗墙面积比≤0.2	≤3.5	—	≤3.0	—
	0.2<窗墙面积比≤0.3	≤3.0	—	≤2.5	—
	0.3<窗墙面积比≤0.4	≤2.7	≤0.70/—	≤2.3	≤0.70/—
	0.4<窗墙面积比≤0.5	≤2.3	≤0.60/—	≤2.0	≤0.60/—
	10.5<窗墙面积比≤0.7	≤2.0	≤0.50/—	≤1.8	≤0.50/—
屋顶透明部分		≤2.7	≤0.50	≤2.7	≤0.50

注：有外遮阳时，遮阳系数=玻璃的遮阳系数×外遮阳的遮阳系数；无外遮阳时，遮阳系数=玻璃的遮阳系数。遮阳系数仅东、南、西向，无北向。

夏热冬冷地区围护结构传热系数和遮阳系数限值

表 3.15-5

围护结构部位	传热系数 kW/(m²/K)
屋面	≤0.70
外墙包括非透明幕墙	≤1.0
底面接触室外空气的架空或外挑楼板	≤1.0

续表

围护结构部位	传热系数 KW/(m² · K)	
外窗(包括透明幕墙)	传热系数 K W/(m² · K)	遮阳系数 SC
单一朝向外窗(包括透明幕墙) 窗墙面积比≤0.2	≤4.7	—
0.2<窗墙面积比≤0.3	≤3.5	≤0.55/—
0.3<窗墙面积比≤0.4	≤3.0	≤0.50/0.60
0.4<窗墙面积比≤0.5	≤2.8	≤0.45/0.55
10.5<窗墙面积比≤0.7	≤2.5	≤0.40/0.50
屋顶透明部分	≤3.0	≤0.40

注：有外遮阳时，遮阳系数＝玻璃的遮阳系数×外遮阳的遮阳系数；无外遮阳时，遮阳系数＝玻璃的遮阳系数。遮阳系数仅东、南、西向，无北向。

夏热冬暖地区围护结构传热系数和遮阳系数限值

表 3.15-6

围护结构部位	传热系数 KW/(m² · K)	
屋面	≤0.90	
外墙不包括非透明幕墙	≤1.5	
底面接触室外空气的架空或外挑楼板	≤1.5	
外窗(包括透明幕墙)	传热系数 K W/(m² · K)	遮阳系数 SC
单一朝向外窗(包括透明幕墙) 窗墙面积比≤0.2	≤6.5	—
0.2<窗墙面积比≤0.3	≤4.7	≤0.55/0.60
0.3<窗墙面积比≤0.4	≤3.5	≤0.45/0.55
0.4<窗墙面积比≤0.5	≤3.0	≤0.40/0.50
10.5<窗墙面积比≤0.7	≤3.0	≤0.35/0.45
屋顶透明部分	≤3.5	≤0.35

注：有外遮阳时，遮阳系数＝玻璃的遮阳系数×外遮阳的遮阳系数；无外遮阳时，遮阳系数＝玻璃的遮阳系数。遮阳系数仅东、南、西向，无北向。

不同气候区地面和地下室外墙热阻限值　表 3.15-7

气候分区	围护结构部位	热阻值(m²·K)/W
严寒地区 A 区	地面:周边地面 非周边地面	≥2.0 ≥1.8
	采暖地下室外墙(与土壤接触的墙)	≥2.0
严寒地区 B 区	地面:周边地面 非周边地面	≥2.0 ≥1.8
	采暖地下室外墙(与土壤接触的墙)	≥1.8
寒冷地区	地面:周边地面 非周边地面	≥1.5
	采暖、空调地下室外墙(与土壤接触的墙)	≥1.5
夏热冬冷地区	地面	≥1.2
	地下室外墙(与土壤接触的墙)	≥1.2
夏热冬暖地区	地面	≥1.0
	地下室外墙(与土壤接触的墙)	≥1.0

注: 1. 周边地面系指距外墙内表面 Zm 以内的地面;
　　2. 地面热阻系指建筑基础持力层以上各层材料的热阻之和;
　　3. 地下室外墙热阻系指土壤以内各层材料的热阻之和。

(3) 建筑总平面的布置和设计,宜利用冬季日照并避开冬季主导风向,利用夏季自然通风。建筑的主朝向宜选择本地区最朝向或接近最佳朝向。

(4) 严寒和寒冷地区居住建筑的体形系数不应大于表 3.15-8 规定的限值。当体形系数大于时,必须按照本标准的要求进行围护结构热工性能判断。

严寒和寒冷地区居住建筑的体形系数限值　表 3.15-8

层数	建筑层数			
	≤3 层	4~8 层	9~13 层	≥14 层
严寒地区	0.50	0.30	0.28	0.25
寒冷地区	0.52	0.33	0.30	0.26

(5) 严寒和寒冷地区居住建筑的窗墙面积比不应大于表 3.15-9 规定的限值。当窗墙面积比小于规定值时，必须按照本标准的要求进行围护结构热工性能判断。

严寒和寒冷地区居住建筑的窗墙面积比限值 表 3.15-9

朝　　向	窗墙面积比	
	严寒地区	寒冷地区
北	0.25	0.30
东、西	0.30	0.35
南	0.45	0.50

(6) 建筑每个朝向的窗（包括透明幕墙）墙面积比均不应大于 0.70。当窗（包括透明幕墙）墙面积比小于 0.4 时，玻璃（或其他透明材料）的可见光透射比不应小于 0.4。当不能满足规定时，必须按本标准规定进行判断。

(7) 屋顶透明部分的面积不应大于屋顶总面积的 20%，当不能满足规定时，必须按本标准规定进行判断。

(8) 建筑中庭夏季应利用通风降温，必要时设置机械排风装置。

(9) 外窗的可开启面积不应小于窗面积的 30%；透明幕墙应具有可开启部分或设有通风换气装置。

(10) 严寒地区建筑的外门可设门斗，寒冷地区建筑的外门宜设门斗或应采取其他减少冷风渗透的措施。

(11) 外窗的气密性不应低于《建筑外窗气密性能分级及其检测方法》GB 7107 规定的 4 级。

(12) 透明幕墙的气密性不应低于《建筑幕墙物理性能分级》GB/T 15225 规定的 3 级。

2. 民用建筑分类：民用建筑分居住建筑和公共建筑。

(1) 居住建筑包括宿舍、住宅、托幼、学校、医院等。

(2) 公共建筑包括办公楼、餐饮、影剧院、交通（汽车站、火车站、飞机航站楼）、银行、体育馆、商业、旅馆、图书馆等。

3. 建筑节能工程包括建筑工程中的墙体、幕墙、门窗、屋面、地面、采暖、通风与空调、空调与采暖系统的冷热源及管网、配电与照明、监测与控制等。

4. 室内环境节能设计计算参数

(1) 集中采暖系统室内计算温度宜符合表 3.15-10 规定。

集中采暖系统室内计算温度 表 3.15-10

序号	建筑类型及房间名称	室内温度(℃)	序号	建筑类型及房间名称	室内温度(℃)
1	住宅、宿舍： 起居室 卧室 浴卫间 厨房 楼(电)梯	 18 18 20 10 14	6	餐饮： 餐厅、饮食、小吃、办公 洗碗间 制作间、洗手间、配餐 厨房、热加工间 干菜、饮料库	 18 16 16 10 8
2	医院： 挂号厅、候诊厅、室 诊室 病房 检测诊断 药房 走道、洗手间 办公室 楼(电)梯	 18 20 20 16 5 16 20 14	7	影剧院： 门厅、走道 观众厅、放映室、洗手间 休息厅、吸烟室 化妆	 14 16 18 20
3	学校： 教室、办公室 科研室 走道、洗手间 楼(电)梯	 18 18 16 14	8	交通： 民航候机厅、办公室 候车厅、售票厅 公共洗手间	 20 16 16
4	幼托： 活动室 卧室	 20 20	9	银行： 营业大厅 走道、洗手间 办公室 楼(电)梯	 18 16 20 14
5	办公楼： 门厅、楼(电)梯 办公室 会议室、接待室、多功能厅 走道、洗手间、公共食堂 车库	 16 20 18 16 5	10	体育： 比赛厅(不含体操)、练习厅 休息厅 运动员、教练员更衣、休息 游泳馆	 16 18 20 26

续表

序号	建筑类型及房间名称	室内温度(℃)	序号	建筑类型及房间名称	室内温度(℃)
11	商业： 营业厅(百货、书籍) 鱼肉、蔬菜营业厅 副食(油、盐、杂货)、洗手间 办公 米面贮藏 百货仓库	 18 14 16 20 5 10	13	图书馆： 大厅 洗手间 办公室、阅览 报告厅、会议室 特藏、胶卷、书库	 16 16 20 18 14
12	旅馆： 大厅、接待 客房、办公室 餐厅、会议室 走道、楼(电)梯间 公共浴室 公共洗手间	 16 20 18 16 25 16			

(2) 空气调节系统室内计算参数宜符合表 3.15-11 规定。

空气调节系统室内计算参数　　　表 3.15-11

参　　数		冬　季	夏　季
温度(℃)	一般房间	20	25
	大堂、过厅	18	室内外温差≤10
风速(u)(n/s)		$0.10 \leqslant u \leqslant 0.20$	$0.15 \leqslant u \leqslant 0.30$
相对湿度(%)		30～60	40～65

(3) 公共建筑主要空间的设计新风量，应符合表 3.15-12 的规定。

公共建筑主要空间的设计新风量　　　表 3.15-12

建筑类型与房间名称		新风量[m³/(h·p)]
旅游旅馆	客房　5 星级	50
	4 星级	40
	3 星级	30

续表

建筑类型与房间名称			新风量[m³/(h·p)]
旅游旅馆	餐厅、宴会厅、多功能厅	5 星级	30
		4 星级	25
		3 星级	20
		2 星级	15
	美容、理发、康乐设施		30
旅店	客　房	一～三级	30
		四级	20
文化娱乐	乡剧院、音乐厅、录像厅		20
	游艺厅、舞厅(包括卡拉 OK 歌厅)		30
	酒吧,茶座,咖啡厅		10
体育馆			20
商场(店)、书店			20
饭馆(餐厅)			20
办公			30
学校	教室	小学	11
		初中	14
		高中	17

5. 建筑节能目标

(1)国家目前要求：居住建筑和公共建筑的建筑节能设计，在保证相同的室内环境参数条件下，与未采取节能措施前（1980年）相比，全年采暖、通风、空气调节和照明的总能耗应减少 50%。

(2)北京地区普通住宅冬季采暖的节能目标是：在 1980 年住宅通用设计采暖能耗基准水平的基础上节能 65%。

1)除低层住宅外，北京地区普通住宅的采暖设计热负荷指标，不宜超过 32W/m² 。

2）北京地区普通住宅冬季采暖的室内热环境，应达到以下指标：

卧室、起居室的室内设计温度不低于 18℃；

通风换气次数不低于 0.5 次/h。

3）夏季空调能耗的控制，可仅在外窗的遮阳、开启面积以及空调和通风设计等环节采取有效的节能措施。夏季空调能耗检验室内热环境指标：卧室、起居室室内设计温度不高于 29℃，体积通风换气次数：当利用空调机降温时，应不低于 1.0 次/h；当利用自然通风降温时，不低于 10 次/h。

3.15.3　外墙外保温系统类型

1. 膨胀聚苯板薄抹灰外墙外保温系统（EPS 板薄抹灰体系）；

2. 胶粉聚苯颗粒保温浆料外墙外保温系统（保温浆料体系）；

3. EPS 钢丝网架板现浇混凝土外墙外保温系统（有网现浇体系）；

4. EPS 板现浇混凝土外墙外保温系统（无网现浇体系）；

5. 机械固定 EPS 钢丝网架板外墙外保温系统（机械固定体系）；

6. 硬泡聚氨酯保温防水系统；

7. 胶粉聚苯颗粒复合型保温系统。

3.15.4　建筑墙体用保温绝热材料的基本要求

1. 基本要求

（1）导热系数小于 0.17W/(m·K)；保温隔热和防潮性能应符合国家现行标准《民用建筑热工设计规范》GB 50176—1993《严寒和寒冷地区居住建筑节能设计标准》JGJ 26—2010、《夏热冬冷地区居住建筑节能设计标准》JGJ 134—2010《夏热冬暖地区居住建筑节能设计标准》JGJ 75—2003 的有关规定。

（2）表观密度小于 $1000kg/m^3$。

（3）抗压强度大于 0.3MPa，承受自重不产生有害变形，具有抗风荷载性能、抗冲击性能，承受风荷载作用不破坏，耐受室外气候长期反复作用不破坏，发生罕遇地震不应脱落。

（4）抗冻性，耐冻融性能。

（5）耐水性，具有防水渗透性能、防潮性能。

（6）防火性，符合防火性能要求，高层外墙保温应采取防火构造措施。

近年来，一些大城市的大型高层建筑外墙外保温材料发生重大火灾事故，造成重大经济损失。因此，外墙保温材料应采用防火阻燃或难燃材料，如岩棉板等复合防火材料。在目前仍采用聚苯乙烯泡沫塑料板、挤塑聚苯乙烯板、聚氨酯等无阻燃保温材料时，施工时严禁与电、气焊同时施工而引发火灾；施工中应重视采取与电气、燃气接近处的外墙防火构造措施。

（7）耐候性，具有物理、化学稳定性、防腐性、防止生物侵害性能。

（8）正常使用维护条件下，外墙外保温工程的使用年限不应少于 25 年。

2. 保温层的设计厚度，应根据国家和本地区现行建筑节能设计标准规定的外墙传热系数限值进行热工计算确定。

3. 建筑墙体用保温绝热材料应作型式检验报告，有效期为两年。其检验项目及基本性能要求是：

（1）外墙外保温系统应按规程进行耐候性试验，不得出现饰面层和保护层起泡、空鼓或剥落等破坏，不得产生渗水裂缝。具有薄抹面层的外保温系统，抹面层与保温层的拉伸强度不得小于 0.1MPa，并且破坏部位应位于保温层内。

（2）胶粉 EPS 颗粒保温浆料外墙外保温系统进行抗拉强剂检验，抗拉强度不得小于 0.1MPa，且破坏部位不得位于各层界面。

（3）EPS板现浇混凝土外墙外保温系统应按规程规定做现场粘结强度检验。EPS板现浇混凝土外墙外保温系统现场粘结强度不得小于0.1MPa，且破坏部位应位于EPS板内。

（4）外墙外保温系统性能指标应符合表3.15-13。

外墙外保温系统性能要求　　　　　　　表3.15-13

检验项目	性能要求	试验方法
抗风荷载性能	系统抗风压值不小于风荷载设计值。EPS板薄抹灰外墙外保温系统、胶粉EPS颗粒保温浆料外墙外保温系统、EPS板现浇混凝土外墙外保温系统和EPS钢丝网架板现浇混凝土外墙外保温系统安全系数 K 应不小于 1.5，机械固定 EPS 钢丝网架板外墙外保温系统安全系数 K 应不小于 2	按规定；由设计要求值降低 1MPa 作为试验起始点
抗冲击性	建筑物首层墙面以及门窗口等易受碰撞部位：10J 级；建筑物二层以上墙面等不易受碰撞部位：3J 级	按规定
吸水量	水中浸泡 1h，只带有抹面层和带有全部保护层的系统的吸水量均不得大于或等于 1.0kg/m^2	按规定
耐冻融性能	30 次冻融循环后保护层无空鼓、脱落，无渗水裂缝；抗裂层、找平层、防火保护层与保温层的拉伸粘结强度不小于 0.1MPa，破坏部位应位于保温层；饰面砖与抗裂层拉伸粘结强度不应小于 0.4 MPa	按规定
热阻	复合墙体热阻符合设计要求	按规定
抗裂层不透水性	2h 不透水	按规定
保护层水蒸气渗透阻	符合设计要求	按规定

检验项目	性能要求	试验方法
饰面砖现场拉拔强度	0.4MPa	—
抗震性能(面砖饰面)	在罕遇地震发生时面砖饰面及外保温系统无脱落	—

注:水中浸泡 2h,只带有抹面层和带有全部保护层的系统的吸水量均不得小于 0.5kg/m² 时,不检验耐冻融性能。

(5)应按规程的规定对胶结剂进行拉伸粘结强度检验。胶结剂与水泥砂浆的拉伸粘结强度在干燥状态下不得小于 0.6MPa,浸水 48h 后不得小于 0.4MPa,与 EPS 板的拉伸粘结强度在干燥状态和浸水 48h 后均不得小于 0.1MPa,且破坏部位应位于 EPS 板内。

(6)应按规程的规定对玻纤网进行耐碱拉伸断裂强力检验。玻纤网经向和纬向耐碱拉伸断裂强力均不得小于 750N/50mm,耐碱拉伸断裂强力保留率均不得小于 50%。

(7)胶粉聚苯颗粒复合型保温系统对火反应性能应符合下列要求

非幕墙式居住建筑外墙外保温系统对火反应性能应符合表 3.15-14 的要求。

非幕墙式居住建筑外墙外保温系统对火反应性能要求

表 3.15-14

建筑高度 H (m)	对火反应性能		
	热释放速率峰值 (kW/m²)	窗口火试验	
		水平准位线温度(℃)	烧损面积(m²)
$H \geqslant 100$	≤5	$T_2 <$200-g $T_1 \leqslant$300,或 $T_2 <$ 300 (当选用保温燃烧性能等级为 A 级时)	≤5

续表

建筑高度 H (m)	对火反应性能		
	热释放速率峰值 (kW/m²)	窗口火试验	
		水平准位线温度(℃)	烧损面积(m²)
60≤H<100	≤10	T₂~300 且 T₁≤500	≤10
24≤H<60	≤25	T₂≤300	≤20
H<24	≤100	T₂≤500	≤40
试验方法	GB/T16172	附录	

非幕墙式公共建筑和幕墙式建筑外墙外保温系统对火反应性能应符合表 3.15-15 的要求。

非幕墙式公共建筑和幕墙式建筑外墙外保温系统对火反应性能

表 3.15-15

建筑高度 H(m)		对火反应性能				
非幕墙式 公共建筑	幕墙式 建筑	热释放速率峰值 (kW/m²)	窗口火试验		墙角火试验	
			水平准位线温度 (℃)	烧损面积 (m²)	烧损宽度 (m)	烧损面积 (m²)
H≥50	H≥24	≤5	T₂≤200 且 T₁≤300,或 T₂<300 (当选用保温燃烧性能等级为 A 级时)	≤5	≤1.52	≤10
24≤H<50	H<24	≤10	T₂≤300 且 T₂≤500	≤10	≤3.04	≤20
H<24	—	≤25	T₂≤300	≤20	≤5.49	≤40
试验方法		GB/T 16172	附录			

(8) 外保温系统其他主要组成材料性能要求见表 3.15-16。

外保温系统其他主要组成材料性能要求　表 3.15-16

检验项目			性能要求	
			EPS 板	胶粉 EPS 颗粒保温浆料
保温材料	密度(g/m³)		18～22	—
	干密度(g/m³)		—	180～250
	导热系数[W/(m·k)]		≤0.041	≤0.060
	水蒸气渗透系数[ng/(Pa·m·s)]		符合设计要求	
	压缩性能(MPa)(形变 10%)		≥0.10	≥0.25(养护 28d)
	抗拉强度(MPa)	干燥状态	≥0.10	≥0.10
		浸水 48h,取出后干燥 7d	—	
	线性收缩率(%)		—	≤0.3
	尺寸稳定性(%)		≤0.3	—
	软化系数		—	≥0.5(养护 28d)
	燃烧性能级别		阻燃型	B1
EPS 钢丝网架板	热阻(m²·K/W)	腹丝穿透型	≥0.73(50mm 厚 EPS 板) ≥1.5(100mm 厚 EPS 板)	
		腹丝非穿透型	≥1.0(50mm 厚 EPS 板) ≥1.6(80mm 厚 EPS 板)	
	腹丝镀锌层		符合相应规定	
抹面、抗裂、界面砂浆	与 EPS 板或胶粉 EPS 颗粒保温浆料拉伸粘结强度(MPa)		干燥状态和浸水 48d 后≥0.10,破坏界面应位于 EPS 板或胶粉 EPS 颗粒保温浆料	
饰面材料	必须与其他系统组成材料相容,符合设计要求和相关标准规定			
锚栓	符合设计要求和相关标准规定			

(9) 常用墙体保温绝热材料品种、主要组成和特性见表 3.15-17。

常用墙体保温绝热材料 表 3.15-17

品种	主要组成材料	主要性能
聚苯乙烯泡沫塑料	聚苯乙烯树脂、发泡剂等经发泡而得	体积密度为 15~50kg/m³,导热系数为 0.03~0.047W/(m·k),抗折强度为 0.15MPa,吸水率小于 0.03g/cm³,耐腐蚀性强,最高使用温度为 80℃,为高效保温绝热材料
硬质聚氨酯泡沫塑料	异氰酸酯和聚醚或聚酯等经发泡而得	体积密度为 30~45kg/m³,导热系数为 0.017~0.026W/(m·k),抗压强度为 0.25MPa,体积吸水率小于 1%,耐腐蚀性强,使用温度为－60~＋120℃,可现场浇注发泡,为高效保温绝热材料
泡沫混凝土	水泥、发泡剂、水等经发泡、养护等而得的多孔混凝土	400 和 500 级。500 级的抗压强度为 2.0~3.0MPa,导热系数为 0.12W/(m·k)
加气混凝土砌块(板)	磨细含硅材料、石灰、铝粉、水等经发泡、压蒸养护而得的多孔混凝土	500(kg/m³)级的抗压强度为 2.2~3.0MPa,导热系数为 0.12W/(m·k);抗冻性 15 次合格
岩棉	熔融岩石用离心法制成的纤维絮状物	体积密度为 80~150kg/m³,导热系数为 0.044W/(m·k)最高使用温度为 600℃
玻璃棉	熔融玻璃用离心法等制成的纤维絮状物	体积密度为 8~40kg/m³,导热系数为 0.040~0.050W/(m·k)最高使用温度为 400℃
膨胀珍珠岩	珍珠岩等经焙烧、膨胀而得	体积密度为 40~300kg/m³,导热系数为 0.025~0.048W/(m·k)最高使用温度为 800℃
膨胀蛭石	蛭石经焙烧、膨胀而得	体积密度为 80~200kg/m³,导热系数为 0.046~0.07W/(m·k)最高使用温度为 1000~1100℃

续表

品种	主要组成材料	主要性能
泡沫玻璃	碎玻璃、发泡剂等经熔化、发泡而得，气孔直径为 0.1～5mm	体积密度为 150～600kg/m³，导热系数为 0.0547～0.128W/(m·k)，抗压强度为 0.8～15MPa，体积吸水率小于 0.2%，抗冻性强，最高使用温度为 500℃，为高效保温绝热材料

4. 墙体保温隔热材料和粘结材料，进场时应进行见证取样复验。随机抽样数量：同一厂家同一品种的产品，单位工程建筑面积在 2 万 m² 以下时抽查不少于 3 次；超高 2 万 m² 时抽查不少于 6 次。复验项目：

（1）保温材料的导热系数、密度、抗压强度或压缩强度；

（2）粘结材料的粘结强度。严寒和寒冷地区外保温使用的粘结材料应进行冻融试验，其试验结果应符合该地区最低温度环境的使用要求；

（3）增强网的力学性能、抗腐蚀性能。

复验报告试验结果应符合设计要求。

5. 设计与施工要求

（1）设计选用外保温系统时，应根据当地气候条件和当地政府建设行政主管部门作出的保温节能比率要求，选用标准图集中符合规定的系统构造和组成材料序次、品种、性能、规格、厚度等。

如华北、西北地区标准《建筑构造通用图集》（88J2-9）［第二版］墙身-外墙外保温（节能 65%）、（88JZ13）（2005 版）ZL系列外墙外保温（节能 65%）、（88JZ2）挤塑聚苯板保温构造。

如北京振利高新技术公司编制的《ZL 无溶剂硬泡聚氨酯外保温系统》构造详图。

（2）外保温复合墙体的热工和节能设计规定：

① 保温层内表面温度应高于 0℃；

② 外保温系统应包覆门窗框外侧洞口、女儿墙以及封闭阳

台等热桥部位；

③ 机械固定 EPS 钢丝网架板外墙外保温系统，应考虑固定件、承托件的热桥影响；

（3）薄抹面层的系统，保护层厚度应为 3～6mm。厚抹面层的系统，保护层厚度应为 25～30mm；

（4）应做好外保温工程的密封和防水构造详图设计，确保基层和保温层不渗水。水平或倾斜的出挑部位及延伸至地面以下部位应做防水处理。安装设备或管道应固定在结构基层上，其外墙外保温部位应做好密封和防水设计；

（5）采用钢筋混凝土结构外墙外保温系统，外保温工程施工前，应检查验收以下相关内容：主体结构验收；外门窗洞口位置、尺寸及门窗框或辅框安装完毕；伸出墙面的消防梯、水落管、各种进户管线和空调器等的预埋件、连接件应安装完毕，并按外保温系统厚度留出间隙；

（6）保温层施工前应进行基层处理，外墙面垂直度要符合相关要求，基层面应坚实平整；

（7）外墙外保温工程应逐层连续施工，EPS 板安装上墙后应及时做抹面层，EPS 板不得长期裸露，玻纤网布不得直接铺在保温层表面干搭接和外露；

（8）保温层采用预埋或后置锚固件固定时，锚固件数量、位置、锚固深度和拉拔力应符合设计要求。后置锚固件应进行锚固力现场拉拔试验；

（9）外保温工程施工期间及完工 24h 以内，基层环境空气温度不应低于 5C。夏季应避免阳光暴晒，雨天和大风天不得施工；

（10）做好外墙外保温工程的成品保护，完工后不得挖孔打洞及碰撞。

3.15.5　EPS 板薄抹灰外墙外保温系统

1. 膨胀聚苯板（EPS）薄抹灰外墙外保温系统由胶粘剂把膨胀聚苯板（EPS）粘贴在基层墙体上形成保温层，然后在板面上刮抹抹灰砂浆，再满铺贴耐碱网布，在网格布上再刮抹面砂浆形成表面保护层。然后再作饰面涂料。

2. 系统构造和技术要求

（1）建筑物高度大于 20m 时，受负风压较大部位宜使用锚栓辅助固定。

（2）EPS 板的规格高×宽宜为 600mm×1200mm。必要时应设置抗裂分隔缝。

（3）基层表面应清洁，无油污、脱模剂等妨碍粘结的附着物。凸起、空鼓和疏松部位应剔除找平。找平层应与墙体粘结牢固，不得有脱层起皮、空鼓、裂缝、粉化、暴灰等现象。

（4）基层与胶粘剂的拉伸粘结强度不应低于 0.3MPa，脱开的粘结界面不应大于 50%。

（5）粘贴 EPS 板时，涂在 EPS 板背面的胶粘剂不得小于板面的 40%。

（6）EPS 板应按顺砌方式粘贴，竖缝错开。墙角处 EPS 板应交错互锁，门窗洞口四角处不得拼接，应采用整块板切割成形，接缝应离开角部至少 200mm。EPS 板应粘贴牢固，不得有松动和空鼓。

（7）做好檐口、勒脚处到包边处理。装饰缝、门窗四角和阴阳角等处应做好局部加强网施工。变形缝处应做好防水和保温构造处理。

3.15.6 胶粉 EPS 颗粒保温浆料外墙外保温系统

1. 胶粉 EPS 颗粒保温浆料外墙外保温系统由界面层、胶粉 EPS 颗粒保温浆料保温层、抗裂砂浆薄抹面层、层中满铺玻纤网布和饰面层组成。

2. 构造和技术要求

（1）胶粉 EPS 颗粒保温浆料保温层设计厚度不宜超过 100mm。

（2）必要时应设置抗裂分隔缝。

（3）基层表面应清洁，无油污和脱模剂等妨碍粘结的附着物，空鼓、疏松部位应剔除。

（4）胶粉EPS颗粒保温浆料宜分遍抹灰，每遍厚度不宜超过20mm，第一遍抹灰应压实，最后一遍应找平，并用大杠搓平。每遍间隔时间应在24h以上。

（5）保温层硬化后，应现场取样检验胶粉颗粒保温浆料干密度和保温层厚度。干密度应于$180\sim250\text{kg/m}^3$，保温层厚度应符合设计要求，不得有负偏差。

3.15.7 EPS板现浇混凝土外墙外保温系统

1. EPS板现浇混凝土外墙外保温系统以现浇混凝土外墙为基层，内表面沿水平方向刻有矩形齿槽EPS板作为保温层置于外模板内侧，并安装锚栓作为辅助固定件。浇灌混凝土外墙与EPS板由锚栓结合在一体。拆模后在EPSS板外表面薄抹抗裂砂浆作保护层，中间压满铺玻纤网布，外表面涂刷涂料作为饰面层。

2. 构造和技术要求

（1）EPS板宽度宜为1.2m，高度宜为建筑物层高。锚栓$2\sim3$个/m^2。

（2）无网现浇混凝土系统，EPS板两面必须预喷刷界面砂浆。

（3）水平抗裂分隔缝宜按楼层设置。垂直抗裂分隔缝宜按墙体面积不大于30m^2设置。

（4）混凝土浇筑后，EPS板表面不平整处宜用胶粉颗粒保温浆料修补找平，厚度不大于10mm。

3.15.8 EPS钢丝网架板现浇混凝土外墙外保温系统

应预喷刷界面砂浆。

1. EPS钢丝网架板现浇混凝土外墙外保温系统以现浇混凝土为基层，EPS单面钢丝网架板置于外墙外模板内侧，安装Φ6钢筋每平方米4根作为辅助固定件，锚固深度不小于100mm。

浇灌混凝土后，EPS 单面钢丝网架板挑头钢丝和 Φ6 钢筋与混凝土结合在一起，EPS 板单面钢丝网架板表面抹掺外加剂的水泥砂浆形成厚抹面保护层，做涂料饰面层时，应加抹玻纤维抗裂砂浆。

2. 构造和技术要求

（1）EPS 单面钢丝网架板斜插镀锌钢丝不得超过 200 根/m²，板两面。

（2）有网现浇系统 EPS 钢丝网架板厚度、每平方米腹丝数量和表面荷载值应通过试验确定。EPS 钢丝网架板构造设计和施工安装应考虑现浇混凝土侧压力影响，抹面层厚度应均匀，钢丝网应包覆于抹面层中。

（3）每层层间宜留水平抗裂分隔缝，钢丝网应断开，抹灰时嵌入层间塑料分隔条或泡沫塑料棒，外用建筑密封膏嵌缝。垂直抗裂分隔缝宜按墙面面积不超 30m² 设置，宜留在阴角部位。

（4）EPS 单面钢丝网架板质量要求，见表 3.15-18。

EPS 单面钢丝网架板质量要求　　　　表 3.15-18

项目	质 量 要 求
外观	界面砂浆涂敷均匀，与钢丝和 EPS 板附着牢固
焊点质量	斜丝脱焊点不超过 3%
钢丝挑头	穿透 EPS 板挑头不小 30mm
EPS 板对接	板长 3000mm 范围内 EPS 板对接不得多于 2 处，对接处用胶粘剂粘牢

（5）严格控制抹面层厚度，采取抗裂措施确保抹面层不开裂。

3.15.9 机械固定 EPS 钢丝网架板外墙外保温系统

1. 机械固定 EPS 钢丝网架板外墙外保温系统由机械固定装置、腹丝非穿透型 EPS 钢丝网架板、掺外加剂的水泥砂浆厚抹面层和饰面层组成。涂料作饰面层时应加抹玻纤网抗裂砂浆薄抹灰面层。

2. 构造和技术要求

（1）机械固定系统不适用于加气混凝土和轻集料混凝土基层。

（2）腹丝非穿透型 EPS 钢丝网架板应符合现行行业标准《钢丝网架水泥聚苯乙烯夹芯板》JC 623 有关规定。EPS 钢丝网架板应根据保温要求经设计计算和试验确定。

（3）腹丝非穿透型 EPS 钢丝网架的板腹丝插入 EPS 板中深度不应小于 35mm，未穿透厚度不应小于 15mm。腹丝插角应保持一致，误差不应大于 3°。板两面应预喷刷界面砂浆。钢丝网与 EPS 板表面净距不应大于 10mm。

（4）机械固定系统固定 EPS 钢丝网架板应逐层设置承托件固定在结构构件上。机械固定系统金属固定件、钢筋网片、金属锚栓和承托件应做成不锈钢件或防锈处理。

（5）机械固定系统锚栓、预埋金属固定件数量应通过试验确定，每平方米不应少于 7 个。单个锚栓拔出力和基层力学性能应符合设计要求。

（6）应按设计要求设置抗裂分隔缝；应严格控制抹抗裂砂浆厚度确保抹面层不开裂。

3.15.10 硬泡聚氨酯外保温系统

1. 硬泡聚氨酯外保温系统由建筑结构基层（混凝土外墙、砖或砌块的抹灰层表面）上用滚筒，毛刷均匀涂刷聚氨酯防潮底漆，喷涂由甲、乙料聚氨酯混合喷涂在墙面上发泡形成泡沫塑料或硬泡聚氨酯板材作为保温层，刷聚氨酯界面剂、15 厚聚苯颗粒浆料找平层，35 厚抗裂砂浆复合耐碱网格布（首层加一层加强网布）、弹性底涂、柔性腻子及外墙涂料面层。

若外饰面贴面砖时，在保温层上作轻骨料找平层，在墙面上打带尾孔射钉，双向每 500mm 绑扎热镀锌钢丝网，涂抹抗裂砂浆，在粘结砂浆上贴面砖。

保温层的设计厚度,应根据国家和本地区现行建筑节能设计标准规定的外墙传热系数限值进行热工计算确定。

2. 硬泡聚氨酯材料可作为屋面和外墙面保温和防水工程。其材料物理性能分为3类;用于屋面和外墙保温层;用于屋面复合保温防水层;用于屋面的外墙保温层。

3. 材料要求:按照规程规定的试验方法进行检测试验。

(1) 外墙用(Ⅰ)型喷涂硬泡聚氨酯物理性能见表3.15-19。

外墙用(Ⅰ)型喷涂硬泡聚氨酯物理性能　　　表 3.15-19

项　　　目	性　能　要　求
密度(kg/m³)	≥35
导热系数[W/(m·k)]	≤0.024
压缩性能(形变10%)(kPa)	≥150
尺寸稳定性(70℃,48h)(%)	≤1.5
拉伸粘结强度(与水泥砂浆,常温)(MPa)	≥0.10并且破坏部位不得位于粘结界面
吸水率(%)	≤3
氧指数(%)	≥26

(2) 外墙用硬泡聚氨酯板的物理性能应符合表3.15-20的要求。

外墙用硬泡聚氨酯板的物理性能　　　表 3.15-20

项　　　目	性　能　要　求
密度(kg/m³)	≥35
压缩性能(形变10%)(kPa)	≥150
垂直于板面方向的抗拉强度(MPa)	≥0.10并且破坏部位不得位于粘结界面
导热系数[W/(m·k)]	≤0.024
吸水率(%)	≤3
氧指数(%)	≥26

(3) 粘结剂的物理性能要求见表3.15-21。

粘结剂的物理性能要求　　　　表 3. 15-21

项　　目		性　能　要　求
可操作时间		1.5~4.0
拉伸粘结强度(MPa) (与水泥砂浆)	原强度	0.60
	耐水	0.40
拉伸粘结强度(MPa) (与硬泡聚氨酯)	原强度	≥0.10 并且破坏部位 不得位于粘结界面
	耐水	

（4）抹面胶浆物理性能见表 3.15-22。

抹面胶浆物理性能　　　　表 3. 15-22

项　　目		性　能　要　求
可操作时间(h)		1.5~4.0
拉伸粘结强度(MPa) (与硬泡聚氨酯)	原强度	≥0.10 并且破坏部位不 得位于粘结界面
	耐水	
	耐冻融	
柔韧性	压折比(水泥基)	≤3.0
	开裂应变(非水泥基)(%)	≥1.5

（5）耐碱玻纤网格布性能和锚栓技术性能见本章有关部分。

4. 材料配制

（1）ZL 聚氨酯防潮底漆：ZL 聚氨酯防潮底漆：稀释剂＝1：0.6（重量比）；

（2）聚氨酯硬质泡沫塑料：甲料：乙料＝1：1（体积比）；

（3）ZL 聚氨酯界面处理砂浆：ZL 聚氨酯界面剂：中砂：水泥＝1：1：1（重量比），先把砂与水泥混合均匀再加界面剂用砂浆搅拌机搅拌均匀；

（4）聚苯颗粒浆料：先将 35~40kg 水倒入搅拌机内倒入 25kg 胶粉料，搅拌 5min，再倒入 200L 聚苯颗粒继续搅拌 3min 直至均匀。浆料应随搅随用在 4h 内用完。

（5）抗裂砂浆：抗裂剂：中细砂：水泥＝1：3：1（重量

比），先加入抗裂剂、干中细砂用搅拌机搅拌均匀，再加水泥搅拌 3min。抗裂砂浆搅拌时不得加水，应在 2h 内用完；

（6）ZL 抗裂柔性耐水腻子：ZL 抗裂柔性腻子胶：ZL 抗裂柔性腻子粉＝1：2（重量比），用手提搅拌器搅拌均匀，2h 内使用完；

（7）面砖粘结砂浆：专用胶液：中细砂：水泥＝0.8：1：1（重量比），先加入专用胶液、中细砂用砂浆搅拌机（器）搅拌均匀，再加入水泥继续搅拌 3min，搅拌时不得加水。

5. 硬泡聚氨酯外墙外保温系统的性能要求见表 3.15-23。

硬泡聚氨酯外墙外保温系统的性能要求　　　　表 3.15-23

项 目		性 能 要 求
耐候性		80 次热/雨循环和 5 次热/冷循环后，表面无裂纹、粉化、剥落现象
抗风压值		不小于工程项目的风荷载设计值
抗冲击强度(J)	普通型	≥1.0,适用于建筑物二层以上墙面等不另受碰撞部位
	加强型	≥10.0,适用于建筑物首届以及门窗洞口等易受碰撞部位
耐冻融性能		30 次冻融循环后，保护层(抹面层、饰面层)无空鼓、脱落、无渗水裂缝，保护层(抹面层、饰面层)与保温层的拉伸粘结强度不小于 0.1MPa,破坏部位应位于保温层内
吸水量		水中浸泡 1h,只带有抹面层和带有抹面层的系统，吸水量均不得大于或等 1000g/m²
热阻		复合墙体热阻符合设计要求
抹面层不透水性		抹面层 2h 不透水
水蒸气湿流密度 [g/(m² · h)]		≥0.85

3.15.11 外墙外保温系统材料制备

1. 膨胀聚苯板薄抹灰用聚合物砂浆

（1）特点：

① 和易性、操作性、保水性好；

② 与基层墙体及各类保温材料产生良好的粘结性能；

③ 砂浆柔性好；

④ 面层砂浆具有优异的柔韧性、抗裂性；

⑤ 面层砂浆具有良好的呼吸性，透气不渗水；

⑥ 面层砂浆具有斥水效果，有很好的抗冻性；

⑦ 面层砂浆与饰面材料有很好的兼容性；

⑧ 无毒环保，安全可靠。

（2）粘结砂浆参考配方见表 3.15-24。

粘结砂浆参考配方 表 3.15-24

原材料	规格	度量比
普通硅酸盐水泥	32.5R～42.5R	280～300
可再分散胶粉		25～30
砂	0.1～0.5mm	500～600
熟石灰		0～20
重钙粉	0.05mm	100～200
纤维素醚	15000～45000MPa·s	1.5～2.5
其他功能添加剂		0.5
改善抗下垂性的淀粉醚		
其他功能添加剂		0～10
冬施时的早强剂甲酸钙		
合计		1000
加水量		18%～21%

（3）抹面砂浆参考配方见表 3.15-25。

抹面砂浆参考配方 表 3.15-25

原材料	规格	度量比
普通硅酸盐水泥	32.5R～42.5R	200～300
可再分散胶粉		30～40
砂	0.1～0.5mm	650～750
熟石灰		0～20

续表

原 材 料	规 格	度量比
重钙粉	0.05mm	0～120
纤维素醚	15000～45000MPa·s	1.0～3.0
其他功能添加剂		1～2
憎水剂		
其他功能添加剂		0～3
木质纤维		
其他功能助性添加剂		0.5～2.5
合计		1000
加水量		18%～21%

（4）性能测试项目：吸水量、抗冲击强度、耐冻融、不透水性、拉伸粘结强度、可操作时间、拉伸粘结强度。

（5）粘结剂技术指标见表 3.15-26。

粘结剂技术指标　　　　　　　表 3.15-26

试 验 项 目		性能指标
拉伸粘结强度(MPa)(与水泥砂浆)	原强度	≥0.60
	耐水	≥0.40
拉伸粘结强度(MPa)(与聚苯板)	原强度	≥0.10 聚苯板破坏
	耐水	≥0.10 聚苯板破坏
可操作时间(h)		1.5～4.0

（6）抹面砂浆技术指标见表 3.15-27。

抹面砂浆技术指标　　　　　　　表 3.15-27

试 验 项 目		性能指标
拉伸粘结强度(MPa) (与聚苯板)	原强度	≥0.10 聚苯板破坏
	耐水	≥0.10 聚苯板破坏
	耐冻融	≥0.10 聚苯板破坏
柔韧性	抗压强度(抗折强度)(水泥基)	≤3.0
可操作时间(h)		1.5～4.0

(7) 聚苯板技术指标见表 3.15-28。

聚苯板技术指标　　　　　　　表 3.15-28

试　验　项　目			性能指标
表观密度(kg/m³)			18.0～22.0
导热系数(W/m·K)			≤0.041
垂直于板面方向的抗拉强度(MPa)			≥0.1
尺寸稳定性(%)			≤0.3
氧指数(%)			≥30
养护天数	自然养护	d	≥42
	蒸气养护	D(60℃)	≥5

(8) 挤塑聚苯板技术指标见表 3.15-29。

挤塑聚苯板技术指标　　　　　表 3.15-29

项目	FM150	Fm²50	FM300	FM350	FM400	FM450	FM500
密度(kg/m³)	25～32	26～34	32～42	35～45	35～50		
压缩强度(kPa)(45d)	≥150	≥250	≥300	≥350	≥400	≥450	≥500
吸水率(%)(96d)	1.5	≤1.0					
透湿系数(23℃±1℃)	≤3.5	≤3.0			≤2.0		
导热系数(25℃)(W/m·k)	≤0.030				≤0.029		
	≤0.0289				≤0.0289		
(10℃)	≤0.028				≤0.027		
	≤0.027				≤0.027		
燃烧性能	B2						
尺寸稳定性(%)(70℃±2℃)	≤2.0		≤1.5		≤1.0		
标准尺寸	长度	1200(用于外墙)　2450(用于屋面、楼地面、顶棚保温)					
	宽度	600、900、1200					
	厚度	20、25、30、40、50、60、75、100					

（9）网格布性能指标见表 3.15-30。

网格布性能指标 表 3.15-30

项　　目	性能指标	
	标准网格布	加强网格布
单位面积质量(g/m²)	≥160	≥280
断裂应变(经、纬向)(%)	≤5.0	≤5.0
耐碱拉伸断裂强度保留率(经、纬向)(%)	≥50	≥50
耐碱拉伸断裂强力(经、纬向)(N/50mm)	≥750	≥1500

（10）锚栓的主要技术性能指标见表 3.15-31。

锚栓的主要技术性能指标 表 3.15-31

试 验 项 目	性 能 指 标
单个锚栓抗拉承载力标准值(kN)	≥0.30
单个锚栓对系统传热增加值[W/(m²·K)]	≤0.004

2. 胶粉聚苯颗粒保温浆料用聚合物砂浆

（1）胶粉聚苯颗粒保温浆料外墙外保温体系由界面砂浆、胶粉聚苯颗粒保温浆料保温层、抗裂砂浆中铺满玻纤网及饰面层组成。

（2）基层界面剂参考配方见表 3.15-32。

基层界面剂参考配方 表 3.15-32

原 材 料	规 格	质 量 比
普通硅酸盐水泥	42.5R	350～500
可再分散胶粉		15～35
砂	0.1～1.0mm	400～550
纤维素醚	3000～45000mPa·s	2.5～4.0
其他功能添加剂		0～3.0
合计		1000
加水量		～18%

（3）胶粉料参考配方见表 3.15-33。

胶粉料参考配方　　　　　　　表 3.15-33

原　材　料	规　格	质　量　比
普通硅酸盐水泥	42.5R	400～500
粉煤灰	Ⅱ级以上	100～200
熟石灰	0.05mm	10～50
填料	0.05mm	300～400
硬石膏	0.05mm	0～50
可再分散胶粉		20～40
早强剂		5～10
纤维素醚		2.0～4.0
其他功能添加剂（憎水剂）	400～50000mPa·s	1～2
其他功能添加剂（纤维）		5～10
合计		1000
加水量		～18%

（4）胶粉聚苯颗粒保温浆料外墙外保温系统性能测试项目

吸水量、界面砂浆压剪粘结强度、胶粉料初终凝时间、胶粉料拉伸粘结强度、浸水拉伸粘结强度、胶粉聚苯颗粒保温浆料表观密度和表干观密度、导热系数、抗压强度、线性收缩率；抗裂砂浆拉伸粘结强度、浸水拉伸粘结强度及压折比。

（5）胶粉聚苯颗粒保温浆料外墙外保温系统性能技术指标见表 3.15-34。

胶粉聚苯颗粒保温浆料外墙外保温系统性能技术指标

表 3.15-34

试　验　项　目	性　能　指　标
耐候性	经 80 次高温循环（70℃）-淋水（15℃）循环和 20 次加热（50℃）-冷冻（-20℃）循环后不得出现开裂、空鼓和脱落。抗裂保护层与保温层的拉伸粘结强度不应小于 0.1MPa，破坏界面应位于保护层
吸水量（g/m²）浸水 1h	≤1000
水蒸气透过湿流密度[g/(m²·h)]	≥0.85

续表

试 验 项 目		性 能 指 标	
耐冻融		严寒及寒冷地区 30 次循环,夏热冬冷地区 10 次循环表面无裂纹、空鼓、起泡、脱落现象	
抗冲击强度	C 型	普通型(单网)	3J 冲击合格
		加强层(双网)	10J 冲击合格
	T 型	3J	
抗风压值		不小于工程项目的风荷载设计值	
不透水性		试样保护层内侧无水渗透	
耐磨损性,500Ls		无开裂,龟裂或表面保护层剥落,损伤	
系统抗拉强度(C 型)(MPa)		≥0.1 且破坏不得位于各层界面	
统抗拉强度(C 型)(MPa)		≥0.4	
抗震性能		设防烈度等级下面砖饰面及外保温系统无脱落	
火反应性		不应被点燃,试验结束后试件厚度变化不超过 10%	

(6) 界面砂浆性能指标见表 3.15-35。

界面砂浆性能指标 表 3.15-35

项 目	指 标	
压剪粘结强度(MPa)	原强	≥0.7
	耐水	≥0.5
	耐冻融	≥0.5

(7) 胶粉料性能指标见表 3.15-36。

胶粉料性能指标 表 3.15-36

项 目	指 标
初凝时间(h)	—
终凝时间(h)	—
安定性(试饼法)	合格
拉伸粘结强度(MPa)	≥0.6
浸水拉伸粘结强度(MPa)	≥0.4

（8）胶粉聚苯颗粒保温浆料性能指标见表 3.15-37

胶粉聚苯颗粒保温浆料性能指标 表 3.15-37

项　目	指　标
湿表观密度（kg/m³）	≤420
干表观密度（kg/m³）	180～250
导热系数［W/(m·k)］ 蓄热系数［W/(m·k)］	≤0.060
抗压强度（kPa）	≥0.095
压剪粘结强度（kPa）	≥50
线性收缩率（%）	≥0.3
软化系数	≤0.5
难燃性	B2

（9）抗裂剂及抗裂砂浆性能指标见表 3.15-38。

抗裂剂及抗裂砂浆性能指标 表 3.15-38

项　目		指　标
抗裂 砂浆	可操作时间（h）	≥1.5
	拉伸粘结强度（MPa）（常温 28d）	≥0.7
	浸水拉伸粘结强度（MPa）（常温 28d，浸水 7d）	≥0.5
	压折比	≤3.0

注：水泥应采用 32.5R 或 42.5R 普通硅酸盐水泥，并应符合《通用硅酸盐水泥》国家标准第 1 号修改单 GB 175—2007/XG1—2009 的要求；砂应符合《普通混凝土用砂、石质量及检验方法标准》JGJ 52—2006 的规定，筛除大于 2.5mm 颗粒，含泥量小于 3%。

（10）聚苯颗粒性能指标见表 3.15-39。

聚苯颗粒性能指标 表 3.15-39

项　目	指　标
堆积密度（kg/m³）	8.2～21.0
粒度（5mm 筛孔筛余）（%）	≤5

3. EPS 钢丝网架板现浇混凝土外墙外保温体系用聚合物砂浆

(1) 掺外加剂的水泥砂浆厚抹面层配方见表 3.15-40。

掺外加剂的水泥砂浆厚抹面层配方　　　　表 3.15-40

原材料	规格	质量比
普通硅酸盐水泥	32.5R～42.5R	250～350
可再分散胶粉		5～20
砂	0.1～2.5mm	500～700
熟石灰		0～50
重钙粉	0.05mm	0～120
纤维素醚	15000～45000MPa·s	1.5～2.5
轻质填料		0～5
憎水剂		1～2
木质纤维		1～5
抗裂纤维		0.9～3
合计		1000
加水量		18%～21%

(2) 界面砂浆建议配方见表 3.15-41。

界面砂浆建议配方　　　　表 3.15-41

原材料	规格	质量比
普通硅酸盐水泥	32.5R～42.5R	350～500
可再分散胶粉		15～30
砂	0.1～1.0mm	450～550
纤维素醚	15000～45000MPa·s	2.5～3.5
其他功能助性添加剂		0～3
合计		1000
加水量		18%

(3) 性能检测项目：吸水量、拉伸粘结强度、胶粉初终凝时间、胶粉拉伸粘结强度、浸水拉伸粘结强度、胶粉聚苯颗粒保温

浆料湿表观密度、干表观密度。

（4）界面砂浆性能指标见表 3.15-42。

界面砂浆性能指标　　　　　　表 3.15-42

项　　目		性能指标
拉伸粘结强度	与水泥砂浆试块 标准状态 7d	≥0.30MPa
	标准状态 14d	≥0.50MPa
	浸水后	≥0.30MPa
	与 18kg/m³ 聚苯板试块（标准状态或没浸水后）	≥0.10MPa 或聚苯板破坏
	与胶粉聚苯颗粒找平浆料试块（标准状态）	≥0.10MPa 或胶粉聚苯颗粒找平浆料试块破坏

（5）掺外加剂的水泥砂浆厚抹面层抗裂砂浆性能指标见表 3.15-43。

掺外加剂的水泥砂浆厚抹面层抗裂砂浆性能指标

表 3.15-43

项　　目		指　　标
可使用时间	可操作时间	≥1.5
	可操作时间内拉伸粘结强度（MPa）	≥0.7
拉伸粘结强度（MPa）（常温 28d）		≥0.7
浸水拉伸粘结强度（MPa）（常温 28d，浸水 7d）		≥0.5
压折比		≤3.0

注：普通硅酸盐水泥 42.5；砂筛余大于 2.5mm 颗粒，含泥量小于 3%。

4. 膨胀聚苯板现浇混凝土外墙外保温体系匹配材料性能指标

（1）《镀锌电焊网》QBT 3897—1999 性能指标：

① 钢丝网必须是热轧，柔性强，便于铺设平整；

② 热镀锌不易被水泥锈蚀；

③ 122g 镀锌/m²，丝径 0.9mm，孔径 12.7mm×12.7mm。

（2）塑料卡性能指标见表 3.15-44。

塑料卡性能指标　　　　　　　**表 3.15-44**

项　目			性能指标
规格尺寸(mm)	钉帽	长度	160±1
		宽度	≥20
		厚度	3±0.5
		小孔孔径	8±1
	钉身	长度	≥聚苯板厚度+50
		宽度	≥15
		厚度	2±0.5
		小孔孔径	4±1
		间距	120±1
	钉帽与钉身上小孔的垂直距离		≥聚苯板厚度
抗拉承载力(kN)			≥0.15
抗弯曲性			钉身、钉帽弯曲 45°不折断、无折痕、无裂纹并可回复原状

3.15.12　胶粉聚苯颗粒复合型保温系统

由于以上几种外墙外保温系统所采用的主要保温材料没有提出对火反应性能的要求,没有提出防火构造措施。在吸取一些大城市大型高层建筑发生火灾的经验教训的基础上,在河北省住房和城乡建设厅组织下,北京振利节能环保科技股份有限公司与中国建筑科学研究院建筑防火研究所及河北省公安消防总队一起,在原有胶粉聚苯颗粒外墙外保温体系的基础上,研发出复合型防火外墙外保温系统。河北省住房和城乡建设厅于 2011 年 1 月 28 日发布 DB13 (J)/T 116—2011 号《外墙外保温技术规程》并在国家住房和城乡建设部,以 (J 11796—2011) 号备案。

聚苯颗粒复合型外墙外保温系统除符合墙体外保温工程的基本功能要求外,其特点是对火反应性能和构造措施提出了要求。

1. 胶粉聚苯颗粒复合型保温系统对火反应性能应符合下列要求

（1）非幕墙式居住建筑外墙外保温系统对火反应性能应符合表 3.15-45 的要求。

非幕墙式居住建筑外墙外保温系统对火反应性能要求

表 3.15-45

建筑高度 H (m)	对火反应性能		
	热释放速率峰值(kW/m²)	窗口火试验	
		水平准位线温度(℃)	烧损面积(m²)
$H \geqslant 100$	≤5	$T_2 < 200 - g$ $T_1 \leqslant 300$，或 $T_2 < 300$（当选用保温燃烧性能等级为 A 级时）	≤5
$60 \leqslant H < 100$	≤10	$T_2 \sim 300$ 且 $T_1 \leqslant 500$	≤10
$24 \leqslant H < 60$	≤25	$T_2 \leqslant 300$	≤20
$H < 24$	≤100	$T_2 \leqslant 500$	≤40
试验方法	GB/T 16172	附录	

（2）非幕墙式公共建筑和幕墙式建筑外墙外保温系统对火反应性能应符合表 3.15-46 的要求。

非幕墙式公共建筑和幕墙式建筑外墙外保温系统对火反应性能

表 3.15-46

建筑高度 H(m)		对火反应性能				
非幕墙式公共建筑	幕墙式建筑	热释放速率峰值(kW/m²)	窗口火试验		墙角火试验	
			水平准位线温度(℃)	烧损面积(m²)	烧损宽度(m)	烧损面积(m²)
$H \geqslant 50$	$H \geqslant 24$	≤5	$T_2 \leqslant 200$ 且 $T_1 \leqslant 300$，或 $T_2 < 300$（当选用保温燃烧性能等级为 A 级时）	≤5	≤1.52	≤10
$24 \leqslant H < 50$	$H < 24$	≤10	$T_2 \leqslant 300$ 且 $T_2 \leqslant 500$	≤10	≤3.04	≤20

续表

建筑高度 H(m)		对火反应性能				
非幕墙式公共建筑	幕墙式建筑	热释放速率峰值(kW/m²)	窗口火试验		墙角火试验	
			水平准位线温度(℃)	烧损面积(m²)	烧损宽度(m)	烧损面积(m²)
H<24	—	≤25	T_2≤300	≤20	≤5.49	≤40
试验方法	GB/T 16172	附录				

2. 组成材料的技术性能

(1) 聚苯板的性能要求应符合表 3.15-47 的规定要求。

聚苯板的性能指标 表 3.15-47

项 目	单 位	指 标		试验方法
		EPS 板	XPS 板	
表观密度	kg/m³	18~22	22~35	GB/T 6343
导热系数	W/(m·K)	≤0.039	≤0.032	GB/T 10294
垂直于板面方向的抗拉强度	MPa	≥0.10	≥0.20	JGJ 144
尺寸稳定性	%	≤0.3	≤1.2	GB/T 8811
弯曲变形	mm	≥20	≥30	GB/T 8812.1—2007
压缩强度	MPa	≥0.10		GB/T 8813
燃烧性能等级	—	不低于 B2 级	不低于 B2 级	GB 8624—1997
氧指数	%	≥30	≥26	GB/T 2406.1 GB/T 2406.2
水蒸气透过系数	Ng/(Pa·m·s)	≤4.5	1.2~3.5	GB/T 21332
吸水率(V/V)	%	≤3	≤1.5	GB/T 8810

(2) 聚苯板规格尺寸的允许偏差应符合表 3.15-48 的要求。

聚苯板规格尺寸的允许偏差　　表 3. 15-48

项　　目		允许偏差	项　　目	允许偏差
长度、宽度	＜1000	±2.0	厚度	+1.5，−0.0
	1000～2000	±3.0	对角线差	±3.0
	2000～4000	±5.0	板边平直	±2.0
	＞4000	正负差不限，−8.0	板面平整度	±1.0

注：1. 聚苯乙烯泡沫塑料板（简称模塑聚苯板或 EPS 板）分三种：燕尾槽型、钢丝网架型和梯形槽型。是由可发性聚苯乙烯珠粒经加热预发泡后在模具中加热加压制得的具有闭孔结构的聚苯乙烯泡沫塑料板材。

2. 挤塑聚苯乙烯泡沫塑料板（简称挤塑聚苯板或 XPS 板）。以聚苯乙烯树脂或其共聚物为主要成分，添加少量添加剂，通过加热挤塑成型的具有闭孔结构的硬质泡沫塑料板材。

3. 带有凹凸槽的聚苯板使用时应根据保温要求经热工计算后确定其平均厚度。

（3）硬泡 PU 性能应符合表 3.15-49 要求。

硬泡 PU 性能指标　　表 3. 15-49

项　　目	单位	指　标	试验方法
密度	kg/m³	≥35	GB/T 6343
导热系数	W/(m・K)	≤0.024	GB/T 10394
压缩强度	MPa	≥0.15	GB/T 8813
拉伸粘结强度（与水泥砂浆，常温）	MPa	≥0.10	GB/T 50404
尺寸稳定性（70℃，48h）	%	≤1.0	GB/T 8811
燃烧性能等级	—	不低于 B2 级	GB/T 8624—1997
氧指数	%	＞26	GB/T 2406.1 GB/T 2406.2
水蒸气透过系数		≤5	GB/T 21332
吸水率(V/V)	%	≤3	GB/T 8810

注：硬质聚氨酯泡沫塑料（简称碰硬质聚氨酯或硬泡 PU）。以异氰酸酯、多元醇（组合聚醚或聚酯）为主要原料加入添加剂按一定比例混合发泡成型的闭孔率不低于 92% 的硬质泡沫塑料。

（4）岩棉板性能应符合表 3.15-50 的要求。

岩棉板性能指标 表 3.15-50

项 目	单位	指标	试验方法
密度	kg/m³	≥160	GB/T 5480
导热系数	W/(m·k)	≤0.041	GB/T 10294
压缩强度	kPa	≥40	GB/T 13480
质量吸湿率	%	≤5.0	GB/T 5480
吸水率	%	≤10	GB/T 5480
憎水率	%	≥98	GB/T 10299
燃烧性能等级	—	不低于 A 级	GB 8624—1997

（5）胶粉聚苯颗粒浆料性能应符合表 3.15-51 的要求。

胶粉聚苯颗粒浆料性能指标 表 3.15-51

项 目		单位	指 标		试验方法
			保温浆料	贴砌浆料	
干密度		kg/m³	180～250	250～350	JG 158
导热系数		W/(m·K)	≤0.060	≤0.075	GB/T 10294
抗压强度(56d)		MPa	≥0.20	≥0.30	JG 158
线性收缩率		%	≤0.30	≤0.30	
软化系数		—	≥0.50	≥0.50	
抗拉强度(56d)	原强度	MPa	≥0.1	≥0.1	JGJ 144
	浸水处理				
拉伸粘结强度(56d)	与带界面砂浆的水泥砂浆 原强度	MPa	≥0.1	≥0.1	
	耐水强度				
	与带界剂的 EPS 板 原强度	MPa	—	≥0.1	
	耐水强度				

（6）界面砂浆性能应符合表 3.15-52 的要求。

界面砂浆性能指标　　　　表 3.15-52

项　目		单位	指标	试验方法
剪切粘结强度	标准状态 7d	MPa	≥0.7	JG/T 907—2002
	标准状态 14d		≥1.0	
拉伸粘结强度	标准状态 7d		≥0.3	
	标准状态 14d		≥0.5	
	浸水处理		≥0.3	

（7）防潮底漆性能应符合表 3.15-53 的要求。

防潮底漆性能指标　　　　表 3.15-53

项　目		单位	指标	试验方法
干燥时间	表干时间	h	≤4	GB/T 1728
	实干时间	h	≤24	
附着力	干燥基层	级	≤1	GB/T 9286
	潮湿基层	级	≤1	
耐碱性		—	48h 不起泡、不起皱、不脱落	GB/T 9265

（8）保温材料界面剂性能应符合表 3.15-54 和表 3.15-55
要求。

EPS 板界面剂、XPS 板界面剂、PU 界面剂性能指标

表 3.15-54

项　目		指　标			试验方法
		EPS 板界面剂	XPS 板界面剂	PU 板界面剂	
与相应保温材料的拉伸粘结强度（MPa）	标准状态 14d	1≥0.10 且 EPS 板破坏	1≥0.15 且 XPS 板破坏	1≥0.10 且硬泡 PU 板破坏	JC/T 907—2002
	浸水处理				
防火型涂在保温材料上后保温材燃烧性能	水平阻燃性(s)	≥15			附录
	氧指数	≥32			GB/T 2406.1~2

岩棉板界面剂性能指标 表 3.15-55

项 目	指标	试验方法
拉伸粘结强度（与岩棉板丝径方向，MPa）	≥0.15	附录 E
憎水率（%）	＞981	GB/T 10299

（9）抗裂砂浆性能应符合表 3.15-56 的要求。

抗裂砂浆性能 表 3.15-56

项 目		单位	指标	试验方法
可使用时间	可操作时间	h	≥1.5	
	在可操作时间内拉伸粘结强度	MPa	≥0.7	
拉伸粘结强度（常温 28d）		MPa	≥0.7	JG 158
浸水后的拉伸粘结强度（常温 28d,8d,浸水 7d）		MPa	≥0.5	
压折比		—	≤3.0	

（10）耐碱玻纤网性能应符合表 3.15-57 的要求。

耐碱玻纤网性能指标 表 3.15-57

项 目	单 位	指 标	试验方法
长度、宽度	mm	由供需双方商定	
网孔中心距（经、纬向）	mm	4±0.5	
单位面积质量	g/m²	≥160	
断裂强力（经、纬向）	N/50mm	≥1250	
断裂伸长率（经、纬向）	%	≤5	
耐碱强力保留率（径、纬向）	%	≥90（水泥浆液浸泡）	
涂塑量	g/m²	≥20	JG 158 1
氧化锆、氧化钛含量	%	ZrO_2 含量（14.5±0.8）且 TiO_2 含量（6±0.5）	
		ZrO_2 和 TiO_2 总含量 ≥19.2 且 2r-02 含量 ≥13.7	
		ZrO_2 含量≥16	

（11）弹性底涂性能应符合表 3.15-58 的要求。

弹性底涂性能指标　　　表 3.15-58

项　目		单　位	指　标	试验方法
干燥时间	表干时间	h	≤4	JG 158
	实干时间	h	≤8	
断裂伸长率		%	≥100	
表面憎水率		%	≥98	

（12）柔性耐水腻子性能应符合表 3.15-59 的要求。

柔性耐水腻子性能指标　　　表 3.15-59

项　目		单　位	指　标	试验方法
干燥时间（表干）		h	≤5	JG/T 229
初期干燥抗裂性（6h）		—	无裂纹	
打磨性		—	手工可打磨	
吸水量		g/10min	≤2.0	
耐水性（96h）		—	无起泡、无开裂、无掉粉	
耐碱性（48h）		—	无起泡、无开裂、无掉粉	
粘结强度	标准状态	MPa	≥0.60	
	冻融循环 5 次	MPa	≥0.40	
柔性			直径 50mm，无裂纹	
非粉状组分的低温贮存稳定性		—	−5℃冷冻 4h 无变化，刮涂无障碍	

（13）塑料锚栓的性能应符合表 3.15-60 的要求。

塑料锚栓的性能指标　　　表 3.15-60

项　目		单位	指标	试验方法
单个锚栓抗拉承载力标准值	C25 混凝土基材	kN	≥0.60	JG 158
	实心砖基材		≥0.50	
	多孔砖基材		≥0.40	
	混凝土小型空心砌块基材		≥0.30	
	加气混凝土基材		≥0.30	
锚栓圆盘刚度标准值		kN	≥0.50	

（14）热镀锌电焊网应符合表 3.15-61 的要求。

热镀锌电焊网　　　　　表 3.15-61

项　目	单位	指　标		试验方法
		用于粘贴面砖的抗裂层	用于锚固岩棉板	
镀锌工艺	—	先焊接，后热镀锌	先焊接，后热镀锌	QB/T 3897 1
丝径	mm	0.90±0.04	2.00±0.07	
网孔边长	mm	10.0～15.0	45.0～55.0	
焊点抗拉力	N	＞65	＞330	
网面镀锌层质量	g/m²	≥122	≥1221	

（15）饰面涂料必须与外保温系统相容，其性能应符合《合成树脂乳液外墙涂料》GB/T 9755、《复层建筑涂料》GB/T 9779—2005、《外墙无机建筑涂料》JG/T 26、《墙体饰面砂浆》JC/T 1024 等外墙建筑涂料相关标准的要求，不应使用溶剂型涂料。

3.15.13　外墙外保温工程验收

1. 外墙外保温分部工程分项工程的划分见表 3.15-62。

外墙外保温分部工程分项工程的划分　　表 3.15-62

子分部工程	分 项 工 程
EPS 板薄抹灰系统	基层处理、粘贴 EPS 板、抹面层、变形缝、饰面层
保温浆料系统	基层处理、抹胶粉 EPS 颗粒保温浆料、抹面层、变形缝、饰面层
无网现浇系统	固定 EPS 板、现浇混凝土、EPS 局部找平、抹面层、变形缝、饰面层
有网现浇系统	固定钢丝网 EPS 板、现浇混凝土、抹面层、变形缝、饰面层
机械固定系统	基层处理、安装固定件、固定钢丝网 EPS 板、抹面层、变形缝、饰面层
硬泡聚氨酯系统	基层处理、胶粘剂、喷涂硬泡聚氨酯（或复合板）、界面剂、耐碱玻纤网格布增强抹面层、饰面层

2. 分项工程验收批：以每 500～1000m² 划分为一个检验批，不足 500m² 也应划分为一个检验批；每个检验批每 100m² 应至少抽查一处，每处不得小于 10m²。

3. 分项工程主控项目验收规定：

（1）外保温系统及主要组成材料性能应符合规程要求；检查型式检验报告和进场复验报告。

（2）保温层厚度应符合设计要求；针插法检查。

（3）EPS 板薄抹灰系统 EPS 板粘结面积应符合规程要求。

（4）无网现浇系统粘结强度应符合规程要求。

（5）门窗洞口、阴阳角、勒脚、檐口、外挑板、女儿墙、变形缝等保温构造，必须符合设计要求。

4. 分项工程一般工程验收规定：

（1）EPS 板薄抹灰系统和保温浆料系统保温层垂直度和尺寸允许偏差应符合验收规范的规定。

（2）无网现浇系统 EPS 板表面局部不平整处的修补和找平应符合规程要求。

（3）有网现浇系统和机械固定系统抹面层厚度应符合规程要求。

（4）系统抗冲击性应符合规程要求。

5. 外保温系统主要组成材料复验项目的规定见表 3.15-63。

EPS 板、外保温系统主要组成材料复验项目的规定

表 3.15-63

组成材料	复验项目
EPS 板	密度、抗拉强度、尺寸稳定性、用于无网现浇系统时，加验界面砂浆喷刷质量
胶粉 EPS 颗粒保温浆料	湿密度、干密度、压缩性能
EPS 钢丝网架板	EPS 板密度、EPS 钢丝网架板外观质量
胶粘剂、抹面砂浆、抗裂砂浆、界面砂浆	干燥状态和浸水 48h 拉伸粘结强度
玻纤网布	耐碱拉伸断裂强力、耐碱拉伸断裂强力保留率
腹丝	镀锌层厚度

注：胶粘剂、抹面砂浆、抗裂砂浆、界面砂浆制样后养护 7d 进行拉伸粘结强度检验。争议时，以 28d 为准。

硬泡聚氨酯外墙外保温工程主要材料复验项目见表3.15-64。

硬泡聚氨酯外墙外保温工程主要材料复验项目

表3.15-64

材料名称	复验项目
喷涂硬泡聚氨酯	密度、压缩性能、尺寸稳定性
硬泡聚氨酯板	密度、压缩性能、抗拉强度
界面砂浆、胶粘剂、抹面胶浆	原强度拉伸粘结强度、耐水拉伸粘结强度
耐碱玻纤网格布	耐碱拉伸断裂强力、耐碱拉伸断裂强力保留率
锚栓	单个锚栓抗拉承载力标准值

6. 外墙外保温工程验收文件

（1）外保温系统设计文件、图纸会审、设计变更和洽商记录；

（2）施工方案和施工工艺、施工技术交；

（3）外保温系统的型式检验报告、产品合格证、出厂检验报告、进场复验报告和现场验收记录；

（4）施工工艺记录和施工质量检验记录；

（5）其他资料。

3.16 防 水 材 料

3.16.1 执行标准

1.《屋面工程施工质量验收规范》GB 50207—2002

2.《地下防水工程质量验收规范》GB 50208—2011

3.《地下工程防水技术规范》GB 50108—2008

4.《聚合物水泥防水砂浆》JC/T 984—2011

5.《水泥基渗透结晶防水涂料》GB 18445—2012

6.《聚合物水泥、渗透结晶型防水材料应用技术规程》CECS：195—2006

7.《建筑防水涂料试验方法》GB/T 16777—1997

3.16.2 防水材料分类

《屋面工程质量验收规范》GB 50207—2002 附录 A、B 公布的现行建筑防水材料标准、现场抽样复验项目及质量指标。

3.16.2.1 水泥防水砂浆

《聚合物水泥防水砂浆》JC/T 984—2011

3.16.2.2 防水卷材

1. 沥青基卷材

（1）石油沥青油毡

《石油沥青玻璃纤维胎卷材》GB/T 14686—2008

《石油沥青玻璃布胎油毡》JC/T 84—1996

（2）《沥青复合胎柔性防水卷材》JC/T 690—1998

《铝箔面石油沥青防水卷材》JC/T 504—2007

（3）改性沥青防水卷材：

①《弹性体改性沥青防水卷材》GB 18242—2008

②《塑性体改性沥青防水卷材》GB 18243—2008

③《"贴必定"自粘防水卷材》Q/TZBK 001—2005

2. 合成高分子卷材

（1）《聚氯乙烯（PVC）防水卷材》GB 12952—2011

（2）《氯化聚乙烯防水卷材》GB 12953—2003

（3）《三元丁橡胶防水卷材》JC/T 645—2012

（4）《高分子防水材料　第1部分：片材》GB 18173.1—2012

（5）硫化型橡塑卷材：氯化聚乙烯-橡胶共混防水卷材 JC/T 684—1997

（6）GFZ 聚乙烯丙纶卷材复合防水 ZL 98—2075707

3.16.2.3 防水涂料

（1）《聚氨酯防水涂料》GB/T 19250—2003

  (2)《水乳型沥青基防水涂料》JC/T 408—2005

  (3)《溶剂型橡胶沥青防水涂料》JC/T 852—1999

  (4)《聚合物乳液建筑防水涂料》JC/T 864—2008

  (5)《水泥基渗透结晶型防水涂料》GB 18445—2012

  (6)《界面渗透型防水涂料质量检验评定标准》DBJ 01-54—2001

3.16.2.4 防水密封材料

  (1)《建筑石油沥青》GB/T 494—2010

  (2)《聚氨酯建筑密封膏》JC/T 482—2003

  (3)《聚硫建筑密封膏》JC/T 483—2006

  (4)《丙烯酸酯建筑密封胶》JC/T 484—2006

  (5)《建筑防水沥青嵌缝油膏》JC/T 207—2011

  (6)《聚氯乙烯建筑防水接缝材料》JC/T 798—1997

  (7)《建筑用硅酮结构密封胶》GB 16776—2005

  (8)《高分子防水卷材胶粘剂》JC 863—2011

3.16.2.5 刚性防水材料

  (1)《砂浆、混凝土防水剂》JC 474—2008

  (2)《混凝土膨胀剂》GB 23439—2009

  (3)《水泥基渗透结晶型防水材料》GB 18445—2012

3.16.2.6 其他防水材料

  (1)《高分子防水材料》（第 2 部分 止水带）GB 18173.2—2000

  (2)《高分子防水材料》（第 3 部分 遇水膨胀橡胶）GB 18173.3—2000

3.16.2.7 瓦

  (1)《玻纤胎沥青瓦》GB/T 20474—2006

  (2)《混凝土瓦》JC/T 746—2007

3.16.3 防水材料材质要求

  防水材料试验管理要求：

(1) 备案制度。在北京市建委备案的生产厂商及其产品名录在互联网上向社会公布，每月刷新一次，建筑工程使用的防水材料应从备案名录中选用。

(2) 见证取样制度。单位工程见证取样批次应不少于该工程防水材料总试验批次的 30%，且不得少于 2 次。

(3) 工程选用的防水材料应有市建材质量监督检验站（盖供货方红章有效）报告单，厂方质检报告单或合格证及现场抽样试验报告单。

(4) 防水材料进场后要按规定标准抽检外观质量、卷材厚度（卷重）。外观合格后方可抽样送检复试。无包装、标识产品禁止使用。

3.16.4 聚合物水泥防水砂浆

1. 防水砂浆的参考配方见表 3.16-1。

单组分防水砂浆的参考配方　　　　　表 3.16-1

配　　　方	组　　　分
硅酸盐水泥	45.00
硅灰	4.00
石英砂，0.1～0.3mm	20.00
石英粉	28.10
缓凝剂（葡萄糖酸钠）	0～0.05
纤维素醚，15000～30000MPa·s	0.05
减水剂	0～0.5
憎水剂	0～0.40
可再分散胶粉，苯丙或其他抗皂化性好的聚合物粉末	2.50
总计	100.00
水	20%～22%

双组分防水砂浆参考配方见表 3.16-2。

双组分防水砂浆参考配方　　　　　表 3.16-2

分类	材料名称	份额	比例
液料	纯丙或苯丙乳液	100	1:4
	消泡剂	0.5~0.8	
	水	50~100	
粉料	42.5 普通硅酸盐水泥	100~150	
	200 目石英粉	80~100	
	纤维素醚	0~0.02	
	减水剂	5~15	

2. 水泥基防水砂浆的特点

（1）能在潮湿的多种基材面上直接施工，具有良好的粘结力；

（2）适用于迎水面、背水面；

（3）无毒、无污染，施工与使用均安全；

（4）无人为破坏、耐腐蚀、耐高低温、耐老化，可与建筑物同寿命；

（5）在防水层上可直接做各种饰面层（涂料、瓷砖等）。

3. 性能测试项目：凝结时间、抗渗压力、抗压强度与抗折强度、粘结强度、耐碱性、耐热性、抗冻性-冻融循环、收缩率。

4. 防水砂浆的技术指标见表 3.16-3。

防水砂浆的技术指标　　　　　表 3.16-3

项 目			干粉类（Ⅰ类）	乳液类（Ⅱ类）
凝结时间	初凝(min)	≥	45	45
	终凝(h)	≤	12	24
抗渗压力 (MPa)	7d	≥		1.0
	28d	≥		1.5
抗压强度(MPa)	28d	≥		24.0
抗折强度(MPa)	28d	≥		8.0

续表

项　目		干粉类（Ⅰ类）	乳液类（Ⅱ类）
压折比 ≤			3.0
粘结强度（MPa）2 组，每组 5 个试件（40mm × 40mm × 10mm）	7d ≥		1.0
	28d ≥		1.2
耐碱性饱和 Ca(OH)₂ 溶液，168h 3 个试件（70mm×70mm×20mm）			无开裂、剥落
耐热性 100℃，水，5h 3 个试件（70mm×70mm×20mm）			无开裂、剥落
抗冻性-冻融循环（−15℃～+20℃），25 次			无开裂、剥落
收缩率（%）　　28d ≤			0.15

3.16.5　石油沥青油毡

1. 取样批量：同一生产厂、同一品牌、同一标号、同一等级的产品，1000 卷为一验收批。大于一验收批抽 2 卷，进行规格尺寸和外观质量检验。在外观质量检验合格的卷材中，取 5 卷，每 500～1000 卷抽 4 卷，100～499 卷抽 3 卷，100 卷以下任取一卷做物理性能检验。切除距外层卷头 2500mm 部分后顺纵向截取长度为 500mm 的全幅卷材两块。一块做物理性能试验，另一块备用。

2. 沥青防水卷材的质量要求和技术指标见表 3.16-4、表 3.16-5。

沥青防水卷材的质量要求　　　　表 3.16-4

			350 号		500 号	
规格	宽度（mm）		915	1000	915	1000
	每卷面积（m²）		20±0.3		20±0.3	
	卷重（kg）	粉毡	≥28.5		≥39.5	
		片毡	≥31.5		≥42.5	

续表

			350 号	500 号
物理性能	纵向拉力(25±2℃时)		≥340N	≥440N
	耐热度(85±2℃,2h)		不流淌,无集中性气泡	
	柔性(18±2℃时)		绕φ20mm圆棒无裂纹	绕φ25mm圆棒无裂纹
	不透水性	压力	≥0.10MPa	≥0.15MPa
		保持时间	≥30min	≥30min
外观质量	孔洞、硌伤		不允许	
	露胎、涂盖不匀		不允许	
	折纹、折皱		距卷芯1000mm以外,长度不应大于100mm	
	裂纹		距卷芯1000mm以外,长度不应大于10mm	
	裂口、缺边		边缘裂口小于20mm,缺陷长度小于50mm,深度小于20mm,每卷不应超过4处	
	接头		每卷不应超过一处,较短的一段不应小于2500mm,接头处应加长150mm	

技术指标　　　　　　　　　　表 3.16-5

指标名称＼标号等级		200 号			350 号			500 号		
		合格	一等	优秀	合格	一等	优秀	合格	一等	优秀
透水性	压力不小于(MPa)	0.05			0.10			0.15		
	保持时间不小于(mm)	15	20	30	30	45		30		
耐热度(℃)		85±2		90±2	85±2		90±2	85±2		90±2
		受热 2h 涂盖层无滑动和集中性气泡								
拉力(25±2)℃时纵向不小于(N)		240		270	340		370	440		470
柔度		(18±2)℃			(18±2)℃	(16±2)℃	(14±2)℃	(18±2)℃		(14±2)℃
		绕φ20mm 圆棒或弯板无裂纹						绕φ250 圆棒或弯板无裂纹		

3.16.6 沥青

1. 取样批量：同一产地、同一品种、同一标号 20t 为一验收批。

2. 取样方法与数量：在料堆上取样时，取样部位应均匀分布，同时应不少于五处，每处取洁净的等量试样共 1kg。

3. 必试项目的技术指标见表 3.16-6。

石油沥青的技术指标　　　　　　　　　表 3.16-6

技术指标 试验项目	建筑石油沥青 质量指标		普通石油沥青 质量指标		
	10	30	75	65	55
针入度（25℃ 100g）1/10mm	10～25	24～40	75	65	55
延度（25℃）不小于（cm）	1.5	3	2	1.5	1
软化点（环球法）℃不低于	95	70	60	80	100

4. 评定

(1) 针入度

① 取三次测定的针入度的算术平均值为测定结果；

② 三次针入度值相差不应大于表中数值，超过规定应重试；

③ 重复性试验不应超过表 3.16-7 的规定。

针入度试验　　　　　　　　　表 3.16-7

针入度 25℃	0～89	90～149	150～249	250～350
测验的最大差值	2	4	6	10
重复性试验的差值	不超过 2	不超过平均值的 4%		

(2) 软化点

① 取平行测定两个结果的算术平均值为测定结果；

② 重复性试验两个结果的差值应符合表 3.16-8 要求。

重复性试验结果允许差值　　　　　　　　　表 3.16-8

	小于 80	80～100	101～140
允许差值	1	2	3

(3) 延度

① 取平行测定两个结果的算术平均值为测定结果；

② 三个测定值均应在平均值的 5% 以内，若其中有一个不在平均值的 5% 以内，则舍去该值，取另二次结果平均值，若其中二个不在平均值的 5% 以内，则试验应重做；

③ 重复性试验，两次试验结果之差不应超过平均值的 10%。

3.16.7 高聚物改性沥青防水卷材

1. 分类：SBS 弹性体改性沥青防水卷材：聚酯毡胎体、玻纤胎体；

APP 塑性体改性沥青防水卷材：聚酯毡胎体、玻纤胎体；

PEE 改性沥青聚乙烯胎防水卷材

2. 必试项目：拉力试验，延伸率，不透水性，耐热度，低温柔度；

3. 取样批量：同一生产厂，同一品种，同一标号的产品 1000 卷为一验收批；大于 1000 卷抽取 5 卷，500～1000 卷抽 4 卷，100～499 卷抽 3 卷，100 卷抽 2 卷，进行规格尺寸和外观质量检验。在外观质量检验合格的卷材中，任取一卷中取样作物理性能检验。

4. 取样部位：将同样的一卷卷材切除距外层卷头 2500mm 后，顺纵向切取长为 800mm 的全幅卷材试样 2 块，一块作物理性能检验用，另一块备用。

5. SBS 卷材

(1) SBS 卷材分类

按胎体分：聚酯胎（PY）和玻纤胎（G）两类

按上表面隔离材料分：聚乙烯膜（PE）细砂（S）与矿物粒（片）料（M），还有表层用铝箔的。

按性能档次分：

Ⅰ型：产品技术指标相当于国际一般水平，标志性指标为低温柔度－18℃；

Ⅱ型：产品技术指标相当于国际先进水平，标志性指标为低温柔度－25℃。

（2）SBS 卷材卷重、面积、厚度及外观技术要求见表3.16-9。

SBS 卷材卷重、面积、厚度的技术要求 表 3.16-9

规格(厚度)mm		2		3			4				
上表面材料		PE	S	PE	S	M	PE	S	M	PE	S	M
面积 (m²/卷)	公称面积	15		10			10			7.5		
	偏差	±0.15		±0.10			±0.10			±0.10		
最低卷重 (kg/卷)		33.0	37.5	32.0	35.0	40.0	42.0	45.0	50.0	31.5	33.0	37.5
厚度 mm	平均值≥	2.0		3.0		3.2	4.0		4.2	4.0		4.2
	最小单值	1.7		2.7		2.9	3.7		3.9	3.7		3.9

（3）外观要求：

① 成卷卷材应卷紧卷齐，端面里进外出不得超过 10mm；

② 成卷卷材在 4℃～50℃任一产品温度下展开，在距卷芯 1000mm 长度外不应有 10mm 以上的裂纹或粘结；

③ 胎基应浸透，不应有未被浸渍的条纹；

④ 卷时表面必须平整，不允许有孔洞、缺边和裂口，矿物粒（片）料粒应均匀一致并紧密地粘附于卷材表面；

⑤ 每卷接头不应超过 1 个，较短的一段不应少于 1000mm，接头应剪切整齐，并加长 150mm。

卷重、面积、厚度及外观在抽取的卷材中均应符合规定要求。若其中一项不符合规定，允许在该批产品中另取同样卷数样品复查，岩仍不符合规定，则判该批产品不合格。

卷重、面积、厚度及外观检验合格后再抽取试样作物理性能试验。

（4）物理力学性能按《弹性体改性沥青防水卷材》GB 18242—2008 执行，见表 3.16-10。

SBS 弹性体改性沥青防水卷材物理力学性能　表 3.16-10

序号	胎基		PY		G	
	型号		I	II	I	II
1	不透水性	压力(MPa)≥	0.3		0.2	0.3
		保持时间(min)≥	30			
2	耐热度(℃)		90	105	90	105
			无滑动、流淌、滴落			
3	拉力(N/50mm)≥	纵向	450	800	350	500
		横向			250	300
4	最大拉力时延伸率(%)≥	纵向	0	40	—	
		横向				
5	低温柔度(℃)		—18	—25	—18	—25
			无裂纹			

（5）质量评定：

1）拉力：分别计算纵向或横向 5 个试件拉力的算术平均值。

2）最大拉力时延伸率分别计算纵向或横向 5 个试件最大拉力时延伸率的算术平均值。

3）不透水性：3 个试件均不透水为该项合格。

4）柔度试验：6 个试件中至少有 5 个试件冷弯无裂纹为该项合格。

5）耐热度试验：3 个试件均无滑动、流淌、滴落则判为该项合格。

6）若有一项指标不符合标准规定，允许在该批产品中再抽取 1 卷，对不合格项进行复验。达到标准规定时，则判该批产品为合格。

6. APP 塑性体沥青防水卷材

APP 塑性体改性沥青防水卷材物理力学性能见表 3.16-11

APP 塑性体改性沥青防水卷材物理力学性能　表 3.16-11

序号	胎基		PY		G	
	型号		Ⅰ	Ⅱ	Ⅰ	Ⅱ
1	不透水性	压力(MPa)≥	0.3		0.2	0.3
		保持时间(min)≥	30			
2	耐热度(℃)		110	130	110	130
			无滑动、流淌、滴落			
3	拉力(N/50mm)≥	纵向	450	800	350	500
		横向			250	300
4	最大拉力时延伸率(%)≥	纵向	25	40	—	
		横向				
5	低温柔度(℃)		—5	—15	—5	—15
			无裂纹			

注：当需要耐热度超过130℃卷材时，该指标可由供需双方协商确定。

7. 聚合物改性沥青复合胎防水卷材

（1）卷材防水涂层分 SBS 改性沥青涂层和 APP 改性沥青涂层

（2）复合胎基分Ⅰ、Ⅱ类聚酯毡和玻纤网格布（PYK）；

Ⅱ类玻纤毡和玻纤网格布（GK）棉混合纤维无纺布和玻纤网格布（NK），后者是北京市场上的主要品种。SBS 改性沥青复合胎防水卷材物理力学性能见表 3.16-12。

SBS 改性沥青复合胎防水卷材物理力学性能　表 3.16-12

序号	项　目		指标	
			Ⅰ	Ⅱ
1	不透水性	压力,0.3MPa	不透水	
		保持时间,30min		
2	耐热度	90℃	无滑动、流淌、滴落	
3	拉力,N	纵向	≥450	≥600
		横向	≥400	≥500
4	低温柔度	—18℃	无裂纹	

APP 改性沥青复合胎防水卷材物理力学性能见表 3.16-13。

APP 改性沥青复合胎防水卷材物理力学性能 表 3.16-13

序号	项　目		指标	
			Ⅰ	Ⅱ
1	不透水性	压力,0.3MPa	不透水	
		保持时间,30min		
2	耐热度	110℃	无滑动、流淌、滴落	
3	拉力,N	纵向	≥450	≥600
		横向	≥400	≥500
4	低温柔度	−5℃	无裂纹	

按北京市地方标准《聚合物改性沥青复合胎防水卷材质量检验评定标准》DBJ 01-53—2001 评定。若有一项指标不合格应另抽一卷做全项复试。

8. 改性沥青聚乙烯胎防水卷材

产品分类：氧化改性沥青防水卷材，代号 OEE；

丁苯橡胶改性氧化沥青防水卷材，代号 MEE；

高聚物改性沥青防水卷材，代号 PEE。

改性沥青聚乙烯胎防水卷材物理性能见表 3.16-14

改性沥青聚乙烯胎防水卷材物理性能 表 3.16-14

		OEE			MEE			PEE		
		优等品	一等品	合格品	优等品	一等品	合格品	优等品	一等品	合格品
柔度,℃		0	5		−10	−5		−15		−10
		3mm 厚 $r=15$mm；4mm 厚 $r=25$mm								
耐热度,℃		85		90	85	95		90		
		加热 2h 无流淌，无起泡								
拉力,（N/50mm）≥	纵	140	100		140	100		140		100
	横	120	100		120	100		120		100
断裂延伸率,（%）≥	纵	250	200		250	200		250		200
	横									
不透水性		0.3MPa,30min,不透水								

3.16.8 高分子防水卷材

1. 高分子防水卷材片材的分类见表 3.16-15。

高分子防水卷材片材的分类 表 3.16-15

分类		代号	主要原材料
均质片	硫化橡胶类	JL1	三元乙丙橡胶
		JL2	橡胶(橡塑)共混
		JL3	氯丁橡胶、氯磺化聚乙烯、氯化聚乙烯等
		JL4	再生胶
	非硫化橡胶类	JF1	三元乙丙橡胶
		JF2	橡塑共混
		JF3	氯化聚乙烯
	树脂类	JS1	聚氯乙烯等
		JS2	乙烯醋酸乙烯、聚乙烯等
		JS3	乙烯醋酸乙烯改性沥青共混等
复合片	硫化橡胶类	FL	乙丙、丁基、氯丁橡胶、氯磺化聚乙烯等
	非硫化橡胶类	FF	氯化聚乙烯、乙丙、丁基、氯丁橡胶、氯磺化聚乙烯等
	树脂类	FS1	聚氯乙烯等
		FS2	聚乙烯等

聚氯乙烯（PVC）卷材应按《聚氯乙烯防水卷材》GB 12952—2003 执行。

氯化聚乙烯卷材（例如 603 卷材）应按《聚氯乙烯防水卷材》GB 12952—2011 执行。

氯化聚乙烯-橡胶共混防水卷材可执行《高分子防水材料 第 1 部分：片材》GB 18173.1—2006 中 JL2 类产品标准，也可执行《氯化聚乙烯—橡胶共混防水卷材》JC/T 684—1997 标准。

2. 必试项目：拉伸强度、伸长率（延伸率）、低温弯折性、不透水性。

3. 取样批量和取样方法：同上。同时送试卷材搭接用胶。

4. 高分子防水卷材外观质量必须符合表 3.16-16 要求。

高分子防水卷材外观质量   表 3.16-16

项目	质 量 要 求
折痕	每卷不超过 2 处,总长度不超过 20mm
杂质	大于 0.5mm 颗粒不允许,每 $1m^2$ 不超过 $9mm^2$
胶块	每卷不超过 6 处,每处面积不大于 $4mm^2$
凹痕	每卷不超过 6 处,深度不超过本身厚度的 30%;树脂类深度不超过 15%
每卷卷材的接头	橡胶类每 20m 不超过 1 处,较短的一段不应小于 3000mm;接头处应加长 150mm;树脂类 20m 长度内不允许有接头

5. 合成高分子防水卷材物理性能必须符合表 3.16-17 的要求。

合成高分子防水卷材物理性能   表 3.16-17

项 目		性 能 要 求			
		硫化橡胶类	非硫化橡胶类	树脂类	纤维增强类
断裂拉伸强度(MPa)		≥6	≥3	≥10	≥9
断裂伸长率(%)		≥400	≥200	≥200	≥10
低温弯折性(℃)		−30	−20	−20	−20
不透水性	压力(MPa)	≥0.3	≥0.2	0.3	≥0.3
	保持时间(min)	≥30			
加热收缩率(%)		<1.2	<2.0	<2.0	<1.0
热老化保持率(80℃,168h)	断裂拉伸强度	≥80%			
	扯断伸长率	≥70%			

6. 试验结果评定：

(1) 纵横各 3 个试件的算术平均值均应达到断裂拉伸强度和

扯断伸长率的规定指标；

（2）不透水性：以 3 块试件的表面均无透水现象评为合格；

（3）低温弯折性：两块试样在规定的低温条件下，均无断裂或裂纹评为合格。

（4）粘合性能：以 3 个试件左右两端偏移准线和脱开长度均小于 5mm 为合格。

3.16.9 三元乙丙防水卷材

1. 必试项目：拉伸强度、扯断伸长率、不透水性、低温弯折性、粘合性能（卷材间搭接）

2. 取样方法：

（1）同一生产厂、同一规格、同一等级的卷材 3000m 为一验收批；

（2）在同一验收批中抽取 3 卷，经规格尺寸和外观质量检验合格后，任取合格卷中一卷，截去端头 300mm 后，纵向截取 1.8m，作为测定厚度和物理性能试验用样品；

（3）同时送试卷材搭接用胶。

3. 三元乙丙防水卷材物理性能必须符合表 3.16-18 的要求。

三元乙丙防水卷材物理性能　　　表 3.16-18

序号	项目		指　标	
			一等品	合格品
1	拉伸强度（MPa）纵横均应≥		8	7
2	拉断伸长率（%）纵横均应≥		450	450
3	不透水性	0.3MPa,30min	合格	—
		0.1MPa,30min	—	合格
4	粘合性能（胶与胶）	无处理	合格	合格
5	低温弯折性	−40℃	合格	合格

4. 试验结果评定：

（1）拉伸强度，纵横各 3 个试件中的值均应达到拉伸强度、伸长率的规定指标；

(2) 不透水性，以 3 个试件表面均无透水现象评为合格；

(3) 低温弯折性，以 2 个试样均无断裂或裂纹评为合格；

(4) 粘合性能，以 3 个试件左右两端偏移准线和脱开长度均小于 5mm 为合格。

3.16.10 聚氯乙烯、氯化聚乙烯防水卷材

1. 必试项目：拉伸强度、断裂伸长率、低温弯折性、抗渗透性（不透水性）剪切状态下的粘合性。

2. 取样方法

(1) 以同一生产厂、同一类型、同一规格的卷材，5000m 为一验收批；

(2) 随机抽取一组 3 卷外观质量合格卷材，任取一卷在距离端头 300mm 处截取约 300mm，用于厚度的检验和物理性能试验所需样片；

(3) 同时送验胶粘剂。

3. 聚氯乙烯、氯化聚乙烯防水卷材的物理性能必须符合表3.16-19 的要求。

聚氯乙烯、氯化聚乙烯防水卷材的物理性能

表 3.16-19

序号	品　　　种　　　　项　　目	聚氯乙烯防水卷材 GB 12952—2003				
		P 型			S 型	
		优等品	一等品	合格品	一等品	合格品
1	拉伸强度(MPa)纵横均≥	15.0	10.0	7.0	5.0	2.0
2	断裂伸长率(%)纵横均≥	250	200	150	200	120
3	低温弯折性　−20℃	无裂纹				
4	抗渗透性	不透水				
5	剪切状态下的粘合性	$\delta \geq 2.0$N/mm 或在接缝外断裂				

序号	品　种 项　目	氯化聚乙烯防水卷材					
		Ⅰ型			Ⅱ型		
		优等品	一等品	合格品	优等品	一等品	合格品
1	拉伸强度(MPa)纵横均≥	12.0	8.0	5.0	12.0	8.0	5.0
2	断裂伸长率(%)纵横均≥	300	200	100	10		
3	低温弯折性　−20℃	无裂纹					
4	抗渗透性	不透水					
5	剪切状态下的粘合性	不小于 2.0N/mm					

注：P型：以增塑氯乙烯为基料的塑性卷材；

S型：以煤焦油与聚氯乙烯树脂混熔料为基料的柔性卷材；

Ⅰ型：非增强氯化聚乙烯卷材；

Ⅱ型：增强氯化聚乙烯卷材。

4. 试验结果评定

（1）拉伸强度和断裂伸长率：分别计算并报告5块试样纵向和横向的算术平均值（按5块试样较近的值考虑），纵横向拉伸强度、断裂伸长率的值均应达到规定指标；

（2）抗渗透性（不透水性）：0.2MPa压力保持24h，3个试件表面均不透水评为合格；

（3）低温弯折性：以2个试样均无断裂或裂纹评为合格；

（4）剪切状态下的粘合性：以5块试样的算术平均值2.0N/mm或试样在粘接缝非断裂为合格。

3.16.11　氯化聚乙烯-橡胶共混防水卷材

1. 必试项目：拉伸强度、断裂伸长率、不透水性、低温弯折性、粘离强度、粘合性；

2. 取样方法：5000m为一验收批，取样方法同三元乙丙卷材；

3. 氯化聚乙烯-橡胶共混防水卷材物理性能必须符合表3.16-20的要求。

氯化聚乙烯-橡胶共混防水卷材物理性能 表 3.16-20

项目 / 指标		氯化聚乙烯-橡胶共混防水卷材		硫化型橡塑防水卷材
		S 型	N 型	Z 型
1	拉伸强度(MPa)纵横向均应	7.0	5.0	3.0
2	断裂伸度率(%)纵横向均应	400	250	200
3	不透水性,30min	0.3MPa 不透水	0.2MPa 不透水	0.1MPa 不透水
4	低温弯折性	−40℃合格	−20℃合格	−15℃合格
5	粘结剥离强度 kN/m	2.0		
	浸水 168h 剥离强度保持率(%)	70		
6	剪切状态下的粘合性	—		2.0N/mm

4. 卷材胶粘剂的质量要求:

(1) 改性沥青胶粘剂的粘结剥离强度不应小于 8N/10mm^2;

(2) 合成高分子胶粘剂的粘结剥离强度不应小于 15N/10mm^2,浸水 168h 后的保持率不应小于 70%;

(3) 双面胶结带剥离状态下的粘合性不应小于 10N/25mm^2,浸水 168h 后的保持率不应小于 70%。

3.16.12　GFZ 聚乙烯丙纶卷材复合防水

1. GFZ 聚乙烯丙纶卷材复合防水的特点

(1) GFZ 聚乙烯丙纶卷材是一种新型高分子冷粘复合防水卷材,其装汤面为高强丙纶无纺布,中间为聚乙烯热压而成。

(2) GFZ 卷材抗拉伸、抗弯折、抗撕裂强度高,耐变形。

(3) GFZ 卷材薄、柔韧性好,易于弯曲,遇转角、管根、雨水口等部位粘贴附加层时易于施工,防水严密。

(4) GFZ 卷材用配套的聚合物粘结料满粘满贴,可在潮湿基层上施工。

(5) GFZ 卷材有良好的抗水气渗透性可用于屋面的隔气层。

(6) GFZ 卷材具有较高的抗拉强度和抗穿刺性,可用于绿化种植屋面的防水层。

（7）GFZ卷材为环保产品，无毒无味，不污染环境。

（8）用途广泛，可用于厨房、卫生间、地下室及屋面。也可用于水池、泳池、地铁、隧道、堤坝、垃圾填埋场等的防水。

2. GFZ聚乙烯丙纶卷材的性能指标见表3.16-21。

GFZ聚乙烯丙纶卷材的性能指标 表3.16-21

序号	检验项目		指标要求
1	剪切状态下的粘合性（N/C mm）		6.2
2	纵向劈断裂拉伸强度（N/C mm）		≥60(57.7)
3	横向劈断裂拉伸强度（N/C mm）		≥60(56.7)
4	胶断伸长率（%）	纵向	≥400
5		横向	≥400
6	加热伸缩量（mm）	延伸	≤2
7		收缩	≤4
8	低温弯折性，−20℃，1h		无裂纹
9	不透水性 0.3MPa，30min		不透水
10	撕裂强度（N）		≥20

3. 聚乙烯丙纶卷材复合防水用于各类工程防水层的厚度应符合表3.16-22。

聚乙烯丙纶卷材复合防水用于各类工程防水层的厚度 表3.16-22

部 位	卷材厚度（mm）	防水层厚度（mm）
平屋面	≥0.7	≥1.9
坡屋面	≥0.7	≥1.9
地下室底板及侧墙	≥0.8	≥2.0
地下室顶板	≥0.8	≥2.0
室内厨房、卫生间	≥0.6	≥1.8
水池、游泳池	≥0.8	≥2.0
隧道	≥0.9	≥2.1

4. 聚合物水泥防水胶粘材料

(1) 聚合物水泥防水胶粘材料的组成分为单组分和双组分，均具有一定的防水性能和粘结性能。聚合物水泥防水胶粘材料的主要性能指标应符合表 3.16-23。

聚合物水泥防水胶粘材料的主要性能指标 表 3.16-23

项 目		指 标
与水泥基层的拉伸粘结强度(MPa)	常温 28d	≥0.6
	耐水	≥0.4
	耐冻融	≥0.4
操作时间(h)		≥2
抗渗性能(MPa)	抗渗压力差 7d	≥0.2
	抗渗压力 7d	≥1.0
抗压强度(MPa)7d		≥9
柔韧性 28d	抗压强度/抗折强度	≤3
剪切状态下的粘合性(N/mm)常温	卷材与卷材	≥2.0
	卷材与基底	≥1.8

(2) 聚合物水泥防水胶粘材料环保性能指标应符合表 3.16-24。

聚合物水泥防水胶粘材料环保性能指标 表 3.16-24

序号	检验项目	环保性能指标
1	游离甲醛(g/kg)	≤1
2	苯(g/kg)	≤0.2
3	甲苯+二甲苯(g/kg)	≤10
4	总挥发性有机物 W(g/L)	≤50

3.16.13 "贴必定"自粘防水卷材

1. 分类

P 型卷材：聚乙烯膜（PE）和铝箔两种；

PET 型：镀铝膜（PET）和铝塑复合膜（PET＋AL）。

2."贴必定"自粘防水卷材的特点

（1）"贴必定"自粘防水卷材为 BAC 湿铺法复合双面自粘防水卷材，由聚氨酯胎体（或玻纤胎体）、SBS 改性沥青、自粘橡胶沥青胶及隔离膜复合而成，厚度有 2、3、4mm 三种。

（2）采用水泥砂浆或水泥浆满粘工艺与自粘胶面产生极强的粘结效果。

（3）延伸性能好，具有独特的自愈功能。

（4）耐候性能优良，可用于不同气候不同地区、建筑工程不同防水部位。可在潮湿基层上铺粘 BAC 防水卷材。

（5）铝箔面和铝塑复合膜面卷材可用于屋面不需加保护层。

（6）能与后浇混凝土预铺反粘，也可与各类防水材料复合粘贴。

（7）安全环保，性价比高。

3."贴必定"BAC 防水卷材性能指标（QTXZBK001-2005）见表 3.16-25。

"贴必定"BAC 防水卷材性能指标 表 3.16-25

胎 基		PY 聚酯胎			G 玻纤胎		
型 号		I	II	690	I	II	690
可溶物含量(q/m²)		2100					
不透水性	压力(MPa)	0.3			0.2	0.3	0.2
	保持时间	30min 不透水					
耐热度(℃)		70	80	70	70	80	70
拉力(N/5cm)	纵向	350	400	350	350	500	350
	横向				250	300	250
断裂延伸率(%)	纵向	30	40	30	—	—	—
	横向				—	—	—
撕裂强度(N)	纵向	250	350	250	250	350	250
	横向				170	200	170
低温柔度(℃)							
剪切性能(N/mm)	与卷材	4.0 或粘合面外断裂					
	与铝板						
剥离性能(N/mm)		1.5 或粘合面外断裂					

3.16.14 水泥基渗透结晶型防水涂料

1. 分类

（1）按使用方法分为

水泥基渗透结晶型防水涂料；

水泥基渗透结晶型防水剂（A）

（2）按力学性能分为：Ⅰ型、Ⅱ型。

2. 适用范围

适用于隧道、地基工程、水塔、水池、厨卫间、地下室、内外墙体、水族馆、游泳池、水坝、桥梁、排污、蓄水工程等。

3. 特点

（1）渗透结晶，永久防水；

（2）迎水与背水防水功能相同；

（3）具有二次抗渗功能，表面受损仍能保持良好的防水性及抗化学侵蚀性；

（4）可提高砂浆的抗压强度；

（5）具有微膨胀功能，防止收缩产生微裂缝；

（6）施工简便快捷，无需特别保护；

（7）抗化学侵蚀性好：可抗海水、地下水、氯化物、硫酸盐、碳酸等的侵蚀。无毒无味符合环保要求。

4. 水泥基渗透结晶型防水涂料的参考配方见表 3.16-26。

水泥基渗透结晶型防水涂料的参考配方　表 3.16-26

成　　分	质量比(%)
高强度水泥	400～500
石英砂	300～450
水泥基渗透结晶母料	30～50
纤维素醚	1～2
乳胶粉 EO6PA	20～30

5. 水泥基渗透结晶型防水涂料的性能测试项目：匀质性、凝结时间、安定性、抗压强度、抗折强度、粘结强度、抗渗性能。

6. 水泥基渗透结晶型防水涂料的技术性能指标见表 3.16-27。

水泥基渗透结晶型防水涂料的技术性能指标 表 3.16-27

项　　目		性能指标	
		Ⅰ型	Ⅱ型
安定性		合格	
混凝结时间　初凝(min)		20	
终凝(h)		24	
抗压强度(MPa)　7d		12.0	
28d		18.0	
抗折强度(MPa)　7d		2.80	
28d		3.50	
湿面粘结强度(MPa)		1.0	
抗渗压力(28d)(MPa)		0.8	1.2
第二次抗渗压力(56d)(MPa)		0.6	0.8
抗渗压力比(28d)(%)		200	300

7. 水泥基渗透结晶型防水剂性能测试项目：减水率比、泌水率比、凝结时间、抗压强度比、含气量、收缩率比、抗渗性、钢筋锈蚀。

8. 水泥基渗透结晶型防水剂的技术性能指标见表 3.16-28。

水泥基渗透结晶型防水剂的技术性能指标 表 3.16-28

项　　目		性能指标
减水率(%)	≥	10
泌水率(%)	≤	70
含气量(%)	≤	4.0
混凝结时间　初凝(min)	>	−90
终凝(h)		—
收缩率比(28d)(%)	≤	125
第二次抗渗压力(56d)(MPa)	≥	0.6
渗透压力比(28d)(%)	≥	200
对钢筋的锈蚀作用		对钢筋无锈蚀危害

3.16.15 界面渗透型防水涂料

1. 界面渗透型防水涂料分类

（1）渗透型：涂刷于混凝土或水泥砂浆表面，渗透到基层内部发生反应，密实混凝土或水泥砂浆达到防水效果。

（2）渗透成膜型：涂刷于混凝土或水泥砂浆表面，渗透到基层内部并在表面聚合形成一层防水涂膜。

2. 抽样检验：分型式检验、出厂检验、工程检验

（1）型式检验按规定的全部项目；

（2）出厂检验项目：抗压强度比，渗透深度，48h 吸水量比，抗透水压力比，拉伸强度（渗透成膜型）；

（3）工程复验以 5t 为一批，不足也按一批计。取 2kg 样品进行物理性能试验。复验项目：抗压强度比，渗透深度，48h 吸水量比，抗透水压力比，拉伸强度（渗透成膜型）。

3. 性能指标见表 3.16-29

性能指标　　　　　　　　　表 3.16-29

序号	项目	类别		试验结果
		渗透型	渗透成膜型	
1	固体含量（%）	三企业指标±5%		均为三个试样结果的平均值
2	抗压强度比（%）	≥100		
3	渗透深度（mm）	≥2.0	≥1.0	
4	48h 吸水量比（%）	≤65	≤10	
5	抗透水压力比（%）	≥200	≥300	最大压力比
6	抗冻性	−20℃～20℃，15 次，表面无粉化、裂纹		三个平行式样均无变化时为合格
7	耐热性	80℃，72h 表面无粉化、裂纹		
8	耐碱性	饱和氢氧化钙溶液浸泡 168h，表面无粉化、裂纹		
9	耐酸性	1%盐酸溶液浸泡 168h，表面无粉化、裂纹		
10	拉伸强度（MPa）	—	≥1	
11	钢筋锈蚀	无锈蚀		五个试样结果的平均值

4. 质量判定：依据标准检测，各项性能均符合标准技术要求，则判定为合格品。如有一项性能不符合标准要求，允许从该批产品中加倍取样复试，如合格判定合格，不合格判为不合格。

3.16.16 聚氨酯防水涂料

1. 必试项目：拉伸强度，断裂时的延伸率，低温柔性，不透水性，固体含量。

2. 取样批量

（1）涂料以甲组份每 5t 为一验收批，乙组份按产品重量配比相应增加。

（2）每一验收批按产品的配比取样，甲乙组份样总重为 2kg。

3. 取样方法

甲乙组分取样方法相同，分装不同容器中，试样搅拌均匀后，装入干燥的样品容器中，留存 5% 的空隙，密封并作好标志。

4. 聚氨酯防水涂料性能必须符合表 3.16-30 的要求。

聚氨酯防水涂料性能　　　　表 3.16-30

	项　　目		一等品	合格品
1	拉伸强度（MPa）	无处理大于	2.45	1.65
2	断裂时的延伸率（%）	无处理大于	450	350
3	低温柔性（℃）	无处理	−35℃无裂纹	−30℃无裂纹
4	不透水性 0.3MPa,30min		不渗漏	
5	固体含量%		≥94%	

5. 试验结果评定

（1）拉伸强度和延伸率：以 5 个试件有效结果的算术平均值。

（2）低温柔韧性：以 3 个试件表面无裂纹及断裂评为合格。

（3）不透水性：以 3 个试件表面均无渗水现象评为合格。

（4）固体含量：以两次平行试验的平均值表示，两次平行试验的相对误差不大于 3%。

3.16.17 水性沥青基防水涂料

1. 分类

（1）AE-1 类

a. AE-1-A 水性石棉沥青防水涂料

b. AE-1-B 膨胀土沥青乳液

c. AE-1-C 石灰乳化沥青

（2）AE-2 类

a. AE-2-A 氯丁胶乳沥青

b. AE-2-B 水乳性再生胶沥青涂料

c. AE-2-C 用化学乳化剂配制的乳化沥青。

2. 必试项目：延伸性、柔韧性、耐热性、不透水性、粘结性、固体含量。

3. 取样批量：以 10t 为一验收批。不足 10t 也按一批抽检。每验收批取试样 2kg。搅拌均匀后，装入样品密闭容器中，并作好标志。

4. 水性沥青基防水涂料质量要求必须符合表 3.16-31 的要求。

水性沥青基防水涂料质量指标　　　　表 3.16-31

项　　目	质　量　指　标			
	AE-1		AE-2	
	一等品	合格品	一等品	合格品
外观	搅拌后为黑色或黑灰色均质膏体或黏稠体,搅匀和分散在水溶液中无沥青丝		搅拌后为黑色或黑灰色均质液体,搅拌棒上不粘附任何颗粒	搅拌后为黑色或蓝褐色液体,搅拌棒上不粘附明显颗粒

续表

项 目		质 量 指 标			
固体含量(%)不小于		50		43	
延伸性(mm)不小于	无处理	5.5	4.0	6.0	4.5
柔韧性		(5±1)℃	(10±1)℃	(−15±1)℃	(−10±1)℃
		无裂纹、断裂			
耐热性(80±2)℃		无流淌、起泡和滑动			
粘结性(MPa)不小于		0.2			
不透水性		不渗水			

3.16.18 聚合物水泥防水涂料

聚合物水泥防水涂料（JS 防水涂料）是丙烯酸酯等聚合物乳液与以水泥为主体的粉料按一定比例混合使用的涂料。

1. 分类

Ⅰ型产品以聚合物为主，主要用于非长期浸水环境下的建筑防水工程。如坡屋面。

Ⅱ型产品以水泥为主，适用于长期浸水环境下的建筑防水工程。如地下基础。

2. 必试项目：固体含量、拉伸强度、断裂伸长率、低温柔性、潮湿基面粘结强度、不透水性、抗渗性。

3. 外观质量检验：产品的两组分经分别搅拌后，其液体组分应为无杂质、无凝胶的均匀乳液；固体组分应为无杂质、无结块的粉末。不符合上述规定的产品为不合格品。

4. 聚合物水泥防水涂料（JS 防水涂料）的物理力学性能必须符合表 3.16-32 的要求。

若有 2 项或 2 项以上指标不符合标准时，判该批产品为不合格。若有 1 项指标不符合标准时，允许在同批产品中加倍抽样进行单项复验，若该项仍不符合标准，则判该批产品为不合格。

聚合物水泥防水涂料（JS 防水涂料）的物理力学性能　表 3.16-32

序号	试验项目			技术指标	
				Ⅰ型	Ⅱ型
1	固体含量(%)			65	
2	干燥时间	表干时间(h)	≥	4	
		实干时间(h)	≤	8	
3	拉伸强度	无处理(MPa)	≥	1.2	1.8
		加热处理后保持率(%)	≥	80	80
		碱处理后保持率(%)	≥	70	80
		紫外线处理后保持率(%)	≥	80	80
4	断裂伸长率	无处理(%)	≥	200	80
		加热处理(%)	≥	150	65
		碱处理(%)	≥	140	65
		紫外线处理(%)	≥	150	65
5	低温柔性,Φ10mm 棒			−10℃无裂纹	—
6	不渗水性(0.3MPa,30min)			不透水	
7	潮湿基面粘结强度(MPa)		≥	0.5	1.0
8	抗渗性(背水面)(MPa)		≥	—	0.6

注：低温柔性，三块试件均无裂纹则判为该项合格。Ⅱ型产品用于厕浴间或地下，不做此项试验。如Ⅱ型产品用于地下工程，不透水性项目可不测试，但必须测试抗渗性。涂膜抗渗性试验结果应报告三个试件中二个未出现透水时的最大水压力（MPa）。

3.16.19　高分子防水涂料

1. 取样批量：以 10t 为一验收批。

2. 必试项目：固体含量，拉伸强度，断裂延伸率，柔性，不透水性

3. 合成高分子防水涂料质量要求

(1) 外观质量检验：包装完好无损，且标明涂料名称、生产日期、生产厂名、产品有效期；

(2) 高分子防水涂料的物理性能必须符合表 3.16-33 的要求。

高分子防水涂料的物理性能 表 3.16-33

项目		反应固化型	挥发固化型	聚合物水泥涂料
固体含量(%)		≥94	≥65	≥65
拉伸强度(MPa)		≥1.65	≥1.5	≥1.2
断裂延伸率(%)		≥350	≥300	≥200
柔性(℃)		-30,弯折无裂纹	-20,弯折无裂纹	-10,绕 Φ10mm 棒无裂纹
不透水性	压力(MPa)	≥0.3		
	保持时间(min)	≥30		

3.16.20 胎体增强材料

1. 必试项目：拉力，延伸率
2. 取样批量：每 3000m 为一验收批
3. 胎体增强材料的质量要求必须符合表 3.16-34 的要求

胎体增强材料的质量要求 表 3.16-34

		聚酯无纺布	化纤无纺布	玻纤网布
外观		均匀,无团状,平整无折皱		
拉力(N/50mm)	纵向	≥150	≥45	≥90
	横向	≥100	≥35	≥50
延伸率(%)	纵向	≥10	≥20	≥3
	横向	≥20	≥25	≥3

3.16.21 改性石油沥青密封材料

1. 分类：Ⅰ类为改性石油沥青密封材料；Ⅱ类为改性煤焦油沥青密封材料。

2. 必试项目：耐热度、低温柔性、拉伸粘结性、挥发性、施工度。

3. 取样批量：同一规格品种每2t为一验收批。

4. 质量要求：改性石油沥青密封材料物理性能必须符合表3.16-35的要求。

改性石油沥青密封材料物理性能　　表3.16-35

项　　目		Ⅰ类	Ⅱ类
耐热度	温度(℃)	70	80
	下垂值	≤4.0mm	
低温柔度	温度(℃)	−20	−10
	粘结状态	无裂纹和剥离现象	
拉伸粘结性(%)		≥125	
浸水后拉伸粘结性(%)		≥125	
挥发性(%)		≤2.8	
施工度[(25±1)℃,5s]		沉入量≥22.0mm	沉入量≥20.0mm
项　　目		Ⅰ类(弹性体密封材料)	Ⅱ类(塑性体密封材料)
粘结性	粘结强度	≥0.1MPa	≥0.02MPa
	延伸率	≥200%	≥250%
柔性		−30℃无裂纹	−20℃无裂纹
拉伸-压缩循环性能	拉伸-压缩率	≥±20%	≥±10%
	粘结和内聚破坏面积	≥25%	

3.16.22　合成高分子密封材料

1. 必试项目：粘结性，柔性，拉伸-压缩循环性能。

2. 取样批量：同一规格品种每1t为一验收批。

3. 质量要求：合成高分子密封材料的物理性能必须符合相应要求。

3.16.23   合成高分子防水卷材

合成高分子防水卷材主要物理性能由于与《屋面工程质量验收规范》GB 50207—2012 中的性能指标不同，故重新列出，以引起注意。

合成高分子防水卷材的主要物理性能见表 3.16-36。

合成高分子防水卷材的主要物理性能   表 3.16-36

项　目	性能要求				
	硫化橡胶类		非硫化橡胶类	合成树脂类	纤维胎增强类
	JL1	JL2	JF3	JS1	
拉伸强度（MPa）	≥8	≥7	≥5	≥8	≥8
断裂伸长率（%）	≥450	≥400	≥200	≥200	≥10
低温弯折性（℃）	−45	−40	−20	−20	−20
不透水性	压力 0.3MPa，保持时间 30min，不透水				

3.16.24   有机防水涂料

1. 必试项目：固体含量、拉伸强度、断裂延伸率、柔性、不透水性。

2. 现场抽样数量：每 5t 为一验收批。

3. 外观质量检验：包装完好无损，且标明涂料名称，生产日期，生产厂家，产品有效期。

4. 有机防水涂料的物理性能必须符合表 3.16-37 的要求。

有机防水涂料的物理性能   表 3.16-37

涂料种类	可操作时间（min）	潮湿基面粘结强度（MPa）	抗渗性（MPa）			浸水168h断裂伸长率（%）	浸水168h拉伸强度（MPa）	耐水性（%）	表干（h）	实干（h）
			涂膜（30min）	砂浆迎水面	砂浆背水面					
反应型	≥20	≥0.3	≥0.3	≥0.6	≥0.2	≥300	≥1.65	≥80	≥8	≥24
水乳型	≥50	≥0.2	≥0.3	≥0.6	≥0.2	≥350	≥0.5	≥80	≥4	≥12
聚合物水泥	≥30	≥0.6	≥0.5	≥0.6	≥0.6	≥80	≥1.5	≥80	≥4	≥12

注：耐水性是指在浸水 168h 后材料的粘结强度及砂浆抗渗性的保持率。

3.16.25 无机防水涂料

1. 必试项目：抗折强度、粘结强度、抗渗性。

2. 现场抽样数量：每 10t 为一验收批。

3. 外观质量检验：包装完好无损，且标明涂料名称，生产日期，生产厂家，产品有效期。

4. 无机防水涂料物理性能必须符合表 3.16-38 的要求。

无机防水涂料物理性能 表 3.16-38

涂料种类	抗折强度（MPa）	粘结强度（MPa）	抗渗性（MPa）	冻融循环
水泥基防水涂料	＞4	＞1.0	＞0.8	＞D50
水泥基渗透结晶型防水涂料	≥3	≥1.0	＞0.8	＞D50

3.16.26 塑料板

塑料板的物理性能必须符合表 3.16-39 要求。

塑料板的物理性能 表 3.16-39

项 目	性能要求			
	EVA	ECB	PVC	PE
拉伸强度(MPa)≥	15	10	10	10
断裂延伸率(%)≥	500	450	200	400
不透水性 24h(MPa)≥	0.2	0.2	0.2	0.2
低温弯折性(℃)≤	−35	−35	−20	−35
热处理尺寸变化率(%)≤	2.0	2.5	2.0	2.0

3.16.27 高分子材料止水带

1. 必试项目：拉伸强度、扯断伸长率、撕裂强度。

2. 现场抽样数量：每月同标记的止水带产量为一批抽样。

3. 外观质量检验必须符合表 3.16-40 的要求。

高分子材料止水带外观质量　　　　表 3.16-40

项　目			质 量 要 求
公称尺寸	厚度 B	4～6mm	极限偏差	1,0
		7～10mm		+1.3,0
		11～20mm		+2,0
	宽度 l(%)		±3
开裂、缺胶、海绵状缺陷			不允许
中心孔偏心			不允许超过管状断面厚度的 1/3
凹痕、气泡、杂质、明疤等缺陷			深度不大于 2mm,面积不大于 16mm² ,个数不超过 4 处

4. 物理性能必须符合表 3.16-41 的要求。

高分子材料止水带物理性能　　　　表 3.16-41

项　目			性能要求		
			B 型	S 型	J 型
硬度(邵尔 A,度)			60±5	60±5	60±5
拉伸强度(MPa)≥			15	12	10
扯断伸长率(%)≥			380	380	300
压缩永久变形	70℃×24h,%≤		35	35	35
	23℃×168h,%≤		20	20	20
撕裂强度(kN/m)≥			30	25	25
脆性温度(℃)≤			−45	−40	−40
热空气老化	70℃×168h	硬度(邵尔 A,度)	+8	+8	—
		拉伸强度(MPa)≥	12	10	—
		扯断伸长率(%)≥	300	300	—
	100℃×168h	硬度(邵尔 A,度)	—	—	+8
		拉伸强度(MPa)≥	—	—	9
		扯断伸长率(%)≥	—	—	250
臭氧老化 50PPhm;20%,48h			2 级	2 级	0 级
橡胶与金属粘合			断面在弹性体内		

注：1. B 型适用于变形缝用止水带；S 型适用于施工缝用止水带；J 型适用于有特殊耐老化要求的接缝用止水带。

　　2. 橡胶与金属粘合项仅适用于具有钢边的止水带。

3.16.28 遇水膨胀橡胶腻子止水条

1. 必试项目：拉伸强度、扯断伸长率、体积膨胀率。

2. 现场抽样数量：每月同标记的膨胀橡胶产量为一批抽样。

3. 遇水膨胀橡胶腻子止水条物理性能必须符合表 3.16-42 的要求。

遇水膨胀橡胶腻子止水条物理性能　　表 3.16-42

项　目	性 能 要 求		
	PN-150	PN-220	PN-300
体积膨胀倍率(%)	≥150	≥220	≥300
高温流淌性(80℃×5h)	无流淌	无流淌	无流淌
低温试验(-20℃×2h)	无脆裂	无脆裂	无脆裂

3.16.29 弹性橡胶密封垫材料

弹性橡胶密封垫材料物理性能必须符合表 3.16-43 的要求。

弹性橡胶密封垫材料物理性能　　表 3.16-43

项　目		性 能 要 求	
		氯丁橡胶	三元乙丙胶
硬度(邵尔 A,度)		45±5～60±5	55±5～70±5
伸长度(%)		≥350	≥330
拉伸强度(MPa)		≥10.5	≥9.5
热空气老化 (70℃×96h)	硬度变化值(邵尔 A,度)	≤8	≤86
	拉伸强度变化率(%)	≥-20	≥-15
	扯断伸长变化率(%)	≥-30	≥-30
压缩永久变形(70℃×24h)(%)		≤35	≤28
防霉等级		达到与优于 2 级	

注：以上指标均为成品切片测试的数据，若只能以胶片制成试样测试，则其力
学性能数据应达到本标准的120%。

3.16.30 遇水膨胀橡胶密封垫胶料

遇水膨胀橡胶密封垫胶料物理性能必须符合表 3.16-44 的要求。

遇水膨胀橡胶密封垫胶料物理性能 表 3.16-44

项　目		性 能 要 求			
		PZ-150	PZ-250	PZ-400	PZ-600
硬度(邵尔 A,度)		427	427	457	487
拉伸强度(MPa)		3.5	3.5	3	3
扯断伸长率(%)		450	450	350	350
体积膨胀率(%)		150	250	400	600
反复浸水试验	拉伸强度(MPa)	3	3	3	3
	扯断伸长率(%)	350	350	250	250
	体积膨胀率(%)	150	250	300	500
低温弯折(−20℃×2h)		无裂纹			
防霉等级		达到与优于 2 级			

3.16.31 高分子防水卷材胶粘剂

1. 必试项目：剥离强度

2. 取样方法：同一生产厂、同一类型、同一品种的产品，每 5t 为一验收批，不足 5t 也按一批计。根据不同的批量，从每批中随机抽取下表规定的容器个数，从每个容器内取搅拌均匀等量的试样总量约 1.0L。试验条件下放置时间应不少于 12h。抽取容器个数见表 3.16-45。

抽取容器个数 表 3.16-45

批量(容器个数)	抽取个数(最小值)	批量(容器个数)	抽取个数(最小值)
2～8	2	217～343	7
9～27	3	344～512	8
28～64	4	513～729	9
65～125	5	730～1000	10
126～216	6		

3.17 建筑工程饰面砖

3.17.1 执行标准

(1)《建筑工程饰面砖粘结强度检验标准》JGJ 110—2008

(2)《外墙饰面砖工程施工及验收规程》JGJ 126—2000

(3)《建筑装饰装修工程质量验收规范》GB 50210—2001

(4)《住宅装饰装修工程施工规范》GB 50327—2001

3.17.2 进场验收

1. 外墙饰面砖应具有生产厂的出厂检验报告及产品合格证。

2. 饰面砖的品种、规格、图案、颜色和性能应符合设计要求。

3. 外墙饰面砖检验项目：

尺寸、表面质量、吸水率、抗冻性、耐急冷急热性、耐磨性、变形、弯曲强度、耐酸性、耐碱性。

3.17.3 外墙饰面砖进场复验项目

尺寸、表面质量、吸水率、抗冻性。

3.17.4 检验批与抽样

每 $50\sim500\text{m}^2$ 为一个检验批，不足 50m^2 时，按一个检验批算。按规定一次抽取用于规格尺寸和表面质量检验所需的试样。变形、吸水率、耐急冷急热性、抗冻性、耐磨性、耐酸性、耐碱性所需试样，可从尺寸偏差、表面质量检验合格的试样中抽取。非破坏性试验项目的试样可用于其他项目检验。

检验项目和试样数量见表 3.17-1。

检验项目和试样数量　　　　　表 3.17-1

项目	试样数量	项目	试样数量	项目	试样数量
规格尺寸	60	耐急冷急热性	10	吸水率	5
表面质量	1m² 或 25	抗冻性	5	耐酸性	5
分层	50	弯曲强度	10	耐碱性	5
变形	10	耐磨性	8		

3.17.5　质量要求

1. 尺寸允许偏差必须符合表 3.17-2 要求。

尺寸允许偏差　　　　　表 3.17-2

基本尺寸(mm)		允许偏差(mm)
边长	<150(100×100、115×60、130×65)	±1.5
	150～250(150×150、200×200、200×150、250× 150、250×250、240×60、250×65)	±2.0
	>250(300×150、300×200)	±2.5
厚度	<12	±1.0

2. 表面质量必须符合表 3.17-3 的要求。

表面质量要求　　　　　表 3.17-3

缺陷名称	优等品	一等品	合格品
缺釉、斑点、裂纹、落脏、棕眼、溶洞、釉缕、釉泡、烟熏、开裂、磕碰、波纹、剥边、坯粉	距离砖面 1m 处目测,有可见缺陷的砖数不超过 5%	距离砖面 2m 处目测,有可见缺陷的砖数不超过 5%	距离砖面 3m 处目测,缺陷不明显
色差	距离砖面 3m 处目测不明显		

《外墙饰面砖工程施工及验收规程》JGJ 126—2000 规定:外墙饰面砖宜采用背面有燕尾槽的产品。

3. 最大允许变形:不同质量等级的最大允许变形见表 3.17-4。

不同质量等级的最大允许变形　　表 3.17-4

变形种类	优等品	一等品	合格品
中心弯曲度(%)	±0.50	±0.60	+0.80　−0.60
翘曲度(%)	±0.50	±0.60	±0.70
边直片(%)	±0.50	±0.60	±0.70
直角度(%)	±0.60	±0.70	±0.80

4. 分层：各级彩釉砖均不得有结构分层缺陷存在。

5. 背纹：凸背纹的高度和凹背纹的深度均不小于 0.50mm。

6. 吸水率：吸水率不大于 10%。

《外墙饰面砖工程施工及验收规程》JGJ 126—2000 中，外墙饰面砖（陶瓷砖）的吸水率，对不同气候区必须符合下列规定：

（1）在Ⅰ、Ⅵ、Ⅶ区，吸水率不应大于 3%；在Ⅱ区，吸水率不应大于 6%。（2）在Ⅲ、Ⅳ、Ⅴ区，冰冻期一个月以上的地区吸水率不宜大于 6%。

7. 抗冻性：经 20 次冻融循环不出现破裂、剥落或裂纹。

《外墙饰面砖工程施工及验收规程》JGJ 126—2000 中，对外墙饰面砖（陶瓷砖）的规定：在Ⅰ、Ⅵ、Ⅶ区，冻融循环应满足 50 次；在Ⅱ区，冻融循环应满足 40 次。

8. 弯曲强度：弯曲强度平均值不低于 24.5MPa。

9. 耐磨性：只对铺地的彩釉砖进行耐磨试验。依据釉面出现磨损痕迹时的研磨转数将砖分为四类。

10. 耐化学腐蚀性能：耐酸、耐碱性能各为 AA、A、B、C、D 五个等级。

3.17.6　带饰面砖的预制墙板进场对饰面砖粘结强度复验

1. 带饰面砖的预制墙板进入现场后，应对饰面砖粘结强度进行复验。

2. 生产厂应提供饰面砖预制墙板的饰面砖粘结强度的型式检验报告，其检测结果应符合标准的规定。

3. 复验抽样：每 $1000m^2$ 同类带饰面砖的预制墙板为一个检验批，不足 $1000m^2$ 也按一个检验批。每批随机抽取一组 3 块板，每块板应制取 1 个试样对饰面砖粘结强度进行检验。

4. 粘结强度检验评定

（1）带饰面砖的预制墙板，当一组试样均符合下列两项指标要求时，其粘结强度应定为合格。

① 每组试样平均粘结强度不应小于 0.6MPa。

② 每组可有一个试样的粘结强度小于 0.6MPa 但不应小于 0.4MPa。

（2）当一组试样均不符合两项指标要求时，其粘结强度应定为不合格；当一组试样只符合一项指标时，应在该组试样原取样区域内重新抽取两倍试样检验。若检验结果仍有一项指标达不到规定数值，则该批饰面砖粘结强度可定为不合格。

3.17.7　现场粘贴的外墙饰面砖粘结强度的检验

1. 现场粘贴的外墙饰面砖施工要求

（1）施工前应对饰面砖进行现场检验，粘贴饰面砖样板件，对饰面砖样板件粘结强度进行检验；

（2）由监理从粘贴外墙饰面砖的施工人员中随机抽选 1 人，在每种类型的基层上各粘贴至少 $1m^2$ 饰面砖样板件，每种类型的样板件应各制取一组 3 个饰面砖粘结强度试样。

（3）饰面砖粘结强度检验合格后，按其粘结料配合比、进场饰面砖和施工工艺组织施工。

2. 现场粘贴的外墙饰面砖工程完工后，应对饰面砖粘结强度进行检验。

3. 饰面砖现场取样数量

现场镶贴的外墙饰面砖工程：每 $1000m^2$ 同类墙体饰面砖为一个检验批，不足 $1000m^2$ 也按一批计。每批应取 1 组，每组 3

个试样，每相邻三个楼层应至少取 1 组；试样应随机抽取，取样间距不得小于 500mm。用 45 号钢或铬钢材料制作的标准试模振捣试块。试样规格应为 95mm×45mm 或 40mm×40mm。

4. 饰面砖现场取样时间

采用水泥基胶粘剂粘贴外墙饰面砖时，可按胶粘剂使用说明书的规定时间或在粘贴外墙饰面砖 14d 及以后进行饰面砖粘结强度检验。粘贴后 28d 以内达不到标准或有争议时，应以 28~60d 内约定的时间检验的粘结强度为准。

5. 粘结强度检验结果的判定

在建筑物外墙上粘贴的同类饰面砖，其粘结强度同时符合以下两项指标时，其粘结强度应定为合格：

（1）每组试样平均粘结强度不应小于 0.4MPa；

（2）每组可有一个试样的粘结强度小于 0.4MPa，但不应小于 0.3MPa。

当两项指标均不符合要求时，其粘结强度应定为不合格。

当一组试样只满足一项指标时，应在该组试样原取样区域内重新抽取两倍试样检验。若检验结果仍有一项指标达不到规定数值，则该批饰面砖粘结强度可定为不合格。

3.18 钢结构材料

3.18.1 执行标准

1.《碳素结构钢》GB/T 700—2006

2.《优质碳素结构钢》GB/T 699—1999

3.《低合金高强度结构钢》GB/T 1591—2008

4.《钢及钢产品 力学性能试验取样位置及试样制备》GB/T 2975—1998

5.《金属材料 拉伸试验 第 1 部分：室温试验方法》GB/T 228.1—2010

6.《金属材料夏比摆锤冲击试验方法》GB/T 229—2007

7.《钢的化学分析用试样取样法及成品化学分析允许偏差》GB 222—2006

8.《钢铁及合金化学分析方法》GB 223.1～GB 223.82-颁发年份各异

9.《钢焊缝手工超声波探伤方法及质量分级法》GB 11345—1989

10.《焊接接头拉伸试验方法》GB/T 2651—2008

11.《焊接接头弯曲及压扁试验方法》GB/T 2653—2008

12.《钢结构用扭剪型高强度螺栓连接副》GB/T 3632—2008

13.《高强度大六角头螺栓、大六角螺母、垫圈技术条件》GB/T 1231—2006

14.《钢结构超声波探伤及质量分级法》JG/T 203—2007

15.《高层民用建筑钢结构技术规程》JGJ 99—98

16.《涂覆涂料前钢材表面处理表面清洁度的目视评定》GB/T 8923

17.《钢结构防火涂料应用技术规范》CECS：24—1990

18.《建筑钢结构焊接技术规程》JGJ 81—2002

19.《网架结构设计与施工规程》JGJ 7—2010

20.《钢结构工程施工质量验收规范》GB 50205—2001

3.18.2 碳素结构钢

1. 范围

本标准规定了碳素结构钢的牌号、尺寸、外形、重量及允许偏差、技术要求、试验方法、检验规则、包装、标志和质量证明书。

本标准适用于一般以交货状态使用，通常用于焊接、铆接、拴接工程结构用热轧钢板、钢带、型钢和钢棒。

本标准规定的化学成分也适用于钢锭、连铸坯、钢坯及其制品。

2. 牌号表示方法和符号

钢的牌号由代表屈服强度的字母、屈服强度数值、质量等级符号、脱氧方法符号等 4 个部分按顺序组成。例如：Q235AF。

Q—钢材屈服强度"屈"字汉语拼音首位字母；

A、B、C、D—分别为质量等级；

F—沸腾钢"沸"字汉语拼音首位字母；

Z—镇静钢"镇"字汉语拼音首位字母；

TZ—特殊镇静钢"特镇"两字汉语拼音首位字母。

3. 尺寸、外形、重量及允许偏差

钢板、钢带、型钢和钢棒的尺寸、外形、重量及允许偏差应分别符合相应标准的规定。

4. 技术要求

(1) 牌号和化学成分

1) 钢的牌号和化学成分（熔炼分析）应符合表 3.18-1 的规定。

钢的牌号和化学成分（熔炼分析）　　　**表 3.18-1**

牌号	统一数字代号	等级	厚度（或直径）(mm)	脱氧方法	化学成分(质量分数)(%),不大于				
					C	Si	Mn	P	S
Q195	U11952	—	—	F、Z	0.12	0.30	0.50	0.035	0.040
Q215	U12152	A	—	F、Z	0.15	0.35	1.20	0.045	0.050
	U12155	B							0.045
Q235	U12352	A		F、Z	0.22	0.35	1.40	0.045	0.050
	U12355	B			0.20				0.045
	U112358	C		Z	0.17			0.040	0.040
	U12359	D		T、Z				0.035	0.035
Q275	U12752	A		F、Z	0.24	0.35	1.50	0.045	0.050
	U12755	B	≤40	Z	0.21			0.045	0.045
			>40		0.22				
	U12758	C		Z	0.20			0.040	0.040
	U12759	D		T、Z				0.035	0.035

经需方同意，Q235B 的碳含量可不大于 0.22%。

① D 级钢应有足够细化晶粒的元素，并在质量证明书中注明细化晶粒元素的含量。当采用铝脱氧时，钢中酸溶铝含量应不小于 0.015%，或总铝含量应不小于 0.020%。

② 钢中残余元素铬、镍、铜含量应各不大于 0.30%，氮含量应不大于 0.008%。如供方能保证，均可不做分析。

A. 氮含量允许超过规定值，但氮含量每增加 0.001%，磷的最大含量应减少 0.005%，熔炼分析氮的最大含量应不大于 0.012%；如果钢中的酸溶铝含量不小于 0.015% 或总铝含量不小于 0.020%，氮含量的上限值可以不受限制。固定氮的元素应在质量证明书中注明。

B. 经需方同意，A 级钢的铜含量可不大于 0.35%。此时，供方应做铜含量的分析，并在质量证明书中注明其含量。

③ 钢中砷的含量应不大于 0.080%。用含砷矿冶炼生铁所冶炼的钢，砷含量由供需双方协议规定。如原料中不含砷，可不做砷的分析。

④ 在保证钢材力学性能符合本标准规定的情况下，各牌号 A 级钢的碳、锰、硅含量可以不作为交货条件，但其含量应在质量证明书中注明。

⑤ 在供应商品连铸坯、钢锭和钢坯时，为了保证轧制钢材各项性能达到本标准要求，可以根据需方要求规定各牌号的碳、锰含量下限。

2) 成品钢材、连铸坯、钢坯的化学成分允许偏差应符合 GB/T 222—2006 中表 1 的规定。

氮含量允许超过规定值，但必须符合要求，成品分析氮含量的最大值应不大于 0.014%；如果钢中的铝含量达到规定的含量，并在质量证明书中注明，氮含量上限值可不受限制。

沸腾钢成品钢材和钢坯的化学成分偏差不作保证。

(2) 力学性能

1) 钢材的拉伸和冲击试验结果应符合表 3.18-2 的规定。

表 3.18-2

钢材的拉伸和冲击试验结果

序号	等级	屈服强度[a] R_{eH}/(N/mm²) 不小于 厚度(或直径)(mm)						抗拉强度[b] R_m/(N/mm²)	断后伸长率 A(%),不小于 厚度(或直径)(mm)					冲击试验(V型缺口)	
		≤16	16~40	40~60	60~100	100~150	150~200		≤40	40~60	60~100	100~150	150~200	温度 (℃)	冲击吸收功(纵向)(J)不小于
Q195	—	195	185					315~430	33					—	—
Q215	A	215	205	195	185	175	165	335~450	31	30	29	27	26	—	—
	B													+20	27
Q235	A	235	225	215	215	195	185	375~500	26	25	24	22	21	—	—
	B													+20	27
	C														
	D													−20	27
Q275	A	275	265	255	245	225	215	410~540	22	21	20	18	17	—	—
	B													+20	27
	C														
	D													−20	27

A. Q195 的屈服强度值仅供参考，不作为交货条件。

B. 厚度大于 100mm 的钢材，抗拉强度下限允许降低 20N/mm²。宽带钢（包括剪切钢板、抗拉强度上限不作为交货条件）。

C. 厚度小于 25mm 的 Q235B 级钢材，如供方能保证冲击吸收功值合格，经需方同意，可不做检验。

弯曲试验结果应符合表 3.18-3 的规定。

冷弯试验标准　　　　表 3.18-3

牌　　号	试样方向	冷弯试验 180° B＝2a	
		钢材厚度（或直径）(mm)	
		≤60	60～100
		弯心直径 d	
Q195	纵	0	—
	横	0.5a	
Q215	纵	0.5a	1.5a
	横	a	2a
Q235	纵	a	2a
	横	1.5a	2.5a
Q275	纵	1.5a	2.5a
	横	2a	3a

1. B 为试样宽度，a 为试样厚度（或直径）。
2. 钢材厚度（或直径）大于 100mm 时，弯曲试验由双方协商确定。

2）用 Q195 和 Q235B 级沸腾钢轧制的钢材，其厚度（或直径）不大于 25mm。

3）做拉伸和冷弯试验时，型钢和钢棒取纵向试样；钢板、钢带取横向试样，断后伸长率允许值比表 3.18-2 降低 2%（绝对值）。窄钢带取横向试样如果受宽度限制时，可以取纵向试样。

4）如供方能保证冷弯试验符合表 3.18-3 的规定，可不做检验。A 级钢冷弯试验合格时，抗拉强度上限可以不作为交货条件。

5）厚度不小于 12mm 或直径不小于 16mm 的钢材应做冲击试验，试样尺寸为 10mm×10mm×55mm。经供需双方协议，厚度为 6～12mm 或直径为 12～16mm 的钢材可以做冲击试验，试样尺寸为 10mm×7.5mm×55mm 或 10mm×5mm×55mm 或 10mm×产品厚度×55mm。在附录 A 中给出规定的冲击吸收功值，如：当采用 10mm×5mm×55mm 试样时，其试验结果应不小于规定值的 50%。

6）夏比（V 形缺口）冲击吸收功值按一组 3 个试样单值的算术平均值计算，允许其中 1 个试样的单个值低于规定值，但不得低于规定值的 70%。

如果没有满足上述条件，可从同一抽样产品上再取 3 个试样进行试验，先后 6 个试样的平均值不得低于规定值，允许有 2 个试样低于规定值，但其中低于规定值 70% 的试样只允许 1 个。

5. 试验方法

（1）每批钢材的检验项目、取样数量、取样方法和试验方法应符合表 3.18-4 的规定。

钢材检验项目规定   表 3.18-4

序号	检验项目	取样数量（个）	取样方法	试验方法
1	化学分析	1（每炉）	GB/T 20066	GB/T 223 GB/T 4336
2	拉伸	1	GB/T 2975	GB/T 228
3	冷弯			GB/T 232
4	冲击	3		GB/T 229

（2）拉伸和冷弯试验，钢板、钢带试样的纵向轴线应垂直于轧制方向；型钢、钢棒和受宽度限制的窄钢带试样的纵向轴线应平行于轧制方向。

（3）冲击试样的纵向轴线应平行轧制方向。冲击试样可以保留一个轧制面。

6. 检验规则

（1）钢材应成批验收，每批由同一牌号、同一炉号、同一质量等级、同一品种、同一尺寸、同一交货状态的钢材组成。每批重量应不大于 60t。

公称容量比较小的炼钢炉冶炼的钢轧成的钢材，同一冶炼、浇铸和脱氧方法、不同炉号、同一牌号的 A 级钢或 B 级钢，允许组成混合批，但每批各炉号含碳量之差不得大于 0.02%，含锰量之差不得大于 0.15%。

(2) 钢材的夏比（V 形缺口）冲击试验结果不符合规定时，抽样产品应报废，再从该检验批的剩余部分取两个抽样产品，在每个抽样产品上各选取新的一组 3 个试样，这两组试样的复验结果均应合格，否则该批产品不得交货。

(3) 钢材其他检验项目的复验和检验规则应符合 GB/T 247 和 GB/T 2101 的规定。

3.18.3 优质碳素结构钢

1. 范围

本标准规定了热轧或锻制的优质碳素结构钢的尺寸、外形、重量及允许偏差，技术要求，试验方法，检验规则，包装、标志及质量说明书等。

本标准适用于直径或厚度不大于 250mm 的优质碳素结构钢棒材。经供需双方协商，可提供直径或厚度大于 250mm 的优质碳素结构钢棒材。

本标准所规定的牌号及化学成分适用于钢锭、钢坯及其制品。

2. 订货内容　订货合同或订单包括内容：

标准编号、产品名称、牌号或统一代号、交货的重量、规格尺寸、精度等级、使用加工方法、交货状态、冲击试验、顶锻试验、非金属夹杂物、脱硬层、特殊要求。

3. 分类与代号

(1) 钢材按冶金质量等级分为

高级优质钢　A；　　特级优质钢　E

(2) 按使用加工方法分为 2 等

① 压力加工用钢　　UP

热压力加工钢　　　UHP

顶锻用钢　　　　　UF

冷拔坯料用钢　　　UCD

② 切削加工用钢 UC

4. 技术要求

(1) 牌号、代号及化学成分

① 合同的牌号、统一数字代号及化学成分（熔炼分析）应符合表 3.18-5 的规定。

牌号、代号及化学成分　　　　表 3.18-5

序号	统一数字代号	牌号	化学成分					
			C	Si	Mn	Cr	Vi	Cu
						不大于		
1	U20080	08F	0.05~0.11	≤0.03	0.25~ 0.50	0.10		
2	U20100	10F	0.07~0.13	≤0.07		0.15		
3	U20150	15F	0.12~0.18	≤0.07		0.25		
4	U20082	08	0.05~0.11		0.35~ 0.65	0.10		
5	U20102	10	0.07~0.13			0.15		
6	U20152	15	0.12~0.18					
7	U20202	20	0.17~0.28					
8	U20252	25	0.22~0.29					
9	U20302	30	0.27~0.34					
10	U20352	35	0.32~0.39					
11	U20402	40	037~0.44					
12	U20452	45	0.42~0.50					
13	U20502	50	0.47~0.55					
14	U20552	55	0.52~0.60					
15	U20602	60	0.57~0.65					
16	U20652	65	0.62~0.70	0.17~ 0.37		0.25	0.30	0.25
17	U20702	70	0.67~0.75					
18	U20752	75	0.72~0.80					
19	U20802	80	0.77~0.85		0.50~ 0.80			
20	U20852	85	0.82~0.90					
21	U21152	15Mn	0.12~0.18					
22	U21202	20Mn	0.17~0.23					
23	U21252	25Mn	0.22~0.29					
24	U21302	30Mn	0.27~0.34					
25	U21352	35Mn	0.32~0.39					
26	U21402	40Mn	0.37~0.44					
27	U21452	45Mn	0.42~0.50					
28	U21502	50Mn	0.48~0.56					
29	U21602	60Mn	0.57~0.65					
30	U216502	65Mn	0.62~0.70					
31	U21702	70Mn	0.67~0.75					

② 钢的硫、磷含量应符合表 3.18-6 的规定。

含硫、磷量　　　　　　　　　　　　　表 3.18-6

组别	P	S
	不大于(%)	
优质钢	0.035	0.035
高级优质钢	0.030	0.030
特级优质钢	0.025	0.020

③ 使用废钢冶炼的钢允许含铜量不大于 0.30%;
热加工的钢的铜含量不大于 0.20%。

④ 淬火(派登脱)钢丝用的 35~85 钢的锰含量为 0.30%~0.60%,铬含量不大于 0.10%,镍含量不大于 0.15%,铜含量不大于 0.02%,硫、磷含量应符合表 3.18-6 的规定;

⑤ 08 钢用脱氧冶炼镇静钢,锰含量下限为 0.25%,硅含量不大于 0.03%,此时钢的牌号为 081A1。

(2) 酸浸低倍组织应符合表 3.18-7 的规定。

酸浸低倍组织　　　　　　　　　　　表 3.18-7

质量等级	一般疏松	中心疏松	锭型偏析
	级别不大于		
优质钢	3.0	3.0	3.0
高级优质钢	2.5	2.5	2.5
特级优质钢	2.0	2.0	2.0

(3) 脱碳层

根据需方要求,对公称碳含量大于 0.30% 的钢材检验脱碳层时,每边总脱碳层深度(铁素体过渡层)应符合表 3.18-8 的规定。

脱碳层深度　　　　　　　　　　表 3.18-8

组别	允许总脱碳层深度　不大于
第 I 组	1%D
第 II 组	1.5%D

注:D 为钢材的直径。

（4）力学性能

① 用热处理（正火）毛坯制成的试样测定钢材的纵向力学性能（不包括冲击回收力）应符合表 3.18-9 的规定。以热轧或热锻状态交货的钢材，如供方能保证力学性能合格时，可不进行试验。

根据需方要求，用热处理（淬火＋回火）毛坯制成的试样测定 25～50，25Mn～50Mn 钢的冲击突然吸收力应符合表 3.18-9 的规定。

直径小于 16mm 的圆钢和厚度不大于 12mm 的方钢、扁钢，不做冲击试验。

② 表 3.18-9 所列的力学性能仅适用于截面尺寸不大于 80mm 的钢材，允许其断后伸长率、断面收缩率比表 3.18-9 的规定分别降低 2％（绝对值）及 5％（绝对值）。

用尺寸大于 80～120mm 的钢材改锻成截面 70～80mm 取样检验时，其试验结果应符合表 3.18-9 的规定。

③ 切削加工用钢材或冷拔坯料用钢材，交货状态硬度应符合表 3.18-9 的规定。不退火钢的硬度，供方若能保证合格时，可不做检验。高退回火或正火后的硬度指标，由供需双方协商确定。

力学性能表 表 3.18-9

序号	牌号	试样毛坯尺寸(mm)	推荐热处理(℃)			力学性能					钢材交货状态 硬度 HBS10/3000 不大于	
			正火	淬火	回火	抗拉强度(MPa)	屈服强度(MPa)	伸长率(%)	收缩率(%)	冲击功 A_{KUS}(J)	未热处理钢	退火钢
1	08F		930			295	175	35	60	71	131	
2	10F		930			315	185	33	55	63	137	
3	15F	25	930			355	205	29	55	55	143	
4	08		930			325	195	33	60	47	131	

续表

序号	牌号	试样毛坯尺寸(mm)	推荐热处理(℃)			力学性能					钢材交货状态 硬度 HBS10/3000 不大于	
			正火	淬火	回火	抗拉强度(MPa)	屈服强度(MPa)	伸长率(%)	收缩率(%)	冲击功 A_{KUS} (J)	未热处理钢	退火钢
5	10		930			335	205	31	55	39	137	
6	15		920			375	225	27	55	31	143	
7	20		910			410	245	25	55		156	
8	25		900	870	600	450	275	23	50		170	
9	30		880	860	600	490	295	21	50		179	
10	35		870	850	600	570	315	20	45		197	
11	40		860	840	600	570	335	19	45		217	187
12	45		850	840	600	600	355	16	40		229	197
13	50		830	830	600	630	375	14	40		241	217
14	55		820	820	600	645	380	13	35		255	217
15	60		810			675	400	12	35		255	229
16	65		810			695	410	10	30		255	229
17	70		790			715	420	9	30		265	229
18	75	25		820	400	1080	880	7	30		285	241
19	80			820	480	1080	930	6	30		285	241
20	85			820	480	1130	980	6	30		303	255
21	15Mn		920			910	245	26	55		163	
22	20Mn		910			480	275	24	50		197	
23	25Mn		900	890	600	490	295	22	50	70	207	
24	30Mn		880	860	600	540	315	20	45	63	217	187
25	35Mn		870	850	600	560	335	18	45	55	229	197
26	40Mn		860	840	600	590	355	17	45	47	229	207
27	45Mn		850	840	600	620	375	15	40	39	241	217
28	50Mn		830	830	600	645	390	13	40	31	255	217
29	60Mn		810		600	695	410	11	35		269	229
30	65Mn		830		600	735	430	9	30		285	229
31	70Mn		790		600	785	450	8	30		285	229

注：1. 对于直径或厚度小于 25mm 的钢材，热处理是在与成品截面相同的试样毛坯上进行。

2. 表中所列正火推荐保温时间不少于 30min，淬火推荐保温时间不小于 30min。75、80 和 85 钢油冷，其余钢水冷。回火推荐保温时间不少于 1h。

5. 试验方法

每批钢材的试验方法应符合表 3.18-10 的规定。

钢材的试验方法　　　表 3.18-10

序号	检验项目	取样数量	取样部位	试验方法
1	化学成分	1	GB/T 222	GB/T 223 GB/T 4336
2	拉伸试验	2	不同根钢材	GB/T 228 GB/T 2975 GB/T 6397
3	硬度	3	不同根钢材	GB/T 231
4	冲击试验	2	不同根钢材	GB/T 229
5	顶锻试验	2	不同根钢材	GB/T 223
6	低倍组织	2	相当于钢锭头部的不同根钢坯或钢材	GB/T 226 GB/T 1979
7	塔形发纹	2	不同根钢材	GB/T 15711
8	脱碳	2	不同根钢材	GB/T 224
9	晶粒度	1	任一根钢材	GB/T 5148
10	非金属夹杂物	2	不同根钢材	GB/T 10561
11	显微组织	2	整根材	GB/T 13289
12	超声波检验	2	整根材上	GB/T 7736
13	尺寸、外形	逐根	整根材上	卡尺、千分尺
14	表面	逐根	整根材上	目视

6. 检验规则

（1）组批规则

钢材应按批检查验收。每批由同一炉（罐）号、同一加工方法、同一尺寸、同一交货状态或同一热处理制度（炉次）和同一表面状态的钢材组成。取样数量取样部位按表 3.18-10 规定。

（2）复验与判定规则

钢材复验与判定规则按 GB/T 17505—1998 标准的 8.3、4.3的有关规定执行。钢材的包装、标志和产品说明书应符合 GB/T

2101 的规定。

3.18.4 低合金高强度结构钢

1. 范围

本标准规定了低合金高强度结构钢的牌号、尺寸、外形、重量及允许偏差、技术要求、试验方法、检验规则、包装、标志和质量说明书。

本标准适用于一般结构和工程用低合金高强度结构钢钢板、钢带、型钢、钢棒等。

2. 牌号表示方法

钢的牌号由代表屈强度的汉语拼音字母、屈服强度值、质量等级符号三个部分组成。例如：Q345D。其中：

Q——钢屈服强度的"屈"字汉语拼音的首位字母；

345——屈服强度数值，单位 MPa；

D——质量等级为 D 级。

当需方要求钢板具有厚度方向性能时，则在上述规定的牌号后加上代表厚度方向（Z 向）性能级别的符号，例如，Q345DZ15。

3. 技术要求

（1）牌号及化学成分

① 钢的牌号及化学成分（冶炼分析）应符合表 3.18-11 的规定。

② 当需要加入细化晶粒元素时，钢中应至少含有 Al、Nb、V、Ti 的一种。加入的细化晶粒元素应在质量证明书中注明含量。

③ 当采用全铝（Alt）含量表示时，Alt 应不小于 0.020%。

④ 钢中的氮元素含量应符合表 3.18-11 的规定，如供方保证，可不进行氮元素含量分析。如果钢中加入 Al、Nb、V、Ti 等具有固氮作用的合金元素，氮元素含量不作限制，固氮元素含量应在质量说明书中注明。

⑤ 各牌号的 Cr、Ni、Cu 作为残余元素时，其含量各不大于

表 3.18-11

钢的牌号及化学成分

牌号	质量等级	C	Si	Mn	P	S	Nb	V	Ti	Cr	Ni	Cu	N	Mo	B	Ala
							化学成分[a][b]（质量分数）(%)									
							不大于									不小于
Q345	A	≤0.20	≤0.15	≤1.70	0.035	0.035	0.07	0.15	0.20	0.30	0.50	0.30	0.012	0.10	—	0.015
	B	≤0.20			0.035	0.035										
	C	≤0.20			0.030	0.030										
	D	≤0.18			0.030	0.025										
	E	≤0.18			0.025	0.020										
Q390	A	≤0.20	≤0.50	≤1.70	0.035	0.035	0.07	0.20	0.20	0.30	0.50	0.30	0.015	0.10	—	0.015
	B	≤0.20			0.035	0.035										
	C	≤0.20			0.030	0.030										
	D	≤0.20			0.030	0.025										
	E	≤0.20			0.025	0.020										
Q420	A	≤0.20	≤0.50	≤1.70	0.035	0.035	0.07	0.20	0.20	0.30	0.80	0.30	0.015	0.20	—	0.015
	B	≤0.20			0.035	0.035										
	C	≤0.20			0.030	0.030										
	D	≤0.20			0.030	0.025										
	E	≤0.20			0.025	0.020										

续表

牌号	质量等级	化学成分[a][b]（质量分数）（%）														
		C	Si	Mn	P	S	Nb	V	Ti	Cr	Ni	Cu	N	Mo	B	Ala
		不大于														不小于
Q460	C	≤0.20	≤0.60	≤1.80	0.030	0.030	0.11	0.20	0.20	0.30	0.80	0.55	0.015	0.20	0.004	0.015
	D				0.030	0.025										
	E				0.025	0.020										
Q500	C	≤0.18	≤0.60	≤1.80	0.030	0.030	0.11	0.12	0.20	0.60	0.80	0.55	0.015	0.20	0.004	0.015
	D				0.030	0.025										
	E				0.025	0.020										
Q550	C	≤0.18	≤0.60	≤2.00	0.030	0.030	0.11	0.12	0.20	0.80	0.80	0.80	0.015	0.30	0.004	0.015
	D				0.030	0.025										
	E				0.025	0.020										
Q520	C	≤0.18	≤0.60	≤2.00	0.030	0.030	0.11	0.12	0.20	1.00	0.80	0.80	0.015	0.30	0.004	0.015
	D				0.030	0.025										
	E				0.025	0.020										
Q590	C	≤0.18	≤0.60	≤2.00	0.030	0.030	0.11	0.12	0.20	1.00	0.80	0.80	0.015	0.30	0.004	0.015
	D				0.030	0.025										
	E				0.025											

a. 型材和棒材P、S含量可提高0.005%，其中A级钢上限可为0.045%。

b. 当细化晶粒元素组合加入时，Nb+V+Ti≤0.22%，Mn+Cr≤0.30%。

0.30%，如供方保证，可不做分析；当需要加入时，其含量应符合表 3.18-11 的规定或由供需双方协商规定。

⑥ 为改善钢的性能，可加入 Re 元素时，其加入量按钢水重量的 0.02%～0.20%计算。

⑦ 在保证钢材力学性能符合本标准规定的情况下，各牌号 A 级钢的 C、Si、Mn 化学成分可不作为交货条件。

⑧ 各牌号除 A 级钢以外的钢材，当以热轧、控轧状态交货时，其最大碳当量值应符合表 3.18-12 的规定；当以正火、正火轧制、正火加回火状态交货时，其最大碳当量值应符合表 3.18-13的规定。碳当量（CEV）应由熔炼分析成分采用公式（1）计算。

$$CEV=C+Mn/6+(Cr+Mo+V)/5+(Ni+Cu)/15 \qquad (1)$$

热轧、控轧状态交货钢材的碳含量 表 3.18-12

牌号	碳当量(CEV)(%)		
	公称厚度或直径 ≤63mm	公称厚度或直径 63～250mm	公称厚度 ＞250mm
Q345	≤0.44	≤0.47	≤0.47
Q390	≤0.45	≤0.48	≤0.48
Q420	≤0.45	≤0.48	≤0.48
Q460	≤0.46	≤0.49	—

正火、正火轧制、正火加回火状态交货钢材的碳当量

表 3.18-13

牌号	碳当量(CEV)(%)		
	公称厚度或直径 ≤63mm	公称厚度或直径 63～120mm	公称厚度 120～250mm
Q345	≤0.45	≤0.48	≤0.48
Q390	≤0.46	≤0.48	≤0.49
Q420	≤0.48	≤0.50	≤0.50
Q460	≤0.53	≤0.54	≤0.55

机械轧制（TMCP）或热机械轧制加回火状态交货钢材的碳当量

表 3.18-14

牌号	碳当量(CEV)(%)		
	公称厚度或直径 ≤63mm	公称厚度或直径 63～120mm	公称厚度 120～250mm
Q345	≤0.44	≤0.45	≤0.45
Q390	≤0.46	≤0.47	≤0.47
Q420	≤0.46	≤0.47	≤0.47
Q460	≤0.47	≤0.48	≤0.48
Q500	≤0.47	≤0.48	≤0.48
Q550	≤0.47	≤0.48	≤0.48
Q620	≤0.48	≤0.49	≤0.49
Q690	≤0.49	≤0.49	≤0.49

⑨ 热机械轧制（TMCP）或热机械轧制加回火状态交货钢材的碳含量不大于 0.12% 时，可采用焊接裂纹敏感性指数（Pcm）代替碳当量评估钢材的可焊性。Pcm 应由熔炼分析成分并采用公式（2）计算，其值应符合表 3.18-15 的规定。

$$Pcm=C+Si/30+Mn/20+Cu/20+Ni/60$$
$$+Cr/20+Mo/15+V/10+5B \qquad (2)$$

经供需双方协商，可指定采用碳当量或焊接裂纹敏感性指数作为衡量可焊性的指标，当未指定时，供方可任选其一。

热机械轧制（TMCP）或热机械轧制加回火状态交货钢材 Pcm 值

表 3.18-15

牌号	Pcm(%)	牌号	Pcm(%)
Q345	≤0.20	Q500	≤0.25
Q390	≤0.20	Q550	≤0.25
Q420	≤0.20	Q620	≤0.25
Q460	≤0.20	Q690	≤0.25

⑩ 钢材、钢坯的化学成分允许偏差应符合 GB/T 222 的

规定。

⑪ 当需方要求保证厚度方向性能钢材时，其化学成分应符合 GB/T 5313 的规定。

（2）力学性能及工艺性能

1）拉伸试验 钢材拉伸试验的性能应符合表 3.18-16 的规定。

钢材的拉伸性能   表 3.18-16 （1）

牌号	质量等级	拉伸性能								
		以下公称厚度（直径，边长）下屈服强度（R_L）（MPa）								
		≤16	16～40	40～63	63～80	80～100	100～150	150～200	200～250	250～400
Q345	A	≥345	≥335	≥325	≥315	≥305	≥285	≥275	≥265	—
	B									
	C									
	D									≥265
	E									
Q390	A	≥390	≥370	≥350	≥330	≥330	≥310	—		—
	B									
	C									
	D									
	E									
Q420	A	≥420	≥400	≥380	≥360	≥360	≥340			
	B									
	C									
	D									
	E									
Q460	C	≥460	≥440	≥420	≥400	≥400	≥380			
	D									
	E									

牌号	质量等级	拉伸性能								
		以下公称厚度(直径,边长)下屈服强度(R_L)(MPa)								
		≤16	16～40	40～63	63～80	80～100	100～150	150～200	200～250	250～400
Q500	C									
	D	≥500	≥480	≥470	≥450	≥440				
	E									
Q550	C									
	D	≥550	≥530	≥520	≥500	≥490				
	E									
Q620	C									
	D	≥620	≥600	≥590	≥570					
	E									
Q690	C									
	D	≥690	≥670	≥660	≥640					
	E									

注：1. 当屈服不明显时，可测量 R 代替下屈服强度。

2. 宽度不小于600mm扁平时，拉伸试验取横向试样，宽度小于600mm的扁平时，型材及棒材取纵向试样，断后伸长率最小值相应提高1%（绝对值）。

3. 厚度>250～400mm 的数值适用于扁平材。

钢材的拉伸性能 表 3.18-16（2）

牌号	质量等级	拉伸性能						
		公称厚度(直径,边长)抗拉强度(R_m)(MPa)						
		≤40	40～63	63～80	80～100	100～150	150～250	250～400
Q345	A	470～630	470～630	470～630	470～630	450～600	450～600	—
	B							
	C							
	D							450～600
	E							

续表

牌号	质量等级	拉伸性能						
		公称厚度(直径,边长)抗拉强度(R_m)(MPa)						
		≤40	40～63	63～80	80～100	100～150	150～250	250～400
Q390	A	490～650	490～650	490～650	490～650	470～620	—	—
	B							
	C							
	D							
	E							
Q420	A	520～680	520～680	520～680	520～680	470～620	—	—
	B							
	C							
	D							
	E							
Q460	C	550～720	550～720	550～720	550～720	530～700	—	—
	D							
	E							
Q500	C	610～770	600～760	590～750	540～730	—	—	—
	D							
	E							
Q550	C	670～830	620～810	600～790	590～780	—	—	—
	D							
	E							
Q620	C	710～880～	690～880	670～860	—	—	—	—
	D							
	E							
Q690	C	770～940	750～920	730～900	—	—	—	—
	D							
	E							

钢材的拉伸性能 表 3.18-16 (3)

牌号	质量等级	断后伸长率(A)(%)					
		以下公称厚度(直径,边长)					
		≤40	40~63	63~100	100~150	150~250	250~400
Q345	A	≥20	≥19	≥19	≥18	≥17	—
	B						
	C						
	D	≥21	≥20	≥20	≥19	≥18	≥17
	E						
Q390	A	≥20	≥19	≥19	≥18	—	—
	B						
	C						
	D						
	E						
Q420	A	≥19	≥18	≥18	≥18	—	—
	B						
	C						
	D						
	E						
Q460	C	≥17	≥16	≥16	≥16	—	—
	D						
	E						
Q500	C	≥17	≥17	≥17	—	—	—
	D						
	E						
Q550	C	≥16	≥16	≥16	—	—	—
	D						
	E						

续表

牌号	质量等级	断后伸长率(A)(%)					
		以下公称厚度(直径,边长)					
		≤40	40～63	63～100	100～150	150～250	250～400
Q620	C	≥15	≥15	≥15	—	—	—
	D						
	E						
Q690	C	≥14	≥14	≥14	—	—	—
	D						
	E						

2)夏比（V形）冲击试验

① 钢材的夏比（V形）冲击试验温度和冲击吸收能量应符合表 3.18-17 的规定。

夏比（V形）冲击试验的试验温度和冲击吸收能量

表 3.18-17

牌号	质量等级	试验温度(℃)	冲击吸收能量(kV$_Z$)×(J)		
			公称厚度(直径、边长)(mm)		
			12～150	150～250	250～400
Q345	B	20	≥34	≥27	—
	C	0			
	D	−20			27
	E	−40			
Q390	B	20	≥34	—	—
	C	0			
	D	−20			
	E	−40			
Q420	B	20	≥34	—	—
	C	0			
	D	−20			
	E	−40			

牌号	质量等级	试验温度 (℃)	冲击吸收能量(kV_Z)×(J)		
			公称厚度（直径、边长）(mm)		
			12～150	150～250	250～400
Q460	C	0	≥34	—	—
	D	−20		—	—
	E	−40		—	—
Q500	C	0	≥55	—	—
Q550	D	−20	≥47	—	—
Q620 Q690	E	−40	≥31	—	—

冲击试验取纵向试样。

② 厚度不小于 6mm 或直径不小于 12mm 的钢材应做冲击试验。冲击试样取 10mm×55mm 的标准试样，当钢材不足以制取标准试样时，应采用 10mm×5mm×55mm 或 10mm×5mm×55mm 小尺寸试样，冲击吸收能量应分别为不小于表 3.18-17 规定值的 75% 或 50%，优先采用较大尺寸试样。

③ 钢材的冲击试验结果按一组 3 个试样算术平均值进行计算，允许其中有 1 个试验值低予规定值的 70%，应从同一抽样产品上再取 3 个试样进行试验，先后 6 个试样试验结果的算术平均值不得低于规定值，允许有 2 个试样的试验结果低于规定值，但其中低于规定 70% 的试样只允许有一个。

3）Z 向钢厚度方向断面收缩率应符合 GB/T 5313 的规定。

4）当需方要求做弯曲试验时，弯曲试验应符合表 3.18-18 的规定。当供方保证弯曲合格时，可不做弯曲试验。

弯曲试验   表 3.18-18

牌号	试样方向	180°弯曲试验 [d=弯心直径,a=试样厚度(直径)]	
		钢材厚度（直径，边长）	
		≤16mm	16mm～100mm
Q345 Q390 Q420 Q460	宽度不小于 600mm 扁平时，拉伸试验取横向试样，宽度小于 600mm 的扁平时，型材及棒材取纵向试样	2a	3a

4. 试验方法

钢材的各项检验的检验项目取样数量、方法和试验方法应符合表 3.18-19 的规定。

检验项目取样数量、方法和试验方法　　表 3.18-19

序号	检验项目	取样数量（个）	取样方法	试验方法
1	化学成分(熔炼分析)	1/炉	GB/T 20066	GB/T 223 GB/T 4336 GB/T 20125
2	拉伸试验	1/批	GB/T 2975	GB/T 228
3	弯曲试验	1/批	GB/T 2975	GB/T 232
4	冲击试验	3/批	GB/T 2975	GB/T 229
5	Z向钢厚度方向断面收缩率	3/批	GB/T 5313	GB/T 5313
6	无损检验	逐张或逐件	按无损检验标准规定	协商
7	表面质量	逐张/逐件	—	目视及测量
8	尺寸、外形	逐张/逐件	—	合适的量具

5. 检验规则

（1）组批

钢材应成批验收。每批应由同一牌号、同一质量等级、同一炉罐号、同一规格、同一轧制制度或同一热处理制度后的钢材组成，每批重量不大于 60t。钢带的组批重量按相应产品标准规定。

各牌号的 A 级钢或 B 级钢允许同一牌号、同一质量等级、同一冶炼和浇铸方法、不同炉罐号组成混合批。但每批不得多于 6 个炉罐号，且各炉罐号 C 含量之差不得大于 0.02%，且 Mn 含量之差不得大于 0.15%。

对于 Z 向钢的组批应符合 GB/T 223 的规定。

（2）复验与判定规则

1）力学性能的复验与判定。钢材的冲击试验结果不符合规定时，抽样钢材应不予验收，再以该试验单元的剩余部分取两个抽样产品上各选取新的一组 3 个试样，这两组试样的试验结果均应合格，否则这批钢材应拒收。

2）钢材拉伸试验的复验与判定应符合 GB/T 17505 的规定。其他检验项目的复验与判定也应符合 GB/T 17505 的规定。

3）力学性能和化学成分试验结果的修约

除非在合同或订单中另有规定，当需要评定试验结果是否符合规定值，所给出力学性能和化学成分试验结果应修约到与规定值的数位相一致，其修约方法应按 YB/T 081 的规定进行。碳当量应先按公式计算后修约。

3.18.5 钢结构材料性能检测

随着国家技术经济的发展，钢结构的高层建筑及超高层建筑已在各地兴起，因此对钢结构的钢材料和钢结构的性能检测检验已显得十分重要。

钢结构与钢构件质量或性能检测分为钢结构材料性能、连接、构件的尺寸与偏差、变形与损伤、构造及涂装等项目。必要时，可进行结构或构件性能的实荷检验或结构的动力测试。

1. 钢结构构件钢材的力学性能检验包括屈服点、抗拉强度、伸长率、冷弯和冲击功等项目。

2. 钢材力学性能检验试件取样，可从结构同批钢材中或构件中按规定取样加工成试件。试件的取样数量、取样方法、试验方法和评定标准应符合表 3.18-20 的规定：

钢材料力学性能检验项目和方法　　　　表 3.18-20

检验项目	取样数量（个/批）	取样方法	试验方法	评定标准
屈服点、抗拉强度、伸长率	1	《钢及钢产品力学性能试验取样位置及试样制备》GB/T 2975—1998	《金属材料 拉伸试验 第1部分：室温试验方法》GB/T 228.1—2010	《碳素结构钢》GB 700；《低合金高强度结构钢》GB/T 1591；其他钢材产品标准
冷弯	1		《金属材料弯曲试验方法》GB/T 232—2010)	
冲击功	3		《金属材料夏比摆锤冲击试验方法》GB/T 229—2007	

当被检验钢材的屈服点或抗拉强度不满足要求时，应将同类构件同一规格的钢材划为一批，每批抽样 3 个，进行补充拉伸试验。

3.18.5.1 力学及工艺性能试验取样规定

1. 规定型钢、条钢、钢板和钢管的力学性能试验、取样位置和试样制备要求。

（1）一般要求

① 在产品不同位置取样时，力学性能会有差异，按《钢及钢产品力学性能试验取样位置及试验制备》GB/T 2975—1998 附录 A 规定的位置取样时具有代表性。

② 应在外观及尺寸合格的钢产品上取样，试件应有足够的尺寸以保证进行规定的试验及复验。

③ 取样时应对抽样产品、试样、样坯和试样作出标记，以保证能识别取样的位置和方向。

④ 取样时应防止过热，加工硬化而影响力学性能，用烧割法和冷剪法取样，取样应按规定留加工余量。

⑤ 取样方向应由产品标准或供需双方协议决定。

（2）试料的状态

① 按产品标准规定，取样状态分为交货状态和标准状态。

② 交货状态下取样选择：产品成型和热处理完成后取样；如在热处理之前取样，试料应在与交货产品相同的条件下进行热处理，需要矫直试料时应在冷状态下进行。

③ 在标准状态下取样时，应按产品标准或订货单规定的生产阶段取样，如必须对试料矫直，可在热处理之前进行冷加工或热加工，热加工温度应低于最终热处理温度。

① 热处理加工之前的机加工，产品标准应规定样坯的尺寸及加工方法。

② 样坯的热处理应按产品标准或订货单要求进行。

（3）试样制备

① 制备试样时应遵守由于机加工使钢表面产生硬化及过热

而改变力学性能，机加工最终工序应使试样的表面质量、形状及尺寸满足相应试验方法标准的要求。

② 当要求标准状态热处理时，应保证试样的热处理制度与样坯相同。

(4) 钢产品力学性能试验取样位置

① 规定型钢、条钢、钢板和钢管的拉伸、冲击和弯曲试验的取样位置。

② 在钢产品表面切取弯曲样坯，弯曲试样应至少保留一个表面。当机加工的试验机能力合格时，应制备全截面或全厚度弯曲试样，取一个以上试样，可在规定位置相邻处取样。

③ 型钢包括角钢、工字钢、槽钢。

A. 在型钢腿部切取拉伸、弯曲和冲击样坯。

B. 对于腿部厚度不大于 50mm 的型钢，当机加工和试验机能力合格时，应切取拉伸样坯。当切取圆形截面拉伸样坯时，按规定要求。对腿部厚度大于 50mm 的型钢，当切取圆形横截面样坯时，在型钢腿部厚度方向切取冲击样坯。

④ 条钢

在圆钢、六角钢、矩形钢上选取样坯。

⑤ 钢板

A. 在钢板宽度 1/4 处切取拉伸、弯曲或冲击样坯。

B. 在钢板厚度方向切取拉伸样坯。

⑥ 钢管

A. 切取拉伸和冲击样坯。

B. 对焊管，当切取横向试样检验焊接性能时，焊缝应在试样中部。

C. 如果钢管尺寸允许，应切取 5～10mm 最大厚度的横向试样。如钢管不能取横向冲击试样，则应取 5～10mm 最大厚度的纵向试样。

D. 全截面圆形钢管可作为试样试料：压面试验、扩展试验、卷边试验、环扩试验、管环拉伸试验、弯曲试验。

E. 应在方形钢管上切取拉伸或弯曲、冲击样坯。

⑦ 样坯加工余量的选择

A. 用烧割法切取样坯时，从样坯切割线至试样边缘必须留有足够的加工余量。钢产品的厚度或直径最小不得小于 20mm，对于厚度或直径大于 60mm 的钢产品，加工余量可根据供需双方协议适当减少。

B. 冷弯样坯所留加工余量见表 3.18-21。

冷弯样坯所留加工余量　　　　表 3.18-21

直径或厚度(mm)	加工余量(mm)	直径或厚度(mm)	加工余量(mm)
≤4	4	20～35	15
4～10	直径或厚度	>35	20
10～20	10		

3.18.5.2　金属拉伸试验试样

1. 适用于钢铁和有色金属材料的棒、型、板（带）、管、线（丝）、铸件、压铸件和锻压件的试件。规定各种金属产品常温试验用试样的一般要求。试样应按有关标准或双方协议规定选用。

2. 样坯的切取、试样制备及标志

（1）样坯从制品上切取的部位和方向，应按《钢及钢产品力学性能试验取样位置及试样制备》GB/T 2975 的规定执行。

（2）B 切取样坯和机加工试样，通常以切削机床上进行为宜，严防因冷加工或受热而影响金属的力学性能。因烧割或冷剪法切取样坯时，边缘应留有足够的机加工余量，一般不少于制品的厚度，最低不少于 20mm（薄板带例外）。机加工试样时，切削、磨削深度及润滑（冷却）应适当。最后一道切，磨削深度不宜过大，以免影响性能。

（3）从外观检查合格的板材、材或带材上切取的矩形样坯，应保留其原表面面层不予损伤。试样毛刺须清除，尖锐棱角应倒圆，圆弧半径不宜过大。由盘卷上切取的线和薄板（带）试样，允许校正。对不测定伸长率的试样可不经矫正进行试验。

(4) 不经机加工单铸试样，表面上的夹砂、夹渣、毛刺、飞边必清除。

(5) 表面有明显横向刀、磨痕或机械损伤、有明显淬火变形或裂纹以及肉眼可见缺陷的试样，不允许用于试验。

(6) 应在头部端面或侧边上标出试样标记。

(7) 试样的符号、名称及单位见表 3.18-22。

试样的符号、名称及单位 　　表 3.18-22

试样符号	名　　称	单位
L	试样平行长度	
L_0	试样原始标距	
d_0	圆形试样平行长度部分原始直径或圆管试样原始内径	mm
D_0	圆管试样原始外径	
a_0	矩形、弧形试样或管壁原始厚度	
b_0	矩形、弧形试样平行部分原始宽度	
F_0	试样平行部分原始横截面面积	mm²
r	带头试样从头部到平行部分过渡圆弧半径	mm

3. 试样形状、尺寸和一般规定

(1) 拉伸试样分为比例和定标距两种，未经机加工或不经机加工的全截面试样，其横截面通常为圆形、矩形、异形。

(2) 试样平行长度 L_0：对圆形试样不小于 $60+d_0$；对矩形试样不小于 $L_0+b_0/2$；仲裁试验分别为 L_0+2d_0；L_0+b_0。

(3) 对机加工带头圆和矩形试样，平行部分从头部面过渡必须缓和，圆弧半径 r 的大小可按试样各部分尺寸、材质与加工工艺而定。对脆性材料 r 应适用加大。

试样头部形状尺寸应按试样大小、材料特性、试验目标以及试验夹具的结构进行设计，保证轴向拉伸力。对带头和不带头圆形或矩形试样，其夹持部分长度不少为楔形夹具长的 3/4。

(4) 比例试样，系按公式 $L_0=K\sqrt{F_0}$ 计算得出试样。试样系数 K 为 5.05（短）或 11.3（长）。标距 L_0 应分别等于 $5d_0$ 或 $5.05\sqrt{F_0}$ 及 $10d_0$ 或 $11.3\sqrt{F_0}$。一般采用短比例试样。在特殊

情况下，根据产品标准或双方协议要求，采用 $4d_0$ 或 $8d_0$ 试样。对矩形试样，L_0 应分别等于 $4.52\sqrt{F_0}$ 或 $9.04\sqrt{F_0}$。对脆性材料，亦可采用 $L_0=2.5d_0$ 或 $2.82\sqrt{F_0}$ 试样。

4. 拉伸试样分类

(1) 棒材试样

A. 棒材一般采用圆形试样，平行部分的直径通常为 $3\sim25\text{mm}$。对钢、铜材通常采用 $d_0=10\text{mm}$，$L_0=5d_0$ 的比例试样，但有时为考虑产品的整体性能，也可取 $d_0\geqslant25\text{mm}$ 或尽可能大的圆形试样进行试验。铝材尺寸偏小。软金属可采用较低表面粗糙度，对高强材料可要求表面抛光。

B. 试样分为带头和不带头两种。其直径允许偏差见表 3.18-23。

试样直径允许偏差（mm）　　　　　　表 3.18-23

圆形试样直径 d_0	试样标距部分内直径 d_0 的允许偏差	一试样标距部分最大与最小直径的允许偏差
<5	±0.05	±0.1
5~10	±0.1	±0.2
≥10	±0.2	±0.05

(2) 板材试样

A. 对厚薄板材，一般采用矩形试样，其宽度根据产品厚度（$0.1\sim25\text{mm}$）采用 100、12.5、155、20、25 和 30mm 6 种比例试样，尽可能采用 $L_0=5.65\sqrt{F_0}$ 的矩形比例试样。试样宽厚比不大于 4:1 或 8:1。其宽度 b_0 允许偏差见表 3.18-24。

宽度 b_0 允许偏差　　　　　　表 3.18-24

圆形试样宽度 b_0	试样标距部分内宽度 b_0 的允许偏差	一试样标距部分最大与最小宽度 b_0 的允许偏差
10		
12.5	±0.2	±0.1
15		
20		
25	±0.5	±0.2
30		

根据有关标准要求，对厚钢板为取制垂直轧制面（Z向）的拉伸试样，采用带头短圆形试样为宜。必要时，可焊钢板于两端，以利夹持、对中薄高强度板材，可采用头部带销孔的试样，以免其在拉伸过程中产生卷曲现象。

B. 带头试样两头部轴线与平行部分轴线的偏差不得大于 0.5mm。仲裁试验时应采用带头试样。

（3）管材试样

A. 管材试样一般为切取全截面管段或从管材切取全壁厚纵向或横向条状试样。根据管材外径 D_0 和壁厚 a_0，可为弧形、矩形或圆形截面。条件许可应优先采用全截面管段试验。

B. 全截面管段试样，对 $D_0 \leqslant 50$mm 的无缝及焊管，可切取全截面管段进行试验。全截面管段推荐采用 $L_0 = 5.65 \sqrt{F_0}$ 的比例或标距试样。为使试验顺利进行，可按管材尺寸及材质制作塞头塞到试样两端或将夹持部分压扁，内塞扁块金属以利夹持。

C. 纵向试件，壁厚 a_0 小于 8mm 时纵向弧形试样，按管材外径 D_0 大小规定不同宽度 b_0。对直缝焊管的纵向弧形试样，应在离焊缝 90°处制取。其 b_0 的允许偏差及其在平行长度内最大与最小的允许差值均同矩形试样要求。其各部分形状、尺寸及侧边加工粗糙度见表 3.18-25。

管材试样尺寸（mm） 表 3.18-25

管材外径 D_0	试样宽度 b_0
30~50	10
50~70	15
>70	20

纵向弧形试样分带头和不带头两种。带头试样两头部轴线与平行部分轴线的偏差不得大于 0.5mm。仲裁试验时应采用带头试样。必要时可将试样的夹持部分压平或利用弧形夹具进行试验。

D. 横向试样，如管材外径、壁厚适宜，可制取横向带头或不带头矩形或圆形比例试样。对直缝焊管和横向焊缝接头试样，应使焊缝位于矩形样的标距部分的中间，矩形试样的各项要求应符合规定。试样应自管材切下的环坯上切取弧形压平或环坯压平再切下试样。

E. 管材圆形试样，壁厚 a_0 等于和大于 8mm 的管材，可按照要求制成尽可能大的纵横向圆形试样或按表 3.18-26 规定制成相应直径 d_0 的试样进行试验。

管材圆形试样尺寸（mm）　　　表 3.18-26

管材壁厚 a_0	试样直径 d_0
8～13	5
13～16	8
＞16	10

F. 大口径 D_0＞168mm 螺旋焊管母材及焊缝接头，试样应按矩形试样计算 F_0 且使其在 S 轴垂直于焊缝并位于试样标距中间。试样应符合号板材试样的要求。大口径直径焊管及无缝管应于焊缝 90°处切取纵向试样。

（4）铸铁试样

自铸件中切取样坯的部位和方向应按有关标准或双方协议执行。对不需要测伸长率和试样平行长度可等于或稍大于直径 d_0。对需测伸长率的试样，L_0 可为 $5d_0$、$10d_0$。平行长度 L 为 $L_0 + d_0$ 或定标距试样。试样头部直径 D 为 $1.5～2.0d_0$，过渡圆弧半径 r 取决于材质、头部和平行部分直径，通常为 $0.6～1.6d_0$。后者适用于脆性材料。铸钢试样的形状及尺寸按棒材的规定执行。

机加工铸件试样平行部分的尺寸和形状偏差可稍宽于锻、轧试样。

（5）锻件试样

试样从锻件上切取的部位和方向应按相应有关标准或双方协议规定执行。按 d_0 为 5、10mm，L_0 为 $5d_0$。如比例试样，L_0

为 $10d_0$ 或定标距时，也遵照执行。

（6）线（丝）材试样

通常为不经机加工的全截面试样。L_0 为 $10\sim200$mm 定标距试样。对直径 d_0 或边距 $\geqslant3$mm，L_0 为 $5d_0$ 或 $5.65\sqrt{F_0}$ 或 $10d_0$ 或 $11.3\sqrt{F_0}$ 试样。

对不宜或不经机加工的立面和带肋棒、线材、窄扁及带材、小型材及异形材等产品进行全截面拉伸试样，可采用短、长比例或定标距试样，L_0 为 50、100、200mm。对小型材及异性材可切取宽度 b_0 为 10、8、6、4mm 的试样。

5. 拉伸试样分类及形状尺寸

（1）拉伸试样的形状尺寸，一般随金属产品的品种、规格及试验目的的不同分为圆形、矩形及异形三类。见表 3.18-27。

拉伸试样的形状尺寸 表 3.18-27

金属材料		试样序号		备注
材种	直径 d_0 外径或对边距 D 厚度 a_0	比例试样	定标距试样	
棒	>25	$R_{1\sim4}(R_{01\sim04})$		其他比例试样优先采用 L_0 为 $4d_0$ 或 $8d_0$
	25~3	$R_{1\sim8}(R_{01\sim08})$		
	<3		$R_{17}\sim R_{18}$	
板带	>25	$R_{1\sim4}$		
	25~4.5	$P_3(P_{03})$、$P_{5\sim7}(P_{05\sim07})$		
	4.5~0.5	$R_{4\sim7}(R_{04\sim07})$		
	0.5~0.1	$D_{1\sim3}(P_{01\sim03})$ $D_4(P_{04})P_6、D_7$	$P_{8\sim9}$ $D_{8\sim9}$	
管	>168	$S_3(S_{03})$	$P_{10\sim11}S_{5\sim6}$	
	168~50	$S_{2\sim3}(S_{02\sim03})$	$S_{4\sim5}$	可切取横向圆形或矩形试样
	<50	$S_1(S_{01})S_7$	$S_4、S_8$	可采用于全截面试样或纵横向弧形或矩形试样
	厚壁	$R_{4,5,7}(R_{04,05,07})$		圆形截面试样 d_0 按 a 值确定

续表

金属材料		试样序号		备注
材种	直径 d_0 外径或对边距 D 厚度 a_0	比例试样	定标距 试样	
线(丝)	15~3	$R_{3\sim8}(R_{03\sim08})$ (仅适用于试样 平行部分 L_0)	$R_{17\sim18}$	异性截面线(丝) 材试样,按 $L_0 = K$ $\sqrt{F_0}$ 计算,$d_0 > 3mm$ 时采用比例试样
	<3			
铸件	不测伸长率 测伸长率			
	压铸件 (测伸长率)	R_{14} R_{16}	R_{14} R_{15}	
	锻挤压件	$R_{1\sim8}(R_{01\sim08})$		
	异形件			按产品标准选用 相应的 b_0 为 10、8、 6、4mm 的长短比例 或定标距试样以及 全截面试样

注:1. 试样号按截面形状规定为 R×× (圆形)、P×× (矩形)、S×× (异形) 及分类顺序号。

  2. 比例试样系指 $5.65\sqrt{F_0}$ 或 $11.3\sqrt{F_0}$ 的试样。

(2) 圆形试样

A. $R_{1\sim8}$ ($R_{01\sim08}$) 圆形比例试样形状尺寸见表 3.18-28。

圆形比例试样形状尺寸　　　　　表 3.18-28

	一般尺寸		短试样			长试样		
d_0	R(最小)		试样号	L_0	L	试样号	L_0	L
	单双	螺纹						
25	5	12.5	R_1			R_1		
20	5	10	R_2			R_2		
15	4	7.5	R_3			R_3		
10	4	5	R_4			R_4		
8	3	4	R_5	$5d_0$	$L_0 - d_0$	R_5	$10d_0$	$L_0 + d_0$
6	3	3.5	R_6			R_6		
5	3	3.5	R_7			R_7		
3	2	2	R_8			R_8		

注:1. 试样头部形状与尺寸分为单双肩和螺纹形状,可根据试验机夹具、试样材质自行设计选用。单台试样头部直径一般为 $(1.5\sim2.0)$ d_0。

  2. 棒材直径大于 25mm,可采用全截面或制取尽可能大的圆形试样。

  3. 如试样装卡时能正确对正中心,则棒材试样头部不该加工,否则应进行粗车。

  4. 对不经机加工试样,根据要求可采用 L_0 为 $4d_0$ 或 $8d_0$ 或其他定标距。

  5. 管材纵横向圆形比例试样,可根据管材壁厚或有关标准从 $R_1\sim R_8$ 中选用。

B. $R_9 \sim R_{16}$ 铸造试样的形状及尺寸见表 3.18-29。

铸造试样的形状及尺寸 表 3.18-29

试样号	样坯的铸造直径	d_0	L_0	L	r
R9	a17	8	—	—	—
R10	a15	10	—	—	—
R11	a20	12.5	—	$2d_0$	$2d_0$
R12	a30	20	—	—	—
R13	a45	32	—	—	—
R14		16	50	≥60	8
R15		6	$5d_0$ 或 $10d_0$	$+d_0$	75
R16		10	—	—	—

试样头部形状尺寸根据材质与试验机夹具自行设计。

C. R_{17}、R_{18} 线（丝）材定标距试样形状尺寸见表 3.18-30。

R_{17}、R_{18} 线（丝）材定标距试样形状尺寸 表 3.18-30

试样号	L_0	L
R_{17}	100	＞150
R_{18}	200	＞250

注：1. 如圆截面试样直径小于 3mm，可采用定标距试样 R_{17}、R_{18} 所示。

2. 如直径大于或等于 3mm，线材试样且需判定伸长率时，应根据材质与直径大小采用 L_0 为 $5d_0$ 或 $10d_0$ 比例试样。也可采用 $4d_0$ 或 $8d_0$ 比例试样。

D. 试样可分为带头和不带头比例或定标距试样两种。短试样 $R_{1\sim7}$ 和长试样 $R_{1\sim7}$，对 a_0 小于 0.5～0.1mm 薄板带，一般采用定标距试样 $P_{1\sim9}$ 见表 3.18-31。

$P_{1\sim9}$ 定标距试样 $P_{1\sim9}$ 表 3.18-31

一般尺寸			短试样			长试样		
a_0	b_0	r	试样号	L_0	L	试样号	L_0	L
0.1～1.0	10		P_1			P_1		
1.0～4.0	15		P_2	5.65		P_2	11.3	
4.0～1.2	20		P_3	$\sqrt{F_0}$		P_3	$\sqrt{F_0}$	L_0
0.5～4.5	20	25～40	P_4	取最接	b_0+	P_4	取最接	$+$
4.5～2.5	30		P_5	近 5 的	$b_0/2$	P_5	近 10 的	$b_0/2$
0.1～6	12.5		P_6	整数倍		P_6	整数倍	
4.5～25	25		P_7			P_7		

续表

一般尺寸			短试样			长试样		
a_0	b_0	r	试样号	L_0	L	试样号	L_0	L
0.1~0.5	12.5		P_8	50	75			
	20		P_9	80	120			

注：1. 如果 5 组机加工试样，最大和最小平行长度之差不应大于 25mm。

2. 试样头部形状尺寸应根据材质和试验机夹具自行设计。

3. 仲裁试验，如有关标准无规定试样要求，对黑色金属选用 P_4（P_{04}）或 P_5（P_{05}）线材的宽度 b_0。

4. 对厚度大于 25mm 的板材，如有关标准或双方协议有要求时，可制取厚度方法（Z 向）而 d_0 为 60mm 或 $10d_0$，$L_0 \geqslant 1.5d_0$ 或短比例试样。

5. 小型材（如角钢、槽钢、工字钢等）切取矩形试样时，如样坯宽度不足机加工成的厚度和相对的宽度 b_0 时，则经双方协议，可制成与相邻较薄试样对应宽质或采用无头试样作试验。

6. 按表中规定计算比例标距小于 25mm 时，采用定标距或短比例标距。

E. $P_{10\sim11}$ 大口径螺旋焊管用材和焊缝接头定标距试样，其形状尺寸见表 3.18-32。

$P_{10\sim11}$ 大口径螺旋焊管用材和焊缝接头定标距试样形状尺寸

表 3.18-32

试样号	a_0	b_0	L_0	L	r	D_0
P_{10}	原壁厚	38	50	57	20~30	$\geqslant 219$
P_{11}		25				$\geqslant 168$

注：1. 试样头部形状与尺寸应根据材质和试验机夹具自行设计。

2. 有关标准或双方协议有要求时，可采用 $L_0 = 5.65\sqrt{F_0}$ 比例试样。

F. 异型试样

异型试样 $S_{1\sim8}$ 包括不宜或不经机加工的管形、弧形、光面和带肋圆形、周期截面及各种小型材和异形截面材料的试样。而其横截面等借用公式、称重法或名义尺寸予以确定。比例试样 $L_0 = 4.52\sqrt{F_0}$ 或 $9.04\sqrt{F_0}$ 或定标距试样。

a. $S_{1\sim6}$ 管材纵向弧形比例试样收定标距试样的形状尺寸见表 3.18-33。

$S_{1\sim6}$管材纵向弧形比例试样收定标距试样的形状尺寸

表 3.18-33

管外径 D_0	b_0	a_0	r	短试样			长试样		
				试样号	L_0	L	试样号	L_0	L
30～50 50～70 ＞70	10 15 20	原厚度	25～40	S_1 S_2 S_3	5.65 $\sqrt{F_0}$ 取最接近 5 的整数倍	L_0+2 $\sqrt{F_0}$	S_{01} S_{02} S_{03}	11.3 $\sqrt{F_0}$ 取最接近 10 的整数倍	L_0+2 $\sqrt{F_0}$
≤100 100～200 ＞200	25 38		＞15	S_4 S_5 S_6	50	60			

注：1. 对有色金属外径 D_0≤30mm，1～9 管材的纵向弧形试样其宽度可取 10mm。

2. 试样头部形状与尺寸应根据材质和试验机夹具自行设计。

3. 对铜合金管材（壁厚 8～10mm）可采用纵向弧形比例试样。

b. $S_{7\sim8}$管材全截面面比例及定标距试样的形状与尺寸见表 3.18-34。

$S_{7\sim8}$管材全截面面比例及定标距试样的形状与尺寸

表 3.18-34

试样号	L_0	L
S_7	5.65 $\sqrt{F_0}$	$L_0+D_0/2$
S_8	50	＞100

3.18.5.3 金属拉伸试验方法

1. 试样的形状与尺寸要求

（1）一般要求

试样的形状与尺寸取决于被试验的金属产品的形状与尺寸，从产品、压制坯或铸锭切取样坯，经机加工制成试样，具有恒定的横截面的产品、型材、棒材、线材等和铸造试样（铸铁和非铁合金），可不经机加工进行试验。

试样横截面可为圆形、矩形、多边形、环形等。

① 试样原始标距与原始横截面有 $L_0=5.65$ 或 $11.3\sqrt{F_0}$ 关

系者为比例试样。原始标距应小于 15mm。

② 机加工试样，如试样的夹持端与平行长度的尺寸不相同，应以过渡弧连接，轴线应与用力重合，夹持端形状应适合试验机的夹具。

③ 不经机加工的试样，试样为未经机加工的产品或试棒的一段长度，两夹头间的长度应足够。

（2）试样的类型

试样的主要类型见表 3.18-35。

产品类型　　　　　　　　表 3.18-35

薄板、板材	线材、棒材、型材	符号
矩形	圆形、方型、多边形	A
0.1≤厚度<3mm	直径或边长≥4mm	B
厚度>3mm	直径或边长<4mm	C
管材		D

（3）试样制备

应按照相应产品标准或 GB/T 2975 的要求切取样坯和制备试样。

2. 原始横截面（S_0）的测定

试样原始横截面积测定的方法和准确度应符合规定的要求，测量时建议按照表 3.18-36 选用量具或测量装置，应根据测量的试样原始尺寸计算原始横截面积，至少保留 4 位有效数据。

原始横截面尺寸测量　　　　　　　表 3.18-36

试样横截面尺寸(mm)	分辨率(不大于)
0.1～0.5	0.001
0.5～7	0.005
7～10	0.01
>10	0.05

3. 原始标记（L_0）

应用小标记细画线或细墨线标记原始标记，且不得有引起过早断裂的缺口标记。对比例试样应将原始标距的计算值修约至最接近 5mm 的倍数，中间数值向较大方修约，原始标距的标记应准确到±1%。

4. 试验设备的准确度

(1) 试验机应按照 GB/T 16825 进行检验，达到Ⅰ级或优于Ⅰ级准确度。

(2) 引伸计的准确度级别应符合 GB/T 12160 的要求，测定上屈服强度、下屈服强度、屈服点延伸率、规定非比例延伸强度、规定总延伸强度、规定残余延伸强度，以及规定残余延伸强度的验证试验，应使用不劣于Ⅰ级准确度的引伸计。规定其具有较大延伸率的性能。如抗拉强度，最大力总延伸率和最大力非比例延伸率、断裂延伸率以及断后延伸率，应使用不劣于Ⅱ级准确度的引伸计。

5. 试验要求

试验速率，试验速率取决于材料特性并符合下列要求：

① 测定屈服强度和规定强度的试验速率

A. 上屈服强度（R_{rH}） 在弹性范围和直至上屈服强度，试验机夹头的分离速率应尽可能保持恒定在表 3.18-37 规定的应力速率范围内。

应力速率 表 3.18-37

材料弹性模量（N/m²）	应力速率（N/mm²）	
	最小	最大
<150000	2	20
>150000	6	60

B. 下屈服强度，下屈服强度在试样平行长度的屈服期间应变速率应在 0.00025~0.0025/s 之间。平行长度内的应变速率应尽可能保持恒定。如果不能直接调节这一应变速率，应通过调节屈服即将开始前的应力速率来调整，在屈服完成之前不再调节试

验机的控制。

C. 任何情况下，弹性范围内的应力速率不得超过规定的最大速率。

D. 上屈服强度和下屈服强度

如在同一试验中测定上屈服强度和下屈服强度，测定下屈服强度条件应符合上屈服强度的要求。

② 规定非比例延伸强度、规定总延伸强度和规定残余延伸强度。

应力速率应在表 3.18-37 规定的范围内。在塑性范围直至规定强度（规定非比例延伸强度、规定总延伸强度和规定残余延伸强度）应变速率不应超过 0.0025/s。

③ 夹头分离速率，如试验机无能力测量或控制应变速率直至屈服完成，应采用等效于表 3.18-37 规定的应变速率的试验机夹头分离速率。

④ 测定抗拉强度（R）试验速率

塑性范围：平行长度的应变速率不应超过 0.008/s。

弹性范围：如试验不包括屈服强度或规定强度的测定，试验机的速率可以达到塑性范围内的允许最大速率。

夹持方法：应使用楔形夹头、螺纹夹头、套环夹头等合适的夹具夹持试样。应尽最大努力确保夹持的试样受轴间拉力的作用。当试验脆性材料或测定规定非比例延伸强度、规定总延伸强度、规定残余延伸强度或屈服强度时尤为重要。

6. 断后伸长率（A）和断裂总伸长率（A）的测定

（1）测定断后伸长率

为了测定断后伸长率，应将试样断裂的部分仔细地配接在一起，使其轴线处于同一直线上，并采取特别措施确保试样断裂部分适当接触后测量试样断后标距，这对小截面试样和低伸长率的试样尤为重要。

应使用分辨率优于 0.1mm 的量具或测量装置测定断后标距（I），准确至 ±0.25mm，如规定的最小断后伸长率小于 5%，建议采用特殊方法（标准内相应附录）进行测定。

原则上只有断裂处与最接近的标距标记的距离不小于原始标距的三分之一情况方为有效。但断后伸长率大于或等于规定值，不管断裂位置处于何处测量均为有效。

（2）能用引伸计测定断裂延伸的试验机，引伸计标距应等于试样原始标距，无需标出试样原始标距标记。以断裂时的总延伸作为伸长测量时，为了得到断后伸长率，应从总伸长距扣除弹性延伸部分。

原则上断裂发生在引伸计标距以内方为有效，但断后伸长率大于或等于规定值，不管断裂位置处于何处测量均为有效。

（3）试验前通过协议，可以在固定标距上测定断后伸长率，然后使用换算公式或换算表将其换算成比例标距的断后伸长率（如使用 GB/T 17600.1～2 的换算方法）。

（4）为了避免发生在规定范围以外的断裂而造成试样报废，可以采用附录中移位方法测定断后伸长率。

（5）按照规定要求测定的断后总延伸除以试样原始标距得到断后伸长率。

7. 最大力总伸长率和最大力非比例伸长率的测定

在用引伸计得到力—延伸曲线图上测定最大力时的总延伸，按照公式计算最大力总伸长率。

从最大力时的总延伸中扣除弹性延伸部分即得到最大力时的非比例延伸，将其除以引伸计标距得到最大力非比例伸长率。

有些材料在最大力时呈现平台情况，取平台中点的最大力对应的总伸长率。试验报告中应报告引伸计标距。

如试验是在计算机控制的具有数据采集系统上进行，可以不绘制力—延伸曲线图。

8. 屈服点延伸率的测定

按照定义和根据力延伸曲线图测定屈服点延伸率，试验时记录力延伸曲线，直至达到均匀加工硬化阶段。在曲线图上，经过屈服阶段结束时画一条平行于曲线的弹性直线段的平行线。此平行线在曲线图的延伸轴上的截距即为屈服点延伸。屈服点延伸除以引伸计标距得到屈服点延伸率。

可以使用自动装置或月动测试系统测定屈服点延伸率。

9. 上屈服强度和下屈服强度的测定

呈现明显屈服（不连续）现象的金属材料，相关产品标准应规定测定上屈服强度或下屈服强度或两者。未具体规定，应采用下列方法测定上屈服强度和下屈服强度：

① 图解方法：试验时记录力—延伸曲线或力—位移曲线，从曲线图读取力首次下降前的最大力和不计初始瞬间效应时屈服阶段中的最小力和屈服平台的恒定力，将其除以试样原始横截面积得到上屈服强度和下屈服强度。仲裁时采用图解法。

② 指针法：试验时读取测力度盘指针首次回转前指示的最大力，不计初始瞬间效应时屈服阶段中的最小力或首次停止转动指示的恒定力，将其除以试样原始横截面积得到上屈服强度和下屈服强度。

③ 可以使用自动装置或自动测试系统测定上屈服强度和下屈服强度，可以不绘制力-延伸曲线图。

10. 规定非比例延伸强度的测定

（1）根据力-延伸曲线图测定非比例延伸强度，在曲线图上，划一条与曲线的弹性直线段部分平行，且在延伸轴上与此直线段的距离等效于非比例延伸率。此平行线与曲线的交截点给出相应于所求规定非比例延伸强度的力。此力除以试样原始横截面积得到规定非比例延伸强度。因此，准确绘制力-延伸曲线图十分重要。

试验时，当已超过预期非比例延伸强度后，将力降至约为已达到的力的 10%，然后再施加力直至超过原已达到的力。为了测定规定非比例延伸强度，过滞后划一直线，然后经过横轴上与曲线原点的距离等效于所规定的非比例延伸率的点，做平行于此直线的平行线，平行线与曲线的交截点给出相应于规定非比例延伸强度的力。此力除以试样原始横截面积得到规定非比例延伸强度。

（2）可以使用自动装置或自动测试系统测定规定非比例延伸强度。

（3）日常一般试验允许采用绘制力—夹具位移曲线的方法，测定规定非比例延伸率等于或大于 0.2% 的规定非比例延伸率。仲裁试验不采用此方法。

11. 规定总延伸强度的测定

（1）在力-延伸曲线图上，划一条平行于力轴并与该轴的距离等效于规定总延伸率的平行线，平行线与曲线的交截点给出相应于规定总延伸强度的力，此力除以试样原始横截面积得到规定总延伸强度。

（2）可以使用自动装置或自动测试系统测定规定总延伸强度。

12. 规定残余延伸强度的验证方法

试验施加相应于规定残余延伸强度的力，保持力 10～12s，卸除力后验证残余延伸率未超过规定百分率。

如相应产品标准要求测定规定残余延伸强度，可以采用附录提供的方法进行测定。

13. 抗拉强度的测定

（1）按照定义和采用图解法或指针法测定抗拉强度。

对于呈现明显屈服（不连续屈服）现象的金属材料，从记录的力—延伸或力—位移曲线图或从测力度盘，读取过了屈服阶段之后的最大力；对于呈现无明显屈服（连续屈服）现象的金属材料，从记录的力—延伸或力—位移曲线图或从测力度盘，读取试验过程中的最大力，最大力除以试样原始横截面积得到抗拉强度。

（2）可以使用自动装置或自动测试系统测定抗拉强度。

14. 断后收缩率的测定

（1）按照定义测定断后收缩率，断裂后的最小横截面的测定应准确至±2%。

（2）测量时，如需要将试样断裂部分仔细配接在一起，使其轴线处于同一直线上。对于圆形横截面试样，在缩颈最小处相互垂直方向测量直径，取其算术平均值计算最小横截面积。对于矩形横截面试样，测量缩颈处的最大宽度和最小厚度，两者之积为断后最小横截面积。

原始横截面积与断后最小横截面积之差除以原始横截面积的百分率得断后收缩率。

（3）薄板和薄带试样，管材全截面试样，圆管纵向弧形试样和其他复杂横截面试样及直径小于 3mm 试样，一般不测定断面收缩率。

15. 性能测定结果数值的修约

试验测定的性能结果数值应按照相关标准的要求进行修约见表 3.18-38。

性能结果数值的修约间隔　　　表 3.18-38

性能	范围（N/mm²）	修约间隔（N/mm²）
ReH、ReL、RP、Rt、Rt、Rm	≤200	1
		5
		10
Ag	200～1000	0.5%
A、At、Agt、Ag	＞1000	0.5%
Z		0.5%

16. 性能测定结果的准确度

性能测定结果的准确度分两类：

（1）计量参数：例如试验机和引伸计的准确度级别，试样尺寸的测量准确度等。

（2）材料的试验参数：材料特性、试样的几何形状和制备、试验速率、温度、数据采集与分析技术等。

17. 试验结果处理

试验出现下列情况，其试验结果无效，应重新做同样数量试样的试验：

（1）试样断在标距外或断在机械刻画的标距标记上，而且断后伸长率小于规定最小值。

（2）试验发生故障影响试验结果。

18. 试验报告内容：国家标准编号、试样标识、材料名称、牌号、试样类型、试样的取样位置与方向、所测性能结果。

3.18.5.4 金属弯曲试验方法

1. 标准规定了弯曲试验方法的原理、符号、试验设备、试样、试验程序、试验结果评定及试验报告。

2. 适用于金属材料相关产品标准规定试样的弯曲试验，测定其弯曲塑性变形能力。不适用于金属管材和金属焊接接头的弯曲试验。

3. 弯曲试验原理

弯曲试验是以圆形、方形、矩形或多边形横截面试样在弯曲装置上经受弯曲塑性变形，不改变加力方向直至达到规定的弯曲程度。

弯曲试验时，试样两臂的轴线保持在垂直于弯曲轴的平面内。如弯曲180°的弯曲试验，按照相关产品标准的要求，将试样弯曲至两臂相距规定距离且相互平行或两臂直接接触。

4. 试验设备

应在试验机或压力机上配备弯曲装置完成试验：支辊式弯曲装置、V形模具式弯曲装置、虎钳式弯曲装置、翻板式弯曲装置等。

5. 试样

（1）试验使用圆形、方形、矩形、多边形横截面试样。样坯的切取位置与方向应按照相关产品标准的要求。钢产品，应按照GB/T 2975的要求，试样应通过机加工去除由于剪切或火焰切割等影响材料性能的部分。

（2）试样表面不得有划痕和损伤，方形、矩形、多边形横截面试样的棱角应倒圆，倒圆半径不超过试样厚度的1/10，棱角倒圆时不应形成横向毛刺、伤痕或刻痕。

（3）试样宽度应按照相关产品标准的要求：

当产品宽度不大于 20mm 时，试样宽度为原产品宽度；

当产品宽度大于（20±5）mm 时，厚度小于 3mm，试样宽度在 20～50mm 之间。

（4）试样厚度或直径应按照相关产品标准的要求：

① 对板材、带材私型材，产品厚度不大于 25mm 时，试样厚度为原产品厚度；产品厚度大于 25mm 时，试样厚度可经机加工减薄至不小于 25mm，并保留一侧原表面。弯曲试验时，试样保留原表面应位于受拉弯曲变形一侧。

② 直径或多边形横截面内切圆直径不大于 50mm 的产品，其试样横截面应为产品的横截面。如试验设备能力不足，对于直径或多边形横截面内切圆直径超过 30～50mm 及 50mm 以上的产品，可以按要求机加工成横截面内切圆直径不小于 25mm 的试样，试验时，试样保留原表面应位于受拉弯曲变形一侧。

（5）锻材、铸材和半成品，其试样尺寸应在交货要求或协议中规定。

（6）试样长度应根据试样厚度和所使用的试验设备确定。

$$L = 0.5 \pm (d+a) + 140mm$$

6. 试验程序

（1）试验一般在 10～35℃ 的室温范围内进行。对温度要求严格的试验，应在（23±5）℃。

（2）按照相应产品标准的规定完成试验的方法：

①试样按规定的图示所给定的条件，在力的作用下弯曲至规定的弯曲角度；

②试样在力的作用下弯曲至两臂相距规定距离且相互平行；

③试样在力的作用下弯曲至两臂直接接触。

（3）试验弯曲至规定弯曲角度的试验，应将试样放大两支辊或形模具或两水平翻板上，试样轴线应与弯曲压头轴线垂直，弯曲压头在两支座之间的中点对试样连续施加力使其弯曲，直至达到规定的弯曲角度。

如不能直接达到规定的弯曲角度，应将试样置于两平行压板之间，连续施加压力压其两端使进一步弯曲，直至达到规定的弯曲角度。

（4）试样弯曲至180°两臂相距规定距离且相互平行的试验。采用图示方法，首先对试样进行初步弯曲（弯曲角度尽可能大），然后将试样置于两平行板之间连续施加压力压其两端，使进一步弯曲直至两臂平行。试验时可加或不加垫块，垫块厚度等于规定的弯曲压头直径。采用图示方法，在力的作用下不改变力的方向弯曲至180°。

（5）试样弯曲至两臂直接接触的试验。首先对试样进行初步弯曲（弯曲角度尽可能大）然后将试样置于两平行板之间连续施加压力压其两端，使进一步弯曲直至两臂直接接触。

（6）弯曲试验也可一端固定，绕弯心进行弯曲，直至达到规定的弯曲角度。

7. 试验结果

（1）按照相关产品标准的要求，评定弯曲试验结果。如未规定具体要求，弯曲试验后试样弯曲外表面无肉眼可见裂纹应评为合格。

（2）相关产品标准规定的弯曲角度作为最小值，规定的弯曲半径作为最大值。

8. 试验报告

试验报告内容包括国家标准编号、试样标识（材料牌号、炉号、取样方向等）、试样形状与尺寸、试验条件（弯曲压头直径或弯心直径、弯曲角度）、试验结果。

3.18.5.5 金属夏比缺口冲击试验方法

1. 主题内容和适用范围

标准规定了金属材料夏比缺口冲击试验的适用范围，试样尺寸公差、试验操作及高低温（－192～1000℃）范围内金属夏比缺口和U形缺口试样及其他缺口、无缺口试样冲突击试验条件，并增加了韧脆转变温度的参考件。包括试验原理、术语与定义、试样、试验设备及仪器、试验操作要求、试验结果与处理、试验报告。

2. 试验原理

用规定高度的摆锤对处于简支梁状态的缺口试样进行一次性冲击，测量试样折断时的冲击吸收功。

3. 试样

（1）冲击样坯的切取应按产品标准或 GB 2975 的规定执行。

（2）试样的制备应避免由于加工硬化或过热而影响金属冲击性能。

（3）标准夏比缺口冲击试样的形状和尺寸应符合图示。对于端面定位的试样，试样长度公差应为（55±0.1）mm，缺口中心线至端面距离应为（27.5±0.005）mm，端面粗糙度参数 Ra 应不大于 3.2μm，且端面应与试样侧面相垂直。

（4）试样缺口底部应光滑，表面粗糙度参数 Ra 应不大于 1.6μm。

（5）如不能制备标准试样，可采用 7.5 或 5mm 宽度的小试样，缺口应开在试样的窄面上，其他尺寸同标准试样。

（6）试样标记的位置不应影响试样的支承和定位，应尽量远离缺口。

4. 试验设备及仪器

（1）冲击试验机的标准冲击能量为 300J（±10）和 150J（±10），打击瞬间摆锤的冲击速度应为 5.0～5.5m/s，根据需要也可使用其他冲击能量的试验机。

（2）试验机的试样、支座及摆锤刀刃尺寸应符合规定。

（3）冲击试验机应定期检验，其他技术条件应符合 GB 3808 规定。

（4）对于高温或低温冲击试验，温度控制装置应能将试验温度稳定在规定值±2℃内。

（5）使用液体介质加热或冷却时，恒温槽应有足够容量的介质，应有使介质温度均匀的装置。

（6）测温用的玻璃温度计最小分度值应不大于1℃，测温热电偶应符合 JGJ 141、JJG 351、JJG 368 中Ⅱ级热电偶要求。

（7）测温仪器（数字指示装置或电位差计）的误差应不超过±0.1%。

（8）热电偶温度应保持恒定，偏差不超过±0.5℃。

5. 试验

（1）室温冲击试验应在 10～35℃室温范围内进行。对温度要求严格的试验，应在（20±2）℃进行。

（2）冲击试验机一般在摆锤最大能量的 10%～90% 范围内使用。

（3）试验前应检查摆锤空打时被动指针的回零差不得超过最小分度值的 1/4。

（4）检查试样尺寸的量具最小分度值应不大于 0.02mm。

（5）试样应紧贴支座位置，并使试样缺口的背面朝向摆锤的刀刃，试样缺口对称面应位于两支座对称面上，偏差不应大于 0.5mm。

（6）以子端面定位的高温冲击试验，应根据试样膨胀量调整定位机构，其膨胀量按 $\Delta L = 27.5 \times a(t - t_0)$

（7）在高温或低温冲击试验中，可使用各种方法加热或冷却试样，试验用介质应安全、无毒、不腐蚀金属，建议采用的介质见表 3.18-39。

冲击试验中加热或冷却试样的介质　　表 3.18-39

试验温度(℃)	介质	试验温度(℃)	介质
＞200	空气加热	0～－70	乙醇＋干冰
200～35	高温油	－70～－105	无水乙醇＋液氮
10～1	水＋冰	－105～－192	液氮

（8）试样应在规定温度下保持足够时间，使用液体介质时，保持时间不少于 5min，使用气体介质时保温时间不少于 20min。

（9）移取试样时，夹具的温度应与介质温度尽量相同。

（10）试样在液体介质中移出至冲击的时间在 2s 之内，试样在气体介质中移出至冲击的时间在 1s 之内。

如果不能满足上述要求，则必须在 3～5s 内打断试样。此时应采用过冷或过热的试样的方法补偿温度损失。对高温试验应充分考虑过热对材料性能的影响。

（11）韧脆转变温度的测定

对于具有低温脆性的金属材料，可通过系列温度冲击试验测定其韧脆转变温度。测定方法见相应规定。

（12）试验结果的处理

① 冲击吸收功至少应保留两位有效数字。

② 由于试验机打击能量不足，使试样未完全折断时，应在试验数据之前加大于符号（＞），其他情况应注明未折断。

③ 不同类型和尺寸的试样的试验结果不能直接对比和换算。

④ 试验后试样断口有肉眼可见裂纹或缺陷时，应在试验报告中注明。

⑤ 试验中有下列情况之一时试验结果无效：误操作；试样打断时有卡锤现象。

（13）试验报告

试验报告内容：包括国家标准编号、试验材料种类及标志、试样尺寸及类型、试验温度、试验机打击能量、试验结果评定。

3.18.6 钢材化学成分分析

钢材化学成分分析：每批钢材取 1 个试样，取样和试验应分别按《钢的化学分析用试样取样法及成品化学成分允许偏差》GB 222 和《钢铁及合金化学分析方法》GB 223 执行，并按相应产品标准进行评定。

3.18.6.1 钢的化学分析用试样取样法及成品化学成分允许偏差

1. 用途

适用于钢化学成分熔炼分析和成品分析用试样的取样及规定

成品化学成分允许偏差。

2. 取样

(1) 用于钢化学成分熔炼分析和成品分析用试样，必须在钢池或钢材具有代表性的部位采取，试样应均匀一致，能充分代表每一熔炼号（或每一罐）或每一批钢材的化学成分，并应有满足全部分析试验要求的足够数量。

(2) 化学分析用试样屑可以钻取、刨取或用工具机制取。样屑应粉碎混合均匀。制取样屑时不得用水、油或其他润滑剂。应去除表面氧化铁皮和脏物。成品钢材还应除去脱碳层、渗碳层、涂层、镀层金属或其他物质。

(3) 用钻头采取试样样屑时，对熔炼分析或小断面钢材成品分析，钻头直径应尽量大，至少6mm。对大断面钢材成品分析，钻头直径应小于12mm。

(4) 供仪器分析用的样块，使用前应根据分析仪器要求，适当地磨平。

3. 成品分析取样方法

(1) 大截面钢材，初轧坯、方坯、扁坯、圆钢、方钢、锻钢件等，样屑从钢材的整个横断面或半个断面上刨取或从钢材横断面中心至边缘的中间部位（或对角线1/4处）平行于轴线钻取或从钢材侧面垂直于轴中心线钻取。此时钻孔深度应达到钢材或钢坯轴心处。

(2) 大断面的中空锻件或管材，应从壁厚内外表面的中间部位钻取或在端头整个横断面上刨取。

(3) 小断面钢材：圆钢、方钢、扁钢、工字钢、槽钢、角钢、复杂断面型钢、钢管、盘条、钢带、钢丝等，按下列规定取样：

① 从钢材的整个横断面上刨取（焊接钢管应避开焊缝），或从横断面上沿轧制方向钻取，钻孔应对称均匀分布，或从钢材外侧面的中间部位垂直于轧制方向用钻通方法钻取。

② 钢带、钢丝应从弯折叠或捆扎成束的样坯横断面上刨取

或从不同根钢带、钢丝上截取。

③ 钢管可围绕其外表面在几个位置钻通管壁钻取。薄壁钢管可压扁叠合后在横断面上刨取。

④ 钢板：纵轧钢板，钢板宽度小于 1m 时，沿钢板宽度剪切一条宽 50mm 的试料；钢板宽度大于 1m 时，沿钢板宽度自边缘至中心剪切一条宽 50mm 的试料，将试料的两端对齐，折叠 1~2 次或多次，并压紧弯折处，然后在其长度中间沿剪切的内边刨取一条宽 50mm 长 500mm 的试料，或自表面用钻通方法钻取。厚钢板不能折叠时，训按前述相互折叠的位置钻取或刨取，且将等量样屑混合均匀。

⑤ 沸腾钢有特殊规定时不做成品分析。

4. 化学分析方法

(1) 钢的化学成分按相应的国家标准或能保证标准规定准确度的其他方法进行。

(2) 仲裁分析应按照相应的国家标准进行。

5. 成品化学成分允许偏差

(1) 成品化学成分允许偏差如表所示。表示：①适用于普通碳素钢和低合金钢；②适用于优质碳素钢、合金钢（不含低合金钢、不锈钢、耐热钢、高速钢）；③适用于不锈钢、耐热钢。

(2) 产品标准在规定成品化学成分允许偏差时，应写明标准号、条文号、只允许一个表。

(3) 成品分析所得的值不能超过规定化学成分范围的上限加上偏差，或下限加上偏差。同一熔炼号的成品分析同一元素只允许单向偏差，不能出现上下偏差。

(4) 成品化学成分允许偏差除在产品标准或订货单中均应符合规定。

3.18.6.2 钢铁及合金化学分析方法

随着我国经济技术的迅猛发展，不锈钢等合金钢广泛应用，钢产量已占世界前列，钢铁冶炼技术快速进步，钢铁及合金化学分析方法不断完善与提高。

1. 现行国家标准《钢铁及合金化学分析方法》（GB/T 223.1~82）列表如下：

(1)《钢铁及合金化学分析方法 二安替比林甲烷磷钼酸重量法测定磷量》GB/T 223.3—1988（0.01~0.80％）

(2)《钢铁及合金 锰含量的测定 电位滴定或可视滴定法》GB/T 223.4—2008

(3)《钢铁 酸溶硅和全硅含量的测定》GB/T 223.5—2008

(4)《钢铁及合金化学分析方法 中和滴定法测定硼量》GB/T 223.6—1994

(5)《铁粉 铁含量的测定 重铬酸钾滴定法》GB/T 223.7—2002

(6)《钢铁及合金化学分析方法 氟化钠分离—EDTA 滴定法测定铝含量》GB/T 223.8—2000

(7)《钢铁及合金 铝含量的测定铬天青 S 分光光度法》GB/T 223.9—2008

(8)《钢铁及合金 铬含量的测定 可视滴定或电位滴定法》GB/T 223.11—2008

(9)《钢铁及合金化学分析方法 碳酸钠分离—二苯碳酰二肼光度法测定铬量》GB/T 223.12—1991

(10)《钢铁及合金化学分析方法 硫酸亚铁铵滴定法测定钒含量》GB/T 223.13—2000

(11)《钢铁及合金化学分析方法 钽试剂萃取光度法测定钒含量》GB/T 223.14—2000

(12)《钢铁及合金化学分析方法 变色酸光度法测定钛量》GB/T 223.16—1991

(13)《钢铁及合金化学分析方法 二安替比林甲烷光度法测定钛量》GB/T 223.17—1989

(14)《钢铁及合金化学分析方法 硫代硫酸钠分离—碘量法测定铜量》GB/T 223.18—1994

(15)《钢铁及合金化学分析方法 新亚铜灵—三氯甲烷萃取光度法测定铜量》GB/T 223.19—1989

(16)《钢铁及合金化学分析方法 电位滴定法测定钴量》GB/T 223.20—1994

(17)《钢铁及合金化学分析方法 5—Cl—PADAB 分光光度法测定钴量》GB/T 223.21—1994

(18)《钢铁及合金化学分析方法 亚硝基 R 盐分光光度法测定钴量》GB/T 223.22—1994

(19)《钢铁及合金 镍含量的测定 丁二酮肟分光光度法》GB/T 223.23—2008

(20)《钢铁及合金 钼含量的测定 硫氰酸盐分光光度法》GB/T 223.26—2008

(21)《钢铁及合金化学分析方法 α—安息香肟重量法测定钼量》GB/T 223.28—1989

(22)《钢铁及合金 铅含量的测定 载体沉淀—二甲酚橙分光光度法》GB/T 223.29—2008

(23)《钢铁及合金化学分析方法 对—溴苦杏仁酸沉淀分离—偶氮胂Ⅲ分光光度法测定锆量》GB/T 223.30—1994

(24)《钢铁及合金 砷含量的测定 蒸馏分离-钼蓝分光光度法》GB/T 223.31—2008

(25)《钢铁及合金化学分析方法 次磷酸钠还原—碘量法测定砷量》GB/T 223.32—1994

(26)《钢铁及合金化学分析方法 萃取分离—偶氮氯膦 mA 光度法测定铈量》GB/T 223.33—1994

(27)《钢铁及合金化学分析方法 铁粉中盐酸不溶物的测定》GB/T 223.34—2000

(28)《钢铁及合金化学分析方法 蒸馏分离—中和滴定法测定氮量》GB/T 223.36—1994

(29)《钢铁及合金化学分析方法 蒸馏分离—靛酚蓝光度法测定氮量》GB/T 223.37—1989

(30)《钢铁及合金化学分析方法 离子交换分离—重量法测定铌量》GB/T 223.38—1985

(31)《钢铁及合金　铌含量的测定　氯磺酚 S 分光光度法》GB/T 223.40—2007

(32)《钢铁及合金化学分析方法　离子交换分离—连苯三酚光度法测定钽量》GB/T 223.41—1985

(33)《钢铁及合金化学分析方法　离子交换分离—溴邻苯三酚红光度法测定钽量》GB/T 223.42—1985

(34)《钢铁及合金　钨含量的测定　重量法和分光光度法》GB/T 223.43—2008

(35)《钢铁及合金化学分析方法　火焰原子吸收光谱法测定镁量》GB/T 223.46—1989

(36)《钢铁及合金化学分析方法　载体沉淀—钼蓝光度法测定锑量》GB/T 223.47—1994

(37)《钢铁及合金化学分析方法　半二甲酚橙光度法测定铋量》GB/T 223.48—1985

(38)《钢铁及合金化学分析方法　萃取分离—偶氮氯膦 mA 分光光度法测定稀土总量》GB/T 223.49—1994

(39)《钢铁及合金化学分析方法　苯基荧光酮—溴化十六烷基三甲基胺直接光度法测定锡量》GB/T 223.50—1994

(40)《钢铁及合金化学分析方法　5—Br—PADAP　光度法测定锌量》GB/T 223.51—1987

(41)《钢铁及合金化学分析方法　盐酸羟胺—碘量法测定硒量》GB/T 223.52—1987

(42)《钢铁及合金化学分析方法　火焰原子吸收分光光度法测定铜量》GB/T 223.53—1987

(43)《钢铁及合金化学分析方法　火焰原子吸收分光光度法测定镍量》GB/T 223.54—1987

(44)《钢铁及合金　碲含量的测定　示波极谱法》GB/T 223.55—2008

(45)《钢铁及合金化学分析方法　萃取分离—吸附催化极谱法测定镉量》GB/T 223.57—1987

(46)《钢铁及合金化学分析方法　亚砷酸钠—亚硝酸钠滴定法测定锰量》GB/T 223.58—1987

(47)《钢铁及合金　磷含量的测定铋磷钼蓝分光光度法》GB/T 223.59—2008

(48)《钢铁及合金化学分析方法　高氯酸脱水重量法测定硅含量》GB/T 223.60—1997

(49)《钢铁及合金化学分析方法　磷钼酸铵容量法测定磷量》GB/T 223.61—1988

(50)《钢铁及合金化学分析方法　乙酸丁酯萃取光度法测定磷量》GB/T 223.62—1988

(51)《钢铁及合金化学分析方法　高碘酸钠（钾）光度法测定锰量》GB/T 223.63—1988

(52)《钢铁及合金锰含量的测定　火焰原子吸收光谱法》GB/T 223.64—2008

(53)《钢铁及合金化学分析方法　火焰原子吸收光谱法测定钴量》GB/T 223.65—1988

(54)《钢铁及合金化学分析方法　硫氰酸盐—盐酸氯丙嗪—三氯甲烷萃取光度法测定钨量》GB/T 223.66—1989

(55)《钢铁及合金　硫含量的测定　次甲基蓝分光光度法》GB/T 223.67—2008

(56)《钢铁及合金化学分析方法　管式炉内燃烧后碘酸钾滴定法测定硫含量》GB/T 223.68—1997

(57)《钢铁及合金　碳含量的测定　管式炉内燃烧后气体容量法》GB/T 223.69—2008

(58)《钢铁及合金　铁含量的测定　邻二氮杂菲分光光度法》GB/T 223.70—2008

(59)《钢铁及合金化学分析方法　管式炉内燃烧后重量法测定碳含量》GB/T 223.71—1997

(60)　《钢铁及合金　硫含量的测定　重量法》GB/T 223.72—2008

（61）《钢铁及合金　铁含量的测定　三氯化钛—重铬酸钾滴定法》GB/T 223.73—2008

（62）《钢铁及合金化学分析方法　非化合碳含量的测定》GB/T 223.74—1997

（63）《钢铁及合金　硼含量的测定　甲醇蒸馏—姜黄素光度法》GB/T 223.75—2008

（64）《钢铁及合金化学分析方法　火焰原子吸收光谱法测定钒量》GB/T 223.76—1994

（65）《钢铁及合金化学分析方法　火焰原子吸收光谱法测定钙量》GB/T 223.77—1994

（66）《钢铁及合金化学分析方法　姜黄素直接光度法测定硼含量》GB/T 223.78—2000

（67）《钢铁　多元素含量的测定　X—射线荧光光谱法（常规法）》GB/T 223.79—2007

（68）《钢铁及合金　铋和砷含量的测定　氢化物发生—原子荧光光谱法》GB/T 223.80—2007

（69）《钢铁及合金　总铝和总硼含量的测定　微波消解-电感耦合等离子体质谱法》GB/T 223.81—2007

（70）《钢铁　氢含量的测定　惰气脉冲熔融热导法》GB/T 223.82—2007。

2. 检测要求

（1）既有钢结构钢材的抗拉强度可采用表面硬度的方法检测，应有取样检验钢材抗拉强度的验证。检测操作规定：

① 试件测试部位处理：用钢锉打磨表面，去除锈斑、油漆，再用粗、细砂纸打磨露出金属光泽。

② 用仪器测定钢材表面硬度。

③ 建立专用测强曲线换算钢材强度。

④ 参考《黑色金属硬度及相关强度换算值》GB/T 1172 等标准的规定确定钢材的换算抗拉强度。

（2）锈蚀钢材或受到火灾等影响钢材的力学性能，可按相应钢材产品标准的规定取试样，按相关检测方法进行测试操作和评定。在检测报告中说明检测结果的适用范围。

3.18.7 钢结构的连接质量与性能的检测

1. 钢结构的连接质量与性能的检测分为焊接连接、焊钉（栓钉）连接、螺栓连接、高强螺栓连接等项目。

2. 对设计要求钢材一、二级全焊透的焊缝和设计未要求等强对焊拼接焊缝的质量，采用超声波探伤法检测的规定：

（1）对钢结构工程质量，应按《钢结构工程施工程质量验收规范》GB 50205 的规定进行检测；

（2）焊缝缺陷分级，应按《钢焊缝手工超声波探伤方法及质量分级法》GB 11345 确定。

3.18.7.1 钢焊缝手工超声波探伤方法及质量分级法

1. 钢焊缝手工超声波探伤方法及质量分级法的标准

（1）主要内容和适用范围

标准规定了检验焊缝及热影响区缺陷，确定缺陷位置、尺寸和缺陷评定的一般方法及探伤结果的分级方法。

标准适用于母材厚度不小于 80mm 的铁素体类钢全焊透熔化焊对接焊缝脉冲反射法和超声波检验。不适用于铸钢及奥氏体不锈钢焊缝；外径小于 159mm 的钢管对接焊缝；内径小于等于 200mm 的管座角焊缝及外径小于 250mm 和内外径之比小于 80% 的纵向焊缝。

（2）对检验人员的要求

① 从事焊缝探伤检测人员必须掌握超声波探伤的基础技术，具有足够的焊缝超声波探伤经验，掌握材料、焊接基础知识，每年体检矫正视力不得低于 1.0。

② 焊缝超声波检验人员应按有关规程或技术条件的规定严格培训与考核，持有相应等级的资格证书方才上岗执行任务。

（3）仪器设备性能

① 探伤仪

使用型显示脉冲反射式探伤仪，工作频率范围至少为 $1\sim$ 5MHz，探伤仪应配备衰减器或增益控制器，精度为任意相邻 12dB，误差在 ±1dB 闪，步进级每档不大于 2dB，总调节量应大于 60dB，水平线性误差不大于 1%，垂直线性误差不大于 5%。

② 探头

A. 探头应按标准的规定作出标记；

B. 晶片的有效面积不超过 500mm^2，且任一边长不应大于 25mm；

C. 声束轴线水平偏离角应不大于 $2°$；

D. 探头主声束垂直方向的偏离不应有明显的双峰；

E. 斜探头的公称折射角为 $45°$、$60°$、$70°$ 或 K 值为 1.0、1.5、2.0、2.5，折射角的实测值与公称值的偏差应不大于 $2°$（K 值不应超过 ±0.1），前沿距离的偏差不大于 1mm，如受工作几何形状或探伤角曲率等限制，也可选小角度探头，推荐聚焦等特种探头。

③ 系统性能

A. 灵敏度含量：系统有效灵敏度必须大于评定灵敏度 10dB 以上；

B. 远场分辨率：直探头 $\geq$30dB，斜探头 $\geq$6dB。

④ 探伤仪、探头及系统性能应定期检查：检查灵敏度、探伤仪的水平线性、垂直线性、系统性能。

（4）试块

① 用于测定探伤仪、探头及系统性能的标准试块的形状与尺寸及制造技术要求应符合规定。同时制作对比试块。

② 对比试块采用与被检验材料相同或声学性能相近的钢材制成。试块的探测面及侧面在 2.5MHz 以上频率及高灵敏条件下进行检验时应符合检验要求。试块上的标准孔应根据探伤需要布置或添加，但不应与试块端角和相邻标准孔的反射发生混淆。检验曲面探伤而曲率半径 R 小于等于 W2/4 时，应采用与探伤面曲率相同的对比试块，反射体与布置可参考对比试块确定，试

块宽度 b 应满足规定要求。

③ 现场检验，为检验灵敏度和时基线，可以采用其他型式的等效试块。

（5）检验等级

① 检验等级分级

根据质量要求，检验等级分 A（最低）、B（一般）、C（最高）三级。检验工作难度系数按 A（1）、B（5～6）、C（10～12）逐级增高。应按照工程的材质、结构、焊接方法、使用条件及承载不同，合理选用检验级别、检验等级，应按产品技术条件和相关规定选择或经合同双方协议选定。

标准给出了三个检验等级的检验条件，为避免焊件的几何形状限制相应等级检验的有效性，设计、工艺人员应考虑超声检验的可行性的基础上进行结构设计和工艺安排。

② 检验等级的检验范围

A 级检验：采用一种角度的探头，在焊缝的单面单侧进行检验。只对允许扫查到的焊缝截面进行探测，一般不要求作横向缺陷的检验。母材厚度大于 50mm 时，不得采用 A 级检验。

B 级检验：原则上采用一种角度的探头，在焊缝的单面双侧进行检验，对整个焊缝截面进行探测。母材厚度大于 100mm 时，采用双面双侧检验。受几何条件限制，可在焊缝的双面半日侧采用两种角度探头进行探伤，条件允许时应作横向缺陷检验。

C 级检验：至少要采用两种角度探头在焊缝的单面双侧进行检验，同时要作两个扫查方向和两种探头角度的横向缺陷检验。母材厚度大于 100mm 时采用双面双侧检验，其他附加要求是：

a. 对接焊缝余高要磨平，以便探头在焊缝点做平行扫查；

b. 焊缝两侧斜探头扫查经过的母材部分要用直探头检查；

c. 焊缝母材厚度大于等于 100mm 窄间隙焊缝母材厚度大于等于 40mm 时，一般要增加串列式扫查。

（6）检验准备

① 探伤面

A. 按不同检验等级要求选择。

B. 检验区域面宽度应是焊缝本身加焊缝两侧各相当于母材厚度的 30%，约 10~20mm 的区域。

C. 探头移动区应清除焊接飞溅、铁屑、油污及其他外部杂质，探伤表面应平整光滑，便于探头自由扫查，表面粗糙度不应超过 6.3μm，必要时应进行打磨。

a. 采用一次反射法或串列式扫查探伤时，探头移动区应大于 1.25P（跨距）。

b. 采用直射法探伤时，探头移动区应大于 0.75P（跨距）。

D. 去除余高的焊缝，应将余高打磨到与邻近母材平齐，保留余高的焊缝，如焊缝表面有咬边、较大的隆起凹陷等也应适当修磨，圆滑过渡以免影响检验结果的评定。

E. 焊缝检查前应划好检验区段，标记出编号。

② 检验频率

检验频率 f 一般在 2~5MHz 范围内选择，推荐选择 2~2.5MHz 公称频率检验。特殊情况可选用低于 2MHz 或高于 2.5MHz 的检验频率。但必须保证系统灵敏度的要求。

③ 探头角度

A. 斜探头的折射角或 K 值应根据材料厚度、焊缝坡口型式及预期探测的主要缺陷来选择。对不同板厚按规定推荐相应的探头角度和数量。

B. 串列式扫查推荐选用公称折射角为 45°的两个探头。两个探头实际折射角相差不应超过 2°。探头前洞长度相差应小于 2mm。为便于探测原焊缝坡口边缘未熔化缺陷，亦可选用两个不同角度（35°~55°）的探头。

④ 耦合剂

A. 应选用适当的液体或糊状物作为耦合剂。耦合剂应具有良好的透声性和适当的流动性，不应对材料和人体有作用，同时应便于检验后清理。

B. 典型的耦合剂为水、机油、甘油和糨糊，可适当加入润湿剂。

C. 在试块上调节仪器和产品检验应采用相同的耦合剂。

⑤ 母材检查

采用 C 级检验时，斜探头扫查声束通过母材区域应用直探头做检查，以便探测是否有探伤结果解释的分层性或其他缺陷存在。母材检查规程重点：

A. 方法：接触式脉冲反射法，采用频率 $2 \sim 5MHz$ 的直探头，晶片直径 $10 \sim 25mm$。

B. 灵敏度：将无缺陷处两次底波调节为荧光屏满幅的 100%。

C. 记录：凡缺陷信号幅度超过荧光屏满幅 20% 的部位应做标记记录。

⑥ 仪器的调整和校验

A. 时基线扫描到的调节

荧光屏时基线刻度可按比例调节为代表缺陷的水平距离。

a. 探伤面为平面时，可在对比试块上进行时基线扫描调节。扫描比例依据工件和选用的探头角度来确定，最大检验范围应调至荧光屏时基线满刻度的 $2/3$ 以上。

b. 探伤面曲率半径 R 小于等于 $W2/4$ 时，探头楔块应磨成与工件曲面相吻合，在规定的对比试块上做时基线扫描调节。

B. 距离-波幅（DAC）曲线绘制

a. 距离-波幅（DAC）曲线的选用的仪器探头系统在对比试块上按照规定的绘制方法，用实测数据绘制图。不同验收级别的各线灵敏度见表。表中的 DAC 是以直径 3mm 标准反射体绘制的距离-波幅曲线，（即 DAC 基准线），按评定线（弱信号评定区）定量线（长度评定区）判废线（判废区）划分为三个区。

b. 探测横向缺陷时应将界线灵敏度均提高 6dB。

c. 探伤曲面曲率半径 R 小于等于 $W2/4$ 时，距离-波幅曲线的绘制应在曲面对比试块上进行。

d. 受检工件的表面耦合损失及材质衰减应与试块相同，否则应进行传输损失修整。在 1 跨距声控内最大传输损失应在 2dB 以内可不进行修整。

e. 距离-波幅曲线可绘制在坐标纸上，也可绘制在荧光屏刻度板上，但在整个检验范围内，曲线应处于荧光屏满幅度的 20% 以上或分段绘制。

C. 仪器的调整校验

a. 每次检验前应在对比试块上，对时基线扫描比例和距离-波幅曲线（灵敏度）进行调节或校验，检验点不少于 2 点。

b. 检验过程中每 4h 以内或检验工作结束后，应对时基线扫描和灵敏度进行校验。校验可在对比试块上或其他试块上进行。

c. 扫描调节校验时，如发现检验点反射波在扫描线上偏移超过原校验点刻度度数的 10% 或满刻度的 5%（两者较小者），则扫描比例应重新调整。前次校验后已记录的缺陷、位置参数应重新测定予以更正。

D. 灵敏度检验时，如校验点的反射波幅比距离-波幅曲线降低 20% 或 2dB 以上，则仪器灵敏度应重新调整。对前次检验检查的全部焊缝应重新检验。校验点的反射波幅比距离-波幅曲线提高，则仪器灵敏度应重新调整，而前次校验已记录的缺陷尺寸参数应重新测定予以更正。

(7) 初始检验

① 一般要求

A. 超声检验应在焊缝及探伤表面经外观检查合格并满足规定的要求后进行。

B. 检验前，探伤人员应了解受检工件的材质、结构、曲率、厚度、焊接方法、焊缝种类、坡口型式、焊缝余高及背面衬垫、沟槽等情况。

C. 探伤灵敏度应不低于评定线灵敏度。

D. 扫查速度不应大于 150mm/s，相邻两次探头移动间隔保证不少于探头宽度的 10% 的重叠。

E. 对波幅超过评定线的反射波，应根据探头位置、方向，反射波的位置及了解的焊缝情况，判断其是否为缺陷。判断为缺陷的部位应在焊缝表面做标记。

② 平板对接焊缝的检验

A. 为探测纵向缺陷，斜探头垂直于焊缝中心线在探伤面上做锯齿型扫查，探头前后移动的范围应保证扫查到全部焊缝截面的热影响区，在保持探头垂直焊缝做前后移动的同时，应做 $10°\sim15°$ 的左右移动。

B. 为探测焊缝及热影响区的横向缺陷，应进行平行和斜平行扫查：

a. B 级检验时，可在边缘使探头与焊缝中心线成 $10°\sim20°$ 做斜平行扫查。

b. C 级检验时，可将探头放在焊缝及热影响区上做两个方向的平行扫查，母材厚度超过 100mm 时，应在焊缝的两面做平行扫查或采用两种角度探头（$45°$和$60°$或$45°$和$70°$）做单面双方向的平行扫查，也可用两个 $45°$探头做串列式平行扫查。

c. 对电渣焊缝还应增加与焊缝中心线成 $45°$的斜向扫查。

C. 为确定缺陷的位置、方向、形状，观察缺陷动态波形或区分缺陷信号与伪信号，可采用前后、左右、转角、环绕等四种探头基本扫查方式。

③ 曲面工件对接焊缝的检验

A. 探伤面为曲面时，应按规定选用对比试块，按规定方法进行检验。C 级检验时，受工件几何形状限制，横向缺陷探测无法实施时，应在记录中注明。

B. 环缝检验时，对比试块曲率半径为探伤面曲率半径的 $0.9\sim1.5$ 倍的对比试块均可采用。探测横向缺陷时按规定方法进行。

C. 纵缝检验时，对比试块的曲率半径与探伤面曲率半径之差应小于 10%。

a. 根据工件的曲率和材料厚度选择探头角度，并考虑几何临界角的限制，确保声束能扫查到整个焊缝厚度，条件允许时，声束在曲底面的入射角不应超过 70°。

b. 探头接触面修磨后，应注意探头入射点和折射角或值的变化，并用曲面试块做实际测定。

c. 当 R 大于 M2/4，采用单面对比块调节仪器时，检验中应注意到荧光屏指示的缺陷深度或水平距离与缺陷实际的径向埋藏深度或水平距离弧长的差异必要时应进行修正。

④ 其他结构焊缝的检验

A. 一般原则

a. 尽可能采用平板焊缝检验中已行之有效的各种方法。

b. 在选择探伤面和探头时，应考虑到检测到各种类型缺陷的可能性，并使声束尽可能垂直于该结构焊缝中的主要缺陷。

B. T 形接头

a. 腹板厚度不同时，按规定选用折射角。斜探头在腹板一侧做直射法和一次反射法按图示位置探伤。

b. 采用折射角 45°探头在腹板一侧做直射法和一次反射法探测焊缝及腹板侧热影响区的裂纹。

c. 为探测腹板和翼板间未缝或翼板侧焊缝下层状撕裂等缺陷，可采用直探头或斜探头，在翼板外侧探伤或采用折射角 45°探头，在翼板内侧做一次反射法探伤。

C. 角接接头

角接接头探伤面及折射角按规定选择。

D. 管座角焊缝

根据焊缝结构形式，管座角焊缝的检验，选择重点考虑主要探探测对象和几何条件的限制，探测方法有：

a. 在接管内壁表面采用直探头探伤；

b. 在容器内表面采用斜探头探伤；

c. 在接管外表面采用斜探头探伤；

d. 在接管内表面采用斜探头探伤；

e. 在容器外表面采用斜探头探伤；

管座角焊缝以直探头检验为主，对直探头扫查不到的区域或结构，缺陷向垃不适于采用直探头检验时，可采用斜探头按规定进行检验。

⑤ 直探头检验规程

A. 推荐采用频率为 2.5Hz 直探头或双晶直探头，探头与工件接触面尺寸 W 应小于 $2\sqrt{R}$。

B. 灵敏度可在与工件同曲率的试块调节，也可采用计算法或 DGS 曲线法，以工件底面回波调节，按规定评定检验等级。

(8) 规定检验

① 一般要求

A. 规定检验只对初始检验中被标记的部位进行检验。

B. 探伤灵敏度应调节到评定灵敏度。

C. 对所有反射波幅超过定量线的缺陷，均应确定其位置最大反射波幅所在区域和缺陷指示长度。

② 最大反射波幅的测定

对判定为缺陷的部位，采取相应的探头扫查方式，增加探伤面，改革探头折射角度进行探测，测出最大反射波幅，并与距离波幅曲线做比较，确定波幅所在区域波幅测定的允许误差为 2dB。

③ 位置参数的测定

A. 缺陷位置以获得缺陷最大反射波的位置来表示。根据相应的探头位置和反射波在荧光屏上的位置来确定全部或部分参数：

a. 纵坐标代表缺陷沿焊缝方向的位置，以检验区段编号为标记基准原点建立坐标，坐标正方向距离表示缺陷至原点之间的距离。

b. 深度坐标代表缺陷位置到探伤面的垂直距离，以缺陷最大反射波位置的深度表示。

c. 横坐标代表缺陷位置离开焊缝中心线的垂直距离，可能由缺陷最大反射波位置的水平距离求得。

B. 缺陷的深度和水平距离两数值中的一个，可由缺陷最大反射波在荧光屏上的位置直接读出，另一数值可采用计算法、曲线法、作图法或缺陷定位尺寸表示。

④ 尺寸参数的测定

应根据缺陷最大反射波幅确定缺陷当量值或测定缺陷指示长度。

A. 缺陷当量用当量平底孔直径表示，主要用于直探头检验。可采用公式计算 DGS 曲率试块对比或当量计算尺确定缺陷当量尺寸。

B. 缺陷指示长度的测定方法：

a. 当缺陷反射波只有一个高点时，用降低 6dB 相对灵敏度测长。

b. 在测长扫查过程中，如发现缺陷反射波峰值起伏变化有多个高点，则以缺陷两端反射波极大值之间探头的移动长度确定缺陷指示长度，即端点峰值法。

（9）缺陷评定

① 超过评定线的信号应注意其是否具有裂纹等危害性缺陷特征，如有怀疑时采取改变探头角度、增加探伤面、观察动态波型、结合结构工艺特征作判定，如对波型不能准确判断时，应辅以其他检验综合判定。

② 最大反射波幅位于Ⅱ区的缺陷，其指示长度小于 10mm 时按 5mm 计。

③ 相邻两缺陷各向间距小于 8mm 时，两缺陷指示长度之和作为单个缺陷的指示长度。

（10）检验结果的等级分类

① 最大反射波幅位于Ⅱ区的中心，根据缺陷指示长度按规定予以评级。

② 最大反射波幅不超过评定线的缺陷，均应为Ⅰ级。

③ 最大反射波幅超过评定线的缺陷，检验者评定为裂纹等危害性缺陷时，无论其波幅和尺寸如何，均判定为Ⅳ级。

④ 反射波幅位于Ⅰ区的非裂纹性缺陷均评为Ⅰ级。

⑤ 反射波幅位于Ⅲ区的缺陷，无论其指示长度如何，均判

定为Ⅳ级。

⑥ 不合格的缺陷应予返修，返修部位补焊受影响的区域，应按原探伤条件进行复验与按规定予以评定。

（11）检验记录与检验报告

① 检验记录主要内容：工件名称、编号、焊缝编号、坡口型式、焊缝种类、母材材质、规格、表面情况、探伤方法、检验规程、验收标准、所使用仪器、探头、耦合剂、试块、扫描比例、探伤灵敏度、所发现的超标缺陷及评定记录，检验人员及检验日期等。

② 检验报告主要内容：合同编号、探伤方法、探伤部位示意图、检验范围、探伤比例、验收标准、缺陷及返修情况、探伤结论。检验人员及审核人员签字。

③ 检验记录与报告应至少保存 7 年。

2. 检测要求

所有焊缝都应进行外观质量检查，既有结构可采取抽样检测。焊缝的外形尺寸和外观缺陷检测方法和评定标准，应按《钢结构工程施工工程质量验收规范》GB 50205 确定。

3.18.7.2 焊接接头性能检验

焊接接头的力学性能，可采取截取试样的方法检验。检验分拉伸、面弯和背弯等项目，每个检验项目各取 2 个试样。焊接接头的取样和检验方法应按《焊接接头机械性能试验取样方法》GB 2649、《焊接接头拉伸试验方法》GB 2651 和《焊接接头弯曲及压扁试验方法》GB 2653 等确定。

3.18.7.3 焊接接头机械性能试验取样方法

1. 主要内容和适用范围

标准规定了金属材料熔焊及压焊焊接接头的拉伸、冲击、压扁、硬度及点焊、剪切等试验的取样方法。

2. 试件的制备

（1）试板的截取方位应符合相应产品制造规范或冶金产品标准的规定。

(2) 试板材料、焊接材料、焊接条件及焊前预热和焊后热处理规范等均应与相关标准或产品制造规范相同或符合有关试验条件规定。

(3) 试件尺寸应根据样坯尺寸、数量、切口宽度、加入余量以及不能利用的区段（如电弧焊的引弧和收弧）予以综合考虑。

(4) 从试件上截取样坯时，样坯允许矫直。

(5) 试件的偏差应符合相关标准的要求。

(6) 试件应在受试部位以外做标记。

3. 样坯的截取方位及数量

(1) 从试件中截取样坯时，尽量采用机械切削方法，也可用剪床、热切割等方法截取。在任何情况下都必须保证受试部分抑金属不在切割影响区内。

当采用热切割时，对钢材白切割面至试样边缘的距离不得小于 8mm，并随切割速度减小、厚度增加而增加。

(2) 各种试验法的样坯截取方法的规定：

① 焊缝及熔敷金属拉伸及焊接接头冲击样坯截取方位按图示。

A 多层焊缝的样坯方位应尽量靠近焊缝后焊一侧的表层截取，封底焊除外。

B 当试件厚度大于 100mm 或焊缝厚度大于 60mm 时，样坯截取方位按产品规定执行。

② 焊接接头拉伸样坯截取方位按图示。样坯原则上取试件的全厚度，如试件厚度超过 30mm 时，按图示截取，样坯应覆盖试件全厚度。

③ 焊接接头弯曲样坯截取方位按图示。

A. 横弯样坯原则上取试件的全厚度，如试件厚度超过 20mm，则按图示截取，且样坯应覆盖试件全厚度。

B. 侧弯样坯的宽度应为试件厚度，如试件厚度超过 40mm，则按图示截取，且样坯应覆盖试件全厚度。

(3) 如相关标准或产品制造规范无另外注明时，各种试验方法的样坯数量：

接头拉伸不少于 1 个；熔敷金属、焊缝金属拉伸各不少于 1 个；整管接头拉伸 1 个；管接头剖条拉伸不少于 2 个；

正弯、背弯、侧弯各不少于 1 个；纵弯不少于 2 个；

接头冲击不少于 3 个；

点焊接头抗剪不少于 5 个；

管接头压扁不少于 1 个；

接头及堆焊硬度不少于 1 个。

（4）点焊接头抗剪样坯截取位置按要求。

（5）焊接接头及堆焊金属硬度样坯，分别垂直焊缝轴线和沿堆焊长度方向的相应区段截取。

（6）样坯截取位置根据试件的焊缝外形及无损检测结果在试件的有效利用长度内做合理排列。

（7）管接头压扁的样坯截取按规定执行。

3.18.7.4　焊接接头拉伸试验

1. 焊接接头拉伸试验方法

（1）主题内容和适用范围

标准规定了金属材料熔焊和压焊的焊接接头横向拉伸试验和点焊接头的剪切试验方法，以分别测定接头的抗拉强度和抗剪负荷。

（2）样坯的截取

① 试样的制备应符合相关规定。

② 样坯可识焊接试件上垂直于焊缝轴线截取，机械加工后，焊缝轴线应位于试样平行长度中心。

③ 样坯的截取位置、方法和数量按规定。

（3）试样制备

① 每个试样均应打上标记，以识别它在被截试件中的准确位置。

② 试样机械加工或磨削方法制备，要注意防止表面应变硬化或材料过热，在测试长度范围内，表面不应有横向刀痕或

划痕。

③ 若相关标准或产品技术条件无规定时，则试样表面应用机械方法去除焊缝余高，使与母材原始表面齐平。

④ 接头拉伸试样的形状分板形、整管和圆形三种，根据试验要求选用。

A. 板样选用带肩板状试样，管接头选用剖管纵向板状试样。

B. 试样厚度应为焊接接头试件厚度，如果试件厚度超过 30mm 时，则可以接头不同厚度区分若干试样以取代接头全厚度的试样，但每个试样的厚度不应小于 30mm，且所取试样应覆盖接头的整个厚度。在这种情况下，应当标明试样在焊接试件厚度中的位置。

C. 板状试样尺寸见表 3.18-40。

板状试样尺寸   表 3.18-40

项目		符号	试件尺寸(mm)	
总长		L	根据试验机定	
夹持部分长度		B	$B+12$	
平行部分宽度	板	b	$\geqslant 25$	
	管	b	$D(外径)\leqslant 76$	
			$D>76$	
			当 $D\leqslant 38$ 时,取整管拉伸	
平行长度部分		L	$>L+60$ 或 $L+12$(L 为加工后焊缝的最大宽度)	
过渡圆弧		r	25	

D. 圆形试样及短时高温试样见表 3.18-41。

圆形试样及短时高温试样   表 3.18-41

D_0	D	L	h	r_{min}
10 ± 0.2	根据试验机定	L_0+2D	由试验机标定	4
5 ± 0.1	M12×1.75	30		3

棒状接头和短时高温接头按相应要求。

E. 点焊接头抗剪试样形状尺寸见表 3.18-42。

点焊接头抗剪试样形状尺寸表 表 3.18-42

点焊接头抗剪试样形状尺寸 A(厚度)	B(试样宽度和搭接长度 L)(mm)	
1.0	20	
1.0～2.5	25	
2.5～3.0	30	≥100
3.0～4.0	35	
4.0～5.0	40	

（4）试验结果记录

① 试验所得到的信号、试验尺寸测定，试验条件和性能测定等均应符合相关规定。

② 根据试验要求，试验结果测定抗拉强度或抗剪负荷。

③ 应根据相应标准或产品技术条件对试验结果进行评定。

（5）试验报告

① 试样型式及截取位置。

② 试样拉断后的抗拉强度或抗剪负荷。

③ 试样断裂后断裂处出现的缺陷种类和数量；

④ 试样断裂位置。

2. 焊接接头试验要求

焊接接头焊缝的强度不应低于母材强度的最低保证值。

3.18.7.5 焊接接头弯曲及压扁试验

1. 焊接接头弯曲及压扁试验方法

（1）主题内容和适用范围

标准规定了金属材料熔焊和压焊焊接接头的横向正弯、背弯试验，横向侧弯试验，纵向正弯、背弯试验，管材压扁试验方法，以检验接头拉伸面上的塑性及显示缺陷。

（2）样坯的截取

① 试件的制备、样坯的截取位置、方法和数量应符合 GB 2649 的规定。

② 样坯可从试件上截取，横弯试样应垂直于焊缝轴线截取，机械加工后，焊缝中心线应位于试样长度的中心，纵弯试样应平行于焊缝轴线截取，机械加工后，焊缝中心线应位于试样宽度中心。

(3) 试样及其制备

① 每个试样均应打上标记，以识别它在被截试件中的准确位置。

② 试样机械加工或磨削方法制备，要注意防止表面应变硬化或材料过热，在受试长度范围内，表面不应有横向刀痕或划痕。

③ 在试样整个长度上都应具有恒定形状的横截面，其形状应分别符合横弯、侧弯、纵弯的规定。

④ 焊缝正背表面均应用机械方法修整，使之与母材的原始表面齐平，但任何咬边不得用机械方法去除。

⑤ 横弯试样的尺寸对于板材试样，试样的宽度应不小于厚度的 1.5 倍，至少为 20mm。

对管材试样，试样的宽度应为（D 管外径，s 管壁厚度，b 试样宽度）：

管直径≤50mm 时，b 为 $s+0.1D$（最小为 10mm）；

管直径>50mm 时，$b>s+0.5D$（最大为 40mm）；

试样厚度应为焊接接头试件厚度。

如果试件厚度超过 20mm，则可从接头不同厚度区分若干试样以取代接头全厚度的试样，但每个试样的厚度不应小于 20mm，且所取试样应覆盖接头的整个厚度。在这种情况下，应当标明试样在焊接试件厚度中的位置。

⑥ 侧弯试样尺寸

试样厚度应大于或等于 10mm，宽度应当等于靠近焊接接头的母材厚度。

当原接头试样的厚度超过 40mm 时，则可从接头不同厚度区分若干试样以取代接头全厚度的试样，但每个试样的厚度不应小于 20～40mm，且所取试样应覆盖接头的整个厚度。在这种情况下，应当标明试样在焊接试件厚度中的位置。

⑦ 纵弯试样尺寸见表 3.18-43。

纵弯试样尺寸　　　　　　表 3.18-43

a	b	L	r
<6	20	180	
6～10	30	200	0.2a
10～20	50	250	

如果接头厚度超过 20mm 时，或试验机功率不够时，可在试样受压面一侧加工至 20mm。

⑧ 试样拉伸面上的棱角应当用机械加工，半径不超过 0.2a 的圆角（最大值为 3mm），其侧面加工粗糙度不低于 $R12.5\mu m$。

（4）圆形压头弯曲（三点弯曲）试验法

① 进行试验时，将试样设在两个平行的辊子支承上，在跨距中间垂直于试样表面施加集中载荷（三点弯曲），使试样缓慢连续地弯曲。

② 压头的直径 D 应符合有关标准和技术条件要求。

③ 支承辊一之间的距离不应小于 $D\pm3a$。

④ 当弯曲角 a 达到使用标准中规定的数值时，试验便告完成。试验后检查试样拉伸面上出现裂纹或焊接缺陷尺寸及位置。

⑤ 试验仪器、试验尺寸规定、试验条件等均应符合规定。

（5）辊筒弯曲缠绕式弯曲试验法

① 试验时将试样的一端牢固地夹浮在具有两个平行辊筒的试验装置内，通过半径 R 的外辊沿内辊轴线为中心圆弧转动，向试样施加集中载荷，使试样缓慢地连续弯曲。

② 内辊直径 D 应符合有关标准和技术条件要求。

③ 当弯曲角 a 达到使用标准中规定的数值时，试验便告完成。试验后检查试样拉伸面上出现裂纹或焊接缺陷尺寸及位置。

④ 试验所涉及的试样尺寸的测定、试验条件等均应符合规定。

⑤ 试验适用于当两种母材或焊缝和母材之间的物理弯曲性能不同材料组成的横向弯曲试验。

⑥ 当试件厚度超过 10mm 时，可用侧弯试验代替正弯和背弯试验。

（6）压扁试验法

① 环焊缝和纵焊缝的小直径管接头，其压角试样的形状尺寸应符合规定，管接头的焊缝余高用机械方法去除，与母材原始表面齐平。

② 环焊缝管接头压扁试验，环焊缝应位于加压中心线上，纵焊缝压角试验，纵焊缝应位于与作用力相垂直的半径平面上，两压板间距离按计算确定。

（7）试验结果记录

① 试样弯到规定角度后，沿试样拉伸部位出现裂纹及焊接缺陷尺寸按相应标准或产品技术条件进行评定。

② 压扁试验时，当管接头外壁距离压至 H 值时，检查焊缝拉伸部位有无裂纹或焊接缺陷，其尺寸按相应标准或产品技术条件进行评定。

（8）试验报告

① 试样的型式及截取位置；

② 弯曲方法及压头或内辊直径；

③ 弯曲角度及压扁高度；

④ 试样拉伸面上出现裂纹或焊接缺陷的尺寸及位置。

2. 焊钉焊接后的弯曲检测

抽样数量不应少于标准 A 类检测要求；检测方法与评定标准：锤击焊钉头使其弯曲至 30°，焊缝和热影响区无可见裂纹可判定合格，并按标准进行检测批的合格判定。

3.18.8 钢结构用高强度大六角头螺栓、大六角螺母、垫圈技术条件

1. 钢结构高强度大六角头螺栓连接副的材料性能和扭矩系

数检测：检验方法和检测规则应按《钢结构用高强度大六角头螺栓、大六角螺母、垫圈技术条件》GB/T 1231、《钢结构工程施工程质量验收规范》GB 50205 和《钢结构高强度螺栓连接技术规程》JGJ 82 确定。

2. 钢结构用高强度大六角头螺栓、大六角螺母、垫圈的技术条件

（1）适用范围

标准规定了钢结构用高强度大六角头螺栓、大六角螺母、垫圈及连接副的技术要求、试验方法、检验规则、标志及包装。

标准适用于铁路和公路桥梁、锅炉钢结构、工业厂房、高层民用建筑、塔桅结构、起重机械及其他钢结构摩擦型高强度螺栓连接。

（2）技术要求

① 性能等级、材料及使用配合

A. 螺栓、螺母、垫圈的性能等级和材料见表 3.18-44。

螺栓、螺母、垫圈的性能等级和材料　　表 3.18-44

类别	性能等级	材料	标准编号	适用规格
螺栓	10.9S	20MnTiB	GB/T 3077	≤M24
		MI. 20MnTiiB	GB/T 6478	
		35VB		≤M30
	8.8S	45～35	GB/T 679	≤M20
		20MnTiB、40Cr	GB/T 3077	≤M24
		ML₂₀MnTiB	GB/T 6478	
		35GrM₀	GB/T 3077	≤M30
		35VB		
螺母	10H	45～35	GB/T 697	
	8H	ML35	GB/T 6478	
垫圈	3545	45～35		

B. 螺栓、螺母、垫圈的使用配合见表 3.18-45。

螺栓、螺母、垫圈的使用配合　　　　表 3.18-45

类别	螺栓	螺母	垫圈
型式尺寸	按 GB/T 1228 的规定	按 GB/T 1229 的规定	按 GB/T 1230 的规定
性能等级	10.9S	10H	35HRC～45HRC
	8.8S	8H	

② 机械性能

A. 螺栓机械性能

试件机械性能

制造厂应将制造螺栓的材料取样，经与螺栓制造中相同的热处理工艺处理后，制成试件进行拉伸试验，其结果应符合表 3.18-27 的规定。当螺栓直径≥16mm 时，根据用户要求，制造厂还应增加常温冲击试验，其结果应符合表 3.18-46 的规定。

常温冲击试验　　　　表 3.18-46

性能等级	抗拉强度 Rn/MPa	规定非比例延伸强度 Rjc/MPa	断后伸长率 A/(%)	断后收缩率 Z/(%)	冲击吸收功 A/(J)
		不小于			
10.9S	1040～1240	910	10	42	47
8.8S	830～1030	660	12	45	63

实物机械性能

a. 进行螺栓实物楔负载试验时，抗力载荷应在表 3.18-47 规定的范围内，且断裂应发生在螺丝部分或螺丝与螺杆交接处。

螺栓抗力载荷　　　　表 3.18-47

螺纹规格 d			M12	M16	M20	(M22)	M24	(M27)	M30
公称应力截面积 A₀(mm²)			84.3	157	245	303	353	459	551
性能等级	10.9S	拉力载荷 N	87700～104500	163000～195000	255000～304000	315000～375000	367000～438000	477000～559000	583000～696000
	8.8S		70000～86800	130000～162000	203000～252000	251000～312000	293000～354000	381000～473000	466000～578000

b. 当螺栓 $L/d \leqslant 3$ 时，如不能做楔负载试验，允许做拉力载荷试验或芯部硬度试验，拉力载荷试验应符合表 3.18-28 的规定，芯部硬度试验应符合表 3.18-48 的规定。

芯部硬度 表 3.18-48

性能等级	维氏硬度		洛氏硬度	
	min	max	min	max
10.9S	312HV30	367HV30	33HRC	39HRC
8.8S	249HV30	296HV30	24HRC	31HRC

c. 脱碳层

螺栓的脱碳层按 GB/T 3098.1 的有关规定。

B. 螺母机械性能

a. 保证载荷

螺母的保证载荷应符合表 3.18-49 的规定。

螺母的保证载荷 表 3.18-49

螺纹规格 D			M12	M16	M20	(M22)	M24	(M27)	M30
性能等级	10H	保证载荷 N	87700	163000	255000	315000	367000	477000	583000
	8H		70000	130000	203000	251000	293000	381000	466000

b. 硬度

螺母的硬度应符合表 3.18-50 的规定。

螺母的硬度 表 3.18-50

性能等级	维氏硬度		洛氏硬度	
	min	max	min	max
10H	98HRB	32HRB	222HV30	304HV30
8H	95HRB	30HRB	206HV30	289HV30

C. 垫圈的硬度

垫圈的硬度为 329HV30～436HV30（35HRC～45HRC）

③ 连接副的扭矩系数

A. 高强度大六角头螺栓连接副应按保证扭矩系数供货，同批连接副的扭矩系数平均值为 0.110～0.150。扭矩系数标准差应小于或等于 0.0100。每一连接副包括 1 个螺栓、1 个螺母、2 个垫圈，并应分属同批制造。

B. 扭矩系数保证期为自出厂之日起 6 个月。用户如需延长保证期，可由供需双方协议解决。

④ 螺栓螺母的螺纹

A. 螺纹的基本尺寸按 GB/T 196 粗牙普通螺纹的规定；螺栓螺纹公差带按 GB/T 197 的规定；螺母螺纹公差带按 GB/T 197 的 6H 规定。螺纹牙侧表面粗糙度的最大参数值 Ra 应为 12.5um。

B. 螺栓的螺纹末端

螺栓的螺纹末端按 GB/T 1228 的规定。

⑤ 表面缺陷

A. 螺栓螺母的表面缺陷分别按 GB/T 5779.1～2 的规定。

B. 垫圈不允许有裂缝、毛刺、浮锈和影响使用的凹痕、划伤。

⑥ 其他尺寸及形位公差

螺栓螺母垫圈的其他尺寸及形位公差应符合 GB/T 3103.1 或 3 有关 C 级产品的规定。

⑦ 表面处理

螺栓螺母垫圈均应进行保证连接副扭矩系数和防锈的表面处理由制造厂选择。

（3）试验方法

① 螺栓试验方法

试件的拉伸试验和冲击试验

试件的拉伸试验和冲击试验应在同一根棒材上截取，并经同一热处理工艺处理。

a. 拉伸试验

原材料经热处理后，按 GB/T 228 的规定制成拉伸试件。加工试件时，其直径或小量不应超过原材料直径的 25%（约为截面的

44%)，并以此确定试件直径。试验方法按 GB/T 228 的规定。

b. 冲击试验

原材料经热处理后，按 GB/T 229 中关于缺口深度为 2mm 品的标准夏比 V 型缺口冲击试件的规定制成试件，并在常温下进行冲击试验，试验方法按 GB/T 229 的规定。

c. 楔负载试验

螺栓头下置一 10° 楔垫，在拉力试验机上将螺栓拧在带有内螺纹的专用夹具上至少 6 扣，然后进行拉力试验。10° 楔垫的型式、尺寸及硬度按 GB/T 3098.1 的规定。

d. 芯部硬度试验

试验在距螺杆末端等于螺纹直径的截面上进行。对该截面距离中心的 1/4 螺纹直径处任测 4 点，取 3 点平均值。试验方法按 GB/T 230.1 或 GB/T 4340.1 的规定。验收时，如有异议，以维氏硬度试验为仲裁。

e. 脱碳试验

按 GB/T 3098.1 的规定。

② 螺母试验方法

A. 保证载荷试验

将螺母拧入螺纹芯棒，试验时夹头的移动速度不超过 3m/min。对螺母施加规定的保证载荷持续 15s，螺母不应脱扣或断裂。当去除载荷后应可用手将螺母旋出或者借助扳手松开螺母（但不超过半扣）后用手旋出。在试验中，如螺纹芯棒损坏则试验作废。

螺纹芯棒的硬度应≥45HRC，其螺纹公差带为 5h6g，但大径应控制在 6g 公差带靠近下限的 1/4 的范围内。

B. 硬度试验

试验在螺母支承面上进行，任测 4 点取后 3 点平均值。试验方法按 GB/T 230.1 或 GB/T 4340.1 的规定。验收时，如有争议，以维氏硬度试验为仲裁。

③ 垫圈硬度试验

在垫圈的表面上任测 4 点，取 3 点平均值。试验方法按 GB/T 230.1 或 GB/T 4340.1 的规定。验收时，如有争议，以维氏硬度试验为仲裁。

④ 连接副扭矩系数试验

A. 连接副扭矩系数试验在轴刀计上进行，第一连接副只能试验一次，不得重复使用。扭矩系数计算公式：

$$K=\frac{F}{P \cdot d}$$

B. 施行扭矩是施加螺母上的扭矩，其误差不得大于测试扭矩值的 2%。使用的扭矩扳手准确度级别应不低于 JGJ 707—2003 中规定的 2 级。

C. 螺栓预拉力 P 用轴力计测定，其误差不得大于测试扭矩值的 2%，轴力计的最小示值应在 1kN 以下。

D. 进行连接副扭矩系数试验时，螺栓预拉力值 P 应控制在表 3.18-51 所规定的范围内，超出该范围者，所测扭矩系数无效。

螺栓预拉力值 P 表 3.18-51

螺栓螺纹规格			M12	M16	M20	(M22)	M24	(M27)	M30
性能等级	10.9s	代 P	max	66	121	187	231	275	352	429
			min	54	99	153	189	225	288	351
	8.8s		max	55	99	154	182	215	281	341
			min	45	81	126	149	176	230	279

E. 组装连接副时，螺母下的垫圈有倒角的一侧应朝向螺母支承面，试验时，垫圈不得转动，否则试验无效。

F. 进行连接副扭矩系数试验时，可同时记录环境温度，试验所用机具仪表及连接副，均应放置在该环境内至少 2h 以上。

(4) 检验规则

① 出厂检验按批进行。同一性能等级、材料、炉号、螺纹规格、长度（当螺栓长度≤100mm 时长度相差≤15mm；螺栓长

度>100mm 时长度相差≤20mm 时视为同一长度)、机械加工、热处理工艺、表面处理工艺的螺栓为同批。

同一性能等级、材料、炉号、螺纹规格、机械加工、热处理工艺、表面处理工艺的螺母为同批。

同一性能等级、材料、炉号、螺纹规格、机械加工、热处理工艺、表面处理工艺的垫圈为同批。

分别由同批螺栓、螺母、垫圈组成的连接副为同批连接副。

同批高强度螺栓连接副最大数量为 3000 套。

② 连接副扭矩系数的检验按批抽取 8 套。8 套连接副的扭矩系数平均值及标准差均应符合本标准的规定。

③ 螺栓楔负载、螺母保证载荷、螺母硬度和垫圈硬度的检验按批抽取样本大小 h-8，合格判定数 Ac-o。

④ 螺栓、螺母和垫圈的尺寸、外观及表面缺陷的检验抽样方案按 GB/T 90.1 的规定。

⑤ 对高强度螺栓连接质量的检测，检查外露丝扣应为 23 扣，允许有 10%螺栓外露丝扣 1 扣或 4 扣。应按检验批进行合格判定。

⑥ 用户对产品质量有异议时，在正常运输和保管条件下，应在产品出厂之日起 6 个月内向供货方提出，如有争议，双方按本标准要求进行正复验裁决。

(5) 标志与包装

① 螺栓应在头部顶面制出性能等级和制造厂凸型标志。

② 螺母应在头部顶面表示制造厂标志、性能等级、钢结构高强度大六角螺母。

③ 制造厂提供产品质量检验报告：批号、规格、数量；性能等级；材料炉号、化学成分；试件拉力试验和冲击试验数据；实物机械性能试验数据；连接副扭矩系数的试值、平均值、标准差和测试环境温度、出厂日期。

④ 包装：包装箱应牢固防潮，箱内应按连接副组合安装，不同批号的连接副不得混装。

包装箱外应有制造厂、产品名称、标准编号、批号、规格、数量、毛重等明显标记。

（6）35VB钢技术条件

① 35VB钢的化学成分规定见表3.18-52。

35VB钢的化学成分规定表 表3.18-52

化学成分	Mn	Mn	Si	P	S	V	B	Ca
范围	0.31~ 0.37	0.50~ 0.90	0.17~ 0.37	≤0.04	≤0.04	0.05~ 0.12	0.001~ 0.004	≤0.25

② 采用直径为25mm的试样坯，经热处理后的机械性能见表3.18-53的规定：

机械性能表 表3.18-53

试样热处理判定	抗拉强度	规定非比例 延伸强度	断后伸长率	断后收缩率	冲击吸收功
			不小于		
淬火870℃水冷 回火550℃水冷	785	640	12	45	55

③ 钢材应进行冷顶锻试验，不允许有裂口或裂缝。

④ 其他技术条件按GB/T 3077的规定。

3.18.9 钢结构用扭剪型高强度螺栓连接副技术条件

1. 钢结构用扭剪型高强度螺栓连接副技术条件

（1）主题内容和适用范围

标准规定了螺纹规格为M16~M30扭剪型高强度螺栓连接副的型式尺寸、技术条件及标记方法。

标准适用于工业与民用建筑、桥梁、塔桅结构、锅炉钢结构、起重机械及其他钢结构用摩擦型连接的扭剪型高强度螺栓连接副。

（2）连接副型式

连接副型式包括一个螺栓、一个螺母和一个垫圈。

(3) 尺寸

① 螺栓尺寸见表 3.18-54。

螺栓尺寸　　　　　　　　表 3.18-54 (1)

螺纹规格 d		M16	M20	M22	M24	M27	M30
P^b(螺距)		2	2.5	2.5	3	3	3.5
d_L max		18.83	34.4	26.4	28.4	32.84	35.84
d_{ss}	max	16.43	20.52	22.52	24.52	27.84	30.84
	min	15.57	19.48	21.48	23.48	26.16	29.16
dw min		27.9	34.5	38.5	41.5	42.8	46.5
		30	37	41	44	50	55
K	公称	10	13	14	15	17	19
	max	10.75	13.90	14.90	15.90	17.90	20.05
	min	9.25	12.10	13.10	14.10	16.10	17.95
K' min		12	14	15	16	17	18
K" max		17	19	21	23	24	25
r min		1.2	1.2	1.2	1.6	2.0	2.0
dn		10.5	13.6	15.1	16.4	18.6	20.6
db	公称	11.1	13.9	15.4	16.7	19.0	21.1
	max	11.3	14.1	15.6	16.9	19.3	21.4
	min	11.0	13.8	15.8	16.6	18.7	20.8
dc		12.8	16.1	17.8	19.3	21.9	24.4
do		13	17	18	20	22	24

L			螺纹规格 d											
			M16		M20		(M22)		M24		(M27)		M30	
			无螺纹干部长度 L_s 和夹紧长度 L_g											
公称	min	max	L_s	L_g	L_s	L_g	L_s	L_g	L_s	L_g	L_s	L_g	L_s	L_g
40	38.75	41.25	4	10										
45	43.75	46.25	9	15	2.5	10								
50	48.75	51.25	14	20	7.5	15	2.5	10						

L			螺纹规格 d										
			M16		M20		（M22）		M24		（M27）		M30	
			无螺纹干部长度 Ls 和夹紧长度 Lg											
公称	min	max	Ls	Lg	Ls	Lg	Ls	Lg	Ls	Lg	Ls	Lg	Ls	Lg
55	53.5	56.5	14	20	12.5	20	7.5	15	1	10				
60	58.5	61.5	19	25	17.5	25	12.5	20	6	15				
65	63.5	66.5	24	30	17.5	25	17.5	25	11	20	6	15		
70	68.5	71.5	29	35	22.5	30	17.5	25	16	25	11	20	4.5	15
75	73.5	76.5	34	40	27.5	35	22.5	30	16	25	16	25	9.5	20
80	78.5	81.5	39	45	32.5	40	27.5	35	21	30	16	25	14.5	25
85	83.25	86.75	44	50	37.5	45	32.5	40	26	35	21	30	14.5	25
90	88.25	91.75	49	55	43.5	50	37.5	45	31	40	26	35	19.5	30
95	93.25	96.75	54	60	47.5	55	42.5	50	36	45	31	40	24.5	35
100	98.25	101.75	59	65	52.5	60	47.5	55	41	50	36	45	29.5	40
110	108.25	111.75	69	75	62.5	70	57.5	65	51	60	46	55	39.5	50
120	118.25	121.75	79	85	72.5	80	67.5	75	61	70	56	65	49.5	60
130	128	132	89	95	82.5	90	77.5	85	71	80	66	75	59.5	70
140	138	142			92.5	100	87.5	95	81	90	76	85	69.5	80
150	148	152			102.5	110	97.5	105	91	100	86	95	79.5	90
160	156	164			112.5	120	107.5	115	101	110	96	105	89.5	100
170	166	174					117.5	125	111	120	106	115	99.5	110
180	176	184					127.5	135	121	130	116	125	109.5	120
190	185.4	194.6					137.5	145	130	140	126	135	119.5	130
200	195.4	204.6					147.5	155	141	150	136	145	129.5	140
220	215.4	224.6					167.5	175	161	170	156	165	149.5	160

螺栓尺寸　　　　　　表 3.18-54 (2)

d	M16	M20	M22	M24	M27	M30	M16	M20	M22	M24	M27	M30
L							每 1000 件钢螺栓的质量 7.85(kg/m³)					
40							106.59					
45	30						114.7	194.19				
50		35					121.14	206.28	261.90			
55			40				128.12	217.99	376.12	382.89		
60							135.60	229.69	290.34	349.89		
65				45			143.08	239.98	304.57	366.88	490.64	
70					50		150.14	251.07	317.23	383.88	511.34	651.05
75						55	158.02	263.37	331.45	398.32	532.83	677.36
80							165.49	275.07	345.68	415.72	552.01	703.47
85	35						172.97	286.77	359.90	432.71	573.11	726.06
90							180.44	298.46	374.12	449.71	594.21	753.17
95		40					187.91	310.17	388.34	466.71	615.30	779.38
100	40						195.39	321.96	402.59	483.30	639.39	805.59
110			45				210.33	345.25	431.02	517.69	678.59	858.02
120				50			225.28	368.65	459.46	551.68	720.78	910.04
130					55		240.22	392.04	487.91	585.67	762.97	962.87
140						60		415.44	516.35	619.66	805.16	1015.29
150								438.83	544.80	653.65	847.35	1067.71
160								462.23	573.25	687.63	889.54	1120.14
170									601.69	721.62	931.73	1172.56
180									630.13	755.61	973.92	1224.98
190									658.58	789.61	1016.21	1271.40
200									687.03	823.59	1058.31	1329.83
220									743.91	891.57	1142.69	1434.67

② 螺母尺寸见表 3.18-55。

③ 垫圈尺寸见表 3.18-56。

螺母尺寸表   表 3.18-55

D		M16	M20	M22	M24	M27	M30
P		2	2.5	2.5	3	3	3.5
d	max	17.3	21.6	23.8	25.9	29.1	32.4
	min	16	20	22	24	27	30
d_w	min	24.9	31.4	33.3	38.0	42.8	46.5
e	min	29.56	37.29	39.55	45.20	50.85	55.37
m	max	17.1	20.7	23.6	24.2	37.6	30.7
	min	16.4	19.4	22.3	22.9	36.3	29.1
mw	min	11.5	13.6	15.6	16.0	18.47	20.4
C	max	0.8	0.8	0.8	0.8	0.8	0.8
	min	0.4	0.4	0.4	0.4	0.4	0.4
C	max	27	34	36	41	46	50
	min	26	33	35	40	45	49
支承面对螺纹轴线的全跳点的公差		0.38	0.47	0.50	0.57	0.64	0.70
1000 件螺母的质量 7.85 （kg/m³）		61.51	118.77	146.59	202.67	228.51	374.01

垫圈尺寸表   表 3.18-56

规格螺纹大径		M16	M20	M22	M24	M27	M30
D_1	min	17	21	23	25	28	31
	max	17.43	21.53	23.52	25.52	28.52	31.62
D_2	min	31.4	38.4	40.4	45.4	50.1	54.1
	max	33	40	42	47	52	56
h		4.0	4.0	5.0	5.0	5.0	5.0
	min	3.5	3.5	4.5	4.5	4.5	4.5
	max	4.8	4.8	5.8	5.8	5.8	5.8

续表

规格螺纹大径		M16	M20	M22	M24	M27	M30
D_3	min	19.23	24.32	26.32	28.32	32.84	35.84
	max	20.43	25.12	27.12	29.12	33.64	36.64
1000 个垫圈的质量 7.85kg/m³		23.40	33.55	43.34	55.76	66.52	75.42

（4）技术要求

① 性能等级和材料

螺栓、螺母、垫圈的性能等级和推荐材料按表 3.18-57 的规定，经供需双方协议。也可使用其他材料，在订货合同中注明，在螺栓螺母产品上增加标志 T（螺距 S 或 H）。

螺栓、螺母、垫圈的性能等级和推荐材料 表 3.18-57

类别	性能等级	推荐材料	标准编号	适用规格
螺栓	10.9	20MnTiB	GB/T 3077	≤M24
		ML20MnTiB	GB/T 6478	
		35VB	35VB 技术条件	M27、M30
		35CnMn	GB/T 3077	
螺母	10H	45.35	GB/T 698	≤M30
		ML35	GB/T 6478	
垫圈	—	45.35	GB/T 699	

② 机械性能

A. 螺栓机械性能

a. 原材料试件机械性能

制造者应对螺栓的原材料取样，经与螺栓制造中相同的热处理工艺处理后，按相关标准制成试件进行拉伸试验。根据用户要求，可增加低温冲击试验，其结果应符合表 3.18-58 的规定。

b. 螺栓实物机械性能

对螺栓实物进行楔负载试验时，当拉力载荷在表 3.18-59 规定范围内，断裂应发生在螺纹部分或螺纹与螺杆交接接处。

螺栓原材料拉伸试验 表 3.18-58

性能等级	抗拉强度	规定非比例延伸强度	断后伸长率（%）	断后收缩率%	冲击吸收功（−20℃）
			不小于		
10.9S	1040～1240	940	10	42	27

当螺栓 $L/d \leqslant 3$ 时，如不能进行楔负载荷试验，允许用拉力载荷试验或芯部硬度试验代替楔负载试验，拉力载荷应符合表3.18-59 的规定。芯部硬度试验应符合表 3.18-60 的规定。

拉力载荷试验 表 3.18-59

螺纹规格 d		M16	M20	M22	M24	M27	M30
公称应力截面积		157	245	303	353	459	561
10.9S	拉力载荷(kN)	163～195	255～304	315～376	367～438	477～569	583～696

芯部硬度试验 表 3.18-60

性能等级	维氏硬度(VB30)		洛氏硬度(HRC)	
	min	max	min	max
10.9S	312	367	33	39

c. 脱碳层
螺栓的脱碳层按 GB/T 3098.1 的规定。

B. 螺母的机械性能
a. 保证载荷
螺母的保证载荷应符合表 3.18-61 的规定。

螺母的保证载荷 表 3.18-61

螺纹规格 d		M16	M20	M22	M24	M27	M30
公称应力截面积		157	245	303	353	459	561
保证应力 S_p		1040					
10H	保证载荷	163	255	315	367	477	583

b. 硬度

螺母的硬度应符合 3.18-62 的规定。

螺母的硬度　　　　表 3.18-62

性能等级	洛氏硬度		维氏硬度	
	min	max	min	max
10H	98HRC	31HRC	222HV30	304HV30

C. 垫圈硬度

垫圈硬度为 329HV30～436HV30（35HRC～45HRC）

③ 连接副紧固轴力

连接副紧固轴力应符合表 3.18-63 的规定。

连接副紧固轴力　　　　表 3.18-63

螺纹规格 d		M16	M20	M22	M24	M27	M30
每批紧固轴力的平均值(kN)	公称	110	171	209	248	319	391
	min	100	155	190	225	290	355
	max	121	188	230	272	351	430
紧固轴力标准差(kN)		10.0	15.5	19.0	22.5	29.0	35.5

当 L 小于表 3.18-64 中规定的数值时，可不进行紧固轴力试验。

螺纹规格　　　　表 3.18-64

螺纹规格 d	M16	M20	M22	M24	M27	M30
L	50	55	60	65	70	75

④ 螺栓螺母的螺纹

螺纹的基本尺寸应符合 GB/T 196 对粗牙普通螺纹的规定。螺栓螺纹公差带应符合 GB/T 197，螺母螺纹的公差带应符合 GB/T 197 的规定。

⑤ 表面缺陷

螺栓螺母的表面缺陷应符合 GB/T 5779.1、2 的规定。

垫圈表面不允许有裂纹、毛刺、浮锈和影响使用的凹痕、划伤。

⑥ 其他尺寸及形位公差

螺栓螺母垫圈的其他尺寸及形位公差应符合 GB/T 3103.3 有关级产品 C 级的规定。

⑦ 表面处理

为保证连接副紧固轴力和防锈性能，螺栓、螺母和垫圈应进行表面处理，由制造者确定，经处理后的连接副紧固轴力应符合相应的规定。

（5）试验方法

① 试验环境温度

试验应在室温（10℃～35℃）下进行。但冲击试验应在（－20±2）℃下进行，连接副紧固轴力的仲裁试验应在（20±2)℃下进行。

② 螺栓的试验方法

A. 原材料试件试验

a. 基本要求

原材料拉伸试验和冲击试验应在同一根棒材上截取，并经同一热处理工艺处理。

b. 拉伸试验

原材料经热处理后，按 GB/T 228 的规定制成试件，加工试件时，其直径或小量不应超过原材料直径的 25%（约为截面积的 44%），并以此确定试件直径。试验方法应符合 GB/T 228 的规定。

c. 冲击试验

原材料经热处理后，按 GB/T 229 标准的规定制成试件，进行低温－20℃冲击试验。试验方法应符合 GB/T 229 的规定。

B. 螺栓实物楔负载试验

螺栓头下置－10°楔垫，在拉力试验机上将螺栓拧在带有内螺纹的专用夹具上（≥1d），然后进行拉力试验。10°楔垫的型式、尺寸及硬度按 GB/T 3098.1 的规定。

C. 芯部硬度试验

试验在距螺杆末端等于螺纹直径的截面上 1/2 半径处进行。试验方法按 GB/T 230.1 或 GB/T 4340.1 的规定。验收时，如有异议，以维氏硬度 HV30 试验为仲裁。

D. 脱碳试验　按 GB/T 3098.1 的规定。

③ 螺母试验方法

A. 保证载荷试验

将螺母拧入螺纹芯棒，试验时夹头的移动速度不超过 3m/min。对螺母施加规定的保证载荷持续 15s，螺母不应脱扣或断裂。当去除载荷后应可用手将螺母旋出或者借助扳手松开螺母（但不超过半扣）后用手旋出。在试验中，如螺纹芯棒损坏则试验作废。

螺纹芯棒的硬度应≥45HRC，其螺纹公差带为 5h6g，但大径应控制在 5g 公差带靠近下限的 1/4 的范围内。

B. 硬度试验

常规检查，螺母硬度试验应在支承面上进行，并取间隔为 120°的 3 点平均值作用该螺母的硬度值。试验方法按 GB/T 230.1 或 GB/T 4340.1 的规定。验收时，应在通过螺母轴心线的纵向截面上，并尽量靠近螺纹大径处进行硬度试验，维氏硬度试验为仲裁试验。

④ 垫圈硬度试验

硬度试验应在支承面上进行。试验方法按 GB/T 230.1 或 GB/T 4340.1 的规定。验收时，如有争议，以维氏硬度试验为仲裁。

⑤ 连接副紧固轴力试验

A. 连接副紧固轴力试验在轴力计上进行，第一连接副只能试验一次，不得重复使用。

B. 连接副轴力计测定其示值相对误差的绝对值不得大于测试批力值的 2%。轴力计的最小示值应在 1kN 以下。

C. 组装连接副时，螺母下的垫圈有倒角的一侧应朝向螺母支承面，试验时，垫圈不得转动，否则试验无效。

　　D. 连接副的紧固轴力值以螺栓梅花头被拧断时轴力计所记录的峰值为测定值。

　　E. 进行连接副紧固轴力试验时，应同时记录环境温度，试验所用机具仪表及连接副，均应放置在该环境内至少 2h 以上。

　　(6) 检验规则

　　① 出厂检验按批进行。同一材料、炉号、螺纹规格、长度(当螺栓长度≤100mm 时长度相差≤15mm；螺栓长度>100mm 时长度相差≤20mm 时视为同一长度)、机械加工、热处理工艺、表面处理工艺的螺栓为同批。

　　同一材料、炉号、螺纹规格、机械加工、热处理工艺、表面处理工艺的螺母为同批。

　　同一材料、炉号、螺纹规格、机械加工、热处理工艺、表面处理工艺的垫圈为同批。

　　分别由同批螺栓、螺母、垫圈组成的连接副为同批连接副。

　　同批高强度螺栓连接副最大数量为 3000 套。

　　② 连接副紧固轴力的检验按批抽取 8 套。8 套连接副的扭矩系数平均值及标准差均应符合本标准的规定。

　　③ 螺栓楔负载、螺母保证载荷、螺母硬度和垫圈硬度的检验按批抽取样本大小 $n=8$，合格判定数 Ac·0。螺栓、螺母和垫圈的尺寸、外观及表面缺陷的检验抽样方案按 GB/T 90.1 的规定。

　　④ 对高强度螺栓连接质量的检测，检查外露丝扣应为 2~3 扣，允许有 10%螺栓外露丝扣 1 扣或 4 扣。应按检验批进行合格判定。

　　⑤ 用户对产品质量有异议时，在正常运输和保管条件下，应在产品出厂之日起 6 个月内向供货方提出，如有争议，双方按本标准要求进行正复验裁决。

　　(7) 标志与包装

　　① 螺栓应在头部顶面制出性能等级和制造厂凸型标志。

　　② 螺母应在头部顶面表示制造厂标志、性能等级、钢结构高强度大六角螺母。

　　螺栓、螺母使用其他材料时应在产品上增加标志。

③ 制造厂提供产品质量检验报告：批号、规格、数量；性能等级；材料炉号、化学成分；材料、试件拉力试验和冲击试验数据；实物机械性能试验数据；连接副紧固轴力的平均值、标准编号、测试环境温度、出厂日期。

④ 包装：包装箱应牢固防潮，箱内应按连接副组合安装，不同批号的连接副不得混装。每箱质量不得超过 40kg。

包装箱外应有制造厂、产品名称、标准编号、批号、规格、数量、毛重等明显标记。

（8）标记

标记方法按 GB/T 1237 的规定。

由螺纹规格 $d=$ M20，公称长度 $L=100$mm，性能等级为 10.9S 级、表面经防锈处理的钢结构用扭剪型高强度螺栓，螺母规格 $D=$ M20，性能等级为 10H 级、表面经防锈处理的钢结构用高强度大六角螺母的规格为 20mm，热处理硬度为 35HRC～45HRC、表面经防锈处理的钢结构同等强度垫圈组成的钢结构用扭剪型高强度螺栓连接副的标记：

连接副　GB/T 3632　M20×100。

（9）35VB 钢技术条件

① 35VB 钢的化学成分规定见表 3.18-52。

② 采用直径为 25mm 的试样坯，经热处理后的机械性能见表 3.18-53 规定。

③ 钢材应进行冷顶锻试验，不允许有裂口或裂缝。

④ 其他技术条件按 GB/T 3077 的规定。

2. 检验要求

（1）扭剪型高强度螺栓连接副的材料性能和预拉力的检验，检验方法和检测规则应按《钢结构用扭剪型高强度螺栓连接副》GB/T 3632 和《钢结构工程施工质量验收规范》GB 50205 确定。

（2）对扭剪型高强度螺栓连接质量，可检查螺栓端部的梅花头是否已拧掉。未在终拧时拧掉梅花头的螺栓数不应大于该节点螺栓数的 5%。按标准进行检验批合格判定。

3.18.10 钢结构构件尺寸和构造的检测

钢结构构件尺寸的检测规定：

（1）抽样检测构件的数量，不应少于标准规定的相应检测类别的最小样本容量；

（2）尺寸检测范围，应检测抽样构件的全部尺寸，每个尺寸在构件的 3 个部位量测，取其测试平均值为代表值；

① 尺寸量测的方法，按相关产品标准的规定量测，其中钢材厚度可用超声测厚仪测定；尺寸偏差的评定标准应按相应的产品标准确定。

② 对检测批构件的重要尺寸，按标准规定进行检验批合格的判定；特殊情况与特殊部位下，应选择对构件安全性影响较大的部位或损伤有代表性的部位进行检测。

③ 钢构件的尺寸偏差允许值，钢构件的安装偏差的检测项目和检测方法，均应按《钢结构工程施工程质量验收规范》GB 50205 确定。

（3）钢结构杆件长细比、宽厚比的检测与核算，应以实测杆件尺寸核算杆件长细比，以实测构件截面尺寸核算杆件截面宽厚比。

（4）钢结构支撑体系的构件尺寸及杆件的连接，应按规定测定和按设计图纸或相应设计规范进行核实评定。

3.18.11 钢结构与构件的缺陷、损伤与变形的检测

1. 钢材的外观质量检测分为均匀性、是否有夹层、裂纹、非金属夹杂和明显的偏析等项目。当对钢材的质量有怀疑时，应对钢材原材料进行力学性能检验或化学成分分析。

2. 钢材裂纹，可采用观察方法和渗透法检测。

渗透法检测：用砂轮和砂纸将检测部位的表面及其周围 20mm 范围内打磨光滑，不得有氧化皮、焊渣、飞溅、污垢等；用清洗剂将打磨表面清洗干净，干燥后喷涂渗透剂，渗透时间不少于 10min；然后再用清洗剂将表面多余的渗透剂清除；最后喷

涂显示剂，停留 10～30min 后，观察是否有裂纹显示。如有裂纹应量测裂纹的数据。

3. 杆件的弯曲变形和板件的凹凸变形检测，可用观察和尺量的方法量测变形程度；按《钢结构工程施工程质量验收规范》GB 50205 的规定进行变形评定。

4. 螺栓和铆钉的松动或断裂检测，可采用观察和锤击的方法检测。

5. 钢结构构构件的锈蚀检测，可按 GB/T 8923.1 确定锈蚀等级，对 D 级锈蚀，还应量测钢板厚度的削弱程度。

钢结构构件的挠度、倾斜等变形与位移及基础沉降等检测，可分别参照相关标准的规定方法进行检测。

3.18.12 钢网架结构检测

1. 钢网架结构检测分为杆件和节点的承载力、焊缝、杆件尺寸与偏差、不平直度和钢网架的挠度等项目。

2. 杆件的规格、型钢截面尺寸或钢管壁厚、长度，应采用钢尺、量规、超声测厚仪等检测，应按《钢结构工程施工程质量验收规范》GB 50205 的规定进行评定。杆件轴线的不平直度，可用拉线方法检测，不平直度不得超过杆件长度的 1‰。

3. 网架结构部件由专业制造厂供货时，施工单位应在现场验收，检查其强度检验报告和产品合格证。并按标准中指定项目进行复验，其质量必须符合产品合格标准。

4. 焊接球节点检验

① 用于制造焊接球节点的原材料品种、规格、质量必须符合设计要求和有关标准的规定。

焊接用的焊条、焊剂、焊丝和施焊用的保护气体等，必须符合设计要求和钢结构焊接的专门规定。

检验方法：观察检查并检查出厂合格证、试验报告及焊条烘熔记录，有异议时应抽样复查。

② 焊接球焊缝必须进行无损检验，其质量应符合现行国家

标准规定的二级质量标准。

检查数量：同规格成品球的焊缝以每 300 只为一批（不足 300 只的工程，按一批计），每批随机抽取 3 只，都符合质量标准时即为合格；如其中一只不合格，则加倍取样检验，当 6 只都符合质量标准时方可认为合格。

检验方法：超声波探伤或检查出厂合格证。

③ 焊接球节点必须按设计采用的钢管与球焊接成试件，进行单向轴心受拉和受压的承载力检验，检验结果必须符合附录一的规定。

检查数量：每个工程可取受力最不利的球节点以 600 只为一批，不足 600 只仍按一批计，每批取 3 只为一组随机抽检。

检验方法：用拉力、压力试验机或相应的加载试验装置。现场检查产品试验报告及合格证。

对于安全等级为一级、跨度 40m 以上公共建筑所采用的网架结构，以及对质量有怀疑时，现场必须进行复验。

试验时如出现下列情况之一者，即可判为球已达到极限承载能力而破坏：

A. 当继续加荷而仪表的荷载读数却不上升时，该读数即为极限破坏值；

B. 在 F-△曲线（F—加荷重量；△—相应荷载下沿受力纵轴方向的变形）上取曲线的峰值为极限破坏值。

④ 焊接球表面要求：光滑平整、无明显波纹、局部凹凸不平不大于 1.5mm。

检查数量：按各种规格节点抽查 5％，但每种不少于 5 件。

检查方法：用弧形套模，钢尺目测检查。

⑤ 成品球壁厚减薄量应符合下列要求：

合格：减薄量小于等于 13％，且不超过 1.5mm。

检查数量：按各种规格节点抽查 5％，但每种不少于 5 件。

检验方法：用超声波测厚仪。现场复检。

⑥ 焊接球的允许偏差及检验方法的规定。见表 3.18-65

焊接球的允许偏差及检验方法　　表 3.18-65

项次	项目	允许偏差 (mm)	检验方法
1	球焊缝高度与球 外表面平齐	±0.5	用焊缝量规,沿焊缝周长等分 8 个点 检查
2	球直径 $D \leqslant 300$	±1.5	用卡钳及游标卡尺检查,每个球量测各 向 3 个数值
3	球直径 $D > 300$	±2.5	
4	球的圆度	≤1.5	用卡钳及游标卡尺检查,每个球测三对, 每对与成 90°,以三对直径差的平均值计
5	球的圆度	≤2.5	
6	两个半球对口错 边量	≤1.0	用套模及游标卡尺检查,每球取最大错 边处一点

检查数量　每种规格抽查 5%,且不少于 5 只。

5. 螺栓球节点检验

螺栓球检验

① 用于制造螺栓球节点的钢材必须符合设计规定及相应材料的技术条件和标准。

检验方法:观察检查和检查出厂合格证、试验报告,有怀疑时应抽样复查。

② 螺栓球严禁有过烧、裂纹及隐患。

检查数量:每种规格抽查 5%,且不少于 5 只,一旦发现裂纹,则应逐个检查。

检验方法:用 10 倍放大镜目测或用磁粉探伤等其他有效方法。

③ 螺纹尺寸必须符合国家标准《普通螺纹　基本尺寸》GB/T 196—2003 粗牙螺纹的规定,螺纹公差必须符合国家标准《普通螺纹　公差》GB/T 197—2003 中 6H 级精度的规定。

检查数量:各种规格抽查 5%,且不少于 5 只。

检验方法:用标准螺纹规。

④ 成品球必须对最大的螺孔进行抗拉强度检验,以螺栓孔的螺纹被剪断时的荷载作为该螺栓球的极限承载力值,检验时螺栓拧入深度为 1d (d 为螺栓的公称直径)。

检验必须符合本标准附录一规定的试件承载能力的检验

要求。

检查数量：每项上栏中取受力最不利的同规格的螺栓球 600 只为一批，不足 600 只仍按一批计，每批取 3 只为一组随机抽检。

检验方法：用拉力试验机。按规定与高强度螺栓配合进行试验，现场检查产品的出厂合格证及试验报告。

对于安全等级为一级，跨度为 40m 以上公共建筑所采用的网架结构，以及对质量有怀疑时，现场必须复检。

⑤ 螺栓球允许偏差及检验方法应符合表 3.18-66 的规定。

检查数量 每种规格抽查 5%，且不少于 5 只。

螺栓球的允许偏差及检验方法　　　表 3.18-66

项次	项目		允许偏差 (mm)	检验方法
1	球毛坯直径	$D \leqslant 120$	$+2.0$ -1.0	用卡钳、游标卡尺检查
		$D > 120$	$+3.0$ -1.5	
2	球的圆度	$D \leqslant 120$	1.5	
		$D > 120$	2.5	
3	螺栓球螺孔端面与球心距		± 0.20	用游标卡尺、测量芯棒、高度尺检查
4	同线上两螺孔端面平行度	$D \leqslant 120$	0.20	用游标卡尺、高度尺检查
		$D > 120$	0.30	
5	相邻两螺孔轴线间夹角		$\pm 30'$	用测量芯棒、高度尺、分度头检查
6	螺孔端面与轴线的垂直度		$0.5\% r$	用百分表

注：r 为螺孔端面半径。

高强度螺栓检验

① 用于制造高强度螺栓的钢材必须符合设计规定及相应材料的有关技术条件和标准。

检验方法：检查出厂合格证或试验报告。

② 高强度螺栓必须采用国家标准《钢结构用高强度大六角

头螺栓》GB/T 1228—2006 规定的性能等级 8.8s 或 10.9s，并符合国家标准《钢结构用高强度大六角头螺栓、大六角螺母、垫圈技术条件》GB/T 1231—2006，螺纹应按《普通螺纹 公差》GB/T 197—2003 中 6g 级。

检验方法：检查出厂质量合格证及试验报告。

③ 高强度螺栓必须逐根进行表面硬度试验，对 8.8s 的高强度螺栓其硬度应为 HRC21—29°；10.9s 高强度螺栓其硬度应为 HRC32°～36°，严禁有裂纹或损伤。

检验方法：硬度计、10 倍放大镜或磁粉探伤。使用前复检。

④ 高强度螺栓的承载能力必须符合附录一规定的抗拉强度检验系数允许值（μ）。

检查数量：同规格的螺栓每 600 只为一批，不足 600 只仍按一批计，每批取 3 只为一组，随机抽检。

检验方法：取高强度螺栓与螺栓球配合，用拉力试验机进行破坏强度检验。现场检查产品出厂合格证及试验报告，有怀疑时可抽样复检。

⑤ 高强度螺栓的允许偏差及检验方法应符合表 3.18-67 的规定。

高强度螺栓的允许偏差及检验方法 表 3.18-67

项次	项目		允许偏差 （mm）	检验方法
1	螺纹长度（t 螺距）		$+2t$ 0	用钢尺、游标卡尺检查
2	螺栓长度		$+2t$ $-0.8t$	
3	键槽	槽深	$\pm<0.2$	
4		直线度	<0.2	
5		位置度	<0.5	

检查数量：每种规格抽查 5%，且不少于 5 只。

封板、锥头、套筒检验

① 用于制造封板、锥头、套筒的钢材必须符合设计规定及

相应的材料技术条件和标准。

检验方法：检查出厂合格证或试验报告。

② 封板、锥头、套筒外观不得有裂纹、过烧及氧化皮。

检查数量：每种抽查 5%，不少于 10 只。

检验方法：用放大镜观察检查。

③ 封板、锥头、套筒的允许偏差及检验方法应符合表 3.18-68 的规定。

封板、锥头、套筒（分别检验评定）的允许偏差及检验方法

表 3.18-68

项次	项目	允许偏差（mm）	检验方法
1	封板、锥头孔径	+0.5	用游标卡尺检查
2	封板、锥头底板厚度	+0.5 −0.2	
3	封板、锥头底板两面平行度	0.1	用百分表、V 形块检查
4	封板、锥头孔与钢管安装台阶同轴度	0.2	
5	锥头壁厚	+0.2 0	用游标卡尺检查
6	套筒内孔与外接厕同轴度	0.5	用游标卡尺、百分表、测量芯棒检查
7	套筒长度	±0.2	用游标卡尺检查
8	套筒两端面与轴线的垂直度	0.5%r	用游标卡尺、百分表、测量芯棒检查
9	套筒两端面的平行度	0.3	

检查数量：每种抽查 5%，且不少于 10 只。

6. 焊接钢板节点检验

① 用于制造焊接钢板节点的钢板和焊接材料，必须符合设计规定及相应的材料技术条件和标准。

检验方法：观察检查，检查出厂合格证，试验报告及焊条烘焙记录。

② 焊缝必须符合设计要求，焊缝质量标准，除设有明确规

定者按规定执行外，其余均必须符合现行国家标准。

检查数量：按各种规格节点抽查 5%，且不少于 5 件。

检查方法：外观检查和用焊缝量规及钢尺检查。

③ 钢板节点的允许偏差项目及检验方法应符合表 3.18-69 的规定。

钢板节点的允许偏差及检验方法　　表 3.18-69

项次	项目	允许偏差 (mm)	检验方法
1	节点板长度及宽度	±2.0mm	用钢板尺检查
2	节点板厚度	+0.5mm	用游标卡尺检查
3	十字节点板间夹角	±20′	用标准角规检查
4	十字节点板与盖板间夹角	±20′	

检查数量　每种规格抽查 5%，且不少于 5 只。

7. **杆件检验**

① 用于制造杆件的钢材品种、规格、质量必须符合设计规定及相应标准。

焊接用的焊条、焊剂、焊丝和施工用的保护气体，必须符合设计要求和钢结构焊接的专门规定。

检验方法：观察检查和检查出厂合格证、试验报告。

② 钢管杆件与封板、锥头的连接必须按设计要求进行焊接；当要求按等强度连拴接时，焊缝质量标准必须符合现行国家标准规定。

检验数量：每种杆件抽测 5%，且不少于 5 件。

检验方法：超声无损检验。

③ 钢管杆件与封板或锥头的焊缝应进行抗拉强度检验，其承载能力检验系数应满足附录一规定的要求。

检查数量：取受力最不利的杆件，以同规格杆件 300 根为一批，每批取 3 根为一组随机抽查，不足 300 根仍按一批计。

检验方法：用拉力试验机检验。现场应检查试验报告及出厂合格证。

④ 杆件允许偏差及检验方法应符合表 3.18-70 的规定。

杆件允许偏差及检验方法　　　　表 3.18-70

项次	项目	允许偏差（mm）	检验方法
1	角钢杆件制作长度		用钢尺检查
2	焊接球网架钢管杆件制作长度		用钢尺及百分表检查
3	螺栓球网架钢管杆件成品长度		
4	杆件轴线不平直度		用百分表、V 形块检查
5	封板或锥头与钢管轴线垂直度		

检查数量：每种杆件抽测 5％，且不少于 5 件。

8. 网架结构安装检验

① 网架结构各部位节点、杆件、联结件的规格、品种及焊接材料必须符合设计要求。

检查数量：每种杆件抽查 5％，不少于 5 件。

检验方法：对照出厂合格证与设计图纸或设计变更通知。观察检查和用钢尺、游标卡尺、卡钳等量测检查。

② 焊接节点网架总拼完成后，所有焊缝必须进行外观检查，并作出记录。对大中跨度钢管网架的拉杆与球的对接焊缝，必须做无损探伤检验。焊缝质量标准必须符合本标准的规定。

检查数量：无损探伤检验抽样不少于焊口总数的 20％，取样部位由设计单位与施工单位协商确定。

检验方法：超声波无损检验，每一焊口必须全长检测。

③ 各杆件与节点连接时中心线应汇交于一点，螺栓球、焊接球应汇交于球心，焊接钢板节点应与设计图符合，其偏差值不得超过 1mm。

检查数量：检查纵横中轴线上的上下弦各节点。

检验方法：用经纬仪、钢尺、套模或检查胎模记录。

④ 网架结构总拼完后及屋面施工完后应分别测量其挠度值；所测的挠度值，不得超过相应设计值的 15％。

挠度观测点：小跨度网架设在下弦中央一点；大中跨度下弦中央一点及各向下弦跨度四分点处各设二点。

检验方法：用钢尺、水准仪检测。

⑤ 网架结构安装允许偏差及检验方法应符合表 3.18-71 的规定。

网架结构安装允许偏差及检验方法　　　　表 3.18-71

项次	项　目		允许偏差(mm)	检验方法
1	拼装单元节点中心偏移		2.0	用钢尺及辅助量具检查
2	小拼单元为单锥体	弦杆长 L	±2.0	
3		上弦对角线长	±3.0	
4		锥体高	±2.0	
5	拼装单元为整榀平面桁架	跨长 L ≤24m	+3.0 7.0	
		跨长 L >24m	+5.0 −10.0	
6		跨中高度	±3.0	
7		设计要求起拱	+10	
		不要求起拱	±L/5000	
8	分条分块网架单元长度	≤20m	±10	用钢尺及辅助量具检查
		>20m	±20	
9	多跨连续点支承时分条分块网架单元长度	≤20m	±5	
		>20m	±10	
10	纵横向长度 L		±L/2000 且≯30	
11	支座中心偏移		±L/3000 且≯30	用经纬仪等检查
12	网架结构整体交工验收时	周边支撑网架 相邻支座(距离 L₁ 高差)	L₁/400 且≯15	用水准仪等检查
13		周边支撑网架 最高与最低支座高差	30	
14		多点支撑网架(相邻支座(距离 L₁)高差)	L₁/800 且≯30	
15	杆件轴线平直度		L₁/1000 且≯5	用直线及尺量测检查

检查数量1~4项抽小单元数的10％，且不少于5件；5~9项为全部拼装单元；10~14项对网架结构工程全部检查；第15项，每种杆件抽查5％，不少于5件。抽查部位根据外观检查由设计单位与施工单位共同商定。

9. 油漆、防腐、防火涂装工程检验

① 网架结构的油漆防锈、防腐、防火涂装工程应在部件制作或安装质量检验评定符合本标准的规定后进行。防锈、防腐、防火涂装应分别逐项验评。

② 油漆、稀释剂、固化剂及防腐、防火涂料的品种、规格质量、涂层厚度必须符合设计要求和相应技术标准或专门规定。

检验方法：检查出厂合格证或复验报告。

③ 基层处理必须符合设计要求和专业技术规范。经酸洗和喷丸（砂）工艺处理的钢材表面必须露出金属色泽；对用机械除锈的钢材表面，允许存留金属密贴的轧制表皮，涂层基层无焊渣、焊疤、灰尘、油污和水等杂质。

检验方法：观察检查及用铲刀检查。

④ 螺栓球节点网架安装后必须将所有接缝用油腻子填嵌严密，并将多余螺孔封口。

检验方法：观察检查。

⑤ 严禁误涂、漏涂，不得脱皮和返锈。

检验方法：观察检查。

⑥ 涂层外观规定：涂刷均匀、无明显皱皮、流坠。色泽一致，分色线清楚整齐。

检查数量：按杆件、节点数各抽查5％，每件检查3处。

检查方法：观察检查。

⑦ 构件补刷涂层规定：补刷涂层完整，附着良好。

检查数量：按杆件、节点数各抽查5％，每件检查3处。

检查方法：观察检查。

⑧ 油漆、防腐、防火涂层厚度的允许偏差和检验法应符合表3.18-72的规定。

涂层厚度的允许偏差和检验方法   表 3. 18-72

项次	项目	要求厚度(mm)	允许偏差(mm)	检验方法
1	干漆膜厚度	室内 125 室外 150	−25	用于漆膜测厚仪检查
2	防火、防腐涂层	设计厚度(δ)	$+0.25$ 0	用于漆膜测厚仪或卡尺检查

检查数量：按杆件、节点数各抽查 5％，每件测 3 处，每处的数值应是三个相距约 5～10cm 的测点涂层厚度的平均值。

10. 钢网架焊接球节点和螺栓球节点的承载力检验，应按相关要求进行。对既有的螺栓球节点网架，可从结构中取出节点（应采取措施确保结构安全）来进行节点的极限承载力检验。

试件承载力的检验要求

试件承载力的检验系数应符合公式要求，试件承载力检验系数的允许值见表 3.18-73。

试件承载力检验系数的允许值   表 3. 18-73

项次	试件设计受力情况		试件达到承载力的检验标志		允许值
1	封板、锥头与钢管对接焊缝抗拉		与钢管等强、试件钢管母材达到破坏	A3	1.8
				16Mn	1.7
2	焊接空心球	轴向受拉			1.6
		轴向受压			
3	高强度螺栓	轴向受拉	试件破坏	$d \leqslant$M30	2.3
				$d \leqslant$M33	2.4
4	螺栓球螺孔与高强度螺栓配合轴向受拉试验		螺栓达到承载力，螺孔不坏		合格

11. 钢网架中焊缝，可采用超声波探伤的方法检测，检测操做与评定应按《钢结构超声波探伤及质量分级法》JG/T 203—2007 的要求进行。焊缝的外观质量应按《钢结构工程施工程质量验收规范》GB 50205 的要求进行检测与评定。

3.18.12.1　焊接球节点钢网架焊缝超声波探伤及质量分级法

1. 主题内容和适用范围

标准规定了检测钢网架焊接空心球球管焊缝以及钢管对接焊缝用单、双晶斜探头接触法超声波探伤确定缺陷位置、尺寸和缺陷评定的一般方法以及质量分级方法。

标准适用于母材厚度 4～25mm、球径不小于 120mm 管径不小于 76mm 普通碳素钢和低合金钢焊接空心球、球管焊缝及钢管对接焊缝 A 型脉冲反射式手工超声波探伤以及根据探伤结果进行的质量分级。

2. 从事网架焊缝探伤的检验人员必须掌握超声波探伤的基础知识和基本技能，具有曲面焊缝的探伤经验，经培训考核持有等级资格证书。检验人员的视力应每年检查一次，校正视力不得低于 5.0。

现场超声波探伤必须符合探伤工艺要求和具备安全作业条件。

（1）探伤仪

使用 A 型显示脉冲反射式探伤仪。

性能指标：水平线性误差≯1%，垂直线性误差≯5%；衰减器或标准化增益控制器总调节量≯80dB，每档步进量≯2dB，在任意相邻的 12dB 内误差≯±1dB；当探伤仪与规定的斜探头连接后，在 CSK—IC 试块上得到的灵敏度余量应大于评定线灵敏度 10dB 以上。

（2）探头

① 规格

检验球管焊缝宜选用横波斜探头。在满足探伤灵敏度的前提下，以使用频率 5MHz、大角度、短前沿斜探头为主，见表 3.18-74，其中 k 为折射角正切值。

斜探头的规格　　　　　　　　表 3.18-74

频率（MHz）	晶片尺寸（mm）	钢中折射角	前沿尺寸（mm）
5	6×6	70°或 $k=1.5\sim3.0$	＜5
2.5 或 5	8×8	70°或 60°或 $k=1.5\sim3.0$	＜9
2.5 或 5	8×8	45°或 $k=1.0$	＜9

　　根据被检焊缝的实际需要，也可采用其他类型和规格的探头。

　　② 性能指标

　　单斜探头的主声束偏离，垂直方向应没有明显的双峰，水平方向偏离角$\not> 2°$，折射角偏差$\not> 2°$或 K 值偏差$\not> \pm 0.1$；前沿尺寸误差$\not> 1mm$；远场分辨率$\not< 6dB$。

　　③ 性能测试方法按 ZBY231 规定进行。

　　探伤仪的探头工作性能的周期检查，见表 3.18-75。

探伤仪的探头工作性能的周期检查　　表 3.18-75

检验项目	前沿尺寸 折射角或 k 值 主声束偏离	灵敏度余量 分辨力	水平线性 垂直线性
检查时间	(1)开始使用 (2)每隔 6 个工作日	(1)开始使用 (2)探头修补后 (3)探伤仪头修理后	(1)开始使用 (2)探伤仪头修理后 (3)每隔 3 个月

　　测试方法：按 ZBY 231、ZBJ 04101 的规定以及相关标准进行。

　　（3）耦合剂

　　① 耦合剂应选用具有良好透声性和流动性的液体或糊状物，对材料和人体无损伤作用，又便于检验后清除，如机油、甘油和糨糊等。可根据需要还可以在耦合剂中加适量表面活性剂提高润湿性能。

　　② 标定和校核各项参数时，使用的耦合剂应与检验钢网架焊缝的耦合剂相同。

　　（4）试块

　　① 标准试块采用 CJK-1B 型试块，主要用于测定探伤仪，指产品未经研磨的新探头的系统性能，制造技术应符合 ZBJ232 的规定、形状、尺寸见 GB/T 11345 附录 A（补充件）。

　　② CSK-IC 型钢网架试块，用于现场标定和校核探伤灵敏度与时基线、绘制距离-波幅曲线以及测定系统性能等，其形状和

尺寸见附录 A（补充件）。

③ CSK-IC 型钢网架试块，由三块试块组成一套，各种曲率半径的试块可用于检验探伤面曲率半径为其 0.9～1.5 倍的工作。

试块尺寸：200mm×45mm×20mm，尺寸偏差±0.1mm，各边垂直度≯0.1，粗糙度全部为 6.4μm；试块全套共三块，扫查面曲率半径 R 分别为 27.40 和 60mm；B 面上下两端均刻折射角尺寸值见表 3.18-76。

折射角尺寸值 表 3.18-76

折射角	K 值	尺寸值(mm)
56	0.483	106.64
60	1.732	101.03
64	2.050	93.87
68	2.475	84.31
69	2.605	81.39
70	2.747	78.18
71	2.904	74.66
72	3.078	70.75
73	3.271	66.41

④ RBJ-1 型试块用于评定焊缝根部未焊透程度，形状和尺寸见表 3.18-77。

RBJ-1 型试块形状和尺寸 表 3.18-77

长度	150mm	形状	扇形 90°+δ
(mm)		(mm)	
$\phi140$ $\phi89$ $\phi60$		$0.1\delta\pm0.05$	

技术条件：试块用与被检工件相同或相近的材料制成，要求不得有 $\phi2mm$ 平底孔缺陷。

⑤ 允许使用其他与 CSK-IB 型、CSK-IC 型和 RBJ-1 型有同

等作用的等效试块。

（5）检验准备

① 探伤面

A. 采用 A 级检验等级，在管材外表面上检查球管焊缝；采用 B 级检验等级，在空心球外表面的焊缝两侧以及钢管对接焊缝两侧进行探伤检查，见表 3.18-78。

检验等级和探伤方法 表 3.18-78

检验等级	探伤面	探伤方法
A 级	单面单侧	直射波、一次反射波、二次反射波
B 级	单面单侧	直射波、一次反射波

B. 受检区宽度和探头扫查区宽度。

按表 3.18-79 规定进行。

受检区宽度和探头扫查区宽度 表 3.18-79

受检对象	受检区宽度	探头扫查区宽度
空心球焊缝	焊缝自身宽度再加焊缝两侧各相当于球壁厚度的一段区域，最大为 20mm	在焊缝杆件侧＞1.25P（P 为斜探头的探伤跨距）
钢管对接焊缝	焊缝自身宽度再加焊缝两侧各相当于球壁厚度的一段区域，最大为 20mm	在焊缝两侧，分别＞1.25P
球管焊缝	焊缝自身宽度再加焊缝两侧各相当于球壁厚度的一段区域，最大为 14mm	在焊缝两侧，分别＞1.75P

② 超声波探伤应在焊缝外观检查合格后进行，按面向球体顺时针方向划分 1～12 个区域排列统一编号。

③ 检查前必须对探伤面进行清理，除去探头扫查区内的焊接飞溅物、铁屑、油污以及影响透声效果的涂层；表面应平整，必要时应打磨出金属光泽，以保证良好的声学接触便于探头扫查。当探伤面的粗糙度大于试块时，应表面补偿 4dB。

④ 检验人员应事先了解受检焊缝的材质、曲率、厚度、焊接工艺、坡口型式、余高和背面衬垫等情况。

⑤ 应根据壁厚、坡口型式及预期发现的主要缺陷选择探头。在满足探伤灵敏度的前提下，应尽可能选用晶片尺寸小、前沿短、折射角大的斜探头。

⑥ 在检验空心球焊缝时，为确保声束能有效地对焊缝底部进行检查，还应根据声束在空心球底曲面入射角不大于 70° 的要求选择探头折射角。

⑦ 当空心球半径 R1 不大于 $0.25W^2$（W1 为探头底面长度），管材半径 R2 不大于 $0.5W_2^2$（W2 为探头底面宽度）时，探头楔块底面应磨成与探伤面相吻合的曲面，并且在磨成曲面后测定前沿距离和折射角，标定时基线长度比例，绘制距离-波幅曲线和调节探伤灵敏度。

⑧ 距离波幅曲线（DAC）的绘制

A. 采用在 CSKIC 试块上实测的 Φ3mm 横孔反射波幅数据以及表面补偿数据，按表 3.18-80 灵敏度要求绘制 DAC 曲线。

B. 曲线由判废线 RL、定量线 SL 和评定线 EL 组成。EL 线与 SL 线之间称为 Ⅰ 区，即弱信号评定区；SL 线与 RL 线之间称为 Ⅱ 区，即长度评定区；RL 线及以上称为 Ⅲ 区，即判废区。三条曲线的灵敏度数值见表 3.18-80。

DAC 曲线的灵敏度数值   表 3.18-80

曲线名称	灵敏度数值
判废线(RL)	DAC
定量线(SL)	DAC～10dB
评定线(EL)	DAC～16dB

DAC 曲线可以绘制在坐标纸上，也可绘制在示波屏上。绘制在示波屏上时，整个检测范围内曲线都应处于示波屏满幅度的 20% 以上。

（6）检验方法

① 检验工作应在探伤面经过清理、探伤仪的时基线和探伤灵敏度经过标定、DAC 曲线绘制完毕后进行。

② 焊缝的全面检验或抽查比例应根据 GB 50205 和 JGJ 7 的规定进行。对于大、中跨度网架必须抽取拉杆焊缝的 20% 数量进行检验。

③ 焊缝扫查速度≯15mm/s，相邻的两次检查之间至少有探头晶片宽度 10% 的重叠。

④ 以搜索缺陷为目标手工探头扫查，其探头行走方式应呈"W"形，并有 $10°\sim15°$ 的摆动。为确定缺陷位置、方向、形状、观察缺陷的动态波形，区别回波信号的需要，应增加前后、左右；转角、环绕等各种扫查方式。

⑤ 焊缝探伤应首先进行初始检验。初始检验采用的探伤灵敏度不低于评定线。在检验中应根据波幅超过评定线的各个回波的特征判断焊缝中有无缺陷以及缺陷性质。危害性大的非体积性缺陷有裂纹、未熔合，危害性小的体积性缺陷有气孔、夹渣等。

⑥ 在初始检验中判断有缺陷的部位，应在焊缝表面做标记，并做规定检验，测出缺陷的实际位置和当量，并对根部未焊透外回波幅度在评定线以上危害性大的非体积性缺陷以及包括根部未焊透、回波幅度在定量线以上危害性小的缺陷，测定指示长度。

⑦ 测定缺陷指示长度，当缺陷回波只有一个波高点时，采用 6dB 测长法；当缺陷回波有多个波高点时，采用端点波高法。

⑧ 根部未焊透缺陷除按规定测出指示长度外，还应当测定缺陷回波幅度与 RBJ-1 型试块上人工槽回波幅度（UF）之间的 dB 差值，记作 UF±dB。

⑨ 在检验中遇到不能准确判断的回波时，应辅以其他检验作综合判断。

⑩ 当检验 Ri 大于 $0.35W_i^2$ 的空心球焊缝时，若用平面试块探伤，应充分注意到空心球曲率对缺陷定位的影响，必要时应进行定位修正。

⑪ 检验中的探伤仪校验

A. 至少每隔 4h 及检验结束后校验一次，检验项目为时基线，探伤灵敏度和 DAC 曲线；

B. 在检验时基线和 DAC 曲线时，检验点不应少于 2 个；

C. 检验时基线，若校验点回波位置超过规定位置的 10% 或水平方向满刻度的 5%，则时基线应重新标定，并对上一次标定测出的缺陷位置和当量重新测量；

D. 检验探伤灵敏度。若校验点上的波幅比 DAC 曲线降低或增加了 20%，即 2dB 以上，则探伤灵敏度应重新标定。必要时还应重新绘制 DAC 曲线，并对上一次标定后测出的缺陷位置和当量重新测量。

（7）缺陷评定

① 最大回波幅度在 DAC 曲线Ⅱ区的缺陷，其指示长度<10mm 时按 5mm 计。

② 在任意测定的 8mm 深度范围内，相邻两个缺陷间距<8mm 时，两个缺陷指示长度之和作为单个缺陷指示长度；间距>8mm 时，分别计算。

③ 忽略不计的缺陷：回波幅度低于评定线的各种缺陷和回波幅度在Ⅰ区的根部未焊透、危害性小的体积性缺陷。

（8）质量分类与分级

① 焊缝的质量等级根据探伤结果评定。在评定中把缺陷分为根部未焊透除外的缺陷和根部未焊透两大类，每类有四个质量等级见表 3.18-81、3.18-82。设计应按验收规定注明合格级别。在高温和腐蚀性气体作业环境及动力疲劳荷载工况下，Ⅱ级合格，一般情况下Ⅲ级合格。

② 对于空心球焊缝，若按 GB/T 11345 规定的方法检验时，验收标准仍按照本分类等级。

③ 最大回波幅度位于Ⅰ、Ⅱ、Ⅲ区根部未焊透除外的体积性缺陷，根据缺陷指出长度按表 3.18-81 的规定予以降级。

根据 RBJ-1 型试块人工槽调节探伤灵敏度，最大回波幅度小于人工反射槽回波幅度时，按指示长度评级。

根据 RBJ-1 型试块横孔调节探伤灵敏度，最大回波幅度位于判废灵敏度 Φ3mm 和定量灵敏度 Φ3mm6dB 之间缺陷按指示长度评级。

根部未焊透除外的质量等级　　　　　表 3.18-81

等级		允许存在的缺陷程度
Ⅰ	1	回波幅度低于评定线
	2	回波幅度在Ⅰ区,危害性小体积性缺陷
	3	回波幅度在 DAC 曲线Ⅱ区内,指示长度≤2/3δ,最小为 10mm 的危害性小的缺陷
Ⅱ	1	回波幅度在 DAC 曲线Ⅱ区内,指示长度≤3/4δ,最小为 15mm 的危害性小的缺陷
Ⅲ	1	回波幅度在 DAC 曲线Ⅱ区内,指示长度≤δ,最小为 20mm 的危害性小的缺陷
Ⅳ	1	指示长度超过Ⅲ级规定的缺陷
	2	回波幅度在 DAC 曲线Ⅱ区的缺陷
	3	回波幅度在评定线以上,危害性大的缺陷

④ 根部未焊透不超过表 3.18-82 规定的条件下,当最大回波幅度不小于 RBJ-1 对比试块人工反射槽的回波幅度时,以缺陷回波幅度评定。最大回波幅度小于上述对比试块人工反射槽的回波幅度时,以缺陷指示长度评定,见表 3.18-82。超过表 3.18-82Ⅲ级规定时,评为Ⅳ级。

根部未焊透的质量等级　　　　　表 3.18-82

等级		允许存在的缺陷程度
Ⅰ	1	回波幅度在 DAC 曲线Ⅰ区的根部未焊透;
	2	回波幅度在 DAC 曲线Ⅱ区内,且低于 UF,指示长度符合Ⅰ级规定 未发现未焊透缺陷
Ⅱ	1	回波幅度在 DAC 曲线Ⅱ区内,且低于 UF,指示长度符合Ⅱ级规定,指示长度总和≤10%焊缝周长
Ⅲ	1	壁厚 δ<8mm,回波幅度在 DAC 曲线Ⅱ区内,且低于 UF,指示长度符合表 6Ⅲ级规定,指示长度总和≤15%焊缝周长
	2	壁厚 δ≥8mm,回波幅度在 DAC 曲线Ⅱ区内,且低于 UF,指示长度符合Ⅲ级规定,指示长度总和≤20%焊缝周长
Ⅳ	1	回波幅度≥UF,或回波幅度在 DAC 曲线Ⅲ区,符合判废线及以上的缺陷
	2	指示长度超过Ⅲ级规定
	3	指示长度总和超过Ⅲ级规定

（9）焊缝返修检验

不合格缺陷的焊缝应予返修。返修区和受返修影响的区域应重新按检验条件及检验方法进行复验。

（10）记录与报告

① 检验记录内容：工程名称、工件编号、探测对象、焊缝编号、材料表面状况、探头角度、频率、晶片尺寸、反射体、试块、耦合剂、所发现的超标缺陷、可记录缺陷、评定等级、检验人员及日期等。

② 缺陷在焊缝长度方向的位置按面向球体顺时针方向记录；回波幅度位于Ⅱ区，指示长度小于规定的缺陷也应记录。

③ 检验报告主要内容：工程名称、工件编号、材料、壁厚、焊接方法、焊缝种类、编号、探伤面、检测比例、探伤方法、扫描比例、验收标准、仪器型号、试块、耦合剂、探伤部位示意图、缺陷情况、返修情况、探伤结论、日期、检验人员及审核人员签字等。

④ 检验记录和检验报告作为网架验收文件保存 7 年。格式见表 3.18-83、表 3.18-84

球节点焊缝超声波探伤记录 表 3.18-83

工程编号				探测对象	空杆心、球件○○	检验次序	首次检验○	一次检验○	二次检验○
探测条件：									

探头				反射体			基准波高满幅（％）	反射波幅（dB）	表面补偿（dB）	探伤灵敏度（dB）	探测深度（mm）
序号	角度（βk）	频率（MHz）	尺寸（mm）	形状	深度（mm）	试块					

焊缝编号	探头序号	规格	缺陷编号	缺陷位置	深度（mm）	指示长度（mm）	波幅（dB）	评定等级	结论	
									返修	合格

钢网架超声波探伤报告 　　**表 3.18-84**

工程名称			材料		壁厚	
工程编号			探伤面		检验范围	
探伤面状态		焊接方法	试块		检验标准	
探伤时机		焊缝数量	仪器		合格级别	
探伤方式		扫描调节	耦合剂		表面补偿	
探伤部位示意图			DAC曲线			
探伤结果及返修情况	焊缝编号	规格	显示情况(NIRIUI 个)	一次返修	二次返修	结论

检验　　　审核　　　　　单位印章　　　　年　月　日

3.18.12.2　螺栓球节点钢网架焊缝超声波探伤及质量分级法

1. 适用范围

标准规定了检测螺栓球节点钢网架杆件与锥头或封板熔化焊缝以及钢管对接焊缝用单、双晶斜探头接触法超声波探伤确定缺陷位置、尺寸和缺陷评定的一般方法以及质量分级方法。

标准适用于母材厚度 3.5～25mm、管径≮48mm 普通碳素钢和低合金钢杆件与锥头或封板焊缝以及钢管对接焊缝 A 型脉冲反射式手工超声波探伤以及根据探伤结果进行的质量分级。

2. 从事网架焊缝探伤的检验人员必须掌握超声波探伤的基础知识和基本技能,具有曲面焊缝的探伤经验,经培训考核持有等级资格证书。检验人员的视力应每年检查一次,校正视力不得低于 5.0。

现场超声波探伤必须符合探伤工艺要求和具备安全作业

条件。

3. 探伤仪、探头和耦合剂

（1）探伤仪

使用 A 型显示脉冲反射式探伤仪。

性能指标：水平线性误差≯1%，垂直线性误差≯5%；衰减器或标准化增益控制器总调节量≮80dB，每档步进量≯2dB，在任意相邻的 12dB 内误差≯±1dB；当探伤仪与规定的斜探头连接后，在 CSK—IC 试块上得到的灵敏度余量应大于评定线灵敏度 10dB 以上。

（2）探头

① 规格

检验壁厚＞6mm 杆件与锥头或封板焊缝以及钢管对接焊缝，宜选用横波斜探头并以使用频率 5MHz 大角度、短前沿斜探头为主。斜探头规格见表 3.18-85。

斜探头规格　　　　　　　　　　　　　　表 3.18-85

频率(MHz)	晶片尺寸(mm²)	钢中折射角或 K 值	前沿尺寸(mm)
5	6×6	70°或者 K=1.5~3.0	＜6
2.5 或 5	8×8	70°或 60°或者 K=1.5~3.0	＜9

检验壁厚≤5mm 杆件与锥头或封板焊缝以及钢管对接焊缝，宜选用双晶片探头，也称作双晶片双倾角横波探头，同样频率 5MHz，晶片尺寸 6mm×6mm 或 6mm×8mm，折射角一般在 70°左右；倾斜角视壁厚和折射角而定，要求焦距范围为 3.0~6.0mm。

根据被检焊缝的实际需要也可采用其他类型和规格的探头。

② 性能指标

单斜探头的主声束偏离，垂直方向应没有明显的双峰，水平方向偏离角≯2°，折射角偏差≯2°或 K 值偏差≯±0.1；前沿尺寸误差≯1mm；远场分辨率≮6dB。

双晶斜探头的主要性能包括：焦距、聚束宽度、波束宽度、灵敏度余量和分辨率等。

③ 性能测试方法

单斜探头按 ZBY231 规定进行。双晶斜探头按规定进行。

（3）耦合剂

① 耦合剂应选用具有良好透声性和流动性的液体或糊状物，对材料和人体无损伤作用，便于检验后清除，如机油、甘油和糨糊等。可根据需要在耦合剂中加适量表面活性剂提高润湿性能。

② 标定和校核各项参数时，使用的耦合剂应与检验钢网架焊缝的耦合剂相同。

（4）试块

① 标准试块采用 CJK-1B 型试块，主要用于测定探伤仪，指产品未经研磨的新探头的系统性能，制造技术应符合 ZBJ232 的规定、形状、尺寸。

② CSK-IC 型钢网架试块，用于现场标定和校核探伤灵敏度与时基线、绘制距离-波幅曲线以及测定系统性能等。

试块尺寸：200mm×45mm×20mm，尺寸偏差±0.1mm，各边垂直度≯0.1，粗糙度全部为 6.4μm；试块全套共三块，扫查面曲率半径 R 分别为 27.40 和 60mm；B 面上下两端均刻折射角尺寸值见表 3.18-86。

折射角尺寸值　　　　　　　　　　表 3.18-86

折射角	K 值	尺寸值(mm)
56	0.483	106.64
60	1.732	101.03
64	2.050	93.87
68	2.475	84.31
69	2.605	81.39
70	2.747	78.18
71	2.904	74.66
72	3.078	70.75
73	3.271	66.41

③ CSK-IC 型试块由三块试块组成一套，各种曲率半径的试块可用于检验探伤面曲率半径为其 0.9～1.5 倍的工件。

④ RBJ-1 型试块用于评定焊缝根部未焊透程度、形状和尺寸，见表 3.18-87。

RBJ-1 型试块形状和尺寸 表 3.18-87

长度	150	形状	扇形 90°+δ
(mm)		(mm)	
φ140			
φ89		0.1δ±0.05	
φ60			

技术条件：试块用与被检工件相同或相近的材料制成，要求不得有 φ2mm 平底孔缺陷。

⑤ 对于壁厚＜5mm 的杆件焊缝探伤，推荐使用 RBJ1 型试块的柱孔部分，它用于时基线调节、标定和校核探伤灵敏度等。

⑥ 允许使用其他与 CSK-IB 型、CSK-IC 型和 RBJ-1 型有同等作用的等同作用的等效试块。

（5）检验准备

① 探伤面

A 采用 A 级检验等级，在管材外表面上对杆件与锥头或封板焊缝进行探伤检查；采用 B 级检验等级对钢管对接焊缝两侧进行探伤检查。见表 3.18-88。

检验等级和探伤方法 表 3.18-88

检验等级	探伤面	探伤方法
A 级	单面单侧	直射波、一次反射波、二次反射波
B 级	单面单侧	直射波、一次反射波

B 受检区宽度和探头扫查区宽度见表 3.18-89。

受检区宽度和探头扫查区宽度 表 3.18-89

受检对象	受检区宽度	探头扫查区宽度
杆件与锥头或封板焊缝	焊缝自身宽度加管材侧相当于管壁厚度的一段区域,最大为14mm	在焊缝杆件侧>1.25P(P为斜探头的探伤跨距)
钢管对接焊缝	焊缝自身宽度加焊缝两侧各相当于管壁厚度的一段区域,最大为20mm	在焊缝两侧,分别>1.25P

② 超声波探伤应在焊缝外观检查合格后进行,按面向杆件顺时针方向划分 1～12 个区域排列统一编号。

③ 检查前必须对探伤面进行清理,除去探头扫查区内的焊接飞溅物、铁屑、油污以及影响透声效果的涂层;表面应平整,必要时应打磨出金属光泽,以保证良好的声学接触便于探头扫查。当探伤面的粗糙度大于试块时,应表面补偿 4dB。

④ 检验人员应事先了解受检焊缝的材质、曲率、厚度、焊接工艺、坡口型式、余高和背面衬垫等情况。

⑤ 应根据壁厚、坡口型式及预期发现的主要缺陷选择探头。在满足探伤灵敏度的前提下,应尽可能选用晶片尺寸小、前沿短、折射角大的斜探头。对壁厚<6mm的管材,应尽可能使用双晶斜探头。

⑥ 若管材半径 $R \not> 0.25W^2$ （W 为探头底面宽度）,则探头楔块底面应磨成与探伤面相吻合的曲面,并且在磨成曲面后,测定前沿距离和折射角以及标定时基线长度比例、绘制距离波幅曲线和调节探伤灵敏度。

⑦ 距离波幅曲线（DAC）的绘制

A. 采用在 CSKIC 试块上实测的 Φ3mm 横孔反射波幅数据以及表面补偿数据,按灵敏度要求绘制 DAC 曲线。

B. 曲线由判废线 RL、定量线 SL 和评定线 EL 组成。EL 线与 SL 线之间称为 Ⅰ 区,弱信号评定区;SL 线与 RL 线之间称为 Ⅱ 区,长度评定区;RL 线及以上称为 Ⅲ 区,判废区。三条曲线的灵敏度数值见表 3.18-90。

DAC 曲线的灵敏度数值 　　　　表 3.18-90

曲线名称	灵敏度数值
判废线(RL)	Φ3mm　3dB
定量线(SL)	Φ3mm　10dB
评定线(EL)	Φ3mm　16dB

绘制在示波屏上时，整个检测范围内曲线都应处于示波屏满幅度的 20％以上。

(6) 检验方法

① 检验工作应在探伤面经过清理、探伤仪的时基线和探伤灵敏度经过标定、DAC 曲线绘制完毕后进行。

② 焊缝的全面检验或抽查比例应根据 GB 50205 和 JGJ 7 的规定进行。对于大、中跨度网架必须抽取拉杆焊缝的 20％数量进行检验。

③ 焊缝扫查速度≯15mm/s，相邻的两次检查之间至少有探头晶片宽度 10％的重叠。

④ 以搜索缺陷为目标手工探头扫查，其探头行走方式应呈"W"形，并有 10°～15°的摆动。为确定缺陷位置、方向、形状、观察缺陷的动态波形、区别回波信号的需要，应增加前后、左右；转角、环绕等各种扫查方式。

⑤ 焊缝探伤应首先进行初始检验。初始检验采用的探伤灵敏度不低于评定线。在检验中应根据波幅超过评定线的各个回波的特征判断焊缝中有无缺陷以及缺陷性质。危害性大的非体积性缺陷有裂纹、未熔合，危害性小的体积性缺陷有气孔、夹渣等。

⑥ 在初始检验中判断有缺陷的部位，应在焊缝表面做标记，并做规定检验，测出缺陷的实际位置和当量，并对根部未焊透外回波幅度在评定线以上危害性大的非体积性缺陷以及包括根部未焊透、回波幅度在定量线以上危害性小的缺陷，测定指示长度。

⑦ 测定缺陷指示长度，当缺陷回波只有一个波高点时，采

用 6dB 测长法；当缺陷回波有多个波高点时，采用端点波高法。

⑧ 根部未焊透缺陷除按规定测出指示长度外，还应当测定缺陷回波幅度与 RBJ-1 型试块上人工槽回波幅度（UF）之间的 dB 差值，记作 UF±dB。

⑨ 在检验中遇到不能准确判断的回波时，应辅以其他检验作综合判断。

（7）缺陷评定

① 最大回波幅度在 DAC 曲线 Ⅱ 区的缺陷，其指示长度＜10mm 时按 5mm 计。

② 在任意测定的 8mm 深度范围内，相邻两个缺陷间距＜8mm 时，两个缺陷指示长度之和作为单个缺陷指示长度；间距＞8mm 时，分别计算。

③ 忽略不计的缺陷：回波幅度低于评定线的各种缺陷和回波幅度在 Ⅰ 区的根部未焊透、危害性小的体积性缺陷。

（8）质量分类与分级

① 焊缝的质量等级根据探伤结果评定。在评定中把缺陷分为根部未焊透除外的缺陷和根部未焊透两大类，每类有四个质量等级见表 3.18-91、表 3.18-92。设计应按验收规定注明合格级别。在高温和腐蚀性气体作业环境及动力疲劳荷载工况下，Ⅱ 级合格，一般情况下 Ⅲ 级合格。在同一条焊缝上允许根部未焊透的合格等级与其他缺陷的合格等级不得视为同一等级。

根部未焊透除外的质量等级　　　　　表 3.18-91

等级		允许存在的缺陷程度
Ⅰ	1	符合评定要求,包含未发现缺陷
	2	回波幅度在 DAC 曲线 Ⅱ 区内,指示长度≤2/3δ,最小为 10mm 的危害性小的缺陷
	3	回波幅度在 Ⅰ 区,指示长度≤8%L(周长)
Ⅱ	1	回波幅度在 DAC 曲线 Ⅱ 区内,指示长度≤3/4δ,最小为 15mm 的危害性小的缺陷
	2	回波幅度在 Ⅰ 区,指示长度≤15%L(周长)

等级		允许存在的缺陷程度
Ⅲ	1	回波幅度在 DAC 曲线Ⅱ区内,指示长度≤δ,最小为 20mm 的危害性小的缺陷
	2	回波幅度在Ⅰ区,指示长度≤20%L(周长)
Ⅳ	1	指示长度超过Ⅲ级规定的缺陷
	2	回波幅度在 DAC 曲线Ⅲ区的缺陷
	3	回波幅度在评定线以上,危害性大的缺陷
	4	符合判废线及以上的缺陷

② 根据 RBJ-1 型试块人工槽调节探伤灵敏度,最大回波幅度小于人工反射槽回波幅度时,按指示长度评级。

③ 根据 RBJ-1 型试块横孔调节探伤灵敏度,最大回波幅度位于判废灵敏度 Φ3mm 和定量灵敏度 Φ3mm6dB 之间缺陷按指示长度评级。

④ 根部未焊透的质量等级见表 3.18-92。

根部未焊透的质量等级 表 3.18-92

等级		允许存在的缺陷程度
Ⅰ	1	符合评定要求,包括未发现根部未焊透在内
	2	回波幅度在 DAC 曲线Ⅱ区内,且低于 UF,指示长度符合Ⅰ级规定
Ⅱ		回波幅度在 DAC 曲线Ⅱ区内,且低于 UF,指示长度符合Ⅱ级规定,指示长度总和≤8%焊缝周长
Ⅲ	1	壁厚δ<8mm,回波幅度在 DAC 曲线Ⅱ区内,且低于 UF,指示长度符合Ⅲ级规定,指示长度总和≤12%焊缝周长
	2	壁厚δ≥8mm,回波幅度在 DAC 曲线Ⅱ区内,且低于 UF,指示长度符合Ⅲ级规定,指示长度总和≤10%焊缝周长
Ⅳ	1	回波幅度≥UF,或回波幅度在 DAC 曲线Ⅲ区,符合判废线及以上的缺陷
	2	指示长度超过Ⅲ级规定
	3	指示长度总和超过Ⅲ级规定

(9)焊缝返修检验

不合格缺陷的焊缝应予返修。返修区和受返修影响的区域应重新按检验条件及检验方法进行复验。

（10）记录与报告

① 检验记录内容：工程名称、工件编号、探测对象、焊缝编号、材料表面状况、探头角度、频率、晶片尺寸、反射体、试块、耦合剂、所发现的超标缺陷、可记录缺陷、评定等级、检验人员及日期等。

② 缺陷在焊缝长度方向的位置按面向杆件顺时针方向记录；回波幅度位于Ⅱ区，指示长度小于规定的缺陷也应记录。

③ 检验报告主要内容：工程名称、工件编号、材料、壁厚、焊接方法、焊缝种类、编号、探伤面、检测比例、探伤方法、扫描比例、验收标准、仪器型号、试块、耦合剂、探伤部位示意图、缺陷情况、返修情况、探伤结论、日期、检验人员及审核人员签字等。

④ 检验记录和检验报告作为网架验收文件保存 7 年。格式见表 3.18-93、表 3.18-94。

杆件焊缝超声波探伤记录　　　　　表 3.18-93

工程编号				探测对象	杆件○	检验次序	首次检验○	一次检验○	二次检验○

探测条件：

| 序号 | 探头 | | | 反射体 | | | 基准波高满幅（%） | 反射波幅（dB） | 表面补偿（dB） | 探伤灵敏度（dB） | 探测深度（mm） |
	角度（βk）	频率（MHz）	尺寸（mm）	形状	深度（mm）	试块					

| 焊缝编号 | 探头序号 | 规格 | 缺陷编号 | 缺陷位置 | 深度（mm） | 指示长度（mm） | 波幅（dB） | 评定等级 | 结论 | |
									返修	合格

钢网架超声波探伤报告　　　表 3. 18-94

工程名称			材料		壁厚	
工程编号			探伤面		检验范围	
探伤面状态		焊接方法	试块		检验标准	
探伤时机		焊缝数量	仪器		合格级别	
探伤方式		扫描调节	耦合剂		表面补偿	
探伤部位示意图			DAC 曲线			

	焊缝编号	规格	显示情况(NIRIUI 个)	一次返修	二次返修	结论
探伤结果及返修情况						

3.18.12.3 钢网架球节点和杆件偏差检测及挠度检测

1. 焊接球、螺栓球、高强度螺栓和杆件的偏差检测，检测方法和偏差允许值应按规定执行。

2. 钢网架的挠度，可采用激光测距仪或水准仪检测，每半跨范围内测点不少于 3 个，跨中 1 点，端部测点距支座不应大于 1m。

3.18.13 钢结构涂装检测

3.18.13.1 涂装前钢材表面锈蚀等级和除锈等级

1. 涂装前钢材表面锈蚀程度和除锈质量等级，可用现行国家标准 GB 8923 规定的图片对照目视观察来确定锈蚀等级和除锈等级。它适用于以喷射或抛射除锈、手工和动力工具除锈以及火焰除锈方式处理过的热轧钢材表面。也可参照评定冷轧钢材表面的除锈等级。

2. 锈蚀等级分为四个等级：

A. 全面地覆盖着氧化皮而几乎没有铁锈的钢材表面；

B. 已发生锈蚀，并且部分氧化皮已经剥落的钢材表面；

C. 氧化皮已因锈蚀而剥落，或者可以刮除，并且有少量点蚀的钢材表面；

D. 氧化皮已因锈蚀而全面剥落，并且已普遍发生点蚀的钢材表面。

3. 除锈等级

（1）钢材表面除锈等级以代表所采用的除锈方法的字母"Sa"（喷射或抛射除锈）、"St"（手工和动力工具除锈）"FI"（火焰除锈）表示。字母后的数字表示清除氧化皮、铁锈和油漆涂层等附着物的程度等级。

（2）"Sa"（喷射或抛射除锈）

喷射或抛射除锈前，厚的锈层、油脂和污垢均应清除。喷射或抛射除锈后，钢材表面应清除浮灰和碎屑。

喷射或抛射除锈过的钢材表面分四个除锈等级：

① 轻度的喷射或抛射除锈（BSa1、CSa1、DSa1）：钢材表面应无可见的油脂和污垢，并且没有附着不牢的氧化皮、铁锈和油漆涂层等附着物。

② 彻底的喷射或抛射除锈（BSa2、CSa2、DSa2）：

钢材表面会无可见的油脂和污垢，氧化皮、铁锈和油漆涂层等附着物已基本清除，其残留物应牢固附着品的。

Sa21/2 非常彻底的喷射或抛射除锈（ASa21/2 BSa21/2、CSa21/2、DSa21/2）

钢材表面会无可见的油脂和污垢，氧化皮、铁锈和油漆涂层等附着物，任何残留的痕迹应仅是点状或纹状的轻微色斑。

③ Sa3 使钢材表观洁净的喷射或抛射除锈（ASa3 BSa3、CSa3、DSa3）

钢材表面会无可见的油脂和污垢，氧化皮、铁锈和油漆涂层等附着物，该表面应显示均匀的金属色。

（3）"St"手工和动力工具除锈

手工和动力工具除锈前，厚的锈层、油脂和污垢均应清除。喷射或抛射除锈后，钢材表面应清除浮灰和碎屑。

对于手工和动力工具除锈过的钢材表面，分两个除锈等级：

① "St2"彻底的手工和动力工具除锈（BSt2、CSt2、DSt2）

钢材表面应无可见的油脂和污垢，并且没有附着不牢的氧化皮、铁锈和油漆涂层等附着物。

② "St3"非常彻底的手工和动力工具除锈（BSt3、CSt3、DSt3）

钢材表面应无可见的油脂和污垢，并且没有附着不牢的氧化皮、铁锈和油漆涂层等附着物，除锈更彻底，底材显露部分的表面应具有金属光泽。

（4）"FI"（火焰除锈）

火焰除锈前，厚的锈层应铲除。火焰除锈应包括在火焰加热作业后以动力钢丝刷清加热后附着钢材表面的产物。

钢材表面应无氧化皮、铁锈和油漆涂层等附着物，任何残留的痕迹应仅为表面变色（AFI、BFI、CFI、DFI）。

（5）钢材表面锈蚀等级和除锈等级的目视评定

① 评定钢材表面锈蚀等级和除锈等级应在良好的散射日光下或在照度相当的人工照明条件下进行。检查人员应具有正常的视力。

② 待检查的钢材表面应与相应的照片进行目视比较。

③ 评定锈蚀等级时，以相应锈蚀较严重的等级照片所标示的锈蚀等级作为评定结果；评定除锈等级以与钢材表面外观最接近的照片所标示的除锈等级作为评定结果。

3.18.13.2   钢结构防火涂料应用技术

1. 适用范围：建筑物及构筑物防火保护层的设计、施工及验收。

2. 钢结构类型、防火涂料及涂层厚度

（1）钢结构类型见表 3.18-95。

钢结构类型 表 3.18-95

钢结构类型	说　明
裸露钢结构	建筑物或构筑物竣工后仍明露的钢结构,如体育场馆、工业厂房等钢结构
隐蔽钢结构	建筑物或构筑物竣工后,已经被围护、装修材料遮蔽或隔离的钢结构,如影剧院、百货楼、礼堂、办公大厦、宾馆等钢结构
露天钢结构	建筑物或构筑物竣工后,露置于大气中,无屋盖防风雨的钢结构,如石油化工厂、石油钻井平台、液化石油气贮罐支柱钢结构等

（2）钢结构的防火涂料分为薄涂型和厚涂型两类。

（3）薄涂型钢结构防火涂料（B类）：涂层厚度一般为 2～7mm，有一定装饰效果，高温时膨胀增厚，耐火隔热，耐火极限可达 0.5～1.5h，又称钢结构膨胀防火涂料。

薄涂型钢结构防火涂料的主要技术性能指标见表 3.18-96。

薄涂型钢结构防火涂料的主要技术性能指标 表 3.18-96

项　目		指　标		
黏性强度　　　　　　（MPa）		≥0.15		
抗弯性		挠曲 $L/100$,涂层不起层、脱落		
抗震性		挠曲 $L/200$,涂层不起层、脱落		
耐水性　　　　　　　（h）		≥24		
耐冻融　循环性　　　（次）		≥15		
耐火极限	涂层厚度（mm）	3	5.5	7
	耐火时间不低于（h）	0.5	1.0	1.5

（4）厚涂型钢结构防火涂料（H类）：涂层厚度一般为 8～50mm，呈粒状面，密度较小热导率低，耐火极限可达 0.5～3.0h。又称为钢结构防火隔热涂料。

厚涂型钢结构防火涂料的主要技术性能指标见表 3.18-97。

厚涂型钢结构防火涂料的主要技术性能指标   表 3. 18-97

项　　目		性能指标
粘结强度　　　　　　　（MPa）		≥0.04
抗压强度　　　　　　　（MPa）		≥0.3
干密度　　　　　　　　（kg/m³）		≤500
热导率　　　　　　（W/(m·k))		≤0.1160(0.1kcal/m·h·c)
耐水性　　　　　　　　（h）		≥24
耐冻融循环性　　　　　（次）		≥15
耐火极限	涂层厚度(mm)	15　20　30　40　50
	耐火时间不低于(h)	1.0　1.5　2.0　2.5　3.0

（5）采用钢结构防火涂料的规定

① 室内裸露钢结构、轻型屋盖钢结构及有装饰要求的钢结构，当规定其耐火极限在 1.5h 及以下时，宜选用薄涂型钢结构防火涂料。

② 室内隐蔽钢结构、高层全钢结构及多层厂房钢结构，当规定其耐火极限在 1.5h 及以下时，宜选用厚涂型钢结构防火涂料。

③ 露天钢结构，应选用适合室外用的钢结构防火涂料。

（6）用于保护钢结构的防火涂料应不含石棉、不用苯类溶剂、无刺激性气味、不腐蚀钢材，使用期内保持性能稳定。

（7）钢结构防火涂料的涂层厚度确定原则

① 按照规范对钢结构不同构件耐火极限的要求，根据标准耐火试验数据选定相应的涂层厚度。

② 根据标准耐火试验数据，参照规范计算确定相应的涂层厚度。

（8）保护裸露钢结构以及露天钢结构的防火涂层，应规定外观平整度和颜色装饰要求。

（9）钢结构构件的防火喷涂保护方式宜按构件类型（钢圆管柱、钢方型管柱、工字钢柱、钢楼板等）选用。

3. 钢结构防火涂料的施工

（1）一般规定

① 钢结构防火喷涂保护应由资质合格的专业施工队施工。应执行安全技术和劳动保护的规定。

② 钢结构及与其相连的吊杆、马道、管架等构件安装完毕、验收合格后方可进行防火涂料施工。

③ 钢结构涂装前应除锈，清除表面杂物，连接处的缝隙应用防火涂料填平。

④ 施工防火涂料应进行遮蔽保护，防止污染和碰撞。

⑤ 施工环境温度宜保持在 5℃～38℃，相对湿度不宜大于 90％，空气应清洁流通。大风、低温、雨雪天气不宜作业。

（2）质量要求

① 用于保护钢结构的防火涂料必须有国家检测机构出具的耐火极限检测报告和理化性能检测报告，必须有防火监督部门核发的生产许可证和厂方产品合格证。

② 钢结构防火涂料出厂产品质量应符合有关标准规定，附有涂料品种名称、技术性能、制造批号、贮存期限和使用说明书。

③ 防火涂料中的底层和面层涂料应配套，底层涂料不得锈蚀钢材。

④ 同一工程，每使用 100t 薄涂型钢结构防火涂料应抽样检测一次粘结强度；每使用 500t 厚涂型钢结构防火涂料应抽样检测一次粘结强度和抗压强度。

（3）薄涂型钢结构防火涂料施工

① 薄涂型钢结构防火涂料的底涂层（或主涂层）宜采用重力式喷枪喷涂，其压力约为 0.4MPa。面层装饰涂料可刷涂、喷涂或滚涂。

② 双组份装的涂料应按说明书规定在现场调配；单组分装的涂料应充分搅拌。喷涂不应流淌和下坠。

③ 底涂施工要求

A. 钢基材表面应除锈和清除尘土杂物进行防锈处理后方可施工。

B. 底层一般喷 2～3 遍，每遍喷涂厚度不超过 2.5mm，两遍之间应间隔、干燥。

C. 喷涂应确保涂层完全闭合，轮廓清晰。

D. 喷涂时要经常用测厚针检测涂层厚度，确保达到设计规定的厚度。

E. 达到设计厚度要求的涂层表面应平整光滑、最后一遍涂层做抹长、平处理，确保均匀平整。

④ 面涂层施工要求

A. 底涂层厚度符合设计要求，基本干燥后方可施工面层。

B. 面层一般涂饰 1～2 次，应全部覆盖底层。涂料用量为 0.5～1kg/m²。

C. 面层应接槎平整颜色均匀。

(4) 厚涂型钢结构防火涂料施工

① 厚涂型钢结构防火涂料宜采用压送式喷涂机喷涂，空气压力为 0.4～0.6MPa，喷枪口直径宜为 6～10mm。

② 配料应严格按配合比加料或加稀释剂使稠度适宜，边配边用。

③ 喷涂每遍宜为 5～10mm，前一遍基本干燥或固化后再喷下一遍。喷涂保护方式、喷涂遍数与涂层厚度应根据设计要求确定。

④ 喷涂时要经常用测厚针检测涂层厚度，确保达到设计规定的厚度。

⑤ 喷涂涂层应剔除乳突，确保均匀平整。

⑥ 防火涂层出现下列情况应返工重喷

A. 涂层干燥固化不好，粘结不牢或粉化、空鼓、脱落时；

B. 接头、转角处涂层凹陷；

C. 涂层表面有浮浆或裂缝宽度大于 1.0mm。

D. 涂层厚度小于设计规定厚度的 85% 时，或虽涂层厚度大于设计规定厚度的 85%，但未达到规定厚度的涂层之连续面积时长度超过 1m 时。

4. 钢结构防护涂料的质量，应按国家现行相关产品标准对涂料质量进行检测。

5. 涂装外观质量检测，可根据不同材料按《钢结构工程施工程质量验收规范》GB 50205 的规定进行检测和评定。

6. 工程验收

(1) 钢结构防火保护工程竣工验收，应由建设单位组织包括消防监督部门在内有关单位进行。

(2) 竣工验收检测项目与方法

① 用目视法检测涂料品种与颜色，与选用样品对比。

② 用目视法检测涂层颜色及漏涂和裂缝情况，用 0.75～1kg 榔头轻击涂层检测其强度，用 1m 直尺检测涂层平整度。

③ 按规定检测涂层厚度。

(3) 薄涂型钢结构防火涂层要求

① 涂层厚度符合设计要求。

② 无漏涂、脱粉、明显裂缝 (有个别裂缝宽度不大于 0.5mm)。

③ 涂层与钢基材及各涂层之间粘结牢固，无脱层、空鼓等。

④ 颜色与外观符合设计要求，轮廓清晰，接槎平整。

(4) 厚涂型钢结构防火涂层要求

① 涂层厚度符合设计要求。厚度低于标准，但大于标准的 85%，且在 5m 范围内不再出现厚度不足的连续面积长度大于 1m。

② 涂层应完全闭合，不露底、漏涂。

③ 涂层不宜出现裂缝，有个别裂缝宽度不大于 1mm。

④ 涂层与钢基材及各涂层之间粘结牢固，无脱层、空鼓等。

⑤ 涂层表面应无乳突，外观要求部位，母线不直度和失圆度允许偏差不应大于 8mm。

(5) 施工单位在验收钢结构防火工程时应提供的技术资料：

① 国家质量监督检测机构对所用产品的耐水极限和理化性能检测报告。

② 大中型工程对所用产品抽检的粘结强度、抗压强度等检测报告。

③ 工程所用产品合格证。

④ 施工现场记录和重大问题处理意见与结果。

⑤ 工程变更记录和材料代用通知单。

⑥ 隐蔽工程验收记录。

⑦ 竣工现场记录。

7. 钢结构防火涂料的检测

(1) 钢结构防火涂料厚度计算方法:

在设计防火保护涂层和喷涂施工时,根据标准试验得出的某一耐火极限的保护层厚度,确定不同规格钢构件达到相同耐火极限所需的同种防火涂料的保护层厚度,可参照下列经验公式计算:

$$T_1 = \frac{W_2/D_2}{W_1/D_1} \times T_2 \times K$$

公式的限定条件为:$W/D \geqslant 22$,$T \geqslant 9mm$,耐火极限 $\geqslant 1x$。

(2) 钢结构防火涂料涂层厚度测定方法

① 测针与测试图

测针(厚度测量仪),由针杆和可滑动的圆盘组成,圆盘始终保持与针杆垂直,并在其上装有固定装置,圆盘直径不大于30mm,以保证完全接触被测试件的表面。如果厚度测量仪不易插入被测材料中,也可使用其他方法测试。

测试时,将测厚探针垂直插入防火涂层直至钢基材表面上,记录标尺读数。

② 测点选定

A. 楼板和防火墙的防火涂层厚度测定,可选两相邻纵、横轴线相交中的面积为一个单元,在其对角线上,按每米长度选一点进行测试。

B. 钢框架结构的梁和柱的防火涂层厚度测定,在构件长度内每隔 3m 取一截面，按图示位置测试。

C. 桁架结构，上弦和下弦按第二条的规定每隔 3m 取一截面检测，其他腹杆每根取一截面检测。

③ 测量结果

对于楼板和墙面，在所选择的面积中，至少测出 5 个点；对于梁和柱在所选择的位置中，分别测出 6 个和 8 个点。分别计算出它们的平均值，精确到 0.5mm。

（3）钢结构防火涂料试验方法

① 钢结构防火涂料耐火极限试验方法：

将待测涂料按产品说明书规定的施工工艺施涂于标准钢构件上（例如 136b 或 140a 工字钢），采用国家标准《建筑构件耐火试验方法》GB/T 9978，试件平放在卧式炉上，燃烧时三面受火。试件支点内外非受火部分的长度不应超过 300mm。按设计荷载加压，进行耐火试验，测定某一防火涂层厚度保护下的钢构件的耐火极限，单位为 h。

② 钢结构防火涂料粘结强度试验方法：

参照《合成树脂乳液砂壁状建筑涂料》JG/T 24 中的粘结强度试验进行。

A. 试件准备：将待测涂料按说明书规定的施工工艺施涂于 70mm×70mm 的钢板上。

薄涂型膨胀防火涂料厚度为 3～4mm，厚涂型防火涂料厚度为 8～10mm。抹平，放在常温下干燥后将涂层抹成 50mm×50mm，再用环氧树脂将一块 50mm×50mm×（10～15）mm 的钢板粘结在涂层上，以便试验时装夹。

B. 试验步骤：将准备好的试件装在试验机上，均匀连续加荷至试件涂层破裂为止。粘结强度按公式计算：

$$f_b = \frac{F}{A}$$

每次试验，取 5 块试件测量，剔除最大和最小值，其结果应取其余 3 块的算术平均值，精确度为 0.01MPa。

③钢结构防火涂料涂层抗压强度试验方法：

参照《砌体工程施工质量验收规范》GB 50203 标准中附录二"砂浆试块的制作、养护及抗压强度取值"方法进行。

将拌好的防火涂料注入 70.7mm×70, 7mm×70.7mm 试模捣实抹平，待基本干燥固化后脱模，将涂料试块放置在（60±5）℃的烘箱中干燥至恒重，然后用压力机测试，按下式计算抗压强度：

$$R=\frac{P}{A}$$

每次试验的试件 5 块，剔除最大和最小值，其结果应取其余 3 块的算术平均值，计算精确度为 0.01MPa。

④ 钢结构防火涂料涂层干密度试验方法：

采用准备做抗压强度的试块，在做抗压强度之前采用直尺和称量法测量试块的体积和质量。干密度按下式计算：

$$R=\frac{G}{V}×10^3$$

每次试验，取 5 块试件测量，剔除最大和最小值，其结果应取其余 3 块的算术平均值，精确度为±20kg/m³。

⑤ 钢结构防火涂料涂层热导率的试验方法：

本方法用于测定厚淳涂型钢结构防火涂料的热导率。参照有关保温隔热材料导热系数测定方法进行。

A. 试件准备：将待测的防火涂料按产品说明书规定的工艺施涂于 200mm×200mm×20mm 或田 200mm 的试模内，捣实抹平，基本干燥同化后脱模，放入（60±5）℃的烘箱内烘干至恒重，一组试样为 2 个。

B. 仪器：稳态法平板导热系数测定仪（型号 DRP-1）。

C. 试验步骤：

a. 试样须在干燥器内放置 24h。

b. 将试样置于测定仪冷热板之间，测量试样厚度，至少测 4 点，精确到 0.1mm。

c. 热板温度为 (35±0.1)℃，冷板温度为 (25±0.1)℃，两板温 (10+0.1)℃。

d. 仪器平衡后，计量一定时间内通过试样有效传热面积的热量，在相同的时间间隔内所传导的热量恒定之后，继续测量 2 次。

e. 试验完毕再测量厚度，精确到 0.1mm，取试验前后试样度的平均值。

D. 计算式

$$\lambda = \frac{Qd}{s\Delta Z\Delta t}$$

⑥ 钢结构防火涂料涂层抗震性试验方法：

本方法用于测定薄涂型钢结构防火涂料涂层的抗震性能。采经防锈处理的无缝钢管（钢管长 1300mm，外径 48mm，壁厚 1mm），涂料喷涂厚度为 3～4mm，干燥后，将钢管一端以悬臂方；固定，使另一端初始变位达 L/200，以突然释放的方式让其自由振动。反复试验 3 次，试验停止后，观察试件上涂层有无起层和脱落发生。记录变化情况，当起层、脱落的涂面积超过规定值时即为不合格。

注：厚涂型钢结构防火涂料涂层的抗撞击性能可用一块 400mm×400mm×10mm 的钢板，喷涂 25mm 厚的防火涂层，干燥固化，并养护期满后，用 0.75～1kg 的榔头敲打或用其他钝器撞击试件中心部位，观察涂层凹陷情况，是否出现开裂、破碎或脱落现象。

⑦ 钢结构防火涂料涂层抗弯性试验：

本方法用于测定薄涂型钢结构防火涂料涂层的抗弯性能。试与抗震性试验用的试件相同。试件干燥后，将其两端简支平放压力机工作台上，在其中部加压至挠度达 L/100 时（L 为支点间距离，长 1000mm），观察试件上的涂层有无起层、脱落发生。

⑧ 钢结构防火涂料涂层耐水性试验方法：

参照《漆膜耐水性测定法》GB 1733 方法进行。用120mm×50mm×10mm 钢板，经防锈处理后，喷涂防火涂料（薄涂型涂

料的厚度为 3～4mm，厚涂型涂料的厚度为 8～10mm），放入
(60+5)℃的烘箱内干燥至恒重，取出放入室温下的自来水中浸
泡，观察有无起层、脱落等现象发生。

⑨ 钢结构防火涂料涂层耐冻融性试验方法：

本方法参照《建筑涂料耐冻融循环性测定法》GB 9154
进行。

试件与耐水性试验相同。对于室内使用的钢结构防火涂料，
将干燥后的试件，放置在（23±2)℃的室内 18h，取出置于
－18～－20℃的低温箱内冷冻 3h，再从低温箱中取出放入
(50±2)℃的烘箱中恒温 3h，为一个循环。如此反复，记录循环
次数，观察涂层开裂、起泡、剥落等异常现象。对于室外用的钢
结构防火涂料，应将试件放置在（23±2)℃的室内 18h 改为置于
水温为（23±2)℃的恒温水槽中浸泡 18h，其他条件不变。

3.18.14 钢材及成品进场验收

根据《钢结构工程施工质量验收规范》GB 50205 的要求，
凡进入施工现场的钢结构主要材料、零（部）件、成品件、标准
件等产品，均应按验收批进行进场验收。

1. 钢材

（1）钢材、钢铸件的品种、规格、性能等，全数检查产品质
量合格证明文件、中文标志及检验报告，均应符合现行国家产品
和设计要求。进口钢材产品的质量应符合设计和合同规定的标准
要求。

（2）抽样复验，全数检查复验报告要求：

① 国外进口钢材；

② 钢材混批；

③ 板厚等于或大于 40mm，且设计有 Z 向性能要求的厚板；

④ 建筑结构安全等级为一级，大跨度钢结构中主要受力构
件所采用的钢材；

⑤ 计有复验要求的钢材。

（3）按检验批每一品种、规格的钢板、型钢，用游标卡尺抽检查钢板厚度、型钢规格尺寸及允许偏差，检查 5 处，应符合产品标准的要求。

（4）全数检查钢材的外观质量除应符合国家标准的规定外，还应符合下列规定：

① 钢材的表面有锈蚀、麻点或划痕等缺陷，其深度不得大于该钢材厚度的负允许偏差值的 1/2；

② 钢材表面的锈蚀等级应符合国家标准《涂装前钢材表面锈蚀等级和除锈等级》GB 8923 规定的 C 级及 C 级以上；

③ 钢材端边或断口处不应有分层、夹渣等缺陷。

2. 焊接材料

（1）焊接材料的品种、规格、性能等，全数检查产品质量合格证明文件、中文标志及检验报告，均应符合现行国家产品和设计要求。

（2）重要评钢结构采用的焊接材料应全数抽样复验，检查复验报告结果应符合国家产品标准和设计要求。

（3）按检验批抽查 1%，不少于 10 套，焊钉及焊接瓷环的规格、尺寸及偏差应符合产品标准规定。

（4）焊条按量抽查 1%，且不少于 10 包，外观不应有药皮脱落、焊芯生锈等缺陷，焊剂不应受潮结块。

3. 连接用紧固标准件

（1）钢结构连接用高强度大六角头螺栓连接副、扭剪型高强度螺栓连接副、钢网架用高强度螺栓、普通螺栓、铆钉、自攻钉、拉铆钉、射钉、锚栓（机械型和化学试剂型）、地脚锚栓等紧固标准件及螺母、垫圈等标准配件，其品种、规格、性能等应符合现行国家产品标准和设计要求。高强度大六角头螺栓连接副、扭剪型高强度螺栓连接副出厂时应分别随箱带有扭矩系数和紧固轴力（预拉力）的检验报告。全数检查产品质量合格证书、中文标志及检验报告。

（2）大六角头螺栓连接副检验结果的扭矩系数应符合规定。

扭剪型高强度螺栓连接副检验结果的预拉力应符合规定。

(3) 高强度螺栓连接副，应按包装箱配套供货，包装箱上应标明批号、规格、数量及生产日期。螺栓、螺母、垫圈外观表面应涂油保护，不应出现生锈和沾染赃物，螺纹不应损伤。按包装箱数抽查 5%，且不应少于 3 箱。

(4) 对建筑结构安全等级为一级，跨度 40m 及以上的螺栓球节点钢网架结构，用硬度计、10 倍放大镜或磁粉探伤按规格抽查 8 只。其连接高强度螺栓应进行表面硬度试验，对 8.8 级的高强度螺栓其硬度应为 HRC21～29，10.9 级高强度螺栓其硬度应为 HRC32～36，且不得有裂纹或损伤。

4. 焊接球

(1) 全数检查焊接球及制造焊接球所采用的原材料，其品种、规格、性能等，检查产品的质量合格证明文件、中文标志及检验报告等应符合现行国家产品标准和设计要求。

(2) 焊接球焊缝应进行无损检验，每一规格按数量抽查 5%，且不应少于 3 个。超声波探伤或检查检验报告其质量应符合设计要求，当设计无要求时应符合规范中规定的二级质量标准。

(3) 检查焊接球直径、圆度、壁厚减薄量等尺寸及允许偏差。用卡尺和测厚仪检查。每一规格按数量抽查 5%，且不应少于 3 个。检查焊接球直径、圆度、壁厚减薄量等尺寸及允许偏差应符合规范的规定。

(4) 检查焊接球表面。用弧形套模、卡尺和观察检查。每一规格按数量抽查 5%，且不应少于 3 个。焊接球表面应无明显波纹及局部凹凸不平不大于 1.5mm。

5. 螺栓球

(1) 全数检查螺栓球及制造螺栓球节点所采用的原材料，其品种，规格、性能等。检查产品的质量合格证明文件、中文标志及检验报告应符合现行国家产品标准和设计要求。

(2) 螺栓球用 10 倍放大镜观察和表面探伤。各种规格抽查

5%，且不应少于5只。不得有过烧、裂纹及褶皱。

（3）用标准螺纹规定检查螺栓球螺纹尺寸。每种规格抽查5%，且不应少于5只。螺纹公差必须符合现行国家标准《普通螺纹公差与配合》GB 197中6H级精度的规定。

（4）用卡尺和分度头仪检查螺栓球直径、圆度、相邻两螺栓孔中心线夹角等尺寸及允许偏差。每一规格按数量抽查5%，且不应少于3个。尺寸及允许偏差应符合规范的规定。

6. 封板、锥头和套筒

（1）全数检查封板、锥头和套筒及制造封板、锥头和套筒所采用的原材料，其品种、规格、性能等产品的质量合格证明文件、中文标志及检验报告。应符合现行国家产品标准和设计要求。

（2）用放大镜观察检查和表面探伤。封板、锥头、套筒外观不得有裂纹、过烧及氧化皮。每种抽查5%，且不应少于10只。

7. 金属压型板

（1）全数检查金属压型板及制造金属压型板所采用的原材料，其品种、规格、性能等。检查产品的质量合格证明文件、中文标志及检验报告。应符合现行国家产品标准和设计要求。

（2）全数检查压型金属泛水板、包角板和零配件的品种、规格以及防水用密封材料的性能等检查产品的质量合格证明文件、中文标志及检验报告。应符合现行国家产品标准和设计要求。

（3）检查压型金属板的规格尺寸及允许偏差、表面质量、涂层质量等。每种规格抽查5%，且不应少于3件。观察和用10倍放大镜检查及尺量。应符合设计要求本规范的规定。

8. 涂装材料

（1）全数检查钢结构防腐涂料、稀释剂和固化剂等材料的品种、规格、性能等。检查产品的质量合格证明文件、中文标志及检验报告等应符合现行国家产品标准和设计要求。

（2）全数检查钢结构防火涂料的品种和技术性能，检查产品的质量合格证明文件、中文标志及检验报告等，并经过具有资质的检测机构检测，检测结果应符合国家现行有关标准的规定和设计要求。

（3）防腐涂料和防火涂料的型号、名称、颜色及有效期应与其质量证明文件相符。按桶数抽查 5%，且不应少于 3 桶，开启后，不应存在结皮、结块、凝胶等现象。

9. 其他

（1）全数检查钢结构用橡胶垫的品种、规格、性能等，检查产品的质量合格证明文件、中文标志及检验报告等，应符合现行国家产品标准和设计要求。

（2）全数检查其他特殊材料，其品种、规格、性能等，检查产品的质量合格证明文件、中文标志及检验报告等，应符合现行国家产品标准和设计要求。

4 门窗工程和幕墙工程的检测

4.1 门窗工程

4.1.1 执行标准

1. 《建筑装饰装修工程质量验收规范》GB 50210—2001
2. 《建筑节能工程施工质量验收规范》GB 50411—2007
3. 《建筑门窗工程检测技术规程》JGJ/T 205—2010
4. 《塑料门窗工程技术规程》JGJ 103—2008
5. 《建筑玻璃应用技术规程》JGJ 113—2009
6. 《玻璃幕墙工程技术规范》JGJ 102—2003
7. 《建筑外门窗气密、水密、抗风压性能分级及检测方法》GB/T 7106—2008
8. 《建筑外窗保温性能分级及检测方法》GB 8484—2008
9. 《建筑门窗空气声隔声性能分级及检测方法》GB/T 8485—2008
10. 《建筑外窗采光性能分级及检测方法》GB/T 11976—2002
11. 《铝合金门窗》GB/T 8478—2008
12. 《钢门窗》GB/T 20909—2007
13. 《未增塑聚氯乙烯（PVC-U）塑料窗》JG/T 140—2005
14. 《未增塑聚氯乙烯（PVC-U）塑料门》JG/T 180—2005
15. 《聚氯乙烯（PVC）门窗增强型钢》JG/T 131—2000

16.《铝合金建筑型材　第1部分：基材》GB 5237.1—2008

17.《铝合金建筑型材　第2部分：阳极氧化型材》GB 5237.2—2008

18.《铝合金建筑型材　第3部分：电泳涂漆型材》GB 5237.3—2008

19.《铝合金建筑型材　第4部分：粉末喷涂型材》GB 5237.4—2008

20.《铝合金建筑型材　第5部分：氟碳喷涂型材》GB 5237.5—2008

21.《铝合金建筑型材　第6部分：隔热型材》GB 5237.6—2008

22.《平板玻璃》GB 11614—2009

23.《中空玻璃》GB/T 11944—2012

24.《建筑用安全玻璃　第2部分：钢化玻璃》GB 15763.2—2005

25.《镀膜玻璃　第1部分：阳光控制镀膜玻璃》GB/T 18915.1—2002

26.《镀膜玻璃　第2部分：低辐射镀膜玻璃》GB/T 18915.2—2002

27.《建筑窗用弹性密封胶》JC/T 485—2007

28.《建筑用硅酮结构密封胶》GB 16776—2005

29.《硅酮建筑密封胶》GB 14683—2003

30.《聚氨酯建筑密封胶》JC/T 482—2003

31.《聚硫建筑密封胶》JC/T 483—2006

32.《丙烯酸酯建筑密封胶》JC/T 484—2006

33.《中空玻璃用弹性密封胶》JC/T 486—2007

34.《中空玻璃用复合密封胶条》JC/T 1022—2007

35.《幕墙玻璃接缝用密封胶》JC/T 882—2001

36.《塑料门窗用密封条》GB 12002—1989

4.1.2 检验批取样频率

1. 同一厂家的同一品种、类型和规格的金属门窗、塑钢门窗及门窗玻璃每 100 樘划分为一个检验批,不足 100 樘也为一个检验批;

2. 同一厂家的同一品种、类型和规格的特种门窗每 50 樘划分为一个检验批,不足 50 樘也为一个检验批;

3. 木门窗、金属门窗、塑钢门窗及门窗玻璃每一检验批应至少抽查 5%,并不得少于 3 樘,不足 3 樘应全数检查;高层建筑的外窗,每个检验批应至少抽查 10%,并不得少于 6 樘,不足 6 樘全数检查;

4. 特种门窗每一检验批应至少抽查 50%,并不得少于 10 樘,不足 10 樘应全数检查。

4.1.3 检验项目

1. 建筑外窗进入现场时,应对其外观、品种、规格及附件等进行检查验收,对质量证明文件进行核查。建筑外门窗的品种、规格应符合设计要求和相关标准的规定。

2. 建筑外墙金属窗、塑料窗的抗风压性能、空气渗透性能和雨水渗漏性能及保温性能、中空玻璃露点、玻璃遮阳系数和可见光透射比应符合设计要求。必要时还需做隔声性能检测。

验收时要检查产品合格证书、性能检测报告和复验报告。

应按地区类别随机抽查:同一厂家同一品种同一类型的产品各抽查不少于 3 樘(件),进行见证取样复验,复验项目如下

(1) 严寒和寒冷地区:气密性、传热系数和中空玻璃露点;

(2) 夏热冬冷地区:气密性、传热系数、玻璃遮阳系数、可见光透射比、中空玻璃露点;

(3) 夏热冬暖地区:气密性、玻璃遮阳系数、可见光透射比、中空玻璃露点。

3. 金属外门窗隔断热桥措施应符合设计要求和产品标准的

规定。金属副框的隔断热桥措施应与门窗框的隔断热桥措施相当。建筑门窗外框与副框连接宜采用软连接形式，四周间隙应适当调整。铝合金门窗安装采用钢副框时，应采取绝缘措施。

检查数量：金属外门窗隔断热桥措施，同一厂家、同一品种、类型的产品，随机抽查不少于1樘。金属副框的隔断热桥措施按检验批抽查30%。

严寒、寒冷、夏热冬冷地区的建筑外窗，按同一厂家、同一品种类型的产品抽查不少于3樘，对其气密性做现场实体检验，检验结果应满足设计要求。

4. 建筑门窗采用的玻璃品种、厚度、中空间隙应符合设计要求，中空玻璃应采用双道密封，密封材料应符合规定。门窗镀（贴）膜玻璃的安装方向应正确，中空玻璃的均应密封处理。

5. 平板玻璃、着色玻璃、镀膜玻璃、压花玻璃和夹丝玻璃明框向阳安装时，应进行热应力计算。玻璃边部应进行磨边等精加工，不得有缺口、开裂等缺陷，防止玻璃发生热炸裂。

6. 玻璃的最大许用面积应符号行业标准《建筑玻璃应用技术规程》JGJ 113—2009 的要求。安装在易受到人体或物体碰撞部位的建筑玻璃，应采取在视线高度设醒目标志或设置护栏等防碰撞保护措施。受碰撞可能发生人体或玻璃高处坠落的，应采用可靠护栏。

7. 特种门的性能应符合设计要求和产品标准要求；安装节能措施应符合设计要求。

8. 外门窗框或副框与洞口之间的间隙应采用弹性闭孔材料填充饱满，并使用密封胶密封；外门窗框与副框之间的缝隙应使用密封胶密封。全数检查。检查隐蔽工程验收记录。

9. 严寒、寒冷地区的外门安装，应按照设计要求采取保温、密封等节能措施。全数检查。

10. 外窗遮阳设施的性能、尺寸应符合设计和产品标准要求；遮阳设施的安装应位置正确、牢固，满足安全和使用功能的要求。外门窗遮阳设施调节应灵活，能调节到位。安装牢固程度全数检查。

11. 特种门的性能应符合设计和产品标准要求；特种门安装中的节能措施，应符合设计要求。全数检查。

12. 天窗安装的位置、坡度应正确，封闭严密，嵌缝处不得渗漏。

13. 门窗扇密封条和玻璃镶嵌的密封条，其物理性能应符合相关标准的规定。密封条安装位置应正确，镶嵌牢固，不得脱开，接头处不得开裂。关闭门窗时密封条应接触严密。

14. 门窗镀（贴）膜玻璃的安装方向应正确，中空玻璃的均压管应密封处理。

4.1.4 建筑外窗物理性能标准

门窗工程性能的现场检测工作应委托第三方具有检测资质的检测机构承担。样品应在安装质量检验合格的批次中随机抽取。

外门窗高度或宽度大于 1500mm 时，其抗风压性能宜用静载方法检测，其水密性能宜用现场淋水方法检测。

1. 抗风压性能检测

（1）检测项目：变形检测、反复加压检测、定级检测或工程检测。以三试件综合评定。定级检测时，以三试件定级值的最小值为该组试件的定级值。工程检测时，三试件必须全部满足工程设计要求。

（2）建筑外门窗抗风压性能分级表见表 4.1-1。

建筑外门窗抗风压性能分级表 （单位为 kPa） 表 4.1-1

分级	1	2	3	4	5	6	7	8	9
分级指标值 P3	1.0～1.5	1.5～2.0	2.0～2.5	2.5～3.0	3.0～3.5	3.5～4.0	4.0～4.5	4.5～5.0	≥5.0

注：第 9 级应在分级会同时注明具体检测压力差值。

（3）淋水检测：抗风压静载检测当静载满载缝隙有明显变化时，可在满载时施加淋水检测，进行水密性能检测。

① 现场淋水检测的部位应包括窗扇与窗框之间的开启缝、窗框之间的拼接缝、拼樘框与门窗外框的拼樘缝以及门窗与窗洞口的安装缝等可能出现渗漏的标志部位。

② 现场淋水检测步骤

A. 调节淋水水压。热带风暴和台风地区水压为 160kPa，非热带风暴和台风地区水压应为 110kPa。

B. 在门窗的室外侧选定检测部位，在距门窗表面 0.5～0.7m 处，从下向上沿与门窗表面垂直方向对准待测接缝进行喷水形成连续水幕，喷淋持续 5min。

C. 依次对选定部位喷淋。记录有渗漏部位。

当淋水检测出现渗漏时，可确定该门窗需要采取措施进行处理。

2. 气密性能检测

（1）分级指标：采用在标准状态下，压力差为 10Pa 时的单位开启缝长空气渗透量 q_1 和单位面积空气渗透量 q_2 作为分级指定标。

（2）检测步骤：分预备加压、渗透量检测：附加空气渗透量检测、总渗透量检测，检测值的计算、分级指标值的计算确定。

（3）确定级别：将三樘试件的 $\pm q_1$ 值或 $\pm q_2$ 值分别平均后对照表 4.1-2 确定按照缝长和按面积各自所属等级。最后取两者中的不利级别为该组试件所属等级。正、负压测值分别定级。

建筑外窗气密性能分级表　　　　表 4.1-2

分级	1	2	3	4	5	6	7	8
单位缝长分级指标值 q_1/(m³/(m·h))	$4.0 \geqslant q_1$ >3.5	$3.5 \geqslant q_1$ >3.0	$3.0 \geqslant q_1$ >2.5	$2.5 \geqslant q_1$ >2.0	$2.0 \geqslant q_1$ >1.5	$1.5 \geqslant q_1$ >1.0	$1.0 \geqslant q_1$ >0.5	$q_1 \leqslant 0.5$
单位面积分级指标值 q_2/(m³/(m²·h))	$12 \geqslant q_2$ >10.5	$10.5 \geqslant q_2$ >9.0	$9.0 \geqslant q_2$ >7.5	$7.5 \geqslant q_2$ >6.0	$6.0 \geqslant q_2$ >4.5	$4.5 \geqslant q_2$ >3.0	$3.0 \geqslant q_2$ >1.5	$q_2 \leqslant 1.5$

3. 水密性能检测

（1）分级指标：采用严重渗漏压力差的前一级压力差值作为分级指标。

（2）检测方法：检测分为稳定加压法和波动加压法。工程所在地为热带风暴和台风地区的工程检测，应采用波动加压法；定级检测和工程所在地为非热带风暴和台风地区的工程检测，可采用稳定加压法。水密性能最大检测压力峰值应小于抗风压定级检测压力差值 P_3。

（3）分级指标值的确定：记录每个试件的严重渗漏压力差值。以严重渗透压力差值的前一级检测压力差值作为该试件水密性能检测值。如果工程水密性能指标值对应的压力差值作用下未发生渗漏，则此值作为该试件的检测值。三试件水密性能检测值综合方法为：一般取三樘检测值的算术平均值。如果三樘检测值中最高值和中间值相差两个检测压力等级以上时，将该最高值降至比中间值高两个检测压力等级后，再算术平均。如果 3 个检测值中较小的两值相等，其中任意一值可视为中间值。

（4）水密性能指标值见表 4.1-3。

建筑外门窗水密性能分级表　　　表 4.1-3

分级	Ⅰ	Ⅱ	Ⅲ	Ⅳ	Ⅴ	Ⅵ
分级指标 ΔP	100～150	150～250	250～350	350～500	500～700	≥700

（5）建筑外窗（门）气密、水密、抗风压性能检测报告见表 4.1-4。

表 4.1-4

报告编号　　　　　　　　　　　　　　　　　共　　页

委托单位			
地址		电话	
送样/抽样日期			
抽样地点			
工程名称			
生产单位			

续表

样品	名称		状态	
	商标		规格型号	
检测	项目		数量	
	地点		日期	
	依据			
	设备			

检测报告

气密性能:正压属国标   第   级
　　　　负压属国标   第   级
水密性能:属国标   第   级(采用稳定[波动]加压方法检测)
抗风压性能:属国标   第   级

按照产品标准   判为合格(定级时注明)
满足工程设计要求(当工程检测时注明)
(检测报告专用章)

批准　　　　审核:　　　　主检:

报告日期   年 月 日

(6) 建筑外窗(门)产品质量检测报告见表4.1-5。

报告编号   共 页   表 4.1-5

可开启部分缝长:m		面积:m²		
面板品种		安装方式		
面板镶嵌材料		框扇密封材料		
检测室温度℃		检测室气压 kPa		
面板最大尺寸 mm	宽:	长:		厚:
工程设计值	气密: m³/(h·m) m³/(h·m²)	水密静压:Pa 水密动压:Pa		抗风压(正压):kPa 抗风压(负压):kPa

检测结果

气密性能:单位缝长每小时渗透量为正压   负压   m³/(h·m)
　　　　单位面积每小时渗透量为正压   负压   m³/(h·m²)
稳定加压法:发生严重渗漏的最高压力为   Pa
　　　　未发生严重渗漏的最高压力为   Pa
波动加压法:发生严重渗漏的最高压力为   Pa
　　　　未发生严重渗漏的最高压力为   Pa
抗拉压性能:变形检测结果为: 正压   Pa
　　　　(单玻1/300,双玻1/450)负压   kPa
　　　　反复加压检测结果为:正压   Pa
　　　　　　　　　　　　　负压   Pa
　　　　安全检测结果为:(单玻1/300,双玻1/450)
　　　　　　　　　　　正压   kPa
　　　　(3s阵风风压)负压   kPa
　　　　工程检验结果:正压   kPa
　　　　　　　　　　负压   kPa

4. 建筑外门窗保温性能检测

（1）检测方法原理：传热系数检测原理和抗结露因子检测原理。

（2）外门窗传热系数分级见表 4.1-6。

外门窗传热系数分级　　　　表 4.1-6

分级	1	2	3	4	5
分级指标值	K≥5.0	5.0>K≥4.0	4.0>K≥3.5	3.5>K≥3.0	3.0>K≥2.5
分级	6	7	8	9	10
分级指标值	2.5>K≥2.0	2.0>K≥1.6	1.6>K≥1.3	1.3>K≥1.1	K<1.1

（3）抗结露因子检测温度测点的设置：抗结露因子试验共设置 20 个温度测点，其中框上布 14 个点，玻璃上布 6 点。窗型不同，布点位置也不同。固定框和开启扇框上、玻璃中心及转角部位均应布置温度测点。

（4）玻璃门、外窗抗结露因子分级见表 4.1-7。

玻璃门、外窗抗结露因子分级　　　　表 4.1-7

分级	1	2	3	4	5
分级指标值（CRF）	≤35	35~40	4045	45~50	50~55
分级	6	7	8	9	10
分级指标值（CRF）	55~60	60~65	65~70	70~75	>75

（5）传热系数和抗结露因子取 6 次测值的平均值。

（6）检测报告内容：

a. 委托和生产单位

b. 试件名称、编号、规格、玻璃品种、玻璃及两层玻璃间空气层厚度、窗框面积与窗面积之比；

c. 检测依据、检测设备、检测项目、检测类别和检测时间，以及报告日期；

d. 检测条件：热箱空气平均温度 th 和空气相对湿度、冷箱空气平均温度 tc 和气流速度；

e. 检测结果：

① 传热系数：试件传热系数 K 值和保温性能等级；试件热测表面温度、结露和结霜情况；

② 抗结露因子：试件的 CRF 值（CRFg 与 CRFf 中较低值）和等级；试件玻璃表面（或框表面）的抗结露因子 CRF 值（），以及 tf、tfp、tfr、W、tg 的值；试件热侧玻璃表面和框表面的温度、结露情况；

f. 测试人、审核人及负责人签名；

g. 检测单位。

5. 建筑门窗空气声隔声性能检测

（1）试件取样：同一型号规格的试件取三樘。

（2）检测项目 检测试件在下列中心频率：100、125、160、200、250、315、400、500、630、800、1000、1250、1600、2000、2500、3150、4000、5000（Hz）1/3 倍频程的隔声量。

（3）计权隔声量、频谱修正量

① 单樘试件计权隔声量和频谱修正量的确定：按 GB/T 50121 规定的方法，用所测试件各频带的隔声量确定该樘试件的计权隔声量、粉红噪声频谱修正量和交通噪声频谱修正量。

② 三樘试件平均隔声量的计算各 1/3 倍频带，计算三樘试件的平均隔声量。按规定方法，用三樘试件各频带的平均计权隔声量确定本组试件的平均计权隔声量 Rw、粉红噪声频谱修正量 C 和交通噪声谱修正量 Ctr。

③ 隔声性能分级指标值的确定 根据三樘试件的平均计权隔声量 Rw、粉红噪声频谱修正量 C 和交通噪声谱修正量 Ctr，计算 Rw＋C 和 Rw＋Ctr，依此作为本型号试件的分级指标值。

（4）隔声性能等级

① 分级指标 外门、外窗以计权隔声量和交通噪声频谱修正量之和（Rw＋C）作为分级指标。内门、内窗以计权隔声量

和粉红噪声频谱修正量之和（Rw+Ctr）作为分级指标。

② 建筑门窗的空气声隔声性能分级见表4.1-8。

建筑门窗的空气声隔声性能分级　　　　表 4.1-8

分级	外门、外窗的分级指标(Rw+C)	内门、内窗的分级指标(Rw+Ctr)
1	20～25	20～25
2	25～30	25～30
3	30～35	30～35
4	35～40	35～40
5	40～45	40～45
6	≥45	≥45

注：用于对建筑内机器、设备噪声源隔声的建筑内门窗，对中低频噪声宜用外
门窗的指标值进行分级；对中高频噪声仍可采用内门窗的指标值进行分级。

6. 建筑外窗采光性能检测

（1）采光性能　建筑外窗在漫射光照射下透过光的能力。

（2）分级指标　采用窗的透光折减系数（透过漫射光照度
[Ew]与漫射光照度[E0]之比）Tr作为采光性能的分级指标。

（3）窗的采光性能分级指标见表4.1-9。

建筑外窗的采光性能分级指标　　　　表 4.1-9

分级	采光性能分级指标值(Tr)
1	0.20～0.30
2	0.30～0.40
3	0.40～0.50
4	0.50～0.60
5	≥0.60

注：Tr值大于0.60时，应给出具体数值。

（4）检测报告内容

a. 委托单位名称和地址；

b. 试件的生产厂名、品种、型号、规格及有关图示；

c. 试件的单位面积重量、总面积、可开启面积、密封条

状况、密封材料的材质、五金件中锁点、锁座的数量和安装位置、门窗玻璃或镶板的种类、结构、厚度、装配或镶嵌方式；

 d. 试件安装情况、试件周边的密封处理和试件洞口的记明；

 e. 检测依据和仪器设备；

 f. 接收室温度和相对湿度、声源室和接收室的容积；

 g. 用表格和曲线图的形式给出每一樘试件的隔声量与频率的关系，以及该组试件平均隔声量与频率的关系；

 h. 对 6 级高隔声量的特殊试件，如果个别频带隔声量测量受间接传声或背景噪声的影响只能测出低限值时，测量结果按不小于若干分贝（dB）的形式给出；

 i. 每樘试件的计权隔声量、频谱修正量及该组试件的平均计权隔声量 Rw、频谱修正量 C 和 Ctr；

 j. 试件的隔声性能等级；

 k. 检测单位名称和地址、检测报告编号、检测日期、主检和审核人员签名及检测单位盖章。

 7. 门窗抗撞击性能检测

 （1）撞击点宜选择门窗扇中梃的中点、中框的中点、拼樘框中点等部位。采用安全玻璃的门窗也可选择面板中心部位作为撞击点。

 （2）门窗撞击性能检测步骤：

 ① 提升撞击体（30±1）kg 的 350mm 球状砂袋中心用 φ5mm 的钢丝绳悬挂至设定撞击高度并处于静止状态，距被检测的关闭门窗表面 20mm。

 ② 释放下落撞击体撞击门窗点一次，应防止回弹撞击。

 ③ 撞击后应观察门窗变形、零部件脱落状况：不应有影响使用的永久变形和零部件脱落。

4.1.5 国家规定建筑外窗的物理性能要求

 1. 严寒地区，外窗保温性能不低于Ⅱ级水平；

寒冷地区外窗保温性能不低于Ⅴ级水平;

2. 冬季窗外平均风速大于 3.0m/s 地区空气渗透性能:1～6 层不低于Ⅲ级水平,7～30 层不低于Ⅱ级水平;冬季窗外平均风速小于 3.0m/s 地区空气渗透性能:1～6 层不低于Ⅴ级水平,7～30 层不低于Ⅲ级水平;

3. 北京地区需执行京建材(1999)48 号文,关于发布"北京市"《九五住宅建设标准》建筑外窗部分补充规定:

住宅外窗空气渗透性不低于Ⅱ级水平,低层和高层住宅外窗抗风压性能不低于Ⅲ级水平,中高层和高层不低于Ⅱ级水平,外窗雨水渗漏性能不低于Ⅲ级水平;

4. 有保温隔声性能要求的外窗传热系数不大于 3.5W/m²·k(Ⅲ级),民用建筑隔声性能不低于 25dB(Ⅴ级)。窗的隔声性能合格指标为≥35dB;

5. 北京地区还需执行京环保福字(1999)564《关于我市道路两侧新建建筑采用隔声窗的通知》。

4.1.6 铝合金门窗

1. 分类、命名和标记

分类和代号

① 用途:门、窗按外围护和内围护用分为两类:外墙用,代号为 W;内墙用,代号为 N。

② 类型

门、窗按使用功能划分的类型和代号及其相应性能见表 4.1-10、表 4.1-11。

③ 品种 按开启形式划分门、窗品种与代号。

门、窗的开启形式品种与代号见表 4.1-12、表 4.1-13。

④ 产品系列:以门窗框厚度构造尺寸(C2,mm)划分。建筑模数 10mm 数列为基本系列,按 5mm 晋级为辅助系列。如门、窗框厚度构造尺寸为 72mm、68mm,其产品系列为 70 系列和 65 系列。

门的功能类型与代号　　　　表 4.1-10

性能项目	种类	普通型		隔声型		保温型		遮阳型
	代号	PT		GS		BW		ZY
		外门	内门	外门	内门	外门	内门	外门
抗风压性能(P)		◎		◎		◎		◎
水密性能(ΔP)		◎		◎		◎		◎
气密性能(qq)		◎	○	◎	○	◎	○	◎
空气声隔声性能 (Rw+Ctr;Rw+C)				◎	◎			
保温性能(K)						◎	◎	
遮阳性能(SC)								◎
启闭力		◎	◎	◎	◎	◎	◎	◎
反复启闭性能		◎	◎	◎	◎	◎	◎	◎
耐撞击性能 a		◎	◎	◎	◎	◎	◎	◎
抗垂直荷载性能 a		◎	◎	◎	◎	◎	◎	◎
抗静扭曲性能 a		◎	◎	◎	◎	◎	◎	◎

注 1. ◎为必需性能；○为选择性能；
　　2. 地弹簧门不要求气密、水密、抗风压、隔声、保温性能。
　　a. 耐撞击、抗垂直荷载和抗静扭曲性能为平开旋转类门必需性能。

窗的功能类型与代号　　　　表 4.1-11

性能项目	种类	普通型		隔声型		保温型		遮阳型
	代号	PT		GS		BW		ZY
		外窗	内窗	外窗	内窗	外窗	内窗	外窗
抗风压性能(P)		◎		◎		◎		◎
水密性能(ΔP)		◎		◎		◎		◎
气密性能(qq)		◎		◎		◎		◎
空气声隔声性能 (Rw+Ctr;Rw+C)				◎	◎			
保温性能(K)						◎	◎	
遮阳性能(SC)								◎

性能项目	种类	普通型		隔声型		保温型		遮阳型
	代号	PT		GS		BW		ZY
		外窗	内窗	外窗	内窗	外窗	内窗	外窗
采光性能(Tr)		○		○		○		○
启闭力		◎	◎	◎	◎	◎	◎	◎
反复启闭性能		◎	◎	◎	◎	◎	◎	◎

注:◎为必需性能;○为选择性能。

门的开启形式品种与代号 表 4.1-12

开启类别	平开旋转类			推拉平移类			折叠类	
开启形式	平开(合页)	地弹簧平开	平开下悬	推拉(水平)	提升推拉	推拉下悬	折叠平开	折叠推拉
代号	P	DHP	PX	T	ST	TX	ZP	ZT

窗的开启形式品种与代号 表 4.1-13

开启类别	平开旋转类							
开启形式	平开(合页)	滑轴平开	上悬	下悬	中悬	滑轴上悬	平开下悬	立转
代号	P	HZP	SX	XX	ZX	HSX	PX	LZ

门的开启形式品种与代号 表 4.1-14

开启类别	推拉平移类					折叠类
开启形式	推拉(水平)	提升推拉	平开推拉	推拉下悬	提拉	折叠推拉
代号	T	ST	PT	TX	TL	ZT

⑤ 规格:以门、窗宽、高的设计尺寸前后顺序排列的六位数字表示。如门窗宽、高分别为 1500、2100,其尺寸规格型号为 150210。

⑥ 命名和标记

按门窗用途(可省略)、功能、系列、品种、产品简称(铝合金门 LM，铝合金窗 LC）的顺序命名和标记。

如保温型 65 系列上悬平开铝合金窗，产品规格型号 120180，抗风压性能 5 级，水密性能 3 致，气密性能 6 级，其标记为：铝合金窗 WBW65SX-PLC120210（P36-ΔP3-q16）GB/T 8478—2008。

2. 技术质量要求

（1）材料

① 一般要求

铝合金门窗所用材料及附件应符合有关标准的规定，也可采用不低于标准要求的性能和质量的其他材料。不同金属材料的接触面应采取防止双金属腐蚀的措施。

② 铝合金型材

A. 外门窗框、扇、拼樘框等主要受力杆件所用主型材壁厚应经设计计算或试验确定。主型材截面主要受力部位基材最小实测壁厚，外门不应低于 2.0mm，外窗不应低于 1.4mm。

B. 有装配关系的型材，尺寸偏差应选用 GB 5237.1 规定的高精级或超精级。

型材每批应由同一合金牌号（6005、6060、6063、6063A、6463、6463A 及 6061）、供货状态（T5、T6、及 T4、T6）、规格的型材组成，按取样规定，按化学成分、尺寸偏差、力学性能、外观质量检验项目进行检验检查，各项检验均合格才能验收。

除压条、压盖、扣板等需要弹性装配的型材之外，型材最小公称壁厚应不小于 1.20mm。

C. 铝合金型材表面处理方法分阳极氧化和阳极氧化加电解着色、电泳涂漆、粉末喷涂、氟碳漆喷涂 GB 5237.2、3、4、5—2008 等。表面处理层厚度应符合表 4.1-15 规定。

建设单位在铝合金门窗订货合同中应明确型材表面处理的品种和涂膜厚度与级别。门窗加工单位应按批量取样、检验项目进行检验，所有检验项目均符合规定的合格要求，出示检验合格证书。

铝合金型材表面处理层厚度 表 4.1-15

品种	阳极氧化 阳极氧化加 电解着色 阳极氧化加 有机着色	电泳涂漆	粉末喷涂	氟碳漆喷涂
表面处理 层厚度	膜厚级别	膜厚级别	装饰面上涂层 最小局部厚 度 um	装饰面平均 膜厚 um
	AA15	B（有 光 或 哑 光 透 明 漆）	S（有 光 或 哑 光 有 色 漆）	≥40	≥30(二涂) ≥40(三涂)

D. 铝合金隔热型材是门窗节能保温的新型型材，用低热导率的非金属材料通过开齿、穿条、滚压、浇注方式，将隔热材料牢固咬合或浇注内外二片铝合金型材槽内，复合成隔热断桥型材。

Ⅰ. 铝合金隔热型材应符合 GB 5237.6—2012 的规定要求。铝合金型材质量应按 GB 5237.1～GB 25237.5 和 YS/T 459—2003 码相应规定进行检测。

Ⅱ. 隔热材料有聚氨酯（PU）、聚酰胺（PA66GF25）、丙烯腈/丁二烯/苯乙烯共聚物（ABS）。产品按力学性能特性分为 A、B 两类：

A 类：穿条式、浇注式 剪切失败后不影响横向抗拉性能；

B 类：浇注式，剪切失败后引起横向抗拉失败。

Ⅲ. 产品性能

产品应进行纵向剪切试验、横向拉伸试验、高温持久负荷试验和热循环试验及外观质量检验，试验结果应符合表 4.1-16 的规定。

Ⅳ. 需方要求进行抗扭性能试验和其他特殊质量要求时，供需双方应在合同中商定具体性能指标。

隔热型材产品性能试验 表 4.1-16

试验项目	复合方式	试验结果						
		纵向抗剪特征值（N/mm）			横向抗拉特征值（N/mm）			隔热材料变形量平均值(mm)
		室温（+23±2）℃	低温（+20±2）℃	高温（+80±2）℃	室温（+23±2）℃	低温（+20±2）℃	高温（+80±2）℃	
纵向剪切试验 横向拉伸试验	穿条式	≥24	≥24	≥24	≥24	—		—
	浇注式	≥24	≥24	≥24	≥24	≥24	≥12	—
高温持久负荷试验	穿条式				≥24	≥24		≤0.6
热循环试验	浇注式	≥24						≤0.6

a. 经供需双方商定，可不进行产品性能试验。

③ 钢材：铝合金门窗所用钢材宜采用奥氏体不锈钢材料。根据使用需要，也可采用经热浸镀锌、锌电镀、黑色氧化、防锈涂料等防腐处理的黑色金属材料。

④ 玻璃：门窗玻璃应采用符合《平板玻璃》GB 11614 规定的建筑级浮法玻璃。玻璃的品种、厚度和最大许用面积应符合《建筑玻璃应用技术规程》JGJ 113 有关规定。

⑤ 密封材料：应对照设计要求和检验报告检查其品种、规格及复检性能指标。密封胶与各种接触材料的相容性应进行见证取样检测。

⑥ 五金配件：铝门窗框扇连接、锁固用功能性五金配件应满足整樘门窗承载能力的要求，其反复启闭性能应满足门窗反复启闭性能要求。五金件及其配件应进行进场检验，包括外观质量、规格尺寸、表面膜厚等。

⑦ 紧固件：铝门窗组装机械连接应采用不锈钢紧固件。不应使用铝及铝合金抽芯铆钉做门窗受力连接用紧固件。

(2) 性能要求

① 铝合金外门窗的抗风压性能、水密性能、气密性能、空气声隔声性能、保温性能、采光性能均采用建筑外门窗各项性能分级指标。

② 铝合金外门窗主要受力杆件（包括中横框、中竖框、周框及组合门窗拼樘框等主型材）相对面法线挠度要求。外门窗在各性能分级指标值风压作用下，主要受力杆件相对（面法线）挠度应符合表 4.1-17 的规定。风压作用后，门窗不应出现使用功能障碍和损坏。

门窗主要受力杆件相对面法线挠度要求 表 4.1-17

支承玻璃种类	单层玻璃、双层玻璃	中空玻璃
相对挠度	$L/100$	$L/150$
相对挠度最大值	20mm	

注：L 为主要受力杆件的支承跨距。

③ 铝合金外门窗遮阳性能：门窗遮阳性能指标—遮阳系数 SC 为采用 JGJ/T151 规定的夏季标准条件计算所得值。铝合金外门窗遮阳性能分级及指标 SC 应符合表 4.1-18。

门窗遮阳性能分级 表 4.1-18

分级	1	2	3	4	5	6	7
分级指标 SC	0.8～0.7	0.7～0.6	0.6～0.5	0.5～0.4	0.4～0.3	0.3～0.2	≤0.2

④ 采光性能要求：有天然采光要求的外窗，其透光折减系数 Tr 不应低于 0.45。同时有遮阳性能要求的外窗，应综合考虑遮阳系数的要求确定。

⑤ 启闭力和反复启闭性能

A. 门窗应在不超过 50N 的启、闭力作用下，能灵活开启和关闭。

B. 带有自动关闭装置（如闭门器、地弹簧）的门和提升推拉以及折叠推拉窗和无提升力平衡装置的提拉窗等门窗，其启闭力性能由供需双方协商确定。

C. 反复启闭性能指标：门的反复启闭次数不应少于 10 万次；窗的反复启闭次数不应少于 1 万次。门、窗在反复启闭性能试验后，应启闭无异常，使用无障碍。

带闭门器的平开门、地弹簧门以及折叠推拉、推拉下悬、提升推拉、提拉等门、窗的反复启闭次数由供需双方协商确定。

⑥ 耐撞击性能（玻璃面积占门扇面积不超过 50% 的平开旋转类门）

30kg 砂袋 170mm 高度落下，撞击锁闭状态的门扇把（拉）手处 1 攻，未出现明显变形，启闭无异常，使用无障碍，除钢化玻璃外，不允许有玻璃脱落现象。

⑦ 抗垂直荷载性能（平开旋转类门）：门扇在开启状态下施加 500N 垂直静载 15min，卸载 3min 后残余下垂量小于 3mm，启闭无异常，使用无障碍。

⑧ 抗静扭曲性能（平开旋转类门）：门扇在开启状态下施加 500N 垂直静载 15min，卸载 3min 后未出现明显变形，启闭无异常，使用无障碍。

（3）性能检验试件分组、数量及试验顺序见表 4.1-19。

性能检验试件分组、数量及试验顺序　　　　**表 4.1-19**

试件分组	1			2	3		4		
试验项目及顺序	隔声	采光（外窗）	气密、水密、抗风压	保温	启闭力	反复启闭	耐撞击	抗垂直荷载	抗静扭曲
试件数量	3	1	3	1	3	1	1	1	1
试件合计	3			1	3		3		

（4）检验规则：产品检验分型式检验和出厂检验。

① 出厂检验

A. 检验项目：外观、门窗及框扇装配尺寸偏差、装配质量。

B. 组批与抽样规则

外观与装配质量为全数检验。

门窗及框扇装配尺寸偏差检验，从每个出厂检验批中的不同品种、系列、规格分别随机抽取 10％且不少于 3 樘。

C. 判定与复验规则

抽验产品全部符合检验项目要求，该产品型式检验合格。

抽验产品检验结果如有多于 1 樘不符合标准要求时，判定该批产品不合格。抽检项目中如有 1 樘不合格，可再从该批产品中抽取双倍试件进行重复检验，重复检验结果全部达到标准要求时判定该项目合格，否则判定该批产品不合格。

② 型式检验

A. 检验项目：外观、尺寸、装配质量、构造和性能的全部项目。有效期 2 年。

B. 组批与抽样方法规则　从产品出厂检验合格的检验批中，按表中规定的数量随机抽取。选取各种用途、类型、品种、系列中常用的门窗立面形式和尺寸规格的单樘基本门、窗作为代表该产品性能的典型试件。

C. 判定与复检规则

抽验产品全部符合检验项目要求，该产品型式检验合格。

外观、门窗及框扇装配尺寸偏差、装配质量检验项目的判定和复验符合规定。

性能检验项目中若有不合格项，再从该批产品中抽取双倍试件对该不合格项进行重复检验，重复检验结果全部达到标准要求时判定该项目合格，否则判定该批产品不合格。

（5）产品标志、产品合格证书、产品使用说明书

① 产品标志分基本标志和警示标志

产品基本标志内容：产品名称或商标；产品执行标准编号；制造商名称、生产日期或批号；生产许可证标记和编号。

警示标志和说明　门窗结构复杂、开启方法特殊，使用不当会造成损坏与安全的产品，应在门、窗框上、把手或执手等明显部位，采用铝质、不锈钢标牌粘贴或悬挂警示标签。

② 产品合格证书

每个出厂检验或交货批应有产品合格证书。证书内容：

A. 产品名称、商标及标记；

B. 产品型式检验的性能参数值；

C. 产品批量（樘数、面积）、尺寸规格型号；

D. 门窗框扇铝合金型材表面处理种类、色泽、膜厚；

E. 玻璃及镀膜的品种、色泽及玻璃厚度；

F. 门窗的生产日期、检验日期、出厂日期，检验员签名及制造商的质量检验印章；

G. 生产许可证标记和编号；

H. 质量认证或节能性能标识；

I. 制造商名称、地址及质量问题受理部门联系电话；

J. 用户名称及地址。

③ 产品使用说明书：包括产品说明、安装说明和维护说明等。

3. 进场检验与验收

进场检验：建设单位和监理单位应按设计图纸要求的门窗品种、类型、规格、型号、数量及设计要求，督促施工单位与门窗生产厂商签订供货合同。门窗进场先检查门窗出厂检验合格证、出厂检验报告和型式检验报告。然后按规定由三方人员一起，对进场或安装好的门窗随机抽取试件，委托具有检测资质的检测机构进行检测，出具检测报告。检验合格才能作分项与分部工程验收。

4.1.7 建筑玻璃的选用

1. 根据建筑物功能要求，可选用平板玻璃、压花玻璃、中空玻璃、真空玻璃、半钢化玻璃、钢化玻璃、夹丝玻璃、夹层玻璃、着色玻璃、阳光控制镀膜玻璃和低辐射镀膜玻璃等品种的玻璃。其外观、质量和性能均应符合标准的规定。平板玻璃应选用浮法生产的玻璃。

2. 室外的建筑玻璃应进行抗风压设计。按门窗需配置的玻璃尺寸（宽度和高度及面积）和支承状况，经计算确定玻璃品种与厚度（mm）。

单层玻璃为 4、5、6、8mm。

夹层玻璃为 4+4、5+5、6+6mm。

中空玻璃为 4+A+4、5+A+5、6+A+6、6+A+8mm。
（A=6～15mm，一般为 9mm）

3. 建筑玻璃的最大许用面积应符合规定。

（1）安全玻璃的最大许用面积见表 4.1-20。

安全玻璃的最大许用面积　　　　表 4.1-20

玻璃种类	公称厚度(mm)	最大许用面积(m²)
钢化玻璃	4	2.0
	5	3.0
	6	4.0
	8	6.0
	10	8.0
	12	9.0
夹层玻璃	6.38　6.76　7.52	3.0
	8.38　8.76　9.52	5.0
	10.38　10.76　11.52	7.0
	12.38　12.76　13.52	8.0

（2）有框平板玻璃、真空玻璃和夹丝玻璃的最大许用玻璃见表 4.1-21。

有框平板玻璃、真空玻璃和夹丝玻璃的最大许用玻璃　　表 4.1-21

玻璃种类	公称厚度(mm)	最大许用面积(m²)
有框平板玻璃 真空玻璃	3	0.1
	4	0.3
	5	0.5
	6	0.9
	8	1.8
	10	2.7
	12	4.5
夹丝玻璃	6	0.9
	7	1.8
	10	2.4

4. 中空玻璃应符合现行国家标准《中空玻璃》GB/T 11944 的有关规定。密封胶层厚度：双道密封外层密封胶层厚度为 5～7mm；胶条密封胶层厚度为（8±2）mm。

中空玻璃的性能见表 4.1-22。

中空玻璃的性能　　　　　　　　表 4.1-22

试验项目	试验条件	性能要求
密封	在试验压力低于环境气压(10±0.5)kPa 下,在该气压下保持 2.5h 后	初始偏差(4+12+4)必须≥0.8mm;(5+9+5)必须≥0.5mm。厚度偏差减少不超过初始偏差 15%
露点	将露点仪温度降到≤40℃,使露点仪与试样表面接触不低于 3min	露点≤40℃
紫外线照射	紫外线照射 168h	试样内表面不得有结雾或污染的痕迹
气候环境及高温、高湿	气候试验经 320 次循环,高温、高湿试验经 224 次循环,试验受进行露点测试	露点≤40℃

5. 钢化玻璃应符合《建筑用安全玻璃　第 2 部分：钢化玻璃》GB 15763.2—2005 的规定。

（1）钢化玻璃按生产工艺分为垂直法和水平法钢化玻璃；按形状分为平面和曲面钢化玻璃。

（2）钢化玻璃的安全性能要求：抗冲击性、碎片状态、霰弹袋冲击性能；一般性能要求：表面应力、耐热冲突性能。

（3）为减少钢化玻璃的自爆，应对钢化玻璃进行二次热处理，升温至 280℃，保温 2h，（290±10）℃，降温呈 75℃。

6. 玻璃安装时，不得在玻璃周边造成缺陷。对于易发生炸裂的玻璃，应采取防热炸裂措施，对玻璃边部进行磨边精加工。

7. 颜色要求：颜色按建筑工程设计要求。镀膜玻璃用于夹层玻璃或中空玻璃的第 2、3 面上。

（1）镀膜玻璃应符合《镀膜玻璃　第 1 部分：阳光控制镀膜

玻璃》GB/T 18915.1—2002 和《镀膜玻璃 第 2 部分：低辐射镀膜玻璃》GB/T 18915.2—2002 的规定。阳光控制镀膜玻璃原片的外观质量应符合《平板玻璃》GB 11614 中汽车级的技术要求。用于幕墙的钢化玻璃、半钢化玻璃原片应进行边部精加工磨边处理。

（2）阳光控制镀膜玻璃的光学性能要求见表 4.1-23。

阳光控制镀膜玻璃的光学性能要求 表 4.1-23

项目	允许偏差最大值(明示标称值)		允许最大差值(未明示标称值)	
可见光透射比大于 30%	优等品	合格品	优等品	合格品
	±1.5%	±2.5%	≤3.0%	≤5.0%
可见光透射比小于 30%	优等品	合格品	优等品	合格品
	±1.0%	±2.0%	≤2.0%	≤4.0%

注：对于明示标称值（系列值）的产品，以标称值作为偏差的基准，偏差的最大值应符合本表品规定；对于未明示标称值的产品，则取三块试样进行测试，三块试样之间差值的最大值应符合本表品规定。

（3）颜色均匀性：阳光控制镀膜玻璃的颜色均匀性，采用 CIELAB 均匀色空间的色差 $\Delta Eab*$ 来表示，单位 CIELAB。阳光控制镀膜玻璃的反射色优等品不得大于 2.5，合格品不得大于 3.0。

（4）耐磨性：阳光控制镀膜玻璃的耐磨性应按规定进行试验，试验前后可见光透射比平均值的差值的绝对值不应大于 4%。

（5）耐酸性：阳光控制镀膜玻璃的耐酸性应按规定进行试验，试验前后可见光透射比平均值的差值的绝对值不应大于 4%。

（6）耐碱性：阳光控制镀膜玻璃的耐碱性应按规定进行试验，试验前后可见光透射比平均值的差值的绝对值不应大于 4%。且膜层不能有明显的变化。

8. 夹层玻璃应采用厚度不小于 0.76mm 的聚乙烯醇缩丁（PVB）胶片干法加工合成。

9. 夹丝玻璃裁割后玻璃的边缘应及时进行修理和防腐处理。

10. 玻璃的选择

（1）活动门、固定门玻璃和落地窗玻璃的选用规定：

① 有框玻璃应使用符合规定的安全玻璃；

② 无框玻璃应使用不小于12mm厚度的钢化玻璃。

（2）室内隔断应使用安全玻璃，其最大使用面积应符合规定。

（3）公共场所和运动场所中的室内隔断玻璃的装配规定：

① 有框玻璃应使用符合规定厚度不小于5mm的钢化玻璃或厚度不小于6.38mm的夹层玻璃。

② 无框玻璃应使用厚度不小于10mm的钢化玻璃。

（4）浴室淋浴隔断、浴缸隔断玻璃应使用符合规定的安全玻璃；浴室无框玻璃应使用符合规定的厚度不小于5mm的钢化玻璃。

（5）室内栏板用玻璃的规定：

不承受水平荷载的栏板玻璃应使用符合规定厚度不小于5mm的钢化玻璃或厚度不小于6.38mm的夹层玻璃。

承受水平荷载的栏板玻璃应使用符合规定厚度不小于12mm的钢化玻璃或厚度不小于16.76mm的夹层玻璃。当栏板玻璃距楼地面高度在3m及其以上或5m及其以下时，应使用厚度不小16.76mm的夹层玻璃。

栏板玻璃距地大于5m时，不得使用承受水平荷载的栏板玻璃。

（6）室外栏板玻璃应进行抗风压设计。对纯抗震设计要求的地区，应考虑地震作用的组合效应。

（7）安装在易受人体或物体碰撞部位的建筑玻璃，可采取在视线高度设醒目标志或设置护栏等防碰撞的保护措施。碰撞后可能发生高处人体或玻璃坠落的，应设置可靠护栏。

11. 地板玻璃应进行设计计算。必须采用夹层玻璃，点支承地板玻璃必须采用均质处理钢化夹层玻璃。楼梯踏板玻璃表面应作防滑处理。

12. 水下用玻璃应进行设计计算，必须选用夹层玻璃。

13. 玻璃安装材料应通过相容性试验确定。安装的支承块、定位块、弹性止动片的尺寸和位置应符合规定。

14. 玻璃安装采用密封胶的位移能力级别不应小于 20HM。

4.1.8 建筑窗用密封材料

1. 密封及弹性材料 铝合金门窗玻璃的镶嵌、杆件连接及附件装配所用密封胶应与所接触的各种材料相容，并与所需粘接的基材粘接。

《建筑窗用弹性密封胶》JC/T 485—2007 适用于包括硅酮、改性硅酮、聚硫、聚氨酯、丙烯酸酯、丁基、丁苯、氯丁等合成高分子材料为主要成分的弹性密封胶。

(1)《建筑窗用弹性密封胶》JC/T 485—2007

① 产品分类

Ⅰ. 系列：产品按基础聚合物划分系列见表 4.1-24。

产品系列　　　　　　　　　　　表 4.1-24

系列代号	密封胶基础聚合物
SR	硅酮聚合物
MS	改性硅酮聚合物
PS	聚硫橡胶
PU	聚氨酯甲酸酯
AC	丙烯酸酯聚合物
BU	丁基橡胶
CR	氯丁橡胶
SB	丁苯橡胶

注：以其他聚合物为基础的密封胶，标记取聚合物通用代号。

Ⅱ. 级别：按产品允许承受接缝位移能力分三个级别：1 级（±30%）、2 级（±20%）、3 级（±5%～±10%）。

Ⅲ. 类别与型别见表 4.1-25。

类别与型别 表 4.1-25

代号	适用基材(类别)、适用季节(型别)
M	金属
C	混凝土水泥砂浆
G	玻璃
Q	其他
S	夏期施工型
W	冬期施工型
A	全年施工型

Ⅳ. 品种按固化机理分四个品种见表 4.1-26。

品种 表 4.1-26

品种代号	固化形式
K	湿气固化、单组分
E	水乳液干燥固化、单组分
Y	溶剂挥发固化、单组分
Z	化学反应固化、多组分

Ⅴ. 产品标记：按系列、级别、类别、型别、品种、标准号的顺序标记。如：标记为 SR 1 MCG A K JC/T 485—2007，表示：位移能力 1 级；适用于金属、混凝土、玻璃基材；全年施工期；湿气固化硅酮密封胶。

② 产品力学性能见表 4.1-27。

隐框窗用的硅酮结构密封胶应具有与所接触的各种材料、附件相容性，与所需粘接基材的粘结性。

2. 聚氨酯建筑密封胶

(1) 分类

① 品种：聚氨酯建筑密封胶产品按包装形式分为单组分（Ⅰ）和多组分（Ⅱ）两个品种。

产品力学性能 表 4.1-27

序号	项目		1级	2级	3级
1	密度(g/cm³)		规定值±0.1		
2	挤出性(mL/min)		50		
3	适用期(h)		3		
4	表干时间(h)		24	48	72
5	下垂度(mm)		2	2	2
6	拉伸粘结性能(MPa)		0.40	0.50	0.60
7	低温贮存稳定性		无凝结,离析现象		
8	初期耐水性		不产生浑浊		
9	污染性		不产生污染浊		
10	热空气-水循环后定伸性能(%)		100	60	25
11	水-紫外线辐射后定伸性能(%)		100	60	25
12	低温柔性(℃)		—30	—20	—10
13	热空气-水循环后弹性恢复率(%)		60	30	5
14	拉伸-压缩循环性能	耐久性等级	9030	8020,7020	7010,7005
		粘接破坏面积(%)	25		
A 仅对乳液(E)品种产品					

② 类型:产品按流动性分为非下垂型(N)和自流平型(L)两个类别。

③ 级别:产品按位移能力分为 25、20 两个级别。见表 4.1-28。

密封胶级别 表 4.1-28

级别	试验拉压幅度(%)	位移能力(%)
25	±25	25
20	±20	20

④ 次级别:产品按拉伸模量分为高模量(HM)和低模量(LM)两个次级别。

⑤ 产品标记 按下列顺序标记：名称、品种、类型、级别、次级别、标准号。如：IN 25LM JC/T 482—2003。

标示：25 级低模量单组分非下垂型聚氨酯建筑密封胶。

（2）产品外观要求：产品应为细腻、颜色无明显差异（多组分间有差异）、均匀膏状物或粘稠液，不应有气泡。

（3）物理力学性能见表 4.1-29。

聚氨酯建筑密封胶的物理力学性能　　　　表 4.1-29

试验项目		技术指标		
		20HM	25LM	20LM
密度(g/cm³)		规定值±0.1		
流动性	下垂度(N 型)(mm)	≤3		
	流平性(L 型)	光滑平整		
表干时间(h)		≤24		
挤出性[1](mL/min)		≥80		
适用期[2](h)		≥1		
弹性恢复率(%)		≥70		
拉伸模量(MPa)	23℃	>0.4 或		≤0.4 或
	−20℃	>0.6		≤0.6
定伸粘结性		无破坏		
浸水后定伸粘结性		无破坏		
冷拉-热压后的粘结性		无破坏		
质量损失率(%)		≤7		

注：1. 此项仅适用于单组分产品。
　　2. 此项仅适用于多组分产品，允许供需双方商定其他指标值。

（4）粘结试件的数量和处理条件见表 4.1-30。

3. 聚硫建筑密封胶

（1）分类

① 类型：产品按流动性分为非下垂型（N）和自流平型（L）两个类别。

② 级别：产品按位移能力分为 25、20 两个级别。见表 4.1-31。

粘结试件的数量和处理条件　　　表 4.1-30

项目		试件数量,个		处理条件
		试验组	备用组	
弹性恢复率		3	—	
拉伸模量	23℃	3	—	
	−20℃	3	—	建筑密封材料试验方法的相关方法
定伸粘结性		3	3	
浸水后定伸粘结性		3	3	
冷拉-热压后的粘结性		3	3	

注：多组分试件可放置 14d。

密封胶级别　　　表 4.1-31

级别	试验拉压幅度(%)	位移能力(%)
25	±25	25
20	±20	20

③ 次级别：产品按拉伸模量分为高模量（HM）和低模量（LM）两个次级别。

④ 产品标记：按下列顺序标记：名称、类型、级别、次级别、标准号。如：N25 LM　JC/T 483—2006。

表示：25 级低模量非下垂型聚硫建筑密封胶。

（2）产品外观要求：产品应为均匀膏状物，无结皮结块，组分间颜色应有明显差异。

（3）物理力学性能见表 4.1-32。

（4）粘结试件的数量和处理条件见表 4.1-33。

4. 丙烯酸酯建筑密封胶

（1）分类

① 级别：产品按位移能力分为 12.5 和 7.5 两个级别。

12.5 级为位移能力 12.5%，其试验拉伸压缩幅度为 ±12.5%。

聚硫建筑密封胶的物理力学性能　　　表 4.1-32

试验项目		技术指标		
		20HM	25LM	20LM
密度(g/cm³)		规定值±0.1		
流动性	下垂度(N 型)(mm)	≤3		
	流平性(L 型)	光滑平整		
表干时间(h)		≤24		
挤出性(mL/min)		≥80		
适用期(h)		≥2		
弹性恢复率(%)		≥70		
拉伸模量(MPa)	23℃	>0.4 或 >0.6		≤0.4 或 ≤0.6
	−20℃			
定伸粘结性		无破坏		
浸水后定伸粘结性		无破坏		
冷拉-热压后的粘结性		无破坏		
质量损失率(%)		≤5		

注：适用期允许供需双方商定其他指标值。

粘结试件的数量和处理条件　　　表 4.1-33

项目		试件数量,个		处理条件
		试验组	备用组	
弹性恢复率		3	—	建筑密封材料试验的相关方法
拉伸模量	23℃	3	—	
	−20℃	3	—	
定伸粘结性		3	3	
浸水后定伸粘结性		3	3	
冷拉-热压后的粘结性		3	3	

　　7.5 级为位移能力 7.5%，其试验拉伸压缩幅度为±7.5%。

　　② 次级别

　　12.5 级密封胶按其弹性恢复率又分为两个次级别：

弹性体（记为 12.5E）：弹性恢复率等于或大于 40%；

塑性体（记号 12.5P 和 7.5P）：弹性恢复率小于 40%。

12.5E 级为弹性密封胶，主要用于接缝密封。

12.5E、12.5P 和 7.5P 为塑性密封胶，主要用于一般装饰装修工程的填缝，不宜用于长期浸水部位。

③ 产品标记：按名称、级别、次级别、标准号顺序标记。

如：12.5 E JC/T 484—2006 为 12.5E 级丙烯酸酯建筑密封胶。

（2）外观质量：产品应为无结块、无离析的均匀细腻膏状物。颜色由供需双方商定。

（3）物理力学性能

丙烯酸酯建筑密封胶的物理力学性能见表 4.1-34。

丙烯酸酯建筑密封胶的物理力学性能　　表 4.1-34

序号	项目	技术指标		
		12.5E	12.5P	7.5P
1	密度(g/cm^3)	规定值±0.1		
2	下垂度(mm)	≤3		
3	表干时间(h)	≤1		
4	挤出性(mL/min)	≥100		
5	弹性恢复率(%)	≥40		
6	定伸粘结性	无破坏		
7	浸水后定伸粘结性	无破坏		
8	冷拉-热压后的粘结性	无破坏		
9	断裂伸长率(%)		≥100	
10	浸水后断裂伸长率(%)		≥100	
11	同一温度下拉伸-压缩循环后粘结性		无破坏	
12	低温柔性(℃)	—20		—5
13	体积变化率(%)	≤30		

注：报告实测值。

（4）粘结试件的数量和处理条件见表 4.1-35。

粘结试件的数量和处理条件　　　　　　表 4.1-35

序号	项目	试件数量,个		处理条件
		试验组	备用组	
1	弹性恢复率(%)	3	—	
2	定伸粘结性	3	3	
3	浸水后定伸粘结性	3	3	
4	冷拉-热压后的粘结性	3	3	建筑密封材料试验的相关方法
5	断裂伸长率(%)	3	—	
6	浸水后断裂伸长率(%)	3	—	
7	同一温度下拉伸-压缩循环后粘结性	3	3	

5. 中空玻璃用复合密封胶条

中空玻璃用复合密封胶条是以丁基胶为主要原料，嵌入波浪形支撑带并挤压成一定形状，内部含有干燥剂，用于中空玻璃内部分隔支撑、边部密封的制品。

（1）分类

① 中空玻璃用复合密封胶条按结构和形状可分为矩形胶条和凹形胶条。

② 中空玻璃用复合密封胶条按形状（矩形、凹形）、尺寸（胶条宽度和厚度；支撑带宽度和厚度）分为不同规格：矩形胶条分为 6mm、8mm、9mm、10mm、11mm、12mm、14mm、16mm；凹形胶条槽形尺寸：W 形槽宽×槽深为 6.90mm×3.43mm；U 形槽宽×槽深为 5.59mm×3.68mm。

（2）技术要求

① 外观：复合密封胶条表面应光滑、颜色均匀一致。无划痕、裂纹、气泡、疵点和杂质等缺陷。

② 尺寸偏差：复合密封胶条的长、宽、厚等尺寸偏差应符合要求。

③ 硬度：复合密封胶条的硬度应大于 40。

④ 初粘性：复合密封胶条初粘性的滚球距离应不大于 450mm。

⑤ 粘结性能：密封胶条与玻璃的拉伸粘结强度在各种暴露条件下均应大于 0.45MPa，在测试区域内应无玻璃与胶条的粘结失效且无内聚力的破坏。

⑥ 耐低温冲击性能：任取 5 段复合密封胶条试样，进行耐低温冲突试验，只允许 1 段试样的胶层出现裂口或断裂。

⑦ 干燥速度：用复合密封胶条制作 10 块中空玻璃样品，将样品在规定环境条件下放置 504h，露点应≤−40℃。

⑧ 耐紫外线辐照性能：用复合密封胶条制作 2 块中空玻璃样品，经紫外线辐照试验后，试样内表面应无结雾和污染的痕迹，玻璃应无明显错位，胶条应无明显蠕变。

⑨ 耐湿耐光性能：用复合密封胶条制作 6 块中空玻璃样品，经耐湿耐光性能试验后，试样的露点应≤−40℃。

(3) 建筑窗用密封材料都要按规定的检验项目和试验方法，进行出厂检验和型式检验。所有检验项目都达到规定性能技术指标值，才能判定该批产品为合格品。如有 1 项指标不符合要求，应加倍抽样复检。如仍有不符合要求的情况，则判定该批产品为不合格产品。不合格产品不允许出厂。

(4) 密封材料进场先检查出厂合格证、出厂检验报告和型式检验报告。密封胶与各种接触材料应进行外观检查，并进行见证取样作相容性检验。检测结果判定合格，该批产品才能应用于工程。

4.1.9　钢门、窗

1. 钢门、窗是用钢质型材、板材制作门窗框、扇或骨架结构的门窗。

2. 门、窗代号与标记

(1) 门窗代号：门 M；窗 C；门窗组合 MC。

（2）分类代号

① 开启形式代号见表 4.1-36。

开启形式代号 表 4.1-36

开启形式		固定	上悬	中悬	下悬	立转	平开	推拉	弹簧	提拉
代号	门	G	—	—	—	—	—	T	H	—
	窗	G	S	C	X	L	P	T	—	TL

注：1. 百叶门、百叶窗符号为 Y，纱扇为 A。
　　2. 固定门、固定窗的其他各种可开启形式门、窗组合时，以开启形式代号表示。

② 材质代号见表 4.1-37。

材质代号 表 4.1-37

材质	代号	材质	代号
热轧型钢	SG	彩色涂层钢板	CG
冷轧普通碳素钢	KG	不锈钢	BG
冷轧镀锌钢板	ZG	其他复合材料	FG

③ 性能代号见表 4.1-38。

性能代号 表 4.1-38

性能	代号	性能	代号
抗风压性能	P3	空气声隔声性能	Rw
水密性能	ΔP	采光性能	Tr
气密性能	q1　q2	防盗性能	H
保温性能	K	防火性能	F

④ 规格型号以洞口尺寸表示。

⑤ 标记：由开启形式代号、材质代号、门窗代号、规格型号、性能代号及纱扇标记 A 等组成。

如：P（ZG）M1020-P35-ΔP3-q1，q22 K2.5-Rw30-FA0.50 表示使用冷轧镀锌钢板制作的平开钢门，规格 1020，抗风压性能 3.5kPa，水密性能 700Pa，气密性能 4.0 $[m^3/(m \cdot h)]$，

12.0 $[m^3/(m^2 \cdot h)]$ 保温性能 2.5W/$(m^2 \cdot K)$，隔声性能 30dB，防火性能为 A0.50 级。

3. 材料要求：各种门窗用材料应符合现行国家标准、行业标准的有关规定。

（1）型材、板材

① 彩色涂层钢板门窗型材应符合《彩色涂层钢板及钢带》GB/T 12754、《彩色涂层钢板门窗型材》JG/T 115 的规定；

② 使用碳素结构钢冷轧钢带制作的钢门窗型材，材质应符合 GB/T 716 的规定，型材壁厚不应小于 1.2mm；

③ 使用镀锌钢带制作的钢门窗型材，材质应符合《连续热镀锌钢板及钢带》GB/T 2518 的规定，型材壁厚不应小于 1.2mm；

④ 不锈钢门窗型材应符合《不锈钢建筑型材》JG/T 73 的规定；

⑤ 使用板材制作的门，门框板材厚度不应小于 1.5，门扇面板厚度不应小于 0.6，具有防火、防盗等要求的应符合相关标准的规定。

（2）玻璃：根据功能要求选用玻璃。玻璃的面积、厚度等应经计算确定。

（3）密封材料：应按功能要求选用，并应符合《建筑门窗用密封胶条》JG/T 187 及相关标准的规定。

（4）五金件、附件及紧固件：门窗的启闭五金件、连接插接件、紧固件、加强板等配件，应按功能要求选用。配件的材料性能应与门窗的要求相适应。

4. 外观要求

（1）使用碳钢材料制作的门窗，应根据功能要求选用适当品种的表面涂料，采用涂漆、烤漆、喷涂等工艺对门窗的表面进行处理，涂层应牢固、耐用。附着力不低于 2 级，耐冲击试验落锤高度不应低于 50cm。不应有明显色差、擦伤、划伤等质量缺陷。

(2) 门窗表面应清洁、光滑、平整，不得有毛刺、焊渣、锤迹、波纹等质量缺陷。

(3) 密封胶条应接头严密、表面平整、无咬边现象。密封胶胶线应平直、均匀。

5. 性能

钢门窗的性能应根据建筑物所在地区的地理、气候和周围环境以及建筑物的高度、体型、重要性等和按设计要求确定。

(1) 钢门窗的主要受力杆件应经设计计算或试验确定。钢门窗的抗风压性能、水密性能、气密性能、保温性能、空气声隔声性能、采光性能均执行建筑外门窗性能分级标准。

(2) 防盗性能　有防盗性能要求的钢门，其防盗性能应符合《防盗门安全通用技术条件》GB 17565 的规定。

户门应具有防盗性能。防盗门的门框钢板厚度不小于 2mm 和门扇的钢板厚度不小于 1.5mm，防盗合页、报警装置应符合国家标准《防盗安全门通用技术条件》GB 17565 的规定，门铰链与门扇连接处，在 6000N 压力作用下，厅门框与门扇之间不应产生大于 8mm 的位移。门锁应符合国家标准《机械防盗锁》GA/T 73—1994A 级机械防盗锁的规定，锁舌伸出长度两扣不小于 14mm，三扣不小于 22mm。

单元门具有楼寓对讲功能（门禁）时，应符合《楼寓对讲系统及电控防盗门通用技术条件》GA/T 72—2005 的要求。

(3) 防火性能：有防火性能要求的钢门窗，其防火性能应符合《防火门》GB 12955—2008、《防火窗》GB 16809—2008 的规定。

(4) 软物冲击性能：钢门软物冲击性能要求：门扇不应产生大于 5mm 的凹变形，框、扇连接处无松动、开裂等现象；插销、锁具、合页完整无损，启闭正常；玻璃无破损。

(5) 悬端吊重：在 500N 力的作用下，平开门、弹簧门残余变形不应大于 2mm，试件不损坏，启闭正常。

(6) 启闭力和反复启闭性能：启闭力不大于 50N。钢门反复启闭不应少于 10 万次，钢窗反复启闭不少于 1 万次，启闭正常，使用无障碍。

6. 检验规则：产品检验分型式检验和出厂检验。

（1）型式检验与出厂检验的检验项目见表 4.1-39。

型式检验与出厂检验的检验项目　　　　表 4.1-39

序号	项目名称			型式检验	出厂检验
1	外观质量		涂层附着力	√	△ᵃ
2			涂层耐冲击性能	√	△ᵃ
3			擦划伤	√	√
4			其他外观质量	√	√
5	制作质量检验项目	框扇组装	框扇宽度和高度尺寸、框及门扇两对边尺寸之差	√	√
6			框及门扇两对角线尺寸之差	√	√
7			分格尺寸、相邻分格尺寸之差	√	√
8			门扇宽、高方向弯曲度	√	√
9			门扇扭曲度	√	√
10			同一平面高低差	√	√
11			装配间隙	√	√
12			框扇组装其余项目	√	√
13		框扇配合	框扇搭接量	√	√
14			框扇贴合间隙 C1 及 C2	√	√
15			框扇配合其余项目	√	√
16		五金配件安装		√	√
17		玻璃装配		√	√
18		防腐处理		√	√
19	性能检测项目	抗风压性能		△	—
				√	
20		水密性能		△	
				√	

序号	项目名称		型式检验	出厂检验
21	气密性能		△	—
			√	
22	性能检测项目	保温性能	△	—
23		空气声隔声性能	△	—
24		采光性能	△	—
25		防盗性能	△	—
26		防火性能	△	—
27		(门)软物冲击性能	△	—
28		(平开门、弹簧门)悬端吊重	√	—
29		启闭力	√	△
30		反复启闭性能	√	—

注："√"为检测项目;"△"为根据要求进行检测项目;"—"为不检测项目。

a. 检验时试件可用与待检验构件材质、材料厚度相同,同批制作的 65mm×150mm 钢板代替。

(2)出厂检验

① 批组规则与抽样方法:从每项工程的不同品种、不同规格的产品中,分别随机抽取 5%,且不少于 3 樘。

② 判定规则:受检产品均达到合格品要求,则判定该批产品为合格品。如有 1 樘产品不合格,应加倍抽检。复检合格,则判定该批产品为合格品;复检如有 1 樘产品不合格,则判定该批产品为不合格品。

(3)型式检验

① 批组规则与抽样方法:在出厂检验合格的产品中,随机抽取 3 樘规格相同、品种相同的产品。

② 判定规则:检验中 3 樘产品检验结果均达到标准要求,则判定该批产品型式检验合格。如有 1 樘不合格,应另外加倍抽样复检。复检合格,则判定该批产品合格;复检如有 1 樘产品不合格,则判定该批产品型式检验不合格。

4.1.10 钢防火门、窗

1. 执行标准

(1)《建筑设计防火规范》GB 50016

(2)《高层民用建筑设计防火规范》GB 50045

(3)《防火门》GB 12955—2008

(4)《防火窗》GB 16809—2008

(5)《防火卷帘》GB 14102—2005

(6)《门和卷帘的耐火试验方法》GB/T 7633—2008

2. 耐火等级

防火门窗的耐火极限等级根据防火规范的要求确定,在工程设计图纸中标明。规范规定防火门窗的耐火极限分为三级:甲级防火门窗耐火极限为 1.2h,乙级为 0.9h,丙级为 0.6h。

3. 钢平开防火门

材料与配件

① 钢防火门的门框、门扇面板及其加固件应采用冷轧薄钢板。门框宜采用 1.2~1.5 厚钢板,门扇面板宜采用 0.8~1.2 厚钢板。加固件宜采用 1.2~1.5 厚钢板(有螺孔的加固件钢板厚度应不小于 3.0mm)。门扇、门框内应填实不燃性材料。门锁、合页(不得使用双向弹簧)、插销等五金配件的熔融温度不低于 950℃。单扇门应设闭门器。双扇门间必须带有盖板缝,并装设闭门器和顺序器等。门框设密封槽嵌不燃性密封条。门拉手中心距地 1000mm。

② 钢防火门的耐火性能按 GB/T 7633 进行试验。带玻璃的钢防火门,玻璃面积超过 0.065m^2 者,应按该 GB/T 7633 测点布置方法测定背火面温度。并增测门上亮子玻璃中心的背火面温度。若该玻璃面积≥1.0m^2 者,应同时测定其热辐射温度。

4. 钢防火卷帘

(1)耐火时间:按 GB 14102 规定:

普通型钢防火卷帘　F1　1.5h　　　F2　2.0h

复合型钢防火卷帘 F3 2.5h F4 3.0h

耐火性能按《门和窗帘的耐火试验方法》GB/T 7633—2008 的规定进行耐火性能试验。从受只作用起到背火面热辐射强度超过临界热辐射强度规定值时止，或帘板面蹿火时止，用以决定钢防火卷帘的耐火极限等级。

（2）主要材料

帘板、座板、导轨、门楣、箱体应采用镀锌钢板和钢带以及普通碳素结构钢。卷轴用优质碳素结构钢或普通碳素结构钢以焊接钢管或无缝钢管。支座应用普通碳素结构钢或灰口铸铁。卷帘板厚 1.2～2.0mm，掩埋型导轨厚 1.5～2.5mm，外露型钢板导轨厚度≥3mm，帘板嵌入导轨的深度应符合表 4.1-40。

帘板嵌入导轨的深度 表 4.1-40

洞口宽度（mm）	每端嵌入最小长度（mm）
W<3000	45
3000≤W<5000	50
5000≤W<9000	60

（3）钢防火卷帘的耐风压性能（帘板强度）：在规定荷载下其导轨与卷帘不脱落，同时其变形挠度须符合表 4.1-41。

变形挠度 表 4.1-41

强度类别代号	耐风压（Pa）	挠度（mm）					
		B≤2.5m	3m	4m	5m	6m	>6m
50	490.3	25	30	40	50	60	90
80	784.5	37.5	45	60	75	90	135
120	1176.8	50	60	80	100	120	180

（4）钢防火卷帘的防烟性能：在压差为 20Pa 时漏烟量应小于 0.2m³/m²min。

5. 无机布基防火卷帘及水雾式无机布基特级防火卷帘

帘面采用膨化硅酸铝纤维布外涂耐火胶为基材，加水喷雾保护，耐火极限可≥3h，达到特级防火卷帘要求。

6. 双轨无机布基特级防火卷帘

用无机布面料作双层防火卷帘，无须水幕保护，可节省消防用水。其他特点是：运行平稳、噪声低；能达到《建筑构件耐火试验方法》GB/T 9978—2008 所规定的防火墙同等耐火性能；外观好，施工方便。

7. 水雾式钢特级防火卷帘所设水雾保证其达到 3h 耐火极限，能节省大量消防用水。

8. 侧向钢防火卷帘：用于自动扶梯或其他水平防火隔断。

9. 带平开门防火卷帘：防火隔断卷帘设平开门，用于疏散人员。

10. 钢防火窗：分固定式和活动式。

11. 防火门窗的钢构件除镀锌件或已按规定作防护涂料外，均须经除锈（除锈等级不低于 Sa2.5 级或 St3 级）后涂醇酸铁红底漆一道，涂醇酸磁漆两道，醇酸清漆一道。

4.1.11 塑钢门、窗

1. 执行标准

(1)《塑料门窗工程技术规程》JGJ 103—2008

(2)《未增塑聚氯乙烯（PVC—U)》塑料窗 JGT 140—2005

(3)《未增塑聚氯乙烯（PVC—U)》塑料门 JGT 180—2005

(4)《聚氯乙烯（PVC—U) 门窗增强型钢》JG/T 131—2000

2. 门窗分类、规格和型号

门、窗的开启形式和代号见表 4.1-42。

门、窗的开启形式和代号　　　　表 4.1-42

开启形式	平开	推拉	上下推拉	平开下悬	上悬	中悬	下悬	固定
	P	T	ST	PX	S	C	X	G

注：1. 固定窗与上述各类窗组合时均归入该类窗。
　　2. 纱扇窗代号为 A。

3. 材料

（1）门用型材分颜色在《门、窗用未增塑聚氯乙烯（PVC-U）型材》GB/T 8814—2004 适用范围内的型材、通体着色型材、双色共挤型材（包括未增塑聚氯乙烯（PVC—U）新旧料共挤型材、未增塑聚氯乙烯（PVC—U）与聚甲基丙烯酸甲酯（PMMA）共挤型材）、表面涂层型材和覆膜型材，均应符合《门、窗用未增塑聚氯乙烯（PVC-U）型材》GB/T 8814—2004 规定要求和标准规定的补充要求。

（2）平开门主型材可视面最小实测壁厚不应小于 2.8mm，推拉门主型材可视面最小实测壁厚不应小于 2.5mm。

平开窗主型材可视面最小实测壁厚不应小于 2.5mm，推拉门主型材可视面最小实测壁厚不应小于 2.2mm。

（3）窗用 PVC-U 型材应符合规范的要求：具有抗老化（S 类技术指标要求）、耐腐蚀、抗冲击不变形、阻燃、密封、保温节能、寿命长、不需维护保养等性能特点。

（4）增强型钢的型式可分为开口型式和闭口型式。应采用不低于 GB/T 11253 规定中 Q235 钢带轧制，内外表面进行冷镀锌处理或直接使用 GB/T 2518 中（100-PT-Z-L-B-厚度宽度）的热镀锌钢带轧制。增强型钢要内外表面平整，端部切口斜度应小于 7°。不允许裂缝、分层、搭焊缺陷存在。

（5）门框、门扇的装配尺寸应符合允许偏差的要求。五金配件安装位置应正确，数量应齐全，承载能力应与门扇重量和抗风压要求相匹配，与型材连接强度应满足力学性能和物理性能要求。门扇锁闭点不应少于两个。密封条、毛条装配应均匀牢固、严密。

（6）门窗连接材料的强度标准值和安全系数应符合表 4.1-43 的要求。

（7）门窗使用的玻璃品种、规格必须符合《建筑玻璃应用技术规程》JGJ 113—2009 的规定。门窗在下列情况下必须使用安全玻璃：面积大于 $1.5m^2$ 的窗玻璃；距可踏面高度 900mm 以下的窗玻璃；与水平面夹角不大于 75°的倾斜窗（包括天窗、采光顶棚）；7 层以上建筑外窗。

门窗连接材料的强度标准值和安全系数　　表 4.1-43

连接件	材料强度标准值(fk)		应力	安全系数
不锈钢 连接螺栓、 螺钉	A1-50、A2-50、A4-50 A1-70、A2-70、A4-70 A1-80、A2-80、A4-80	$\sigma_{p0.2}=210MPa$ $\sigma_{p0.2}=450MPa$ $\sigma_{p0.2}=600MPa$	抗拉	1.55
			抗剪	2.67
碳钢 连接件	Q235 Q345	$\sigma_s=235MPa$ $\sigma_s=345MPa$	抗拉(压)	1.55
			抗剪	2.67
			抗挤压	1.10
不锈钢 连接件	oCr18Ni9 oCr17Ni12M02	$\sigma_{p0.2}=205MPa$ $\sigma_{p0.2}=205MPa$	抗拉(压)	1.55
			抗剪	2.67
			抗挤压	1.10
铝合金 连接件	合金牌号 6061 状态 T4　　$\sigma_{p0.2}=110MPa$ 合金牌号 6061 状态 T6　　$\sigma_{p0.2}=245MPa$ 合金牌号 6063 状态 T5　　$\sigma_{p0.2}=110MPa$ 合金牌号 6063 状态 T6　　$\sigma_{p0.2}=180MPa$ 合金牌号 6063A 状态 T5 壁厚小于 10mm 　$\sigma_{p0.2}=160MPa$ 合金牌号 6063A 状态 T6 壁厚小于 10mm 　$\sigma_{p0.2}=190MPa$		抗拉 (压)	1.80
			抗剪	3.10
			抗挤压	1.10

　　塑料门窗用中空玻璃应符合国家标准《中空玻璃》GB/T 11944 的有关规定，并应符合下列规定：

　　① 中空玻璃用的间隔条可采用连续弯折型或插角型且内合干燥剂的铝框，也可使用热压复合式胶条；

　　② 用间隔铝框制备的中空玻璃应采用双道密封，第一道密封必须采用热熔性丁基密封胶《中空玻璃用丁基热熔密封胶》JC/T 914。第二道密封应采用硅酮、聚硫类中空玻璃密封胶《中空玻璃用弹性密封胶》JC/T 486，并应采用专用打胶机进行混合打胶。

　　③ 塑料门窗用镀膜玻璃应符合国家标准《镀膜玻璃　第 1 部分：阳光控制镀膜玻璃》GB/T 18915.1—2002 及《镀膜玻璃　第 2 部分：低辐射镀膜玻璃》GB/T 18915.2—2002 的有关规定。

④ 当中空玻璃厚度尺寸超过 24mm 时，应考虑相应的玻璃嵌入深度、前部和后市余隙。

4. 外观质量：门构件可视面应平滑、颜色基本一致，无裂纹、气泡，不得有严重影响外观的擦、划伤等缺陷。焊缝清理净，刀痕应均匀、光滑、平整。

5. 门、窗的装配

（1）应根据门的抗风压强度、挠度计算结果确定增强型钢的规格。当门的主型材构件长度大于 450mm 时，其内腔应加增强型钢。门增强型钢最小壁厚不应小于 2.0mm，窗增强型钢最小壁厚不应小于 1.5mm，应采用镀锌防腐处理。内腔配合间隙不应大于 1mm。

（2）用于固定每根增强型钢的紧固件不得少于 3 个，间距不应大于 300mm，距型材端头内角不应大于 100mm。中梃连接部位应加衬连接件用紧固件固定，连接处缝隙应密封。

（3）外门框、门扇应有排水通道，使浸入框、扇内的水及时排出室外。

（4）用于组合门窗拼樘料与墙体连接的钢连接件，厚度应经计算确定，并不应小于 2.5mm。外表面应进行防锈处理。钢附框应采用壁厚不小于 1.5mm 的碳素结构钢或低合金结构钢制成，内外表面应作防锈处理。

（5）密封胶应符合国家标准《硅酮建筑密封胶》GB/T 14683、《建筑窗用弹性密封剂》JC 485 及《混凝土建筑接缝用密封胶》JC/T 881、聚氨酯发泡胶《单组份聚氨酯泡沫填缝剂》JC 936 有关规定。密封胶应与直接接触的聚氯乙烯型材、五金件、紧固件、密封条等相容，具有良好的粘结性。

6. 门、窗的性能

塑料门窗的性能指标及有关设计要求应根据建筑物的功能要求和所在地区的气候、环境等具体条件合理确定。并应遵守当地政府建设行政主管部门发布的节能比例要求。

（1）力学性能

① 平开门、平开下悬门、推拉下悬门、折叠门、地弹簧门的力学性能见表 4.1-44。

平开门、平开下悬门、推拉下悬门、折叠门、地弹簧门的力学性能

表 4.1-44

项目	技术要求
紧锁器的开关力(执手)	不大于 100N(力矩不大于 10N·m)
开关力	不大于 80N
悬端吊重	在 500N 作用下,残余变形不大于 2mm,试件不损坏,仍保持使用功能
翘曲	在 300N 力作用下,允许有不影响使用的残余变形,试件不损坏,仍保持使用功能
开关疲劳	经不少于 100000 次的开关试验,试件及五金配件不损坏,共固定处及玻璃压条等不松脱,仍保持使用功能
焊接角破坏力	门框焊接角的最小破坏力的计算值不应小于 3000N,门扇焊接角的最小破坏力的计算值不应小于 6000N,且实测值均应大于计算值
大力关闭	模拟七级风连续开关 10 次,试件不损坏,仍保持使用功能
垂直荷载强度	对门扇施加 30kg 荷载,门扇卸荷后的下垂量不应大于 2mm
软物冲击	无损坏,开关功能正常
硬物冲击	无损坏

注:1. 垂直荷载强度适用于平开门、地弹簧门。
   2. 全玻璃门不检测软、硬物撞击性能。

② 推拉门的力学性能见表 4.1-45。

③ 平开窗、平开下悬窗、上悬窗、中悬窗、下悬窗的力学性能见表 4.1-46。

平开窗、平开下悬窗、上悬窗、中悬窗、下悬窗的力学性能

表 4.1-46。

推拉门的力学性能 表 4.1-45

项目	技术要求
开关力	不大于 100N
弯曲	在 300N 力作用下,允许有不影响使用的残余变形,试件不损坏,仍保持使用功能
扭曲	在 200N 力作用下,试件不损坏,允许有不影响使用的残余变形
开关疲劳	经不少于 100000 次的开关试验,试件及五金件不损坏,共固定处及玻璃压条等不松脱,仍保持使用功能
焊接角破坏力	门框焊接角的最小破坏力的计算值不应小于 3000N,门扇焊接角的最小破坏力的计算值不应小于 4000N,且实测值,均应大于计算值
软物冲击	无损坏,开关功能正常
硬物冲击	无损坏

注:1. 无凸出把手的推拉门不做扭曲试验。
    2. 全玻门不检测软、硬物撞击性能。

平开窗、平开下悬窗、中悬窗、下悬窗的力学性能

表 4.1-46

项目	技术要求		
紧锁器的开关力(执手)	不大于 80N(力矩不大于 10Nm)		
开关力	平合页 不大于 80N	摩擦铰链	30~80N
悬端吊重	在 500N 力作用下,残余变形不大于 2mm,试件不损坏,仍保持使用功能		
翘曲	在 300N 力作用下,允许有不影响使用的残余变形,试件不损坏,仍保持使用功能		
开关疲劳	经不少于 10000 次的开关试验,试件和五金配件不损坏,其固定处及玻璃压条不松脱,仍保持使用功能		
大力关闭	经模拟 7 级风连续开关 10 次,试件不损坏,仍保持使用功能		
焊接角破坏力	窗框焊接角最小破坏力的计算值不应小于 2000N,窗扇焊接角最小破坏力的计算值不应小于 2500N,且实测值均应大于计算值		
窗撑试验	在 200N 力作用下,不允许位移,连接处型材不破裂		
开启限位装置(制动器)受力	在 10N 力作用下,开启 10 次,试件不损坏		

注:大力关闭只检测平开窗和上悬窗。

④ 推拉窗的力学性能见表 4.1-47。

推拉窗的力学性能 表 4.1-47

项目	技 术 要 求			
开关力	推拉窗	不大于 100N	上下推拉窗	不大于 135N
弯曲	在 300N 力作用下,允许有不影响使用的残余变形,试件不损坏,仍保持使用功能			
扭曲	在 200N 力作用下,试件不损坏,允许有不影响使用的残余变形,			
开关疲劳	经不少于 10000 次的开关试验,试件和五金配件不损坏,其固定处及玻璃压条不松脱,仍保持使用功能			
焊接角破坏力	窗框焊接角最小破坏力的计算值不应小于 2500N,窗扇焊接角最小破坏力的计算值不应小于 1400N,且实测值均应大于计算值			

注:没有凸出把手的推拉窗不做扭曲试验。

（2）门的物理性能

① 抗风压性能以安全检测压力值（P3）进行分级,其分级指标值见表 4.1-48。

抗风压性能分级 单位：P3：kPa 表 4.1-48

分级代号	1	2	3	4	5	6	7	8	×.×
分级指标值	1.0~1.5	1.5~2.0	2.0~2.5	2.53.0	3.03.5	3.54.0	4.04.5	4.55.0	$\geqslant 5.0$

注:表中×.×表示用$\geqslant 5.0$kPa的具体质取代分级代号。

② 气密性能分级指标见表 4.1-49。

气密性能分级指标 表 4.1-49

分级	3	4	5
单位缝长分级指标值[$m^3/(m \cdot h)$]	$2.5 \geqslant q_1 > 1.5$	$1.5 \geqslant q_1 > 0.5$	$q_1 \leqslant 0.5$
单位面积分级指标值[$m^3/(m^2 \cdot h)$]	$7.5 \geqslant q_2 > 4.5$	$4.5 \geqslant q_2 > 1.5$	$q_2 \leqslant 1.5$

③ 水密性能分级见表 4.1-50。

水密性能分级　ΔP：Pa　　　　表 4.1-50

分级	1	2	3	4	5	××××
分级指标值	100～150	150～250	250～350	350～500	500～700	≥700

注：××××表示用≥700Pa 的具体值取代分级代号。

④ 保温性能分级见表 4.1-51。

保温性能分级　单位为瓦每平方米开　　表 4.1-51

分级	7	8	9	10
分级指标值 K	3.0～2.5	2.5～2.0	2.0～1.5	<1.5

⑤ 空气声隔声性能分级见表 4.1-52。

空气声隔声性能分级　单位：dB　　表 4.1-52

分级	2	3	4	5	6
分级指标值 Rw	25～30	30～35	35～40	40～45	≥45

⑥ 采光性能分级见表 4.1-53。

光性能分级　　　　　　　表 4.1-53

分级	1	2	3	4	5
分级指标值 Tr	0.20～0.30	0.30～0.40	0.40～0.50	0.50～0.60	≥0.60

7. 检验规则

产品检验分出厂检验和型式检验。

（1）出厂检验：应在型式检验合格的有效期内进行出厂检验。

① 抽样方法：应按每一批次、品种、规格分别随机抽取 5％且不得少于 3 樘。

② 塑料门出厂检验和型式检验项目见表 4.1-54。检验要求和试验方法按标准要求。

③ 塑料窗出厂检验和型式检验项目见表 4.1-55。检验要求和试验方法按标准要求。

塑料门出厂检验和型式检验项目　　　表 4.1-54

项目	型式检验						出厂检验					
	平开门	平开下悬门	推拉下悬门	折叠门	推拉门	地弹簧门	平开门	平开下悬门	推拉下悬门	折叠门	推拉门	地弹簧门
抗风压性能	√	√	√	√	√	—	—	—	—	—	—	—
气密性能	√	√	√	√	√	—	—	—	—	—	—	—
水密性能	√	√	√	√	√	—	—	—	—	—	—	—
保温性能	√	√	√	√	√	—	—	—	—	—	—	—
隔声性能	△	△	△	△	△	—	—	—	—	—	—	—
焊接角破坏力*	√	√	√	√	√	√	√	√	√	√	√	√
型材壁厚*	√	√	√	√	√	√	√	√	√	√	√	√
外观质量	√	√	√	√	√	√	√	√	√	√	√	√
增强型钢*	√	√	√	√	√	√	√	√	√	√	√	√
紧固件	√	√	√	√	√	√	√	√	√	√	√	√
排水通道	√	√	√	√	√	√	√	√	√	√	√	√
中梃连接处的密封	√	√	√	√	√	√	√	√	√	√	√	√
门外形尺寸	√	√	√	√	√	√	√	√	√	√	√	√
对角线尺寸	√	√	√	√	√	√	√	√	√	√	√	√
门框、门扇相邻构件装配间隙	√	√	√	√	√	√	√	√	√	√	√	√
相邻构件同一平面度	√	√	√	√	√	√	√	√	√	√	√	√
门扇与门框配合间隙	—	—	—	—	—	√	—	—	—	—	—	√
门框、门扇搭接量	√	√	√	√	√	√	√	√	√	√	√	√
五金件安装	√	√	√	√	√	√	√	√	√	√	√	√
密封条、毛条装配	√	√	√	√	√	√	√	√	√	√	√	√
压条装配	√	√	√	√	√	√	√	√	√	√	√	√
玻璃装配	√	√	√	√	√	√	√	√	√	√	√	√
锁紧器(执手)的开关力	√	√	√	√	—	—	√	√	√	—	—	—

续表

项目	型式检验						出厂检验					
	平开门	平开下悬门	推拉下悬门	折叠门	推拉门	地弹簧门	平开门	平开下悬门	推拉下悬门	折叠门	推拉门	地弹簧门
开关力	√	√	√	√	√	√	√	√	√	√	√	√
悬端吊重	√	√		√	—							
翘曲	√	√		√								
开关疲劳	√	√	√	√	√	√						
大力关闭	√											
弯曲	—	—	√		√							
扭曲	—	—	√		√							
垂直荷载	√			√		√						
软物撞击	√											
硬物撞击	√											

注：1. 表中符号"√"表示需检测项目，符合"—"表示不需检测项目；符合"△"表示用户提出要求的检测项目。

2. 内门不检测抗风压、气密、水密、保温性能。

3. 带＊的项目检测为生产过程检测。

塑料窗出厂检验和型式检验项目　　　　表 4.1-55

项目	型式检验				出厂检验			
	固定窗	平开窗	推拉窗	悬转窗	固定窗	平开窗	推拉窗	悬转窗
抗风压性能	√	√	√	√	—	—	—	—
气密性能	√	√	√	√	—	—	—	—
水密性能	√	√	√	√	—	—	—	—
保温性能	√	√	√	√	—	—	—	—
隔声性能	△	△	△	△	—	—	—	—
采光性能	△	△	△	△	—	—	—	—
焊接角破坏力＊	√	√	√	√	√	√	√	√

续表

项目	型式检验				出厂检验			
	固定窗	平开窗	推拉窗	悬转窗	固定窗	平开窗	推拉窗	悬转窗
型材壁厚*	√	√	√	√	√	√	√	√
外观质量	√	√	√	√	√	√	√	√
增强型钢*	√	√	√	√	√	√	√	√
紧固件	√	√	√	√	√	√	√	√
排水通道	—	√	√	√	—	√	√	√
中梃连接处的密封	√	√	√	√	√	√	√	√
窗外形尺寸	√	√	√	√	√	√	√	√
对角线尺寸	√	√	√	√	√	√	√	√
窗框、窗扇相邻构件装配间隙	√	√	√	√	√	√	√	√
相邻构件同一平面度	√	√	√	√	√	√	√	√
窗扇与窗扇配合间隙	—	√	√	√	—	√	√	√
窗框、窗扇搭接量	—	√	√	√	—	√	√	√
五金件安装	—	√	√	√	—	√	√	√
密封条、毛条装配	√	√	√	√	√	√	√	√
压条装配	√	√	√	√	√	√	√	√
玻璃装配	√	√	√	√	√	√	√	√
锁紧器(执手)的开关力	—	√	—	√	—	√	—	√
开关力	—	√	—	√	—	√	—	√
悬端吊重(上、中、下悬窗除外)	—	√	√	√	—	—	—	—
翘曲	—	√	√	√	—	—	—	—
开关疲劳(上、下推拉窗除外)	—	√	√	√	—	—	—	—
大力关闭	—	√	√	√	—	—	—	—
窗撑试验	—	√	—	√	—	—	—	—
弯曲	—	—	√	—	—	—	—	—
扭曲	—	—	√	—	—	—	—	—
开启限位装置受力	—	√	—	√	—	—	—	—

注：1. 表中符号"√"表示需检测项目，符合"—"表示不需检测项目；符合"△"表示用户提出要求的检测项目。

2. 带 * 的项目检测为生产过程检测。

④ 判定规则：按出厂检验项目进行检验。全部检测项目符合标准规定的要求，则判定该批产品为合格。当其中某项不合格时，应加倍抽样。对不合格的项目进行复检，如该项仍不合格，则判定该批产品为不合格。不合格的产品不允许出厂。

⑤ 塑料门的物理性能和力学性能应符合订货合同中的要求，且不应低于标准规定的最低值。

（2）型式检验

① 抽样方法：批量生产时，每两年从出厂检验合格的产品中随机抽取 3 樘进行型式检验。

② 判定规则：按型式检验项目进行检验。全部检测项目符合标准规定的要求，则判定该批产品为合格品。当其中某项不合格时，应加倍抽样。对不合格的项目进行复检，如该项仍不合格，则判定该批产品为不合格品。

8. 产品标志：制造厂名称、产品标记、产品执行标准；制造日期。

9. 产品检验合格应有合格证。

4.2 玻璃幕墙工程

4.2.1 执行标准

1.《建筑装饰装修工程质量验收规范》GB 50210—2001
2.《玻璃幕墙工程技术规范》JGJ 102—2003
3.《建筑玻璃应用技术规程》JGJ 113—2009
4.《玻璃幕墙光学性能》GB/T 18091—2000
5.《建筑用硅酮结构密封胶》GB 16776—2005
6.《硅酮建筑密封胶》GB/T 14683—2003
7.《玻璃幕墙工程质量检验标准》JGJ/T 139—2001
8.《建筑节能工程施工质量验收规范》GB 50411—2007

4.2.2 材料使用要求

《建筑装饰装修工程质量验收规范》GB 50210—2001 和《玻

璃幕墙工程技术规范》JGJ 102—2003 对玻璃幕墙的材料使用要求：

（1）幕墙工程所使用的各种材料、附件及紧固件、构件和组件应有产品合格证书、性能检测报告、进场验收记录和材料复验报告。

（2）玻璃幕墙应选用耐气候性的材料。金属材料和金属零配件除不锈钢及耐候钢外，应符合下列要求。

① 钢材

A. 玻璃幕墙宜采用奥氏体不锈钢，且含镍量不应小于 8%。不锈钢材应符合现行国家标准、行业标准的规定。

B. 玻璃幕墙用耐候钢应符合现行国家标准《耐候结构钢》GB/T 4171 的规定。

C. 玻璃幕墙用碳素结构钢和低合金高强度结构钢应进行表面热浸镀锌处理、无机富锌涂料处理或其他有效的防腐措施。

D. 热浸镀锌膜厚度应符合现行国家标准《金属覆盖层　钢铁制件热镀锌层　技术要求及试验方法》GB/T 13912 的规定。

E. 采用氟碳漆喷涂或聚氨酯漆喷涂时，涂膜厚度不宜小于 $35\mu m$；在空气污染及海滨地区，涂膜厚度不宜小于 $45\mu m$。

F. 点支承玻璃幕墙用的不锈钢绞线、锚具及支承装置应符合现行国家标准的相关规定。

② 铝合金型材

A. 铝合金型材表面应进行表面阳极氧化、电泳涂漆、粉末喷涂或氟碳漆喷涂处理。

B. 隔热铝型材，其隔热材料应使用 PA66GF25（聚酰胺 66＋25 玻璃纤维）材料，不得采用 PVC 材料。用浇注工艺生产的隔热铝型材，其隔热材料应使用 PUR（聚氨基甲酸乙酯）材料。

（3）幕墙玻璃

① 幕墙应使用安全玻璃，玻璃的品种、规格、颜色、光学性能及安装方向应符合设计要求。幕墙玻璃的厚度不应小于

6.0mm，全玻幕墙肋玻璃的厚度不应小于 12mm。所有幕墙玻璃均应进行边缘处理。

② 钢化玻璃表面不得有损伤；8.0mm 以下的钢化玻璃应进行引爆处理。

③ 幕墙玻璃的外观质量和性能应符合现行国家标准、行业标准的玻璃品种的相关规定。

④ 玻璃幕墙采用阳光控制镀膜玻璃时，离线法生产的镀膜玻璃应采用真空磁控溅射法生产工艺；在线活生产的镀膜玻璃应采用热喷涂法生产工艺。

⑤ 玻璃幕墙采用中空玻璃时，应符合现行国家标准《中空玻璃》GB/T 11944 的规定：

A. 气体层厚度不应小于 9mm；

B. 应采用双道密封。一道密封应采用丁基热熔密封胶。隐框、半隐框及点支承玻璃幕墙用中空玻璃的二道密封应采用硅酮结构密封胶；明框玻璃幕墙用中空玻璃的二道密封应采用聚硫类中空玻璃密封胶，也可采用硅酮密封胶。密封应用专用打胶机进行混合、打胶。

C. 中空玻璃应消除表面凹凸现象，用 180 目磨轮进行机械磨边处理。点支承幕墙玻璃的孔、板边缘均应进行细磨磨边和倒棱宽度不小于 1mm。

D. 中空玻璃的间隔铝框可采用连续折弯型或插角型，不得使用热熔型间隔胶条。间隔框中的干燥剂宜采用专用设备装填。

⑥ 钢化玻璃宜经二次热处理。

⑦ 夹层玻璃应采用 0.76mm 厚的聚乙烯醇缩丁醛（PVB）胶片，在严格控制温、湿度的状况下，干法加工合成。

⑧ 玻璃幕墙采光用彩釉玻璃，釉料采用丝网印制。

（4）密封材料

A. 玻璃幕墙码耐候密封应采用硅酮结构密封胶；点支承幕墙和全玻幕墙使用非镀膜玻璃时，其耐候密封可采用酸性硅酮建筑密封胶。夹层玻璃板缝间的密封，宜采用中性硅酮建筑密封胶。

B. 进口硅酮结构胶应有商检证；国家指定检测机构出具的硅酮结构胶相容性和剥离粘结性试验报告；玻璃幕墙用结构胶的应对邵氏硬度、标准条件拉伸粘结强度、相容性进行复试；同一幕墙工程应用同一品牌的单组分或双组分的硅酮结构密封胶，应有保质年限的质量证书，双组分硅酮结构胶的混匀挫试验记录及拉断试验记录。

C. 隐框、半隐框幕墙的玻璃与铝型材的粘结材料必须是中性硅酮结构密封胶，其性能必须符合《建筑用硅酮结构密封胶》GB 16776 的规定；全玻幕墙和点支承幕墙采用镀膜玻璃时，不应采用酸性硅酮结构密封胶粘结。硅酮结构密封胶和硅酮建筑密封胶必须在有效期内使用。

D. 同一幕墙工程应采用同一品牌的硅酮结构密封胶和硅酮耐候密封胶配套使用。硅酮结构密封胶与铝材、玻璃粘结需作相容性检测。

E. 玻璃幕墙的橡胶制品宜采用三元乙丙橡胶、氯丁橡胶及硅橡胶。密封胶条应符合现行国家标准《建筑橡胶密封垫预成型实心硫化的结构密封垫用材料规范》HB/T 3099 及《工业用橡胶板》GB/T 5574 的规定。

（5）与玻璃幕墙配套用的附件、五金件及紧固件应符合现行国家产品标准的规定。

（6）与单组分硅酮密封胶配合使用的低发泡间隔双面胶带应具有透气性。聚乙烯泡沫棒密度不应大于 $37kg/m^3$。

（7）防火幕墙玻璃应根据防火等级，采用防火玻璃及制品。玻璃幕墙隔热保温材料宜采用岩棉、矿棉、玻璃棉、防火板等不燃性或难燃性材料；防火密封构造应采用防火密封材料。

（8）后置埋件的现场拉拔检测报告。

（9）幕墙应有风压变形性能、气密性能、水密性能检测报告、平面变形性能检测报告及其他设计要求的性能检测报告。

4.2.3 材料现场检验

1. 材料现场检验，应将同一厂家生产的同一型号、规格、批号的材料作为一个检验批，每批应随机抽取 3‰ 且不得少于 5 件。

2. 玻璃幕墙工程中所有使用的材料均应符合国家现行产品检验标准的规定。

3. 铝合金型材的检验

（1）应进行壁厚、膜厚、硬度和表面质量的检验。

（2）壁厚的检验：用于横梁、立柱等主要受力杆件的截面受力部位的铝合金型材壁厚实测值不得小于 3mm。应采用分辨率为 0.05mm 的游标卡尺或分辨率为 0.1mm 的金属测厚仪在杆件同一截面的不同部位不少于 5 个测点进行测量，取最小值。

（3）膜厚的检验：应采用分辨率为 $0.5\mu m$ 的膜厚检测仪检测。每个杆件在装饰面不同部位取不少于 5 个测点，同一测点应测 5 次取平均值的整数。

铝合金型材表面处理膜厚检验指标规定见表 4.2-1。

铝合金型材表面处理膜厚检验指标 表 4.2-1

品种		阳极氧化 阳极氧化加电 解着色 阳极氧化加有 机着色	电泳涂漆		粉末喷涂	氟碳漆喷涂
表面处理层厚度		膜厚级别	膜厚级别		装饰面上涂层最小局部厚度 μm	装饰面平均膜厚 μm
	最小平均厚度	AA15	B（有光或哑光透明漆）	S（有光或哑光有色漆）	$\geqslant 40\mu m$ （或 $60\mu m$）	$\geqslant 30$（二涂） $\geqslant 40$（三涂）
	局部最小厚度	$12\mu m$	$21\mu m$		$40 \sim 120\mu m$	$25\mu m$

（4）硬度检验：应采用韦氏硬度计测量型材表面硬度。型材表面应清理干净，取不少于 3 个测量点的平均值。

玻璃幕墙工程使用铝合金型材 6063T5 型材的韦氏硬度值不得小于 8，6063AT5 的氏民硬度值不得小于 10。

（5）表面质量的检验：在自然散射光条件下用放大镜观察检查：

① 表面清洁、色泽均匀。

② 型材表面不应有皱纹、裂纹、起皮、腐蚀斑点、气泡、电灼伤、流痕、发粘以及膜（涂）层脱落等缺陷存在。

4. 钢材的检验

应进行膜厚和表面质量的检验。

（1）钢材表面应进行防腐处理。膜厚检验，应采用分辨率为 0.5 的膜厚检测仪检测。每个杆件在不同部位取不少于 5 个测点，每个测点测 5 次取平均整数值。采用热浸镀锌处理膜厚应大于 45μm；采用静电喷涂膜厚应大于 40μm。

（2）表面质量检验，应在自然散射光条件下用放大镜观察检查：

表面不得有裂纹、气泡、结疤、泛锈、夹杂和折叠。

5. 玻璃的检验：应进行厚度、边长、外观质量、应力和边缘处理情况及光学性能的检验。

（1）玻璃厚度的检验：用分辨率为 0.2mm 的玻璃测厚仪在单片玻璃每边中点，测量结果取平均值修约至 0.01 位。已安装幕墙玻璃，用 0.1mm 的玻璃测厚仪随机在玻璃上取 4 点进行检测，取平均值修约至 0.1 位。检测结果应符合允许偏差的要求。

（2）玻璃边长的检验：用钢卷尺沿玻璃周边测量，取最大偏差值应符合允许偏差的要求。

（3）外观质量的检验规定

① 应在良好的自然光或散射光照条件下，距玻璃表面 600mm 处观察玻璃表面和显微测量。

② 半钢化玻璃的外观质量（表 4.2-2）

半钢化玻璃的外观质量 表 4.2-2

缺陷名称	检验要求
爆边	不允许存在
划伤	每平方米允许 6 条 $a \leqslant 100mm, b \leqslant 0.1mm$
	每平方米允许 3 条 $a \leqslant 100mm, 0.1mm < b \leqslant 0.5mm$
裂纹、缺角	不允许存在

③ 热反射玻璃外观质量（表 4.2-3）

表 4.2-3

缺陷名称	检验指标
针眼	距边部 75mm 内,每平方米允许 8 处或中部每平方米允许 3 处 $1.6mm < d \leqslant 2.5mm$
	不允许存在 $d > 2.5mm$
斑纹	不允许存在
斑点	每平方米允许 8 处 $1.6mm < d \leqslant 2.5mm$
划伤	每平方米允许 2 条 $a \leqslant 100mm, 0.3mm < b \leqslant 0.8mm$

④ 夹层玻璃外观质量（表 4.2-4）

表 4.2-4

缺陷名称	检验指标
胶合层气泡	直径 300mm 圆内允许长度为 1~2mm 的胶合层气泡 2 个
胶合层杂质	直径 500mm 圆内允许长度小于 3mm 的胶合层杂质 2 个
裂纹	不允许存在
爆边	长度或宽度不得超过玻璃厚度
划伤、磨伤	不得影响使用
脱胶	不允许存在

⑤ 玻璃应力检验

A. 幕墙玻璃的品种应符合设计要求。

B. 玻璃应力的检验方法：用偏振片确定玻璃是否经钢化处理；用表面应力检测仪测量玻璃表面应力。用双折射率法和

GASP 法测量和计算应力值应符合表 4.2-5 规定。

幕墙用钢化和半钢化玻璃的表面应力（MPa）　　表 4.2-5

钢化玻璃	半钢化玻璃
$\sigma \geqslant 95$	$24 < \sigma \leqslant 69$

⑥ 幕墙玻璃边缘处理的检验：采用观察和手试方法，检查机械磨边、倒棱、倒角、处理精度应符合设计要求。

⑦ 中空玻璃质量的检验

A. 采用直尺或游标卡尺测量玻璃、空气层和胶层厚度，应符合设计和标准要求。

B. 用钢卷尺测量玻璃对角线长度，对角线长度之差不应大于对角线平均长度的 0.2%。

C. 观察玻璃外观及打胶质量情况：内表面不得有妨碍透视的污迹及胶粘剂飞溅现象；胶层应双道密封，外层密封胶胶层宽度不应小于 5mm。半隐框和隐框幕墙的中空玻璃的外层应采用硅酮结构密封胶密封，胶层宽度应符合结构计算要求。内层密封采用丁基密封腻子，打胶应均匀、饱满、无空隙。

⑧ 玻璃幕墙光学性能的检验

玻璃幕墙的设置应符合城市规划的要求，应满足采光、保温、隔热等要求，还应符合有关光学性能的要求。

A. 幕墙玻璃产品的光学性能要求：

a. 一般幕墙玻璃产品应提供可见光透射比、可见光反射比、太阳光透射比、太阳光反射比、太阳能总透射比、遮蔽系数、色差。

对有特殊要求的博物馆、展览馆、图书馆、商厦的幕墙玻璃产品还应提供紫外线透射比、颜色透视指数。

幕墙玻璃的光学性能参数见表 4.2-6～表 4.2-8。

b. 为限制玻璃幕墙的有害光反射，玻璃幕墙应采用反射比不大于 0.30 的幕墙玻璃。

幕墙玻璃的光学性能参数　　　　表 4.2-6

玻璃种类		可见光（380～780mm）		太阳光（300～2500mm）		太阳光总透射比	遮蔽系数	色差 ΔE（CIELAB）
		透射比	反射比	透射比	反射比			
热反射镀膜玻璃	银灰色	≥0.14	≤0.30	0.12～0.20	0.23～0.28	0.25～0.35	0.30～0.35	＜3
	灰色	≥0.14	≤0.30	0.10～0.28				
	金色	≥0.10	≤0.26	0.07～0.13				
	土色	≥0.10	≤0.23	0.08～0.12				
	银蓝	≥0.20	≤0.23	0.13～0.24				
	蓝色	≥0.10	≤0.30	0.10～0.22				
	绿色	≥0.10	≤0.30	0.09～0.13				
	浅茶色	≥0.14	≤0.26	0.13～0.26				
	茶色	≥0.10	≤0.29	0.10～0.18				
	蓝绿色	≥0.07	≤0.26	0.04～0.16				
	浅蓝色	≥0.09	≤0.30	0.08～0.30				
吸热玻璃	茶色	≥0.42	≤0.30					
	银灰	≥0.50	≤0.30					
	蓝色	≥0.45	≤0.30					
低辐射玻璃	无色透明	≥0.70	0.07～0.12	0.43～0.66				
	浅灰色	≥0.56	≤0.56	≤0.38				
	浅蓝色	≥0.50	≤0.50	≤0.45				
	绿色	≥0.30	≤0.30	≤0.15				
	蓝绿色	≥0.40	≤0.40	0.20～0.24				
复合玻璃	中空玻璃、夹层玻璃	复合玻璃产品若选用上述玻璃，其单片玻璃的性能应分别符合表中参数的规定，复合玻璃产品的参数应重新测定						

紫外线相对含量　　　　表 4.2-7

光源类型	紫外线相对含量（μW/m）
蓝天（15000K）	1600
北向天空光	800
直射阳光	400

注：1. 对有紫外线要求的场所，幕墙玻璃的紫外线透射比宜小于 0.30。
　　2. 对于博物馆，光源透过幕墙玻璃后的紫外线相对含量应小于 75μW/m。

　　c. 幕墙玻璃颜色的均匀性用（CTELAB 系统）色差 ΔE 表示，同一玻璃产品的色差 ΔE 应不大于 3CTELAB 反射色差单位。

透视指数   表 4.2-8

分级	透视指数(Ra)	评判
Ⅰ	≥80	好
Ⅱ	60～80	较好
Ⅲ	40～60	一般
Ⅳ	<40	较差

d. 为减小玻璃幕墙的影像畸变，玻璃幕墙的组装与安装应符合 GB/T 2686 规定的平直度要求，所选用的玻璃应符合相应的现行国家、行业标准的要求。

e. 对有采光功能要求的玻璃幕墙其透光折减系数一般不应低于 0.20。

B. 玻璃幕墙的设计与设置规定：

a. 在城市主干道、立交桥、高架路两侧的建筑物 20m 以下，其余路段 10m 以下如设置玻璃幕墙应采用反射比不大于 0.16 的低反射玻璃。若反射比高于限值应控制幕墙面积或采用其他材料对建筑立面分隔。

b. 居住区内应限制设置玻璃幕墙。

c. 历史文化名城中的历史街区、风景名胜区应慎用玻璃幕墙。

d. 在 T 形、十字路口或多路交叉路口不宜设置玻璃幕墙。

e. 道路两侧玻璃幕墙设计成凹形弧面应避免反射光进入行人与驾驶员的视场内。南北向玻璃幕墙向后倾斜角应大于 h/2，避免反射光进入行人与驾驶员的视场内。幕墙离地大于 36m 时可不受限制。

C. 试验方法

a. 可见光透射比、可见光反射比、太阳光透射比、太阳光反射比、太阳能总透射比、遮蔽系数、紫外线透射比应按 GB/T 2680 的规定执行。

b. 颜色透视指数应按《建筑玻璃   可见光透射比、太阳光直接透射比、太阳能总透射比、紫外线透射比及有关窗玻璃参数的测定》GB/T 2680 和《光源显色性评价方法》GB/T 5702 的规定执行。

c. 透光折减系数应按 GB/T 11976 的规定执行。

d. 色差检验：

ⅰ. 实验室色差检验应按《彩色建筑材料色度测量方法》GB/T 11942 和《镀膜玻璃　第 1 部分：阳光控制镀膜玻璃》的规定执行。

ⅱ. 现场色差检验：

目视：对色差进行目视时，以一面墙作为一个目视单元，对各面墙逐个进行。当目测判定色差有问题或有争议时，应采用仪器检验。

仪器检验：在有色差问题的全部玻璃幕墙部位选取检验点。以 2 片幕墙玻璃（每片至少包含一个点）选 5 个检验点为一个检验组。检验方法应按《彩色建筑材料色度测量方法》GB/T 11942 和《镀膜玻璃第 1 部分：阳光控制镀膜玻璃》GB/T 18915.1—2002 的规定执行。

e. 影像畸变

ⅰ. 玻璃幕墙出现影像畸变时应进行检验。

ⅱ. 对影像畸变进行目测时，以一面墙作为一个目视单元，对各面墙逐个进行。当目测判定影像畸变有争议时，应按《建筑幕墙》GB/T 21086—2007 的方法对玻璃幕墙的组装允许偏差进行检验。

D. 检验规则

检验类别分为型式检验、出厂检验和现场检验。

检验项目见表 4.2-9。可见光透射比、可见光反射比、太阳光透射比、太阳光反射比、太阳能总透射比、遮蔽系数、紫外线透射比应按《建筑玻璃　可见光透射比、太阳光直接透射比、太阳能总透射比、紫外线透射比及有关窗玻璃参数的测定》GB/T 2680 的规定执行。

检验项目表　　　　　　　　表 4.2-9

序号	项目类别	项目内容	判定依据	检验类别		
				型式检验	出厂检验	现场检验
一	玻璃幕墙					
1	主要	可见光透射比	4.1.1 附录 A	√		
2		可见光反射比	4.1.2　4.2.1	√	√	
3		太阳光透射比	4.1.1 附录 A	√		
4		太阳光反射比	4.1.1 附录 A	√		
5		太阳能总透射比	4.1.1 附录 A	√		
6		遮蔽系数	4.1.1 附录 A	√		
7		色差	4.1.3	√	√	
8	一般	紫外线透射比	4.1.1 附录 B	√		
9		颜色透视指数	4.1.1 附录 C	√		
二	玻璃幕墙					
1	主要	色差	4.1.3			√
2		影像畸变	JG 3035			√
3	一般	透光折减系数	4.1.5			√

a. 型式检验

新产品试制定型鉴定和材料、工艺较大改变影响产品性能时、停产恢复生产时、出厂检验结果有较大差别时、国家质量监督机械提出进行型式检验要求时。

b. 出厂检验：应按《建筑外窗采光性能分级及检测方法》GB/T 11976 的规定，检验项目按表 4.2-9 规定的检验方法进行。

ⅰ. 抽样规则

随机抽样按表 4.2-10 的规定进行。

ⅱ. 判定规则：若不合格数等于或大于表 4.2-10 的不合格判定数，则判定该批产品不合格。

<table>
<tr><td colspan="4" align="center">抽样表</td><td align="right">表 4.2-10</td></tr>
</table>

批量范围	样本数	合格判定数	不合格判定数
50	8	1	2
50～90	13	2	3
91～150	20	3	4
151～280	32	5	6
281～500	50	7	8
501～1000	80	10	11

c. 现场检验

ⅰ. 色差检验和影像畸变检验。按规定的方法进行。

ⅱ. 判定规则

色差：检验组的色差大于 3CIELAB 色差单位的幕墙玻璃则为色差不合格。

影像畸变：应按《建筑幕墙》GB/T 21086—2007 的规定检验后判定。

6. 硅酮结构胶及密封材料的检验

（1）硅酮结构密封胶的检验方法：

A. 切割胶面观察剥离面破坏情况；

B. 用钢直尺测量打胶质量的厚度和宽度：宽度不得小于 7mm，厚度不得小于 6mm。

（2）硅酮结构胶的检验指标规定：硅酮结构胶必须是内聚性破坏；切开截面应颜色均匀，注胶应饱满、密实；注胶的宽度和厚度应符合设计要求。

（3）密封胶的检验：

A. 密封胶的检验采用观察和切割检查的方法，用游标卡尺测量密封胶的宽度和厚度。

B. 密封胶的检验指标规定：

a. 密封胶表面应光滑，不得有裂缝，接口处厚度和颜色应一致；

b. 注胶应饱满、平整、密实、无缝隙；

c. 密封胶粘结形式、宽度应符合设计要求，厚度不应小于 3.5mm。

（4）其他密封材料的检验

A. 检验方法采用观察和手工拉伸方法。

B. 检验指标规定：

a. 应采用有弹性、耐老化的密封材料；橡胶密封条不应有硬化龟裂现象；

b. 双面胶带的粘结性能应符合设计要求；

c. 衬垫材料应与硅酮结构胶、建筑密封胶相容。

7. 五金及其他配件的检验

（1）五金件外观观察检查检验指标规定

与铝合金型材接触的五金件应采用不锈钢材或铝制品，否则应加设绝缘垫片。其他钢材应进行表面热浸镀锌或其他防腐处理。

（2）转接件、连接件采用钢直尺或游标卡尺检查测量。其检验指标规定：

A. 采用碳素钢时表面应作热浸镀锌处理；

B. 外观应平整，不得有裂纹、毛刺、凹坑、变形等缺陷；

C. 配件壁厚不得有负偏差。开孔位置、孔径应符合规定。

（3）紧固件的检验规定

A. 紧固件宜采用带弹簧垫圈的不锈钢六角螺栓，或应有防松脱措施。

B. 铆钉可采用不锈钢铆钉。

C. 主要受力杆件不应采用自攻螺钉，构件受力连接不得采用抽芯铝铆钉。

（4）滑撑、限位器的检验规定：

A. 滑撑、限位器应采用奥氏体不锈钢，表面光洁，不应有斑点、砂眼及明显划痕。金属层应色泽均匀，不应有气泡、露底、泛黄、龟裂等缺陷，强度、刚度应符合设计要求。

B. 滑撑、限位器的紧固铆接处不得松动，转动和滑动应灵活无卡阻现象。

（5）其他配件的检验规定

A. 门窗锁及其他配件应开关灵活，组装牢固，多点连动锁的配件联动性应一致；

B. 防腐处理应符合设计要求，镀层不得有气泡、露底、脱落等明显缺陷。

4.2.4　防火检验

1. 执行标准

（1）《建筑设计防火规范》GB 50016

（2）《高层民用建筑设计防火规范》GB 50045

（3）《建筑内部装修设计防火规范》GB 50222

2. 防火设计要求

（1）玻璃幕墙与其周边防火分隔构件间的缝隙、与楼板或隔墙外沿间的缝隙、与实体墙面洞口边缘间的缝隙，都应进行防火封堵设计。

（2）玻璃幕墙的防火封堵构造系统应具有伸缩变形能力、密封性和耐久性。在规定的耐火时限内，不发生开裂或脱落，保持稳定。

（3）玻璃幕墙防火封堵构造系统的填充料及其保护性面层材料：

① 玻璃幕墙与各层楼板、隔墙外沿间的缝隙，应采用厚度不小于 100mm 的岩棉或矿棉封堵密实；楼层间水平防烟带的岩棉或矿棉宜采用不小于 1.5mm 厚的镀锌钢板承托；承托板与主体结构、幕墙结构及承托板之间的缝隙宜填充防火密封材料。设置通透隔断应采用防火玻璃。

② 无窗槛墙的玻璃幕墙，应在每层楼板外沿设置耐火极限不低于 1.0h、高度不低于 0.8m 的不燃烧实体裙墙或防火玻璃裙墙。

③ 同一玻璃单元不宜跨越两个防火分区。

3. 检验数量

玻璃幕墙工程防火构造按防火分区总数抽查 5%，不少于 3 处。

4. 检验项目

检验点和检验方法

应在幕墙与楼板、墙、柱、楼梯间隔断处，观察检查防火构造和防火节点及防火材料的铺设。

5. 防火构造的检验指标规定

（1）幕墙与楼板、墙、柱之间应按设计要求设置横向、竖向连续的防火隔断。

（2）对高层建筑无窗间墙和窗槛墙的玻璃幕墙，应在每层楼板外沿设置耐火极限不低于 1.00h、高度不低于 0.80m 的不燃烧实体裙墙。

（3）同一块玻璃不宜跨两个分火区域。

6. 防火节点的检验指标的规定：

（1）防火节点构造必须符合设计要求。

（2）防火材料的品种、材质、耐火等级应符合设计要求和标准的规定。

（3）防火材料应安装牢固，无遗漏，应严密无缝隙。

（4）镀锌钢衬板不得与铝合金型材直接接触，衬板就位后，应进行密封处理。

（5）防火层与幕墙和主体结构间的缝隙必须用防火密封胶严密封闭。

7. 防火材料的铺设指标的规定

（1）防火材料的铺设厚度必须符合设计规定，厚度不宜小于 70mm。

（2）搁置防火材料的镀锌钢板厚度不宜小于 1.2mm。

（3）铺设应饱满、均匀、无遗漏。

（4）防火材料不得与幕墙玻璃直接接触，宜用装饰材料覆盖隔开。

4.2.5 防雷检验

1. 执行标准

(1)《建筑物防雷设计规范》GB 50057

(2)《民用建筑电气设计规范》JGJ/T 16

2. 防雷设计要求

幕墙的金属框架应与主体结构的防雷体系可靠连接，连接部位应清除非导电保护层。

3. 抽样数量

(1) 有均压环的楼层，不少于3层，有女儿墙盖顶的必须检查。

(2) 无有均压环的楼层，不少于2层，每层至少检查3处。

4. 检验方法

(1) 用接地电阻仪或兆欧表测量检查。

(2) 观察、手动试验、用钢卷尺或游标卡尺测量。

5. 检验项目

(1) 玻璃幕墙金属框架连接检验。

(2) 玻璃幕墙与主体结构防雷装置连接的检验。

(3) 女儿墙压顶罩板与女儿墙部位幕墙构架连接检验。

6. 项目检验指标规定

(1) 幕墙金属框架与主体结构防雷装置应互相连接紧密可靠，采用焊接形成导电通路。

(2) 连接材料的材质、截面尺寸、连接长度、连接方式必须符合设计要求。

(3) 连接点水平间距不应大于防雷引下线间距，垂直间距不应大于均压环的间距。

(4) 女儿墙压顶罩板与女儿墙部位幕墙构架连接节点宜明露，其连接应符合设计要求。

4.2.6 玻璃幕墙结构设计

1. 基本规定

(1) 玻璃幕墙应具有足够的承载能力、刚度、稳定性和相对于主体结构的位移能力。采用螺栓连接、挂接或插接的幕墙构件，应有可靠的防松、防脱、防滑措施。

(2) 玻璃幕墙结构设计　应按非抗震或抗震设计，进行重力荷载、风荷载和地震作用效应计算。还可按弹性方法分别计算施工阶段和正常使用阶段的作用效应的最不利组合进行设计。

(3) 材料选用：应按不锈钢材、钢材及耐候钢、铝合金型材、玻璃、不锈钢张拉杆、索（高强钢绞线或不锈钢绞线）等材料强度设计值，以及弹性模量、泊松比、线膨胀系数、重力密度值的规定进行设计计算。

(4) 连接设计

1) 主体结构或结构构件，应能承受幕墙传递的荷载和作用。连接件和主体结构的锚固承载力设计值应大于连接件本身的承载力设计值。连接处的受到螺栓、铆钉不应少于2个。

2) 玻璃幕墙立柱与主体混凝土结构应通过预埋件连接。预埋件应在主体结构施工时按正确位置预埋。预埋件应按规定进行设计计算。

3) 玻璃幕墙构架与主体结构采用后加锚栓连接时的规定：

① 产品应有出厂合格证；

② 碳素钢锚栓应经防腐处理；

③ 应进行承载力现场试验或极限位拉拔试验；

④ 每个连接点不应少于2个不小于 $\phi 10$ 锚栓承载力设计值不应大于其极限承载力的50%；

⑤ 不宜在与化学锚栓接触的连接件上进行焊接。

(5) 硅酮结构密封胶设计

1) 硅酮结构密封胶应根据不同的受力情况进行承载力极限状态验算。竖向隐框、半隐框和水平倒挂的玻璃幕墙中玻璃和铝框之间硅酮结构密封胶的粘接宽度，应符合规范计算规定，且不应小于7mm；其粘接厚度应符合规范计算规定，且不应小于6mm。硅酮结构密封胶的粘接宽度宜大于厚度，但不宜大于厚度 2 倍。隐框玻璃幕墙的硅酮结构密封胶的粘接厚度不应大于 12mm。

2）隐蔽或横向半隐框玻璃幕墙，为承受分格玻璃荷载，每块玻璃的下端宜设置两个铝合金或不锈钢托条，长度不小于100mm，厚度不小于 2mm，高度不超出玻璃外表面。托条上应设置衬垫。

2. 框支承玻璃幕墙结构设计

玻璃

（1）框支承玻璃幕墙的玻璃应按规定进行应力、挠度计算。单片玻璃厚度不应小于 6mm，夹层的单片玻璃厚度不宜小于5mm。夹层玻璃和中空玻璃的单片玻璃厚度相差不宜大于 3mm。

（2）横梁

1）横梁应按规定进行受弯、受剪、受扭承载力计算和挠度限值验算。

2）横梁截面主要受力部位的厚度要求：

① 铝合金型材或钢型材的截面自由挑出部位和双侧加劲部位的宽厚比应符合限值要求；

② 当横梁跨度不大于 1.2m 时，铝合金型材截面主要受力部位的厚度不应小于 2mm；跨度大于 1.2m 时，厚度不应小于2.5mm。型材孔壁与螺钉之间采用螺纹受力连接时，其局部截面厚度不应小于螺钉直径。

③ 钢型材截面主要受力部位的厚度不应小于 2.5mm。

④ 横梁采用铝合金型材或钢型材，型材应进行表面防腐处理。焊缝应涂防锈涂料。

（3）立柱

1）立柱可采用铝合金型材或钢型材。型材表面应进行防腐处理。

2）多层或高层建筑中跨层通长布置立柱时，立柱与主体结构的连接支承点每层不宜少于 1 个；在混凝土实墙上支承点宜加密。每层设两个支承点时，上点为圆孔，下点为长圆孔。

3）在楼层内单独布置立柱时，宜采用上端悬挂方式，其上、下端均宜与主体结构铰接；当柱支承点可能产生较大位移时，应采用与位移相适应的支承装置。

4）立柱应根据实际支承条件，分别按单跨梁、双跨梁或多跨梁进行弯矩、轴压、长细比与稳定性、挠度限值的计算。

立柱截面主要受力部位的厚度要求：

① 铝型材截面开口部位的厚度不应小于 3mm，闭口部位的厚度不应小于 2.5mm；型材孔壁与螺钉之间采用螺纹受力连接时，其局部厚度不应小于螺钉直径。

② 钢型材截面主要受力部位的厚度不应小于 3mm。

③ 对偏心受压立柱，其截面宽厚比应符合规范规定。

5）横梁通过角码、螺钉或螺栓与立柱连接。角码应能承受横梁剪力，厚度不应小于 3mm；角码与立柱之间的连接螺钉或螺栓应满足抗剪和抗扭要求。螺栓不少于 2 个不小于 φ10 螺栓。

3. 全玻璃幕墙结构设计

（1）悬挂在主体结构下端支承全玻璃幕墙的玻璃最大高度见表 4.2-11。

下端支承全玻璃幕墙的玻璃最大高度　　　表 4.2-11

玻璃厚度（mm）	10、12	15	19
最大高度（m）	4	5	6

（2）全玻璃幕墙的周边收口槽壁与玻璃面板或玻璃肋的空隙均不宜小于 8mm，采用硅酮结构密封胶密封。玻璃与下槽底应采用 100mm×10mm 的弹性垫块支承。

（3）玻璃面板与结构面或装修面之间的空隙不应小于 8mm，应采用硅酮结构密封胶密封。

（4）玻璃面板的厚度不宜小于 10mm。

（5）全玻璃幕墙肋的厚度不应小于 12mm，截面高度不应小于 100mm。

（6）连接玻璃肋的金属件厚度不应小于 6mm，采用不小于

φ8 不锈钢螺栓连接。

（7）高度大于 8m 的玻璃肋宜考虑平面外的稳定验算；高度大于 12m 的玻璃肋，应进行平面外稳定验算，还应采取防止侧向失稳的构造措施。

（8）采用胶缝传力的全玻璃幕墙，胶缝必须采用硅酮结构密封胶。胶缝厚度应符合规范要求，不小于 6mm。

4. 点支承玻璃幕墙结构设计

（1）玻璃面板

1）根据玻璃面板形状采用三、四、六点支承。玻璃面板支承孔边至板边的距离不宜小于 70mm。

2）采用浮头式连接件的玻璃厚度不应小于 6mm；采用沉头式连接件的玻璃厚度不应小于 8mm。

安装连接件的夹层玻璃和中空玻璃的单片玻璃厚度也应符合上述要求。

3）玻璃间应采用硅酮结构密封胶嵌缝，宽度不应小于 10mm。

4）玻璃支承孔周边应进行可靠密封。中空玻璃支承孔周边应采取多道密封措施。

5）玻璃面板应按风荷载和地震作用下，依支承状态进行应力和挠度进行设计计算。

（2）支承装置

1）支承装置应符合行业标准《建筑玻璃点支承装置》JG/T 138 的规定。

2）支承头到钢材与玻璃之间宜设置不小于 1mm 的弹性衬垫或衬套。支承头应能适应玻璃面转动变形。

（3）点支承结构玻璃幕墙

1）采用单根型钢或钢管作支承结构设计，应按现行国家标准《钢结构设计规范》GB 50017 的有关规定：

① 端部与主体结构的连接构造应能适应主体结构的位移；

② 竖向构件宜按偏心受压或偏心受拉构件设计；水平构件宜按双向受弯加考虑扭矩进行构件设计；

③ 受压杆件长细比不应大于 150;

④ 在风荷载标准值作用下,挠度限值宜取跨度的 1/250。悬臂结构的跨度取悬挑长度的 2 倍进行计算。

2) 桁架或空腹桁架设计规定:

① 可采用型钢或钢管作为杆件。采用钢管宜在节点焊接,主管不宜开孔和支管不应穿入主管内;

② 桁架杆件不宜偏心连接。弦、腹杆之间夹角不宜小于 30°;

③ 钢管壁厚不宜小于 4mm,钢管外径不宜大于壁厚 50 倍,支管外径不宜小于主管外径的 0.3 倍;

④ 焊接钢桁架和空腹桁架应按刚接体系计算;

⑤ 轴心受压或偏心受压的桁架杆件的长细比不应大于 150;轴心受拉或偏心受拉杆件的长细比不应大于 350;

⑥ 桁架或空腹桁架平面外不动支承点相距较远时,应设置正交方向上的稳定支撑结构;

⑦ 在风荷载标准值作用下,挠度限值宜取跨度的 1/250。悬臂结构的跨度取悬挑长度的 2 倍进行计算。

3) 张拉杆索体系设计规定

① 应在正、反两个方向形成承受风荷载和地震作用的稳定结构体系。在正交主要受力方向应设置稳定性拉杆、拉索或桁架;

② 连接件、受压杆和拉杆宜采用不锈钢材料,拉杆直径不宜小于 φ10;自平衡体系的受压杆件可采用碳素结构钢。拉索宜采用不锈钢绞线、高强钢绞线、铝包钢绞线。钢绞线丝不小于 1.2mm,钢绞线直径不小于 8mm。高强钢绞线表面应作防腐处理;

③ 与主体结构的连接部位应能适应主体结构的位移,主体结构应能承受受拉杆系或拉索体系的预拉力和荷载作用;

④ 自平衡体系、杆索体系的受压杆件的长细比不应大于 150;

⑤ 拉杆、拉索不应采用焊接；拉索可采用冷挤压锚具连接；

⑥ 在风荷载标准值的作用下其挠度限值取其支承点的 1/120；

⑦ 张拉杆体系的预拉力最小值应使拉杆或拉索保持一定的预应力储备。

4.2.7 玻璃幕墙的加工制作与安装施工要求

1. 一般规定

(1) 玻璃幕墙加工制作前应核对图纸和复测主体结构。采用的设备、机具应经定期计量认证，满足构件加工精度要求。

(2) 采用硅酮结构密封胶粘结固定隐框玻璃幕墙设计时，应在洁净、通风的室内，环境温湿度符合规定条件下进行注胶，注胶宽度和厚度应符合设计要求。除全玻幕墙外，不应在现场打注硅酮结构密封胶。

(3) 单元式幕墙的单元组件、隐框幕墙的装配组件均应在工厂加工组装。

(4) 低辐射镀膜玻璃应根据其镀膜材料的粘结性能和其他技术要求确定加工制作工艺；镀膜与硅酮结构密封胶不相容时应除去镀膜层。硅酮结构密封胶不宜作为硅酮密封胶使用。

2. 铝型材的加工要求

(1) 铝型材截料之前应进行校直调整；截料端头不应变形并去毛刺；

(2) 梁、柱长度，孔位和孔距、槽、豁、榫的加工偏差应符合规定要求；

(3) 弯加工表面应光滑，不得有皱折、凹凸、裂纹。

3. 钢构件的加工要求

(1) 钢型材横梁与立柱的加工及构件表面涂装应符合现行国家标准《钢结构工程施工质量验收规范》GB 50205 的有关规定；

(2) 平板型预埋件的加工精度应符合规定要求；

（3）槽型预埋件表面及槽内应进行防腐处理，加工精度应符合规定要求；

（4）连接件、支承件的加工精度应符合规定要求；

（5）点支承钢结构加工要求

① 应合理划分拼装单元；

② 管桁架应按计算的相贯线，采用数控机床切割加工，构件长度、拼装单元长度、节点位置均应符合规定要求；

③ 管件连接焊缝，焊脚高度为管壁 2 倍，应沿全长连续、均匀、饱满、平滑、老气泡和夹渣；

④ 钢结构的表面处理应符合规定要求；

⑤ 应分单元预拼装。

（6）杆索体系的加工要求

① 拉杆、拉索应进行拉断试验；

② 拉索下料前应进行 2h 的调直预张拉，张拉力可取拉断力的 50%；

③ 截断后的钢索应采用挤压机套筒固定；

④ 拉杆与端杆不宜采用焊接连接；

⑤ 杆索结构应在工作台座上进行拼装。

4. 玻璃

（1）玻璃幕墙的单片玻璃、夹层玻璃、中空玻璃的加工精度（包括边长、对角线差、叠差、拱高、弯曲度等）应符合规定要求；

（2）全玻璃幕墙的加工要求

① 玻璃边缘应倒棱精磨；

② 钻孔边缘应倒角处理，不应崩边。

（3）点支承玻璃加工要求

① 玻璃切角、钻孔、磨边应在钢化前进行；

② 玻璃面板及孔洞边缘均应倒棱和细磨；

③ 中空玻璃、夹层玻璃的钻孔可采用大、小孔相对的方式。

5. 明框幕墙组件

（1）组件装配尺寸、装配间隙及同一平面度、单层玻璃或中空玻璃与槽口的配合尺寸均应符合规定要求；

（2）组件的导气孔及排水孔设置应符合设计要求，组装应保证畅通；

（3）组件应拼装严密，应采用硅酮建筑密封胶密封；

（4）组装应采取措施控制玻璃与铝合金框料之间的间隙。下边缘应采用两块氯丁橡胶垫块支承。

6. 隐框玻璃幕墙组件

（1）半隐框、隐框幕墙中，对玻璃面板及铝框应按要求进行清洁，然后在 1h 内进行注胶。

（2）硅酮结构密封胶必须取得合格的相容性检验报告，必要时应加涂底漆；双组分硅酮结构密封胶应进行混匀性蝴蝶试验和拉断试验。

（3）硅酮结构密封胶组件在固化达到足够承载力前不应搬动。

（4）隐框玻璃幕墙配组件的注胶必须饱满、平整光滑，不得出现气泡；收缝余胶不得重复使用。

（5）结构胶完全固化后隐框玻璃幕墙组件的尺寸偏差应符合规定。

（6）隐框幕墙的悬挑玻璃尺寸应符合计算要求，且不宜超过 150mm。

7. 单元式玻璃幕墙

（1）加工前应按安装顺序对板块编号。

（2）单元板块构件连接应牢固，连接缝隙采用硅酮建筑密封胶两对面粘结密封不外露，厚度应大于 3.5mm，宽度不宜小于厚度的 2 倍。

（3）单元板块的吊挂件、支撑件应可调整，将吊挂件与立柱固定的不锈钢螺栓不得少于 2 个。

（4）明框单元板块在搬动、运输、吊装过程中，应采取措施防止玻璃滑动或变形。

（5）单元板块组装完成后，工艺孔宜封堵，通气孔及排水孔应畅通。

（6）单元组件框加工和组装允许偏差应符合规定。当采用自攻螺钉连接单元组件框时，每处不小于 φ4 螺钉不少于 3 个。

8. 玻璃幕墙构件检验

（1）构件出厂应附有合格证书。

（2）抽样检查：随机按 5％抽查，每种构件不少于 5 件。当有 1 个构件不符合要求时应加倍抽查，复检合格方可出厂。

9. 安装施工准备

（1）编制好施工组织设计和计划，准备好施工机具，吊装方案、构件按吊装顺序存放、支搭好脚手架、采取施工质量与安全操作的各项措施。

（2）作好施工测量，检查主体结构和预埋件位置，如有不妥应制订补救措施。

10. 构件式玻璃幕墙安装要求

（1）立柱安装：安装轴线、标高、相对位置距离的偏差应符合规定，安装就位应调整及时紧固；

（2）横梁安装：同一根横梁两端或相邻两根横梁的水平标高偏差及同层标高偏差，应符合规定，横梁与柱安装应牢固，及时检查校正和固定。

（3）玻璃安装

① 玻璃表面应洁净。单片阳光控制镀膜玻璃的镀膜面朝室内，非镀膜面朝室外。

② 玻璃四周按规定型号选用橡胶条，量好长度切好拼角，镶嵌平整，用粘结剂粘结牢固。

（4）铝合金装饰压板安装应表面平整、色彩一致，接缝均应严密。

（5）其他附件安装

① 防火、保温材料应铺设平整固定可靠，拼接不留缝隙；

② 冷凝水排水管及其附件应与水平构件预留孔连接严密，

与内衬板出水孔连接处应密封；

③ 通气槽孔及雨水排出口应按设计施工不得遗漏；

④ 封口应按设计要求封闭；

⑤ 安装用临时螺栓应在构件紧固后及时拆除；

⑥ 现场焊接的构件，应在紧固后及时进行防锈处理。

（6）打硅酮建筑密封胶

① 打胶时温度应符合设计和产品要求，不在雨天、夜晚打胶。

② 硅酮建筑密封胶在接缝内两对面粘结，厚度应大于3.5mm，宽厚不小于厚度的2倍。

11. 单元式玻璃幕墙的安装要求

（1）根据单元板块选择适当吊装机具，与主体结构安装牢固；

（2）按吊装顺序要求做好单元板块的运输、堆放工作；

（3）吊装与就位要求

① 按设计要求设置吊点和挂点数量与位置，使吊点均匀平稳受力不摆动、不碰撞，保护好装饰面不挤压与磨损；

② 连接件安装偏差应符合规定，就位后应及时校正、固定。

12. 全玻璃幕墙安装要求

（1）安装前应清洁和保护好镶嵌槽。

（2）全玻幕墙的玻璃宜采用机械吸盘安装，每块玻璃吊夹受力应均匀，应随时检测和调整面板、玻璃肋的水平度与垂直度，使墙面安装平整。

（3）玻璃两边嵌入槽口深度及预留空隙应相同符合设计要求。

13. 点支承玻璃幕墙安装要求

（1）大型钢结构应进行吊装设计，并试吊；

（2）钢构件的制孔、组装、焊接和涂装等工序均应符合现行国家标准《钢结构工程施工质量验收规范》GB 50205 的有关规定；

（3）钢构件在运输、存放、安装过程中损坏的涂层及连接部位，应按规范规定补涂；

（4）张拉杆、索体系中的拉杆、拉索预应力施加应符合下列要求

① 张拉前必须对构件、锚具进行全面检查，签发张拉通知单：包括张拉日期、张拉分批次数、张拉控制力、张拉机具、测力仪、安全措施与注意事项；

② 钢拉杆和钢拉索安装时宜设置预应力调节装置，采用测力计测定预拉力；分次、分批对称张拉，以张拉力为控制量随时调整；

③ 张拉记录；

④ 点支承玻璃幕墙爪件安装前应精确定位，允许偏差应符合规定；

⑤ 面板安装质量应符合规定。

14. 幕墙节能工程施工中应对下列部位或项目进行隐蔽工程验收，并应有详细的文字记录和必要的图像资料：

（1）被封闭的保温材料厚度和保温材料的固定；

（2）幕墙周边与墙体的接缝处保温材料的填充；

（3）构造缝、结构缝；

（4）隔汽层；

（5）热桥部位、断热节点；

（6）单元式幕墙板块间的接缝构造；

（7）冷凝水收集和排放构造；

（8）幕墙的通风换气装置。

4.2.8 节点与连接检验

1. 节点检验抽样数量

每幅幕墙应按各类节点总数的 5% 抽样检验，每类节点不少于 3 个；锚检应按 5% 抽样检验，每种锚栓不少于 5 根。

2. 检验项目

（1）预埋件与幕墙连接的检验，采用钢直尺和焊缝量规测量。其检验指标规定：

① 连接件、绝缘片、紧固件的规格、数量应符合设计要求；

② 连接件应安装牢固，可调节构造应用螺栓牢固连接，螺栓应有防松动防滑动措施，角码调节范围应符合设计要求；位置偏差作调整时，构造形式与焊缝应符合设计要求；

③ 预埋件、连接件表面防腐应完整，不破损。

（2）锚栓连接的检验，采用精度 2% 的锚栓拉拔仪和分辨率为 0.01mm 的位移计和记录仪检验锚栓的锚固性能及分辨率为 0.05 的深度尺测量锚固深度。其检验指标规定：

① 锚栓的类型、规格、数量、布置位置和锚固深度必须符合设计和有关标准的规定。

② 锚栓的埋设应牢固、可靠，不得露套管。

（3）幕墙和女儿墙顶部连接检验，可采用观察检查或淋水试验。其检验指标规定

① 女儿墙压顶坡度正确，罩板安装牢固，不松动、不渗漏、无空隙。女儿墙内侧罩板深度不应小于 150mm，缝隙应使用密封胶密封。

② 密封胶注胶应严密平顺，粘结牢固，不渗漏、不污染相邻表面。

（4）幕墙底部连接的检验，采用钢直尺测量检查，其检验指标规定

① 镀锌钢材的连接件不得同铝合金立柱直接接触。

② 立柱、底部横梁及幕墙板块与主体结构之间应有不小于 15mm 的伸缩空隙，用弹性密封材料嵌填。

③ 密封胶应平顺严密、粘结牢固。

（5）立柱连接的检验，采用游标卡尺和钢直尺测量。其检验指标规定

① 芯管材质、规格应符合设计要求。

② 芯管插入上下立柱的长度均不得小于 200mm。

③ 上下立柱间的空隙不应小于 10mm。

④ 立柱的上端应与主体结构固定连接，下端应为可上下活动连接。

（6）梁、柱连接节点的检验，采用钢直尺和塞尺测量检查。其检验指标规定

① 连接件、螺栓的规格、品种、数量应符合设计要求。同一连接处的连接螺栓不少于 2 个。

② 梁、柱连接应牢固不松动，两端连接处应设弹性橡胶垫片或密封胶密封。

③ 与铝合金接触的螺钉及金属配件应采用不锈钢或铝制品。

（7）变形缝节点连接的检验，采用观察和淋水试验。其检验指标规定：

① 变形缝构造、施工处理应符合设计要求。

② 罩面平整、宽度一致，罩面与两侧幕墙结合处不得渗漏。

（8）幕墙内排水构造的检验，采用观察，其检验指标规定：

① 排水孔、槽应畅通不堵塞，接缝严密，设置符合设计要求。

② 排水管及附件应与水平构件预留孔连接严密，与内衬板出水孔连接处应设橡胶密封圈。

（9）全玻璃幕墙与吊夹具连接的检验，应对玻璃吊夹具观察和进行力学性能检验。其检验指标规定：

① 吊夹具和衬垫材料的规格、色泽和外观应符合设计要求。

② 吊夹具应安装牢固，位置正确。

③ 夹具不得与玻璃直接接触。

④ 夹具衬垫材料与玻璃应平整结合紧密牢固。

（10）拉杆（索）结构的检验，应对杆（索）采用应力测定仪进行应力测试。其检验指标规定：

① 所有杆（索）受力状态应符合设计要求。

② 焊接节点焊缝应饱满、平整光滑。

③ 节点应牢固不松动。紧固件应有防松脱措施。

（11）点支承装置的检验指标规定：

① 点支承装置和衬垫材料的规格、色泽和外观应符合设计要求。

② 点支承装置应安装牢固、配合严密。

③ 点支承装置不得与玻璃直接接触。

4.2.9 安装质量检验

1. 安装质量抽样检验数量

（1）幕墙所有构件，必须检验合格方可安装。

（2）每幅幕墙均应按不同分格各抽查 5%，不少于 10 个。

（3）竖向构件或拼缝、横向构件或拼缝各抽查 5%，且不少于 3 条；开启部位应按种类各抽查 5%，每一种类不少于 3 樘。

2. 玻璃幕墙安装需提交的性能检验报告：空气渗透性能、雨水渗漏性能、风压变形性能、平面内变形性能、保温隔热性能、采光性能等，由法定资质资格的检测机构提供的型式检验报告。

3. 检验项目

（1）预埋件和连接件的安装质量检验，用钢直尺、钢卷尺和水平仪测量，其检验指标规定：

① 预埋件和连接件的数量、埋设方法及防腐处理应符合设计要求。

② 预埋件的埋设位置与标高偏差应符合规定。

（2）竖向构件、横向构件的安装质量检验应符合规定。

（3）幕墙分格框对角线偏差应符合规定。

（4）明框幕墙安装质量检验，采用钢直尺和游标卡尺测量，其检验指标规定：

① 玻璃与构件槽口的配合尺寸应符合设计及规范要求，玻璃嵌入不得小于 15mm。

② 每块玻璃下应设不少于 2 块不小于 5mm×100mm 与槽口

同宽的弹性定位垫块。

③ 橡胶条镶嵌应平整、密实，在边角拼缝、粘结牢固。

④ 压条的固定点数量、固定方式应符合设计要求。

(5) 隐框幕墙组件的安装质量检验，采用钢直尺、深度尺和靠尺测量，其检验指标规定：

① 玻璃板块组件必须安装牢固，固定点距离应符合设计要求，不大于 300mm。

② 结构胶的剥离试验应符合标准要求。

③ 幕墙安装平面度及相邻面板高差应符合规定。

④ 玻璃板块下部应设置不小于 2mm 厚的支承玻璃的托板。

(6) 明框幕墙拼缝质量检验指标规定

① 金属装饰压板应符合设计要求，表面平整、色彩一致，接缝均匀严密。

② 明框拼缝外露框料或压板应横平竖直，线条通顺，满足设计要求。

③ 压板有防水要求时必须满足设计要求；排水孔的位置、数量、形状应符合设计要求，排水畅通。

(7) 隐框幕墙拼缝质量检验，采用靠尺、卡尺、深度尺、经纬仪或激光全站仪测量，其检验指标应符合规定要求。

(8) 玻璃幕墙与周边密封质量的检验指标规定：

① 幕墙四周与主体结构之间的间隙应采用防火保温材料严密填塞，不得用干硬材料填塞，水泥砂浆不得与铝型材直接接触，内外表面应采用密封胶连续封闭，不渗漏、不污染相邻表面。

② 幕墙转角、上下、侧边及与周边墙体的连接构造应牢固满足密封防水要求，外表应整齐美观。

③ 玻璃与室内装饰面的间隙不少于 10mm。

(9) 全玻幕墙、点支承幕墙的检验，采用钢直尺、钢卷尺、水平仪、经纬仪和应力检测仪测量，其检验指标规定：

① 玻璃幕墙与主体结构连接应嵌入安装槽口内，玻璃与槽

口配合尺寸应符合设计和规范要求，嵌入深度不应小于18mm。

② 玻璃与槽口间的空隙应有支承垫块和定位垫块。其材质、规格、数量和位置应符合设计要求。不得用硬性材料填充固定。

③ 单片玻璃高度大于4m时，应使用吊夹或点支承方式悬挂玻璃。

④ 玻璃肋的宽度、厚度应符合设计要求。玻璃结构密封胶的宽度、厚度应符合设计要求，应嵌填平顺、密实、无气泡、不渗漏。

⑤ 点支承幕墙应采用钢化玻璃。玻璃开孔中心距边缘不得小于100mm。

⑥ 点支承装置的安装标高、中心线、相邻间距的偏差应符合规定，连接件结合面偏差不应大于10mm。

（10）开启部位安装质量的检验，采用钢直尺测量，其检验指标规定：

① 开启窗、外开门应固定牢固，附件齐全，安装位置正确；窗、门框固定螺丝的间距不应大于300mm，距端部不大于180mm；外开窗应有定位滑杆和定位螺钉；外开门应安装限位器或闭门器。

② 窗、门扇应开启灵活、关闭严密，缝隙均匀，开启方向与角度应符合设计要求；密封条接头完好整齐，四周均处于压缩状态。

③ 窗、门框所有型材拼缝应整齐美观，螺钉孔宜注耐候密封胶。所有附件和固定件，除不锈钢外，均应作防腐处理。

（11）玻璃幕墙外观质量检验，采用显微镜、分光测色仪等测量，其检验指标规定：

① 玻璃的品种、规格与颜色应符合设计要求，无明显色差。玻璃不应有析碱、发霉和镀膜脱落现象。

② 钢化玻璃表面不得有伤痕。

③ 热反射玻璃膜面应无明显变色、脱落现象，其表面质量应符合规定。镀膜面不得露于室外。

④ 型材料表面应洁净，色彩均匀一致，符合设计要求。不得有铝屑、毛刺、油斑及污垢、划痕、擦伤、脱膜等缺陷。

⑤幕墙隐蔽节点的遮封装修应整齐美观。

（12）玻璃幕墙保温、隔热构造安装质量检验，其检验指标规定：

① 内衬板四周宜套装与构件严密的弹性橡胶密封条。

② 保温材料应安装牢固，填塞应饱满、平整、不留间隙，填塞密度、厚度应符合设计要求。在冬季取暖地区，无隔汽铝箔面时应在室内侧内衬隔汽板，保温棉板的隔汽铝箔面应朝室内。

③ 保温材料在安装过程中应采取防潮、防水等保护措施。

4.2.10 玻璃幕墙的检验

每幅玻璃幕墙均应进行观感检验和抽样检验。

1. 检验批的划分和检查数量

（1）相同设计、材料、工艺和施工条件的幕墙工程每 500～1000m² 应划分为一个检验批，不足 500m² 也应划分为一个检验批。每个检验批每 100m² 应至少抽查一处，每处不得少于 10m²。

（2）同一单位工程的不连续的幕墙工程应单独划分检验批。

（3）对于异型或有特殊要求的幕墙，检验批的划分和检查数量，应根据幕墙的结构、工艺特点及幕墙工程规模，由监理单位和施工单位协商确定。

2. 框支承玻璃幕墙

（1）观感检验

① 明框幕墙框应横平竖直；单元式幕墙的单元接缝或隐框幕墙分格玻璃接缝应横平竖直，缝宽均匀，符合设计要求。

② 铝合金型材不应有脱膜现象。玻璃的品种、规格与色彩应符合设计要求，色泽均匀，不应有析碱、发霉和脱膜现象。

③ 装饰压板表面应平整，无可见变形、波纹、局部压砸

缺陷。

④ 幕墙上下边及侧边封口，沉降缝，伸缩缝、抗震缝的处理及防雷体系应符合设计要求。

⑤ 隐蔽节点的遮封装修应整齐美观。

⑥ 淋水试验不渗漏。

（2）抽样检验

① 抽样数量：每幅幕墙的竖向构件或竖向接缝和横向构件或横向接缝各抽查 5%，均不得少于 3 根；每幅幕后分格应各抽查 5%，不得少抽芯 10 个。

② 抽检质量：

A. 铝合金料及玻璃表面不应有铝屑、毛刺、明显的电焊伤痕、油斑和其他污垢；

B. 幕墙玻璃安装应牢固，橡胶条应镶嵌密实、密封胶应填充平整；

C. 玻璃表面质量（划痕、擦伤）应符合规定；

D. 铝合金框架构件，在小于 4 级风力时检查安装质量应符合规定；

E. 隐框玻璃幕墙的安装质量应符合规定。

3. 全玻幕墙

（1）墙面应平整，胶缝应平整光滑、宽度均匀。胶缝宽度偏差不大于 2mm。

（2）玻璃面板与玻璃肋之间的垂直度偏差不大于 2mm，相邻面板高差不大于 1mm。

（3）玻璃与镶嵌槽的间隙应符合设计要求，密封胶应灌注均匀、密实、连续。

（4）玻幕与周边的空隙不应小于 8mm，密封胶填缝应均匀、密实、连续。

4. 点支承玻璃幕墙

（1）墙面应平整，胶缝应横平竖直、缝宽均匀、表面平滑。钢结构焊缝应平滑，防腐涂层应均匀无破损。不锈钢件的光泽度应符合设计无锈斑。

(2) 拉杆和拉索的预拉力应符合设计要求。

(3) 点支承幕墙安装偏差应符合规定。

(4) 钢爪安装偏差及相邻距离、同层高差应符合规定。

4.2.11 幕墙节能工程的验收

1. 主控项目

(1) 用于幕墙节能工程的材料、构件等,其品种、规格应符合设计要求和相关标准的规定。

检查数量:按进场批次,每批随机抽取 3 个试样进行检查;质量证明文件应按照其出厂检验批进行核查。

(2) 幕墙节能工程使用的保温隔热材料,其导热系数、密度、燃烧性能应符合设计要求。幕墙玻璃的传热系数、遮阳系数、可见光透射比、中空玻璃露点应符合设计要求。

全数核查质量证明文件和复验报告。

(3) 幕墙节能工程使用的材料、构件等进场时,应为见证取样送检复验:

1) 保温材料:导热系数、密度;

2) 幕墙玻璃:可见光透射比、传热系数、遮阳系数、中空玻璃露点;

3) 隔热型材:抗拉强度、抗剪强度。

进场时抽样复验,同一厂家的同一种产品抽查不少于一组。验收时核查复验报告。

(4) 幕墙的气密性能应符合设计规定的等级要求。当幕墙面积大于 3000m^2 或建筑外墙面积 50% 时,应现场抽取材料和配件,在检测实验室安装制作试件进行气密性能检测,检测结果应符合设计规定的等级要求。

密封条应镶嵌牢固、位置正确、对接严密。单元幕墙板块之间的密封应符合设计要求。开启扇应关闭严密。

检验方法:观察及启闭检查;检查隐蔽工程验收记录、幕墙气密性能检测报告、见证记录。

气密性能检测试件应包括幕墙的典型单元、典型拼缝、可开启部分。试件应按照幕墙工程施工图进行设计。试件设计应经建筑设计单位项目负责人、监理工程师同意并确认。气密性能的检测应按照国家现行有关标准的规定执行。

检查数量：核查全部质量证明文件和性能检测报告。现场观察及启闭检查按检验批抽查 30%，并不少于 5 件（处）。气密性能检测应对一个单位工程中面积超过 $1000m^2$ 的每一种幕墙均抽取一个试件进行检测。

（5）幕墙节能工程使用的保温材料，其厚度应符合设计要求，安装牢固，且不得松脱。

对保温板或保温层采取针插法或剖开法，尺量厚度；手扳检查。检查数量：按检验批抽查 10%，并不少于 5 处。

（6）遮阳设施的安装位置应满足设计要求。遮阳设施的安装应牢固。

检查数量：检查全数的 10%，并不少于 5 处；牢固程度全数检查。

（7）幕墙工程热桥部位的隔断热桥措施应符合设计要求，断热节点的连接应牢固。

检查数量：按检验批抽查 10%，并不少于 5 处。

（8）幕墙隔汽层随完整、严密、位置正确，穿透隔汽层处的节点构造应采取密封措施。

检查数量：按检验批抽查 10%，并不少于 5 处。

（9）冷凝水的收集和排放应通畅，并不得渗漏。

检查数量：按检验批抽查 10%，并不少于 5 处。

2. 一般项目

（1）镀（贴）膜玻璃的安装方向、位置应正确。中空玻璃应采用双道密封。中空玻璃的均压管应密封处理。

检查数量：每个检验批抽查 10%，并不少于 5 件（处）。

（2）单元式幕墙板块组装应符合下列要求：

1）密封条：规格正确，长度无负偏差，接缝的搭接符合设计要求；

2）保温材料：固定牢固，厚度符合设计要求；

3）隔汽层：密封完整、严密；

4）冷凝水排水系统通畅，无渗漏。

检查数量：检验批抽查 10％，并不少于 5 件（处）。

（3）幕墙与周边墙体间的接缝处应采用弹性闭孔材料填饱满，并应采用耐候密封胶密封。

检查数量：每个检验批抽查 10％，并不少于 5 件（处）。

（4）伸缩缝、沉降缝、抗震缝的保温或密封做法应符合设计要求。

检查数量：每个检验批抽查 10％，并不少于 10 件（处）。

（5）活动遮阳设施的调节机构应灵活，并应能调节到位。

检查数量：每个检验批抽查 10％，并不少于 10 件（处）。

4.2.12　质量保证资料检验

1. 材料检验资料

（1）铝合金型材的检验资料

① 型材产品合格证

② 型材的力学性能检验报告，进口型材应有国家商检部门的商检证。

（2）钢材检验资料

① 钢材产品合格证

② 钢材的力学性能检验报告，进口型材应有国家商检部门的商检证。

（3）玻璃的检验资料

① 玻璃产品合格证；

② 中空玻璃的检验报告；

③ 热反射玻璃的光学性能检验报告；

④ 进口玻璃应有国家商检部门的商检证。

(4) 硅酮结构密封胶及密封材料的检验资料

① 每批硅酮结构密封胶的产品合格证和质量保证书及使用年限。

② 硅酮结构密封胶、建筑密封胶与实际工程用基材的相容性检验报告。

③ 硅酮结构密封胶剥离试验记录。

④ 进口硅酮结构密封胶应有国家商检部门的商检证。

⑤ 密封材料及衬垫材料的产品合格证。

(5) 当幕墙节能工程采用隔热型材时，隔热型材生产厂家应提供型材所使用的隔热材料的力学性能和热变形性能试验报告。

(6) 五金件及其他配件的检验资料

① 钢材产品合格证。

② 连接件产品合格证。

③ 镀锌工艺处理质量证书。

④ 螺栓、螺母、滑撑、限位器等产品合格证。

⑤ 门窗配件产品合格证。

⑥ 铆钉力学性能检验报告。

2. 防火检验资料

(1) 防火材料产品合格证或材料耐火等级检验报告。

(2) 防火构造节点隐蔽工程检查验收记录。

3. 防雷检验资料

(1) 防雷装置连接测试记录。

(2) 隐蔽工程验收记录。

4. 节点连接检验资料

(1) 隐蔽工程验收记录。

(2) 淋水试验记录。

(3) 锚检拉拔检验报告。

(4) 玻璃幕墙支承装置力学性能检验报告。

5. 幕墙安装资料

(1) 幕墙组件出厂质量合格证书。

（2）施工安装自查记录。

（3）隐蔽工程验收记录。

（4）玻璃幕墙的空气渗透性能、雨水渗漏性能和风压变形性能的检验报告及设计要求的其他性能检验报告（如保温节能性能、采光性能等）。

6.玻璃幕墙竣工验收资料

（1）玻璃幕墙专项设计，设计单位应有玻璃幕墙专项设计的资质或具有设计资质为甲级的。包括结构计算书等。

（2）玻璃幕墙应有专项设计审查意见。包括建筑设计、结构设计、消防与防雷设计以及安全措施等。

（3）玻璃幕墙施工组织设计和施工技术方案的编制、审核及监理审查意见。

（4）设计变更和洽商记录。是否经原设计单位审定。

（5）玻璃幕墙加工安装单位的资质证书。

（6）幕墙工程所用各种钢材、铝合金型材、玻璃、密封胶、构件及组件与附件、五金件及紧固件的产品合格证书、性能检测报告、进场验收记录和复验报告。

（7）进口硅酮结构密封胶的商检证；国家指定检测机构（资质证）出具的硅酮结构密封胶相容性和剥落粘结性试验报告。

（8）后置埋件的现场拉拔检测报告。

（9）幕墙的风压变形性能、气密性能、水密性能、保温性能、空气隔声性能、采光性能及其他设计要求的性能检测报告。

（10）打胶、养护环境的温度、湿度记录；双组分硅酮结构密封胶的混匀性试验记录及拉断试验记录。

（11）防雷装置测试记录。

（12）幕墙构件和组件的加工制作记录；幕墙安装施工记录。

（13）张拉杆索体系预应力张拉记录。

（14）淋水试验记录。

（15）各部位隐蔽工程验收记录：

A.构件与主体结构的连接节点；

    B. 预埋件与后置螺栓连接件；

    C. 幕墙四周、内表面与主体结构间的封堵；

    D. 伸缩缝、沉降缝、抗震缝及墙转角节点；

    E. 隐框玻璃板块的固定；

    F. 防火隔烟节点；

    G. 防雷连接节点；

    H. 单元式幕墙的封口节点。

4.3 金属与石材幕墙

4.3.1 执行标准

《金属与石材幕墙工程技术规范》JGJ 133—2001

4.3.2 材料技术要求

（1）金属与石材幕墙采用与玻璃幕墙相同的材料时，其材质、性能等应有相同的技术要求：

1）金属与石材幕墙所选用的材料应符合国家现行产品标准的规定，应有出厂合格证。

2）金属与石材幕墙所选用的材料的物理力学及耐候性能应符合设计要求。

3）石材含放射性物质时，应符合现行行业标准《天然石材产品放射性防护分类控制标准》JC 518 的规定。

4）硅酮结构密封胶、硅酮耐候密封胶必须有与所接触材料的相容性试验报告。橡胶条应有成分化验报告和保质年限证书。

5）金属与石材幕墙所使用的低发泡间隔双面胶带，应符合现行行业标准《玻璃幕墙工程技术规范》JGJ 102 的有关规定。

（2）石材

1）幕墙石材宜选用火成岩，石材吸水率应小于 0.8%。

2）花岗石板材的弯曲强度应经法定检测机构确定，其弯曲强度不应小于 8.0MPa。

3）为满足等强度计算的要求，火烧石板的厚度应比抛光石板厚 3mm。

4）石材的技术要求和性能应符合现行行业标准。

5）石材的表面处理方法应根据环境和用途决定。

（3）铝合金板材

1）铝合金幕墙应根据幕墙面积、使用年限及性能要求，分别选用铝合金单板、铝塑复合板、铝合金蜂窝板；

2）铝合金板材的材质和表面处理层厚度应符合现行行业标准《建筑幕墙》JG 3035 及设计要求，并应有出厂合格证。

3）幕墙用单层铝板厚度不应小于 2.5mm。

4）根据防腐、装饰及建筑物的耐久年限的要求，对铝合金板材表面进行氟碳树脂处理的规定：

① 氟碳树脂含量不应低于 75%；海边及严重酸雨地区，可采用三道或四道氟碳树脂涂层，其厚度应大于 $40\mu m$；其他地区可采用二道氟碳树脂涂层，其厚度应大于 $25\mu m$；

② 氟碳树脂涂层应无起泡、裂纹、剥落等现象。

5）铝塑复合板的规定：

① 普通型聚乙烯铝塑复合板必须符合防火要求；

② 铝塑复合板的上下两层板厚均应为 0.5mm，其性能应符合现行国家标准《铝塑复合板》GB/T 17748 规定的外墙板的技术要求；铝合金板与夹心层的剥落强度标准值应大于 7N/mm。

6）蜂窝铝板的规定：

① 应根据幕墙的使用功能和耐久年限的要求，分别选用厚度为 10mm、12mm、15mm、20mm 和 25mm 的蜂窝铝板；

② 厚度为 10mm 的蜂窝铝板应由 1mm 厚的正面铝合金板、0.5～0.8mm 厚的背面铝合金板及铝蜂窝粘结而成；厚度在 10mm 以上的蜂窝铝板，其正背面均为 1mm 厚铝合金板。

（4）硅酮结构密封胶

幕墙采用中性单组分和双组分硅酮结构密封胶。其性能应符合现行国家标准《建筑用硅酮结构密封胶》GB 16776 的规定。

同一幕墙工程应采用同一品牌的单组分和双组分硅酮结构密封胶，应有保质年限的质量证书。用于石材幕墙的硅酮结构密封胶还应有证明无污染的试验报告。

同一幕墙工程应采用同一品牌的硅酮结构密封胶和硅酮耐候密封胶，应在有效期内配套使用。

（5）幕墙密封材料

1）幕墙应采用中性硅酮耐候密封胶，其性能应符合表 4.3-1 的规定。

幕墙硅酮耐候密封胶的性能   表 4.3-1

项　　目	性能	
	金属幕墙用	石材幕墙用
表干时间	1～1.5h	
流淌性	无流淌	≤1.0mm
初期固化时间（≥25℃）	3d	4d
完全固化时间［相对湿度≥50℃，温度(25±2)℃]	7～14d	
邵氏硬度	20～30	15～25
极限拉伸强度	0.11～0.14MPa	≥1.79 MPa
断裂延伸率	—	≥300%
撕裂强度	3.8N/mm	—
施工温度	5～48℃	
污染性	无污染	
固化后的变位承受能力	25%≤δ≤50%	δ≥50%
有效期	9～12 个月	

2）幕墙采用的橡胶制品宜采用三元乙丙橡胶、氯丁橡胶；密封胶条应为挤出成型，橡胶块应为压模成型。密封胶条的技术要求和性能应符合标准的规定。

性能与构造

（1）性能

1）应根据建筑物的使用功能、建筑设计立面要求和技术经济能力进行幕墙设计，选择金属或石材幕墙的立面构成、结构型式和材料品质。

2）金属与石材幕墙的色调、构图和线型应与建筑物立面的其他部位协调。

3）单块石材板面面积不宜大于 $1.5m^2$。

4）幕墙的性能等级应根据建筑物所在地的地理位置、气候条件、建筑物高度、体型及周围环境进行确定。幕墙的性能项目有

① 风压变形性能；

② 雨水渗漏性能；

③ 空气渗透性能；

④ 平面内变形性能；

⑤ 保温性能；

⑥ 隔声性能；

⑦ 耐撞击性能。

（2）幕墙构造

1）幕墙应按规定作防雨水渗漏设计，单元幕墙或明框幕墙应有泄水孔和排水管。

2）幕墙中不同金属材料接触处（除不锈钢外）均应设置耐热的环氧树脂玻璃纤维布或尼龙垫片。

3）幕墙的钢框架结构应设温度变形缝。

4）幕墙的保温材料应与主体结构外表面有 50mm 以上的空气层。

5）上下用钢销支撑、上下通槽式或短槽式的石材幕墙，均应有安全措施，并考虑维修方便。

6）单元幕墙的连接处、吊挂处，其铝合金型材的厚度均应通过计算确定并不得小于 5mm。

7）主体结构的抗震缝、伸缩缝、沉降缝等部位的幕墙设计，应保证外墙面的功能性和完整性。

8）金属与石材幕墙应按相应规范进行防火与防雷设计。

1. 金属板设计与加工要求

（1）金属板应按规定进行设计计算。金属板材的品种、规格及色泽应符合设计要求；铝合金板材表面氟碳树脂涂层厚度应符合设计要求。

（2）单层铝板、铝塑复合板、蜂窝铝板和不锈钢板在制作构件时，应四周折边设边肋，沿周边用不小于 $\phi4$ 螺栓固定于梁柱上。铝塑复合板、蜂窝铝板折边按槽深采用机械刻槽。金属板应按需要，采用金属方管、槽形或角形型材，设置边肋和中肋等加劲肋，与金属板可靠连接并作防腐处理。

（3）单层铝板加劲肋的固定可采用电栓钉，应确保铝板外表面不变形、褪色，固定应牢固；固定耳子采用焊接、铆接或铝板冲压成符合设计要求，位置准确、调整方便，固定牢固；构件四周边采用铆接、螺栓或胶粘与机械连接，做到构件刚性好，固定牢固。

（4）铝塑复合板加工规定：

① 切割铝塑复合板内层铝板和聚乙烯塑料时，应保留不小于 0.3mm 厚的塑料，不得划伤外层铝板内表面。

② 打孔、切口等外露的聚乙烯塑料及角缝，应采用中性硅酮耐候密封胶密封。

③ 铝塑复合板严禁与水接触。

（5）蜂窝铝板加工规定：

① 应根据组装要求决定切口尺寸和形状，外层铝板上应保留 0.3~0.5mm 的铝芯，不得划伤外层铝板的内表面；

② 角缝应采用硅酮耐候密封胶密封；

③ 大圆弧角构件的圆弧部位应填充防火材料；

④ 外层铝板的边缘应折合 180°将铝芯包封。

（6）金属幕墙的女儿墙应用单层铝板或不锈钢板加工成内倾

斜的盖顶。

(7) 金属幕墙的吊挂件、安装件的规定：

① 吊挂件、支撑件宜采用不锈钢件或铝合金件，具备可调整范围；

② 吊挂件与预埋件应采用穿透螺栓连接；

③ 铝合金立柱的连接部位的局部壁厚不得小于 5mm。

2. 石板设计与加工要求

(1) 石板按设计计算确定，按编号进行加工，石板的长度、宽度、厚度、直角、异型角、半圆弧形状、异型材及花纹图案造型、外形尺寸均应符合设计要求。色泽、花纹图案应按样板检查。石板厚度不应小于 25mm。尺寸偏差应符合现行行业标准《天然花岗石建筑板材》GB/T 18601—2009 中的一等品要求。石板连接部位应无崩坏、暗裂等缺陷。

(2) 钢销式石材幕墙在非抗震或 6、7 度抗震设计幕墙中应用，幕墙高度不宜大于 20m，石板面积不宜大于 $1.0m^2$。钢销和连接板应采用不锈钢。连接板不宜小于 40mm×4mm。

钢销与孔的加工应符合规定要求：

① 钢销的孔位应根据石板大小而定。孔位距板边不得小于石板厚度的 3 倍，不得大于 180mm；间距不宜大于 600mm；边长小于 1m 每边应设两个钢销，边长大于 1m 时应采用复合连接；

② 石板钢销孔径为 $\phi7\sim\phi8$，孔深宜为 22～33mm，孔径为 $\phi5\sim\phi6$，孔深宜为 20～30mm；

③ 石板钢销孔内应光滑洁净，不得有损坏或崩裂现象。

(3) 通槽式石板加工规定。

(4) 短槽式安装的石板加工规定。

(5) 石板转角采用不锈钢支撑件或铝合金型材专用件组装规定。

(6) 单元石板幕墙加工石板组装规定。

(7) 幕墙单元内，边部石板与金属框架的连接，可采用最小厚度不小于 4mm 的铝合金 L 形连接件。

(8) 石板经切割或开槽后应冲洗干净，石板与不锈钢挂件应采用环氧树脂型石材专用结构胶粘结。

(9) 隐框式石板构件的金属框，其上、下边框应带有挂钩，铝合金挂钩的厚度不应小于 4.0mm，不锈钢挂钩的厚度不应小于 3mm。

(10) 石板、钢销、槽口、挂钩均应按各种荷载作用下，按支承条件进行抗弯、抗剪设计。

3. 横梁设计

(1) 横梁截面主要受力部分的厚度规定：

① 翼缘的宽厚比应符合规定；

② 横梁截面主要受力部分的厚度：铝合金型材，跨度不大于 1.2m 时，厚度不应小于 2.5mm；跨度大于 1.2m 时，厚度不应小于 3mm 和不应小于螺钉直径。钢型材厚度不应小于 3.5mm。

(2) 横梁应通过角码、螺钉或螺栓与立柱连接，每处连接螺钉不少于 3 个 $\phi 4$ 螺钉或 2 个螺栓。横梁与立柱之间应有一定的相对位移能力。

4. 立柱设计

(1) 立柱截面主要受力部分的厚度：铝合金型材厚度不应小于 3mm 和不应小于螺钉直径。钢型材厚度不应小于 3.5mm。

(2) 偏心受压立柱，截面宽厚比应符合规范的规定。

(3) 上下立柱之间应有不小于 15mm 的缝隙，用总长不小于 400mm 芯柱插入上下立柱紧密接触，芯柱用不锈钢螺栓与下柱固定。立柱上端应悬挂在主体结构上。

(4) 立柱应采用不小于 $\phi 10$ 的螺栓与角码连接，并再通过角码与预埋件或钢构件连接。立柱与角码采用不同金属材料时应采用绝缘垫片分隔。

5. 幕墙构件的检验

(1) 金属与石材幕墙构件应按同一种构件的 5% 进行抽样检查，且每种构件不得少于 5 件。当有一个构件不符合规定时，应加倍抽样复验，全部合格方可出厂。

（2）构件出厂应附构件出厂合格证书。

6. 幕墙安装施工验收要求

（1）主体结构与立柱、立柱与横梁连接节点安装及防腐处理；

（2）幕墙的防火、保温安装；

（3）幕墙的伸缩缝、沉降缝、防震缝及阴阳角的安装；

（4）幕墙的防雷节点安装；

（5）幕墙的封口安装。

7. 金属与石材幕墙工程竣工验收

（1）观感检验

① 外露框应横平竖直，造型应符合设计要求；

② 胶缝应横平竖直，表面应光滑无污染；

③ 铝合金板颜色均匀一致，无脱膜现象；

④ 石材颜色均匀，色泽应与同样板相符，花纹图案应符合设计要求；

⑤ 沉降缝、伸缩缝、防震缝的处理符合设计要求，外观效果一致；

⑥ 金属板材表面平整，无变形、波纹或压砸等缺陷；

⑦ 石材表面不得有凹坑、缺角、裂缝、斑痕。

（2）抽样检验

① 按每 100m² 幕墙抽查 1 处，在易发生漏雨的部位进行淋水检查；

② 每平方米金属板的表面质量应符合规定要求；

③ 一个方格铝合金型材表面质量应符合规定要求；

④ 每平方米石材的表面质量应符合规定要求；

⑤ 金属幕墙的立柱、横梁的安装质量应符合规定要求；

⑥ 石板的安装质量应符合规定要求；

⑦ 金属与石材幕墙的安装质量应符合规定要求。

（3）验收资料

① 设计图纸、计算书、设计审查、变更等文件；

② 材料、零部件、构件出厂质量合格证书，硅酮结构密封胶相容性试验报告及幕墙的物理性能检验报告；

③ 石材的弯曲强度试验报告；寒冷地区石材的耐冻融性试验报告；室内用花岗石的放射性试验报告。金属板材表面氟碳树脂涂层的物理性能试验报告；铝塑复合板的剥离强度试验报告；

④ 后置埋件的现场拉拔检测报告；

⑤ 施工安装自检记录；

⑥ 隐蔽工程验收记录；

⑦ 其他质量保证资料。

4.4 结构硅酮密封胶

1. **型别** 产品按组成分单组分型和双组分型，用 1 和 2 表示。

2. **适用基材类别** 按产品适用的基材分类用代号表示：

类别代号	适用基材
M	金属
G	玻璃
Q	其他

3. **产品标记** 产品按型别、适用基材类别、标准号

2MGGB16776—2005—表示适用于金属、玻璃的双组分硅酮结构密封胶。

4. **产品质量要求**

(1) **外观** 产品应为细腻、均匀膏状物，无气泡、结块、凝胶、结皮、无不易分散的析出物。双组分产品两组分颜色应有明显区别。

(2) **产品力学性能**

结构硅酮密封胶的力学性能必须符合表 4.4-1 的技术指标。

结构硅酮密封胶的力学性能 表 4.4-1

序号	项 目		技术指标
1	下垂度	垂直放置(mm)	≤3
		水平放置	不变形
2	挤出性ª(s)		≤10
3	适用期b(min)		≥20
4	表干时间(h)		≤3
5	硬度		20~60
6	拉伸粘结性	拉伸粘结强度 (MPa)	23℃ ≥0.60
			90℃ ≥0.45
			−30℃ ≥0.45
			浸水后 ≥0.45
			水-紫外线光照后 ≥0.45
7	热老化	热失重(%)	≤10
		龟裂	无
		粉化	无

注：a. 仅适用于单组分产品；
　　b. 仅适用于双组分产品。

（3）硅酮结构密封胶与结构装配系统用附件应按标准附录规定进行相容性试验。

表 4.4-2

试验项目		判定指标
附件同密封胶相容	颜色变化	试验试件与对比试件颜色变化一致
	玻璃与密封胶	试验试件、对比试件与玻璃粘结破坏面积的差值≤5%

硅酮结构密封胶与实际工程用基材应按标准规定进行粘结性试验。结果判定：实际工程用基材与密封胶粘结，粘结破坏面积的算术平均值≤20%。

（4）报告23℃时伸长率为10%、20%及40%时的模量。

（5）施工装配中结构密封胶粘结性测试判定结果：如果基材的粘结力合格，密封胶应在拉扯过程中断裂或在剥离之前密封胶拉长到预定值。

（6）单组分密封胶回弹特征的测试结果判定：如果密封胶能拉长且回弹，说明已发生固化；如果不能拉长或拉伸断裂无回弹，表明该密封胶不能使用，应同生产商联系退货。

（7）双组分密封胶混合均匀性测试（蝴蝶试验）结果判定：

① 如果密封胶颜色均匀，则密封胶混合较好，可以使用；如果颜色不均匀或有颜色条纹，说明混合不匀不能使用。

② 如果密封胶混合均匀不够，应重新取样试验。

（8）双组分密封胶拉断时间的测试：如果密封胶的拉断时间低于规定时间，应检查混胶设备，确认超出范围的原因，确定密封胶是否过期。

建筑用硅酮结构密封胶应在有效期内使用，过期的结构硅酮密封胶不得使用。

4.5　硅酮建筑密封胶

1. 硅酮建筑密封胶的分类

（1）按固化机理分两种类型：A 型脱酸（酸性）、B 型脱醇（中性）；

（2）按用途分两种类型：G 型镶装玻璃用、F 型建筑接缝用。

2. 级别和次级别　密封胶级别见表 4.5-1。

密封胶级别

表 4.5-1

级别	试验拉压幅度	位移能力
25	±25	25
20	±20	20

产品按拉伸模量分为高模量（HM）和低模量（LM）两个次级别。

3. 产品标记　标记顺序：名称、类型、类别、级别、次级别、标准号。如镶装玻璃用 25 级高模量酸性硅酮建筑密封胶的标记为：

AG25HM GB/T 14683—2003

4. 硅酮建筑密封胶的质量要求

（1）外观　产品应为细腻、均匀膏状物，不应有气泡、结皮和凝胶。产品颜色与样品不得有明显差异。

（2）耐候硅酮密封胶的理化性能见表 4.5-2。

硅酮建筑密封胶的理化性能　　　　　表 4.5-2

序号	项　目		技术指标			
			25HM	20HM	25LM	20LM
1	密度(g/cm³)		规定值±0.1			
2	下垂度(mm)	垂直	≤3			
		水平	无变形			
3	表干时间(h)		≤3°			
4	挤出性(mL/min)		≥80			
5	弹性恢复率(%)		≥80			
6	拉伸模量(MPa)	23℃	>0.4 或>0.6		≤0.4 和 ≤0.6	
		−20℃				
7	定伸粘结性[a]		无破坏			
8	紫外线辐照后粘结性[b]		无破坏			
9.	冷拉-热压后粘结性		无破坏			
10	浸水后定伸粘结性		无破坏			
11	质量损失率(%)		≤10			

注：a. 允许采用供需双方商定的其他指标值。

b. 此项仅适用于 G 类产品。

5. 产品检验

（1）组批：以同一品种、同一性类型的产品每 5t 为一检验批，不足 5t 也为一批。

(2) 抽样：由批产品中随机抽取 3 件包装箱，从每件包装箱中随机抽取 23 支样品，共取 69 支。桶装产品随机抽样总量为 4kg。

(3) 出厂（型式检验）检验项目：外观、下垂度、表干时间、挤出性、拉伸模量、定伸粘结性。

(4) 质量判定：

① 单项判定

A. 下垂度、表干时间、定伸粘结性、紫外线辐照后粘结性、冷拉-热压后粘结性、浸水后定伸粘结性试验，每个试件均符合规定，则判该项合格。

B. 挤出性试验每个试件均符合规定，则判该项合格。

C. 密度、弹性恢复率、质量损失率试验每组试件的平均值符合规定，则判该项合格。

D. 高模量产品在 23℃和－20℃的拉伸模量有一次项符合规定指标时，则判该项合格。

E. 低模量产品在 23℃和－20℃的拉伸模量均符合低模量规定指标时，则判该项合格。

② 综合判定

A. 检验结果全部符合要求时，则判该产品合格。

B. 外观质量不符合规定时，则判该产品不合格。

C. 有两项或两项以上指标不符合规定时，则判该批产品不合格。若有一项不符合规定时，在同批产品中再次抽取相同数量的样品进行单项复验，如该项仍不合格，则判该批产品不合格。

6. 包装箱的标志内容：产品名称、产品标记、生产日期、批号及保质期；净容量或净质量；厂家名称和地址、商标、使用说明及注意事项。保质期不少于 6 个月。

7. 耐候硅酮密封胶应采用中性胶，其性能应符合规定，并不得使用过期的耐候硅酮密封胶。

5 建筑材料和装饰装修材料有害物质的检测

为了预防和控制新建、扩建和改建的民用建筑工程中建筑材料和装饰装修材料产生的室内环境污染，保障公众健康，维护公共利益，国家特制订了《民用建筑工程室内环境污染控制规范》GB 50325—2010 和建筑材料、建筑装饰装修材料有害物质限量的十项标准。从二〇〇二年七月一日起，要求民用建筑工程所选用的建筑材料和装饰装修材料必须符合规范的规定。

一、执行标准：

1.《建筑装饰装修工程质量验收规范》GB 50210—2001

2.《住宅装饰装修工程施工规范》GB 50327—2001

3.《民用建筑工程室内环境污染控制规范》GB 50325—2010

4.《建筑材料放射性核素限量》GB 6566—2010

5.《室内装饰装修材料 人造板及其制品中甲醛释放限量》GB 18580—2009

6.《室内装饰装修材料 溶剂型木器涂料中有害物质限量》GB 18581—2009

7.《室内装饰装修材料 内墙涂料中有害物质限量》GB 18582—2001

8.《室内装饰装修材料 粘结剂中有害物质限量》GB 18583—2008

9.《室内装饰装修材料 木家具中有害物质限量》GB 18584—2001

10.《室内装饰装修材料 壁纸中有害物质限量》GB

18585—2001

11.《内装饰装修材料 聚氯乙烯卷材地板中有害物质限量》GB 18586—2001

12.《室内装饰装修材料 地毯、地毯衬垫及地毯胶粘剂中有害物质限量》GB 18587—2001

13.《混凝土外加剂中释放氨的限量》GB 18588—2001

二、建筑物分类

建筑物分工业建筑工程和民用建筑工程。

民用建筑工程根据控制室内环境污染的不同要求分两类：

Ⅰ.类民用建筑工程：住宅、医院、老年建筑、幼儿园、学校教室等。

Ⅱ.类民用建筑工程：办公楼、商店、旅馆、文化娱乐场所、书店、图书馆、展览馆、体育馆、公共交通等候室、餐厅、理发店等。

三、建筑材料分类

1. 金属材料：钢材、铸铁等黑色金属，铜、铝、锌等有色金属。

2. 无机非金属材料：

（1）建筑主体材料：用于建造建筑物主体工程所使用的建筑材料。包括水泥及其制品、砂、石、砖、瓦、混凝土、混凝土预制构件、砌块、墙体保温材料、工业废渣、掺工业废渣的建筑材料及各种新型墙体材料；

（2）装修材料：用于建筑物室内外饰面用的建筑材料。包括石材（花岗石、大理石）、建筑卫生陶瓷、石膏制品、吊顶材料、粉刷材料及其他新型饰面材料。

四、无机非金属材料的验收要求

1. 工程所用材料必须有产品合格证、性能检测报告。生产企业应按照标准要求，在其产品包装或说明书中注明其有害物质水平类别；企业销售产品，应持具有资质的检测机构出具的符合标准规定的产品检验报告。

2. 民用建筑工程所选用的建筑材料和装修材料，进场必须进行复验。复验报告必须符合《民用建筑工程室内环境污染控制规范》GB 50325—2010 的规定和室内装饰装修材料有害物质限量的十项标准。

3. 民用建筑工程验收时，必须进行室内环境污染物浓度的检测。抽检数量不少于代表性房间的 5%。如样板间检测合格的，抽检数量可减半，并不得少于 3 间，检测结果应符合规定。

5.1 建筑材料放射性核素的检测

5.1.1 执行标准

1.《民用建筑工程室内环境污染控制规范》GB 50325—2010

2.《建筑材料放射性核素限量》GB 6566—2010

5.1.2 取样与制样

1. 取样 随机抽取样品两份，每份不少于 3kg，一份密封保存，另一份作为检验样品。

2. 制样 将检验样品破碎、磨细至粒径不大于 0.16mm，将其放入与标准样品几何形态一致的样品盒中，称重（精确至 1g）、密封、待测。

5.1.3 放射性指标限量

建筑主体材料放射性指标必须符合表 5.1-1 的限量规定。

建筑主体材料放射性指标限量 表 5.1-1

测定项目	限量指标				
	建筑主体材料	空心率 25% 的建筑主体材料	装修材料		
			A 类	B 类	C 类
内照射指数（IR_a）	≤1.0	≤1.0	<1.0	≤1.3	>1.3

测定项目	限 量 指 标				
	建筑主体材料	空心率 25% 的建筑主体材料	装修材料		
			A 类	B 类	C 类
外照射指数($I\gamma$)	≤1.0	≤1.3	<1.3	≤1.9	≤2.8
材料使用范围	不受限制	不受限制	不受限制	不可用于Ⅰ类建筑内饰面,可用于Ⅰ类建筑外饰面及其他建筑内外饰面	只可用于建筑外饰面及室外其他用途

$I\gamma$>2.8 的花岗石只可用于碑石、海堤、桥墩等人类很少涉及的地方。

说明：1. 内照射指数　指建筑材料中天然放射性核素镭-226（Ra88-226.0254）、钍232（Th90-232.0381）、钾40（K19-39.0983）的放射性比活度，除以标准规定的限量而得的商。

$$表达式为\ IRa = \frac{Cra}{200}$$

Cra——建筑材料中天然放射性核素镭-226 的放射性比活度，单位为贝可/千克（BG·kg^{-1}）；

200——建筑材料中天然放射性核素镭-226 的放射性比活度限量，单位为贝可/千克（BG·kg^{-1}）。

2. 外照射指数

指建筑材料中天然放射性核素镭-226（Ra88-226.0254）、钍232（Th90-232.0381）、钾39（K19-39.0983）的放射性比活度，除以各自单独存在时标准规定的限量而得的商之和。

$$表达式为\ I\gamma = \frac{Cra}{370} + \frac{Cth}{260} + \frac{CR}{4200}$$

Cra、Cth、CR ——建筑材料中天然放射性核素镭-226（Ra88-226.0254）、钍232（Th90-232.0381）、

钾 39 （K19-39.0983）的放射性比活度，单位为贝可/千克（BG·kg^{-1}）；

370、260、4200——建筑材料中天然放射性核素镭-226（Ra88-226.0254）、钍 223（Th90-232.0381）、钾 40（K19-39.0983）的放射性比活度限量，单位为贝可/千克（BG·kg^{-1}）。

3. 放射性比活度 指物质中的某种核素放射性活度除以该物质的质量而得的商

表达式为 $C=A/m$

A ——放射性比活度限量，单位为贝可/千克（BG·kg^{-1}）；

m ——物质的质量，单位为千克（kg）。

5.2 人造板及其制品中甲醛释放量的检测

5.2.1 执行标准

1.《民用建筑工程室内环境污染控制规范》GB 50325—2010

2.《室内装饰装修材料 人造板及其制品中甲醛释放限量》GB 18580—2001

5.2.2 产品标志要求

产品应有产品标志 标明产品名称、产品标准编号、商标、生产企业名称、详细地址、产品原产地、产品规格、型号、等级、甲醛释放限量标识。

5.2.3 抽样方法

1. 用穿孔萃取法测定中密度纤维板、高密度纤维板、刨花板、定向刨花板等甲醛释放量和用（9～11L）干燥器法测定胶合板、装饰单板贴面胶合板、细木工板等，试件数量为 10 块。

2. 用 40L 干燥器法测定饰面人造板甲醛释放量时，试样四边用不含甲醛的铝胶带密封,被测表面积为 $450cm^2$。密封于乙烯树脂袋中,放置在温度为（20±1）℃的恒温箱中至少 1d。

3. 气候箱法测定饰面人造板甲醛释放量的抽样 在同一地点、同一类别、同一规格的人造板及其制品中随机抽取 3 份,并立即用铝胶带将样品四边密封。在生产企业抽取样品时,必须在成品库内标识合格的产品中抽取样品;在经销企业抽取样品时,必须在经销现场或成品库内的产品中抽取样品;在施工或使用现场抽取样品时,必须在同一地点的同一种产品中随机抽取试样。试样表面积为 $1m^2$（双面计。长＝1000mm±2mm,宽＝500mm±2mm,一块;或长＝500mm±2mm,宽＝500mm±2mm,2 块）有带榫舌的突出部分应去掉,四边用不含甲醛的铝胶带密封。

5.2.4 检验项目

甲醛释放量及样品含水率（含水率按物理方法）

5.2.5 人造板及其制品中甲醛释放量试验方法及限量值

人造板及其制品中甲醛释放量试验方法及限量规定见表 5.2-1。

人造板及其制品中甲醛释放量试验方法及限量 表 5.2-1

产品名称	试验方法	限量值	使用范围	限量标志[b]
中密度纤维板、高密度纤维板、刨花板、定向刨花板等	穿孔萃取法	≤9mg/100g	可直接用于室内	E1
		≤30mg/100g	必须饰面处理后可允许用于室内	E2
胶合板、装饰单板贴面胶合板、细木工板等	干燥器法	≤1.5mg/L	可直接用于室内	E1
		≤5.0mg/L	必须饰面处理后可允许用于室内	E2

续表

产品名称	试验方法	限量值	使用范围	限量标志b
饰面人造板（包括浸渍纸层压木质地板、实木复合地板、竹地板、浸渍胶膜纸饰面人造板等）	气候箱法a 干燥器法	≤0.12mg /m³ ≤1.5mg/L	可直接用于室内	E1

注：a. 仲裁时采用气候箱法；

b. E1 为可直接用于室内的人造板；E2 为必须饰面处理后允许用于室内的人造板。

5.2.6 判定规则与复验规则

在随机抽取的 3 份样品中，任取一份样品按本标准的规定检测甲醛释放量，如测定结果达到本标准的规定要求，则判定为合格。如测定结果不符合本标准的要求，则对另外 2 份样品再行测定。如有一份或二份样品不符合规定要求，则判定为不合格。

检验报告的内容应包括产品名称、规格、类别、等级、生产日期、检验依据标准、检验结果和结论及样品含水率。

5.2.7 产品质量验收要求

木门窗工程、木隔墙工程、细部装修工程所使用的人造板及其制品，均应有产品合格证、性能检测报告、进场验收记录和复验报告。

5.3 涂饰工程涂料中有害物质的检测

5.3.1 执行标准

1.《建筑装饰装修工程质量验收规范》GB 50210—2001

2.《民用建筑工程室内环境污染控制规范》GB 50325—2010

3.《室内装饰装修材料 溶剂型木器涂料中有害物质限量》GB 18581—2009

4.《室内装饰装修材料 内墙涂料中有害物质限量》GB 18582—2009

5.《合成树脂乳液砂壁状建筑涂料》JG/T 24—2000

6.《合成树脂乳液外墙涂料》GB/T 9755—2001

7.《合成树脂乳液内墙涂料》GB/T 9756—2009

8.《溶剂型外墙涂料》GB/T 9757—2001

9.《复层建筑涂料》GB/T 9779—2005

10.《外墙无机建筑涂料》JG/T 26—2002

11.《饰面型防火涂料》GB 12441—2005

12.《水溶性内墙涂料》JC/T 423—1991

13.《多彩内墙涂料》JG/T 3003—1993

14.《S01—4 聚氨酯清漆》HG/T 2240—1991

15.《溶剂型聚氨酯涂料（双组分）》HG/T 2454—2006

16.《建筑室内用腻子》JG/T 298—2010

5.3.2 室内装饰装修材料溶剂型木器涂料中有害物质的检测

1.《室内装饰装修材料 溶剂型木器涂料中有害物质限量》GB 18581—2009 标准适用范围：标准规定了室内装饰装修用硝基漆类、聚氨酯漆类和醇酸漆类（以有机物为溶剂的）木器涂料中对人体有害物质容许限量的技术要求、试验方法、检验规则、包装标志、安全涂装及防护等内容。其他树脂类型和其他用途的溶剂型涂料可参照使用，但不适用于水性木器涂料。

2. 产品包装标志：按本标准检验合格的产品，应按规定在包装标志上明示。对于由双组分或多组分配套组成的涂料，包装标志上应明确各组分配比。对于施工时需要稀释的涂料，包装标志上应明确稀释比例。

3. 取样数量与方法：

涂料产品按 GB 3186 的规定取样。样品分为两份，一份密封保存，另一份作为检验用样品。

产品交货时，应记录产品的桶数，按随机取样方法，对同一生产厂生产的相同包装的产品进行取样。取样数量可参照表5.3-1 随机抽取。

取样数量   表 5.3-1

交货产品的桶数	取样数
2～10	2
11～20	3
21～35	4
36～50	5
51～70	6
71～90	7
91～125	8
126～160	9
161～200	10
每 50 桶增加	1

选择适宜的取样器，从桶内不同部位取相同量的样品，混合均匀后，取两份样品，各为 0.2～0.41 分别装入样品容器中，样品容器应留有约 5％的空隙，盖严，容器外立即作好标志：包括厂名、样品名称、品种和型号、批号、桶号、生产日期、取样日期和地点及取样人、交货总数。

4. 技术要求

室内装饰装修材料溶剂型木器涂料中有害物质限量应符合表5.3-2 的要求。

室内装饰装修材料溶剂型木器涂料中有害物质限量
表 5.3-2

项　目	限量值		
	硝基漆类	聚氨酯漆类	醇酸漆类
挥发性有机化合物（TVOC）[a]（g/L）　≤	750	光泽(60°)≥80,600 光泽(60°)<80,700	550
苯[b]　（％）　≤	0.5		
甲苯和二甲苯总和[b]（％）　≤	45	40	10

续表

项　　目		限 量 值		
		硝基漆类	聚氨酯漆类	醇酸漆类
游岗甲苯二异氰酸酯（TDD)[c]（%）　　≤		—	0.7	—
重金属（限色漆）（ng/kg）≤	可溶性铅	90		
	可溶性镉	75		
	可溶性铬	60		
	可溶性汞	60		

注：a. 按产品规定的配比和稀释比例混合后测定。如稀释剂的使用量为某一范围时，应按照推荐的最大稀释量稀释后进行测定。

　　b. 如产品规定了稀释比例或产品由双组分或多组分组成时，应分别测定稀释剂和各组分中的含量，再按产品规定的配比计算混合后涂料中的总量。如稀释剂的使用量为某一范围时，应按照推荐的最大稀释量进行计算。

　　c. 如聚氨酯漆类规定了稀释比例或产品由双组分或多组分组成时，应先测定固化剂（含甲苯二异氰酯预聚物）中的含量，再按产品规定的配比计算混合后涂料中的含量。如稀释剂的使用量为某一范围时，应按照推荐的最大稀释量进行计算。

5. 检验结果的判定

检验结果的判定按 GB/T 8170—2008 中修约值比较法进行。

所有项目的检验结果均达到本标准要求时，该产品为符合本标准要求。如有一项检验结果未达到本标准要求时，应对保存样品进行复验，如复验结果仍未达到标准要求时，该产品为不符合本标准要求。

6.《民用建筑工程室内环境污染控制规范》GB 50325—2010 第 3.3.2 条要求：民用建筑工程室内用溶剂型涂料，应按其规定的最大稀释比例混合后，测定总挥发性有机化合物（TVOC）和苯的含量，其限量应符合表 5.3-3 规定。

聚氨酯漆测定固化剂中游离甲苯二异氰酸酯（TDI）的含量后，应按其规定的最小稀释比例计算出的游离甲苯二异氰酸酯（TDI）含量，且不应大于 7g/kg。

室内用溶剂型涂料中总挥发性有机化合物（TVOC）和苯限量

表 5.3-3

涂料名称	TVOC(g/L)	苯(g/kg)
醇酸漆	≤550	≤5
硝基清漆	≤750	≤5
聚氨酯漆	≤700	≤5
酚醛清漆	≤500	≤5
酚醛磁漆	≤380	≤5
酚醛防锈漆	≤270	≤5
其他溶剂型涂料	≤600	≤5

5.3.3 室内装饰装修材料内墙涂料中有害物质的检测

1.《室内装饰装修材料　内墙涂料中有害物质限量》GB 18582—2008 标准适用于装饰装修用水性内墙涂料，不适用于以有机物作为溶剂的内墙涂料。

2. 取样数量与方法

同 5.3.2 中 3. 内容。

3. 技术要求

室内装饰装修材料内墙涂料中有害物质的限量应符合表 5.3-4 的要求。

室内装饰装修材料内墙涂料中有害物质的限量　表 5.3-4

项　目			限量值
挥发性有机化合物(VOC)(g/L)		≤	200
游离甲醛(g/kg)		≤	0.1
重属(mg/kg)	可溶性铅	≤	90
	可溶性镉	≤	75
	可溶性铬	≤	60
	可溶性汞	≤	60

4. 检验结果的判定：

检验结果的判定：按 GB/T 8170—2008 中修约值比较法进行。

所有项目的检验结果均达到本标准技术要求时，该产品为符合本标准要求。如有一项检验结果未达到本标准要求时，应对保存样品进行复验，如复检结果仍未达到本标准要求时，该产品为不符合本标准要求。

《民用建筑工程室内环境污染控制规范》GB 50325—2010 对水性涂料中重金属含量未提出要求。

5.3.4　有关的内、外墙涂料的技术资料

1. 合成树脂乳液砂壁状建筑涂料

合成树脂乳液砂壁状建筑涂料技术指标应符合表 5.3-5 的要求。

合成树脂乳液砂壁状建筑涂料技术指标　　　　　表 5.3-5

试验类别	项目		技术指标	评定合格条件
涂料试验	在容器中的状态		经搅拌后呈均匀状态，无结块	
	骨料沉降性（%）		<10	
	贮存稳定性	低温	3 次试验后，无硬块、凝聚及组成物的变化	
		热恒温	1 个月试验后，无硬块、发霉、凝聚及组成物的变化	
涂层试验	干燥时间（表干）(h)		≤2	
	颜色及外观		颜色及外观与样本相比，无明显差别	
	耐水性		240h 试验后，涂层无裂纹、起泡、剥落、软化物的析出，与未浸泡部分相比，颜色、光泽允许有轻微变化	3 块试板中有 2 块符合标准可评为合格
	耐碱性		同上	2 块试板中有 1 块符合标准可评为合格
	耐洗刷性		1000 次洗刷试验后涂层无变化	3 块试板中有 2 块符合标准可评为合格
	耐沾污率（%）		5 次沾污试验后，沾污率在 45% 以下	3 块平均值小于 45% 可评为合格
	耐冻融循环性		10 次冻融循环试验后，涂层无裂纹、起泡、剥落、与未试验试板相比，颜色、光泽允许有轻微变化	3 块试板中有 2 块符合标准可评为合格

续表

试验类别	项目	技术指标	评定合格条件
涂层试验	粘结强度(MPa)	≥0.69以上	以5块试板的测值平均值表示
	人工加速耐候性	500h试验后,涂层无裂纹、起泡、剥落、粉化,变色<2级	以最差的一块评定

以上为型式检验全部项目。其中在容器中的状态、贮存稳定性、耐碱性、耐洗刷性等四项为出厂检验项目。

2. 合成树脂乳液外墙涂料

(1) 合成树脂乳液外墙涂料的技术指标应符合表5.3-6的要求。

合成树脂乳液外墙涂料的技术指标　　　　表5.3-6

项　目		指　标
在容器中的状态		无硬块,搅拌后呈均匀状态
固体含量(120±2)℃,2h(%)	不小于	45
低温稳定性		不凝聚、不结块、不分离
遮盖力(白色及浅色)(g/m²)	不大于	250
颜色及外观		表面平整、符合色差范围
干燥时间(h)	不大于	2
耐洗刷性(次)	不小于	1000
耐碱性(48h)		不起泡、不掉粉、允许轻微失光及变色
耐水性(96h)		不起泡、不掉粉、允许轻微失光及变色
耐冻触循环性(10次)		无粉化、不起鼓、不开裂、不剥落
耐人工老化性(250h)		不起泡、不剥落、无裂纹
粉化,变色(级)	不大于	1
耐沾污性(5次循环)		2
反射系数下降率(%)	不大于	30

(2) 验收规则

1）产品应有合格证、使用说明；

2）例行检验项目：全部技术指标项目；

3）出厂检验项目：涂料在容器中的状态、固体含量、遮盖力、涂层的颜色及外观、耐洗刷性、耐碱性等六项。

4）接收部门有权按标准规定，对产品进行检验。如发现质量不符合规定时，供需双方可共同重新取样检验，如仍不符合技术指标规定，产品即为不合格，接收部门有权退货。

3. 合成树脂乳液内墙涂料

（1）合成树脂乳液内墙涂料的技术指标应符合表 5.3-7 的要求。

合成树脂乳液内墙涂料的技术指标　　　　表 5.3-7

项　目	指　标
在容器中的状态	无硬块、搅拌后呈均匀状态
固体含量(120 ± 2)℃,2h(%) 不小于	45
低温稳定性	不凝聚、不结块、不分离
遮盖力(白色及浅色)(g/m^2)不大于	250
颜色及外观	表面平整、符合色差范围
干燥时间(h)　　　　不大于	2
耐洗刷性(次)　　　　不小于	300
耐碱性(48h)	不起泡、不掉粉、允许轻微失光及变色
耐水性(96h)	不起泡、不掉粉、允许轻微失光及变色

（2）验收规则

1）产品应有合格证、使用说明。

2）例行检验项目：全部技术指标项目。

3）出厂检验项目：涂料容器中的状态、固体含量、遮盖力、涂层的颜色及外观、耐洗刷性等五项。

4）接收部门有权按标准规定，对产品进行检验。如发现质量不符合规定时，供需双方可共同重新取样检验，如仍不符合技术指标规定，产品即为不合格，接收部门有权退货。

4. 溶剂性内墙涂料

溶剂性内墙涂料性能应符合表 5.3-8 的技术要求。

溶剂性内墙涂料性能技术要求　　　　表 5.3-8

序号	性能项目	技　术　要　求	
		Ⅰ 类	Ⅱ 亚类
1	容器中状态	无结块、沉淀和絮凝	
2	粘度(s)	30～70	
3	细度(μm)	≤100	
4	遮盖力(g/m²)	≤300	
5	白度(%)	≥80	
6	涂膜外观	平整、色泽均匀	
7	附着力(%)	100	
8	耐水性	无脱落、起泡和皱皮	
9	耐干擦性(级)	—	≤1
10	耐洗刷性(次)	≥300	—

5.3.5　室内装饰装修材料胶粘剂中有害物质的检测

1. 取样方法：在同一批产品中随机抽取三份样品，每份不小于 0.5kg。

2. 型式检验项目及技术指标

溶剂型胶粘剂中有害物质限量应符合表 5.3-9 的要求。

溶剂型胶粘剂中有害物质限量值　　表 5.3-9

项　　目		指　　标		
		橡胶胶粘剂	聚氨酯类胶粘剂	其他胶粘剂
游离甲醛(g/kg)	≤	0.5		
苯(g/kg)	≤	5		
甲苯+二甲苯(g/kg)	≤	200		
甲苯二异氰酸酯(g/kg)	≤	10		
总挥发性有机物 TVOC(g/L)	≤	750		

注：苯不能作为溶剂使用，作为杂质其最高含量不得大于表中规定。

水基型胶粘剂中有害物质限量应符合表 5.3-10 的要求。

水基型胶粘剂中有害物质限量值　　表 5.3-10

项　　目		指　　标				
		缩甲醛类胶粘剂	聚乙酸乙烯脂胶粘剂	橡胶类胶粘剂	聚氨酯类胶粘剂	其他胶粘剂
游离甲醛(g/kg)	≤	1	1	1		1
苯(g/kg)	≤	0.2				
甲苯＋二甲苯(g/kg)	≤	10				
总挥发性有机物 TVOC (g/L)	≤	50				

3. 检验结果的判定

在抽取的三份样品中，取一份样品按本标的规定进行测定，如果所有项目的检验结果符合本标准规定的要求，则判定为合格。如果有一项检验结果未达到本标准要求时，应对保存样品进行复验，如果结果仍未达到本标准要求时，则判定为不合格。

产品包装上必须标明本标准规定的有害物质名称及其含量。

5.4　室内装饰装修材料木家具中有害物质的检测

5.4.1　执行标准

1.《建筑装饰装修工程质量验收规范》GB 50210—2001

2.《民用建筑工程室内环境污染控制规范》GB 50325—2010

3.《室内装饰装修材料木家具中有害物质限量》GB 18584—2001

5.4.2　试件制备、取样方法与数量

1. 试件应在满足试验规定的出厂合格产品上取样。

若产品中使用数种木质材料，则分别在每种材料的部件上取样。

2. 试件应在距家具部件边沿 50mm 内制备。

3. 试件规格为长（150±1)mm，宽（50±1)mm。

4. 试件数量共 10 块。

5. 制备试件时应考虑每种木质材料与产品中使用面积的比例，确定每种材料部件上的试件数量。

6. 试件锯完后其端面应立即采用熔点为 65℃的石蜡或不含甲醛的胶纸条封闭。试件端面的封边数量应为部件的原实际封边数量，至少保留 50mm 一处不封边。

7. 试件制备后应在 2h 内开始试验，否则应重新制作试件。

5.4.3 木家具产品有害物质限量的要求

木家具产品有害物质限量应符合表 5.4-1 的要求。

木家具产品有害物质限量 表 5.4-1

项 目		限量值
甲醛释放量(mg/L)		≤1.5
重金属含量(限色漆)(mg/kg)	可溶性铅	≤90
	可溶性镉	≤75
	可溶性络	≤60
	可溶性汞	≤60

5.4.4 检验结果的判定

所有检验项目的结果均达到标准规定要求时，判定该产品为合格；若有一项检验结果未达到标准规定要求时，则判定该产品为不合格。若对检验结果有异议时，应从原封存样品或备样中进行复验，按规定判定，在检验报告中注明复验合格或复验不合格。

注：本标准只适用于室内装饰装修固定型的木橱柜等家具，外购的成品家具不属于室内装饰装修范围，但可参照本标准挑选家具和作室内环境检测。

5.5 室内装饰装修材料壁纸中有害物质的检测

5.5.1 执行标准

1.《建筑装饰装修工程质量验收规范》GB 50210—2001

2.《民用建筑工程室内环境污染控制规范》GB 50325—2010

3.《室内装饰装修材料 壁纸中有害物质限量》GB 18585—2001

5.5.2 试样的采取、制备和预处理

1. 以同一品种、同一配方、同一工艺的壁纸为一批，每批量不多于 5000m²。

2. 每批随机抽取至少 5 卷壁纸，应保持非聚氯乙烯塑料薄膜的密封包装，放于阴暗处待检。

3. 距壁纸端部 1m 以外每隔 1m 切取 1m 长、全幅宽的样品若干张。

4. 在样品上均匀切取（30±1）mm 宽，（50±1）mm 长的试样若干，试样的宽度方向应与卷筒壁纸的纵向相一致。从所有样品上切取至少 150 个长方形试样。

5. 通过目测法选取 70 个涂层最多或者颜色最深的长方形试样，按 GB/T 10739 进行试样处理。处理后，其中的 50 个试样用于测定甲醛含量；另 20 个试样分为两组，每组各 10 个，分别切成约 6mm×6mm 的正方形，一组用于测定重金属（或其他）元素，另一组用于测定氯乙烯单体的含量。

5.5.3 壁纸中的有害物质限量值

壁纸中的有害物质限量应符合表 5.5-1 的要求。

壁纸中的有害物质限量 表 5.5-1

有害物质名称		限量(mg/kg)
重金属(或其他)元素	钡	≤1000
	镉	≤25
	络	≤60
	铅	≤90
	砷	≤8
	汞	≤20
	硒	≤165
	锑	≤20
氯乙烯单体		≤1.0
甲醛		≤120

5.6 室内装饰聚氯乙烯卷材地板中有害物质的检测

5.6.1 执行标准

1. 《建筑装饰装修工程质量验收规范》GB 50210—2001
2. 《民用建筑工程室内环境污染控制规范》GB 50325—2010
3. 《室内装饰装修材料 聚氯乙烯卷材地板中有害物质限量》GB 18586—2001

5.6.2 取样

1. 同一配方、工艺、规格、花色型号的卷材地板，以 5000m² 为一批，不足此数也为一批。

2. 每批产品中随机抽取 1 卷样品。去掉样品卷最外 3 层后抽取，沿产品长度方向裁取 1m。样品抽取后，用非聚氯乙烯塑料袋密封在阴凉处放置，不应进行任何特殊处理。试样均应在距样品边缘至少 50mm 处截取。

5.6.3　质量要求

1. 氯乙烯单体限量：卷材地板聚氯乙烯层中氯乙烯单体含量应不大于 5mg/kg。

2. 可溶性重金属限量：卷材地板中不得使用铅盐助剂；作为杂质，卷材地板中可溶性铅含量应不大于 $20mg/m^2$。

3. 挥发物的限量：挥发物的限量应符合表 5.6-1 的要求。

挥发物的限量　（g/m^2）　　　　表 5.6-1

发泡类卷材地板中挥发物的限量		非发泡类卷材地板中挥发物的限量	
玻璃纤维基材	其他基材	玻璃纤维基材	其他基材
≤75	≤35	≤40	≤10

5.6.4　检验结果的判定

所有项目的检验结果均达到标准在规定要求时，判定该产品为检验合格；若有一项检验结果未达到标准要求时，判定该产品为检验不合格。

5.7　室内装饰装修材料地毯、地毯衬垫及地毯胶粘剂有害物质的检测

5.7.1　执行标准

1.《建筑装饰装修工程质量验收规范》GB 50210—2001

2.《民用建筑工程室内环境污染控制规范》GB 50325—2010

3.《室内装饰装修材料　地毯、地毯衬垫及地毯胶粘剂有害物质限量》GB 18587—2001

5.7.2 抽样

以批为单位随机抽样,其批量大小和样本大小按相应产品标准执行。

样品应从常规方式生产,下机不超过 30d,经检验合格包装的产品中抽取。

在成卷产品中取样,至少距端头 2m,中间截取至少 1m² 样品两块。

拼块地毯应从成批产品中随机抽取一箱。

地毯胶粘剂应从成批产品中随机抽取一桶。

5.7.3 质量要求

在产品标签上应标识产品有害物质释放限量的级别:A 级为环保型产品,B 级为有害物质释放限量合格产品。

地毯、地毯衬垫及地毯胶粘剂有害物质限量应符合表 5.7-1 的要求。

地毯、地毯衬垫及地毯胶粘剂有害物质限量　　表 5.7-1

序号	种类	有害物质测试项目	限量(mg/m² · h)	
			A 级	B 级
1	地毯	总挥发性有机化合物(TVOC)	≤0.500	≤0.600
2		甲醛 (Formaldehyde)	≤0.050	≤0.050
3		苯乙烯(Styrene)	≤0.400	≤0.500
4		4-苯基环己烯(4-Phenylcyclo-hexene)	≤0.050	≤0.050
1	地毯衬垫	总挥发性有机化合物(TVOC)	≤1.000	≤1.200
2		甲醛 (Formaldehyde)	≤0.050	≤0.050
3		丁基羟基甲苯 (BHT-butylatedhydroxytoluene)	≤0.030	≤0.030
4		4-苯基环己烯(4-Phenylcyclo-hexene)	≤0.050	≤0.050

续表

序号	种类	有害物质测试项目	限量(mg/m² · h)	
			A 级	B 级
1	地毯胶粘剂	总挥发性有机化合物(TVOC)	≤10.000	≤12.000
2		甲醛 (Formaldehyde)	≤0.050	≤0.050
3		2-乙基己醇（2-ethyl-l-hex-anol）	≤3.000	≤3.500

5.7.4　检验规则

　　抽检产品检验限量超标，则判该批产品不合格。检验项目中只有一项不合格时，允许对该批产品加倍复验。如全部复验合格则可以判定该批产品合格。

5.8　混凝土外加剂中释放氨的检测

5.8.1　执行标准

　　1.《混凝土外加剂中释放氨的限量》GB 18588—2001

　　本标准适用于各类具有室内使用功能的建筑用能释放氨的混凝土外加剂，不适用于桥梁、公路及其他室外工程用混凝土外加剂。

5.8.2　取样

　　在同一编号外加剂中随批抽取 1kg 样品，混合均匀，分为两份，一份密封保存三个月，另一份作为试样样品。

5.8.3　质量要求

　　混凝土外加剂中释放氨的量≤0.10%（质量分数）。

混凝土外加剂中释放氨的浓度限值为≤0.20mg/m³。

取两次平行测定结果的算术平均值为测定结果。两次平行测定结果的绝对差值大于 0.01%时，需重新测定。

试验结果符合要求判为合格。

5.9 建筑场地土壤中氡浓度的检测

5.9.1 执行标准

1.《民用建筑工程室内环境污染控制规范》GB 50325—2010

2.《建筑装饰装修工程质量验收规范》GB 50210—2001

5.9.2 检测要求

1. 新建、扩建的民用建筑工程的工程地质勘察报告，除包括建筑工程岩土勘察规程、规范要求的内容外，按照《民用建筑工程室内环境污染控制规范》GB 50325—2010 的要求，还应包括工程地点地质构造、断裂及区域放射性背景资料。

2. 当民用建筑工程处于地质构造断裂带时，应根据土壤中氡浓度的测定结果，确定防氡措施；当民用建筑工程处于非地质构造断裂带时，可不采取防氡措施。

3. 民用建筑工程地点地质构造断裂区域以外的土壤氡浓度检测点，应根据工程地点的地质构造分布图，以地质构造断裂带的走向为轴线，在其两侧非地质构造断裂区域随机布点，其布点数量每侧不得少于 5 个。其土壤中的氡浓度，应取各检测点检测结果的算术平均值。氡浓度限值为≤200Bg/m³。

5.9.3 民用建筑工程防氡要求

1. 民用建筑工程地点土壤中氡浓度，高于周围非地质构造断裂区域 3 倍以上 5 倍以下时，工程设计中除采取建筑地面抗开裂措施外，还必须按现行国家标准《地下工程防水技术规范》

GB 50108—2008 中的一级防水要求对基础进行处理。

2. 民用建筑工程地点土壤中氡浓度，高于周围非地质构造断裂区域 5 倍以上时，工程设计中除按上条规定进行防氡处理外，还应按国家标准的有关规定，采取综合建筑构造措施。

3. 民用建筑工程地点土壤中氡浓度，高于周围非地质构造断裂区域 5 倍以上时，应进行工程地点土壤中的镭-226、钍-232、钾-40 的比活度测定。当内照射指数大于 1.0 或外照射指数大于 1.3 时，工程地点土壤不得作为工程回填土使用。

5.10 民用建筑工程室内环境污染控制质量要求

5.10.1 执行标准

1.《民用建筑工程室内环境污染控制规范》GB 50325—2010
2.《建筑装饰装修工程质量验收规范》GB 50210—2001

5.10.2 工程勘察设计

1. 工程勘察

新建、扩建的民用建筑工程，必须进行建筑场地土壤中氡浓度的测定，提供工程地点的地质构造、断裂及区域放射性背景资料的检测报告。

2. 工程设计

当民用建筑工程处于地质构造断裂带时，应根据土壤中氡浓度和镭-226、钍-232、钾-40 的比活度测定结果，确定防氡工程措施。

5.10.3 民用建筑工程装饰装修材料的选择

1. Ⅰ类民用建筑工程必须采用 A 类无机非金属建筑材料和装修材料。

Ⅱ类民用建筑工程宜采用 A 类无机非金属建筑材料和装修

材料；当 A 类和 B 类无机非金属建筑装修材料混合使用时，应按下式计算确定每种材料的使用量：

$$\sum f_i . I_{rai} \leqslant 1$$
$$\sum f_i . I_{\gamma i} \leqslant 1.3$$

式中 f_i——第 i 种材料在材料总用量中所占的份额（%）；

　　 I_{rai}——第 i 种材料的内照射指数；

　　 $I_{\gamma i}$——第 i 种材料的外照射指数。

2. Ⅰ类民用建筑工程的室内装修，必须采用 E1 类人造木板及饰面人造木板。

Ⅱ类民用建筑工程的室内装修，宜采用 E1 类人造木板及饰面人造木板。当采用 E2 类人造木板时，直接暴露于空气的部位应进行表面涂覆密封处理。

3. 民用建筑工程的室内装修，所采用的涂料、胶粘剂、水性处理剂，其苯、游离甲醛、游离甲苯二异氰酸脂（TDI）、总挥发性有机化合物（TVOC）的含量，应符合本规范的规定。

4. 民用建筑工程的室内装修时，不应采用聚乙烯醇水玻璃内墙涂料、聚乙烯醇缩甲醛内墙涂料和树脂以硝化纤维素为主、溶剂以二甲苯为主的水包油型（O/W）多彩涂料。

5. 民用建筑工程的室内装修时，不应采用聚乙烯醇缩甲醛胶粘剂。

6. 民用建筑工程中使用的粘合木结构材料，游离甲醛释放量不应大于 0.12mg/m^3。

7. 民用建筑工程的室内装修时，所使用的壁布、帷幕等游离甲醛释放量不应大于 0.12mg/m^3。

8. 民用建筑工程的室内装修中所使用的木地板及其木质材料，严禁采用沥青类防腐、防潮处理剂。

9. 民用建筑工程中使用的阻燃剂、混凝土外加剂氨的释放量不应大于 0.10%，应符合《混凝土外加剂中释放氨的限量》GB 50119—2003。

10. Ⅰ类民用建筑工程的室内装修粘贴塑料地板时，不应采用溶剂型胶粘剂。

Ⅱ类民用建筑工程中地下室及不与室外直接自然通风的房间贴塑料地板时，不宜采用溶剂型胶粘剂。

11. 民用建筑工程中，不应在室内采用脲醛树脂泡沫塑料作为保温、隔热和吸声材料。

12. 民用建筑工程的室内装修时，所使用的地毯、地毯衬垫、壁纸、聚氯乙烯卷材地板，其挥发性有机化合物及甲醛释放量均应符合限量规定。

5.10.4　工程施工

1. 施工单位应按设计要求和规范的有关规定，对所用建筑材料和装修材料进行进场检验。发现不符合设计要求及规范的有关规定时，严禁使用。

2. 民用建筑工程的室内装修，宜先做样板间，并对其室内环境污染物浓度进行检测。当检测结果不符合规范的规定时，应查找原因并采取相应措施进行处理。

3. 材料进场检验

（1）无机非金属建筑材料和装修材料必须有放射性指标检测报告，并应符合设计要求和规范的规定。

（2）室内饰面采用的天然花岗岩石材，当总面积大于 $200 m^2$ 时，应对不同产品分别进行放射性指标的复验。

5.11　民用建筑及室内装修工程的室内环境质量验收

5.11.1　执行标准

1. 《住宅装饰装修工程施工规范》GB 50327—2001

2. 《民用建筑工程室内环境污染控制规范》GB 50325—2010

3.《建筑装饰装修工程质量验收规范》GB 50210—2001

5.11.2　民用建筑室内装修工程环境质量验收资料

1. 工程地质勘察报告、工程地点土壤中氡浓度检测报告、工程地点中土壤天然放射性核素镭-226、钍-232、钾-40含量检测报告；

2. 涉及室内环境污染控制的施工图设计及其变更文件；

3. 建筑材料和装修材料的污染物含量检测报告、材料进场检验记录、复验报告；

4. 与室内环境污染控制有关的装饰工程施工方案、隐蔽工程验收记录、施工记录；

5. 样板间室内环境污染物浓度检测记录。

民用建筑工程所用建筑材料和装修材料的类别、数量和施工工艺等，应符合设计要术和规范的有关规定。

5.11.3　民用建筑工程室内环境质量验收时抽检数量

1. 应抽检有代表性的房间室内环境污染物浓度，抽检房间数量不得少于5%，并不得少于3间；房间总数少于3间时，应全数检测。

2. 凡进行了样板间室内环境污染物浓度检测且检测结果合格的，抽检数量减半，并不得少于3间。

3. 室内环境污染物浓度检测点的设置：

① 房间使用面积小于50m² 时，设1个检测点；

② 房间使用面积50～100m² 时，设2个检测点；

③ 房间使用面积大于100m² 时，设3～5个检测点；

④ 检测点应距内墙面不小于0.5m，距楼地面高度0.8～1.5m。检测点应均匀分布，避开通风道和通风口。

5.11.4　民用建筑工程室内环境污染物浓度检测条件

民用建筑工程室内环境污染物浓度检测应按表5.11-1的要

求进行。

民用建筑工程室内环境污染物浓度检测条件　表 5.11-1

条件 项目	自然通风	集中空调
氡浓度检测	应在房间的对外门窗关闭 24h 以后进行	应在空调正常运转的条件下进行
游离甲醛、苯、氨、总挥发性有机物（TVOC）浓度检测	应在房间的对外门窗关闭 1h 以后进行	应在空调正常运转的条件下进行

5.11.5　民用建筑工程室内环境质量的评定

1. 当室内环境污染物浓度的全部检测结果符合规范的规定时，可判定该工程室内环境质量合格。

2. 民用建筑（住宅）室内空气污染物的活度和浓度应符合表 5.11-2 的规定。

民用建筑工程室内空气污染物活度和浓度限值 表 5.11-2

污染物名称	限值指标		测定方法
	Ⅰ类 （包括住宅）	Ⅱ类	
氡（Bq/m^3）	≤200	≤400	检测结果不确定度不应大于 25%（置信度 95%），下限不应大于 10 Bq/m^3
游离甲醛 （mg/m^3）	≤0.08	≤0.12	《公共场所空气中甲醛测定方法》GB/T 18204.26—2000
室内空气中甲醛			现场检测，所使用的仪器在 0～0.60mg/m^3 测定范围内的不确定度应小于 5%
苯（mg/m^3）	≤0.09	≤0.09	《居住区大气中苯、甲苯和二甲苯卫生检验方法——气相色谱法》GB 11737—1999

续表

污染物名称	限值指标		测 定 方 法
	Ⅰ类（包括住宅）	Ⅱ类	
氨(mg/m³)	≤0.2	≤0.5	《公共场所空气中氨测定方法》GB/T 18204.25 或《空气质量 氨的测定 离子选择电极法》GB/T 14669—1993,最终以《公共场所空气中氨测定方法》GB/T 18204.25 的测定结果为准
总挥发性有机化合物（TVOC）(mg/m³)	≤0.05	≤0.6	规范附录 E

3. 当室内环境污染物浓度的检测结果不符合规范的规定时，应查找原因并采取措施进行处理，并可进行再次检测，抽检数量应增加一倍。再次检测结果全部符合规范规定时，可判定该工程室内环境质量合格。

室内环境质量验收不合格的民用建筑工程，严禁投入使用。

附录 北京市建设工程禁止和限制使用的建筑材料及施工工艺目录

为保证建设工程质量和安全，促进建设领域资源节约和环境保护，推广应用节能、节地、节水、节材和环保的建筑材料，鼓励发展新型建筑材料及其应用技术，经广泛征集各界意见和专家严格论证，北京市建委和规划委先后决定发布五批禁止、淘汰和限制使用落后的建筑材料及施工工艺目录的通知。

北京市建设工程禁止和限制使用建筑材料及施工工艺目录（2007 年版）

一、禁止类

序号	产品类别	禁止使用产品名称	禁止使用原因	依据	替代产品	生效时间
1	混凝土外加剂	混凝土多功能复合型(2种及以上功能膨胀剂)	质量控制难度大,混凝土质量不稳定	《关于发布第五批禁止和限制使用的建筑材料及施工工艺目录的通知》(京建材[2007]837号)	符合相关准要求的混凝土膨胀剂	2008年1月1日起禁止使用
2		氧化钙类混凝土膨胀剂	生产工艺落后	《关于公布第四批禁止和限制使用建材产品目录的通知》(京建材2004录[16号])	硫铝酸钙类混凝土膨胀剂	2004年10月1日起禁止使用
3		高碱混凝土膨胀剂(氧化钠当量7.5%以上和掺入量占水泥用量8%以上)	碱含量高,易造成混凝土碱-骨料反应;掺入膨胀剂量过大影响混凝土早期强度	《关于公布第二批12种建材和限制淘汰落后建材产品目录的通知》(京建材[1999]518号)		2003年3月1日起禁止使用
4	石棉制品	以角闪石石棉(即蓝石棉)为原料的石棉瓦等建材产制品	危害人身健康	《关于公布第四批禁止和限制使用建材产品目录的通知》(京建材[2004]16号)	符合国家环保要求的其他产品	2004年10月1日起禁止使用
5	保温材料	未用玻纤网布增强的水泥(石膏)聚苯保温板	强度低,易开裂	关于公布第三批淘汰和限制使用落后建材产品目录的通知》[2001]192号)		2001年10月1日起禁止使用

续表

序号	产品类别	禁止使用产品名称	禁止使用原因	依据	替代产品	生效时间
6	保温材料	黏土珍珠岩保温砖、充气石膏板	保温效果差，达不到建筑节能50%要求	《关于公布第二批和限制和淘汰落后建材产品目录的通知》(京建材[1999]518号)		2000年3月1日起禁止使用
7		菱镁类复合保温板、隔墙板	性能差，产品翘曲，易泛碱、龟裂			2000年3月1日起禁止使用
8	墙体材料	黏土砖，包括掺加其他原料，但黏土用量超过20%的实心砖、多孔砖、空心砖	毁坏耕地，污染环境，不符合国家产业政策	《关于公布第四批禁止和限制使用建材产品目录的通知》(京建材[2004]16号)	各类非黏土砖(页岩、煤矸石、粉煤灰、灰砂砖等)、建筑砌块及其他新型墙体材料	2004年6月1日起禁止使用
9		手工成型的GRC轻质隔墙板	质量不稳定	《关于公布第三批淘汰和限制使用落后建材产品的通知》(京建材[2001]192号)	机械成型工艺生产的隔墙板	2001年10月1日起禁止使用
10	用水器具	非节水型用水器具(包括水嘴、便器系统、便器冲洗阀、淋浴器)	浪费水资源	《关于严格执行〈节水型生活用水器具标准〉加快淘汰非节水型生活用水器具的通知》(京建材[2005]1095号)	达到CJ164、DJ11/343标准要求的产品	2006年1月1日起禁止使用

续表

序号	产品类别	禁止使用产品名称	禁止使用原因	依据	替代产品	生效时间
11	用水器具	高层楼房二次供水水泥水箱、普通钢板水箱	表面粗糙、易生锈污染水质	《关于公布第三批淘汰和限制使用落后建材产品的通知》（京建材[2001]192号）	不锈钢、玻璃钢、搪瓷、喷塑等不良产品生污染的水箱	2001年10月1日起禁止使用
12		9L水以上的座便系统（不含9L）	浪费水资源		节水座便系统	2001年10月1日起禁止使用
13		进水口低于水面（低进水）的卫生洁具水箱配件	不防虹吸	《关于限制和淘汰石油沥青纸胎油毡等11种落后建材产品的通知》（京建材[1998]480号）		1999年3月1日起禁止使用
14	地漏	水封小于5cm的地漏	易返异味			
15	脚手架扣件	质轻可锻铸铁类脚手架扣件（重量＜1.10kg/套的直角型扣件；重量＜1.25kg/套的旋转型扣件和对接型扣件）	可锻铸铁类脚手架扣件若重量过轻，其产品尺寸不合格，影响扣件的力学性能，难以达到国家标准要求	《关于发布第五批禁止和限制使用的建筑材料及施工工艺目录的通知》（京建材[2007]837号）	达到重量要求并符合GB15831标准的脚手架扣件	2008年1月1日起禁止使用

续表

序号	产品类别	禁止使用产品名称	禁止使用原因	依据	替代产品	生效时间
16	建筑涂料	聚醋酸乙烯乳液类(含EVA乳液)、聚乙烯醇羟类及聚乙烯醇缩醛类、氯乙烯-偏氯乙烯共聚乳液内外墙涂料	低档落后产品(耐老化,耐沾污,耐水性差)	《关于公布第四批禁止和限制使用建材产品目录的通知》(京建材[2004]16号)	符合国家标准的其他内墙涂料	2004年10月1日起禁止使用
17		以聚乙烯醇、纤维素、淀粉、聚丙烯酰胺为主要胶结材料的内墙涂料	低档落后产品(耐擦洗性能差、易发霉、起粉等)		符合国家标准的其他内外墙涂料	
18		以聚乙烯醇缩甲醛为胶结材料的水溶性涂料	有害气味大,对施工人员及用户健康有不良影响	《关于公布第三批淘汰和限制使用落后建材产品后的通知》(京建材[2001]192号	合成树脂乳液建筑涂料	2001年10月1日起禁止使用
19	防水材料	沥青复合胎柔性防水卷材	拉力和低温柔度低、耐久性差,性能低劣	《关于发布第五批禁止和限制使用的建筑材料及施工工艺目录的通知》(京建材[2007]837号)	符合国家标准的其他防水卷材	2008年1月1日起禁止使用
20		改性聚氯乙烯(PVC)弹性密封胶条	弹性差、易龟裂	《关于公布第三批淘汰和限制使用落后建材产品后的通知》(京建材[2001]192号	三元乙丙橡胶密封条	2001年10月1日起禁止使用

续表

序号	产品类别	禁止使用产品名称	禁止使用原因	依据	替代产品	生效时间
21		再生胶改性沥青防水卷材	抗老化、耐低温性能差	《关于公布第二批12种限制和淘汰落后建材产品目录的通知》(京建材[1999]518号)		2000年3月1日起禁止使用
22	防水材料	焦油聚氨酯防水涂料		《关于限制和淘汰石油沥青纸胎油毡等11种落后建材产品的通知[1998]480号]》(京建材[1998]480号)]		1999年3月1日起禁止使用
23		焦油型冷底子油(JG-1型防水冷底子油涂料)				
24		焦油聚乙烯油膏(PVC塑料油膏、聚乙烯胶泥)塑料煤焦油油膏				
25	供暖采暖设备	圆翼型、长翼型、813型灰铸铁散热		《关于公布第三批淘汰和限制使用的通知产品的通知》(京建材[2001]192号)	经内防腐蚀处理品钢质、铝质、铜质散热器及新型铸铁散热器	2001年10月10日起禁止使用
26		水暖用内螺纹铸铁阀门	锈蚀严重		铜质、陶瓷片阀门	

二、限制类

序号	产品类别	限制使用产品（施工技术）名称	限制使用原因	依据	限制使用范围	替代产品	生效时间
1	现场施工工艺	施工现场现拌混凝土	使用袋装水泥、浪费资源，污染环境，不符合国家产业政策发展方向	《关于在部分城市限制禁止现场搅拌砂浆工作的通知》（商改发〔2007〕205号）	中心城市、新城建设工程	预拌混凝土	2007 年 9 月 1 日起在规定的范围内禁止使用
2		施工现场现拌砂浆			中心城市、市经济技术开发区新开工的建设工程中	预拌砂浆	
3		沥青类防水卷材热熔法施工	操作不当易造成火灾，存在安全隐患	《关于发布第五批禁止和限制使用的建筑材料及施工工艺目录的通知》（京建材〔2007〕837号）	不得用于空气流动性差及露天的施工部位	防水卷材冷粘法施工工艺	2008 年 1 月 1 日起在规定的范围内禁止使用
4	水泥	袋装水泥	不符合国家产业政策	《关于公布第四批禁止和限制使用产品目录的通知》（京建材〔2004〕16号）	预拌混凝土、预拌砂浆、预制构件等水泥制品	回转窑生产的散装制品	2004 年 10 月 1 日在规定的范围内禁止使用

续表

序号	产品类别	限制使用产品（施工技术）名称	限制使用原因	依据	限制使用范围	替代产品	生效时间
5	混凝土外加剂	喷射混凝土用粉状速凝剂	碱含量大、喷射混凝土损失大，扬尘大、污染环境，易对施工人员的身体健康造成损害	《关于发布第五批禁止和限制使用的建筑材料及施工工艺目录的通知》(京建材[2007]837号)	不得在规划市区内建筑工程、所有重点工程中使用	液体速凝剂	2008年1月1日起在规定的范围停止使用
6		离子含量>0.1%的混凝土防冻剂	易锈蚀钢筋，危害混凝土结构安全	《关于公布第四批禁止和限制使用的建材产品目录的通知》(京建材[2004]16号)	预应力混凝土、钢筋混凝土	离子含量≤0.1%的混凝土防冻剂	2004年10月1日起在规定的范围停止使用
7		含尿素的混凝土防冻剂	污染环境，长期散发异味	《关于公布第二批12种限制和淘汰落后建材产品目录的通知》(京建材[1999]518号)	住宅工程、公建工程		2000年3月1日起在规定的范围停止使用

续表

序号	产品类别	限制使用产品（施工技术）名称	限制使用原因	依据	限制使用范围	替代产品	生效时间
8	用水器具	蹲便器用手接触式（按钮、扳手）大便冲洗阀	公共场所易交叉感染	《关于公布第四批禁止和限制使用建材产品目录的通知》（京建材〔2004〕16号）	新建公共厕所、公共场所卫生间	脚踏式大便冲洗阀、非接触式（感应式）冲洗器	2004 年 10 月 1 日起在规定的范围停止使用
9		普通水嘴			新建公共厕所洗手池、公共场所卫生间洗手池	非接触式（感应式）水嘴、延时自闭式水嘴、脚踏式水嘴	1997 年 7 月 1 日起在规定的范围停止使用
10		螺旋升降式铸铁水嘴		《关于限制和淘汰石油沥青纸胎油毡等 11 种落后建材产品的通知》（京建材〔1998〕480 号）	在住宅工程的室内部分中		
11	保温材料	聚苯颗粒、玻化微珠等颗粒结保温材料与胶结材料混合而成的保温浆料	单独使用难以达到 65% 节能要求	《关于发布第五批禁止和限制使用的建筑材料及施工工艺目录的通知》（京建材〔2007〕837 号）	不得单独作为保温材料用于外墙保温工程	能达到节能要求的高效保温或保温材料体系	2008 年 1 月 1 日起在规定的范围停止使用

续表

序号	产品类别	限制使用产品名称（施工技术）名称	限制使用原因	依据	限制使用范围	替代产品	生效时间
12	保温材料	水泥聚苯板（聚苯颗粒与水泥混合成型）	产品保温性能差	《关于公布第四批禁止和限制使用建材产品目录的通知》（京建材[2004]16号）	外墙内保温工程	达到节能标准的各类保温板	2001年10月1日起在规定的范围停止使用
13		以膨胀珍珠岩、海泡石、有机硅复合的墙体保温浆（涂料）	热工性能差，手工湿作业，不易控制质量		混凝土及混凝土砌块外墙内、外保温工程	达到节能要求的其他保温材料	2004年10月1日起在规定的范围停止使用
14		水泥聚苯板（聚苯颗粒与水泥混合成型）	保温性能差	《关于公布第三批淘汰和限制使用落后建材产品目录的通知》（京建材[2001]192号）	外墙内保温工程	达到节能标准的各类保温板	2001年10月1日起在规定的范围停止使用
15		墙体内保温浆料（海泡石、聚苯颗粒、膨胀珍珠岩等）	易脱落、保温性能差，热工性能达不到建筑节能50%要求	《关于公布第二批12种限制和淘汰落后建材产品目录的通知》（京建材[1999]518号）	混凝土墙（含混凝土砌块墙体）的内墙保温工程		2000年1月1日起在规定的范围停止使用

续表

序号	产品类别	限制使用产品（施工技术）名称	限制使用原因	依据	限制使用范围	替代产品	生效时间
16	建筑门窗、五金配件	建筑用普通单层玻璃和简易双层玻璃外窗	单玻保温性能差、普通双玻不能有效密封，易结露、进尘土、进水、不易清理	《关于公布第四批禁止和限制使用建材产品目录的通知》（京建材〔2004〕16号）	新建、改建住宅工程外窗	镶中空玻璃及其他节能玻璃的建筑外墙	2004 年 10月 1 日起在规定的范围停止使用
17		80 系列以下（含 80 系列）普通推拉塑料外窗	强度低、密封性能差、五金件使用寿命短			其他各类节能保温平开窗以及达到其他要求的系列推拉窗	
18		铝合金、塑料（塑钢）外平开窗	大风情况下安全性能差	《关于公布第三批淘汰建材产品的落后建材产品的通知》（京建材〔2001〕192号）	楼房 7 层以上（含 7层）	各种节能保温内平开窗	2001 年 10月 1 日起在规定的范围停止使用
19		单层普通铝合金窗	保温性能差		住宅及宿舍楼房	各种节能保温窗	2001 年 10月 1 日起在规定的范围停止使用

续表

序号	产品类别	限制使用产品（施工技术）名称	限制使用原因	依据	限制使用范围	替代产品	生效时间
20	建筑门窗、五金配件	普通实腹、空腹钢窗（彩板窗除外）	外观差，易锈蚀，已列入淘汰产品目录	《关于公布第二批12种限制和淘汰落后建材产品目录的通知》（京建材[1999]518号）	住宅工程和公建工程		2000年3月1日起在规定的范围停止使用
21		小平拉玻璃	生产过程能耗高，质量不稳定，国家明令淘汰		新建工程和维修工程		1997年7月1日起在规定的范围停止使用
22		32系列实腹钢窗		《关于限制和淘汰石油沥青纸胎油毡等11种落后建材产品的通知》（京建材[1998]480号）	住宅工程和公建工程		
23	墙体材料	黏土和页岩陶粒及以黏土和页岩陶粒为原材料的建材制品	破坏土地和植被，不符合国家产业政策	《关于发布第五批禁止和限制使用的建筑材料及施工工艺目录的通知》（京建材[2007]837号）	2008年开始被入城人区禁止使用，2010年其他郊区禁止使用	煤矸石、粉煤灰陶粒或加气混凝土集料，加气混凝土制品、石膏制品等其他轻集料混凝土板、块	2008年1月1日起在规定的范围停止使用
24		低强度品的轻料混凝土砌块	强度低，运输中损失大，施工易破损		不得在框架结构填充墙中使用	用于建筑外墙填充时其强度应≥3.5MPa，用于内墙填充时应≥2.5MPa	

续表

序号	产品类别	限制使用产品（施工技术）名称	限制使用原因	依据	限制使用范围	替代产品	生效时间
25	墙体材料	实心砖	产品生产过程不能满足节约资源要求，与同厚度多孔砖、空心砖相比，墙体保温隔热性能差	《关于发布第五批禁止和限制使用的建筑材料及施工工艺目录的通知》(京建材[2007]837号)	建筑工程基础〇以上部位（包括临时建筑、围墙）	烧结煤矸石多孔砖，烧结粉煤灰多孔砖，蒸压灰砂多孔砖，蒸压粉煤灰多孔砖，混凝土多孔砖等	2008年1月1日起在规定的范围停止使用
26		厚度为60mm的隔墙板	隔声和抗冲击性能差	《关于公布第三批淘汰和限制产品的通知》(京建材[2001]192号)	居室、分室墙	厚度为90mm的隔墙板及80mm以上的石膏砌块	2001年10月1日起在规定的范围停止使用
27	防水材料	溶剂型建筑防水涂料(含双组分聚氨酯防水涂料、溶剂型冷底子油)	挥发物危害人体健康；易发生火灾	《关于公布第四批禁止和限制使用建材产品目录的通知》(京建材[2004]16号)	室内和其他不通风的工程部位	各种水溶性防水涂料	2004年10月1日起在规定的范围停止使用
28		厚度≤2mm的改性沥青防水卷材	高温热熔后易形成渗漏点，影响工程质量		热熔法防水施工的各类建筑工程（不含临建）	高分子片材及厚度>2mm的改性沥青防水卷材	2004年10月1日起在规定范围停止使用

续表

序号	产品类别	限制使用产品（施工技术）名称	限制使用原因	依据	限制使用范围	替代产品	生效时间
29	防水材料	石油沥青纸胎油毡		《关于限制和淘汰石油沥青纸胎油毡等11种落后建材产品的通知[1998]480号》	住宅工程和公建工程		1997年7月1日起在规定的范围停止使用
30	建筑粘结剂	聚丙烯酰胺胶类建筑胶结剂	耐温性能差，耐久性差，易脱落	《关于公布第四批禁止和限制使用建材产品目录的通知》（京建材[2004]16号）	内外墙瓷砖粘结及混凝土界面处理	符合国家和行业标准的其他胶结剂	2004年10月1日起在规定的范围停止使用
31		不耐水石膏类刮墙腻子	耐水性能差，强度低	《关于公布第三批淘汰和限制使用建材产品后的通知》（京建材[2001]192号）	住宅工程	各种耐水腻子	2001年10月1日起在规定的范围停止使用
32		聚乙烯醇缩甲醛胶结剂	低档聚合物，性能差，产品档次低	《关于公布第二批禁止和淘汰落后建材产品目录的通知》（京建材[1999]518号）	粘贴墙地砖及石材		2003年3月1日起在规定的范围停止使用

续表

序号	产品类别	限制使用产品名称（施工技术）	限制使用原因	依据	限制使用范围	替代产品	生效时间
33	给排水管材、管件	直径≤600mm平口混凝土排水管（含钢筋混凝土管）、直径刚性接口的灰口铸铁管	易泄漏，造成水系和土壤污染	《关于公布第四批禁止和限制使用的建材产品目录的通知》（京建材[2004]16号）	住宅小区和市政管网支线用的埋地排水工程	各种符合国家和行业标准的其他排水管材	2004年10月1日起在规定的范围停止使用
34		承插式刚性接口铸铁排水管	挠度差，接口部位易损坏、渗水		住宅工程	符号国家标准的机制柔性接口（A型和W型）铸铁排水管；符合国家及行业标准的塑料排水管	2004年10月1日起在规定的范围停止使用
35		用铅盐做稳定剂的PVC饮用水管材、管件	危害人体健康		饮用水管材、管件	符合国家及行业标准的塑料排水管	
36		冷镀锌上水管	污染饮用水，国家已明令淘汰	《关于公布第二批12种限制和淘汰落后建材产品目录的通知》（[1999]518号）	新建开发住宅小区工程	无	2000年10月1日起在规定的范围停止使用

续表

序号	产品类别	限制使用产品名称（施工技术）名称	限制使用原因	依据	限制使用范围	替代产品	生效时间
37	给排水管材、管件	普通承插口铸铁排水管（手工翻制砂刚性接口铸铁排水管）		《关于限制和淘汰石油沥青纸胎油毡等11种落后建材产品的通知》（京建材[1998]480号）	多层住宅		1999年7月1日起在规定的范围停止使用
38		镀锌铁皮室外雨水管					
39	道路材料	光面混凝土路面砖	产品不渗水，防滑性能差，影响行人安全	《关于发布第五批禁止和限制使用的建筑材料及施工工艺目录的通知》（京建材[2007]837号）	人行辅路、户外广场、公园甬道	符合DB11/T152标准的混凝土路面砖	2008年1月1日起在规定的范围停止使用
40		普通水泥步道砖（九格砖）	外观差，抗压强度低	《关于公布第三批淘汰和限制使用产品的通知》（京建材[2001]192号）	城区、近郊区、远郊区县政府所在地新建小区	各种符合JC/T446—2000标准的混凝土路砖	2001年1月1日起在规定的范围停止使用

续表

序号	产品类别	限制使用产品（施工技术）名称	限制使用原因	依据	限制使用范围	替代产品	生效时间
41	市政工程材料	平口混凝土排水管（含钢筋混凝土管）	易渗漏污水，造成水系和土壤污染	《关于发布第五批禁止和限制使用的建筑材料及施工工艺目录的通知》(京建材[2007]837号)	住宅小区和市政管网用后埋地排水工程	承插口排水管、塑料管材	2008年1月1日起在规定的范围停止使用
42	供暖采暖设备	内腔粘砂灰铸铁散热器	产品热工性能差	《关于公布第四批禁止和限制使用建材产品目录的通知》(京建材[2004]16号)	新建、改建住宅工程	经内防腐处理的钢制散热器；铜制、不锈钢、铜铝复合等新型散热器、	2004年10月1日起在规定的范围停止使用
43		钢制闭式串片散热器					